国家出版基金项目
NATIONAL PUBLICATION FOUNDATION

"十四五"时期国家重点出版物出版专项规划项目

浙 江 昆 虫 志

第九卷

双 翅 目

短角亚目（I）

杨 定 姚 刚 主编

科学出版社

北 京

内 容 简 介

昆虫是自然生态系统中重要的组成部分，开展昆虫分类研究是昆虫资源开发利用的第一步，从认识昆虫、给每种昆虫以正确的名称，通过详细表述并记录昆虫的种类、自然地理分布、生物学习性、经济价值与利用等信息，规范各类昆虫物种的种名和学名，对特有种、珍稀种、经济种等重大物种的保护管理、研究利用等事件做客观记载，为后人进一步认识昆虫提供翔实的依据。

本卷经野外标本采集，鉴定双翅目共计30科216属554种。同时，作者对实际研究过的种类作了比较详细的形态描述，每个种列有生物学主要特征、分布、有关文献等，并编有分种检索表。

本卷志不仅有助于人们全面了解浙江丰富的昆虫资源，而且还可供农、林、牧、畜、渔、环境保护和生物多样性保护等工作者参考使用。

图书在版编目（CIP）数据

浙江昆虫志. 第九卷，双翅目　短角亚目. I / 杨定，姚刚主编.—北京：科学出版社，2022.11

"十四五"时期国家重点出版物出版专项规划项目

国家出版基金项目

ISBN 978-7-03-069282-5

Ⅰ. ①浙… Ⅱ. ①杨… ②姚… Ⅲ. ①昆虫志-浙江 ②双翅目-昆虫志-浙江 ③短角亚目-昆虫志-浙江 Ⅳ. ①Q968.225.5 ②Q969.440.8

中国版本图书馆 CIP 数据核字（2022）第 083601 号

责任编辑：李　悦　孙　青/责任校对：严　娜

责任印制：肖　兴/封面设计：北京蓝正合融广告有限公司

科　学　出　版　社 出版

北京东黄城根北街 16 号

邮政编码：100717

http://www.sciencep.com

中国科学院印刷厂　印刷

科学出版社发行　各地新华书店经销

*

2022 年 11 月第　一　版　　开本：889×1194　1/16

2022 年 11 月第一次印刷　　印张：26 3/4　彩插 12

字数：886 000

定价：480.00 元

《浙江昆虫志》领导小组

主　　　任　胡　侠（2018 年 12 月起任）

　　　　　　林云举（2014 年 11 月至 2018 年 12 月在任）

副　主　任　吴　鸿　杨幼平　王章明　陆献峰

委　　　员　（以姓氏笔画为序）

　　　　　　王　翔　叶晓林　江　波　吾中良　何志华

　　　　　　汪奎宏　周子贵　赵岳平　洪　流　章滨森

顾　　　问　尹文英（中国科学院院士）

　　　　　　印象初（中国科学院院士）

　　　　　　康　乐（中国科学院院士）

　　　　　　何俊华（浙江大学教授、博士生导师）

组 织 单 位　浙江省森林病虫害防治总站

　　　　　　浙江农林大学

　　　　　　浙江省林学会

《浙江昆虫志》编辑委员会

《浙江昆虫志　第九卷　双翅目　短角亚目（Ⅰ）》
编写人员

主　编　杨　定　姚　刚

副主编　李文亮　张俊华　唐楚飞　马方舟

作者及参加编写单位（按研究类群排序）

鹬虻科

　　董　慧（深圳市中国科学院仙湖植物园）

　　张魁艳（中国科学院动物研究所）

　　马方舟（生态环境部南京环境科学研究所）

　　杨　定（中国农业大学）

虻　科

　　张魁艳（中国科学院动物研究所）

　　杨　定（中国农业大学）

木虻科

　　张婷婷（山东农业大学）

　　李　竹（北京自然博物馆）

　　杨　定（中国农业大学）

水虻科

　　张婷婷（山东农业大学）

　　李　竹（北京自然博物馆）

　　杨　定（中国农业大学）

小头虻科

　　董　慧（深圳市中国科学院仙湖植物园）

　　刘思培　杨　定（中国农业大学）

剑 虻 科

  董　慧（深圳市中国科学院仙湖植物园）

  刘思培　杨　定（中国农业大学）

蜂 虻 科

  姚　刚（金华职业技术学院）

  崔维娜（邹城市农业局植物保护站）

  马方舟（生态环境部南京环境科学研究所）

  杨　定（中国农业大学）

舞 虻 科

  王　宁（中国农业科学院草原研究所；中国农业大学）

  周嘉乐　曹祎可　杨　定（中国农业大学）

  肖文敏（泰安市农业科学研究院）

长足虻科

  王孟卿（中国农业科学院）

  刘若思（北京海关）

  张莉莉（中国科学院动物研究所）

  朱雅君（上海海关动植物与食品检验检疫技术中心）

  唐楚飞（江苏省农业科学院）

  琪勒莫格（包头师范学院）

  杨　定（中国农业大学）

尖翅蝇科

  董奇彪（内蒙古自治区农牧厅）

  杨　定（中国农业大学）

蚤 蝇 科

  刘广纯（沈阳大学）

食蚜蝇科

  张魁艳　黄春梅（中国科学院动物研究所）

  杨　定（中国农业大学）

头 蝇 科

　　霍　姗（北京市通州区林业保护站）

　　杨　定（中国农业大学）

眼 蝇 科

　　丁双玫（国家档案局档案科学技术研究所）

　　王玉玉（河北农业大学）

　　杨　定（中国农业大学）

蚤 蝇 科

　　丁双玫（国家档案局档案科学技术研究所）

　　王丽华　杨　定（中国农业大学）

芒 蝇 科

　　丁双玫（国家档案局档案科学技术研究所）

　　王丽华　杨　定（中国农业大学）

广口蝇科

　　赵晨静（太原师范学院）

　　杨　定（中国农业大学）

小粪蝇科

　　董　慧（深圳市中国科学院仙湖植物园）

　　苏立新　刘广纯（沈阳大学）

　　杨　定（中国农业大学）

缟 蝇 科

　　史　丽（内蒙古农业大学）

　　李文亮（河南科技大学）

　　王俊潮　杨　定（中国农业大学）

甲 蝇 科

　　杨金英（贵阳海关）

　　杨　定（中国农业大学）

鼓翅蝇科

　　李轩昆　杨　定（中国农业大学）

沼　蝇　科

　　李　竹（北京自然博物馆）

　　杨　定（中国农业大学）

秆　蝇　科

　　刘晓艳（华中农业大学）

　　杨　定（中国农业大学）

叶　蝇　科

　　席玉强（河南农业大学）

　　杨　定（中国农业大学）

水　蝇　科

　　王　亮　何冬月　杨　定（中国农业大学）

　　张俊华（中国检疫检验科学研究院）

隐芒蝇科

　　席玉强（河南农业大学）

　　杨　定（中国农业大学）

茎　蝇　科

　　周嘉乐　王心丽　杨　定（中国农业大学）

圆目蝇科

　　周嘉乐　王心丽　杨　定（中国农业大学）

刺股蝇科

　　李　新　杨　定（中国农业大学）

　　王玉玉（河北农业大学）

腐木蝇科

　　席玉强　尹新明（河南农业大学）

　　杨　定（中国农业大学）

《浙江昆虫志》序一

　　浙江省地处亚热带，气候宜人，集山水海洋之地利，生物资源极为丰富，已知的昆虫种类就有 1 万多种。浙江省昆虫资源的研究历来受到国内外关注，长期以来大批昆虫学分类工作者对浙江省进行了广泛的资源调查，积累了丰富的原始资料。因此，系统地研究这一地域的昆虫区系，其意义与价值不言而喻。吴鸿教授及其团队曾多次负责对浙江天目山等各重点生态地区的昆虫资源种类的详细调查，编撰了一些专著，这些广泛、系统而深入的调查为浙江省昆虫资源的调查与整合提供了翔实的基础信息。在此基础上，为了进一步摸清浙江省的昆虫种类、分布与为害情况，2016 年由浙江省林业有害生物防治检疫局（现浙江省森林病虫害防治总站）和浙江省林学会发起，委托浙江农林大学实施，先后邀请全国几十家科研院所，300 多位昆虫分类专家学者在浙江省内开展昆虫资源的野外补充调查与标本采集、鉴定，并且系统编写《浙江昆虫志》。

　　历时六年，在国内最优秀昆虫分类专家学者的共同努力下，《浙江昆虫志》即将按类群分卷出版面世，这是一套较为系统和完整的昆虫资源志书，包含了昆虫纲所有主要类群，更为可贵的是，《浙江昆虫志》参照《中国动物志》的编写规格，有较高的学术价值，同时该志对动物资源保护、持续利用、有害生物控制和濒危物种保护均具有现实意义，对浙江地区的生物多样性保护、研究及昆虫学事业的发展具有重要推动作用。

　　《浙江昆虫志》的问世，体现了项目主持者和组织者的勤奋敬业，彰显了我国昆虫学家的执着与追求、努力与奋进的优良品质，展示了最新的科研成果。《浙江昆虫志》的出版将为浙江省昆虫区系的深入研究奠定良好基础。浙江地区还有一些类群有待广大昆虫研究者继续努力工作，也希望越来越多的同仁能在国家和地方相关部门的支持下开展昆虫志的编写工作，这不但对生物多样性研究具有重大贡献，也将造福我们的子孙后代。

印象初

河北大学生命科学学院

中国科学院院士

2022 年 1 月 18 日

《浙江昆虫志》序二

浙江地处中国东南沿海，地形自西南向东北倾斜，大致可分为浙北平原、浙西中山丘陵、浙东丘陵、中部金衢盆地、浙南山地、东南沿海平原及海滨岛屿 7 个地形区。浙江复杂的生态环境成就了极高的生物多样性。关于浙江的生物资源、区系组成、分布格局等，植物和大型动物都有较为系统的研究，如 20 世纪 80 年代《浙江植物志》和《浙江动物志》陆续问世，但是无脊椎动物的研究却较为零散。90 年代末至今，浙江省先后对天目山、百山祖、清凉峰等重点生态地区的昆虫资源种类进行了广泛、系统的科学考察和研究，先后出版《天目山昆虫》《华东百山祖昆虫》《浙江清凉峰昆虫》等专著。1983 年、2003 年和 2015 年，由浙江省林业厅部署，浙江省还进行过三次林业有害生物普查。但历史上，浙江省一直没有对全省范围的昆虫资源进行系统整理，也没有建立统一的物种信息系统。

2016 年，浙江省林业有害生物防治检疫局（现浙江省森林病虫害防治总站）和浙江省林学会发起，委托浙江农林大学组织实施，联合中国科学院、南开大学、浙江大学、西北农林科技大学、中国农业大学、中南林业科技大学、河北大学、华南农业大学、扬州大学、浙江自然博物馆等单位共同合作，开始展开对浙江省昆虫资源的实质性调查和编纂工作。六年来，在全国三百多位专家学者的共同努力下，编纂工作顺利完成。《浙江昆虫志》参照《中国动物志》编写，系统、全面地介绍了不同阶元的鉴别特征，提供了各类群的检索表，并附形态特征图。全书各卷册分别由该领域知名专家编写，有力地保证了《浙江昆虫志》的质量和水平，使这套志书具有很高的科学价值和应用价值。

昆虫是自然界中最繁盛的动物类群，种类多、数量大、分布广、适应性强，与人们的生产生活关系复杂而密切，既有害虫也有大量有益昆虫，是生态系统中重要的组成部分。《浙江昆虫志》不仅有助于人们全面了解浙江省丰富的昆虫资源，还可供农、林、牧、畜、渔、生物学、环境保护和生物多样性保护等工作者参考使用，可为昆虫资源保护、持续利用和有害生物控制提供理论依据。该丛书的出版将对保护森林资源、促进森林健康和生态系统的保护起到重要作用，并且对浙江省设立"生态红线"和"物种红线"的研究与监测，以及创建"两美浙江"等具有重要意义。

《浙江昆虫志》必将以它丰富的科学资料和广泛的应用价值为我国的动物学文献宝库增添新的宝藏。

康乐
中国科学院动物研究所
中国科学院院士
2022 年 1 月 30 日

《浙江昆虫志》前言

生物多样性是人类赖以生存和发展的重要基础，是地球生命所需要的物质、能量和生存条件的根本保障。中国是生物多样性最为丰富的国家之一，也同样面临着生物多样性不断丧失的严峻问题。生物多样性的丧失，直接威胁到人类的食品、健康、环境和安全等。国家高度重视生物多样性的保护，下大力气改善生态环境，改变生物资源的利用方式，促进生物多样性研究的不断深入。

浙江区域是我国华东地区一道重要的生态屏障，和谐稳定的自然生态系统为长三角地区经济快速发展提供了有力保障。浙江省地处中国东南沿海长江三角洲南翼，东临东海，南接福建，西与江西、安徽相连，北与上海、江苏接壤，位于北纬 27°02'～31°11'，东经 118°01'～123°10'，陆地面积 10.55 万 km²，森林面积 608.12 万 hm²，森林覆盖率为 61.17%，森林生态系统多样性较好，森林植被类型、森林类型、乔木林龄组类型较丰富。湿地生态系统中湿地植物和植被、湿地野生动物均相当丰富。目前浙江省建有数量众多、类型丰富、功能多样的各级各类自然保护地。有 1 处国家公园体制试点区（钱江源国家公园）、311 处省级及以上自然保护地，其中 27 处自然保护区、128 处森林公园、59 处风景名胜区、67 处湿地公园、15 处地质公园、15 处海洋公园（海洋特别保护区），自然保护地总面积 1.4 万 km²，占全省陆地面积的 13.3%。

浙江素有"东南植物宝库"之称，是中国植物物种多样性最丰富的省份之一，有高等植物 6100 余种，在中东南植物区系中占有重要的地位；珍稀濒危植物众多，其中国家一级重点保护野生植物 11 种，国家二级重点保护野生植物 104 种；浙江特有种超过 200 种，如百山祖冷杉、普陀鹅耳枥、天目铁木等物种。陆生野生脊椎动物有 790 种，约占全国总数的 27%，列入浙江省级以上重点保护野生动物 373 种，其中国家一级重点保护动物 54 种，国家二级保护动物 138 种，像中华凤头燕鸥、华南梅花鹿、黑麂等都是以浙江为主要分布区的珍稀濒危野生动物。

昆虫是现今陆生动物中最为繁盛的一个类群，约占动物界已知种类的 3/4，是生物多样性的重要组成部分，在生态系统中占有独特而重要的地位，与人类具有密切而复杂的关系，为世界创造了巨大精神和物质财富，如家喻户晓的家蚕、蜜蜂和冬虫夏草等资源昆虫。

浙江集山水海洋之地利，地理位置优越，地形复杂多样，气候温和湿润，加之第四纪以来未受冰川的严重影响，森林覆盖率高，造就了丰富多样的生境类型，保存着大量珍稀生物物种，这种有利的自然条件给昆虫的生息繁衍提供了便利。昆虫种类复杂多样，资源极为丰富，珍稀物种荟萃。

浙江昆虫研究由来已久，早在北魏郦道元所著《水经注》中，就有浙江天目山的山川、霜木情况的记载。明代医药学家李时珍在编撰《本草纲目》时，曾到天目山实地考察采集，书中收有产于天目山的养生之药数百种，其中不乏有昆虫药。明代《西天目山祖山志》生殖篇虫族中有山蚕、蚱蜢、蟋蟀、蛱蝶、蜻蜓、蝉等昆虫的明确记载。由此可见，自古以来，浙江的昆虫就已引起人们的广泛关注。

20 世纪 40 年代之前，法国人郑璧尔（Octave Piel，1876~1945）（曾任上海震旦博物馆馆长）曾分别赴浙江四明山和舟山进行昆虫标本的采集，于 1916 年、1926 年、1929 年、1935 年、1936 年及 1937 年又多次到浙江天目山和莫干山采集，其中，1935~1937 年的采集规模大、类群广。他采集的标本数量大、影响深远，依据他所采标本就有相关 24 篇文章在学术期刊上发表，其中 80 种的模式标本产于天目山。

浙江是中国现代昆虫学研究的发源地之一。1924 年浙江昆虫局成立，曾多次派人赴浙江各地采集昆虫标本，国内昆虫学家也纷纷来浙江采集，如胡经甫、祝汝佐、柳支英、程淦藩等，这些采集的昆虫标本现保存于中国科学院动物研究所、中国科学院上海昆虫博物馆（原中国科学院上海昆虫研究所）及浙江大学。据此有不少研究论文发表，其中包括大量新种。同时，浙江省昆虫局创办了《昆虫与植病》和《浙江省昆虫局年刊》等。《昆虫与植病》是我国第一份中文昆虫期刊，共出版 100 多期。

20 世纪 80 年代末至今，浙江省开展了一系列昆虫分类区系研究，特别是 1983 年和 2003 年分别进行了林业有害生物普查，分别鉴定出林业昆虫 1585 种和 2139 种。陈其瑚主编的《浙江植物病虫志　昆虫篇》（第一集 1990 年，第二集 1993 年）共记述 26 目 5106 种（包括蜱螨目），并将浙江全省划分成 6 个昆虫地理区。1993 年童雪松主编的《浙江蝶类志》记述鳞翅目蝶类 11 科 340 种。2001 年方志刚主编的《浙江昆虫名录》收录六足类 4 纲 30 目 447 科 9563 种。2015 年宋立主编的《浙江白蚁》记述白蚁 4 科 17 属 62 种。2019 年李泽建等在《浙江天目山蝴蝶图鉴》中记述蝴蝶 5 科 123 属 247 种，2020 年李泽建等在《百山祖国家公园蝴蝶图鉴　第Ⅰ卷》中记述蝴蝶 5 科 140 属 283 种。

中国科学院上海昆虫研究所尹文英院士曾于 1987 年主持国家自然科学基金重点项目"亚热带森林土壤动物区系及其在森林生态平衡中的作用"，在天目山采得昆虫纲标本 3.7 万余号，鉴定出 12 目 123 种，并于 1992 年编撰了《中国亚热带土壤动物》一书，该项目研究成果曾获中国科学院自然科学奖二等奖。

浙江大学（原浙江农业大学）何俊华和陈学新教授团队在我国著名寄生蜂分类学家祝汝佐教授（1900~1981）所奠定的文献资料与研究标本的坚实基础上，开展了农林业害虫寄生性天敌昆虫资源的深入系统分类研究，取得丰硕成果，撰写专著 20 余册，如《中国经济昆虫志　第五十一册　膜翅目　姬蜂科》《中国动物志　昆虫纲　第十八卷　膜翅目　茧蜂科（一）》《中国动物志　昆虫纲　第二十九卷　膜翅目　螯蜂科》《中国动物志　昆虫纲　第三十七卷　膜翅目　茧蜂科（二）》《中国动物志　昆虫纲　第五十六卷　膜翅目　细蜂总科（一）》等。2004 年何俊华教授又联合相关专家编著了《浙江蜂类志》，共记录浙江蜂类 59 科 631 属 1687 种，其中模式产地在浙江的就有 437 种。

浙江农林大学（原浙江林学院）吴鸿教授团队先后对浙江各重点生态地区的昆虫资源进行了广泛、系统的科学考察和研究，联合全国有关科研院所的昆虫分类学家，吴鸿教授作为主编或者参编者先后编撰了《浙江古田山昆虫和大型真菌》《华东百山祖昆虫》《龙王山昆虫》《天目山昆虫》《浙江乌岩岭昆虫及其森林健康评价》《浙江凤阳山昆虫》《浙江清凉峰昆虫》《浙江九龙山昆虫》等图书，书中发表了众多的新属、新种、中国新记录科、新记录属和新记录种。2014~2020 年吴鸿教授作为总主编之一还编撰了《天目山动物志》（共 11 卷），其中记述六足类动物 32 目 388 科 5000 余种。

上述科学考察以及本次《浙江昆虫志》编撰项目为浙江当地和全国培养了一批昆虫分类学人才并积累了 100 万号昆虫标本。

通过上述大型有组织的昆虫科学考察，不仅查清了浙江省重要保护区内的昆虫种类资源，而且为全国积累了珍贵的昆虫标本。这些标本、专著及考察成果对于浙江省乃至全国昆虫类群的系统研究具有重要意义，不仅推动了浙江地区昆虫多样性的研究，也让更多的人认识到生物多样性的重要性。然而，前期科学考察的采集和研究的广度和深度都不能反映整个浙江地区的昆虫全貌。

昆虫多样性的保护、研究、管理和监测等许多工作都需要有翔实的物种信息作为基础。昆虫分类鉴定往往是一项逐渐接近真理（正确物种）的工作，有时甚至需要多次更正才能找到真正的归属。过去的一些观测仪器和研究手段的限制，导致部分属种鉴定有误，现代电子光学显微成像技术及分子 DNA 条形码分子鉴定技术极大推动了昆虫物种的更精准鉴定，此次《浙江昆虫志》对过去一些长期误鉴的属种和疑难属种进行了系统订正。

为了全面系统地了解浙江省昆虫种类的组成、发生情况、分布规律，为了益虫开发利用和有害昆虫的防控，以及为生物多样性研究和持续利用提供科学依据，2016 年 7 月 "浙江省昆虫资源调查、信息管理与编撰" 项目正式开始实施，该项目由浙江省林业有害生物防治检疫局（现浙江省森林病虫害防治总站）和浙江省林学会发起，委托浙江农林大学组织，联合全国相关昆虫分类专家合作。《浙江昆虫志》编委会组织全国 30 余家单位 300 余位昆虫分类学者共同编写，共分 16 卷：第一卷由杜予州教授主编，包含原尾纲、弹尾纲、双尾纲，以及昆虫纲的石蛃目、衣鱼目、蜉蝣目、蜻蜓目、襀翅目、等翅目、蜚蠊目、螳螂目、蛸虫目、直翅目和革翅目；第二卷由花保祯教授主编，包括昆虫纲啮虫目、缨翅目、广翅目、蛇蛉目、脉翅目、长翅目和毛翅目；第三卷由张雅林教授主编，包含昆虫纲半翅目同翅亚目；第四卷由卜文俊和刘国卿教授主编，包含昆虫纲半翅目异翅亚目；第五卷由李利珍教授和白明研究员主编，包含昆虫纲鞘翅目原鞘亚目、藻食亚目、肉食亚目、牙甲总科、阎甲总科、隐翅虫总科、金龟总科、沼甲总科；第六卷由任国栋教授主编，包含昆虫纲鞘翅目花甲总科、吉丁甲总科、丸甲总科、叩甲总科、长蠹总科、郭公甲总科、扁甲总科、瓢甲总科、拟步甲总科；第七卷由杨星科研究员主编，包含昆虫纲鞘翅目叶甲总科和象甲总科；第八卷由吴鸿和杨定教授主编，包含昆虫纲双翅目长角亚目；第九卷由杨定和姚刚教授主编，包含昆虫纲双翅目短角亚目虻总科、水虻总科、食虫虻总科、舞虻总科、蚤蝇总科、蚜蝇总科、眼蝇总科、实蝇总科、小粪蝇总科、缟蝇总科、沼蝇总科、鸟蝇总科、水蝇总科、突眼蝇总科和禾蝇总科；第十卷由薛万琦和张春田教授主编，包含昆虫纲双翅目短角亚目蝇总科、狂蝇总科；第十一卷由李后魂教授主编，包含昆虫纲鳞翅目小蛾类；第十二卷由韩红香副研究员和姜楠博士主编，包含昆虫纲鳞翅目大蛾类；第十三卷由王敏和范骁凌教授主编，包含昆虫纲鳞翅目蝶类；第十四卷由魏美才教授主编，包含昆虫纲膜翅目 "广腰亚目"；第十五卷由陈学新和王义平教授主编、第十六卷由陈学新教授主编，这两卷内容为昆虫纲膜翅目细腰亚目。16 卷共记述浙江省六足类 1 万余种，各卷所收录物种的截止时间为 2021 年 12 月。

《浙江昆虫志》各卷主编由昆虫各类群权威顶级分类专家担任，他们是各单位的学科带头人或国家杰出青年科学基金获得者、973 计划首席专家和各专业学会的理事长和副理事长等，他们中有不少人都参与了《中国动物志》的编写工作，从而有力地保证了《浙江昆虫志》整套 16 卷学术内容的高水平和高质量，反映了我国昆虫分类学者对昆虫分类区系研究的最新成果。《浙江昆虫志》是迄今为止对浙江省昆虫种类资源最为完整的科学记载，体现了国际一流水平，16 卷《浙江昆虫志》汇集了上万张图片，除黑白特征图外，还有大量成虫整体或局部特征彩色照片，这些图片精美、细致，能充分、直观地展示物种的分类形态鉴别特征。

浙江省林业局对《浙江昆虫志》的编撰出版一直给予关注，在其领导与支持下获得浙江省财政厅的经费资助。在科学考察过程中得到了浙江省各市、县（市、区）林业部门的大力支持和帮助，特别是浙江天目山国家级自然保护区管理局、浙江清凉峰国家级自然保护区管理局、宁波四明山国家森林公园、钱江源国家公园、浙江仙霞岭省级自然保护区管理局、浙江九龙山国家级自然保护区管理局、景宁望东垟高山湿地自然保护区管理局和舟山市自然资源和规划局也给予了大力协助。同时也感谢国家出版基金和科学出版社的资助与支持，保证了 16 卷《浙江昆虫志》的顺利出版。

中国科学院印象初院士和康乐院士欣然为本志作序。借此付梓之际，我们谨向以上单位和个人，以及在本项目执行过程中给予关怀、鼓励、支持、指导、帮助和做出贡献的同志表示衷心的感谢！

限于资料和编研时间等多方面因素，书中难免有不足之处，恳盼各位同行和专家及读者不吝赐教。

《浙江昆虫志》编辑委员会

2022 年 3 月

《浙江昆虫志》编写说明

　　本志收录的种类原则上是浙江省内各个自然保护区和舟山群岛野外采集获得的昆虫种类。昆虫纲的分类系统参考袁锋等 2006 年编著的《昆虫分类学》第二版。其中，广义的昆虫纲已提升为六足总纲 Hexapoda，分为原尾纲 Protura、弹尾纲 Collembola、双尾纲 Diplura 和昆虫纲 Insecta。目前，狭义的昆虫纲仅包含无翅亚纲的石蛃目 Microcoryphia 和衣鱼目 Zygentoma 以及有翅亚纲。本志采用六足总纲的分类系统。考虑到编写的系统性、完整性和连续性，各卷所包含类群如下：第一卷包含原尾纲、弹尾纲、双尾纲、昆虫纲的石蛃目、衣鱼目、蜉蝣目、蜻蜓目、襀翅目、等翅目、蜚蠊目、螳螂目、蛸虫目、直翅目和革翅目；第二卷包含昆虫纲的啮虫目、缨翅目、广翅目、蛇蛉目、脉翅目、长翅目和毛翅目；第三卷包含昆虫纲的半翅目同翅亚目；第四卷包含昆虫纲的半翅目异翅亚目；第五卷、第六卷和第七卷包含昆虫纲的鞘翅目；第八卷、第九卷和第十卷包含昆虫纲的双翅目；第十一卷、第十二卷和第十三卷包含昆虫纲的鳞翅目；第十四卷、第十五卷和第十六卷包含昆虫纲的膜翅目。

　　由于篇幅限制，本志所涉昆虫物种均仅提供原始引证，部分物种同时提供了最新的引证信息。为了物种鉴定的快速化和便捷化，所有包括 2 个以上分类阶元的目、科、亚科、属，以及物种均依据形态特征编写了对应的分类检索表。本志关于浙江省内分布情况的记录，除了之前有记录但是分布记录不详且本次调查未采到标本的种类外，所有种类都尽可能反映其详细的分布信息。限于篇幅，浙江省内的分布信息以地级市、市辖区、县级市、县、自治县为单位按顺序编写，如浙江（安吉、临安）；由于四明山国家级自然保护区地跨多个市（县），因此，该地的分布信息保留为四明山。对于省外分布地则只写到省、自治区、直辖市和特区等名称，参照《中国动物志》的编写规则，按顺序排列。对于国外分布地则只写到国家或地区名称，各个国家名称参照国际惯例按顺序排列，以逗号隔开。浙江省分布地名称和行政区划资料截至 2020 年，具体如下。

　　湖州：吴兴、南浔、德清、长兴、安吉

　　嘉兴：南湖、秀洲、嘉善、海盐、海宁、平湖、桐乡

　　杭州：上城、下城、江干、拱墅、西湖、滨江、萧山、余杭、富阳、临安、桐庐、淳安、建德

　　绍兴：越城、柯桥、上虞、新昌、诸暨、嵊州

　　宁波：海曙、江北、北仑、镇海、鄞州、奉化、象山、宁海、余姚、慈溪

　　舟山：定海、普陀、岱山、嵊泗

　　金华：婺城、金东、武义、浦江、磐安、兰溪、义乌、东阳、永康

　　台州：椒江、黄岩、路桥、三门、天台、仙居、温岭、临海、玉环

　　衢州：柯城、衢江、常山、开化、龙游、江山

　　丽水：莲都、青田、缙云、遂昌、松阳、云和、庆元、景宁、龙泉

　　温州：鹿城、龙湾、瓯海、洞头、永嘉、平阳、苍南、文成、泰顺、瑞安、乐清

目　　录

第一章　虻总科 Tabanoidea

一、鹬虻科 Rhagionidae

主要特征：小至中型（体长 2–20 mm）。体细长，有毛而无明显的鬃。雄性复眼一般相接，背部小眼面扩大；雌性复眼宽分离。唇基发达，强烈隆起，侧颜较窄。大多数种类的触角鞭节仅有较短的 1 节，呈锥形、近方形或肾形，有 1 不分节的长芒；少数种类鞭节较长，多节。喙发达，肉质；下颚须 1–2 节。翅前缘脉环绕整个翅缘；Rs 脉柄较长，R_{4+5} 脉分叉，R_5 脉终止于翅端或其后，M_2 脉存在；盘室位于翅中央，有时不存在，臀室在翅缘附近关闭或开放。足前、中、后胫节距式：0–2–2，0–2–1，0–2–0；爪间突垫状。雄腹端下生殖板存在而生殖基节分开，或下生殖板不存在而生殖基节在腹面愈合；生殖基节背桥存在，生殖基节前突细长；有阳茎鞘。雌性尾须 2 节，有 3 个受精囊。

分布：世界已知 26 属 700 余种，中国记录 8 属 122 种，浙江分布 3 属 7 种。[*]

分属检索表

1. 触角鞭节细长，芒状，不分节；下颚须 1 节 ·· 2
- 触角鞭节较粗，分 5–8 节；下颚须 2 节 ·· **多节鹬虻属 *Arthroceras***
2. 体毛金黄色或白色；唇基短，背方远离触角；后足胫节有 1 个距 ··························· **金鹬虻属 *Chrysopilus***
- 体毛常黑色；唇基长，背方延伸有些接近触角；后足胫节有 2 个距 ······························· **鹬虻属 *Rhagio***

1. 多节鹬虻属 *Arthroceras* Williston, 1886

Arthroceras Williston, 1886: 107. Type species: *Arthroceras pollinosum* Williston, 1886.

Pseudocoenomyia Ôuchi, 1943: 493. Type species: *Pseudocoenomyia sinensis* Ôuchi, 1943.

主要特征：雄虻复眼在额相接，雌虻复眼在额相当宽地分开；额在中单眼处最宽，向前变窄，近触角处又向前稍变宽，在最窄处的额宽大致等于复眼宽；唇基相当长，有稀疏的毛，背方变窄而弱突，几乎伸达触角基部；侧颜较宽；颊明显。额短，颜长，触角位于头部上部 2/5 处，触角柄节和梗节短小，几乎等长；鞭节细长，分 5–8 节，基节最粗，逐渐向末端变窄，末节较细长。下颚须 2 节，几乎等长。前小盾片弱，后小盾片不明显；侧背片外部和内部均具毛。后足基节具前下突，足胫节距式 0–2–1。Rs 脉较长，着生处有些近肩横脉，R_{2+3} 脉端部明显先前拱弯，末端稍远离 R_1 脉末端；第 1 径室开口稍宽；R_5 脉终止于翅末端稍后；臀室窄地开放。雄性外生殖器：生殖基节腹面基部愈合，第 9 腹板缺失；第 10 背板存在。雌腹部基部 4–5 节较宽大，第 6–9 节显著细窄，各节大部露出而可见。

分布：世界广布，已知 25 种，中国记录 5 种，浙江分布 1 种。

[*]有关鹬虻科的研究得到浙江省丽水市生物多样性本底调查项目的资助。

（1）中华多节鹬虻 *Arthroceras sinense* (Ôuchi, 1943)（图 1-1）

Pseudocoenomyia sinensis Ôuchi, 1943: 493.

Arthroceras sinense: Yang, Yang *et* Nagatomi, 1997: 115.

主要特征：无雄性标本。雌性：头部黄色，有灰白粉被；额暗黄色，有灰黄粉。胸部黄色，有灰白色粉被；中胸背板和小盾片有灰黄粉；中胸背板黄褐色，有 3 个有些愈合的浅黑色中纵斑，毛淡黄色。足黄色；基节色同胸侧部；胫节黄褐色；跗节暗褐色，但基跗节黄褐色。足的毛黑色，但基节、转节和前中足腿节有淡黄毛，后足腿节的毛多黑色。翅带黄色，端部浅灰褐色，特别是纵脉边缘色暗；翅痣不明显；脉主要褐色；臀室在翅的边缘窄地开口；M_2 的基段为 m 横脉的 0.9 倍。平衡棒黄色，端部暗黄色。腹部黄褐色，有灰白粉被；毛淡黄色，但第 2–4 背板主要有黑毛。

分布：浙江（临安）。

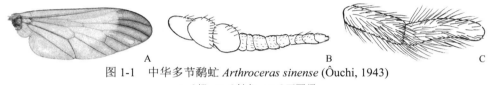

图 1-1　中华多节鹬虻 *Arthroceras sinense* (Ôuchi, 1943)
A. ♀翅；B. ♀触角；C. ♀下颚须

2. 金鹬虻属 *Chrysopilus* Macquart, 1826

Chrysopilus Macquart, 1826: 403. Type species: *Rhagio diadema* Fabricius, 1775 [= *Chrysopilus aureus* (Meigen, 1804)].

主要特征：体通常被金黄色或白色的毛。雄虻复眼通常在额上相接，偶尔很窄地分离，背部小眼面扩大。雌虻复眼显著宽地分开；位于触角处的额宽稍大于或小于复眼宽，额向前稍变窄。雄虻颜近梯形，侧颜较宽，多无毛，偶尔具毛。颊不明显。亚小盾片很弱或不明显。侧背片外部与内部均具毛。足胫节距式 0–2–1。sc-r 脉可见；Rs 脉较长，着生处近肩横脉，R_{2+3} 脉端部明显前弯曲且较接近 R_1 脉；第 1 径室狭长，开口较窄；R_5 脉终止于翅末端后；臀室端部通常具柄。雄腹部可见 7 个明显的节。雄性外生殖器：生殖基节在腹基部愈合；第 9 腹板缺失；第 10 背板存在。雌腹部基部 4–5 节较宽大，第 6–9 节显著细窄，各节大部露出而可见。

分布：世界广布，已知 340 种，中国记录 45 种，浙江分布 1 种。

（2）黄盾金鹬虻 *Chrysopilus flaviscutellus* Yang *et* Yang, 1989（图 1-2）

Chrysopilus flaviscutellus Yang *et* Yang, 1989: 290.

主要特征：无雄性标本。雌性：头部暗褐色至黑色，有灰褐色粉被；头部的毛黑色，但后头下部和颊的毛淡黄色；唇基和侧颜有些淡黄毛。触角暗黄色，触角芒暗褐色。胸部暗褐色，局部暗黄色，有灰褐色粉被；中胸背板有 3 条宽的暗纵斑；小盾片暗黄色。中胸背板和小盾片有金黄色毛；胸侧板有黄色毛。足黄色，但基节较暗，与胸侧板同色；跗节端部暗褐色。足的毛黑色；基节毛黄色，腿节有淡黄毛。翅近白色透明，前缘灰黄色；翅痣黄色，长，伸达翅的边缘；脉黄褐色；R_4 脉基部有 1 短分支；M_2 脉的基部短，

图 1-2　黄盾金鹬虻 *Chrysopilus flaviscutellus* Yang *et* Yang, 1989
♀翅

长为 m 横脉的 0.4 倍；臀室在翅的边缘前关闭。平衡棒基部黄色，端部褐色。腹部褐色至暗褐色，有灰褐色粉被。腹部的毛淡黄色，但 2–3 背板中间有一些黑毛。

　　分布：浙江（临安）。

3. 鹬虻属 *Rhagio* Fabricius, 1775

Rhagio Fabricius, 1775: 761. Type species: *Musca solopacea* Linnaeus, 1758.

Leptis Fabricius, 1805: 69.

　　主要特征：雄性：复眼在额相接，但有时窄地分开。雌性复眼明显分开，额有些两侧平行，近中单眼和触角基部处稍加宽，额宽显著小于复眼宽。额明显长，而颜显著短；触角位于头部下部 1/3 处。唇基长，背方延伸有些接近触角基部，两侧与侧颜之间有深沟。侧颜较窄，有时稍加宽；颊不明显。触角柄节和梗节小，大小几乎相等；鞭节小而窄于梗节，近锥状；触角芒很长，着生在鞭节末端，与鞭节之间无分界线。下颚须 1 节，端部大致向末端变尖，背方有些拱突。亚小盾片很弱。侧背片外部具毛。胫节距式 0–2–2。后足基节具前下突。sc-r 脉可见；Rs 脉着生点处位于基室中部，有些远离肩横脉；R_{2+3} 脉端部弱弯曲，末端有些接近 R_1 脉，第 1 径室狭长，开口较窄；R_5 脉终止于翅末端后；臀室窄地开放或关闭。雄腹部可见 6–7 个明显的节。雄性外生殖器：第 9 腹板和第 10 背板存在。雌性：腹部基部 5 节较宽大，第 6–8 节显著细窄，各节大部露出而可见，第 9 节有时少许露出。

　　分布：世界广布，已知 185 种，中国记录 60 种，浙江分布 5 种。

分种检索表

1. 翅中部无 2 条暗褐色横带 ·· 2
- 翅中部具 2 条明显的暗褐色横带 ··· 4
2. 须暗黄色至黄色，至多基部暗褐色 ·· 3
- 须完全暗褐色或黑色 ·· 粗胫鹬虻 *R. crassitibia*
3. 须全黄色或暗黄色；翅痣达翅缘 ······························· 南方鹬虻 *R. meridionalis*
- 须基部褐色；翅痣不达翅缘 ······························· 杭州鹬虻 *R. hangzhouensis*
4. 翅外侧中带中间不间断 ·· 中华鹬虻 *R. sinensis*
- 翅外侧中带中间间断 ·· 浙江鹬虻 *R. zhejiangensis*

（3）粗胫鹬虻 *Rhagio crassitibia* Yang, Dong *et* Zhang, 2016（图 1-3）

Rhagio crassitibia Yang, Dong *et* Zhang, 2016: 197.

　　主要特征：无雄性标本。雌性：头部黑色，有灰白色粉被。额无亮斑。头部的毛黑色，后腹面有部分淡黄毛。额、唇基和侧颜无毛。触角黑色，触角芒暗褐色，有微毛。胸部的毛黑色；侧背片毛黑色。足黄色；基节全黄色。前足胫节明显加粗，淡黄色，但基部褐色和端部黑色；跗节黑色，但基跗节稍加粗而弱弯，腹面有密的毛。中足胫节黄褐色，跗节褐色至暗褐色。足的毛黑色，但基节的毛淡黄色。翅白色透明，弱带黄色；翅痣黄褐色，狭长，基部和末端尖，末端伸达翅缘。腹部强烈向下弯，黑色，有灰白色粉被；

图 1-3　粗胫鹬虻 *Rhagio crassitibia* Yang,Dong *et* Zhang, 2016
A. ♀翅；B. ♀腹部侧面观；C. ♀前足胫跗节

第 3–5 背板后部黄色，第 1 腹板黄褐色，第 3–5 腹板后部黄褐色。腹部的毛黑色，但第 1 背板的毛淡黄色。

　　分布：浙江（龙泉）。

（4）杭州鹬虻 *Rhagio hangzhouensis* Yang *et* Yang, 1989（图 1-4）

Rhagio hangzhouensis Yang *et* Yang, 1989: 291.

　　主要特征：无雄性标本。雌性：头部暗褐色至黑色，有灰白色粉被。头部的毛淡黄色，但单眼瘤和后头上部有黑毛。触角暗褐色至黑色，鞭节黄色，触角芒暗褐色；触角的毛黑色。胸部暗褐色至黑色，有灰白色粉被；中胸背板有 3 个暗纵斑，中纵斑被 1 淡黄色线分开。中胸背板和小盾片被黑毛；前胸侧板和侧背片前部的毛淡黄色。足黄色；基节黑色，与胸侧板同色，转节暗褐色至黑色；前足腿节暗褐色，基部和端部黄色；后足腿节暗褐色至黑色，基部黄色；后足胫节端部和跗节褐色至暗褐色；足的毛黑色，但基节的毛淡黄色。翅近白色透明；翅痣明显，暗褐色，不伸达翅的边缘。腹部暗褐色至黑色，有弱的灰白色粉被；第 1–7 背板端部黄色；第 1–2 腹板黄色。腹部背面毛主要为黑色；腹面的毛为淡黄色。

　　分布：浙江（西湖、临安）。

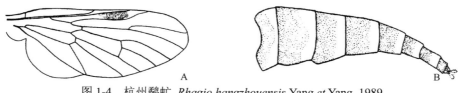

图 1-4　杭州鹬虻 *Rhagio hangzhouensis* Yang *et* Yang, 1989
A. ♀翅；B. ♀腹部背面观

（5）南方鹬虻 *Rhagio meridionalis* Yang *et* Yang, 1993（图 1-5）

Rhagio meridionalis Yang *et* Yang, 1993: 2.

　　主要特征：雄性：头部黑色，有灰白色粉被；头部的毛淡黄色；单眼瘤和后头上部有黑毛；额和唇基裸，侧颜有长的淡黄毛。触角黄色，但柄节有些暗；触角的毛主要为黑色；触角芒暗褐色。胸部黑色，有灰白色粉被。足暗褐色至黑色；基节黑色，与侧板同色；前中足腿节和后足腿节基部黄色，但前足腿节端部浅黑色；胫节除后足胫节端部外黄色；中足跗节基部淡黄色。足的毛黑色，但基节的毛黄色。翅近白色透明，前缘区

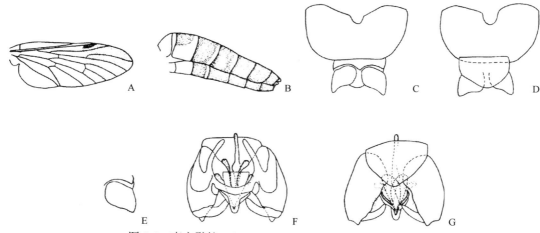

图 1-5　南方鹬虻 *Rhagio meridionalis* Yang *et* Yang, 1993
A. ♂翅；B. ♂腹部侧面观；C. ♂第 9-10 背板和尾须背面观；D. ♂第 9 背板、第 10 腹板和尾须腹面观；E. ♂尾须背侧面观；F. ♂生殖体背面观；
G. ♂生殖体腹面观

带黄色；端部全褐色；翅痣窄，暗褐色。腹部黑色，有弱的灰白色粉被；基部2节黄色，但第2背板基部有1大黑斑；第3—4背板端缘和第3腹板端缘黄色。腹部的毛黑色，但背面两侧有黄色毛；腹面基部主要有黄毛。雌性：中胸背板位于盾缝后两侧区黄色；小盾片基部中央黑色。腹部仅第1节黄色，但第1背板基部黑色。

分布：浙江（龙泉）、安徽、湖北、福建。

（6）中华鹬虻 *Rhagio sinensis* Yang *et* Yang, 1993（图1-6）

Rhagio sinensis Yang *et* Yang, 1993: 1.

主要特征：雄性：头部暗褐色至黑色，有灰白色粉被。头部的毛黑色和浅黄色，但后头下部毛几乎全淡黄色。触角黑色，鞭节有时黄色。喙和下颚须暗褐色至黑色，有黑毛。胸部黑色，有灰白色粉被；中胸背板有3条宽的暗褐色纵斑。中胸背板和小盾片被黑毛；侧板有淡黄色毛，但中侧片和腹侧片有一些黑毛。足暗褐色至黑色；基节与胸侧板同色。翅白色透明，有明显的暗斑；翅痣长，暗褐色。腹部暗褐色至黑色，有灰白色粉被；腹部的毛淡黄色。雌性：额具黑色短毛。

分布：浙江（临安、嵊州、庆元、龙泉）、河南、湖北、江西、福建、广东。

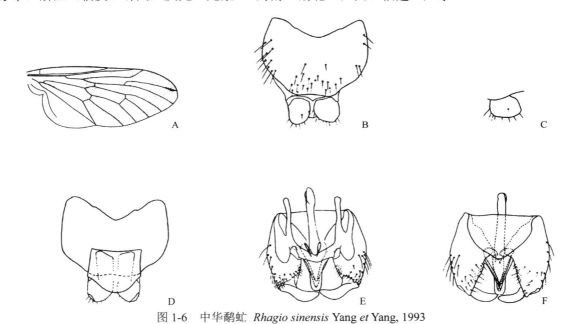

图1-6　中华鹬虻 *Rhagio sinensis* Yang *et* Yang, 1993

A. ♂翅；B. ♂第9—10背板和尾须背面观；C. ♂尾须背侧面观；D. ♂第9背板、第10腹板和尾须腹面观；E. ♂生殖体背面观；F. ♂生殖体腹面观

（7）浙江鹬虻 *Rhagio zhejiangensis* Yang *et* Yang, 1989（图1-7）

Rhagio zhejiangensis Yang *et* Yang, 1989: 290.

主要特征：头部暗褐色至黑色，有灰白色粉和淡黄色毛被；后头上部和单眼瘤被黑毛，额和唇基裸；侧颜被淡黄毛。触角暗褐色至黑色，毛主要为淡黄色。喙褐色至暗褐色，毛淡黄色；下颚须暗褐色至黑色，毛淡黄色。胸部暗褐色至黑色，有灰白色粉被；中胸背板有3条暗色纵斑，中纵斑被1浅黄色线分开；小盾片端部暗黄色至黄色；中胸背板和小盾片被黑毛。足黄色；基节黑色，与胸侧板同色；转节浅黑色；前足胫节端部褐色；跗节褐色至暗褐色；足的毛黑色，但基节和腿节的毛淡黄色。翅近白色透明，基部和前缘区黄色；端缘和后缘以及端部的翅脉带褐色；翅痣很长，暗黄色；臀室关闭。平衡棒黄色。腹部黑色，有弱的灰白色粉被；腹部的毛黑色，但1—4背板两侧的毛和第2—4腹板的毛黄色。

分布：浙江（临安、龙泉）。

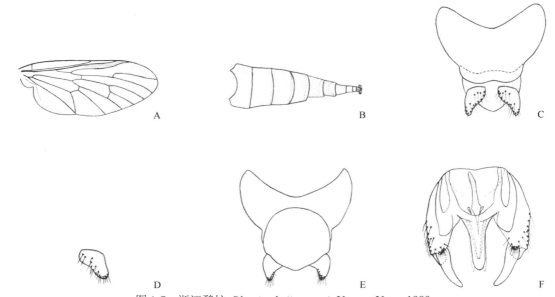

图 1-7 浙江鹬虻 *Rhagio zhejiangensis* Yang *et* Yang, 1989

A.♀翅；B.♀腹部背面观；C.♂第9–10背板和尾须背面观；D.♂尾须背侧面观；E.♂第9背板、第10腹板和尾须腹面观；F.♂生殖体背面观

二、虻科 Tabanidae

主要特征：成虫体粗壮，体长 5–30 mm。头部大，半球状。雄虫复眼接眼式，雌虫为离眼式；常具金属光泽或横带斑纹。触角 3 节，鞭节端部有 2–7 个环节。雌虫口器刮舐式，下唇顶端有 2 个巨大的唇瓣；下颚须 2 节。胸部发达，多绒毛。翅宽，透明或有色斑；中央具长六边形中室，R_4 脉与 R_5 脉端部宽地分开，分别伸至翅缘；上下腋瓣和翅瓣均发达。足较粗，中足胫节有 2 距；爪间突呈垫状，约与爪垫等大。腹部 7 节可见，第 8–11 节为生殖节；腹部的颜色和纹饰变异大，可作为分类的重要依据。

生物学：虻科是一类重要的医学昆虫，大多数种类的雌虫吸血，对人畜危害严重，直接影响农牧业生产；很多种类还在吸血的过程中传播疾病，如伊氏锥虫病、炭疽病、野兔热等。而长喙虻属很多种类的喙长能达体长的 1–3 倍，其特殊的口器结构既可以吸血（仅雌虫），也可以为特殊的姜科、鸢尾科等植物传粉。虻一般为 1 年 1 代，卵块含卵 500–1000 枚；卵期 4–14 天。幼虫多生活在湿土中，虫期很长；幼虫细长呈纺锤形（体长 10–60 mm），头能缩入前胸节；胸部 3 节，腹部 8 节。裸蛹，蛹期 5–20 天。

分布：世界已知 4400 余种，中国记录 3 亚科 7 族 14 属 458 种（许荣满和孙毅，2013），浙江分布 8 属 49 种。

分亚科检索表

1. 触角鞭节基环节粗短，端部分 5–7 个环节；后足胫节通常有距 ·· 距虻亚科 Pangoniinae
- 触角鞭节基环节较长，端部分 2–4 个环节；后足胫节有或无距 ··· 2
2. 单眼发达；后足胫节距通常发达 ··· 斑虻亚科 Chrysopsinae
- 无单眼或单眼不发达，仅有痕迹；后足胫节无距 ··· 虻亚科 Tabaninae

（一）距虻亚科 Pangoniinae Loew, 1860

主要特征：复眼裸；大部分具 3 个分离的单眼。触角柄节与梗节粗短，鞭节端部有 5–7 个环节；喙粗壮而长，一般超过头的高度。亚前缘脉光裸。后足胫节端部有距。雌虫腹部第 9 背板愈合为 1 块连续完整的盾片；受精囊尾部窄。

分布：中国记录 3 属 3 种，浙江分布 1 属 1 种。

4. 石虻属 *Stonemyia* Brennan, 1935

Stonemyia Brennan, 1935: 360. Type species: *Pangonia tranquilla* Osten Sacken, 1875.

主要特征：头部比胸部窄。复眼裸，无带；头顶具 3 个分离的单眼或缺如。触角长度与头的宽度略等，鞭节由 7 个环节组成。翅透明或有斑，R_4 脉通常无附脉，但少数种类具附脉，r_5 室开放。后足胫节端部有距。

分布：古北区、东洋区、新北区。世界已知 10 余种，中国记录 1 种，浙江分布 1 种。

（8）巴氏石虻 *Stonemyia bazini* (Surcouf, 1922)（图版 I-1）

Buplex bazini Surcouf, 1922: 243.
Stonemyia bazini: Wang, 1983: 17.

主要特征：体长 8–12 mm。雌性：前额两侧平行，颇宽，具黄灰色粉被，高度为基宽的 2.5 倍。头顶具 3 个明显的单眼；亚胛、颜及颊具黄灰色粉被，无显著的胛。触角短，柄节、梗节浅灰黑色，具黑色毛；鞭节基部棕黄色，共分 7 个环节，环节部分黑色；下颚须第 2 节甚窄狭，呈黄棕色，具黑毛。中胸背板几乎呈暗黄色，无条纹；侧板、小盾片与背板同色。翅透明，无斑；翅脉棕色，R_4 脉无附脉。平衡棒黑棕色。足黄棕色，除股节具浅黄色毛，其余各节均覆黑色毛，后足胫节端部有距。腹部背板第 1、第 2 节棕色，其余各节深棕色，具浅黄色后缘；腹板棕色，每节亦具浅黄毛后缘。雄性：体色浅于雌性，腹部第 1、第 2 节黄色。

分布：浙江（临安）、江西。

（二）斑虻亚科 Chrysopsinae Lutz, 1909

主要特征：头顶具 3 个分离的单眼；额带较宽，额胛发达。触角通常细窄，鞭节端部有 3–4 个环节。翅具棕色斑或无，亚前缘脉裸或有小鬃，R_4 脉通常附脉缺如；后足胫节端距存在。雌虫腹部第 9 背板分成 2 块，受精囊尾部窄；雄虫抱器端节单一，端部或多或少呈钝形。

分布：中国记录 5 属 47 种，浙江分布 2 属 7 种。

5. 林虻属 *Silvius* Meigen, 1820

Silvius Meigen, 1820: 27. Type species: *Tabanus vituli* Fabricius, 1805.

Silvius (*Heterosilvius*) Olsufjev, 1970: 683. Type species: *Silvius* (*Heterosilvius*) *zaitzevi* Olsufjev, 1941.

主要特征：黄色或浅棕色中型种。头顶具 3 个明显的单眼；复眼无带；雄虫复眼上部 2/3 小眼面大于下部 1/3 小眼面；额具明显额胛（新林虻亚属除外）；颜一般无胛（异林虻亚属除外）。触角窄长，其长度通常超过头的宽度，鞭节具 3–4 个环节。翅透明或稍有颜色，R_4 脉通常具附脉（新林虻亚属除外）。后足胫节端部有距。

分布：世界广布，已知 40 余种，中国记录 7 种，浙江分布 1 种。

（9）心胛林虻 *Silvius cordicallus* Chen *et* Quo, 1949（图版 I -2）

Silvius cordicallus Chen *et* Quo, 1949: 8.

主要特征：体长 11.5 mm。额覆厚的灰黄色粉被，两侧平行，高度约与基宽相等；额基胛棕色，呈心形；颜与颊具黄色粉被。触角黄色，柄节较粗，长度为宽度的 2 倍；梗节长度为柄节的 1/2；鞭节长度大于柄节、梗节长度之和，环节部分黑色；触角窝两侧有 2 个棕色的圆形胛。下颚须窄狭、黄棕色；喙略长于下颚须，棕黑色。中胸背板及小盾片灰色，具黄色粉被，背板有 4 条纵纹。翅透明，具棕色翅脉，R_4 脉有附脉；平衡棒黄色。足黄色，膝部明显黑色，跗节棕色。腹部卵圆形，背板基部为浅黄色，其余部分黄棕色；腹板色同背板。

分布：浙江（临安）、贵州。

6. 斑虻属 *Chrysops* Meigen, 1803

Chrysops Meigen, 1803: 267. Type species: *Tabanus caecutiens* Linnaeus, 1758.

Psylochrysops Szilády, 1926: 3 (new name for *Neochrysops* Szilády).

主要特征：小型种，通常为黄色或黑色。头顶具 3 个明显分离的单眼。雌虫额宽，额胛圆形或卵圆形；

颜胛、口胛、颊胛形状大小及颜色各异，有些种类颊胛退化。触角细而长，鞭节基环节无背角，端部具 4 个环节。翅通常具棕色或黑色的横带及端斑，极少数种类无斑；雄虫翅比雌虫色深；r_5 室开放。足细长，后足胫节具端距。

分布：世界广布，已知 260 余种，中国记录 35 种，浙江分布 6 种。

分种检索表

（10）舟山斑虻 *Chrysops chusanensis* Ôuchi, 1939（图版Ⅰ-3）

Chrysops chusanensis Ôuchi, 1939: 180.

Chrysops subchusanensis Wang *et* Liu, 1990: 173.

主要特征：体长 8–9 mm。前额具黄灰色粉被及浅黄色毛；额胛黑棕色，甚大，两侧与眼相距甚近；口胛、颜胛在触角下方连接成 1 个具黑棕色光泽大型的胛；颊胛大、黑色、延长至唇基边缘。触角窄长，柄节、梗节黄色、被黑毛，鞭节环节部分黑色，其余部分黄棕色；下颚须黑棕色。胸部背板具黑色光泽，2 条灰色条纹，直至背板后缘的 2/3，胸侧板具金黄色毛。翅透明，翅斑棕色，横带斑到达翅后缘，外缘平直，第 5 后室透明，端斑窄呈带状与横带斑相连。足黑棕色、覆黑毛，前足胫节基部 1/3 棕黄色，中、后足胫节及跗节黄色。腹部背板黑色，第 2 背板黄色、后缘具略似三角黑斑，其后各节黑色，第 2–3 节中央有 1 条黄色条纹；腹板除第 1–2 节黄色外，其余部分均为黑色。

分布：浙江（舟山）、湖北、福建、广西、四川。

（11）黄瘤斑虻 *Chrysops flavescens* (Szilády, 1922)（图 1-8）

Silviochrysops flavescens Szilády, 1922: 126.

Chrysops flavocallus: Xu *et* Chen, 1977: 337.

主要特征：体长 8–10 mm，土黄色种。额黄色，高略大于基宽；额胛黄色，两侧与眼分离；亚胛、颜、颊亦呈黄色。口胛、颜胛均为黄色。颊胛小而不明显，呈棕黄色；单眼棕色，明显。触角柄节及梗节较为短粗，黄色；鞭节橘黄色，仅环节端部棕黑色；下颚须黄色，长约为宽的 3 倍，覆黑色及黄色短毛；口毛黄色。中胸盾片及小盾片灰黄色，盾片具 3 条棕色条纹，其中央条纹窄于两侧条纹；胸侧板及腹板黄色。翅透明，翅脉黄色；端斑宽，占据整个 r_1 室，略过 R_4 脉，并与横带斑相连，中室色浅，但绝不透明；平衡棒土黄色。足黄色，具同色毛，仅跗节具黑毛。腹部土黄色。背板第 2–6 节有 2 列浅棕色楔形条纹，直达后缘；腹板无条纹。

分布：浙江（舟山）、辽宁、北京、上海、台湾。

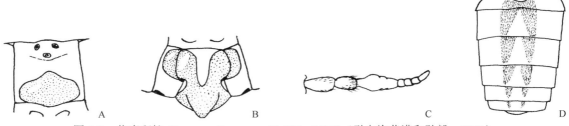

图 1-8　黄瘤斑虻 *Chrysops flavescens* (Szilády, 1922)（引自许荣满和孙毅，2013）
A. ♀额；B. ♀颜；C. ♀触角；D. ♀腹部背面观

（12）莫氏斑虻 *Chrysops mlokosiewiczi* Bigot, 1880（图版 I-4）

Chrysops mlokosiewiczi Bigot, 1880: 146.
Heterochrysops obscurus Kröber, 1929: 478.

　　主要特征：体长 9–11 mm。雌性：头部额胛边缘黑色，其余黄棕色；颜胛、口胛黄色或黄棕色，颊胛缺如。触角长细，柄节黄色或黄棕色，梗节棕黑色，长度超过宽度的 3 倍，鞭节全黑；下颚须棕黄色。胸部背板黑色，具 2 条宽的灰黄色条纹，到达小盾片基部；胸侧板具浅黄灰色毛。翅透明，横带斑外缘平直、端斑颇窄、通常不超过 R₄ 脉端部。前足胫节端部 2/3 处黑色，中、后足胫节黄色，跗节黑色。腹部浅黄色，第 2–6 节背板有 4 条楔形黑色纵纹，不达背板后缘。腹板黄色，每节中央基部具小黑斑。雄性：中足股节、胫节黄色，有时股节 1/2 黑色，前足胫节基部和后足胫节黄棕色，前足胫节端部、跗节和后足跗节端部黑色。

　　分布：浙江、吉林、辽宁、内蒙古、北京、天津、河北、山西、河南、陕西、宁夏、甘肃、新疆、福建、台湾、广东；俄罗斯，中亚地区。

（13）帕氏斑虻 *Chrysops potanini* Pleske, 1910（图版 I-5）

Chrysops potanini Pleske, 1910: 468.

　　主要特征：体长 9–11 mm，全身黑色种。雌性：头部前额黑色有光泽，额胛近长方形、两侧与眼接触。颜胛、口胛连接成 1 块具黑色光泽的大型胛。触角柄节、梗节黑色，鞭节基环节暗棕色，其余环节黑色，柄节、梗节长度之和与鞭节长度略等；下颚须黑色。胸部背板黑色。翅透明，棕色斑大，外缘到达 R₄ 脉基部，横带斑到达第 4 后室端部，第 2 基室棕色，端斑呈带状、略过 R₄ 脉基部。足黑色。腹部均为黑色光泽。雄性：复眼小眼面大小均等。

　　分布：浙江（天台、临海）、山西、陕西、甘肃、安徽、福建、四川、贵州、云南；日本。

（14）中华斑虻 *Chrysops sinensis* Walker, 1856（图版 I-6）

Chrysops sinensis Walker, 1856: 453.
Chrysops sinensis var. *balteatus* Szilády, 1926: 598.

　　主要特征：体长 8–12 mm。雌性：额基胛黑色，两侧与复眼分离；亚胛黄色；口胛、颜胛均为黄色；颊胛黑色。触角柄节、梗节及鞭节基部黄色，其余黑色；下颚须棕色。中胸背板黑色，具 2 条浅黄灰色中纵纹，不达后缘；背板两侧具黄色纵条；侧板灰色。足黄色、跗节端部呈暗棕色。翅透明，横带斑锯齿状，端斑呈带状，与横带相连接处占据着整个 r₁ 室；平衡棒黑色。腹部背板浅黄色，第 2 背板中部具 1 对"八"字形黑斑，第 3–5 节有断续黑色条纹，其后各节呈黄灰色；腹板第 1、2 节黄色，第

2 节中央具黑色小斑，其余各节黑色。雄性：颜胛、口胛具黄色光泽，中央被 1 条纵带分成两部分。腹部背板第 1 节黑色，两侧有棕黄色斑，第 2–4 节黄色，中央具"八"字形黑斑，其后几节黑色；腹板基部 3 节黄色，其后各节黑色。

分布：浙江（临安）、吉林、辽宁、北京、天津、河北、山西、山东、河南、陕西、宁夏、甘肃、江苏、上海、安徽、湖北、江西、湖南、福建、台湾、广东、香港、广西、重庆、四川、贵州、云南。

（15）范氏斑虻 *Chrysops vanderwulpi* Kröber, 1929（图版 I -7）

Chrysops vanderwulpi Kröber, 1929: 467.

Chrysops striatus van der Wulp, 1885: 79.

主要特征：体长 8–9.5 mm。头部额胛黄色，颜胛、口胛均为浅黄色，颊胛退化为黑色小点。触角柄节、梗节黄色，鞭节红黄色，仅环节部分黑色，梗节较短，长度仅超过宽度的 1.5–2 倍；下颚须黄色。胸部背板覆黄灰色粉被，并有明显的条纹到达小盾片基部。翅横带斑接近 R_{4+5} 脉处有微突，端斑较宽、呈带状；端部超过 R_4 脉，中室透明。足黄色，仅跗节端部棕黑色。腹部黄色，背板第 2–6 节有 4 条楔形黑色断续条纹；腹板黄色或中央有 1 列小黑斑，第 5 节及其后各节黑色。

分布：浙江（德清、临安、定海、天台、临海）、黑龙江、吉林、辽宁、内蒙古、北京、天津、河北、山西、山东、河南、陕西、宁夏、甘肃、江苏、上海、安徽、湖北、江西、湖南、福建、台湾、广东、海南、香港、澳门、广西、重庆、四川、贵州、云南；俄罗斯，朝鲜，日本，越南。

（三）虻亚科 Tabaninae Loew, 1860

主要特征：单眼通常缺如，但在瘤虻属 *Hybomitra* 有单眼瘤存在。触角柄节及梗节较短，鞭节基环节（除麻虻属 *Haematopota* 外）较宽扁，背缘具钝角，锐角或直角突起和缺刻，有些种类背缘背角不明显，也有少数种类腹缘具钝突，端部具 3–4 个环节。基胛发达（黄虻属 *Atylotus* 胛较小）。翅亚前缘脉下部有细毛，R_4 脉有附脉或缺如；后足胫节端距缺如。雌虫腹部第 9 背板分成 2 块，受精囊管基部呈喇叭口形；雄虫抱器端部平截形。

分布：中国记录 6 属 408 种，浙江分布 5 属 41 种。

分属检索表

1. 翅具点状或云状花斑；额无中胛，具侧斑 ··麻虻属 *Haematopota*
- 翅无点状或云状花斑；额一般具中胛，无侧斑 ··· 2
2. 新鲜标本复眼浅黄色，半透明，通常具 1 条窄带 ····································黄虻属 *Atylotus*
- 新鲜标本复眼亮绿或暗黑色，不透明，通常无带或具 1–4 条带 ·· 3
3. 头顶具单眼瘤；复眼通常具毛，多数种类具 3 条横带 ····························瘤虻属 *Hybomitra*
- 头顶无单眼瘤；复眼通常无毛，无带或具 1–4 条横带 ··· 4
4. 触角鞭节端部一般具 3 个环节；翅基鳞被毛细软；复眼具 3 条带 ·············少环虻属 *Glaucops*
- 触角鞭节端部具 4 个环节；翅基鳞具硬毛；复眼具 0–4 条带 ···························虻属 *Tabanus*

7. 黄虻属 *Atylotus* Osten Sacken, 1876

Atylotus Osten Sacken, 1876: 426 (as subgenus of *Tabanus* Linnaeus, 1758). Type species: *Tabanus bicolor* Wiedemann, 1821.

Abatylotus Philip 1948: 79. Type species: *Tabanus agrestis* Weidemann, 1828.

主要特征：中型种，浅灰或黄褐色。复眼具绒毛或裸，通常具 1 条窄带。头顶无单眼瘤。中胛、基胛小，略呈圆形，两者分离或退化。触角鞭节背角具钝角或直角，顶端有 4 个环节。翅透明，R_4 脉具附脉，r_5 室开放。后足胫节距缺如。雄虫复眼上半部小眼面大于下半部小眼面，具单眼瘤。

　　分布：古北区、东洋区。世界已知 40 余种，中国记录 15 种，浙江分布 3 种。

分种检索表

1. 胸部背板仅着生黄毛；腹部背板黄色，覆黄毛，如具黑毛，在亚中部成 2 列黑毛斑状排列 ………… **中华黄虻 A. sinensis**
- 胸部背板着生黄毛和黑毛；腹部背板黄色至灰色，覆黄毛和黑毛 ……………………………………………… 2
2. 腹部背板中纵黑条前后大致等宽；或前宽后窄 …………………………………………… **骚扰黄虻 A. miser**
- 腹部背板中纵黑条前窄后宽 …………………………………………………………… **霍氏黄虻 A. horvathi**

（16）霍氏黄虻 *Atylotus horvathi* (Szilády, 1926)（图版 I-8）

Tabanus (*Ochrops*) *horvathi* Szilády, 1926: 601.

Atylotus horvathi: Murdoch *et* Takahasi, 1969: 55.

　　主要特征：体长 12–15 mm，黄绿色。雌性：头部复眼无毛，具 1 窄带；额灰黄色，高为基宽的 4.5–5.0 倍，两侧平行，基胛小，中胛心形；亚胛与颜黄灰色。触角黄色，鞭节带棕色，基环节长为宽的 1.5 倍，具低背突。下颚须灰白色。胸部背板灰黑色，背侧片棕红色；侧板灰黑色，覆白色长毛。翅透明，翅脉棕色，R_4 脉具长附脉。腋瓣棕黑色。足黄色，但前足胫节端部 1/2–2/3 和跗节黑色，中、后足跗节端部黑色。腹部背板灰黄色，第 1–3 或第 1–4 背板两侧具大的棕黄色斑，中纵黑条占腹部宽的 1/3。腹板灰黄色。雄性：复眼具短浅毛，上、下小眼面分界明显；触角鞭节较细，色较浅。

　　分布：浙江（德清、临安、舟山、临海）、黑龙江、吉林、辽宁、内蒙古、北京、山东、河南、陕西、甘肃、江苏、湖北、福建、台湾、广东、重庆、四川、贵州；俄罗斯，朝鲜，日本。

（17）骚扰黄虻 *Atylotus miser* (Szilády, 1915)（图版 I-9）

Ochrops miser Szilády, 1915: 103.

Atylotus bivittateinus: Takahasi, 1962: 62.

　　主要特征：体长 11–14 mm。雌性：头部前额两侧平行，覆灰色粉被，高度约为基宽的 4.5 倍。亚胛及颜均覆黄色粉被，颊覆灰色粉被；中胛小、黑色，呈心形；基胛黑色或棕色，圆形。触角橙色，鞭节基环节宽扁，长为宽的 1.5 倍。背角近基部 1/3 明显呈钝角；下颚须乳白色。胸部背板及小盾片灰色。侧板灰色。翅脉黄色，R_4 脉具附脉。足黄色，股节基部 1/3 黑灰色，或全部黄色，前足胫节端部及跗节黑色。腹部灰色，背板第 1–2 节或至 3 节两侧具黄斑，中央条纹占腹宽的 1/3；腹板黄色，末端 4 节具灰色粉被。雄性：复眼具短毛，上半部 2/3 小眼面大于下半部小眼面；触角较狭窄；腹部背板第 1–3 节或至 4 节两侧具大块橙色斑，中央黑色条纹占腹宽的 1/4。

　　分布：浙江（临安、定海、临海）、黑龙江、吉林、辽宁、内蒙古、北京、天津、河北、山西、山东、河南、陕西、宁夏、甘肃、青海、江苏、上海、安徽、湖北、福建、广东、香港、广西、重庆、四川、贵州、云南；俄罗斯，蒙古国，朝鲜，日本。

（18）中华黄虻 *Atylotus sinensis* (Szilády, 1926)（图 1-9）

Tabanus (*Ochrops*) *sinensis* Szilády, 1926: 601.

Atylotus sinensis: Stone, 1975: 49.

　　主要特征：体长 12–15 mm，黄色。雌性：复眼无毛；额黄色，高为基宽的 4-5 倍，两侧平行；基胛小，棕黑色，中胛无或有，不规则形，黑色；亚胛与颜黄色；口毛黄色。触角黄棕色，鞭节带棕红色，基环节长为宽的 1.5 倍，具低背突；下颚须黄色，覆黄毛，第 2 节夹杂黑毛。胸部：背板棕黄色，有的可见不清晰的 3 浅色纵条；背侧片棕红色；胸侧板黄色，覆长黄毛。翅透明，翅脉棕黄色，翅基鳞着生黄毛，R_4 脉无或有附脉，r_5 室开放；腋瓣黄色；平衡棒黄棕色。足棕黄色，前足胫节端部 1/2–2/3 和跗节，中、后足第 1 跗节端半和第 2–5 跗节棕黑色。腹部背板一致黄色，有的尾端略暗，正模有 2 纵列由少量黑毛组成的毛斑，有的副模具不清晰的暗斑纵中列，有的同时具暗斑中纵列和 2 列黑毛斑。雄性：上、下小眼面界限清晰，触角窄于雌性。

　　分布：浙江（临安）、北京、福建、香港。

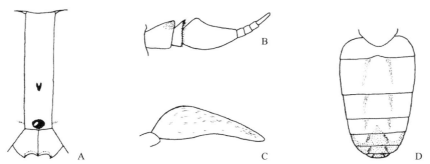

图 1-9　中华黄虻 *Atylotus sinensis* (Szilády, 1926)（引自许荣满和孙毅，2013）
A. ♀额；B. ♀触角；C. ♀下颚须；D. ♀腹部背面观

8. 少环虻属 *Glaucops* Szilády, 1923

Glaucops Szilády, 1923: 17. Type species: *Tabanus hirsutus* Villers, 1789.

　　主要特征：中型种，体型同虻属；腹部修长，形如麻虻属。雌虫头宽于胸，复眼具 3 条带，无单眼；额胛短，与中胛分类；亚胛光裸。触角鞭节端部分节不清晰，3–4 个环节。翅基鳞只具细毛，较前缘脉的毛细软。后足胫节距缺如。腹部背板具浅色后缘及圆形侧斑。

　　分布：世界广布，已知 3 种，中国记录 1 种，浙江分布 1 种。

（19）舟山少环虻 *Glaucops chusanensis* (Ôuchi, 1943)（图版Ⅰ-10）

Tabanus (*Glaucops*) *chusanensis* Ôuchi, 1943: 512.
Glaucops chusanensis: Schacht, 1983: 488.

　　主要特征：体长 13 mm，棕色。雌性：头部复眼无毛，具 3 条带；额黄棕色，高为基宽的 3 倍，两侧平行，基胛暗棕黑色，两侧与复眼分离，与大的中胛分离；亚胛光裸，棕黑色，颜与颊覆黄色粉；口毛黄色。触角柄节和梗节黄色，梗节背突短，鞭节橙色，基环节背突低，端环节棕黑色，具 4 个环节。下颚须灰黄色，短钝。胸部盾片棕黑色，盾片两侧，从肩胛、背侧片、翅上胛至翅后胛侧部灰棕色，中央具 3 条灰白色窄纵纹；胸侧板灰色，覆黄毛。翅透明，端部具烟色阴影，翅脉棕色，R_4 脉无附脉，r_5 室开放；平衡棒黑色。足基节和股节黑色，胫节黄棕色，跗节黑色。腹部较长，形如麻虻，背板灰黑色，各节后缘具棕色带，中央扩大成三角形，第 2、第 3 背板两侧带棕黄色，第 6、第 7 背板变暗，几乎全黑，第 2–6 背板两侧具斜形灰白斑。腹板橙色，中央具黑色纵条，各腹板具浅色后缘。雄性：复眼具 2 条紫色横带（回潮），触角鞭节基环节较雌虫的窄长，腹部背板浅色中三角不清晰，腹板中纵黑条不清晰。

　　分布：浙江（舟山）、河南、陕西、福建。

9. 麻虻属 *Haematopota* Meigen, 1803

Haematopota Meigen, 1803: 267. Type species: *Tabanus pluvialis* Linnaeus, 1758.

Potisa Surcouf, 1909: 454. Type species: *Haematopota pachycera* Bigot, 1890.

主要特征：通常为小型，窄狭暗色种。复眼一般有短毛；雄虫毛通常密集，复眼上半部 2/3 小眼面大于下半部 1/3 小眼面，两者颜色不同。雌虫额甚宽，基胛粗壮，无中胛。触角窄长，柄节圆柱形或卵圆形；梗节甚短；鞭节窄长，背缘无背角，顶端具 3 个环节。翅棕色或灰色，具点状或云状花斑，R_4 脉具长附脉。后足胫节无端距。腹部浅灰色或浅棕色，有时背板两侧具白色斑。

分布：世界广布，已知 400 余种，中国记录 76 种，浙江分布 8 种。

分种检索表

1. 侧颜具大块天鹅绒黑斑 ·· 中国麻虻 *H. chinensis*
 - 侧颜具散在的黑斑点 ·· 2
2. 触角柄节长度至少大于鞭节基环节，宽度约等于鞭节基环节 ····································· 3
 - 触角柄节长度等于或短于鞭节基环节，如长于鞭节基环节，则中部或端部明显膨大，远宽于鞭节基环节 ··············· 4
3. 触角鞭节的基环节和端环节约等长；后足胫节具 2 个浅色环 ·········· 亚朝鲜麻虻 *H. subkoryoensis*
 - 触角鞭节的基环节远长于端环节；后足胫节仅具基浅色环 ·············· 台岛麻虻 *H. formosana*
4. 触角柄节中部明显膨大，远宽于鞭节基环节，一般亮黑色 ········ 括苍山麻虻 *H. guacangshanensis*
 - 触角柄节圆筒形，或基部向端部渐粗，宽度约等于鞭节基环节，一般不发亮 ························· 5
5. 触角柄节基部很细，端部粗，呈圆台形，长度仅为宽度的 1.5 倍 ·································· 6
 - 触角柄节圆筒形，如端部变粗，则长度为宽度的 2 倍以上 ··· 7
6. 触角鞭节基环节椭圆形，长为宽的 2 倍；腹部第 2–7 背板具侧圆浅斑 ········· 触角麻虻 *H. antennata*
 - 触角鞭节基环节圆盘形，长不到宽的 1.5 倍；腹部第 3–7 背板具侧圆浅斑 ········· 中华麻虻 *H. sinensis*
7. 小盾片全白色 ·· 莫干山麻虻 *H. mokanshanensis*
 - 小盾片中部 1/3 白色，两侧棕黑色至黑色 ·································· 浙江麻虻 *H. chekiangensis*

（20）触角麻虻 *Haematopota antennata* (Shiraki, 1932)（图版Ⅰ-11）

Chrysozona antennata Shiraki, 1932: 265.

Haematopota antennata: Murdoch *et* Takahasi, 1969: 88.

主要特征：体长 10–12 mm，灰色种。雌性：头部前额黄灰色，被黑毛，两侧平行，高度大于基宽；基胛具黑色光泽、呈长方形，中央具明显突起；侧点与眼接触，但与基胛分离；中央点甚小；两触角间具黄棕色光泽，颊端部 1/5 处明显黄色并有许多密集小黑点，其余部分及颜黄灰色。触角黄棕色，柄节短、长为宽的 1.5 倍，鞭节基环节稍侧扁，长度为最宽处约 2 倍。胸部背板浅灰棕色，具 5 条明显的灰色条纹。小盾片覆灰色粉被。翅灰色、具云朵状花纹，翅尖带单一，但不达到翅后缘，第 1–5 后缘室具大块白斑。前足除胫节基部 1/3 白色外其余部分黑色，中、后足黄棕色，胫节各具 2 个白环。腹部背板黑色，中央具细的白色条纹，每节具白色后缘，第 1–6 节两侧具灰白色圆斑。

分布：浙江（临海）、吉林、辽宁、北京、河北、山西、山东、河南、陕西、甘肃、江苏、湖北、广东；朝鲜。

（21）浙江麻虻 *Haematopota chekiangensis* Ôuchi, 1940（图版 I-12）

Haematopota chekiangensis Ôuchi, 1940: 256.

主要特征： 体长 9–12 mm，棕色种；额具灰色粉被；高度约等于基宽，基部略宽于端部；基胛带状，棕色，两侧与复眼接触；侧点圆形，与眼接触，但与基胛分离，中央点明显；两触角间具天鹅绒黑斑，颊上半部具多个黑色小点。触角黄棕色，柄节长度为宽度的 3 倍；梗节短，背突大；鞭节基环节基部黄棕色，环节部分呈黑色；下颚须第 2 节窄狭，浅棕色。中胸背板黑灰色，具不明显的纵条纹，侧板灰色、具较长的白毛。翅棕色，具点状花纹，亚端带单一而宽，第 1、第 2、第 3、第 5 后室及臀室具白斑。前足胫节除基部 1/3 白色外，其余部分均为黑色，中、后足黄棕色，胫节各具 2 个白环，跗节基部白色。腹部背板棕黑色，每节具白色后缘，中央灰色条纹不甚明显，第 3–6 节两侧具灰色圆斑。

分布： 浙江（临安）、河南、陕西、甘肃、湖北、云南。

（22）中国麻虻 *Haematopota chinensis* Ôuchi, 1940（图版 I-13）

Haematopota chinensis Ôuchi, 1940: 253.

主要特征： 体长 9–10 mm，黑色种。前额灰色，高度窄于基宽，端部窄于基部；基胛具棕色光泽，呈带状，两侧与眼接触；侧点大，圆形，与眼及基胛接触或稍有距离；中央点明显；两触角间具棕色斑。颊及颜端部 1/3 棕黑色，并有小黑点，其余 2/3 为灰色粉被。触角柄节圆柱形，并具黑色光泽，背部稍凹陷；梗节小；鞭节基环节较窄长，具天鹅绒状棕色斑，环节部分黑色；柄节长度略等于梗节与鞭节基环节长度之和。下颚须棕黄色。中胸背板及小盾片黑色；侧板灰色。翅棕黑色，具小的点状花纹，亚端带单一而宽，达到翅后缘，翅后室及臀室均有显著的白斑。足棕黑色，前足胫节基部 1/2 白色，中、后足胫节具 2 个白环，跗节基部白色。腹部背板黑色，每节具白色后缘。

分布： 浙江（临安）、陕西、福建。

（23）台岛麻虻 *Haematopota formosana* Shiraki, 1918（图版 I-14）

Haematopota formosana Shiraki, 1918: 109.

Chrysozona ornata Kröber, 1922: 154.

主要特征： 体长 10 mm。头部额具灰色粉被，高度与基宽略等，基部宽于端部；基胛黑色，高为宽的 3.5 倍，中央具明显隆起，两侧与眼相接触；侧斑色同基胛，与眼接触，但与基胛稍有距离；中央点小。两触角间具天鹅绒黑斑；颊上半部具少量黑色小斑。触角浅棕黑色，圆柱形，但鞭节环节部分黑色，鞭节较窄狭，略短于柄节长度；下颚须浅黄灰色，第 2 节窄狭。胸部盾片棕黑色，肩胛灰色，盾片具有 3 条灰色条纹。小盾片基部具白色月形斑；小盾片棕黑色，中前缘具大块灰色圆斑；胸侧板及腹板灰白色。翅深棕色，具云朵状花纹，翅尖带单一。前足股节暗棕色，中、后足股节大部黄棕色，仅端部色深；前足胫节黑色，仅基部 1/3 白色，中、后足胫节各具 2 个白色环；前足跗节黑色，中、后足跗节基部浅黄色，其余部分黑色。腹部背板深棕色，每节具浅色后缘，第 2 节背板中央具明显的灰色三角形斑，其后各节中央具灰色条纹。

分布： 浙江（天台、临海）、河南、江苏、安徽、湖南、福建、台湾、广东、广西、四川、贵州。

（24）括苍山麻虻 *Haematopota guacangshanensis* Xu, 1980（图 1-10）

Haematopota guacangshanensis Xu, 1980: 186.

主要特征： 体长 7.5–9.5 mm。体黑色，头部额灰黑色，侧点前缘具长浅毛，额高约等于顶宽，小于基宽；侧点接触或接近眼；中点大；额瘤亮黑色，中央皱，瘤的中侧有 1 对隆起，额瘤宽约为高的 4 倍；亚额灰黄色，触角间具棕黑色大绒斑；颜浅黄灰色，上侧颜具散的棕黑斑和点。触角柄节亮黑，中部膨大，梗节棕黑色，具发达背突，鞭节基环节棕黑色，端环节黑色；下颚须黄灰色。胸部盾片棕黑至黑色，中央窄条从前缘贯穿到后缘，中侧条缝后成三角点，小盾前片和小盾片色暗；侧板灰黑色。前足股节黑色，前足胫节黑色，具亚基浅环，中、后股节棕色至暗棕色，中、后足胫节棕黑至黑色，具 2 个浅环，跗节黑色；翅亚端带成双，外支弱，有的单一，第 1、第 2、第 3、第 5 后缘室具白斑。腹部背板黑色，各节具浅色后缘，第 3–7 节具侧圆斑；腹板灰黑色。

　　分布：浙江（舟山、临海）、陕西、福建。

　　图 1-10　　括苍山麻虻 *Haematopota guacangshanensis* Xu, 1980（引自许荣满和孙毅，2013）
A. ♀额；B. ♀触角；C. ♀下颚须

（25）莫干山麻虻 *Haematopota mokanshanensis* Ôuchi, 1940（图版Ⅰ-15）

Haematopota mokanshanensis Ôuchi, 1940: 259.

　　主要特征：雌性：体长 10 mm。头部前额灰色，高度大于基宽，两侧略平行；基胛略呈弧形、棕色，中央无突起，两侧与眼接触或稍有距离。侧点棕红色、圆形，两侧与眼接触，但与基胛分离；中央点明显；两触角间具天鹅绒黑色；颊端部具多个棕色小点；颜端部棕色、基部灰色。触角黄棕色，鞭节第 1 环节橙红色，环节部分黑色；下颚须第 2 节棕黄色，黑、白毛间杂。胸部背板前半部黑棕色，后半部及小盾片覆灰色粉被及白毛，侧板棕色。翅棕色，具云朵状花纹，翅尖带成双，第 1、第 3、第 5 后室后缘具大块白斑；平衡棒白色，端部黑色。前足除胫节基部白色外，其余部分黑色，中、后足黄色，各具 2 个白环，跗节基部白色；腹部背板黑棕色，第 4–7 节两侧具灰色圆形斑，每节具白色后缘。雄性：体长 9 mm 左右，两眼与触角间具"T"形深棕色斑痕。触角黄棕色，柄节长圆形、有亮光，鞭节第 1 环节扁平椭圆形。

　　分布：浙江（德清、舟山、黄岩、临海）、福建、贵州。

（26）中华麻虻 *Haematopota sinensis* Ricardo, 1911（图版Ⅰ-16）

Haematopota sinensis Ricardo, 1911: 345.

Chrysozona peculiaris Kono *et* Takahasi, 1939: 17.

　　主要特征：雌性：体长 10–11 mm。头部前额覆黄灰色粉被，高度大于基宽，侧点黑色，圆形，与基胛分离，眼分离或接触，中央点明显，呈圆形，基胛棕黑色，略呈三角形，基部向上突起，两侧与眼接触或稍有距离；亚胛具红棕色粉被。触角黄棕色，鞭节基环节宽扁而短，似如圆盘状；下颚须浅棕色。胸部背板棕色、有 3 条明显的浅灰色条纹，胸部两侧具灰色粉被。翅浅棕色，翅尖带单一，不达到翅后缘，第 5 后室后缘有 1 大白斑；平衡棒棕色。足浅棕色，中、后足胫节各具 2 个白环。腹部背板黑色，两侧有白色圆斑，中央有灰色细条纹；腹板覆灰色粉被。雄性：体长 9 mm。复眼上半部 2/3 小眼面红棕色；显著大于下半部黑色小眼面。触角红棕色，比雌虫窄小。腹部背板棕色，后 4 节两侧具灰斑。

　　分布：浙江（杭州）、吉林、辽宁、内蒙古、北京、河北、山西、山东、河南、江苏、上海、安徽、湖北、福建；朝鲜。

（27）亚朝鲜麻虻 *Haematopota subkoryoensis* Xu *et* Sun, 2013（图 1-11）

Haematopota subkoryoensis Xu *et* Sun, 2013: 159.

　　主要特征：体长 9 mm，黑色。额高约等于基宽，灰黄色，基胛黑色，光亮，两侧角接触复眼；侧点大，黑色，与复眼接触，与基胛窄分离；中央点小；亚胛中央裂缝浅，在触角间具黑色绒斑，基胛前具棕黑色三角形亮片；颜浅灰黄色，上侧颜具散在黑点；口毛白色。触角柄节至鞭节的基环节棕色，鞭节端环节色略暗；下颚须灰黄色。胸部盾片黑色，肩胛灰棕色，盾片后缘具大块白斑。翅白斑点状，形成不明显玫瑰花形，亚端白斑三点状，不达翅后缘，第 2、第 3、第 5 后缘室具小白斑。平衡棒棕色。前足股节黑色，中、后足股节棕黑色，前足胫节黑色，基部浅色环棕色，中、后足胫节棕黑色，各具 2 个浅色环，前足跗节黑色，中、后足第 1 跗节较浅，其余黑色。腹部背板灰黑色，各背板具灰白色窄后缘，第 2–6 背板具窄的中纵白条，第 5–7 背板具弱的侧圆浅色点。

　　分布：浙江（临海）。

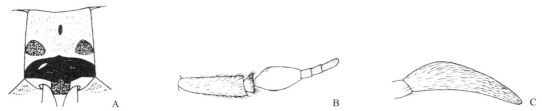

图 1-11　亚朝鲜麻虻 *Haematopota subkoryoensis* Xu *et* Sun, 2013（引自许荣满和孙毅，2013）
A. ♀额；B. ♀触角；C. ♀下颚须

10. 瘤虻属 *Hybomitra* Enderlein, 1922

Hybomitra Enderlein, 1922:347. Type species: *Tabanus solox* Enderlein, 1922.
Mouchaemyia Olsufjev, 1972: 450 (as subgenus of *Hybomitra* Enderlein, 1922). Type species: *Hybomitra* (*Therioplectes*) *caucasi* Szilády, 1923.

　　主要特征：中大型种（10–25 mm），多为棕色或黑色种。复眼无或具 1–3 条带，多为 3 条；头顶单眼瘤明显；额基胛隆起，大小各异，无或具中胛；触角鞭节端部具 3–4 个环节。后足胫节距缺如。雄虫复眼上半部小眼面大于下半部小眼面，少数种类相等。

　　分布：世界广布，已知 200 余种，中国记录 97 种，浙江分布 1 种。

（28）上海瘤虻 *Hybomitra shanghaiensis* (Ôuchi, 1943)（图 1-12）

Sziladynus shanghaiensis Ôuchi, 1943: 509.
Hybomitra shanghaiensis: Wang, 1983: 52.

　　主要特征：体长 14–18 mm。前额有黄灰色粉被；两侧平行，高度为基宽的 4 倍；单眼瘤明显棕红色。基胛黑色、近圆形，两侧与眼分离；中胛黑色，约呈卵形，与基胛分离；亚胛黑色，覆灰色粉被。触角浅棕色，鞭节黑棕色，基部略呈橙色，背缘具不甚明显的钝突；下颚须灰白色，第 2 节稍窄狭。胸部背板及小盾片均覆灰白色粉被及白毛；侧板灰色，亦覆白色长毛及少数黑毛；翅前胛黄色。翅透明，具棕黄色翅脉，R_4 脉无附脉；平衡棒黑色。足黄色，股节基部 1/3 呈灰色，覆白毛，胫节和跗节被黑毛。腹部窄长，背板两侧具大块灰白色斑，中央具明显的黑色纵带，占腹宽的 1/3，第 2、第 3 节两侧有橙色斑；腹板暗灰色，第 2、第 3 节略呈橙色，中央具不甚清晰的黑色纵带；整个腹面具白毛。

分布：浙江（舟山）、辽宁、山东、上海。

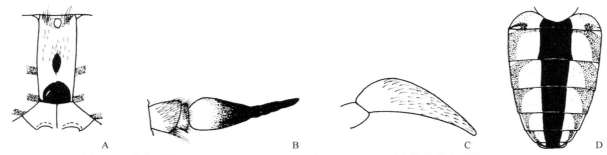

图 1-12　上海瘤虻 *Hybomitra shanghaiensis* (Ôuchi, 1943)（引自许荣满和孙毅，2013）

A. ♀额；B. ♀触角；C. ♀下颚须；D. ♀腹部背面观

11. 虻属 *Tabanus* Linnaeus, 1758

Tabanus Linnaeus, 1758: 601. Type species: *Tabanus bovines* Linnaeus, 1758.

Tabanus (*Callotabanus*) Szilády, 1926: 10. Type species: *Atylotus leucocnematus* Bigot, 1892.

主要特征：多为中至大型种，体色多样。雌虫复眼通常无毛，活着时复眼大多呈绿色，具 1–4 条带或无带；额基胛形态多样，触角鞭节端部有 4 个环节；翅透明，少数种类有花斑或横脉处有暗斑，r₅ 室开放，少数种类闭合；后足胫节无端距。雄虫复眼上半部小眼面大于下半部小眼面或相等。

分布：世界广布，已知 1300 余种，中国记录 205 种，浙江分布 28 种。

分种检索表

1. 中胛圆形或方形，与额基胛分开或以窄线连接 ·· 2
- 中胛无，或矛形、线形，与额基胛连接 ·· 6
2. 亚胛覆粉 ··· 3
- 亚胛全光裸 ·· 4
3. 触角端部红棕色 ·· 亚柯虻 *T. subcordiger*
- 触角端部黑色 ··· 松本虻 *T. matsumotoensis*
4. 小盾前片灰白色 ··· 天目虻 *T. tienmuensis*
- 小盾前片黑色，不浅于盾片 ··· 5
5. 腹部第 3–6 背板存在浅色横带 ······································· 中国虻 *T. chinensis*
- 腹部第 2–6 背板存在浅色横带 ································· 副六带虻 *T. parasexcinctus*
6. 额基胛与亚胛分离 ··· 亚布力虻 *T. yablonicus*
- 额基胛与亚胛连接，或趋向于连接 ·· 7
7. 翅 r₅ 室边缘封闭 ··· 8
- 翅 r₅ 室边缘开放 ··· 12
8. 额高为基宽的 4–4.5 倍；中胛粗短，约等于基胛长 ·············· 重脉虻 *T. signatipennis*
- 额高为基宽的 5–7 倍；中胛细长，超过基胛长 ··· 9
9. 腹部背板浅色侧斑仅限于基部 2 节；体长 17–20 mm ·············· 中华虻 *T. mandarinus*
- 腹部背板浅色侧斑至少存在于基部 3 节；体长 14–18 mm ·· 10
10. 触角鞭节基环节基部棕色，端部黑色；腹部背板侧斑存在于第 1–3 节 ·············· 原野虻 *T. amaenus*

－　触角鞭节基环节棕色至深棕色；腹部背板侧斑直至末端尾部 ·· 11

11. 胸部背片胛黑色；腹部中央斑呈直线状 ·································· 土灰虻 *T. griseinus*

－　胸部背片胛棕色；腹部中央斑呈三角形 ·································· 日本虻 *T. nipponicus*

12. 触角鞭节基环节背突长，呈拇指状 ·· 13

－　触角鞭节基环节背突短，至多呈直角 ·· 14

13. 下颚须灰黄色，覆黑毛；胸部侧板多黑毛 ···························· 朝鲜虻 *T. coreanus*

－　下颚须金黄色，覆金黄色毛夹杂黑毛；胸部侧板覆黄毛，偶具少数黑毛 ·········· 姚氏虻 *T. yao*

14. 复眼具 1 条横带 ·· 15

－　复眼无带 ·· 16

15. 触角柄节、梗节和鞭节基环节棕黑色；腹部背板两侧无大块棕色斑 ········ 线带虻 *T. lineataenia*

－　触角柄节、梗节和鞭节基环节橙红色；腹部 1-3 或 1-4 背板两侧具大块棕色斑 ······ 广西虻 *T. kwangsinensis*

16. 腹部背板色基本一致，无明显色斑 ·· 17

－　腹部背板具色斑，或前后几节颜色不统一 ·· 19

17. 下颚须浅棕色，覆黑毛夹杂少量白毛 ································ 台岛虻 *T. formosiensis*

－　下颚须黑色，覆黑毛 ·· 18

18. 体长 21 mm 以上；触角黑色 ······································ 纯黑虻 *T. candidus*

－　体长 14-15 mm；触角黄棕色 ···································· 麦氏虻 *T. macfarlanei*

19. 腹部背板中央具 1 列大致直边的浅色纵条 ·· 20

－　腹部背板中央具 1 列清晰的浅色中三角斑 ·· 24

20. 触角鞭节基环节窄长，长为最宽处的 2.2 倍以上 ······································ 21

－　触角鞭节基环节短宽，长为最宽处的 2 倍以内 ······································ 23

21. 腹部背板中纵毛条明显，直边；额基胛棕黑色 ························ 金条虻 *T. aurotestaceus*

－　腹部背板中纵毛条为连续的三角形斑；额基胛黑色 ·································· 22

22. 胸部侧板着生黑毛；腹部 2-4 腹板黑色 ···························· 缅甸虻 *T. birmanicus*

－　胸部侧板着生黄毛；腹部 2-4 腹板黄色 ························ 晨螫虻 *T. matutinimordicus*

23. 翅 R_4 脉具长附脉 ·· 牧村虻 *T. makimurai*

－　翅 R_4 脉无附脉 ·· 市岗虻 *T. ichiokai*

24. 腹部背板具后缘带、中三角和斜形侧斑 ·· 25

－　腹部背板具后缘带、中三角 ·· 26

25. 额基胛基部具侧突；胸部侧板覆黄色长毛 ·························· 杭州虻 *T. hongchowensis*

－　额基胛基部平，无侧突；胸部侧板覆白色长毛 ···················· 辅助虻 *T. administrans*

26. 腹部背板 3-5 节中三角膨大，呈钟罩形 ···························· 角斑虻 *T. signifer*

－　腹部背板中三角不膨大 ·· 27

27. 额高为基宽的 6.5 倍；腹部 2-4 背板具白色中三角 ···················· 山东虻 *T. shantungensis*

－　额高为基宽的 9.5 倍；腹部 2-6 背板具白色中三角 ·················· 浙江虻 *T. chekiangensis*

（29）辅助虻 *Tabanus administrans* Schiner, 1868（图版Ⅰ-17）

Tabanus administrans Schiner, 1868: 83.

Tabanus kiangsuensis Kröber, 1933: 10.

　　主要特征：体长 12-15 mm。雌性：复眼绿色无带；额灰色，额两侧平行，高为基宽的 4-5 倍；额基胛棕黑色，条形，与亚胛接触，与复眼窄分离；中胛黑色，为基胛粗的延伸线；亚胛灰黄色，覆粉，"眉片"低，棕色；颜灰色；口毛白色。触角柄节和梗节黄灰色，鞭节基环节棕黄色，长为宽的 1.2 倍，背突钝，端环节棕黑色；下颚须浅黄色，第 2 节长为宽的 3.5 倍。中胸背板黑色，具 5 条灰色纵纹，背侧片浅棕色；侧板灰色。翅透明，翅脉棕色，R_4 脉无附脉，r_5 室开放；两腋瓣暗棕色，交界处着生 1 撮白毛。足基节灰色；股节灰黑色，前足胫节基部 2/3 和中、后足胫节黄白色；胫节端部和跗节黑色。腹部背板黑棕色，背板具 3 列白色斑，中三角高大，第 2 背板两侧带浅红棕色，各背板后缘具灰白色横带。雄性：触角鞭节的基环节较雌性的窄，腹部末端尖。

分布：浙江（德清、临安、奉化、舟山、天台、临海、乐清）、辽宁、北京、天津、河北、山西、山东、河南、陕西、江苏、上海、安徽、湖北、江西、湖南、福建、台湾、广东、海南、香港、广西、重庆、四川、贵州、云南；朝鲜，日本。

（30）原野虻 *Tabanus amaenus* Walker, 1848（图版Ⅰ-18）

Tabanus amaenus Walker, 1848: 163.

Tabanus griseus ssp. *pallidiventris* Olsufjev, 1937: 324.

主要特征：体长 14–18 mm。雌性：复眼无带；额灰白色，基部略窄于端部，高度为基宽的 6.5–7 倍。基胛黑色，略呈长卵形，两侧与眼分离；中胛黑色，略呈矛头状，与基胛相连；亚胛灰白色。触角红棕色；鞭节背缘具钝突，鞭节基部大部红棕色，端部黑色；下颚须第 2 节浅黄白色；口毛白色。中胸背板黑色，有 5 条明显的灰白色条纹；侧板及腹板灰色。翅透明，翅脉棕色，R_4 脉无附脉，r_5 室封闭。足股节黑色；前足胫节基部 2/3、中后足胫节基部 4/5 浅黄白色，其余部分黑色；跗节黑色。腹部背板黑色，有 3 列白色斑组成的条纹，中央第 1–6 节呈明显的三角形斑，两侧第 1–4 节呈斜方形斑，每节后缘具白色细带；腹板灰色，中央黑色条纹直达端部。雄性：复眼上半部 2/3 小眼面大于下半部 1/3 小眼面；触角窄于雌性；足棕色；腹部背板两侧棕色。

分布：浙江（德清、临安、奉化、舟山、黄岩、临海）、吉林、辽宁、北京、河北、山西、山东、河南、陕西、甘肃、江苏、上海、安徽、湖北、江西、湖南、福建、台湾、广东、香港、广西、重庆、四川、贵州、云南；朝鲜，日本，越南。

（31）金条虻 *Tabanus aurotestaceus* Walker, 1854（图版Ⅰ-19）

Tabanus aurotestaceus Walker, 1854: 247.

主要特征：体长 17–18 mm。雌性：复眼无带；前额黄色，高度为基宽的 8–9 倍，基部略窄于端部；基胛棕黑色，略似等腰三角形，基部两侧有齿，两侧与眼相距甚远，上端有极细延伸线，占前额高度的 1/2；亚胛、颊、颜均具黄色粉被。触角柄节、梗节黄色，鞭节橙色，仅环节部分顶端黑色，基环节窄长，长为宽的 3 倍，背缘有明显钝突；下颚须棕色，第 2 节基部较粗，端部逐渐尖细。中胸背板及小盾片黄棕色，无条纹。侧板黄棕色。翅透明，翅脉棕色，前缘室、r_1 室、r_2 室均为浅棕色，R_4 脉无附脉；平衡棒黄棕色。足黑色，仅胫节白色（前足胫节顶端 1/4 黑色）。腹部背板黑棕色，中央具浅黄色条纹，直达末端，占腹宽的 1/4。

分布：浙江（临安、天台）、江苏、上海、江西、福建、台湾、广东、海南、香港、广西、四川、贵州、云南。

（32）缅甸虻 *Tabanus birmanicus* (Bigot, 1892)（图版Ⅰ-20）

Atylotus birmanicus Bigot, 1892: 653.

Tabanus birmanicus: Ricardo, 1911: 200.

主要特征：体长 17–19 mm。复眼无带；前额黄色，高度约为基宽的 10 倍；基胛棕色，椭圆形，两侧与眼分离，上端有细的延伸线占前额高度的 3/5；亚胛高，黄色；颊和颜亦呈黄色。触角柄节、梗节棕色；鞭节基环节橙色，长度为宽度的 3 倍，背缘具钝突；下颚须浅棕色，第 2 节较窄长。中胸背板及小盾片棕色；侧板黄色；翅前胛黄色。翅透明，翅脉棕色，R_4 脉无附脉；平衡棒棕色。足基节黄色；前足股节棕黑色；中后足股节棕色；胫节白色；胫节端部和跗节黑色。腹部棕黑色，第 1–3 节或至 4 节背板中央具由黄色毛组成的条纹，以后各背板黑色；腹板第 1–4 节黄色，其后各节棕黑色。

　　分布：浙江（临安、宁波）、甘肃、湖南、福建、台湾、广东、海南、广西、四川、贵州、云南；印度，缅甸，泰国，马来西亚。

（33）纯黑虻 *Tabanus candidus* Ricardo, 1913（图版II-1）

Tabanus candidus Ricardo, 1913: 172.

　　主要特征：体长 21 mm。雌性：大型黑色种。复眼绿色，无毛无带；额灰棕色，基部明显窄于端部，高为基宽的 8 倍；基胛棕黑色，圆柱状，两侧与眼窄分离，上端延伸线呈脊状突起，占额高度的 2/3。亚胛高，棕色；颜与颊黑色；颊覆黑色粉被，看起来似绒毛状。触角柄节与梗节黑色；鞭节呈弱的红棕色，向端部颜色逐渐变棕黑色，背缘具明显的钝角，并有深的缺刻，环节部分棕黑色；下颚须黑色；第 2 节长为宽的 5.5 倍。中胸盾片浅棕色，有 3 条不明显的灰色条纹；侧板与腹板棕黑色，密覆黑色长毛，仅腋瓣上的 1 丛毛呈白色。翅透明，大部分富浅棕色，翅脉黑棕色，R_4 脉无附脉；平衡棒棕色。足黑色。腹部背板与腹板均为黑色。

　　分布：浙江（德清、临安）、福建、台湾、广东、广西。

（34）浙江虻 *Tabanus chekiangensis* Ôuchi, 1943（图版II-2）

Tabanus chekiangensis Ôuchi, 1943: 525.

　　主要特征：体长 21–22 mm，大型黑色种。复眼无带。前额灰色，上宽下窄，高度为基宽的 9.5 倍；基胛具黑色光泽，两侧与眼分离，上端有细的延伸线，占前额高度的 1/2；亚胛具灰白色粉被；颊上半部浅棕色，下半部及颜覆灰色粉被。触角柄节、梗节浅棕色；鞭节棕色，基环节宽扁，腹缘具钝突，顶端有明显的钝角，缺刻显著；下颚须第 2 节浅棕色，长为宽的 6 倍。中胸背板及小盾片均覆灰色粉被，翅基部具长白毛，胸侧片灰白色；翅前胛灰黑色。翅透明，翅脉棕色，翅前缘室浅棕色；R_4 脉具附脉；平衡棒棕黑色。足股节黑色；前足胫节基部 2/3 和中、后足胫节棕色；跗节黑色。腹部黑色，背板第 1–6 节有白色等腰三角形斑组成明显的条纹，后缘具细白色横带，两侧加宽形成侧点；腹板棕黑色，具浅色后缘；两侧具灰色粉被。

　　分布：浙江（临安、乐清）、陕西、甘肃、安徽、湖北、江西、湖南、福建、广东、海南、广西、重庆、四川、贵州、云南。

（35）中国虻 *Tabanus chinensis* Ôuchi, 1943（图版II-3）

Tabanus chinensis Ôuchi, 1943: 522.

　　主要特征：体长 12–13 mm。雌性：复眼具 2 条带，前额具灰色粉被，两侧大致平行，高度约为基宽的 4 倍；复眼具 2 条带。基胛黑色，呈不规则状正方形，均与亚胛及眼的两侧分离；中胛近似心形、与基胛分离。亚胛具棕色光泽；上侧颜在亚胛下方棕色；颊与颜覆灰色粉被；口毛白色。触角柄节、梗节浅棕色，鞭节橙黄色，背缘具钝突；下颚须第 2 节暗灰色。中胸背板黑褐色，基部有灰白色粉被，小盾片灰白色，侧缘黑灰色。翅透明，翅脉棕色，R_4 脉无附脉；平衡棒棕黑色。足基节灰白色；股节黑色；胫节大部白色，端部和跗节黑色。腹部背板黑褐色，第 1、第 2 节侧缘具灰白色斑，第 3–6 节后缘均有细白带，以第 3 节后缘白带最宽、最明显；腹板第 1、第 2 节灰白色，第 3–6 节黑褐色，后缘具白带，第 7 节黑色。雄性：

复眼上半部 2/3 小眼面黄褐色明显大于下半部 1/3 黑色小眼面；下颚须浅棕色。

　　分布：浙江（临安）、河南、陕西、甘肃、湖北、福建、四川。

（36）朝鲜虻 *Tabanus coreanus* Shiraki, 1932（图版Ⅱ-4）

Tabanus coreanus Shiraki, 1932: 270.

　　主要特征：体长 20–23 mm。雌性：棕黑色。复眼具 1 紫色带（回潮），额具灰黄色粉被，头顶灰暗，高约为基宽的 7 倍；基胛黑色，长卵形，与眼分离，接触亚胛；中胛为基胛的延伸线，约达额高的 1/2；亚胛具灰白色粉被；颜和颊灰白色；口缘毛淡黄色。触角柄节和梗节棕黄色，鞭节基环节黄色，背突明显，呈指状；端环节黑色；下颚须灰黄色；第 2 节细长。中胸背板灰黑色，具 3 条不清晰的灰黄色纵条，小盾片具灰褐色粉被；胸侧板灰褐色。翅透明，翅脉棕色，R_4 脉具附脉，r_5 室宽地开放；平衡棒棕黄色，球部两侧棕黑色。足基节棕红色；股节红棕色；胫节黄棕色；跗节棕黑色。腹部背板第 1–4 节红棕色，第 5 节后棕黑色，第 1–6 节具窄的黄毛端带，第 2–6 节具灰黄色后缘中三角。雄性：复眼上半部 2/3 小眼面明显大于下半部 1/3 小眼面。

　　分布：浙江（临安）、吉林、辽宁、北京、河北、山西、山东、河南、陕西、甘肃、江苏、安徽、湖北、福建、四川、贵州、云南；朝鲜。

（37）台岛虻 *Tabanus formosiensis* Ricardo, 1911（图版Ⅱ-5）

Tabanus formosiensis Ricardo, 1911: 220.

Tabanus nigroides Wang, 1987: 64.

　　主要特征：体长约 9.5 mm，灰黑色种。复眼无带；额灰色，额带窄，高度约为基部宽的 8.5 倍，基部窄于端部；基胛黑色，略似三角形，上端延伸线占额高的 1/2；亚胛灰色；颜与颊具灰色粉被，颊端部呈浅棕色。触角浅黄棕色，鞭节基部具小的钝角，缺刻浅，鞭节的基节长为宽的 1.8 倍；下颚须第 2 节窄长，灰白色；口毛浅黄白色。胸部盾片及小盾片灰黑色，侧板及腹板覆灰色粉被。翅透明，R_4 脉无附脉；平衡棒黄棕色。足基节覆灰色粉被，中、后足股节黑灰色，仅端部棕色占股节长度的 1/5，前足胫节基部 2/3 浅棕色，其余部分黑色，中、后足胫节黄棕色。前足跗节黑色，中、后足跗节黑色，仅端部黄棕色；腹部背板灰黑色。

　　分布：浙江（临海）、福建、台湾、广东、海南、广西、四川、贵州。

（38）土灰虻 *Tabanus griseinus* Philip, 1960（图版Ⅱ-6）

Tabanus griseinus Philip, 1960: 31.

Tabanus griseus Kröber, 1928: 270.

　　主要特征：体长 14–17 mm，灰黑色。雌性：头部复眼无带；额灰黄色，基宽略窄于顶宽，高为基宽的 6.0–6.5 倍；基胛棕黑色，窄三角形，与亚胛接触，与复眼分离，中胛黑色，与基胛连接；亚胛灰黄色；颜与颊灰黄色；口毛白色。触角柄节和梗节棕黄色，鞭节基环节棕黄色，长为宽的 1.5 倍，背突明显，端环节黑色；下颚须灰黄色，第 2 节长为宽的 4 倍。中胸背板具 5 条不明显的灰白色纵纹，背侧片棕色；侧板灰色。翅透明，翅脉棕色，R_4 脉无附脉，r_5 室封闭；平衡棒黄棕色，球部两侧暗棕色。足灰黑色，前足胫节基部 3/4 和中、后足胫节黄白色，端部及跗节黑色。腹部第 2–6 背板中央具白色三角和侧白斑，中三角很窄，呈线状，第 2、第 3 背板侧斑带红棕色；雄性腹部背板浅色斑较雌性的明显。

　　分布：浙江（临海）、黑龙江、吉林、辽宁、内蒙古、北京、天津、河北、山西、山东、河南、陕西、宁夏、甘肃、江苏、安徽、湖北、福建、重庆、四川、贵州、云南；俄罗斯，蒙古国，朝鲜，日本。

（39）杭州虻 *Tabanus hongchowensis* Liu, 1962（图版II-7）

Tabanus hongchowensis Liu, 1962: 124.

　　主要特征：体长 15 mm。前额浅黄色、有黑毛，高度为基宽的 5–6 倍，两侧大致平行；基胛黑色，略呈长方形，两侧与眼分离；中胛黑色、呈矛头状，与基胛分离或相连；亚胛较高，具浅黄色粉被。颜与颊灰色。触角柄节浅黄色，梗节、鞭节橙黄色，鞭节基环节长度约为宽度的 2 倍，背缘具明显的钝突。下颚须灰白色；长度为宽度的 3 倍。胸部背板灰色，无条纹，侧板灰色；翅前胛灰色；翅脉棕色，R_4 脉无附脉；平衡棒棕黑色。前足股节黑色，胫节基部约 1/2 浅黄色，末端 1/2 及跗节黑色，中、后足与前足纹饰相似，但胫节基部大部浅黄色，整个跗节黑色。腹部背板灰棕色，中央具黄灰色三角形斑形成的条纹，第 2、第 3 节两侧有不甚显著的浅灰色斑痕，每节后缘具黄灰色横带；腹板深灰色。

　　分布：浙江（杭州、临海）、河南、陕西、甘肃、安徽、湖北、江西、湖南、福建、广东、广西、重庆、四川、贵州、云南。

（40）市岗虻 *Tabanus ichiokai* Ôuchi, 1943（图版II-8）

Tabanus ichiokai Ôuchi, 1943: 512.

　　主要特征：体长 17 mm。前额黄灰色、被黑色，高度为基宽的 3.7–4 倍，基部窄于端部；基胛深棕色、卵圆形、两侧与眼分离，上端有短的延伸线；亚胛具黄灰色粉被；颊与颜的上部黄灰色，下半部具灰色粉被。触角橙黄色，柄节、梗节黑色，鞭节基环节背缘具明显的钝突，有适中的缺刻，环节部分深棕色。下颚须黄棕色，第 2 节窄长。中胸背板暗褐色、具灰色粉被，有不明显的 3 条纵带；侧板黄灰色；翅前胛浅棕色；翅基周围具白毛，其后缘具黄白色软毛。翅透明，翅脉黄色，R_4 脉无附脉；平衡棒浅黄色。足股节黄棕色，胫节黄色、具白毛，跗节黑色。腹部窄长，背板灰黑色，第 1–2 节两侧黄褐色，第 1–6 节中央有明显的灰色条纹，每节后缘具浅色细带；腹板灰黑色，每节具淡黄褐色后缘。

　　分布：浙江（舟山）、江苏、上海、福建。

（41）广西虻 *Tabanus kwangsinensis* Wang *et* Liu, 1977（图版II-9）

Tabanus kwangsinensis Wang *et* Liu, 1977: 111.

　　主要特征：体长 20–23 mm。雌性：大型棕黑色种。前额高度约为基宽的 8 倍，基部略窄于端部，覆灰黄色粉被；基胛亮黑褐色，近卵形，上有延伸线略超过前额高度的一半；亚胛和颜具灰白色粉被；颊具黄色粉被。触角柄节、梗节橙色；鞭节基环节橙红色，背侧有明显钝突，长度约为宽度的 1.5 倍，端环节完全黑色。下颚须橙黄色，长度约为宽的 4 倍。中胸背板黑色，具 3 条不显著的黄绿色窄纵带；胸侧片具淡黄色长毛。翅径室略富棕色，R_4 脉有附脉；平衡棒棕色，端部色浅；足棕黑色。腹部背板黑褐色，第 1 节后缘具甚宽的浅黄色带，第 2–5 节中央具浅黄色三角形斑及同色的后缘带，两侧浅黄色斑显著，第 1–3 节或至 4 节两侧有大块橙色斑。腹板第 1–4 节橙色，覆黄毛；第 5–7 节黑色；第 2–6 节具末端黄带。

　　分布：浙江（临安、奉化、天台、乐清）、湖北、福建、广东、广西、四川、贵州、云南。

（42）线带虻 *Tabanus lineataenia* Xu, 1979（图版II-10）

Tabanus lineataenia Xu, 1979: 43.

　　主要特征：体长 21–22 mm。复眼无毛，具 1 条带（回潮）。额窄，灰白色，基部明显窄于端部，高度为基宽的 8–9 倍；基胛黑色，长卵圆形，两侧与眼略有距离，上端延伸线约占额高的 3/5；亚胛高，浅黄色；颊端部和颜浅黄色，基部灰白色；口毛灰白色。触角柄节、梗节红棕色；鞭节基环节基部红棕色，其余部分黑色，背缘有明显的锐角，缺刻深；下颚须红棕色，第 2 节窄长，端部略呈钝形。中胸背板黑色，具 3 条灰色条纹，到达盾片后缘；翅前胛灰色；侧板灰色。翅透明，翅脉棕色，R_4 脉具长附脉。平衡棒柄浅黄色，棒头浅黄色，两侧黑色。足股节黑色；胫节红棕色；跗节黑色。腹部背板棕黑色，中央具灰色三角形斑，并达到前节后缘，每节后缘具浅黄色细带；腹板中央棕黑色，两侧及后缘灰色。

分布：浙江（临安、奉化、临海）、陕西、甘肃、安徽、湖北、江西、福建、广东、广西、四川、贵州、云南。

（43）麦氏虻 *Tabanus macfarlanei* Ricardo, 1916 （图版Ⅱ-11）

Tabanus macfarlanei Ricardo, 1916: 405.

Tabanus morulus Liu *et* Wang, 1994: 91.

主要特征：体长 14–15 mm。雌性：黑色。复眼无毛，绿色无带；额灰黑色，头顶具小的暗点，额基部窄于端部，高为基宽的 10 倍；额基胛黑色，类卵圆形，与亚胛接触，与复眼窄分离；中胛为基胛细的延伸线，达额高的 2/3；亚胛黑棕色，覆薄粉，"眉片"低，棕黑色；颜黑色，颊黑色；口毛黑色。触角柄节和梗节黄色，梗节背突短，鞭节橙色，端环节末端带棕色，基环节长为宽的 2.5 倍，背突低；下颚须黑色，第 2 节长为宽的 3.6 倍。中胸背板黑色，无纵纹，背侧片黑色；侧板黑色。翅前缘着烟色，翅脉棕色，R_4 脉无附脉，r_5 室开放；腋瓣棕黑色，两腋瓣交界处具 1 撮黑毛。平衡棒棕色。足黑色。腹部黑色，无纹饰。雄性：复眼上半部 2/3 小眼面与下半部 1/3 小眼面界限分明。

分布：浙江（德清、临安、临海）、安徽、福建、广东、香港、广西、贵州。

（44）牧村虻 *Tabanus makimurai* Ôuchi, 1943 （图版Ⅱ-12）

Tabanus makimurai Ôuchi, 1943: 518.

主要特征：雌性：体长 18–19 mm。前额灰白色，两侧平行、高度约为基宽的 5 倍；基胛圆柱形，两侧与眼分离，上端有细的延伸线，占前额高度的 1/2；亚胛灰白色，颊与颜亦呈灰白色。触角浅棕色，鞭节橙红色、宽扁、长度略大于宽度、环节部分颜色发暗；下颚须第 2 节浅棕色、甚窄长，长度约为宽度的 5 倍。胸部背板及小盾片暗灰色，具 3 条纵纹；侧板灰色；翅前胛浅棕色。翅透明；翅脉黄色，R_4 脉具附脉；平衡棒黄棕色。足黄色。腹部背板暗黄褐色，第 5–7 节黑色，中央具不甚明显的灰色条纹；腹板黄褐色。雄性：体长 19 mm。复眼上半部 2/3 小眼面明显大于下半部小眼面；下颚须第 2 节卵圆形，黑、白毛间杂；腹部背板黄色部分比雌虫大而明显；腹板黄棕色。

分布：浙江、辽宁、河北、江苏、上海。

（45）中华虻 *Tabanus mandarinus* Schiner, 1868 （图版Ⅱ-13）

Tabanus mandarinus Schiner, 1868: 83.

Tabanus yamasakii Ôuchi, 1943: 532.

主要特征：雌性：体长 16–18 mm，灰黑色种。复眼无带；前额黄灰色，高度约为基宽的 4 倍，基部略窄于端部；基胛近卵圆形、黄棕色，两侧不与眼相邻，上端有黑色延伸线，占前额高度的 1/2；亚胛、颊、颜灰白色。触角柄节、梗节浅棕色，也有少数种类黑色，鞭节黑棕色、仅基环节基部稍呈红棕色，背角明显，有适中的缺刻；下颚须浅黄灰色。胸部背板灰黑色，具 5 条明显的灰色纵带，到达背板后缘；侧板灰色。翅前胛灰色或浅棕色。翅透明、翅脉棕色，r_5 室封闭；平衡棒黄色。足黑灰色，前足胫节基部 2/3 浅黄白色，中、后足胫节浅黄白色，跗节深棕色。腹部圆钝形。腹部背板黑色，第 1–6 节具 1 列大而明显的中央三角形白斑，两侧具斜方形白斑；腹板浅灰色。中央其 1 列浅灰色条纹，端部具浅黄色窄横带。雄性：体长 17–20 mm。复眼上半部 2/3 小眼面大于下半部。腹部圆锥形，有时背板第 1 节两侧具浅棕色斑，第 2 节两侧白色斑大而明显。

分布：浙江（德清、杭州、宁波、舟山、温州）、黑龙江、辽宁、北京、天津、河北、山西、山东、河南、陕西、甘肃、江苏、上海、安徽、湖北、江西、湖南、福建、台湾、广东、海南、香港、广西、重庆、四川、贵州、云南；日本。

（46）松本虻 *Tabanus matsumotoensis* Murdoch *et* Takahasi, 1961 （图 1-13）

Tabanus matsumotoensis Murdoch *et* Takahasi, 1961: 115.

主要特征：体长 14–16 mm，黑灰色种。复眼裸，无带；额基部略窄于端部，高约为基部宽的 5.5 倍，顶端具黑色斑；基胛黑色，长方形，两侧与眼及亚胛略有距离；中胛黑色，长卵圆形，亚胛灰黄色；颜与颊覆厚的白色粉被，颊端部呈灰黄色。触角柄节及梗节浅黄棕色；鞭节黄棕色，基环节背缘具明显背角，缺刻较深，端环节端部暗色；下颚须浅黄白色，第 2 节基部稍粗壮，向端部逐渐变细；口毛白色。中胸盾片及小盾片灰黑色，盾片具 5 条不清晰灰白色细条纹，直达小盾片基部；侧板灰白色。翅透明，翅脉棕色，R_4 脉无附脉；平衡棒柄浅黄白色，棒头棕黑色，中央呈黄白色。足基节具灰色粉被；股节黑色；前足胫节基部 2/3 黄白色，其余部分黑色；中、后足胫节黄白色，仅顶端黑色；跗节黑色。腹部背板黑色，有 3 列灰白色斑，直达后缘，各背板后缘具浅黄色细带；腹板灰色，每节后缘亦有浅黄色细带。

分布：浙江（临安、天台、临海）、安徽、湖北、江西、福建、广东、广西、四川、贵州、云南；日本。

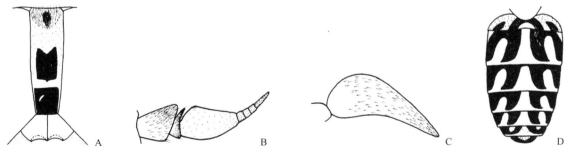

图 1-13　松本虻 *Tabanus matsumotoensis* Murdoch *et* Takahasi, 1961 （引自许荣满和孙毅，2013）
A. ♀额；B. ♀触角；C. ♀下颚须；D. ♀腹部背面观

（47）晨螫虻 *Tabanus matutinimordicus* Xu, 1989 （图 1-14）

Tabanus matutinimordicus Xu, 1989: 205.

主要特征：体长 16–20 mm。复眼深绿无带；额金黄色，高为基宽的 10–11 倍；额基胛棕黑色至黑色，长椭圆形，延向线形的中胛；亚胛和颜金黄色；口毛金黄色。触角柄节和梗节金黄色；鞭节 1–4 环节金黄色带棕色，第 5 环节暗棕色至黑色；下颚须金黄色。中胸背板金黄色，中央具 3 个不清晰的暗棕窄条，中央条达盾片后缘；侧板金黄色。翅透明，前缘亚端部 R_4 脉之前有大的烟色斑，R_4 脉无附脉，r_5 室开放；平衡棒暗棕黄色，棒头顶端较浅，金黄色至棕色。足基节暗金黄色；股节黑色；胫节大部浅黄色，端部少许及跗节黑色。腹部背板黑色，具极窄的浅色后缘，第 1–4 背板中央和侧缘覆金黄色粉，第 2–4 背板中央形成达节前缘的正三角形金黄色粉和毛斑。第 2–4 腹板暗黄色，中央具大部黑斑，第 5–7 腹板黑色，具窄的富金黄色粉的浅色后缘。

分布：浙江（临安）、湖南、福建、广西、贵州、云南。

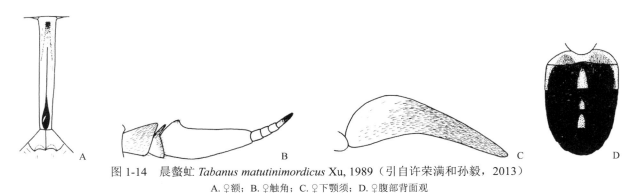

图 1-14　晨螯虻 *Tabanus matutinimordicus* Xu, 1989（引自许荣满和孙毅，2013）
A. ♀额；B. ♀触角；C. ♀下颚须；D. ♀腹部背面观

（48）日本虻 *Tabanus nipponicus* Murdoch *et* Takahasi, 1969（图版Ⅱ-14）

Tabanus nipponicus Murdoch *et* Takahasi, 1969: 83.

主要特征：体长 15–18 mm，灰黑色种。复眼无带；额具灰黄色粉被；额基部略窄于端部，高为基宽的 6.5–7 倍；基胛黑色，呈窄长三角形，两侧与眼分离，上端有黑色，略呈矛头状延伸线，占额高度的 1/2。亚胛覆浅黄灰色粉被，颜与颊灰色。触角柄节与梗节黄棕色；鞭节红棕色，背缘具明显的钝角，缺刻深，环节部分黑色；下颚须浅黄色，第 2 节窄长而略弯曲；口毛白色。中胸背板呈灰棕色至灰黑色，具 3 条不甚明显的细条纹；侧板黄灰色。翅透明，翅脉棕色，R_4 脉无附脉，r_5 室封闭；平衡棒黄棕色，棒头端部黄白色。足股节灰色；前足胫节基部 2/3 黄白色，其余部分黑色，中、后足胫节黄白色，端部黑色；跗节黑色。腹部背板黑色，中央具黄灰色三角形斑，两侧具黄灰色圆形斑；腹板灰色，中央具明显的黑色条纹，占腹宽的 1/3。

分布：浙江（临安）、辽宁、山东、河南、江苏、上海、安徽、福建、台湾、香港。

（49）副六带虻 *Tabanus parasexcinctus* Xu *et* Sun, 2008（图 1-15）

Tabanus parasexcinctus Xu *et* Sun, 2008: 244.

主要特征：体长 12 mm，黑色种。雌性：复眼绿色，具 2 条紫色横带（回潮），无毛；额灰色，基端略窄于顶端，高为基宽的 4.6 倍；基胛亮黑色，方形，与亚胛和复眼接触，和较小的黑色的中胛分离；亚胛暗棕色，光裸，"眉片"低；颜灰白色，上侧颜在亚胛下方棕色；口毛黄白色。触角柄节、梗节黄棕色；鞭节红棕色，基环节长为宽的 2 倍，端环节略暗于基环节；下颚须灰色，第 2 节长为宽的 3.5 倍。中胸盾片灰黑棕色；小盾前片色暗，小盾片和翅后胛浅灰色；侧板灰色。翅透明，翅脉黄色，r_5 室开放，R_4 脉具短附脉；平衡棒棕色，球部两侧暗棕色。足基节灰色，股节灰黑色，胫节白色，端部和跗节黑色。腹部背板黑色，第 1 背板两侧灰白色，第 2–7 背板具灰白色后缘带；第 1、第 2 腹板灰白色，第 3–6 腹板黑褐色，后缘具白带，第 7 腹板黑色。雄性：复眼上 2/3 小眼面明显大于下 1/3 小眼面，亚胛暗棕色；下颚须覆黄白色毛，夹杂几根黑毛；腹部背板后缘白带宽于雌性。

分布：浙江（临安）。

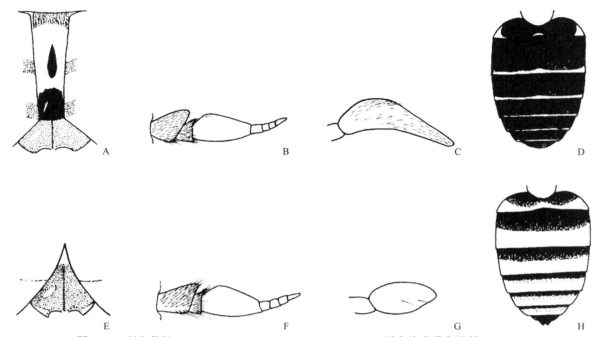

图 1-15　副六带虻 Tabanus parasexcinctus Xu et Sun, 2008（引自许荣满和孙毅，2013）
A. ♀额；B. ♀触角；C. ♀下颚须；D. ♀腹部背面观；E. ♂额；F. ♂触角；G. ♂下颚须；H. ♂腹部背面观

（50）山东虻 Tabanus shantungensis Ôuchi, 1943（图版 II-15）

Tabanus shantungensis Ôuchi, 1943: 526.

主要特征：体长 16–17 mm。复眼无带；前额长度为基宽的 6.5 倍，端部略宽于基部；头顶具小块黑色光裸区，但不呈突起的瘤状物；基胛黑色，圆柱形；上端有细的延伸线，占前额基部 1/2 长度；亚胛高，具黄灰色粉被，颊及颜具灰色粉被。触角黑褐色；鞭节背缘具明显的钝突，环节部分细长；下颚须棕色。中胸背板黑色，具 2 条不甚明显的灰色纵纹；侧板灰黑色。翅透明，翅脉黄棕色，R$_4$ 脉无附脉；平衡棒暗棕色。足黑褐色，仅胫节基部 2/3 白色。腹部窄长，背板黑色，第 2–4 节中央有白色毛形成的三角形，后缘形成白色毛横带，第 1–4 节侧缘具白斑，其后各节黑色；腹板第 1–4 节具灰白色粉被，依次几节黑色。

分布：浙江（临安）、山东、河南、陕西、甘肃、安徽、湖北、福建、广东、四川、贵州、云南。

（51）重脉虻 Tabanus signatipennis Portschinsky, 1887（图版 II-16）

Tabanus signatipennis Portschinsky, 1887: 180.
Tabanus amoenatus Séguy, 1934: 4.

主要特征：体长 16–18 mm。雌性：灰黑色。复眼无带（回潮）；额灰黄色，基宽略窄于顶宽，高为基宽的 4.0–4.5 倍；基胛粗卵形，基部 2/3 红棕色，端部 1/3 棕黑色，与亚胛接触，与复眼分离，中胛黑色，粗短，与基胛连接；亚胛灰黄色；颜与颊灰白色；口毛白色。触角柄节和梗节棕色；鞭节基环节基部棕红色，其余大部黑色，背突明显，端环节黑色；下颚须灰黄色，第 2 节粗，长为宽的 4 倍。中胸背板灰黑色，覆黑毛，具 5 条到达盾片后缘的灰白色纵纹，背侧片浅红棕色；侧板灰色。翅透明，翅脉棕色，R$_4$ 脉无附脉，r$_5$ 室封闭或窄地开放；平衡棒黄棕色，球部两侧暗棕色。足灰黑色，前足胫节基部 2/3 和中、后足胫节黄白色，端部及跗节黑色。腹部背板黑色，第 2–6 背板中央具白色三角和侧白斑，中三角高，达所在节的前缘，后缘具窄的浅黄色带；腹板灰黑色，具浅色后缘带。雄性：复眼上 2/3 小眼面大于下 1/3 小眼面，腹部圆锥形。

分布：浙江（德清、临安、舟山、临海）、吉林、辽宁、内蒙古、北京、山东、河南、陕西、甘肃、江苏、上海、安徽、湖北、福建、台湾、重庆、四川、贵州、云南；日本。

（52）角斑虻 *Tabanus signifer* Walker, 1856（图版Ⅱ-17）

Tabanus signifer Walker, 1856: 452.

Tabanus galloisi Kono *et* Takahasi, 1939: 13.

主要特征：体长 20–22 mm，红棕色大型种。复眼无带；前额黄色；头顶有黑毛组成的三角区；前额高度约为基宽的 7 倍，端部宽于基部；基胛红棕色，略呈纺锤形，两侧与复眼分离，上端有细的延伸线，不超过前额高度的 1/2；亚胛黄白色；颊上半部黄色，下半部灰白色；颜浅黄灰色。触角橙色，鞭节基环节宽扁，长为宽的 1.2 倍，背缘具明显的钝突，环节部分暗棕色；下颚须黄棕色，第 2 节长度为宽度的 4 倍。中胸背板红棕色，小盾片浅棕色，有 5 条浅灰色条纹；侧板黄灰色；翅前胛浅棕色。翅透明，翅脉黄棕色，R_4 脉有附脉；平衡棒红棕色。足股节棕色，胫节红棕色，跗节黑色。腹部背板红棕色，第 3–6 节中央有白色的三角形斑，以第 3、第 4 节三角形斑大而明显，第 2–4 节后缘具不甚明显的白色横带，两侧扩大成侧斑；腹板黄棕色。

分布：浙江（德清、临安、临海）、安徽、湖北、江西、福建、台湾、广东、广西、四川、云南；朝鲜。

（53）亚柯虻 *Tabanus subcordiger* Liu, 1960（图版Ⅱ-18）

Tabanus subcordiger Liu, 1960: 13.

主要特征：体长 14–15 mm，灰黑色种。复眼无带；前额黄灰色，高度约为基宽的 4 倍；基部略窄于端部；基胛黑色或黑棕色、方形，向外突起，两侧与眼稍有距离；中胛黑色、略呈卵圆形，与基胛分离。亚胛黄灰色；颊上部 1/5 棕色，其余部分及颜灰白色。触角柄节、梗节黑色，鞭节红棕色，基环节宽扁，长度为宽度的 1.5 倍，端环节部分细窄，背缘具明显的钝突；下颚须第 2 节白色、粗壮，长度约为宽度的 1.5 倍。胸部背板及小盾片均为黑色，具 3 条不甚明显的白色条纹；胸侧板具白色及少量黑色毛；翅前胛黑色。翅透明，翅脉棕色，R_4 脉无附脉。足股节灰色，前胫节基部 1/2、中后胫节的大部皆呈黄色，跗节黑色。腹部背板黑色，中央具灰色三角形条纹，两侧具灰白色斜方形斑，每节后缘有细白带；腹板灰色，有时中央具黑色或棕黑色条纹、直达后缘。

分布：浙江（临海）、吉林、辽宁、内蒙古、北京、河北、山西、山东、河南、陕西、宁夏、甘肃、江苏、安徽、湖北、四川、贵州、云南；朝鲜。

（54）天目虻 *Tabanus tienmuensis* Liu, 1962（图版Ⅱ-19）

Tabanus tienmuensis Liu, 1962: 126.

主要特征：体长 11–13 mm。前额灰色，高度为基宽的 6 倍，明显上宽下窄，顶端宽度为基宽的 1.5 倍；基胛黑色，呈长方形，上、下端皆有 3 个锯齿，两侧与眼分离；中胛呈矛头状，黑色，与基胛分离，基胛与亚胛分离；亚胛具黄色光泽；颜及颊灰色，上侧颜在亚胛下方棕色。触角柄节、梗节黄色；鞭节橙色，背缘具直角突；下颚须灰白色，第 2 节窄长。中胸背板黑灰色，侧板灰色；翅前胛浅棕色。翅脉棕色，R_4 脉无附脉；平衡棒棕黑色。前足股节黑色，中、后足股节黑色；胫节白色，前足胫节端部 1/5 黑色；跗节黑色。腹部背板黑色，每节后缘具白带，第 1 背板两侧有白斑，第 2、第 3 节白带两侧略突起，形成侧点，第 1、第 2 节后缘白带不甚清晰，第 3–4 节的白带中央稍突起。

分布：浙江（德清、临安、奉化、乐清）、河南、陕西、甘肃、安徽、江西、湖南、福建、广东、广西、四川、贵州、云南。

（55）亚布力虻 *Tabanus yablonicus* Takagi, 1941（图版II-20）

Tabanus yablonicus Takagi, 1941: 76.

主要特征：体长 8 mm。雌性：小型灰色种。复眼无带；前额具黄灰色或灰色粉被，高度为基宽的 5–5.5 倍，基部窄于端部；基胛具黑色光泽，方形，基部有 3 个角，均与亚胛和眼分离；中胛黑色，矛头状，与基胛以窄线相连；亚胛光裸，棕灰色；颊端部稍棕灰色，其余部分及颜灰色。触角橙色；下颚须第 2 节黄白色。中胸背板黑色、具浅灰色粉被，具 3 条细而不甚明显的条纹；侧板灰色；翅前胛稍带棕色。翅透明，翅脉棕黄色，R_4 脉无附脉；平衡棒棕黄色。足黑色，覆灰粉；前足股节端部稍带棕色，胫节基部 1/2 白色；中、后足胫节黄棕色。腹部黑色，有 3 列不甚明显的浅灰色斑，每节后缘具浅黄白色细横带；腹板黑灰色，每节后缘亦有浅黄色细带。雄性：下颚须覆黄白色长毛，夹杂几根黑毛。

分布：浙江（临安）、黑龙江、吉林、辽宁、北京、河南、陕西、湖北、福建、重庆、四川、贵州、云南。

（56）姚氏虻 *Tabanus yao* Macquart, 1855（图版II-21）

Tabanus yao Macquart, 1855: 44.

Tabanus felderi van der Wulp, 1885: 78.

主要特征：体长 20–24 mm。雌性：前额黄灰色，高度为基宽的 6–7 倍，基宽略窄于顶宽；基胛黑色或黑棕色，卵圆形，两侧与眼分离；中胛为黑色延伸线，达额高的 2/3；亚胛、颊和颜黄灰色；口毛浅黄色。触角柄节、梗节浅棕色；鞭节基环节棕黄色，背角明显，端环节黑色；下颚须第 2 节黄灰色，窄长，末端圆钝形。中胸背板及小盾片灰黑色，有 3 条不明显条纹。翅脉棕色，R_4 脉具附脉；平衡棒棕色，球部顶端色浅。足股节棕色；胫节浅黄色；跗节黑色。腹部灰黑色，有些标本常为棕色。中央常有不甚明显的灰白色三角形斑，每节后缘具细的浅黄色带；腹板灰色，中央为橙色，每节后缘具细浅黄色带。雄性：复眼上半部 2/3 小眼面明显大于下半部小眼面；亚胛灰白色；胸部背板灰色；腹部比雌性窄长，灰黑色；腹板基部棕色，末端黑色。

分布：浙江（德清、临安、奉化、舟山、黄岩）、辽宁、山东、河南、江苏、上海、安徽、台湾、香港。

第二章 水虻总科 Stratiomyoidea

三、木虻科 Xylomyidae

主要特征：木虻科是双翅目短角亚目中 1 个很小的科。木虻科昆虫身体细长；复眼裸，两性均为离眼式；触角细长丝状，鞭节 8 小节；下颚须 1–2 节。中胸背板微拱突，小盾片无刺。胫节距式 0–2–2。翅盘室较长；C 脉终止于 M_2 脉上或之前；Rs 脉起源于盘室基部之前；R_5 脉终止于翅端；m_3 室和臀室在翅缘前关闭。足胫节距式 0-2-2。腹部可见 7–8 节，粗腿木虻属 *Solva* 和丽木虻属 *Formosolva* 第 1 背板基部具 1 个大的膜质区域成虫常在林地发现，而幼虫则生活在树皮下，捕食性或腐食性。

分布：世界已知 138 种，中国记录 37 种，浙江分布 3 种。

12. 粗腿木虻属 *Solva* Walker, 1859

Solva Walker, 1859: 98. Type species: *Solva inamoena* Walker, 1859.

主要特征：体中到大型，细长。两性复眼均分离，裸；额两侧几乎平行或向头顶汇聚。触角长丝状，通常第 1 鞭节稍粗且加长，第 8 鞭节顶端尖；下颚须 2 节。小盾片无刺。后足股节通常膨大，腹面具小齿；足胫节距式 0–2–2。腹部第 1 节基部具大的半圆形膜质区；雄性腹部第 9 背板无背针突；尾须细小；第 10 腹板结构简单；第 8 腹板端部不分成 2 部分。

分布：世界广布，已知 96 种，中国记录 22 种，浙江分布 2 种。

（57）完全粗腿木虻 *Solva complete* (De Meijere, 1914)（图 2-1）

Xylomyia completa De Meijere, 1914: 23.
Solva completa: Nagatomi, 1975: 11.

主要特征：雄性：体长 6.7mm，翅长 6.8mm。头部黑色，被淡灰粉，额亮黑色；触角褐色至暗褐色，梗节和第 1–3 或 1–5 鞭节内表面黄色；喙和下颚须黄色。胸部黑色，被淡灰粉；肩胛除前内区外黄色；小盾片黄色；胸中侧片上部具黄色带。足黄色，但基节和中后足转节黑色；后足股节强烈膨大，腹面具 2 列明显的黑色齿，基部、端部及端部腹外侧具宽的黑色纵条斑。翅 CuA_1 脉从盘室发出；平衡棒黄色。腹部黑色，第 3、第 4 背板后缘淡黄色。雄性外生殖器：第 8 背板基部具大"V"形凹缺；第 9 背板长明显大于宽；第 10 腹板三角形；尾须短，端部钝；生殖基节端部有 1 簇背毛和 1 个短宽的内腹突；生殖基节腹面愈合部窄；生殖刺突长而宽，端部尖；阳茎复合体六边形，具 1 细长腹突；生殖基节间有 1 腹面结构，由 1 个前骨片和 1 对侧膜组成；生殖基节前有 1 个薄而纵长的骨片。雌性：体长 6.6–8.0 mm，翅长 5.7–7.3 mm，外形与雄虫相似。雌性外生殖器：生殖叉前缘直；受精囊头部卵圆形，宽大于长。

分布：浙江（临安）、四川、云南；印度尼西亚。

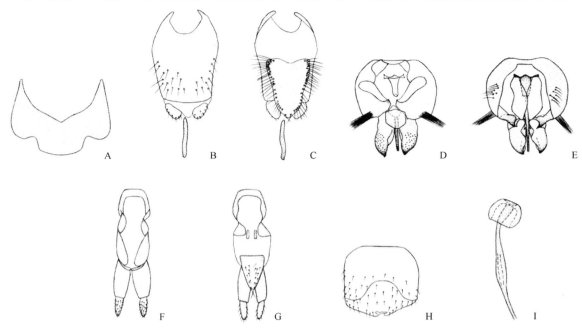

图 2-1　完全粗腿木虻 *Solva complete* (De Meijere, 1914)（仿杨定等，2014）

A.♂第 8 背板；B.♂第 9 背板、第 10 腹板和尾须背面观；C.♂第 9 背板、第 10 腹板和尾须腹面观；D.♂生殖体背面观；E.♂生殖体腹面观；F.♀生殖器背面观；G.♀生殖器腹面观；H.♀第 8 腹板；I.♀受精囊头部

（58）枥下町粗腿木虻 *Solva kusigematii* Yang *et* Nagatomi, 1993（图 2-2）

Solva kusigematii Yang *et* Nagatomi, 1993: 38.

主要特征：雄性：体长 6.3 mm，翅长 6.1 mm。头部黑色，被淡灰粉，下额在触角上的部位具 1 对白

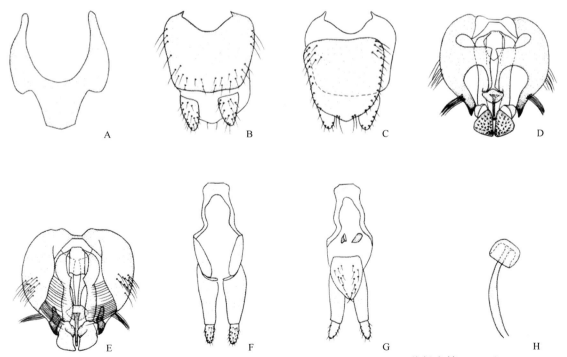

图 2-2　枥下町粗腿木虻 *Solva kusigematii* Yang *et* Nagatomi, 1993（仿杨定等，2014）

A.♂第 8 背板；B.♂第 9 背板、第 10 腹板和尾须背面观；C.♂第 9 背板、第 10 腹板和尾须腹面观；D.♂生殖体背面观；E.♂生殖体腹面观；F.♀生殖器背面观；G.♀生殖器腹面观；H.♀受精囊头部

色毛斑。触角暗褐色至黑色，但梗节内面和第 1 鞭节内面黄色；喙和下颚须淡黄色。胸部黑色，被淡灰粉；肩胛小的外部区域黄色；小盾片中后部黄色，黄色区域宽大于长；胸中侧片上缘黄色；胸部毛淡黄色。足黄色，但中足基节前腹面、后足股节最末端和端腹面浅黑色；第 2–5 跗节暗黄色；后足股节宽为长的 0.3 倍，腹面具两列黑齿。翅 CuA$_1$ 脉从盘室发出；平衡棒黄色。腹部黑色被淡黄色和黑色毛。雄性外生殖器：第 8 背板基部有 1 大"U"形凹缺，端部窄；第 9 背板长宽大致相等；生殖基节背叶有 1 突起，腹面愈合部很窄；生殖基节端部窄；生殖刺突端部宽，基部被粗毛；阳茎复合体菱形，有 1 细的腹管；生殖基节间有 1 腹面结构，由中前骨片和 1 对长的侧骨片组成。雌性：体长 7.3 mm，翅长 7.1 mm，外形与雄虫相似，但腹部第 1–3 腹板后缘黄色。雌性外生殖器：生殖叉基部稍靠近，前缘直；受精囊头部侧面观呈方形。

分布：浙江（临安）、广西。

13. 木虻属 *Xylomya* Rondani, 1861

Xylomya Rondani, 1861: 11. Type species: *Xylophagus maculatus* Meigen, 1804.

主要特征：体中到大型，细长。两性复眼均分离，裸；额向头顶汇聚。触角较长；柄节稍长于梗节；下颚须 1 节。胸小盾片无刺；后足股节细长，腹面无小齿；足胫节距式 0–2–2。腹部第 1 节基部无大的半圆形膜质区。雄性腹部第 9 背板具背针突；尾须通常宽大；第 10 腹板端部分为 3 叶；第 8 腹板端部分成 2 叶。

分布：世界广布，已知 37 种，中国记录 11 种，浙江分布 1 种。

（59）浙江木虻 *Xylomya chekiangensis* (Ôuchi, 1938)（图 2-3）

Solva chekiangensis Ôuchi, 1938: 60.

Xylomya chekiangensis: Yang *et* Nagatomi, 1993: 67.

主要特征：雄性：体长 12.4–13.0 mm，翅长 11.1–12.4 mm。头部暗褐色至黑色，被淡灰粉，但触角上

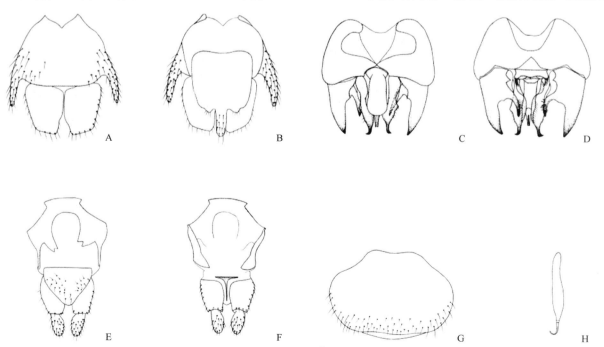

图 2-3　浙江木虻 *Xylomya chekiangensis* (Ôuchi, 1938)（仿杨定等，2014）

A. ♂第 9 背板、第 10 腹板和尾须背面观；B. ♂第 9 背板、第 10 腹板和尾须腹面观；C. ♂生殖体背面观；D. ♂生殖体腹面观；E. ♀生殖器背面观；
F. ♀生殖器腹面观；G. ♀第 8 腹板；H. ♀受精囊头部

额和颜黄色。触角上额具 1 对白色毛斑；触角黄色；喙和下颚须黄色；胸部黄色，被淡灰粉；中胸背板有 3 条宽的暗色纵带，侧带在中缝处中断；小盾片基缘黑色；中侧片具 1 个斜的窄褐色斑。足黄色，但第 2–5 跗节（包括第 1 跗节端部）、中足胫节（基部除外）、后足股节端部和基部褐色。翅浅黄色；平衡棒黄色。腹部黄色，被浅灰粉，但第 1 背板前缘具窄的暗褐色横带，第 3–5 背板后缘具窄的暗褐色横带，第 1 腹板除中部外黑色。雄性外生殖器：第 9 背板具长的背针突；第 10 腹板方形，后缘具 1 个长的中突和 2 个短的侧突；生殖基节背叶端部尖，愈合部的基部有梯形凹缺；生殖刺突端部尖，具 1 个细长且弯的内突；阳茎复合体粗长，端部尖细且强烈弯曲；内基突很长，端部细，稍向外弯。雌性：体长 14.9 mm，翅长 14.1 mm。与雄虫相似。雌性外生殖器：第 10 背板"T"形；生殖叉前部宽，前缘直，侧部宽；受精囊头部很长，端部稍尖。

分布：浙江（临安）、安徽、湖北、四川。

四、水虻科 Stratiomyidae

主要特征：水虻科隶属于双翅目短角亚目，体型体色多变，体无鬃。触角线状、盘状或纺锤状，端部有时具 1 根鬃状触角芒或粗芒，也有部分属末节明显延长且扁平。小盾片 2–8 刺或无刺；翅盘室小五边形，翅脉明显前移；足通常无距（除距水虻属 *Allognosta* 外）。腹部瘦长或近圆形，扁平或强烈隆突。水虻科幼虫水生或陆生，绝大部分腐食性，少数植食性；成虫通常生活于灌木叶片、水边植物、乔木树冠层或垃圾堆附近，部分有访花习性，可帮助植物传粉。

分布：世界已知 3000 余种，中国记录 346 种，浙江分布 39 种。

分属检索表

16. 触角柄节长至多为梗节的 2 倍；M_3 脉弱，有时消失 ··· **短角水虻属 *Odontomyia***

\- 触角柄节长为梗节的 3–6 倍；M_3 脉明显发达 ·· **水虻属 *Stratiomys***

14. 隐水虻属 *Adoxomyia* Kertész, 1907

Adoxomyia Kertész, 1907: 499. Type species: *Clitellaria dahlii* Meigen, 1830 (Bezzi, 1908: 75).

主要特征：体深色。复眼密被毛。触角鞭节 8 小节，第 4–6 鞭节通常分节不明显，最末两节形成触角芒。小盾片 2 刺分离较宽。CuA_1 脉从盘室发出，R_4 脉存在，R_{2+3} 脉从 r-m 横脉后发出，M 脉发达，几乎达翅缘。腹部近圆形，宽于胸部。

分布：世界广布，已知 37 种，中国记录 4 种，浙江分布 1 种。

（60）黄山隐水虻 *Adoxomyia hungshanensis* (Ôuchi, 1938)

Clitellaria hungshanensis Ôuchi, 1938: 39.

Adoxomyia hungshanensis: Ôuchi, 1940: 272.

主要特征：雄性：体长 8.0 mm。额黑色，具中纵缝，具 1 对白色毛斑；后头黑色。触角柄节和梗节黑色，圆柱状；鞭节红褐色，纺锤状，基部 3 节较宽，端部 2 节较小；触角芒黑褐色，被黑毛；喙深褐色；下颚须黑色，被浅黄毛。胸部亮黑色，密被刻点，背面被黑色短毛，但前胸侧板具 1 白色毛斑。小盾片后角具 2 根强壮的盾刺，中等长，黑色，被深褐色长毛，翅基上有 1 对小突起。足黑褐色，被黄灰色短毛。翅透明，微有浅褐色；翅脉褐色；sc 室深褐色，前缘颜色稍深；平衡棒黄色。腹部亮黑色；第 4 背板后缘和第 5 背板被白色短毛，第 1–3 背板侧边被黑色长毛，第 4–5 背板被白色长毛；腹板黑色，被白色毛。雌性：10.5 mm，外形与雄虫相似。复眼小眼面大小一致，密被白色短毛；额宽为头宽的 1/6，两侧近平行。触角鞭节黑褐色。胸部黑色，被刻点，中部具 2 条由银灰色毛形成的中等宽的纵条斑；翅前缘颜色不加深。腹部第 2 背板后缘两侧角、第 3 背板前缘两侧角和后缘中部具白色毛斑。

分布：浙江（德清、临安、奉化）、安徽。

15. 距水虻属 *Allognosta* Osten Sacken, 1883

Allognosta Osten Sacken, 1883: 297. Type species: *Beris fuscitarsis* Say, 1823.

主要特征：雄虫接眼式，雌虫离眼式；雌虫额两侧平行，额在复眼外稍微或明显凸起。触角短于头长；柄节和梗节约等长；鞭节明显长于柄节和梗节之和。小盾片无刺；翅 M_3 脉退化。中足胫节具 1 端距。腹部宽扁，第 2–6 背板具亚端沟。

分布：世界广布，已知 63 种，中国记录 37 种，浙江分布 2 种。

（61）龙王山距水虻 *Allognosta longwangshana* Li, Zhang *et* Yang, 2009（图 2-4）

Allognosta longwangshana Li, Zhang *et* Yang, 2009: 168.

主要特征：雄性：体长 3.9 mm，翅长 3.3 mm。头部黑色，被灰白粉复眼相接，红褐色，裸。触角暗黄色；喙暗黄色，被黑毛；下颚须被黑毛，第 1 节浅黑色，第 2 节暗黄色并且稍长于第 1 节。胸部黑色，被浅灰粉，但中胸背板和小盾片稍有光泽；肩胛和翅后胛浅黑色。翅稍带浅灰色，但基半部除后缘外透明；

翅痣深褐色；翅脉褐色；平衡棒黄色，球部暗褐色。足黄色，但前足胫节和跗节浅黑色，后足胫节暗褐色，具黄褐色的亚基环，中后足第 5 跗节暗褐色。腹部暗褐色，被灰白粉，但第 2 背板除侧边和后缘外黄色，第 3 背板除后缘外黄色；第 2 腹板除侧边和后缘外黄色，第 3 腹板除后缘外黄色。雄性外生殖器：第 9 背板长稍大于宽，基部具大凹缺；生殖基节背桥极窄；生殖刺突具内凹且顶端尖细；阳茎复合体侧叶稍长于中叶，端部分离。雌性：未知。

　　分布：浙江（安吉）。

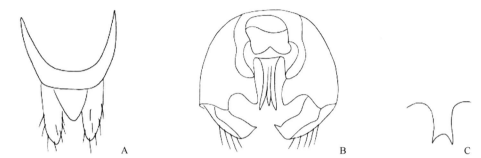

图 2-4　龙王山距水虻 *Allognosta longwangshana* Li, Zhang *et* Yang, 2009（仿李竹等，2009）
A. ♂第 9 背板、第 10 腹板和尾须背面观；B.♂生殖体背面观；C. 生殖基节愈合部腹中突腹面观

（62）奇距水虻 *Allognosta vagans* (Loew, 1873)

Metoponia vagans Loew, 1873: 71.

Allognosta vagans: Bezzi, 1903: 36.

　　主要特征：雄性：体长 4.0–6.0 mm，翅长 3.0–4.0 mm。头部侧面观几乎呈三角形，复眼大，相接，几乎裸；额三角和颜黑色，被银白色粉；颜被直立的深色长毛。触角褐色，梗节端部和柄节基部黄色至红褐色；下颚须褐色，2 节约等长；喙黄褐色，被黑毛。胸部亮黑色，肩胛和翅后胛褐色；小盾片无刺。足主要呈褐色至黑色，膝黄色；中足第 1 跗节和后足第 1–3 跗节黄色。翅稍带褐色，翅脉和翅痣褐色；平衡棒深褐色，柄颜色稍浅。腹部 6 节，但第 7 节和生殖基节端部通常可见；腹部全暗褐色至黑色，被褐色毛。雄性外生殖器：第 9 背板半环形，窄，生殖基节端缘具 2 分叉的中突，生殖刺突端部具尖锐内叶；阳茎复合体短，侧面观强烈弯曲。雌性：体长 4.0–6.0 mm，翅长 3.0–4.0 mm。与雄虫相似，但复眼宽分离；额两侧平行，窄于头宽的 1/3，头后腹面被白色长毛；触角鞭节较宽，基部颜色稍浅；前足股节有时浅色。

　　分布：浙江（临安）、北京、湖南、福建、云南；俄罗斯，日本，德国，瑞士，奥地利，匈牙利，捷克，斯洛伐克，波兰。

16. 离眼水虻属 *Chorisops* Rondani, 1856

Chorisops Rondani, 1856: 173. Type species: *Beris tibialis* Meigen, 1820.

　　主要特征：体亮金绿色或金紫色；雄虫复眼窄分离；额向前渐窄，被短毛。雌虫复眼宽分离；额两侧几乎平行；复眼裸；触角柄节长度接近梗节长的 2 倍，鞭节 8 节，明显长于其余 2 节之和；下颚须 2 节。小盾片具 4–6 刺；翅 M_3 脉退化；腹部较窄。

　　分布：古北区、东洋区。世界已知 16 种，中国记录 10 种，浙江分布 2 种。

（63）长脉离眼水虻 *Chorisops longa* Li, Zhang *et* Yang, 2009

Chorisops longa Li, Zhang *et* Yang, 2009: 214.

主要特征：雌性：体长 7.4 mm，翅长 6.2 mm。头部黑色，但额和头顶有亮金绿色光泽；复眼裸，明显分离，红褐色。触角柄节浅黑色，梗节黄褐色，鞭节浅黑色，但基部黄褐色；鞭节最末 1 节明显长于梗节。喙暗黄色；下颚须黄褐色。胸部黑色，但中胸背板和小盾片亮金绿色；小盾片具 6 根浅黄色刺；肩胛和翅后胛暗褐色。足黄色，但后足股节最末端褐色，后足胫节黑色，但基部 1/4 黄褐色，前足跗节褐色，但第 1 跗节黄褐色，中足跗节黄褐色，但第 1–2 跗节黄色，后足跗节褐色，但第 1–2 跗节黄色；后足股节棒状，基部稍细；后足胫节稍加粗，后足跗节不明显加粗，后足胫节明显粗于后足第 1 跗节。翅几乎透明，但端部稍带灰色；翅痣深褐色；r_{2+3} 室除基部和最末端外透明；翅脉深褐色；M_1 脉和 M_2 脉基部汇聚，盘室后部翅脉非"X"形；M_3 脉长为 M_2 脉的 2/3；平衡棒暗黄色。腹部暗褐色，略带金绿色。腹部毛黑色，但第 1–5 背板侧边毛浅色。雄性：未知。

分布：浙江（安吉）。

（64）天目山离眼水虻 *Chorisops tianmushana* Li, Zhang *et* Yang, 2009（图 2-5）

Chorisops tianmushana Li, Zhang *et* Yang, 2009: 215.

主要特征：雄性：体长 5.6 mm，翅长 4.4 mm。头部黑色，但额和头顶有亮金紫色光泽。复眼被极稀疏短毛，窄分离，红褐色；触角柄节浅黑色，端部褐色，梗节浅褐色，鞭节浅褐色，但基部浅褐色；鞭节最末 1 节稍长于梗节；喙黄色，被黄褐色毛；下颚须黑色，被黑毛。胸部黑色，但中胸背板和小盾片亮金绿色；小盾片具 4 根浅黄色刺。肩胛和翅后胛暗褐色。足黄色，但后足股节最末端黑色，后足胫节黑色，但最基部暗黄褐色，前足跗节褐色至暗褐色，中后足第 3–5 跗节暗褐色。后足股节棒状，基部稍细；后足胫节和跗节加粗，后足胫节稍粗于后足第 1 跗节。翅几乎透明，但端部和后部稍带灰色；翅痣深褐色；r_{2+3} 室除基部和最末端外透明；翅脉深褐色；M_1 脉和 M_2 脉基部汇聚，盘室后部翅脉"X"形；M_3 脉长为 M_2 脉的 1/3；平衡棒暗黄色。腹部暗褐色，略带金绿色。雄性外生殖器：第 9 背板宽大于长，基部具大凹缺；生殖基节背桥大，长明显大于宽；生殖刺突端缘具凹缺；阳茎复合体具极短的中叶和极长的侧叶。雌性：未知。

分布：浙江（临安）。

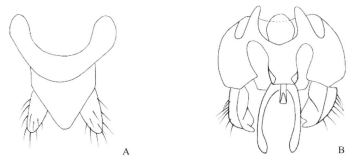

图 2-5　天目山离眼水虻 *Chorisops tianmushana* Li, Zhang *et* Yang, 2009（仿李竹等，2009）
A. ♂第 9 背板、第 10 腹板和尾须背面观；B. ♂生殖体背面观

17. 鞍腹水虻属 *Clitellaria* Meigen, 1803

Clitellaria Meigen, 1803: 265. Type species: *Stratiomys ephippium* Fabricius, 1775.

主要特征：体深色，复眼密被毛；触角鞭节 8 节，第 1–6 节纺锤形，7、8 节形成 1 个短于鞭节其余部分的端芒。中胸背板两侧翅基上各有 1 发达的刺；小盾片 2 刺；CuA_1 脉从盘室发出，R_{2+3} 脉从 r-m 横脉后发出，M 脉达翅缘。腹部近圆形。

分布：世界广布，已知 20 种，中国记录 13 种，浙江分布 2 种。

（65）直刺鞍腹水虻 *Clitellaria bergeri* (Pleske, 1925)（图 2-6）

Potamida bergeri Pleske, 1925: 108.

Clitellaria bergeri: Rozkošný *et* Narshuk, 1988: 70.

主要特征：雄性：体长 8.8–11.9 mm，翅长 8.3–10.6 mm。头部黑色，触角下颜具 1 对灰白色毛簇；复眼密被黑毛。触角黑色；端部鞭节芒较短，为鞭节其余部分的 0.3–0.35 倍；喙和下颚须黑色；须第 2 节为第 1 节长的 1.5 倍。胸部黑色，但肩胛、翅后胛、中胸背板侧刺和小盾片通常为红褐色；胸部毛黑色，中胸背板有 1 对纵长的灰白色条纹；中胸背板侧刺尖粗；小盾刺极粗，圆锥形，几乎与小盾片等长，与小盾片背面成 90° 夹角竖直向上。翅深褐色，平衡棒乳黄色，柄褐色。足全黑色，被黑毛。腹部黑色；雄性外生殖器：生殖基节背桥有 2 个大的突起，生殖突基节突基部靠拢；阳茎复合体中部最宽；生殖基节愈合部的端缘中突具 "W" 形凹陷。雌性：体长 9.7–9.8 mm，翅长 9.8–10.2 mm，外形与雄虫相似，但头部触角下侧斑、触角上额斑、额中部的 1 对斑、眼后眶以及喙被白色或浅色毛；单眼瘤周围的区域稍突起。

分布：浙江（衢江）、辽宁、北京、江苏、四川；俄罗斯。

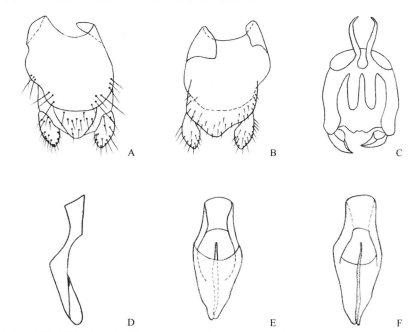

图 2-6　直刺鞍腹水虻 *Clitellaria bergeri* (Pleske, 1925)（仿 Yang and Nagatomi，1992）

A. ♂第 9-10 背板和尾须背面观；B. ♂第 9 背板、第 10 腹板和尾须腹面观；C. ♂生殖体背面观；D. 阳茎复合体侧面观；E. 阳茎复合体背面观；

F. 阳茎复合体腹面观

（66）黑色鞍腹水虻 *Clitellaria nigra* Yang *et* Nagatomi, 1992（图 2-7）

Clitellaria nigra Yang *et* Nagatomi, 1992: 28.

主要特征：雄性：体长 7.7–8.3 mm，翅长 7.8–8.7 mm。头部黑色被白毛，额三角上有 1 对由倒伏短毛组成的小毛簇；复眼被黑色长毛。触角赤黄色（有时全黑褐色），基部和端部颜色较深；鞭节芒很细，长为鞭节其余部分的 0.65 倍；喙和下颚须褐色至暗褐色。胸部黑色；肩胛和翅后胛稍带赤褐色；中胸背板侧刺尖；小盾刺黑色，端部赤褐色至黄色，为小盾片长的 0.8 倍；胸部密被黑毛；胸侧板前部和腹面被灰白色毛。翅暗褐色；平衡棒黄褐色，球部上侧（或内侧）通常为暗褐色。足暗褐色至黑色，但膝、胫节最末端和跗节部分赤褐色。腹部黑色，背面有黑毛，端部主要为白色毛，腹面被白毛。雄性外生殖器：生殖基节背桥端缘具

1 对宽突起，端部尖锐；生殖基节突短，端部分离；生殖刺突尖；生殖基节愈合部腹面端缘有 1 对短突；阳茎复合体端部最宽。雌性：体长 7.1–7.6 mm，翅长 6.9–7.9 mm，外形与雄虫相似，但头部被白毛，单眼瘤和头顶被黑毛；复眼宽分离；胸部被浅色毛，但中胸背板和小盾片被黑毛；中胸背板具 4 条白色纵毛斑。

　　分布：浙江（安吉）、北京、陕西、甘肃、江苏、上海、江西、福建、广西、四川、云南、西藏。

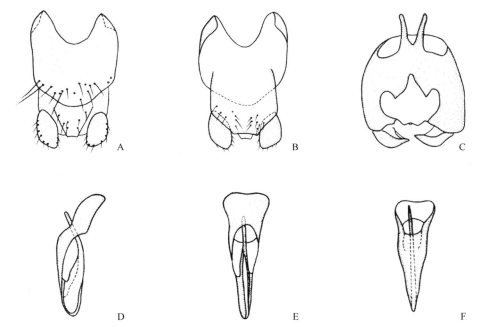

图 2-7　黑色鞍腹水虻 *Clitellaria nigra* Yang *et* Nagatomi, 1992（仿 Yang and Nagatomi，1992）

A. ♂第 9-10 背板和尾须背面观；B. ♂第 9 背板、第 10 腹板和尾须腹面观；C. ♂生殖体背面观；D. 阳茎复合体侧面观；E. 阳茎复合体腹面观；

F. 阳茎复合体背面观

18. 等额水虻属 *Craspedometopon* Kertész, 1909

Craspedometopon Kertész, 1909: 373. Type species: *Craspedometopon frontale* Kertész, 1909.

　　主要特征：体深色；复眼裸或被毛；雄虫接眼式，雌虫离眼式；触角鞭节短缩，端部具长的触角芒。小盾片半圆形，端部具明显凹缘，具 4 刺；翅 R_{2+3} 脉从 r-m 横脉后发出，CuA_1 脉从盘室发出。腹部扁圆形或心形，背面强烈拱突，宽于胸部。

　　分布：古北区、东洋区。世界已知 5 种，中国记录 4 种，浙江分布 1 种。

（67）等额水虻 *Craspedometopon frontale* Kertész, 1909（图 2-8）

Craspedometopon frontale Kertész, 1909: 375.

　　主要特征：雄性：体长 5.5–6.8 mm，翅长 6.5–8.0 mm。头部黑色，复眼几乎裸；下额中部具深长纵沟。触角橙黄色，鞭节正三角形，端部尖；鞭节密被浅黄色短柔毛；触角芒黄褐色，顶端一小段裸。胸部长宽大致相等，背部明显拱起；小盾片宽扁，4 刺等长；胸部黑色，但肩胛、翅后胛、中侧片上缘狭窄的下背侧带和小盾刺端半部红褐色。翅基半部浅褐色，端半部浅黄色；平衡棒黄色，球部棕黄色。足褐色，但股节端部宽的区域棕黄色，胫节端部棕黄色，跗节浅褐色。腹部心形，宽明显大于长，背面强烈拱起，黑色，密被刻点和倒伏小黄毛。雄性外生殖器：第 9 背板长大于宽，基部具浅 "U" 形凹缺；生殖基节基部稍凹，愈合部腹面端缘具 2 个突，2 突之间具内凹；生殖刺突端部细，基部粗大，背面内外两侧明显突出；阳茎复合体端部 3 裂，3 叶等长、等宽。雌性：体长 4.0–7.0 mm，翅长 5.8–7.3 mm，外形与雄虫相似，但眼后眶窄而明显；上额两侧几乎平行，中部具窄纵脊，下部有 2 个小圆突；下额中部有 1 倒水滴形深纵沟。

分布：浙江（临安）、山东、台湾、四川、贵州、云南；俄罗斯，韩国，日本，印度。

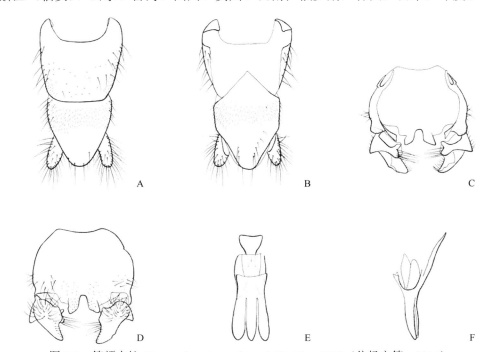

图 2-8　等额水虻 *Craspedometopon frontale* Kertész, 1909（仿杨定等，2014）

A. ♂第 9–10 背板和尾须背面观；B. ♂第 10 腹板腹面观；C. ♂生殖体背面观；D. ♂生殖体腹面观；E. 阳茎复合体背面观；F. 阳茎复合体侧面观

19. 长鞭水虻属 *Cyphomyia* Wiedemann, 1819

Cyphomyia Wiedemann, 1819: 54. Type species: *Stratiomys cyanea* Fabricius, 1794.

主要特征：复眼裸，雄虫接眼式，雌虫离眼式，雌虫眼后眶宽；触角长丝状，鞭节 8 小节，每小节约等长。胸部背板两侧翅基上无刺状突；小盾片 2 刺，基部远离；翅 CuA$_1$ 脉不从盘室发出，盘室发出 3 条 M 脉。腹部近圆形，宽于胸部，背面拱突。

分布：世界广布，已知 85 种，中国记录 3 种，浙江分布 1 种。

（68）中华长鞭水虻 *Cyphomyia chinensis* Ôuchi, 1938（图 2-9）

Cyphomyia chinensis Ôuchi, 1938: 46.

主要特征：雄性：体长 9.0–9.8 mm，翅长 6.2–6.7 mm。复眼密被褐毛；头部上额、头顶和后头中央骨片黄褐色，后头黑色，下额及颜黄褐色；头部毛金黄色。触角黑色，但柄节和梗节黄褐色，柄节长为梗节的 3 倍，鞭节丝状，第 1 和第 8 节稍长。胸部黑色，肩胛黄褐色，小盾片端缘平截，小盾刺粗壮，基部远离，顶尖突然变细且为白色；胸部毛灰白色，但背板中缝前毛全为金黄色。翅浅褐色，基部透明；翅痣不太明显；平衡棒乳黄色，基部黄褐色。足红褐色，但前足第 1–2 跗节和膝黄褐色，中足第 1–2 跗节浅黄色。腹部近圆形，金蓝紫色，被灰白毛。雄性外生殖器：第 9 背板倒梯形；生殖基节长宽大致相等；生殖基节愈合部的端缘中部具小凹；生殖刺突向端部尖细；阳茎复合体端部具 1 个背叶和 2 个侧叶，3 叶约等宽、等长；阳基侧突直，稍长于阳茎端。雌性：体长 8.0–9.6 mm，翅长 7.3–8.2 mm，外形与雄虫相似，但头部黄色，复眼宽分离，额两侧几乎平行，眼后眶极宽。胸部毛短且稀疏，金黄毛区仅限于前部和中部。

　　分布：浙江（临安）、福建、云南、西藏。

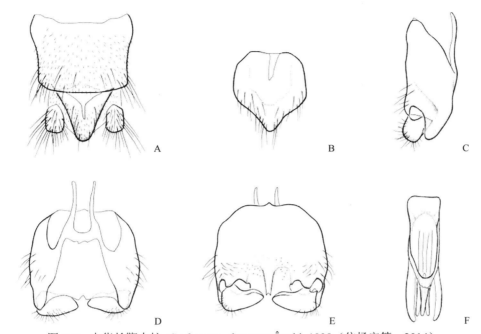

图 2-9　中华长鞭水虻 *Cyphomyia chinensis* Ôuchi, 1938（仿杨定等，2014）

A. ♂第 9–10 背板和尾须背面观；B. ♂第 10 腹板腹面观；C. ♂生殖体侧面观；D. ♂生殖体背面观；E. ♂生殖体腹面观；F. 阳茎复合体背面观

20. 优多水虻属 *Eudmeta* Wiedemann, 1830

Eudmeta Wiedemann, 1830: 43. Type species: *Hermetia marginata* Fabrius, 1805.

　　主要特征：体中到大型，瘦长且扁平；复眼裸，雄虫接眼式，雌虫离眼式；触角长丝状，鞭节 8 节，第 6–8 节密被毛。胸部长椭圆形，中胸背板侧边翅基上无刺突，小盾片无刺；翅 CuA_1 脉从盘室发出，盘室发出 3 条 M 脉；腹部扁平，长椭圆形。

　　分布：东洋区、澳洲区。世界已知 4 种，中国记录 2 种，浙江分布 1 种。

（69）王冠优多水虻 *Eudmeta diadematipennis* Brunetti, 1923（图 2-10）

Eudmeta diadematipennis Brunetti, 1923: 108.

　　主要特征：雄性：体长 13.9–15.6 mm，翅长 12.3–14.1 mm。复眼裸；头部黄色，但单眼瘤黑色。触角黑褐色，鞭节丝状，第 4–5 节稍短缩，第 8 节明显加长，长约为第 7 节的 3 倍；柄节、梗节和第 6–8 鞭节密被黑毛。须第 1 节黄色，第 2 节黑色。胸部橘黄色，密被金黄色近直立毛，小盾片无刺。翅浅黄色，但翅端及后缘浅灰色；平衡棒黄褐色或黄色。足黄色，但前中足第 2 跗节端部及第 3–5 跗节黄褐色，后足胫节（基部除外）和后足跗节全黑褐色。腹部长椭圆形，橘黄色，但第 3 背板基缘中部具 1 条黑色窄带，第 4–5 背板除侧边外黑色，第 4–5 腹板褐黑色；腹部背板被黑毛，侧边和腹板被黄毛。雄性外生殖器：第 9 背板倒梯形，基部具半圆形大凹缺；生殖刺突长且直，端部尖；阳茎复合体 3 裂，中叶端部平截，侧叶端部尖，中叶稍短于侧叶。雌性：体长 13.1–14.2 mm，翅长 11.9–13.2 mm，外形与雄虫相似，但复眼宽分离，眼后眶宽；前足第 1 跗节毛大部分为黄色，而雄虫的为黑色；腹部橘黄色，但第 2–3 背板两侧各具 1 黑斑，腹板全橘黄色。

　　分布：浙江（临安）、海南、广西、四川、贵州、云南、西藏；印度。

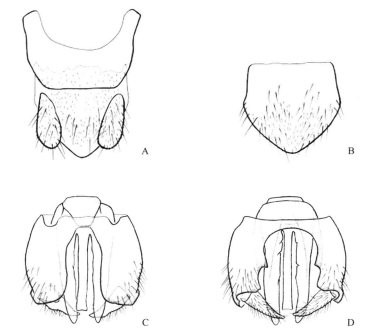

图 2-10　王冠优多水虻 *Eudmeta diadematipennis* Brunetti, 1923（仿杨定等，2014）
A.♂第 9–10 背板和尾须背面观；B.♂第 10 腹板腹面观；C.♂生殖体背面观；D.♂生殖体腹面观

21. 寡毛水虻属 *Evaza* Walker, 1856

Evaza Walker, 1856: 109. Type species: *Evaza bipars* Walker, 1856.

　　主要特征：复眼裸；雄虫接眼式，雌虫离眼式；触角鞭节短缩成盘状，端部着生长而尖细的鬃状触角芒。小盾片 4 刺；翅 R_{2+3} 脉从 r-m 横脉后发出，R_4 脉存在，CuA_1 脉从盘室发出。腹部扁平瘦长，长椭圆形。

　　分布：世界广布，已知 64 种，中国记录 13 种，浙江分布 1 种。

（70）杂色寡毛水虻 *Evaza discolor* De Meijere, 1916

Evaza discolor De Meijere, 1916: 15.

　　主要特征：体长 8.0 mm，翅长 7.0 mm。复眼侧面观圆；触角全黄色。中胸背板全黑，至多翅后或侧边有不明显的黄色，肩胛和下背侧带黄色；小盾片扁平，与背板在同一平面上；黑色，仅窄的末端和小盾刺黄色。翅前缘深色，但不为明显的褐斑；R_{2+3} 脉不与 R_1 脉平行；盘室覆微刺。足黄色，但前足跗节色稍深。腹部橘黄色或赤黄色，侧边宽的区颜色稍深。

　　分布：浙江（临安）；日本，印度尼西亚，巴布亚新几内亚。

22. 扁角水虻属 *Hermetia* Latreille, 1804

Hermetia Latreille, 1804: 192. Type species: *Musca illucens* Linnaeus, 1758.

　　主要特征：体中到大型。雌雄复眼均远离，复眼裸或密被毛；触角第 1–7 鞭节长棒状，第 8 鞭节延长且扁平。雌虫第 1–7 鞭节明显膨大，粗于雄虫；小盾片无刺；CuA_1 脉由盘室发出，盘室发出 3 条 M 脉；

腹部长椭圆形，明显长于胸部。

　　分布：世界广布，已知 82 种，中国记录 5 种，浙江分布 1 种。

（71）亮斑扁角水虻 *Hermetia illucens* (Linnaeus, 1758)（图 2-11）

Musca illucens Linnaeus, 1758: 589.

Hermetia illucens: Aidrich, 1905: 175.

　　主要特征：雄性：体长 13.5–17.8 mm，翅长 10.0–14.0 mm。复眼黑褐色，裸；头部亮黑色；后头两侧有 2 个浅黄斑；下额上部两侧各有 1 个浅黄色小圆斑，中部触角上的位置有 1 对黄色纵条斑；颜中下部具小鼻突，颜中部具倒三叶草形黄斑。触角黑色，但基部红褐色，第 8 鞭节长为其余鞭节总长的 1.3 倍；鞭节密被浅黄粉，触角芒被短黑毛。胸部黑色，肩胛和翅后胛亮红褐色。翅茶褐色；平衡棒白色，基部浅褐色。足黑色，但前足胫节背面基部 1/3、后足胫节基部 1/3 和跗节白色。腹部长椭圆形，长于胸部。腹部红褐色，基部具 2 个近方形白色透明斑；腹部第 2–4 背板端部两侧具三角形银白毛斑。雄性外生殖器：生殖基节基缘平，端缘中部具 2 个方形突，两侧各具 1 个扁侧突；生殖刺突陷入生殖基节腹面端部，端缘中部凸，内侧、外侧各具 1 个乳头状突，顶端具 1 丛刷状毛；阳茎复合体明显细长，3 裂叶等长。雌性：体长 12.7–16.2 mm，翅长 11.1–13.3 mm，外形与雄虫相似，仅触角第 1–3 鞭节明显膨大，雄虫触角第 1–3 鞭节不膨大。

　　分布：浙江（安吉、余杭、临安）、内蒙古、北京、河南、安徽、福建、台湾、海南、广西、云南；世界广布。

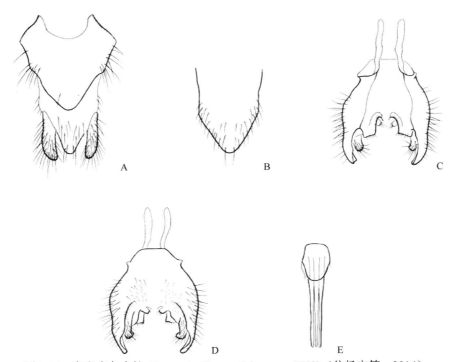

图 2-11　亮斑扁角水虻 *Hermetia illucens* (Linnaeus, 1758)（仿杨定等，2014）
A. ♂第 9–10 背板和尾须背面观；B. ♂第 10 腹板腹面观；C. ♂生殖体背面观；D. ♂生殖体腹面观；E. 阳茎复合体背面观

23. 小丽水虻属 *Microchrysa* Loew, 1855

Microchrysa Loew, 1855: 146. Type species: *Musca polita* Linnaeus, 1758.

主要特征：体小型，通常 5.0 mm 以下，具金属光泽。复眼裸，雄虫接眼式；雌虫离眼式。触角鞭节栗形，亚端部着生 1 根尖细触角芒，梗节内侧端缘直；翅 R$_{2+3}$ 脉从 r-m 横脉后发出；盘室较小，cup 室宽约为 2 个基室宽之和，长约为宽的 2 倍；盘室发出 3 条 M 脉；下腋瓣无带状结构；腹部宽短。

分布：世界广布，已知 41 种，中国记录 6 种，浙江分布 5 种。

分种检索表

1. 后足胫节黄色或黄褐色，无黑斑 ·· 2
- 后足胫节端半部黑褐色或黑色 ·· 3
2. 触角深黄色，但鞭节第 4 小节褐色，腹部黄色，或黄色具黑斑，或金绿色 ·············· 上海小丽水虻 *M. shanghaiensis*
- 触角柄节和梗节黄色，鞭节褐色；腹部金绿色 ···································· 黄角小丽水虻 *M. flavicornis*
3. 颜黄褐色；胸部深褐色，稍带金蓝绿色反光；腹部黄褐色，无黑斑 ············· 莫干山小丽水虻 *M. mokanshanensis*
- 颜金绿色；胸部金绿色；雄虫腹部黄褐色，第 4 或第 5 背板具黑斑，雌虫腹部金绿色 ···························· 4
4. 雄虫触角鞭节明显可见 3 小节，雌虫触角鞭节 4 小节，第 4 小节较小，被短毛 ············· 日本小丽水虻 *M. japonica*
- 雄虫触角鞭节仅可见 1–2 小节，雌虫触角鞭节 4 小节，第 4 小节长几乎达鞭节之半，密被长毛 ··············
··· 黄腹小丽水虻 *M. flaviventris*

（72）黄角小丽水虻 *Microchrysa flavicornis* (Meigen, 1822)（图 2-12）

Sargus flavicornis Meigen, 1822: 112.

Microchrysa flavicornis: Loew, 1855: 139.

主要特征：雄性：体长 3.5–4.8 mm，翅长 4.0–4.5 mm。头部复眼裸，相接；上部小眼面大，下部小眼面小；无眼后眶；单眼瘤与后头的距离小于单眼瘤长；额黑色，稍带光泽，中部具中沟，被浅灰短毛；颜上部金绿色，下部侧边具宽的骨化带。触角柄节和梗节黄色，鞭节褐色，亚端部具长的触角芒；喙黄褐色。胸部亮金绿色，但肩胛黄色，翅后胛黄褐色，中侧片上缘具浅色的下背侧带。翅透明；翅痣黄色；翅脉黄色；平衡棒黄色。足黄色，仅中后足股节大部分黑色。腹部金绿色，短圆。雄性外生殖器：生殖基节端缘中部具深的圆形凹缺；阳茎复合体基半部明显变细，阳基侧突短，分上下 2 叶，明显后移。雌性：与雄虫

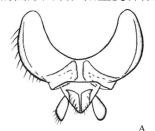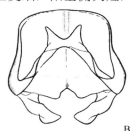

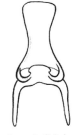

图 2-12　黄角小丽水虻 *Microchrysa flavicornis* (Meigen, 1822)（仿 Rozkošný，1982）

A. ♂第 9-10 背板和尾须背面观；B. ♂生殖体背面观；C. 阳茎复合体背面观；D. 阳茎复合体侧面观；E. ♀生殖叉背面观；F. ♀第 8 腹板腹面观

相似，但复眼分离，额宽为头宽的 1/3；额金绿色，光亮且被稀疏刻点；眼后眶明显；股节均为深色，后足胫节端部浅黑色，第 5 跗节颜色较暗。

分布：浙江、上海；俄罗斯，蒙古国，哈萨克斯坦，英国，爱尔兰，法国，德国，荷兰，奥地利，匈牙利，瑞士，捷克，比利时，保加利亚，丹麦，芬兰，挪威，瑞典，波兰，斯洛文尼亚，加拿大，美国。

（73）黄腹小丽水虻 *Microchrysa flaviventris* (Wiedemann, 1824)（图 2-13）

Sargus flaviventris Wiedemann, 1824: 31.

Microchrysa flaviventris: Wulp, 1896: 50.

主要特征：雄性：体长 3.8–4.8 mm，翅长 3.5–4.0 mm。复眼红褐色，被极稀疏的黄色短毛；头部亮黑褐色，具金绿色光泽。触角黄褐色，触角鞭节 1–2 小节，分节不明显，宽大于长；触角芒黑褐色。胸部亮红褐色，具金绿色光泽，肩胛浅黄色，翅后胛黄褐色，中侧片上缘具窄的浅黄色下背侧带。翅透明；盘室与 r_5 室之间的脉正常。平衡棒浅黄色。足黄色，但后足股节中部 1/3 褐色，后足胫节端部 1/3–1/2 褐色，第 5 跗节背面褐色。腹部椭圆形，扁平，黄色，第 1、第 3、第 4 背板两侧上角各有 1 个浅褐斑（有时也无此斑），第 5 背板基半部有褐色横带，但有时全褐色。雄性外生殖器：第 9 背板基部具大的凹缺；生殖基节愈合部腹面端缘中央具 1 个半圆形大凹；生殖刺突端部尖；阳基侧突稍短于阳茎或近等长，阳茎端部 3 裂。雌性：体长 3.5–5.0 mm，翅长 3.8–4.2 mm，外形与雄虫相似，但复眼宽分离；具眼后眶。额向头顶渐宽，触角上额无毛斑，具 1 道中断的横沟；触角鞭节 4 小节，第 4 小节较大，长约为鞭节长度之半，密被长毛；腹部金紫色或金绿色。

分布：浙江（临安、舟山）、河北、山东、河南、陕西、湖北、台湾、海南、广西、四川、贵州、云南、西藏；俄罗斯，日本，巴基斯坦，印度，泰国，菲律宾，马来西亚，印度尼西亚，斯里兰卡，帕劳，关岛，密克罗尼西亚联邦，法属新喀里多尼亚，北马里亚纳群岛，巴布亚新几内亚，所罗门群岛，瓦努阿图，马达加斯加，科摩罗群岛，塞舌尔。

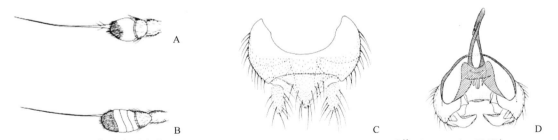

图 2-13　黄腹小丽水虻 *Microchrysa flaviventris* (Wiedemann, 1824)（仿 Nagatomi，1975）

A. ♂触角内侧面观；B. ♀触角内侧面观；C. ♂第 9-10 背板和尾须背面观；D. ♂生殖体背面观

（74）日本小丽水虻 *Microchrysa japonica* Nagatomi, 1975（图 2-14）

Microchrysa japonica Nagatomi, 1975: 323.

主要特征：雄性：体长 3.8–4.8 mm，翅长 3.8–4.5 mm。复眼褐色至红褐色；头部金绿色或金紫色。无眼后眶。触角褐色，但梗节黄褐色，鞭节 3 小节。胸部金绿色，肩胛和翅后胛褐色，中侧片上缘具窄的浅黄色下背侧带。翅透明，翅痣浅黄色；盘室与 r_5 室之间的脉正常；平衡棒浅黄色。足黄褐色，但基节、后足股节除最基部和端部外、后足胫节端部 1/3–1/2 除最端部外和第 4–5 跗节褐色。腹部椭圆形，较扁平，腹部黄色，但第 5 腹板黑色。雄性外生殖器：第 9 背板基部具大的凹缺；尾须细；生殖基节端部较宽；生殖基节愈合部基缘圆，腹面端缘中央具 2 个三角形稍长的尖突，2 突之间具窄深凹；生殖刺突近三角形，端部尖；阳基侧突稍短于阳茎或近等长，阳茎端部 3 裂。雌性：体长 3.2–4.8 mm，翅长 3.5–5.0 mm，外形与雄虫相似，但复眼宽分离；具眼后眶。额向头顶渐宽，触角上额无毛斑，具 1 道中断的横沟；触角鞭节 4 小节，第 4 小节较小，被极短的毛；腹部金紫色和金绿色。

　　分布：浙江（临安）、北京；日本。

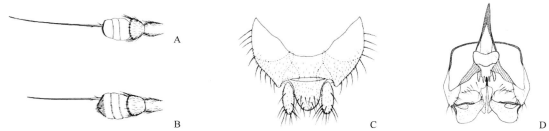

　　图 2-14　日本小丽水虻 *Microchrysa japonica* Nagatomi, 1975（仿 Nagatomi，1975）
A. ♂触角内侧面观；B. ♀触角内侧面观；C. ♂第 9–10 背板和尾须背面观；D. ♂生殖体背面观

（75）莫干山小丽水虻 *Microchrysa mokanshanensis* Ôuchi, 1938

Microchrysa mokanshanensis Ôuchi, 1938: 58.

　　主要特征：雌性：体长 4.0 mm。头部额宽为头宽的 1/3，向头顶渐宽，亮金紫色，也具蓝绿色反光，后头橘黄色；单眼瘤黑褐色，侧边橘黄色，单眼橘黄色；眼后眶宽，深紫色，被暗黄白毛；下额在触角附近具 1 对窄的白色横毛斑；颜黄褐色，被黄白毛；触角橘黄色，触角芒橙褐色；喙橘黄色。胸部深褐色，具亮蓝绿色光泽，肩胛、翅后胛和中侧片的下背侧带浅黄色。翅透明，翅脉黄色；平衡棒浅黄色。足黄色，后足股节中部具宽的黑褐色横带，胫节端半部具褐色横带。腹部黄褐色；生殖器橙褐色。雄性：未知。

　　分布：浙江（德清）。

（76）上海小丽水虻 *Microchrysa shanghaiensis* Ôuchi, 1940（图 2-15）

Microchrysa flaviventris var. *shanghaiensis* Ôuchi, 1940: 284.

　　主要特征：雄性：体长 3.8–4.2 mm，翅长 3.2–3.5 mm。复眼被极稀疏的黄色短毛。头部亮黑色，具金绿色光泽，下额红褐色；头部毛浅黄色，下额密被浅黄色短柔毛，中间有 1 道无毛的浅沟。触角深黄色，第 4 鞭节褐色，触角芒黑褐色；鞭节近圆形，4 节，第 4 节小。胸部金绿色，肩胛浅黄色，翅后胛黄褐色，中侧片上缘具窄的浅黄色下背侧带。翅透明；平衡棒黄色。足黄色，但基节基部黄褐色，后足股节中部 1/2

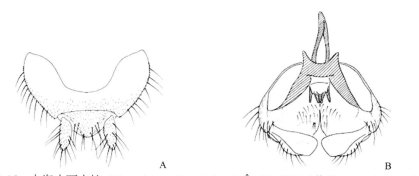

　　图 2-15　上海小丽水虻 *Microchrysa shanghaiensis* Ôuchi, 1940（仿 Nagatomi，1975）
A. ♂第 9–10 背板和尾须背面观；B. ♂生殖体背面观

黑色。腹部椭圆形，较扁平，黄色，有时第 1 背板基部或两侧色暗，第 2 背板两侧和第 4–5 背板中部具黑斑。雄性外生殖器：生殖基节愈合部腹面端缘中央具窄深凹；生殖刺突端部较宽；阳基侧突稍短于阳茎或近等长，阳茎端部 3 裂。雌性：体长 3.5–4.3 mm，翅长 3.0–3.5 mm，外形与雄虫相似，但复眼宽分离；具眼后眶；额向头顶渐宽，触角上额无毛斑，但具 1 对窄的浅黄色横斑；足基节除端部外褐色，颜色深于雄虫；腹部金绿色，中部金紫色，被黄毛。

分布：浙江（临安）、北京、陕西、上海、湖北；日本。

24. 黑水虻属 *Nigritomyia* Bigot, 1877

Nigritomyia Bigot, 1877: 102. Type species: *Ephippium maculipennis* Macquart, 1850.

主要特征：复眼密被毛，雄虫接眼式，雌虫离眼式。触角第 1–5 鞭节纺锤形，第 6–8 鞭节形成与 1–5 节等长的触角芒，密被长毛。中胸背板侧边翅基上具刺突，小盾片 2 刺。CuA_1 脉从盘室发出，盘室发出 3 条 M 脉。腹部椭圆形，背面稍隆突。

分布：东洋区、澳洲区。世界已知 16 种，中国记录 4 种，浙江分布 1 种。

（77）黄颈黑水虻 *Nigritomyia fulvicollis* Kertész, 1914（图 2-16）

Nigritomyia fulvicollis Kertész, 1914: 514.

主要特征：雄性：体长 8.3–13.1 mm，翅长 8.0–11.0 mm。复眼黑色，密被褐毛，中央具 1 窄的浅黄毛横带。头部亮黑色，下额上角具浅黄色倒伏长毛，其余部分被稀疏的直立黑毛；触角两端黑色，密被长黑毛，中部黄褐色，被黄粉。胸部黑色，但肩胛和翅后胛很小的区域黄色，小盾刺顶尖黄色；中胸背板侧刺长；胸部背板被橘红色直立长毛和倒伏短毛，但背板前缘、肩胛、侧边、翅后胛、小盾片后缘及下部和小盾刺顶端具浅黄毛，侧板和腹板被浅黄毛。翅透明，但端部褐色；翅痣明显；平衡棒浅黄色。足黑色，但转节、股节基部 1/3、膝、中后足第 1 跗节浅黄色，前足第 1–2 跗节、中足第 2–3 跗节、后足近末端黄褐色。腹部黑色，被黑色直立长毛，第 1–4 背板两边各具 1 黄毛斑，第 3–5 背板中央具黄毛斑。雄性外生殖器：生殖刺突基部粗，端部尖，内弯；阳茎复合体端部小二分叉。雌性：体长 7.2–11.9 mm，翅长 7.3–12.2 mm。与雄虫相似，但复眼分离，下额上角两侧各具 1 浅黄毛斑；触角第 1–3 鞭节膨大；翅浅褐色，翅痣不明显。

分布：浙江（临安、新昌）、河南、湖北、福建、台湾、广东、广西、四川、贵州、云南。

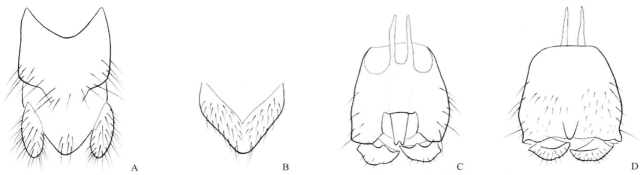

图 2-16　黄颈黑水虻 *Nigritomyia fulvicollis* Kertész, 1914（仿杨定等，2014）
A. ♂第 9–10 背板和尾须背面观；B. ♂第 10 腹板腹面观；C. ♂生殖体背面观；D. ♂生殖体腹面观

25. 短角水虻属 *Odontomyia* Meigen, 1803

Odontomyia Meigen, 1803: 265. Type species: *Musca hydroleon* Linnaeus, 1758.

主要特征：头部宽于胸部；复眼被毛或光裸，雄虫接眼式，雌虫大部分离眼式。触角柄节长至多为梗节的 2 倍，鞭节 6 节，无触角芒，第 6 鞭节通常很短。小盾片近半圆形，具 2 刺。翅 R_{2+3} 脉不与 Rs 脉愈合，R_4 脉有时缺失；CuA_1 脉不从盘室发出；M_3 脉不发达或完全缺失。

分布：世界广布，已知 216 种，中国记录 22 种，浙江分布 2 种。

（78）黄绿斑短角水虻 *Odontomyia garatas* Walker, 1849（图版Ⅲ，图版Ⅳ）

Odontomyia garatas Walker, 1849: 532.

主要特征：雄性：体长 10.4–12.4 mm，翅长 8.3–9.6 mm。复眼裸；头部黑色，口孔两侧黄色。触角柄节和梗节黄色，鞭节棕色。胸部亮黑色，肩胛、翅后胛、小盾片和小盾刺黄绿色；胸侧板黑色，但上部有 1 个宽的黄色横带，侧板后缘黄绿色。翅透明，脉淡黄色；具 R_4 脉，M_3 脉较长；平衡棒棕黄色，球部稍带绿色。足黑色，但股节两端黄色，胫节和跗节黄棕色。腹部棕黄色，第 1 背板和第 2–5 背板基部黑色，第 2（或 2–3）背板的黑色部分延伸到中后缘。雄性外生殖器：尾须近三角形；生殖基节具端部平滑的侧突；生殖刺突侧突鸟喙状，阳茎复合体短粗，基部两侧有指形侧突，末端 3 裂叶，侧叶长于中叶，侧叶末端尖细而中叶末端平。雌性：体长 10.4–12 mm，翅长 8.1–9.6 mm，外形与雄虫相似，但头部黄绿色到黄色；额具黑色中纵缝，上额左右各有 1 个黑色侧斑与纵缝相连；黑斑前方为圆形胛，光滑无毛，但黑斑上有黑色短毛；眼后眶宽；后头黄色，有黑斑；中胸侧板大部分黄色，但下部和下侧片下部黑色；足黄色，跗节末 3 节色深。

分布：浙江（临安）、吉林、北京、河北、江苏、上海、湖北、江西、湖南、福建、台湾、香港、广西、四川、贵州、云南；韩国，日本。

（79）微毛短角水虻 *Odontomyia hirayamae* Matsumura, 1916（图版Ⅴ）

Odontomyia hirayamae Matsumura, 1916: 364.

主要特征：雄性：体长 11.0–12.0 mm，翅长 7.5–8.0 mm。复眼黑棕色，裸；头部黑色；触角黑褐色。胸部黑色，小盾刺黄棕色，胸背板被浓密的金黄色直立毛，侧板的直立毛色浅，稀疏。翅透明，翅痣黄棕色，前半部翅脉黑棕色，R_4 脉和 M_3 脉缺失，M_1 脉和 M_2 脉不达到翅缘。足黑棕色，但中后足基跗节黄棕色，后足第 4 跗节左右不对称。平衡棒黄棕色。腹部黑色，第 1 背板有浅灰色粉，第 2–4 背板后侧部被浓密的金黄毛，形成金黄色的三角形侧毛斑，第 5 背板后缘黄棕色，也被浓密的金黄毛，第 2–4 背板的其余部分被短的黑色倒伏毛，也有些浅黄色的直立毛。雌性：体长 12.0–14.0 mm，翅长 9.5 mm，外形与雄虫相似，但复眼分离，有宽的眼后眶，眼后眶上有浓密的浅黄色细柔毛；额黑色，中纵缝两侧的中下额有 1 对亮黑色的延伸到复眼的长方形胛，光裸，胛上下的额有金黄色毛；有的个体胸部毛短而倒伏，但前胸侧板和侧背片上有直立毛；后足第 4 跗节形状正常；腹部的毛金黄色，比雄虫的毛更倒伏，但侧面也有些直立毛。

分布：浙江（临安）、陕西、湖北、福建、云南；日本。

26. 盾刺水虻属 *Oxycera* Meigen, 1803

Hermione Meigen, 1800: 22. Type species: *Musca hypoleon* Linnaeus, 1767 [=*Musca trilineata* Linnaeus, 1767].

主要特征：体常具黑斑或黄斑；复眼被毛；雄虫接眼式，雌虫离眼式；雌虫眼后眶明显；触角短于头长；第 1–4 鞭节纺锤状，第 5–6 鞭节形成触角芒；小盾片具 2 刺；R$_4$ 脉通常存在；CuA$_1$ 脉从盘室发出；腹部大于或等于胸宽，背面强烈拱突。

分布：世界广布，已知 94 种，中国记录 25 种，浙江分布 2 种。

（80）好盾刺水虻 *Oxycera excellens* (Kertész, 1914)

Hermione excellens Kertész, 1914: 497.

Oxycera excellens: Brunetti, 1923: 89.

主要特征：雌性：体长 8.5 mm，翅长 7.2 mm。复眼密被长毛；头部黑色；下额有 2 个与复眼分离的小斑；眼后眶发达。触角黄棕色，触角芒约为其余鞭节的 1/2。胸部黑色，肩胛、中胸背板后侧部、中侧片窄的上缘黄色；中侧片后上部有 1 个卵圆形的暗黄色斑，翅侧片下角和小盾片后缘暗黄色；小盾刺（除端部外）黄色，小盾片和刺成 45°。翅稍带烟褐色，翅痣黄棕色，具 R$_4$ 脉；平衡棒棕黄色，球部黄绿色。足黑棕色，股节红棕色，胫节在近中部有红棕色的细环，端部黄色，中足第 1–2 跗节黄棕色，后足 1–2 跗节黄白色。腹部黑色，背板有极细的红棕色边缘，但第 5 背板后缘的黄斑宽。雄性：未知。

分布：浙江（临安）、台湾。

（81）四斑盾刺水虻 *Oxycera quadripartita* (Lindner, 1940)（图版 Ⅵ）

Hermione quadripartita Lindner, 1940: 33.

Oxycera quadripartita: Rozkošný *et* Narshuk, 1988: 86.

主要特征：雌性：体长 9.4–10.1 mm，翅长 7.8–8.2 mm。复眼黑灰色，有稀疏的浅色短毛；头部黑色，额亮黑，有 4 个黄斑，分别位于上额和下额中纵缝左右两侧；颜亮黑，左右两侧与复眼交界处有宽的银白粉纵条斑，颜被稀疏的白毛；眼后眶上半部亮黄色，下半部被银白粉。触角黄色，触角芒是鞭节其余部分的 1.5 倍。胸部黑色，肩胛和翅后胛黄色，背侧缝下（中侧片上缘）有连接肩胛和翅后胛的黄色横带，黄色在翅基前变成 1 个长圆斑；小盾片黑色，但后缘及腹面、小盾片刺黄色，端点黑色；胸背板被金黄色倒伏短毛，侧板被银白色倒伏短毛。翅透明，翅脉和翅痣黄色，R$_4$ 脉存在；平衡棒白色，基部色深。前足基节和转节黑色，股节黄色，但腹面稍带黑色，胫节外侧黄色，中部有棕色环，胫节内侧黑色，仅基部黄色，跗节黑棕色；中足颜色类似前足，但胫节黑色区少，且中足跗节浅黄色，仅末节色深；后足颜色同中足，但转节黄色。腹部背板和腹板黑色，但第 5 背板端半部黄白色，背板背极短的浅色毛。雄性：未知。

分布：浙江（龙泉）、陕西、福建。

27. 丽额水虻属 *Prosopochrysa* De Meijere, 1907

Prosopochrysa De Meijere, 1907: 220. Type species: *Chrysochlora vitripennis* Doleschall, 1856.

主要特征：复眼裸，雄虫复眼被窄细的额分开；触角着生于瘤突上，触角上方额有横长的凹陷；眼后眶极窄。触角短，柄节和梗节等长，鞭节长约为前 2 节之和，鞭节 4 节，有端芒。胸部和腹部几乎等长，小盾片无刺；翅 R_{4+5} 脉不分叉，盘室发出 2 条 M 脉；腹部可见节 5 节。

　　分布：古北区、东洋区。世界已知 4 种，中国记录 2 种，浙江分布 1 种。

（82）舟山丽额水虻 *Prosopochrysa chusanensis* Ôuchi, 1938（图版Ⅶ、图版Ⅷ）

Prosopochrysa chusanensis Ôuchi, 1938: 56.

　　主要特征：雄性：体长 6.0 mm，翅长 5.0 mm。复眼近接眼，棕色，裸，无眼后眶；头部黑色，有金蓝绿色或金紫色光泽；下额瘤状，颜和颊有刻点，被黑棕色长毛。触角柄节黑色，梗节黑棕色；鞭节黄色，末节黑棕色，触角芒黑色。胸部黑色，有蓝绿色金属光泽；背板和侧板被白色长毛；小盾片近三角形，无刺。翅透明，翅脉淡黄色；R_4 脉和 M_3 脉缺失，盘室发出 2 条脉；平衡棒柄黑棕色，球部黄色。前足各节黑色；中足和后足股节基半部红棕色，端半部黑色；胫节黑色；基跗节长，跗节前 2 节黄棕色，其他各节黑色。腹部亮黑棕色；背板边缘及腹板基部有白色长毛。雌性：体长 6.0 mm，翅长 5.5 mm，外形与雄虫类似，但复眼为离眼，裸；额向头顶渐窄，呈窄长的梯形，上额包括单眼瘤亮黑色带紫色金属光泽，有中纵沟，侧面观额稍隆起；下额裸，亮黑棕色；颜和颊亮黑色带蓝绿色金属光泽；前足各节黑色，中后足股节和胫节黑色，但跗节前 2 节明显黄白色，末 3 跗节黑色。

　　分布：浙江（临安、舟山）、北京、湖南、福建、海南、重庆、四川、贵州、云南；菲律宾。

28. 指突水虻属 *Ptecticus* Loew, 1855

Ptecticus Loew, 1855: 142. Type species: *Sargus testaceus* Fabricius, 1805.

　　主要特征：体中型。雌雄复眼均分离，复眼几乎裸；下额泡状，称额胖；触角梗节内侧端缘明显向前突出呈指状，触角芒着生于鞭节端上部。小盾片无刺；后小盾片发达；R_{2+3} 脉从 r-m 横脉处发出；下腋瓣无带状突，腹部纺锤形或长棒状。

　　分布：世界广布，已知 143 种，中国记录 15 种，浙江分布 8 种。

分种检索表

1. 头顶中央黑色 ··· 2
- 头顶中央黄色 ··· 5
2. 后足全黑；尾须延长；腹部第 2 节白色，但背面中央具 1 个三角形黑斑 ···············日本指突水虻 *P. japonicus*
- 后足部分黄色；尾须不延长 ··· 3
3. 额胖上半部白色，下半部浅褐色 ···狡猾指突水虻 *P. vulpianus*
- 额胖全白色 ··· 4
4. 生殖基节腹面端缘中央具大的较扁平的短突 ···南方指突水虻 *P. australis*
- 生殖基节腹面端缘中央具 2 个细长指状中突 ···福建指突水虻 *P. fukienensis*
5. 翅双色，端半部和后部与翅面其余部分颜色明显不同 ··· 6
- 翅色均匀单一 ··· 7
6. 翅黄色，但端部和后部浅灰色；尾须长三角形，端部较尖 ·································克氏指突水虻 *P. kerteszi*
- 翅橘黄色，但端部和后部黑褐色；尾须粗短，端部钝 ····································金黄指突水虻 *P. aurifer*
7. 足主要为黑色，跗节黄褐色，但第 1 跗节除端部外黑色 ·································烟棕指突水虻 *P. brunescens*
- 足黄色，但后足胫节全黑褐色，后足跗节白色，但第 1 跗节基部 1/3 黑褐色 ··············新昌指突水虻 *P. sichangensis*

（83）金黄指突水虻 *Ptecticus aurifer* (Walker, 1854)（图 2-17）

Sargus aurifer Walker, 1854: 96.

Ptecticus aurifer: Wulp, 1896: 49.

主要特征：雄性：体长 13.5–21.0 mm，翅长 12.5–18.9 mm。复眼黑褐色，裸；头部橘黄色，后头黑色；单眼瘤黑褐色。具较窄的眼后眶；头部被黄色直立长毛，后头外圈被倒伏毛和 1 圈向后直立的缘毛。触角橘黄色，触角芒黑色，但基部橘黄色。胸部橘黄色，长大于宽；小盾片钝三角形；后小盾片长于小盾片。翅橘黄色，但端部和后部黑褐色；R_{2+3} 脉从 r-m 横脉处发出，终止于 R_1 脉末端，r-m 横脉明显；平衡棒橘黄色，球部稍带黑色。足橘黄色，有时后足股节端部、后足胫节和跗节颜色稍深。腹部纺锤形，橘黄色，但第 4–6 节（第 4 背板基部两侧、侧边和端部两侧除外）褐色，有时第 2–3 背板中部和第 3 腹板中部也具褐斑，但第 5–6 节的褐斑仅限于中部。雄性外生殖器：第 9 背板无背针突；尾须粗短，端部钝；生殖基节愈合部腹面端缘中部稍凸，突起顶端具极小的缺口；生殖刺突基部宽，向端部渐细，顶端尖锐；阳茎复合体中部最宽，端缘平，中部稍凹。雌性：11.3–21.4 mm，翅长 11.5–20.9 mm。与雄虫相似，但额分离较宽；尾须 2 节，黄褐色至黑色。

分布：浙江（德清、安吉、临安、奉化、龙泉）、辽宁、北京、河北、河南、陕西、江苏、安徽、湖北、江西、湖南、福建、台湾、广东、海南、广西、四川、贵州、云南；俄罗斯，日本，印度，越南，马来西亚，印度尼西亚。

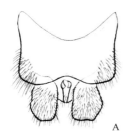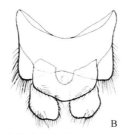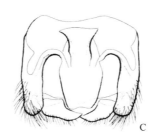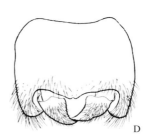

图 2-17　金黄指突水虻 *Ptecticus aurifer* (Walker, 1854)（仿杨定等，2014）
A. ♂第 9–10 背板和尾须背面观；B. ♂第 9 背板、第 10 腹板和尾须腹面观；C. ♂生殖体背面观；D. ♂生殖体腹面观

（84）南方指突水虻 *Ptecticus australis* Schiner, 1868（图 2-18）

Ptecticus australis Schiner, 1868: 65.

主要特征：雄性：体长 8.8–10.6 mm，翅长 8.5–11.0 mm。复眼在额胛上几乎相接；头部额、单眼瘤和头顶亮黑色，额胛白色；颜、触角和喙黄色；触角鞭节端部横截。胸部亮黄色至浅褐色，背板和小盾片颜色稍深，肩胛白色。翅透明；翅痣黄色；翅脉深褐色，R_{2+3} 脉从 r-m 横脉前发出，平行于 R_1 脉，终止于前缘脉，长度约为 Rs 脉的 2 倍，m-cu 横脉几乎无，M_1 脉弧形，M_3 脉与 M_2 脉平行，M_3 脉端部 1/5 消失；平衡棒暗褐色，但柄基半部黄色。足黄色，但前足跗节除第 1 跗节端半部外和中足第 2–5 跗节颜色较暗，后足胫节和后足第 1 跗节基半部黑色，后足跗节其余部分白色。腹部亮黄色，背板具宽的黑色横斑，达侧边；第 6 背板黑色。雄性外生殖器：第 9 背板近圆形，强烈隆突；背针突长于尾须，腹面愈合；生殖基节背面端后突长，腹面端部具大的较扁平的短突，中部稍凹；生殖刺突端部叶片状。雌性：体长 8.8–10.6 mm，翅长 8.5–11.0 mm，外形与雄虫相似，但额较宽，最窄处宽于单眼瘤。

分布：浙江（临安）、台湾；印度，泰国，斯里兰卡。

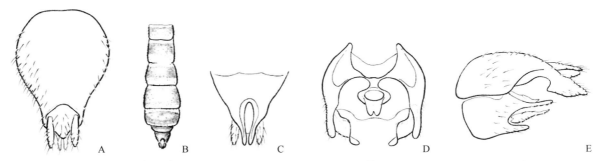

图 2-18　南方指突水虻 *Ptecticus australis* Schiner, 1868（仿 Rozkošný and Hauser，1998）

A.♂第 9–10 背板和尾须背面观；B.♂腹部背面观；C.♂第 9 背板、第 10 腹板和尾须腹面观；D.♂生殖体背面观；E.♂外生殖器侧面观

（85）烟棕指突水虻 *Ptecticus brunescens* Ôuchi, 1938

Ptecticus brunescens Ôuchi, 1938: 54.

　　主要特征：雄性：体长 19.0 mm。头部复眼黑色，额、颜暗黄色，但额三角带有浅黄褐色，被黑毛；后头浅黄褐色，具白色缘毛。触角黄褐色，触角芒橙褐色；喙橘黄色。胸部浅黄褐色，被白毛，但中缝后和小盾片中部被黑毛。翅浅灰色；翅脉暗黄色；平衡棒浅黄褐色，球部暗黄色。前足基节基部黑色，端部黄褐色，中后足基节黑色；转节褐色；股节基半部和最末端浅褐色，其余部分黑褐色；前足胫节除前侧窄带外黑褐色，中部具窄的浅黄褐色横斑；中足胫节黑褐色，中部两侧具窄的浅黄褐色短条斑；后足胫节黑褐色，但中部具浅黄褐色横带；所有胫节基部和最末端均为橙黄色；前后足跗节黑褐色，但第 2–5 跗节和第 1 跗节端部微有黄褐色。腹部较宽，暗褐色被白毛，但第 1 背板基侧角至第 2 背板基侧角以及第 2–4 背板前缘两侧被黑毛，侧边毛较长且直立。雌性：体长 17.0 mm。与雄虫相似，但触角鞭节和触角芒颜色较浅；腹部第 5 背板侧边和前缘被白毛。

　　分布：浙江（德清、临安）。

（86）福建指突水虻 *Ptecticus fukienensis* Rozkošný *et* Hauser, 2009（图 2-19）

Ptecticus fukienensis Rozkošný *et* Hauser, 2009: 7.

　　主要特征：雄性：体长 10.8 mm，翅长 11.3 mm。复眼红褐色，裸，宽分离。头部浅黄色，但上额、头顶和后头黑色；头部被黄毛，后头外侧无直立缘毛。触角黄色，但触角芒黄褐色。胸部黄色，背板颜色稍深。翅透明，但端部微有浅褐色；翅痣不明显；R_{2+3} 脉从 r-m 横脉处发出，较长，与 R_1 脉近平行，m-cu 横脉几乎不存在。平衡棒浅黄色，但球部内侧稍带褐色。足黄色，但前中足第 4–5 跗节黄褐色，后足胫节和后足第 1 跗节基半部褐色，后足第 2–5 跗节白色。腹部黄色，第 1–5 背板具黑色横斑，第 1 背板横斑占

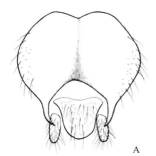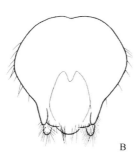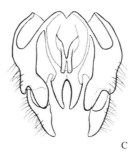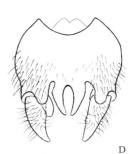

图 2-19　福建指突水虻 *Ptecticus fukienensis* Rozkošný *et* Hauser, 2009（仿杨定等，2014）

A.♂第 9–10 背板和尾须背面观；B.♂第 9 背板、第 10 腹板和尾须腹面观；C.♂生殖体背面观；D.♂生殖体腹面观

前部 2/3，第 2–5 背板的斑均不达前后缘，第 6 背板中部也有黑斑，尾部黄褐色。雄性外生殖器：第 9 背板近圆形，端缘内凹，具短的背针突；生殖基节基缘愈合部腹面端缘中部具 2 个细长的指状中突，愈合部背面端缘两侧各具 1 个大的舌状突；生殖刺突长，向端部渐细，顶端尖；阳茎复合体短小，端部裂为指状 2 叶。雌性：体长 14.0 mm，翅长 12.5 mm。与雄虫相似，但额较宽；触角鞭节褐色；腹部第 6–7 节黑斑较宽。

分布：浙江（庆元）、福建、广西、云南。

（87）日本指突水虻 *Ptecticus japonicus* (Thunberg, 1789)（图 2-20）

Musca japonicus Thunberg, 1789: 90.

Ptecticus japonicus: Rozkošný *et* Hauser, 2009: 24.

主要特征：雄性：体长 11.7–18.8 mm，翅长 9.6–10.4 mm。复眼黑褐色，裸，分离。头部亮黑色，稍被粉，但额胛浅黄色；具较窄的眼后眶。触角黑褐色，鞭节黄褐色；触角芒黑色，基部褐色。胸部黑色，领部前缘中部具 1 个浅黄色扁圆形斑，肩胛黄褐色，中侧片上缘具黄褐色窄的下背侧带窄。翅黄褐色；R_{2+3} 脉从 r-m 横脉处发出，终止于 R_1 脉末端，r-m 横脉很短；平衡棒黑色，但柄黄褐色。足黑色，但前足股节端部、前足胫节基部 1/3 外表面、中足胫节基部外表面、中足第 1–2 跗节黄褐色。腹部黑色，第 2 节白色，但第 2 背板侧边和中部三角形区域黑色。雄性外生殖器：第 9 背板无背针突，基部具梯形凹缺；尾须强烈延长，长于第 9 背板，向端部渐细，密被黑毛；生殖基节愈合部端缘中部具 2 个小突；生殖基节背桥端缘具 2 个指状突；生殖刺突向端部渐细，近端部具 1 个扁平的大背叶；阳茎复合体中等大小，最宽处位于近端部，端缘平。雌性：体长 13.5–15.1 mm，翅长 11.3–13.5 mm。与雄虫相似，但额分离较宽，两侧近平行；尾须 2 节，黑色。

分布：浙江（西湖、临安、舟山、温州）、黑龙江、辽宁、内蒙古、北京、河北、山西、山东、河南、甘肃、江苏、上海、安徽、湖北、江西、湖南、广东、香港、四川；俄罗斯、韩国，日本。

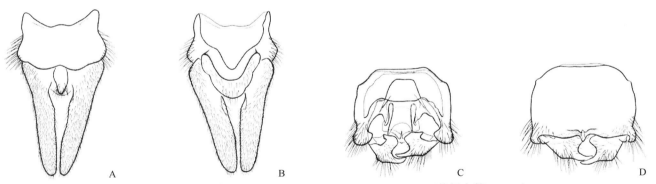

图 2-20　日本指突水虻 *Ptecticus japonicus* (Thunberg, 1789)（仿杨定等，2014）
A. ♂第 9–10 背板和尾须背面观；B. ♂第 9 背板、第 10 腹板和尾须腹面观；C. ♂生殖体背面观；D. ♂生殖体腹面观

（88）克氏指突水虻 *Ptecticus kerteszi* De Meijere, 1924（图 2-21）

Ptecticus kerteszi De Meijere, 1924: 11.

主要特征：雄性：体长 15.3 mm，翅长 11.3 mm。复眼黑褐色，裸，窄分离。头部黄色，但上额暗黄色，单眼瘤黑色，后头除中央骨片外黑色。触角黄色，但触角芒浅黑色，基部黄色。喙黄色，被黄毛。胸部黄色，但背面颜色稍暗；胸部毛黄色，肩胛裸。翅黄色，但端部和后缘浅灰色；平衡棒黄色。足黄色，但后足基节稍带黑色，前中足第 4–5 跗节、后足胫节和跗节褐色。腹部黄色至黄褐色，第 1–5 背板具黑色横斑，主要被黑毛。雄性外生殖器：第 9 背板宽大于长，基缘和端缘具浅凹；尾须长，近三角形，端部尖；

第 10 腹板"U"形；生殖基节宽大于长，基缘平，愈合部的腹面端缘中具 1 个短突；生殖刺突基部宽，端部突然窄但不尖锐；阳茎复合体端部圆。雌性：未知。

　　分布：浙江（庆元）；印度尼西亚。

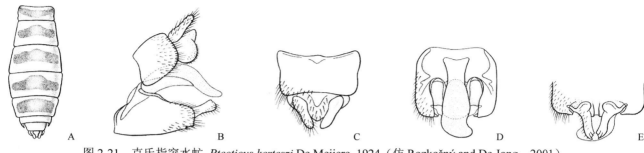

　　图 2-21　克氏指突水虻 *Ptecticus kerteszi* De Meijere, 1924（仿 Rozkošný and De Jong，2001）
A. ♂腹部背面观；B. ♂外生殖器侧面观；C. ♂第 9–10 背板和尾须背面观；D. ♂生殖体背面观；E. ♂生殖体腹面观

（89）新昌指突水虻 *Ptecticus sichangensis* Ôuchi, 1938（图 2-22）

Ptecticus sichangensis Ôuchi, 1938: 51.

　　主要特征：雄性：体长 10.0–10.2 mm，翅长 8.0–10.0 mm。复眼黑褐色，裸，分离。头部浅黄色，后头除中央骨片外黑色；后头强烈内凹，无眼后眶；后头外侧无直立缘毛。触角橘黄色，但触角芒褐色；喙黄色，被黄毛。胸部黄褐色。后小盾片长于小盾片；胸部被浅黄色短毛。翅浅黄色；翅痣浅黄色，不明显；翅脉黄褐色；平衡棒黄色，但球部浅褐色。足黄色，但前足第 4–5 跗节黄褐色，后足胫节及后足第 1 跗节基部 1/3 黑褐色，后足第 1 跗节端部 2/3 及第 2–5 跗节白色。腹部黄褐色，第 2–5 背板具黑色纺锤形横斑，横斑接近前缘且不达前缘。雄性外生殖器：第 9 背板近长方形，基缘具浅弧形凹缺，端缘平直；生殖基节长宽大致相等，愈合部端缘有 1 个扁的短突，端缘直；生殖刺突基部窄，端部宽大，黑色；阳茎复合体粗长，背面具 4 个黑色的纵骨化带。雌性：体长 8.0–12.0 mm，翅长 7.0–10.0 mm。与雄虫相似，但额较宽。

　　分布：浙江（临安、新昌）；日本。

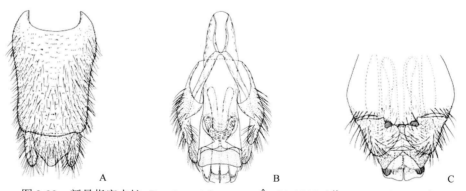

　　图 2-22　新昌指突水虻 *Ptecticus sichangensis* Ôuchi, 1938（仿 Nagatomi，1975）
A. ♂第 9–10 背板和尾须背面观；B. ♂生殖体背面观；C. ♂生殖体腹面观

（90）狡猾指突水虻 *Ptecticus vulpianus* (Enderlein, 1914)（图 2-23）

Gongrozus vulpianus Enderlein, 1914: 586.

Ptecticus vulpianus: Rozkošný *et* Jong, 2001: 69.

　　主要特征：雄性：体长 8.5–13.5 mm，翅长 7.3–14.0 mm。复眼黑褐色，裸，在额胛上几乎相接；头部亮黑色，额胛白色，但下部浅褐色；颜浅黄色。无眼后眶。触角黄色，但触角芒褐色。胸部黄色。翅透明；R$_{2+3}$脉从 r-m 横脉处发出，较长，终止于前缘脉上。平衡棒浅褐色，但基部黄色，球部前缘颜色稍浅。足黄色，但前中足第 4–5 跗节、前足第 1 跗节端部和前中足第 2–3 跗节稍带浅褐色，后足胫节和第 1 跗节基部黑褐色，后足跗节其余部分白色。腹部黄色，第 1–4 背板前部具宽的达侧缘的黑色横斑。第 5 背板（除前缘外）和第 6 背板黑色。雄性外生殖器：第 9 背板基缘具浅"V"形凹缺，端部具大的非骨化区域；生殖基节基缘直，愈合部背面端缘两侧具 2 个端尖的长三角形突；生殖基节愈合部腹面端缘具 2 个指状突，2 突中间有 1 个大而深的半圆形内凹，深度达生殖基节长之半；生殖刺突长；阳茎复合体超过生殖基节腹突端部，阳茎复合体端部 2 裂叶。雌性：体长 8.8–9.2 mm，翅长 9.2–10.2 mm，与雄虫相似，但额较宽，向头顶渐宽。

分布：浙江（临安）、吉林、陕西、湖北、福建、广西、四川、云南；马来西亚，印度尼西亚。

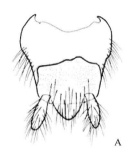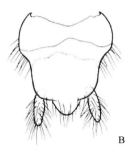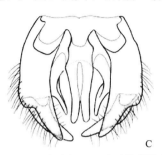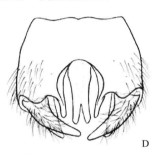

图 2-23 狡猾指突水虻 *Ptecticus vulpianus* (Enderlein, 1914)（仿杨定等，2014）

A. ♂第 9–10 背板和尾须背面观；B. ♂第 9 背板、第 10 腹板和尾须腹面观；C. ♂生殖体背面观；D. ♂生殖体腹面观

29. 瘦腹水虻属 *Sargus* Fabricius, 1798

Sargus Fabricius, 1798: 549. Type species: *Musca cupraria* Linnaeus, 1758.

主要特征：体中到大型，通常大于 7.0mm。雌雄复眼均分离，复眼裸；下额泡状，称额胛；触角梗节内侧端缘平直或微凸，鞭节端缘圆，触角芒着生于鞭节端上部。小盾片无刺；R$_{2+3}$脉从 r-m 横脉后很远处发出，cup 室长明显大于宽的 2 倍；下腋瓣具带状突。腹部细长，长棒状。

分布：世界广布，已知 111 种，中国记录 20 种，浙江分布 4 种。

分种检索表

1. 后头边缘无 1 圈向后直立的缘毛 ·· 华瘦腹水虻 *S. mandarinus*
- 后头边缘具 1 圈向后直立的缘毛 ··· 2
2. 体长大于 21 mm；中侧片上缘无浅色下背侧带；前足胫节外侧、中足胫节中后部外侧和后足胫节-中部外侧的 1 个点白色 ·· 巨瘦腹水虻 *S. goliath*
- 体长小于 21 mm；中侧片上缘具浅色下背侧带；足不如上所述 ··· 3
3. 足主要为黑褐色 ··· 大瘦腹水虻 *S. grandis*
- 足黄色，但后足基节和后足胫节基部 1/3–1/2 褐色 ························· 红斑瘦腹水虻 *S. mactans*

（91）巨瘦腹水虻 *Sargus goliath* (Curran, 1927)（图 2-24）

Macrosargus goliath Curran, 1927: 2.

Sargus goliath: James, 1975: 21.

主要特征：雄性：体长 21.6–22.4 mm，翅长 11.0–12.1 mm。复眼黑褐色，裸，明显分离。头部黑紫色，额胛白色；后头外圈具白色直立缘毛。触角暗褐色；柄节和梗节被黑色长毛，鞭节被浅黄色短毛。胸部金蓝色，肩胛和翅后胛褐色；侧板金蓝紫色，中侧片上缘无浅色下背侧带；胸部密被白毛，但中侧片前部 2/3 裸。翅浅褐色，后缘颜色稍浅；翅痣浅褐色，不明显；翅脉褐色。平衡棒黄色。腹部约与胸部等宽，金蓝紫色。足黑褐色，但基节端部、前足胫节外侧、中足胫节中后部外侧和后足胫节中部外侧的 1 个点白色。腹部被白毛，背板每节前侧角具白毛斑，背板侧边毛较长且直立。雄性外生殖器：第 9 背板极宽扁，基缘具浅"V"形凹；尾须指状；生殖基节基缘波状，中部稍凸，愈合部的端缘中部具稍内陷的方形中突，中突明显长大于宽；生殖刺突粗短，端部稍尖；阳茎长，端部较细，3 裂，不分离；阳基侧突向端部渐细，顶端稍内弯，稍短于阳茎。雌性：体长 22.5–23.3 mm，翅长 16.1–17.2 mm，与雄虫相似，但额分离较宽，中部两侧平行，向两端渐窄。

分布：浙江（杭州）、福建、广西、四川。

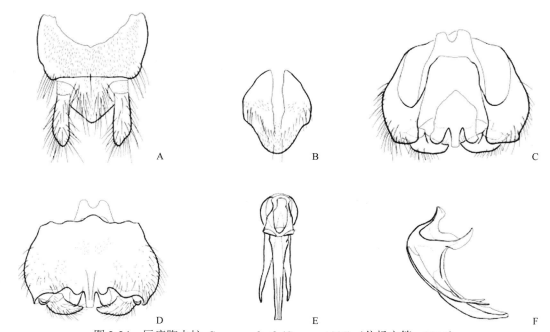

图 2-24 巨瘦腹水虻 *Sargus goliath* (Curran, 1927)（仿杨定等，2014）
A. ♂第 9–10 背板和尾须背面观；B. ♂第 10 腹板腹面观；C. ♂生殖体背面观；D. ♂生殖体腹面观；E. 阳茎复合体背面观；
F. 阳茎复合体侧面观

（92）大瘦腹水虻 *Sargus grandis* (Ôuchi, 1938)

Ptecticus grandis Ôuchi, 1938: 52.

Sargus grandis: Woodley, 2001: 30.

主要特征：雄性：体长 20.0–21.0 mm。头部复眼黑色；额较窄，中部两侧平行；额上部蓝色，中部蓝绿色，下部黄褐色；颜褐色。后头具白色缘毛。触角棕橙色，柄节和梗节上下面被黑毛。喙橙黄色。胸部亮金绿色，稍带紫色光泽，密被浅褐色短柔毛；中侧片上缘具黄褐色下背侧带。侧板金绿色，具紫色反光，被白毛，但中侧片上后缘和侧背片上缘被浅褐毛；腹板被白毛。翅褐色，前部颜色较深；平衡棒橘黄色，但球部颜色稍深。后足基节亮黑色，股节黑褐色，胫节褐色，但前足胫节颜色稍浅，中足胫节前侧和后足胫节端半部前侧具橘黄色纵带，跗节褐色，但前足第 5 跗节橘黄色。腹部闪亮的暗紫色，密被黑毛，背板每节前后角、侧边和后缘具白毛，腹板被黑毛，每节后缘具白毛。生殖器黄褐色。雌性：体长 19.0–21.5 mm。与雄虫类似，但额比雄虫宽。胸部金紫色，被白色短毛；腹部闪亮的暗绿色，毛明显比雄虫密。

分布：浙江（临安）。

（93）红斑瘦腹水虻 *Sargus mactans* Walker, 1859（图 2-25）

Sargus mactans Walker, 1859: 97.

　　主要特征：雄性：体长 10.7–12.1 mm，翅长 8.6–10.4 mm。复眼红褐色，裸，几乎相接；头部金绿色；额胛白色；颜黄色，下半部金褐色；后头外圈具直立缘毛。触角黄褐色，触角芒黑色。胸部背板亮金绿色，肩胛和翅后胛黄褐色，翅后胛有时稍带金绿色；中侧片上缘具浅黄色下背侧带。翅透明，稍带浅黄褐色；翅痣不明显；平衡棒黄色。足黄色，但后足基节和后足胫节基部 1/3–1/2 褐色，后足第 2–5 跗节黄褐色，有时第 1 跗节端部稍带褐色。腹部金褐色。雄性外生殖器：第 9 背板明显宽大于长，基部具大的 "V" 形凹缺，边缘锯齿状；尾须很长，指状；生殖基节宽大于长，基缘直；生殖基节愈合部腹面端缘中部具 1 个内陷的方形中突，中突端部与生殖基节腹面端缘平齐，中突宽大于长；生殖刺突粗短，向端部渐窄，但端部圆钝；阳茎复合体短，端部 3 裂，尖细，分离；具 1 对阳基侧突，端部稍窄且向外弯。雌性：体长 9.5–11.0 mm，翅长 7.6–9.0 mm。与雄虫相似，但复眼分离稍宽，额中部两侧平行，向两端渐宽。

　　分布：浙江（临安、普陀）、吉林、辽宁、北京、河北、山西、山东、河南、陕西、甘肃、湖北、江西、湖南、福建、广东、广西、四川、贵州、云南、西藏；日本，巴基斯坦，印度，斯里兰卡，马来西亚，印度尼西亚，巴布亚新几内亚，澳大利亚。

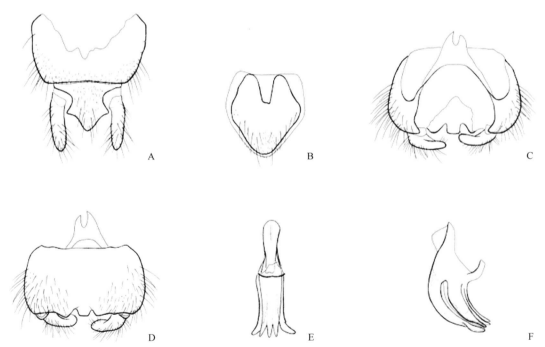

图 2-25　红斑瘦腹水虻 *Sargus mactans* Walker, 1859（仿杨定等，2014）
A. ♂第 9–10 背板和尾须背面观；B. ♂第 10 腹板腹面观；C. ♂生殖体背面观；D. ♂生殖体腹面观；E. 阳茎复合体背面观；F. 阳茎复合体侧面观

（94）华瘦腹水虻 *Sargus mandarinus* Schiner, 1868

Sargus mandarinus Schiner, 1868: 62.

　　主要特征：雄性：复眼几乎相接；后头边缘无 1 圈向后直立的缘毛；触角黄色；翅微有浅黄褐色。足膝部颜色较深；腹部黑褐色，背面稍带绿色光泽。雌性：未知。

　　分布：浙江（德清、舟山、江山）、内蒙古、北京、山东、江苏、上海、香港。

30. 水虻属 *Stratiomys* Geoffroy, 1762

Stratiomys Geoffroy, 1762: 449, 475. Type species: *Stratiomys chamaeleon* Linnaeus, 1758.

主要特征：体大而粗壮，通常具黄斑。雄虫接眼式，雌虫离眼式；雌虫有眼后眶。触角较长，柄节杆状，长至少是梗节的 3–6 倍；鞭节 5–6 节，末节小，向前直伸。小盾片具 1 对粗壮的刺；翅盘室发出 3 条脉，M_3 脉明显发达，R_{2+3} 脉远离 r-m 横脉，有 R_4 脉。

分布：世界广布，已知 92 种，中国记录 24 种，浙江分布 4 种。

分种检索表

1. 小盾片全为黄色 ··· 蒙古水虻 *S. mongolica*
- 小盾片黑色，仅小盾刺之间的后缘及小盾刺黄色或棕色 ··· 2
2. 复眼密被黑棕色短毛 ·· 长角水虻 *S. longicornis*
- 复眼裸 ··· 3
3. 雌虫额前部具 2 个长方形橙黄色胛；触角第 1–3 鞭节内侧砖红色；腹部第 2 背板侧斑三角形 · 杏斑水虻 *S. laetimaculata*
- 雌虫额前部无橙黄色胛；触角全黑色；腹部第 2 背板侧斑长方形 ······································· 泸沽水虻 *S. lugubris*

（95）杏斑水虻 *Stratiomys laetimaculata* (Ôuchi, 1938)（图版Ⅸ）

Oreomyia laetimaculata Ôuchi, 1938: 42.

Stratiomys laetimaculata: Rozkošný *et* Narshuk, 1988: 65.

主要特征：雄性：体长 14 mm。复眼裸；头部黑色；触角黑色，柄节长约为梗节的 5 倍；鞭节 5 小节，第 1–3 鞭节内侧砖红色。胸部亮黑色，被金黄色的倒伏短毛。小盾刺及两刺之间的小盾片后缘黄棕色。翅烟褐色，但翅端色浅；平衡棒柄黄棕色，球部黄绿色。足股节黑色，但端部稍带橙黄色；前足和中足胫节黑色，但基部稍带黄色，后足胫节浅黄色；所有的跗节橙黄色，但末节棕色。腹部黑色，第 2 背板有大三角形黄色侧斑；第 3 背板后缘两侧各有 1 个小黄色横斑；第 4 背板后缘有窄黄色横带；第 5 背板端部有 1 个黄色纵条斑；腹板主要为黑色，有黄色横带。雄性外生殖器：生殖基节近三角形，端部两侧具指状突；生殖刺突近三角形；阳茎复合体端部分 3 叶，侧叶尖细且长，中叶较短。雌性：体长 16.5 mm，与雄虫相似，但额有 2 个长方形的橙黄色胛；眼后眶窄；单眼瘤左右有黑色横带，头顶橙黄色；触角基部额有黑色横带。颜中部黑色，两侧黄色。后头有 2 个明显的橙黄斑；腹部第 3 背板具三角形黄斑。

分布：浙江（临安）、北京、湖南、广东、广西、四川；日本。

（96）长角水虻 *Stratiomys longicornis* (Scopoli, 1763)（图版Ⅹ）

Hirtea longicornis Scopoli, 1763: 367.

Stratiomys longicornis: Schiner, 1855: 622.

主要特征：雄性：体长 12.5–14.0 mm，翅长 10.0–10.5 mm。复眼黑色，密布黑棕色短毛；头部亮黑色；触角黑色；柄节长为梗节的 5–6 倍，鞭节 5 小节。胸部亮黑色，被浓密的半倒伏黄毛；小盾片刺之间的后缘棕色。翅烟褐色，但翅端无色透明。平衡棒奶白色，基部色深。足黑色，但前足和中足胫节基部 1/3 黄色，后足胫节基本为黄色，但基部 1/3 处和端部黑棕色；中后足 1–3 跗节黄色。腹部背板黑棕色，有窄的黄色侧缘，第 2–4 背板后缘有 1 对条形黄侧斑，第 5 背板后缘有三角形黄斑；第 2–5 腹板有黄色后缘。雄性外生殖器：生殖基节长明显大于宽，近三角形，基部窄，端部两侧具指状突；生殖刺突位于生殖基节端腹面，近三角形，端部尖；阳茎复合体较长，端部膨突，分 3 叶，侧叶尖细且长，中叶较短。雌性：体长 15 mm，翅长 13 mm。与雄虫类似，但头部黄色，上额和头顶黑色，颜中央黑色，被长毛；复眼有稀疏的黑色短毛；后头在单眼瘤后方有大黄斑；大部分的股节基部红棕色，端部黑色。

分布：浙江（临安、舟山、金华、黄岩）、黑龙江、辽宁、内蒙古、北京、天津、河北、山西、山东、河南、陕西、宁夏、甘肃、新疆、江苏、上海、湖北、江西、湖南、福建、广东、海南、广西、四川、贵州；俄罗斯，蒙古国，韩国，阿富汗，伊朗，阿塞拜疆，亚美尼亚，以色列，土耳其，塞浦路斯，保加利亚，罗马尼亚，阿尔巴尼亚，希腊，塞尔维亚，斯洛伐克，斯洛文尼亚，匈牙利，奥地利，捷克，波兰，立陶宛，德国，瑞士，意大利，马耳他，法国，比利时，荷兰，西班牙，葡萄牙，英国，瑞典，丹麦，埃及，突尼斯，阿尔及利亚，摩洛哥。

（97）泸沽水虻 *Stratiomys lugubris* Loew, 1871 （图版 XI）

Stratiomyia lugubris Loew, 1871: 36.

主要特征：雄性：体长 15.0 mm。复眼裸；头部亮黑色，下颜被浓密的毛，仅在复眼边缘两侧各有 1 个窄的黄斑。后头黑色，边缘黄色。触角黑色，柄节长约为鞭节的 2/3。胸部黑色。中胸背板中部有杂乱的黄毛，侧面毛稍黑，侧板被白毛；小盾刺和两刺之间的小盾片后缘黄色。翅黄棕色。足黑色，但胫节黄色，稍带棕色斑纹；跗节红棕色。腹部第 2–4 背板两侧有近长方形的黄侧斑；第 4 背板后缘及中间有 1 个小的黄色三角形斑；第 5 背板端部具大三角形黄斑；腹板黑色，每节有黄色后缘。雌性：体长 14.5 mm，翅长 11.5 mm。头黄色；额宽，有大面积黄色方形胛，无毛；触角周围黑色，基部有伸达复眼的黑色横带，额只有在胛周围有稀疏的浅色短毛；上颜稍隆起，中间黑色，两侧黄色，下颜黑色；复眼分离，黑色，裸，眼后眶亮黄色，只在顶部两侧有黑斑；单眼瘤黑色，周围有半圆形黑斑，但黑斑不达复眼；后头黑色，在单眼瘤后方有 2 个黄色的楔形斑。

分布：浙江、吉林；俄罗斯，蒙古国，韩国。

（98）蒙古水虻 *Stratiomys mongolica* (Lindner, 1940) （图版 XII）

Stratiomyia (*Eustratiomyia*) *mongolica* Lindner, 1940: 25.
Stratiomys mongolica: Rozkošný *et* Narshuk, 1988: 66.

主要特征：雄性：体长 13.0 mm，翅长 11.0 mm。复眼黑棕色，裸；头部亮黑色；触角黑色，柄节长约为梗节的 3 倍；鞭节 5 小节。胸部黑色，被浓密的直立长黄毛；小盾片黄色，黄棕色，顶端稍带黑色。翅烟褐色，透明；平衡棒柄棕色，球部浅黄色。足黑色，但股节端部棕色；胫节基部浅，跗节黄棕色。腹部黑色，第 2 背板两侧各有 1 个三角形黄斑；第 3、第 4 背板两侧各有 1 个细长的黄色条斑，第 4 背板后缘中间也稍带黄色；第 5 背板后缘中间梯形黄斑。腹板黑色，有黄色后缘。雄性外生殖器：尾须中部内侧有突起，端部窄；生殖基节近"U"形，生殖基节背面端突指状，生殖基节腹面愈合部中突末端平；生殖刺突棒状，端缘有突起；阳茎复合体末端分 3 叶，侧叶长于中叶。雌性：体长 12.5–14 mm。与雄虫相似，但头部主要为黄色；额上半部和头顶黑色，但中单眼前有 1 个三角形黄斑；额下半部黄色。颜黄色，具中央黑纵条带，口孔及周围黑色；复眼有宽的黄色眼后眶。后头黑色；胸部翅后胛红棕色，胸部被倒伏的金黄毛。

分布：浙江（临安）、北京、河北、山西、陕西。

第三章　食虫虻总科 Asiloidea

五、小头虻科 Acroceridae

主要特征：小至中型（体长 2.5–21 mm）。体形特殊，头部很小，胸部大而驼背，极易识别。体有短毛而无鬃。头部小而圆；雌雄复眼为接眼式，有明显的毛；一般有 3 单眼，有时无中单眼，偶尔完全无单眼。触角只有 3 节；鞭节仅 1 节，侧扁的刀形或毛形。胸部通常拱突。翅脉序变化很大，分支有减少的趋势；R_{2+3} 多向前弯，R_1 与 R_{2+3} 末端有些接近。爪间突垫状，有时爪垫退化。腹部多呈球形；雌性尾须 1 节，有 2 个精囊。

分布：世界已知 51 属 400 余种，中国记录 8 属 22 种，浙江分布 1 属 3 种。

31. 寡小头虻属 *Oligoneura* Bigot, 1878

Oligoneura Bigot, 1878: LXXI. Type species: *Oligoneura aenea* Bigot, 1878.

主要特征：复眼无毛，或被毛；眼后胛发达；头小且为球形，复眼后面不凹缺，后头向后伸出形成尖锐的脊；触角基部大但末端细小；触角短小；第 1 鞭节比梗节窄，端刺细长，针状；喙很长，约为头高的 3 倍，伸向体后，下颚须存在。胸部强烈拱突；前胸背板发达，铠甲状。肩胛强烈发育，形成中胸背板前缘鞘，体呈 90°弯折；翅脉退化仅基室可见。

分布：古北区、东洋区。世界已知 14 种，中国记录 5 种，浙江分布 3 种。

分种检索表

1. 复眼的毛稀疏或几乎裸 ·· 2
 - 复眼的毛浓密 ··· 黑蒲寡小头虻 *O. nigroaenea*
2. 复眼被稀疏的毛；中胸背板无纵条斑 ··························· 墙寡小头虻 *O. murina*
 - 复眼几乎光裸无毛；中胸背板后部有 3 个浅黑色纵条斑 ··············· 于潜寡小头虻 *O. yttsiensis*

（99）墙寡小头虻 *Oligoneura murina* (Loew, 1844)（图 3-1、图版 XIII 1-5）

Philopota murina Loew, 1844: 163.

Oligoneura murina: Nartshuk, 1988: 187.

主要特征：雄性：前额三角前半部暗黄色或浅黄色。足黄褐色或黄色；但基节浅黑色，前足基节黑色；转节浅褐色；腿节暗黄褐色，末端黄褐色或黄色；胫节腹面浅褐色。腹部黄褐色，背板主要为黑色。雌性：外形特征几乎和雄性完全近似。

分布：浙江（临安）、北京、陕西、宁夏、甘肃、江西、贵州；伊朗、土耳其、欧洲。

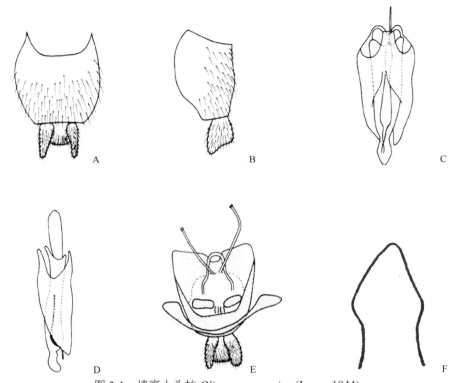

图 3-1 墙寡小头虻 *Oligoneura murina* (Loew, 1844)

A. ♂第9背板和尾须背面观；B. ♂第9背板和尾须侧面观；C、F. ♂阳茎腹面观；D. ♂阳茎侧面观；E. ♀外生殖器

（100）黑蒲寡小头虻 *Oligoneura nigroaenea* (Motschulsky, 1866)（图 3-2）

Thyllis nigroaenea Motschulsky, 1866: 183.

Oligoneura nigroaenea: Nartshuk, 1988: 187.

主要特征：雄性：头部亮黑色；复眼被短而密的浅褐毛。触角黑色，但基部 2 节黄色；喙主要呈暗褐色，基部黄色。胸部亮黑色，毛密的金黄褐色，但中胸背板中部的毛色暗且较短。翅弱带褐色，翅脉暗褐色；腋瓣几乎白色；平衡棒黄色。足黑色，但腿节膝关节、胫节大部和跗节基部黄色，转节和前中足胫节内面暗褐色。腹部亮黑色，但第 3~6 背板窄的侧缘黄色；腹部的毛多倒伏状，但两侧和末端的毛多直立而较长。雌性：类似雄性，但后足胫节内面暗褐色，腹部的毛较密。

分布：浙江（德清）、北京、山西、上海、台湾；日本。

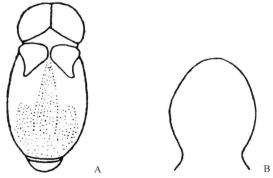

图 3-2 黑蒲寡小头虻 *Oligoneura nigroaenea* (Motschulsky, 1866)（仿 Ôuchi，1942）

A. 头部和胸部背面观；B. 阳茎

（101）于潜寡小头虻 _Oligoneura yütsiensis_ (Ôuchi, 1938)（图3-3、图版XIV 1-8）

Philopota murina var. _yutsiensis_ Ôuchi, 1938: 34.

Oligoneura yutsiensis: Nartshuk, 1988: 187.

　　主要特征：复眼几乎光裸无毛；中胸背板后部有 3 个浅黑色纵条斑；翅浅黄褐色。
　　分布：浙江（临安）。

图 3-3　于潜寡小头虻 _Oligoneura yütsiensis_ (Ôuchi, 1938)（仿 Ôuchi，1942）
♂阳茎腹面观

六、剑虻科 Therevidae

主要特征：体形细长或粗壮，浅黄至黑色，全部或部分覆有软毛和粉被。头部半球状，头顶不凹陷，有 3 个单眼；大部分雄性接眼式，雌性离眼式；有时额在触角水平明显前突；侧颜被灰白粉，多数无毛。触角分 3 节；下口式。中胸背板形状多样；小盾片明显；侧板上半区通常被浓密的白粉，下半区有时无粉。翅脉 R4 延长且弯曲，翅盘室延长，有 3 条翅脉从其顶部延伸出来，具有横脉 m-cu。足通常长短适度且纤细；胫节和跗节具有排成显著纵列的鬃；爪间突缺失或刚毛状。

生物学：剑虻成虫非捕食性，大多数只饮水为生；剑虻幼虫捕食，体狭长且为圆柱形，两端逐渐变尖。剑虻幼虫有 5 个龄期，在第 5 龄期之后或化蛹，或进入滞育，滞育可持续 2 年。

分布：世界已知 130 余属 1000 余种，中国记录 14 属 46 种，浙江分布 3 属 3 种。

分属检索表

1. 前胸腹板有毛 ·· 2
- 前胸腹板无毛 ··· 窄颜剑虻属 *Cliorismia*
2. 柄节显著加粗膨大，比第 1 鞭节明显粗 ··························· 粗柄剑虻属 *Dialineura*
- 柄节弱加粗或不加粗，最多稍比第 1 鞭节粗 ···················· 裸颜剑虻属 *Acrosathe*

32. 裸颜剑虻属 *Acrosathe* Irwin *et* Lyneborg, 1981

Acrosathe Irwin *et* Lyneborg, 1981: 223. Type species: *Bibio annulata* Fabricius, 1805.

主要特征：雄性复眼在额上几乎相接；额被白色长毛；雌性额比前单眼宽 1.3–2.4 倍，下额被绒毛和粉，绒毛银灰色，毛稻草色；上额被粉。胸部背侧鬃 3–4 对，翅上鬃 1–2 对，翅后鬃 1 对，背中鬃 1–2 对，小盾鬃 2 对。翅透明，带灰色，有些种横脉缘带褐色；翅痣浅褐色；翅室 m3 闭合，末端有短柄，但有时开放。前足基节前面有 2–3 根端鬃；中足基节后面被白毛；后足股节有 6–8 根强的前腹鬃。腹部中等粗，从第 2 腹节起向后逐渐变窄，不缩叠；雄性腹部背板全部被银白至灰色的绒毛和粉；雌性腹部背板在大部分种中至少在第 2–4 背板有深色的前横带。

分布：世界广布，已知 25 种，中国记录 5 种，浙江分布 1 种。

（102）过时裸颜剑虻 *Acrosathe obsoleta* Lyneborg, 1986（图 3-4）

Acrosathe obsoleta Lyneborg, 1986: 108.

主要特征：雄性：头部高，上平面显著扩大；额每边被 8–10 根白色短毛；侧颜无毛。触角长且细，柄

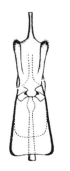   

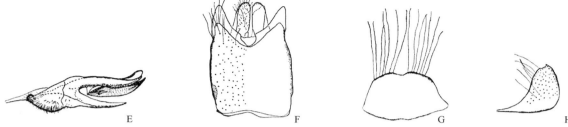

图 3-4　过时裸颜剑虻 *Acrosathe obsoleta* Lyneborg, 1986（♂）（A–B 仿 Lyneborg，1986；C–F 仿 Nagatomi and Lyneborg，1988）
A、C. 阳茎背面观；B、E. 阳茎侧面观；D. 阳茎腹面观；F. 生殖背板和尾须；G. 第 8 背板侧部；H. 第 8 腹板

节长约为第 1 鞭节的 0.6 倍。前足和中足股节无前腹鬃；后足股节有 4–6 根前腹鬃。

分布：浙江（临安）；俄罗斯，日本。

33. 窄颜剑虻属 *Cliorismia* Enderlein, 1927

Cliorismia Enderlein, 1927: 109. Type species: *Rhagio ardea* Fabricius, 1794.

主要特征：雄性复眼在额上分开的间距窄于前单眼，小眼在腹部 1/3 处变小；侧颜被银粉，无毛；颊被白毛；后头被银粉和白毛，后头鬃 1 排且为深褐色。胸部背板和侧板被白毛，背侧鬃 1–5 对，翅上鬃 2–3 对，翅后鬃 1 对，背中鬃 1–2 对，小盾鬃 2 对。翅室 m3 闭合且末端具短柄。

分布：世界广布，已知 9 种，中国记录 2 种，浙江分布 1 种。

（103）中华窄颜剑虻 *Cliorismia sinensis* (Ôuchi, 1943)（图 3-5，图版XⅢ 6-11）

Psilocephala sinensis Ôuchi, 1943: 477.

Cliorismia sinensis: Yang *et al.*, 2016b: 16.

主要特征：雄性：头部黑色，密被灰白粉，侧颜被明显的银色绒毛；白毛从颊延伸至后头，上后头有

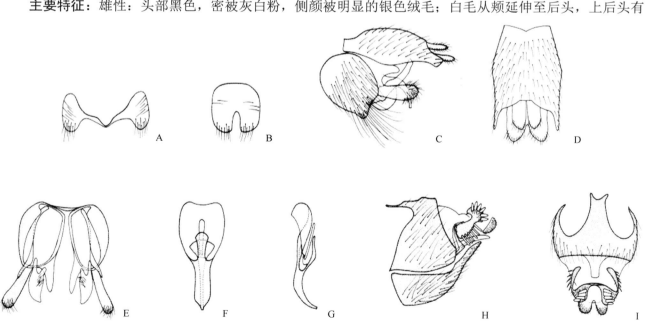

图 3-5　中华窄颜剑虻 *Cliorismia sinensis* (Ôuchi, 1943)
A. ♂第 8 背板；B. ♂第 8 腹板；C. ♂外生殖器侧面观；D. ♂第 9 背板和尾须；E. ♂生殖体背面观；F. ♂阳茎腹面观；G. ♂阳茎侧面观；
H. ♀外生殖器侧面观；I. ♀外生殖器背面观

1 排黑色的眼后鬃。胸部黑色，密被灰白粉；中胸背板灰色，有 2 条浅黄色窄带；背板边缘和侧板被白毛。翅透明，带黄色；翅痣非常窄，黄色，位于 R_1 脉末端。足基节和转节黑色，密被灰白粉；股节和胫节黄色，但后足股节和所有胫节末端深褐色；跗节深褐色，但第 1 跗节黄色且末端深褐色，后足第 2 跗节基部黄色；爪垫黄色。腹部黑色，被密的灰白粉，各腹节后缘黄色；腹部被白毛。雌性：头部密被黄粉，侧颜无毛。胸部黑色，被浓密的黄粉；中胸背板有 3 条褐色宽带，且中带颜色最深；背板边缘和侧板被白毛。腹部背板被密的黄粉，但各节背板中部深褐色，在第 2–4 背板中部分别形成深褐色三角斑。

分布：浙江（临安）

34. 粗柄剑虻属 *Dialineura* Rondani, 1856

Dialineura Rondani, 1856: 228. Type species: *Musca anilis* Linne, 1761.

主要特征：雄性复眼中部几乎相接。雄性和雌性的额被毛；侧颜通常无毛。触角柄节或多或少膨大，比第 1 鞭节宽；端刺 1 节，末端有小刺。前胸腹板沟被毛。背侧板鬃 3–6 对，翅上鬃 2 对，翅后鬃 1–2 对，背中鬃 1–3 对，小盾鬃 1–2 对。翅室 m_3 开放。中足基节后面被长毛；后足股节有前腹鬃 6–10 根。雄性外生殖器：第 9 腹板缺失；有些种在生殖基节上有亚突。雌性储精囊管非常短。

分布：世界广布，已知 13 种，中国记录 7 种，浙江分布 1 种。

（104）溪口粗柄剑虻 *Dialineura kikowensis* Ôuchi, 1943（图版XIV 9-11）

Dialineura kikowensis Ôuchi, 1943: 480.

主要特征：雌性：头部黑色，被密的灰白粉；白毛从颊延伸至后头；复眼红褐色，在额上分开，间距为前单眼宽的 3 倍。触角黑色，被灰白粉。胸部黑色，被密的灰白粉；中胸背板有 2 条宽黄带，每 1 条黄带旁边各有 2 条褐色的窄带；背板和侧板被白毛；胸部的粗鬃黑色。翅透明，带褐色；翅痣非常窄，褐色，位于 R_1 脉末端；翅脉褐色；翅室 m_3 窄地开放；平衡棒柄部黄褐色，端部浅黄色。腹部黑色，被灰白粉，第 1 节背板中间有 1 个大黑斑，腹侧各有 1 条褐色带。

分布：浙江（奉化）。

七、蜂虻科 Bombyliidae

主要特征：体小至大型，体长 2–20 mm，少数种类可达 40 mm；体色多变，通常被各种颜色的毛或者鳞片，有少数种类体光裸无毛；喙通常很长；翅基缘通常比较发达且形成钩状，翅瓣往往比较窄，腋瓣边缘被毛或鳞片；翅通常有各种形状的斑，交叉脉 M-Cu 通常缺如。蜂虻成虫部分种类在外观上模拟膜翅目昆虫，"蜂虻" 也因此得名，是著名的拟态昆虫。

分布：世界已知 5000 余种，我国已知 233 种，浙江分布 4 属 28 种。[*]

分属检索表

1. 后头平或者凸出，后头孔周围无明显凹陷 ··· 2
- 后头孔周围有 1 个或深或浅的凹陷 ··· 3
2. 触角鞭节洋葱状；腹部较胸部宽；通常在翅脉 R_{2+3} 和 R_4 基部有附脉 ····················· **岩蜂虻属 Anthrax**
- 触角柄节和梗节方形，宽度相近，鞭节长；翅脉 R_1–R_{2+3} 和 R_4–R_5 存在（4 个亚缘室） ·············· **丽蜂虻属 Ligyra**
3. 翅脉 M_2 存在（4 个后缘室），体通常被长毛，常成簇，通常以白色至黄色或棕色和黑色为主 ··········· **蜂虻属 Bombylius**
- 翅脉 M_2 缺如（3 个后缘室），腹部细长，呈棒状 ··· **姬蜂虻属 Systropus**

35. 岩蜂虻属 *Anthrax* Scopoli, 1763

Anthrax Scopoli, 1763: 358. Type species: *Musca morio* Linnaeus, 1758.

主要特征：体小至中型，体长 4–20 mm。体宽，暗黑色，有时淡亮色。头部短且圆；触角鞭节洋葱状，喙通常短。翅通常有显著的翅斑，其形状和分布多样，少数种类的翅完全透明或者完全一致褐色，通常在翅脉 R_2+R_4 基部有附脉；腋瓣边缘被毛，鳞片缺如。腹部卵形。

分布：世界广布，已知 250 种，中国记录 11 种，浙江分布 3 种。

分种检索表

1. 翅脉 R_4 中部折成直角 ·· **开室岩蜂虻 A. pervius**
- 翅脉 R_4 中部圆滑地过渡 ·· 2
2. 翅室 br 全部褐色，无透明的斑 ·· **多型岩蜂虻 A. distigma**
- 翅室 br 中部靠近盘室处有 1 透明的小斑 ·· **安逸岩蜂虻 A. aygulus**

（105）安逸岩蜂虻 *Anthrax aygulus* Fabricius, 1805（图 3-6）

Anthrax aygulus Fabricius, 1805: 121.

主要特征：雄性：翅半透明，基前半部褐色，端后半部褐色；翅在翅脉 R_4 基部、翅脉 dm-cu 和 CuA 交界处各有 1 游离的斑，翅室 br 中部靠近盘室处有 1 透明的小斑。

分布：浙江、江西、湖南、海南、广西、四川、云南、西藏；日本，沙特阿拉伯，也门，埃及，埃塞俄比亚，博茨瓦纳，厄立特里亚，刚果，加纳，津巴布韦，肯尼亚，马拉维，毛里塔尼亚，莫桑比克，纳

* 有关蜂虻科的研究得到国家自然科学基金项目（31970435）的资助。

米比亚，南非，尼日利亚，塞内加尔，苏丹，坦桑尼亚，乌干达，赞比亚，乍得。

图 3-6　安逸岩蜂虻 *Anthrax aygulus* Fabricius, 1805（仿 Yang *et al.*，2012）
A. ♂翅；B. ♀翅

（106）多型岩蜂虻 *Anthrax distigma* Wiedemann, 1828（图 3-7）

Anthrax distigma Wiedemann, 1828: 309.

主要特征：雄性：头部黑色，被灰色粉，毛以黑色为主，后头被稀疏的黑色毛和白色鳞片。触角黑色，被白色粉；触角鞭节洋葱状，光裸无毛，顶部有 1 附节。胸部黑色，被黑色鳞片；胸部的毛为黑色和黄色；肩胛被浓密的黑色长毛，中胸背板被黄色长毛；胸部背面被稀疏黑色毛和鳞片，上前侧片和下前侧片被黑色长毛和白色粉；小盾片黑色。翅半褐色半透明，翅脉 R$_4$ 和 R$_5$ 交界处以及 dm-cu 和 CuA 交界处有褐色的点，cup 室在翅缘处关闭，绝大部分褐色，仅端部 1 小部分透明，翅脉 C 基部被刷状黑色长鬃，翅脉 R-M 近盘室的中部；平衡棒基部褐色，端部淡黄色。足淡黄色，毛以黑色为主，鬃和鳞片黑色；腿节被黑色长毛，胫节和跗节被稀疏的黄色短毛；后足胫节被浓密的黑色鬃。

分布：浙江（临安、庆元、泰顺）、山东、湖南、福建、广东、海南、广西、云南；印度，泰国，菲律宾，马来西亚，新加坡，印度尼西亚，塞舌尔。

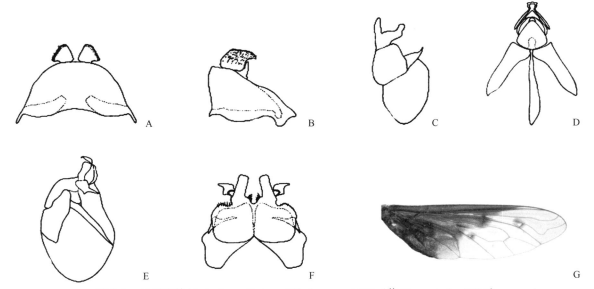

图 3-7　多型岩蜂虻 *Anthrax distigma* Wiedemann, 1828（仿 Yang *et al.*，2012）
A. 生殖背板背面观；B. 生殖背板侧面观；C. 生殖基节和生殖刺突侧面观；D. 阳茎复合体背面观；E. 阳茎复合体侧面观；F. 生殖基节和生殖刺突腹面观；G. 翅

（107）开室岩蜂虻 *Anthrax pervius* Yang, Yao *et* Cui, 2012（图 3-8）

Anthrax pervius Yang, Yao *et* Cui, 2012: 80.

主要特征：雄性：头部黑色，被白色粉；头部的毛以黑色为主，单眼瘤红褐色，额向顶部变窄，被黑色的毛，颜被直立的黑色毛，后头被稀疏的黑色毛和白色鳞片。触角黑色，被白色粉，柄节厚被黑色长毛，梗节宽略大于长，被黑色短毛，鞭节洋葱状，光裸无毛，顶部有 1 附节；喙黑色；被黄色毛。胸部黑色，被黑色鳞片；胸部的毛以黑色和白色为主；肩胛被浓密的黑色长毛，中胸背板被黑色长毛；胸部背面被稀疏黑色的毛和鳞片；上前侧片和下前侧片被黑色和白色的长毛；小盾片黑色，被白色毛。翅半褐色半透明，翅脉 R_4 和 R_5 交界处以及 dm-cu 和 CuA 交界处有褐色的点，cup 室在翅缘处开，半透明，翅脉 R_4 中部折成直角，并在弯曲处有 1 附脉，翅脉 C 基部被刷状黑色长鬃，翅脉 R-M 近在盘室的中部；平衡棒褐色。足黑色，仅跗节褐色，足的毛以黑色为主，鬃和鳞片黑色。腿节被黑色长毛，胫节和跗节被稀疏的黑色短毛。腹部的毛为黑色和白色，被直立黑色毛和侧卧的黑色鳞片，仅第 2、第 3 和第 5 背板侧面被白色鳞片；腹板褐色，被直立的黑色毛和侧卧的白色鳞片。

分布：浙江（临安、庆元）。

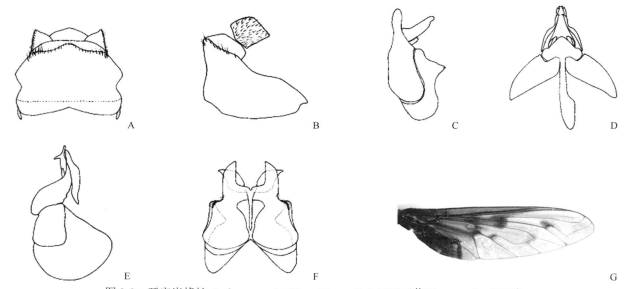

图 3-8　开室岩蜂虻 *Anthrax pervius* Yang, Yao *et* Cui, 2012（仿 Yang *et al.*，2012）

A. 生殖背板背面观；B. 生殖背板侧面观；C. 生殖基节和生殖刺突侧面观；D. 阳茎复合体背面观；E. 阳茎复合体侧面观；F. 生殖基节和生殖刺突腹面观；G. 翅

36. 丽蜂虻属 *Ligyra* Newman, 1841

Ligyra Newman, 1841: 220. Type species: *Anthrax bombyliformis* Macleay, 1826.

Paranthracina Paramonov, 1933: 56. Type species: *Paranthrax africanus* Paramonov, 1931.

　　主要特征：体通常宽，卵形；体被各种颜色的毛、鬃和鳞片，极少情况仅被 1 种颜色的毛、鬃和鳞片。头部的毛大部分为黑色，但部分种类也被淡黄色或红褐色的毛。翅斑多种多样或几乎完全透明，交叉脉附近通常无游离的斑；翅脉正常，无附脉或被分割的翅室，翅脉 R_1-R_{2+3} 和翅脉 R_4-R_5 存在（4 个亚缘室），翅腋突、翅鳞发达。

　　分布：世界广布，已知 117 种，中国记录 19 种，浙江分布 2 种。

（108）白毛丽蜂虻 *Ligyra leukon* Yang, Yao *et* Cui, 2012（图 3-9）

Ligyra leukon Yang, Yao *et* Cui, 2012: 165.

　　主要特征：雄性：头部黑色，被褐色粉，单眼瘤红褐色；毛为黑色或黄色，鳞片为白色，额顶部被直立的黑色毛，触角附近被黄色毛，颜被浓密直立的黄色毛，口器边缘被白色鳞片，后头被黑色毛和白色鳞片，边缘处被成列直立的黄色毛。触角深褐色，仅柄节黑色；柄节倒圆锥形；鞭节圆锥形。胸部黑色，被褐色粉，仅小盾片红褐色；毛以黄色为主，鬃黑色；肩胛被黄色长毛，中胸背板侧缘被黄色毛，背面被黄色毛和稀疏的黑色毛，前缘被成排的黄色长毛，翅基部附近有 3 根黑色侧鬃，翅后胛被 3 根黑色鬃。小盾片被黄色毛和稀疏的黑色毛，后缘两侧各有 8 根黑鬃。翅约 2/3 的区域透明，翅基部和前缘褐色，翅缘被黑色毛；翅瓣和臀叶边缘被褐色鳞片，大部分翅室膜有皱纹，翅基缘大，端部尖，翅脉 R-M 靠近盘室基部的 1/3 处，翅脉 M_2 略弯曲呈反 "S" 形，翅脉 M-M 为 "S" 形；平衡棒褐色。足黑色，仅前足胫节和跗节褐色。中足和后足的腿节被黑色短毛和黄色鳞片，前足胫节被黄色短毛，中足和后足的胫节被黑色毛，跗节被黄色短毛。

　　分布：浙江（江山）。

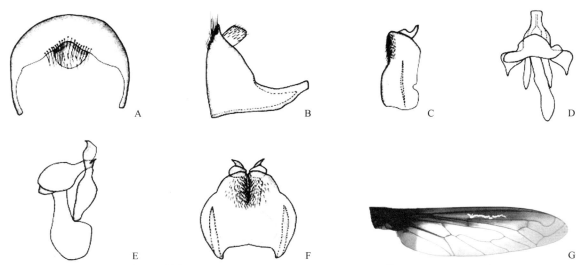

图 3-9　白毛丽蜂虻 *Ligyra leukon* Yang, Yao *et* Cui, 2012（仿 Yang *et al.*，2012）
A. 生殖背板后面观；B. 生殖背板侧面观；C. 生殖基节和生殖刺突侧面观；D. 阳茎复合体背面观；E. 阳茎复合体侧面观；F. 生殖基节和生殖刺突
腹面观；G. 翅

（109）亮尾丽蜂虻 *Ligyra similis* (Coquillett, 1898)（图 3-10）

Hyperalonia similis Coquillett, 1898: 318.
Ligyra similis: Yang, Yao *et* Cui, 2012: 170.

　　主要特征：雄性：头部黑色，被褐色粉，单眼瘤褐色；头部的毛黑色或黄色，额被浓密直立的黑色毛和稀疏的黄色鳞片，颜被黄色和黑色的毛，后头被稀疏黑色短毛和黄色鳞片，边缘处被 1 列直立的黄色毛。触角黑色，仅鞭节褐色；柄节长圆柱形，长约为宽的 2 倍，被鬃状黑色长毛；梗节长与宽几乎相等，被稀疏的黑色短毛；鞭节圆锥形，光裸无毛，端部有 1 极小的附节；喙黑色，光裸，下颚须褐色。肩胛被黑色和黄色的长毛，中胸背板被黑色和黄色毛，前缘被成排的黄色长毛，翅基部附近有 4 根黑色侧鬃，上前侧片和下前侧片以及侧背片被成簇的黄色长毛，翅后胛两侧各被 4 根黑色鬃；小盾片边缘被稀疏的黑色短毛，后缘两侧各有 5 根鬃。翅绝大部分透明，仅翅基缘附近约 1/4 褐色；翅脉 R-M 靠近盘室的中部而略靠端部，翅脉 M_2 略弯，翅脉 M-M 为 "S" 形，4 个亚缘室，翅脉 C 基部被刷状黑色长鬃；平衡棒褐色。腹部黑色，被黑色、白色和银色的鳞片；毛为黑色，背侧面被黑色长毛，背面被黑色短毛，腹板背面被浓密的黑色鳞片，仅第 2 腹节背板侧面被白色鳞片，第 3 节背板几乎全部被白色鳞片，后缘被黑色鳞片，第 7–8 节背板全部被银色鳞片；腹板被黑色毛，仅第 1–4 节腹板被浓密的白色毛，第 5–6 节腹板中部被白色毛。

　　分布：浙江（西湖、乐清）、江苏；韩国，日本。

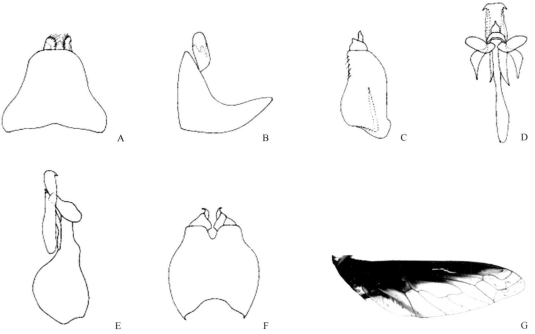

图 3-10　亮尾丽蜂虻 *Ligyra similis* (Coquillett, 1898)（仿 Yang *et al.*，2012）
A. 生殖背板背面观；B. 生殖背板侧面观；C. 生殖基节和生殖刺突侧面观；D. 阳茎复合体背面观；E. 阳茎复合体侧面观；F. 生殖基节和生殖刺突腹面观；G. 翅

37. 蜂虻属 *Bombylius* Linnaeus, 1758

Bombylius Linnaeus, 1758. Type species: *Bombylius major* Linnaeus, 1758.

主要特征：体宽，毛长且均匀分布，颜色多样，通常为白色至褐色、灰色、黄色或者黑色；雄性复眼之间的距离与单眼瘤的宽度相近，雌性复眼之间的距离为单眼瘤宽度的 2–3 倍；颜突出。触角直线状，梗节矩形；下颚须 1 节。翅室 r-m 较 m-m 室长，翅无附脉，且横脉略弯曲；翅脉 R_5 的最后 1 段要长于倒数第 2 段，翅脉 M_1 弯曲与 R_5 形成 1 直角；翅基部通常有颜色，有时候交叉脉附近有游离的斑，翅瓣大。足至少后足腿节端部被鬃；腹部短且圆形，背面的毛通常与腹部背板的鳞片颜色对比鲜明。

分布：世界广布，已知 282 种，中国记录 22 种，浙江分布 3 种。

分种检索表

1. 翅全部透明或仅基部很小部分褐色 ·· 2
- 翅部分透明，透明部分与褐色部分分界明显 ·· **大蜂虻 *B. major***
2. 触角柄节被浓密的黑色长毛；胸部上前侧片和下前侧片被浓密的淡黄色长毛 ············· **亮白蜂虻 *B. candidus***
- 触角柄节被浓密的白色长毛；胸部上前侧片和下前侧片被浓密的白色长毛 ············· **白眉蜂虻 *B. polimen***

（110）亮白蜂虻 *Bombylius candidus* Loew, 1855（图 3-11）

Bombylius candidus Loew, 1855: 34.

主要特征：雄性：复眼接眼式；头部黑色，被白色粉；后头被浓密直立的白色毛。触角黑色；柄节长，被浓密的黑色长毛；梗节长与宽几乎相等，被稀疏的黑色短毛；鞭节长，光裸无毛，顶部有 1 附节。胸部黑色，胸部的毛以淡黄色为主；肩胛被浓密的淡黄色长毛，中胸背板被浓密淡黄色长毛；上前侧片和下前侧片被浓密的淡黄色长毛；小盾片黑色，被浓密的淡黄色毛。翅绝大部分透明，仅基部褐色；翅脉 R-M 靠近盘室近中部，翅室 r_5 关闭，翅脉 C 基部被刷状的黑色鬃和淡白色鳞片；平衡棒褐色。足褐色，仅交界处黑色。足的毛以黑色为主，鬃黑色。腿节被浓密的黑色毛和白色鳞片，胫节和跗节被稀疏的黄色短毛和白色鳞片。腹部黑色，毛以淡黄色为主，被浓密直立的淡黄色长毛；腹板黑色，被浓密的淡黄色毛。

　　分布：浙江（西湖）、上海；俄罗斯，伊朗，阿塞拜疆，格鲁吉亚，亚美尼亚，土耳其，叙利亚，以色列，阿富汗，乌克兰，摩尔多瓦，德国。

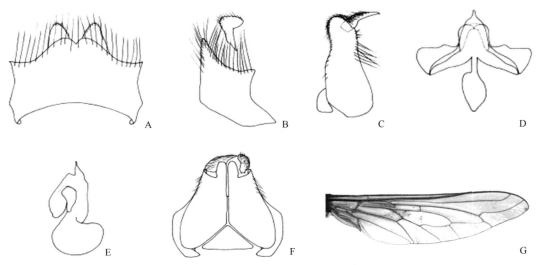

图 3-11　亮白蜂虻 *Bombylius candidus* Loew, 1855（仿 Yang *et al.*，2012）
A. 生殖背板背面观；B. 生殖背板侧面观；C. 生殖基节和生殖刺突侧面观；D. 阳茎背面观；E. 阳茎侧面观；F. 生殖基节和生殖刺突腹面观；G. 翅

（111）大蜂虻 *Bombylius major* Linnaeus, 1758（图 3-12）

Bombylius major Linnaeus, 1758: 606.

　　主要特征：雄性：头部的毛为黑色和淡黄色；额三角区被浓密的黑色毛，颜被浓密的黑色和淡黄色毛；复眼接眼式；后头被浓密直立的黑色和黄色毛。触角黑色；柄节长，被浓密的黑色长毛；梗节长与宽几乎相等，被稀疏的黑色毛；鞭节长，光裸无毛，顶部有一分两节的附节。胸部黑色，胸部的毛以黄色为主；肩胛被浓密的黄色毛，中胸背板被浓密的黄色长毛，胸部背面和侧面被浓密的黄色毛；上前侧片和下前侧片被白色长毛；小盾片黑色，被稀疏黄色毛。翅半透明，前半部褐色，透明部分与褐色部分分界明显；翅脉 R-M 靠近盘室近中部，翅室 r_5 关闭，翅脉 C 基部被刷状的黑色鬃。足黄色，仅后跗节黑色；毛为黑色和淡黄色，鬃黑色；腿节被浓密的淡黄色长毛，跗节黑色短毛。腹部的毛为淡黄色和黑色，侧面被稀疏的黄色和黑色长毛，腹部背板被稀疏的黄色长毛；腹板黑色，被白色粉，腹板被浓密的黑色长毛，仅第 1–3 节被浓密的白色长毛。

　　分布：浙江（安吉、庆元、乐清）、辽宁、北京、天津、河北、山东、陕西、江西、福建；俄罗斯，蒙古国，韩国，日本，中亚地区，巴基斯坦，印度，尼泊尔，孟加拉国，泰国，阿塞拜疆，格鲁吉亚，亚美尼亚，土耳其，塞浦路斯，阿尔巴尼亚，阿尔及利亚，奥地利，白俄罗斯，比利时，波黑，保加利亚，克罗地亚，捷克，丹麦，爱沙尼亚，芬兰，法国，德国，希腊，匈牙利，爱尔兰，意大利，拉脱维亚，立陶宛，卢森堡，马耳他，马其顿，摩尔多瓦，摩洛哥，荷兰，挪威，波兰，葡萄牙，罗马尼亚，斯洛伐克，斯洛文尼亚，西班牙，瑞典，瑞士，英国，塞尔维亚，埃及，利比亚，突尼斯，加拿大，美国，墨西哥。

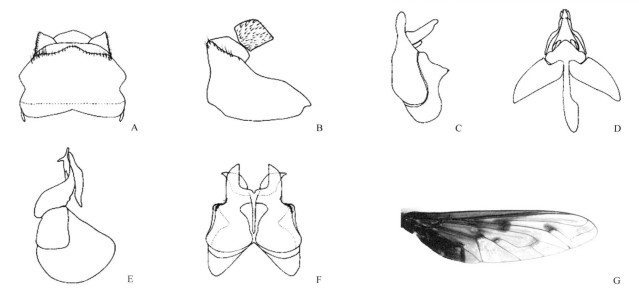

图 3-12　大蜂虻 *Bombylius major* Linnaeus, 1758（仿 Yang *et al.*，2012）

A. 生殖背板背面观；B. 生殖背板侧面观；C. 生殖基节和生殖刺突侧面观；D. 阳茎复合体背面观；E. 阳茎复合体侧面观；F. 生殖基节和生殖刺突腹面观；G. 翅

（112）白眉蜂虻 *Bombylius polimen* Yang, Yao *et* Cui, 2012（图 3-13）

Bombylius polimen Yang, Yao *et* Cui, 2012: 261.

主要特征：雄性：复眼接眼式；头部黑色，被白色粉。毛以白色为主；额三角区被白色毛和鳞片，颜被浓密直立的白色毛和鳞片；后头被浓密的白色毛。触角黑色，仅交界处淡黄色；柄节长，被浓密的白色长毛；梗节长与宽几乎相等，被稀疏的黑色短毛；鞭节长，光裸无毛，顶部有 1 附节；喙黑色，长度约为头的 3 倍。胸部黑色，被褐色粉，毛以淡黄色为主；肩胛被浓密的淡黄色长毛，中胸背板被淡黄色长毛，背部被浓密的淡黄色毛；上前侧片和下前侧片被浓密的白色长毛，翅后胛被 4 根黄色鬃；小盾片黑色，被褐色粉，背面被稀疏的淡黄色毛，后缘被黄色和黑色的鬃。翅几乎完全透明，仅基部褐色。翅脉 R-M 靠近盘室近中部，翅室 r$_5$ 关闭，翅脉 C 基部被刷状的黑色鬃和黄色鳞片。平衡棒淡黄色。腹部黑色，被白色粉。

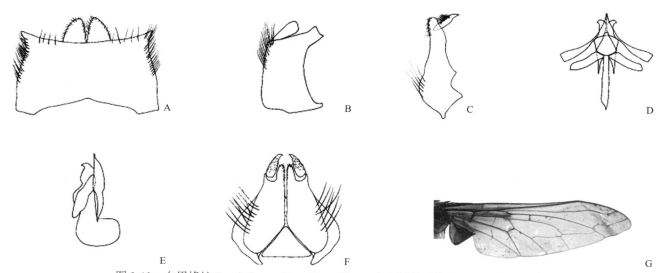

图 3-13　白眉蜂虻 *Bombylius polimen* Yang, Yao *et* Cui, 2012（仿 Yang *et al.*，2012）

A. 生殖背板背面观；B. 生殖背板侧面观；C. 生殖基节和生殖刺突侧面观；D. 阳茎复合体背面观；E. 阳茎复合体侧面观；F. 生殖基节和生殖刺突腹面观；G. 翅

足淡黄色，仅跗节褐色，毛以淡黄色为主，鬃黑色；腿节被浓密的白色鳞片，胫节和跗节被稀疏的黄色短毛。腹部的毛为黑色和淡黄色。背部侧面被浓密的淡黄色和黑色长毛，腹部背板被稀疏的淡黄色毛。腹板黑色，被白色毛。

分布：浙江（泰顺）。

38. 姬蜂虻属 *Systropus* Wiedemann, 1820

Systropus Wiedemann, 1820: 18. Type species: *Systropus macilentus* Wiedemann, 1820.
Symblla Enderlein, 1926: 70, 92. Type species: *Systropus leptogaster* Loew, 1860.

主要特征：体细长，体型似姬蜂；触角长分为 3 节，鞭节柳叶状。翅烟色透明，狭长；前足与中足短小，后足细长。腹柄由第 2–3 腹节组成。

分布：世界广布，已知 180 种。中国记录 68 种，浙江分布 20 种。

分种检索表

1. 中胸背板有中斑 ··· 2
- 中胸背板无中斑 ·· 18
2. 中斑与前斑以 1 条明显的黄色宽带相连，似 2 斑愈合 ··· 3
- 中斑与前斑相互独立或仅以 1 条很细的黄带或棕黄带相连 ··· 9
3. 中斑与后斑以黄色或黄褐色宽带相连 ··· 4
- 中斑与后斑仅以 1 条极细的黄线相连或中斑与后斑相互独立而不相连 ··································· 8
4. 触角不全黑色，柄节全黄色或仅端部有少许黑褐色，梗节和鞭节黄色或黑色 ························ 5
- 触角全黑色 ·· 6
5. 触角柄节黄色，梗节黄色，鞭节黄褐色；头部红黑色；后足胫节端半（除末端）褐色，第 1 跗节基部（除末端）背面浅黑色，其余黄褐色；棒端背面浅黑色 ·································· 黄翅姬蜂虻 *S. flavalatus*
- 触角柄节黄色，梗节暗褐色，鞭节黑色；后足胫节褐色至黑色，5/6 至端部黄色，第 1 跗节基半部黄色，其余跗节黑色；小盾片黑色，后缘有长毛；平衡棒黄色，棒端背面黑色，腹面黄色 ··········· 金刺姬蜂虻 *S. aurantispinus*
6. 足第 1–3 跗节黄色，4–5 跗节黑色；触角 3 节长度比 2.5：1：2；小盾片全黑色；r-m 横脉位于盘室端部处 ··· 三突姬蜂虻 *S. submixtus*
- 足第 1、第 2 跗节黄色 ·· 7
7. 体长 20 mm 以上；腹部黄色；触角三节长度比为 2.7：1：1.3；r-m 横脉位于盘室端部 2/5 处 ··· 湖北姬蜂虻 *S. hubeianus*
- 体长 18 mm 以下；腹部黄色，第 1 背板黑色；触角三节长度比 2.5：1：1.75，r-m 横脉位于盘室端部 3/8 处 ············· 甘泉姬蜂虻 *S. ganquananus*
8. 触角柄节黄至黄褐色，末端近褐色；梗节暗褐色，鞭节黑色，后足胫节黄褐色，4/5 处至端部黄色，第 1 跗节基半黄色，其余跗节黑色 ················· 贵阳姬蜂虻 *S. guiyangensis*
- 触角柄节、梗节黄色，鞭节黑色，后足胫节黄褐色，1/2–5/6 处黑色，第 1 跗节黄色，或第 1 跗节 3/5 至端部黑色，其余跗节黑色 ·············· 齿突姬蜂虻 *S. serratus*
9. 后胸腹板黄色，两侧各有 1 个或 2 个黑斑 ··· 10
- 后胸腹板全黑色或全蓝黑色，有的在后侧有 1 "V" 形黄色区 ··· 14
10. 后胸腹板黄色，两侧各有 1 条黑色宽带 ·· 11
- 后胸腹板黄色，两侧各有 2 个黑斑，前斑长条形，后斑椭圆形，左右 2 个前斑在腹板前缘靠近但不愈合，呈 "八" 字形；触角柄节基半部黄色，其余黑色；小盾片黑色，后缘 1/2 黄色，有浅黄色长毛；后足胫节黄褐色，2/3 处至端部黄色，跗节全褐色 ············· 戴云姬蜂虻 *S. daiyunshanus*

11. 后足胫节顶端黑色，跗节全黑色；触角柄节基部黄色，至末端黑色，梗节暗褐色，鞭节黑色；小盾片深黄褐色，仅左上
　　 方和右上方黑色条背中线 ·· **长突姬蜂虻** *S. excisus*

- 后足胫节顶端没有黑色区域 ··· 12

12. 触角柄节黄褐色，梗节暗褐色，鞭节黑色；后足胫节黑色，但基部腹面及端部 3/4 处为黄色，端部有 1 圆黑色区域；中
　　 胸背板前斑与中斑接近或以 1 条极细的黄色带相连 ·· **三峰姬蜂虻** *S. tricuspidatus*

- 触角柄节基部黄褐色，至端部黑色，梗节和鞭节黑色 ··· 13

13. 腹部第 5–8 节膨大程度较大，呈卵形，后缘有黄色横边；后胸腹板黄色，两侧各有 1 宽大长条形黑带 ···············
　　 ·· **黄边姬蜂虻** *S. hoppo*

- 腹部第 5–8 节膨大程度较大，呈卵形，后缘无黄色横边，中胸背板前斑与中斑接近或以 1 条极细的黄
　　 褐色黄带相连 ··· **合斑姬蜂虻** *S. coalitus*

14. 触角柄节黄色，或仅柄节基部黄色，其余黑色 ··· 15

- 触角柄节、梗节黄色，或仅梗节端部少许黑色，鞭节黑色 ·· 17

15. 触角柄节全黄色或仅端部有少许黑色 ·· 16

- 触角柄节不全黄色，末端黄褐色 ·· **茅氏姬蜂虻** *S. maoi*

16. 后足胫节褐色至黑色，基部至 3/4 处黑色，其余黄色，第 1 跗节黄色，端部有少许黑色，其余跗节黑色；触角 3 节长度
　　 比 3.3∶1∶2.8；小盾片黑色，后缘有长白毛 ·· **福建姬蜂虻** *S. fujianensis*

- 后足胫节黄褐色，中部至端部 1/3 处黑色，端部 1/3 黄色，第 1 跗节基部 2/5 黄色，其余跗节黑色；中胸背板中斑葱头状，
　　 后斑不规则楔形，前斑与中斑以 1 条极细的深黄色条带相连 ··································· **古田山姬蜂虻** *S. gutianshans*

17. 前斑与中斑以 1 极细的黄褐色带相连；生殖基节后缘中央 "V" 形凹缺，生殖刺突末端钩弯 ···**佛顶姬蜂虻** *S. fudingensis*

- 前斑与中斑以 1 稍宽的黄褐色带相连；阳茎基侧叶尖细，端部骨化成黑色 ············· **麦氏姬蜂虻** *S. melli*

18. 中胸背板中部有 1 对黄褐色的斑或无中斑；小盾片黑色；翅烟色，前缘及基部色略深，呈深棕色，宽大；亚生殖板
　　 燕尾状 ··· **燕尾姬蜂虻** *S. yspilus*

- 中胸背板中部无斑，黑色 ··· 19

19. 翅窄，浅棕色，基半的翅室中没有透明的窗斑；触角柄节黑色，梗节暗褐色，鞭节黑色；触角三节长度比为 2.5∶1∶1.5
　　 ·· **中华姬蜂虻** *S. chinensis*

- 翅较宽大，烟褐色，基半的翅室中具透明的窗斑；触角柄节黑色，梗节暗褐色，鞭节黑色（文中为雌性特征）；触角三
　　 节长度比为 2.4∶1∶2.2；第 8 腹板侧视狭长，端部黑色骨化部分长而突伸 ············ **窗翅姬蜂虻** *S. thyriptilotus*

（113）金刺姬蜂虻 *Systropus aurantispinus* Evenhuis, 1982（图 3-14）

Systropus aurantispinus Evenhuis, 1982: 36.

主要特征：雄性：头部红黑色；下额、颜和颊浅黄色。触角柄节黄色，梗节暗褐色，鞭节黑色，扁平且光滑。胸部黑色，肩胛浅黄色；前胸侧板浅黄色；前斑黄色，横向呈指状；中斑黄褐色，与前斑以 1 条宽度为前斑宽度 1/3 的黄色宽带相连，中斑外延以 1 条黄褐色的细条带（种内有变异，有些比较宽）与后斑相连；后斑黄色小三角形；小盾片黑色，后缘有长毛。后胸腹板与第 1 腹节边缘黄色，区域较小。翅浅烟色，透明；翅脉褐色，r-m 横脉位于盘室端部 2/5 处；平衡棒黄色，棒端背面黑色。中足基节基部浅黑色，其余黄色；后足基节黑色，转节和腿节黄色，胫节褐色至黑色，5/6 至端部黄色，第 1 跗节基半黄色，其余跗节黑色。腹面黄色，第 2–5 节腹板中间有黑色长条带；第 6 背板外侧暗褐色（包括生殖器）；第 5–8 腹节膨胀成卵形；毛很短，倒伏状，黑色，第 2–5 腹节黄色区有淡黄毛。

分布：浙江（临安）、河南、陕西、湖北、福建、广东、广西、云南。

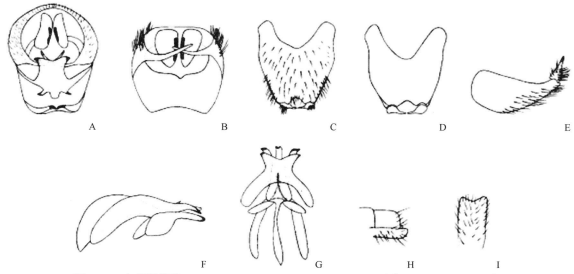

图 3-14　金刺姬蜂虻 *Systropus aurantispinus* Evenhuis, 1982（仿 *Yang et al.*，2012）

A. ♂外生殖器后面观；B. 第 9 背板、尾须、第 10 腹板腹面观；C. 生殖基节和生殖刺突背面观；D. 生殖基节和生殖刺突腹面观；E. 生殖基节和生殖刺突侧面观；F. 阳茎复合体侧面观；G. 阳茎复合体背面观；H. 亚生殖板末端侧面观；I. 亚生殖板末端腹面观

（114）中华姬蜂虻 *Systropus chinensis* Bezzi, 1905（图 3-15）

Systropus chinensis Bezzi, 1905: 275.

　　主要特征：雄性：头部红黑色；触角柄节黑色、梗节暗褐色，鞭节黑色，扁平且光滑。胸部黑色，有黄色斑；中胸背板有 2 个黄色侧斑；前斑横向，呈指状，中斑缺少，后斑不规则楔形。小盾片黑色。后胸腹板与第 1 腹节边缘黄色，区域较小。翅浅棕色，透明，基部及前缘色略深，近棕色；翅脉深棕色；r-m 横脉位于盘室近中部；平衡棒黄色，棒端背部黑色。前足黄色，基节黑色，第 3–5 跗节深黄色；第 5 跗节末端有褐色毛。中足黄色，基节黑色，转节端部黑色，腿节基部至端部 1/4 黑色，有浓密的短黑毛，跗节 3–5

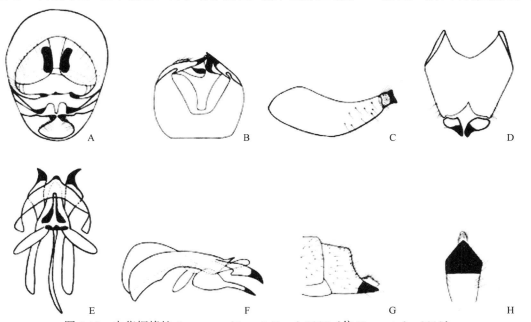

图 3-15　中华姬蜂虻 *Systropus chinensis* Bezzi, 1905（仿 *Yang et al.*，2012）

A. ♂外生殖器后面观；B. 第 9 背板、尾须、第 10 腹板腹面观；C. 生殖基节和生殖刺突侧面观；D.生殖基节和生殖刺突背面观；E. 阳茎复合体背面观；F. 阳茎复合体侧面观；G. 亚生殖板末端侧面观；H. 亚生殖板末端腹面观

节褐色至暗褐色。胫节黄褐色，3/4 处至端部黄色，跗节第 1 跗节 3/5 黄色，其余褐色。腹部黄色至黄褐色；第 1 背板黑色，前缘宽于小盾片；第 2–5 节腹板中间有黑色长条带；第 6 背板外侧暗褐色（包括生殖器）。毛很短，倒伏状，黑色，第 2–5 腹节黄色区有淡黄毛。

　　分布：浙江（临安）、北京、山东、河南、湖南、福建、四川、贵州、云南。

（115）合斑姬蜂虻 *Systropus coalitus* Cui *et* Yang, 2010（图 3-16）

Systropus coalitus Cui *et* Yang, 2010: 18.

　　主要特征：雄性：头部黑色；触角柄节浅黄色，末端黑褐色；梗节暗褐色；鞭节黑色，扁平且光滑。胸部黑色；前胸侧板浅黄色；中胸背板有 3 个黄色侧斑，前斑与中斑以 1 条宽度为前斑宽度 1/6 的黄褐色黄带相连（也存在前斑和中斑不相连的情况）；前斑横向，呈三角状，端部较尖；中斑葱头状，后斑不规则菱形。小盾片黑色，后缘有白色长毛；后胸腹板黄色，两侧各有 1 条黑色宽带，黑带在基部愈合。翅浅烟色，翅脉褐色，r-m 横脉位于盘室端部 2/5 处；平衡棒柄背面黑褐色。前足黄色，第 3–5 跗节褐色；中足黄色，转节基部至端部 1/2 区域黑色，腿节黑色，跗节 2–5 节褐色至暗褐色；后足黄褐色，基节黑色；转节黑色，腿节黄褐色；胫节黄色，2/3 处至端部黄色。腹部黄色；第 2–5 节腹板中间有黑色长条带；第 6 背板外侧暗褐色（包括生殖器）；第 5–8 腹节膨胀成卵形；毛很短，倒伏状。

　　分布：浙江（开化）、北京、天津、河南、福建。

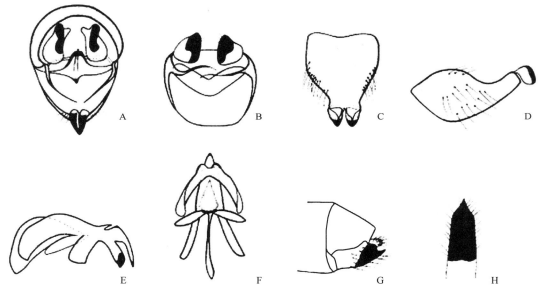

图 3-16　合斑姬蜂虻 *Systropus coalitus* Cui *et* Yang, 2010

A. ♂外生殖器后面观；B. 第 9 背板、尾须、第 10 腹板腹面观；C. 生殖基节和生殖刺突腹面观；D. 生殖基节和生殖刺突侧面观；E. 阳茎复合体侧面观；F. 阳茎复合体背面观；G. 亚生殖板末端侧面观；H. 亚生殖板末端腹面观

（116）戴云姬蜂虻 *Systropus daiyunshanus* Yang *et* Du, 1991（图 3-17）

Systropus daiyunshanus Yang *et* Du, 1991: 81.

　　主要特征：雄性：头部红黑色；触角柄节基半部黄色，末端黑色，鞭节黑色，扁平且光滑。胸部黑色，有黄色斑；前胸侧板浅黄色；中胸背板有 3 个黄色侧斑。前斑横向，呈指状；中斑葱头状，后斑不规则楔形。小盾片黑色，后缘 1/2 黄色，有浅黄色长毛；后胸腹板黄色，两侧各有 2 个黑斑，前斑长条形，后斑椭圆形，左右 2 个前斑在腹板前缘靠近但不愈合，呈"八"字形。翅浅烟色，r-m 横脉位于盘室端部 2/5 处；平衡棒黄色，棒端背面黑色，腹面黄色。前足黄色，第 3–5 跗节深黄色；第 5 跗节末端有褐色毛；后足黄褐色，基节基部黑色；转节黄褐色，腿节黄褐色；胫节黄褐色，2/3 处至端部黄色，胫节有 3 排刺状黑鬃（背列 6 根，侧列 5 根，腹列 4 根），跗节全褐色；足的毛多呈倒伏状，黑色。腹部黄褐色，侧扁，第 1 节背板黑色，前缘宽于小盾片，向后急剧收缩呈倒三角形；第 2–5 节黄色，背面黑色，腹面两侧各有 1 黑色细条纹。

　　分布：浙江（临安）、北京、河南、福建、广西、贵州。

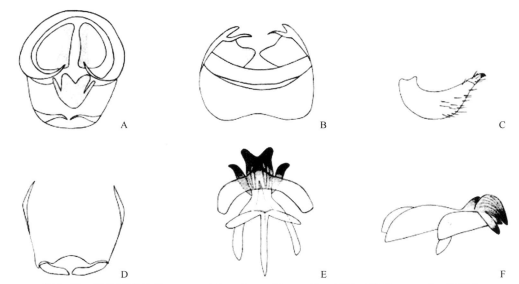

图 3-17　戴云姬蜂虻 *Systropus daiyunshanus* Yang *et* Du, 1991（仿 Yang *et al.*，2012）
A. ♂外生殖器后面观；B. 第 9 背板、尾须、第 10 腹板腹面观；C. 生殖基节和生殖刺突侧面观；D. 生殖基节和生殖刺突背面观；E. 阳茎复合体背面观；F. 阳茎复合体侧面观

（117）长突姬蜂虻 *Systropus excisus* (Enderlein, 1926)（图 3-18）

Cephenius excisus Enderlein, 1926: 81.

Systropus divulsus: Yang, Yao *et* Cui, 2012: 328.

　　主要特征：雄性：头部红黑色；下额、颜和颊浅黄色。触角柄节基部黄色，至末端黑色，梗节暗褐色，鞭节黑色，扁平且光滑。胸部黑色，有黄色斑；肩胛浅黄色；前胸侧板浅黄色；中胸背板有 3 个黄色侧斑；前斑横向，呈指状，中斑葱头状，后斑不规则楔形；小盾片深黄褐色，仅左上方和右上方黑色。后胸腹板黄色，两侧各有 1 条黑色斑，长条形，中间弯折，端部不愈合。翅浅灰色，透明，基部及前缘略带浅棕色，r-m 横脉位于盘室端部 2/5 处。前足黄色，第 3–5 跗节深黄色。中足黄色，基节黄褐色，转节端部黑色，腿节黄褐色，有浓密的短黑毛，跗节 3–5 节褐色至暗褐色。后足黄褐色，基节基部黑色；转节黄褐色，腿节黄褐色；胫节 8/13–12/13 黄色，其余黑色。腹部侧扁，第 1 背板黑色，前缘宽于小盾片，向后急剧收缩呈倒三角形；第 2–5 腹节较细，构成腹柄，其余各节膨大，呈锤状；腹面观两侧各有 1 条纵向的黑带。

　　分布：浙江（庆元）、北京、河南、湖北、江西、湖南、福建、四川、云南。

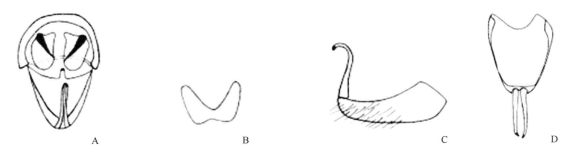

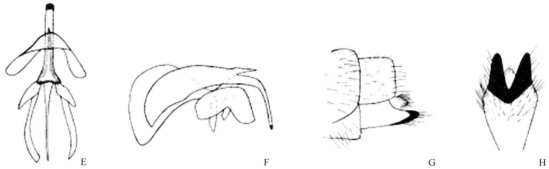

图 3-18　长突姬蜂虻 *Systropus excisus* (Enderlein, 1926)（仿 Yang *et al.*，2012）

A. ♂外生殖器后面观；B. 第 10 腹板腹面观；C. 生殖基节和生殖刺突侧面观；D. 生殖基节和生殖刺突背面观；E. 阳茎复合体背面观；F. 阳茎复合体侧面观；G. 亚生殖板末端侧面观；H. 亚生殖板末端腹面观

（118）黄翅姬蜂虻 *Systropus flavalatus* Yang *et* Yang, 1995（图 3-19）

Systropus flavalatus Yang *et* Yang, 1995: 487.

主要特征：雄性：头部红黑色；下额、颜和颊浅黄色；触角柄节、梗节黄色，有短黄毛；鞭节黄褐色，扁平且光滑。胸部黑色，有黄色斑；中胸背板有 3 个黄褐色侧斑，前斑横向指状，中斑葱头状前斑与中斑以 1 条宽度为前斑 1/2 的黄色宽带相连，中斑与后斑以 1 条宽度与中斑相等的黄色条带相连，后斑不规则楔形；小盾片黑色；后胸腹板与第 1 腹节边缘黄褐色。翅脉黄褐色，r-m 横脉位于盘室中央；平衡棒黄色，棒端背面浅黑色。前足黄色；中足基节黄褐色，其余黄色；后足黄褐色，胫节端半（除末端外）褐色，基跗节（除末端）背面浅黑色，其余跗节黄褐色。足的毛多呈倒伏状，黑色。翅宽大，黄色不透明。腹部黄色，第 1 背板黑色，前缘宽于小盾片；第 3–6 节腹板中间有浅黑色长条带；第 6 背板外侧暗褐色（包括生殖器）；第 5–8 腹节膨胀成卵形；黑色毛很短，倒伏状，黑色，第 2–5 腹节黄色区有淡黄毛。

分布：浙江（庆元）。

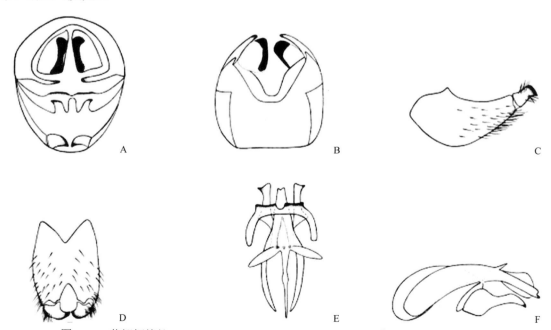

图 3-19　黄翅姬蜂虻 *Systropus flavalatus* Yang *et* Yang, 1995（仿 Yang *et al.*，2012）

A. ♂外生殖器后面观；B. 第 9 背板、尾须、第 10 腹板腹面观；C. 生殖基节和生殖刺突侧面观；D. 生殖基节和生殖刺突腹面观；E. 阳茎复合体背面观；F. 阳茎复合体侧面观

（119）佛顶姬蜂虻 *Systropus fudingensis* Yang, 1998（图 3-20）

Systropus fudingensis Yang, 1998: 37.

主要特征：雄性：头部红黑色；下额、颜和颊浅黄色。触角柄节、梗节黄色，鞭节黑色，扁平且光滑。胸部黑色，有黄色斑。中胸背板有 3 个黄色侧斑，前斑与中斑以 1 条宽度为前斑宽度 1/8–1/6 的黄褐条带相连。前斑横向，呈四方状；中斑葱头状，后斑不规则楔形；中斑与后斑以 1 条宽度为中斑 1/8 的色细条带相连，左右两侧的后斑向中间延伸；小盾片黑色，后半部黄色；后胸腹板与第 1 腹节边缘黄色。翅褐色透明，前缘域暗黄色，r-m 位于盘室中央附近。前足黄色；中足基节黑色，其余黄色；后足基节褐色，边缘黑色，转节黄褐色，腿节黄褐色，胫节端部 1/6 黄色，其余黑色，第 1 跗节黄色，末端有 1 极小的黑色区域，其余跗节黑色（有的个体后足第 1–2 跗节黄色）；后足第 1 跗节有黄色刺；足覆有黄褐色及黑色短毛；黄色区域为黄褐色短毛，黑色区域为黑短毛，足的毛多呈倒伏状，黑色。腹部黄色，端部黄棕色；第 1 背板黑色，第 2–5 背板正中央有狭长的黑斑，第 6–8 背板较宽的中部浅黄色。

分布：浙江（临安）、北京、福建、广西、四川、贵州。

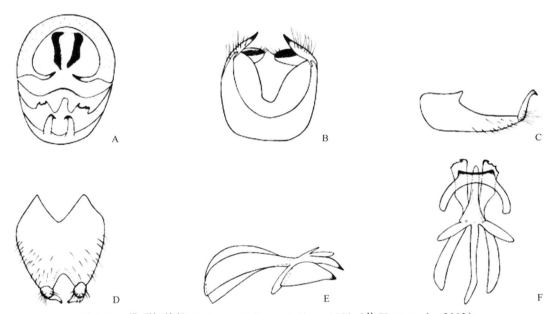

图 3-20　佛顶姬蜂虻 *Systropus fudingensis* Yang, 1998（仿 Yang *et al.*，2012）

A. ♂外生殖器后面观；B. 第 9 背板、尾须、第 10 腹板腹面观；C. 生殖基节和生殖刺突侧面观；D. 生殖基节和生殖刺突腹面观；E. 阳茎复合体侧面观；F. 阳茎复合体背面观

（120）福建姬蜂虻 *Systropus fujianensis* Yang, 2003（图 3-21）

Systropus fujianensis Yang, 2003: 232.

主要特征：雄性：头部黑色；触角柄节黄色，梗节暗褐色，鞭节黑色，扁平且光滑；喙黑色，基部黄褐色，光滑；下颚须褐色，有淡黄毛。胸部黑色，有黄色斑；肩胛浅黄色，前胸侧板浅黄色，中胸背板有 3 个黄色侧斑；前斑横向，呈四方状，中斑葱头状，后斑不规则楔形；中斑与后斑以 1 条宽度为中斑宽度 1/8–1/6 的黄褐条带相连；小盾片黑色，后缘有长白毛；后胸腹板黑色，较少褶皱，上有长白毛，后缘有 1 狭长的"V"形黄色区域，长度约为后胸腹板的 1/2。翅烟黄色，翅脉褐色，r-m 横脉位于盘室端部 2/5 处；平衡棒黄色，端棒部上面黄褐色。前足黄色。中足基节黑色，腿节褐色，其余黄色。后足基节黑色，转节浅褐色；胫节褐色至黑色，胫节基部至 3/4 处黑色，其余黄色；第 1 跗节黄色，仅端部有少许黑色，其余跗节黑色。足的毛多呈倒伏状，黑色。腹部黄色，端部黄棕色；第 2–5 节腹板中间有黑色长条带；第 6 背板外侧暗褐色（包括生殖器）；第 5–8 腹节膨胀成卵形；第 8 背板端部分成 3 个刺状尖突，骨化而呈黑色。

　　分布：浙江（临安）、河南、福建、广东、广西、云南。

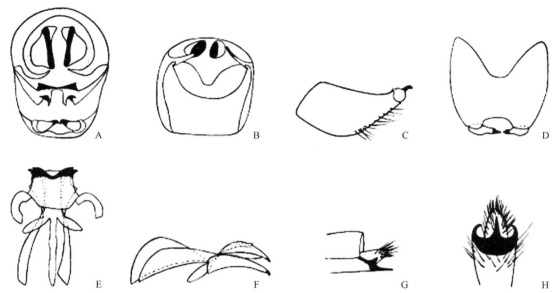

图 3-21　福建姬蜂虻 *Systropus fujianensis* Yang，2003

A. ♂外生殖器后面观；B. 第 9 背板、尾须、第 10 腹板腹面观；C. 生殖基节和生殖刺突侧面观；D. 生殖基节和生殖刺突腹面观；E. 阳茎复合体背面观；F. 阳茎复合体侧面观；G. 亚生殖板末端侧面观；H. 亚生殖板末端腹面观

（121）甘泉姬蜂虻 *Systropus ganquananus* Du, Yang, Yao *et* Yang, 2008（图 3-22）

Systropus ganquananus Du, Yang, Yao *et* Yang, 2008: 5.

　　主要特征：雄性：头部红黑色；触角柄节、梗节暗褐色，有短黑毛；鞭节黑色，扁平且光滑。胸部黑色，有黄色斑。中胸背板有 3 个黄色侧斑，前斑与中斑以 1 条宽度为前斑宽度 1/3 的黄褐色带相连；前斑黄色，横向呈指状；中斑黄褐色，葱头状；后斑黄色，不规则楔形；小盾片黑色；后胸腹板与第 1 腹节边

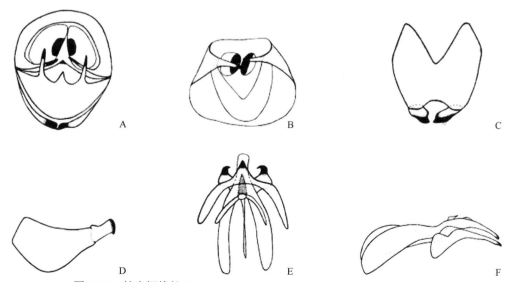

图 3-22　甘泉姬蜂虻 *Systropus ganquananus* Du, Yang, Yao *et* Yang, 2008

A. ♂外生殖器后面观；B. 第 9 背板、尾须、第 10 腹板腹面观；C. 生殖基节和生殖刺突腹面观；D. 生殖基节和生殖刺突侧面观；E. 阳茎复合体背面观；F. 阳茎复合体侧面观

缘黄色，区域较小。翅淡棕色，不透明，近基部及前缘色略深；翅脉深棕色，r-m 横脉位于盘室近端部 3/8 处；平衡棒黄色，棒端背面黑色。前足基节深褐色，余皆棕色；中足基节蓝黑色，其余同前足；后足基节深褐色，转节及腿节棕色，胫节棕色，向端部色渐深，至近端部 1/6 处为黑色，端部 1/6 黄色，第 1–2 跗节黄色，第 3–5 跗节颜色由淡褐色渐深至黑色。腹部黄色；第 1 背板黑色，第 2–5 节腹板中间有黑色长条带；第 6 背板外侧暗褐色（包括生殖器）；第 5–8 腹节膨胀成卵形；毛很短，倒伏状，黑色，第 2–5 腹节黄色区有淡黄毛。

分布：浙江（临安）、陕西。

（122）贵阳姬蜂虻 *Systropus guiyangensis* Yang, 1998（图 3-23）

Systropus guiyangensis Yang, 1998: 38.

主要特征：雄性：头部红黑色；触角柄节黄至黄褐色，末端近褐色；梗节暗褐色，鞭节黑色，扁平且光滑。胸部黑色，有黄色斑；肩胛浅黄色；前胸侧板浅黄色；中胸背板有 3 个黄色侧斑，前斑与中斑以 1 条宽度为前斑宽度 1/3 的黄带相连；前斑横向，呈四方状；中斑葱头状，后斑不规则楔形。小盾片黑色。后胸腹板黑色，有长白毛，后缘有 1 “V” 形黄色区域，“V” 形黄色区域长度约为后胸腹部 1/2；后胸腹板与第 1 腹节边缘黄色。翅浅烟色，透明；翅脉褐色，r-m 横脉位于盘室端部 2/5 处。前足黄色。中足黄色，腿节深黄色。后足黄褐色，基节基部黑色；转节黄褐色，腿节黄色；胫节黄褐色，4/5 处至端部黄色，第 1 跗节基半黄色，其余跗节黑色。爪亮黑色，爪垫黄色；足的毛多呈倒伏状，黑色。腹部黄褐色；第 1 背板黑色，前缘宽于小盾片；第 2–5 节腹板中间有黑色长条带；第 6 背板外侧暗褐色（包括生殖器）；第 5–8 腹节膨胀成卵形；毛很短，倒伏状，黑色，第 2–5 腹节黄色区有淡黄毛。

分布：浙江（西湖、临安）、河南、陕西、湖北、福建、贵州、云南。

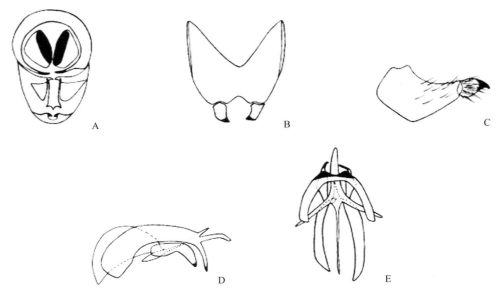

图 3-23　贵阳姬蜂虻 *Systropus guiyangensis* Yang, 1998
A. ♂外生殖器后面观；B. 生殖基节和生殖刺突背面观；C. 生殖基节和生殖刺突侧面观；D. 阳茎复合体侧面观；E. 阳茎复合体背面观

（123）古田山姬蜂虻 *Systropus gutianshans* Yang, 1995（图 3-24）

Systropus gutianshanus Yang, 1995: 232.

主要特征：雌性：头部红黑色；触角柄节黄色，梗节暗褐色，鞭节黑色，扁平且光滑。胸部黑色，有黄色斑；肩胛浅黄色；前胸侧板浅黄色；中胸背板有 3 个黄色侧斑，前斑横向，呈钝圆的平行四边状；中斑葱头状，后斑不规则楔形，中斑与后斑以 1 条宽度为中斑宽度 1/6 的深黄条带相连；小盾片黑色，后缘有长白毛；后胸腹板黑色，有 1 极狭长的"V"形黄色区域，"V"形区域长度为后胸腹板长度的 1/2，有的个体后胸腹板的"V"形区域相互贴近，几近愈合；后胸腹板和第 1 腹板的边缘区为黄色。翅浅烟色；翅脉褐色，r-m 横脉位于盘室端部正中处。前足黄色，中足黄色，后足黄褐色，基节黑色，转节黄褐色，腿节黄褐色；胫节黄褐色，中部至端部 1/3 处黑色，端部 1/3 黄色，第 1 跗节基部 2/5 黄色，其余跗节黑色。腹部长而扁，第 1 节背板黑色，2–6 节黄褐色且背中没有黑纵带（即使有黑纵带，颜色也极浅）；腹端 7–8 节黑褐色，第 8 腹板侧视端部黑色而尖突，黑色骨化部分腹视略呈五角形。

　　分布：浙江（开化、庆元）、湖南、福建、贵州。

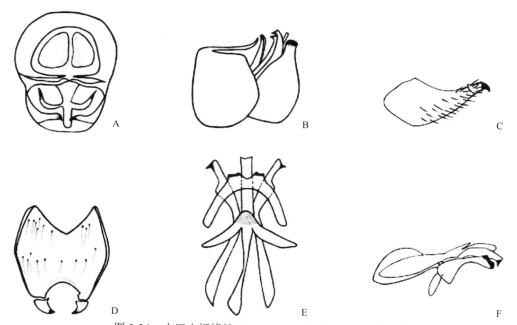

图 3-24　古田山姬蜂虻 *Systropus gutianshans* Yang, 1995

A. ♂外生殖器后面观；B. ♂外生殖器侧面观；C. 生殖基节和生殖刺突侧面观；D. 生殖基节和生殖刺突腹面观；E. 阳茎复合体背面观；F. 阳茎复合体侧面观

（124）黄边姬蜂虻 *Systropus hoppo* Matsumura, 1916（图 3-25）

Systropus hoppo Matsumura, 1916: 285.

　　主要特征：雄性：头部黑色；触角柄节浅黄色，末端褐色，梗节暗褐色，鞭节黑色，扁平且光滑。胸部黑色，有黄色斑。前胸侧板浅黄色，中胸背板有 3 个黄色侧斑，前斑横向，呈指状；中斑葱头状，后斑不规则楔形；小盾片黑色，仅后缘黄色，有浅黄色长毛；后胸腹板黄色，两侧各有 1 宽大长条形黑带。翅浅烟色，透明；翅脉褐色，r-m 横脉位于盘室近端部 2/5 处。前足黄色，跗节 2–5 节褐色。中足基节黑色，在距末端 1/3 处有 1 椭圆黄色区域；转节黑色；腿节褐色，顶端黄色；胫节黄色；跗节 1 节黄色，跗节 2–5 节褐色至暗褐色；后足黑色，基节前下区域黄色，转节黑色，腿节黄褐色，中部有 1 黄色斑纹。腹部第 1 背板前缘宽于小盾片；2–5 节腹板中间有褐色长条带；第 6 背板外侧暗褐色（包括肛下板）。5–8 腹节膨胀成卵形。

　　分布：浙江（临安）、北京、山东、河南、江西、福建、台湾、广东、四川、云南。

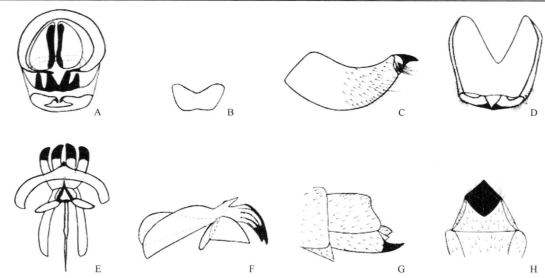

图 3-25　黄边姬蜂虻 *Systropus hoppo* Matsumura, 1916

A. ♂外生殖器后面观；B. 第 10 腹板腹面观；C. 生殖基节和生殖刺突侧面观；D. 生殖基节和生殖刺突腹面观；E. 阳茎复合体背面观；F. 阳茎复合体侧面观；G. 亚生殖板末端侧面观；H. 亚生殖板末端腹面观

（125）湖北姬蜂虻 *Systropus hubeianus* Du, Yang, Yao *et* Yang, 2008（图 3-26）

Systropus hubeianus Du, Yang, Yao *et* Yang, 2008: 7.

　　主要特征：雄性：头部黑色；触角柄节黑色，梗节暗褐色，鞭节黑色，扁平且光滑。胸部黑色，有黄色斑，前胸侧板浅黄色，中胸背板有 3 个黄色侧斑，前斑与中斑以 1 条宽度为前斑宽度 1/2 的黄带相连；前斑横向，呈四方状；中斑葱头状，后斑不规则楔形；中斑与后斑以宽度和中斑相等的黄褐色条带相连。小盾片黑色，后缘有长毛，有时后缘有黄褐色；后胸腹板黑色，有长白毛，后缘有 1 "V" 形黄色区域，"V" 形黄色区域长度约为后胸腹部 1/2。翅脉褐色，r-m 横脉位于盘室端部 2/5 处。前足黄色，第 3–5 跗节深黄色；中足黄色，基节黄褐色，其余黄色；后足黄褐色，基节基部黑色，转节黄褐色，腿节黄褐色；胫节黄

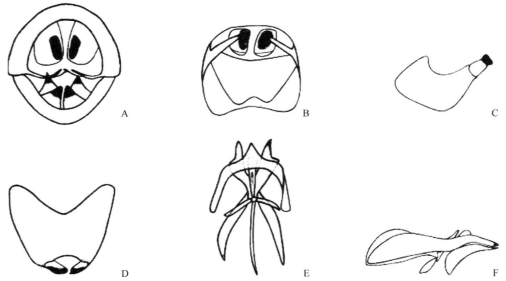

图 3-26　湖北姬蜂虻 *Systropus hubeianus* Du, Yang, Yao *et* Yang, 2008

A. ♂外生殖器后面观；B. 第 9 背板、尾须、第 10 腹板腹面观；C. 生殖基节和生殖刺突侧面观；D. 生殖基节和生殖刺突腹面观；E. 阳茎复合体背面观；F. 阳茎复合体侧面观

褐色，5/6 处至端部黄色，跗节 1–2 黄色，其余褐色。翅深烟色，宽大；腹部黄色；第 2–5 节腹板中间有黑色长条带；第 6 背板外侧暗褐色（包括生殖器）。第 5–8 腹节膨胀成卵形。

　　分布：浙江（临安）、河南、湖北。

（126）茅氏姬蜂虻 *Systropus maoi* Du, Yang, Yao *et* Yang, 2008（图 3-27）

Systropus maoi Du, Yang, Yao *et* Yang, 2008: 11.

　　主要特征：雄性：头部红黑色。触角柄节黄色，末端黄褐色，梗节暗褐色，鞭节黑色，扁平且光滑。胸部黑色，有黄色斑；前胸侧板浅黄色，中胸背板有 3 个黄色侧斑，前斑横向，呈指状；中斑葱头状，后斑不规则楔形。小盾片黑色，仅后缘黄色，有浅黄色长毛；后胸腹板黑色，有长白毛，后缘有 1 "V" 形黄色区域，"V" 形黄色区域长度约为后胸腹部 1/2。翅淡灰色，透明，前缘室色略深，浅棕色；翅脉棕色；r-m 横脉位于盘室近端部 2/5 处。前足腿节近基部 2/3 淡褐色，跗节第 3 节端半部及第 4、第 5 节褐色，余皆黄色。中足基节、转节及腿节黑色，胫节及第 1 跗节黄色，第 2–5 跗节褐色；后足基节及转节黑色，腿节的上面褐色，胫节基部 2/3 黑色，其余黄色。腹部侧扁，黄褐色；第 1 背板黑色，前缘宽于小盾片；第 2–5 节腹板中间有黑色长条带；第 6 背板外侧暗褐色（包括生殖器）。第 5–8 腹节膨胀成卵形。

　　分布：浙江（临安）、河南、湖北、湖南、四川、贵州。

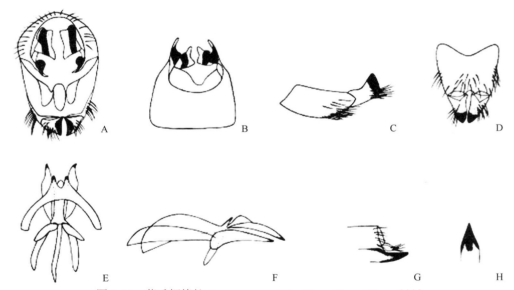

图 3-27　茅氏姬蜂虻 *Systropus maoi* Du, Yang, Yao *et* Yang, 2008

A. ♂外生殖器后面观；B. 第 9 背板、尾须、第 10 腹板腹面观；C. 生殖基节和生殖刺突侧面观；D. 生殖基节和生殖刺突腹面观；E. 阳茎复合体背面观；F. 阳茎复合体侧面观；G. 亚生殖板末端侧面观；H. 亚生殖板末端腹面观

（127）麦氏姬蜂虻 *Systropus melli* (Enderlein, 1926)（图 3-28）

Cephenius melli Enderlein, 1926: 80.

Systropus melli: Yang *et al.*, 2012: 368.

　　主要特征：雄性：头部红黑色；触角柄节、梗节黄色，鞭节黑色，扁平且光滑；胸部黑色，有黄色斑；前胸侧板浅黄色；中胸背板有 3 个黄色侧斑；前斑与中斑以 1 条宽度为前斑宽度 1/4–1/3 的暗褐色带相连。前斑横向，呈稍不规则的矩形状；中斑葱头状；后斑不规则楔形，并横向延伸，左右 2 个后斑几近相接；中斑与后斑以 1 条宽度为中斑宽度 1/6 的黄褐色带相连。小盾片前半部黑色，后缘浅黄色；后胸腹板与第

1 腹板边缘处黄色。翅烟褐色，翅脉棕色，r-m 横脉位于盘室端部 2/5 处。前足浅黄色至黄色；中足黄色，基节暗褐；后足基节暗黑色，转节褐色，腿节黄褐色，胫节 1/5–4/5 黑色，其余黄色，端部有 5 根长短不一的黄刺；第 1 跗节黄色，末端有 1 极小的黑色区域，其他跗节黑色。腹部黄色；第 1 背板黑色，向后收缩呈倒三角形；其余各背板皆有暗褐色中斑。第 5–8 腹节膨大呈棒状。

　　分布：浙江（临安）、陕西、福建、贵州。

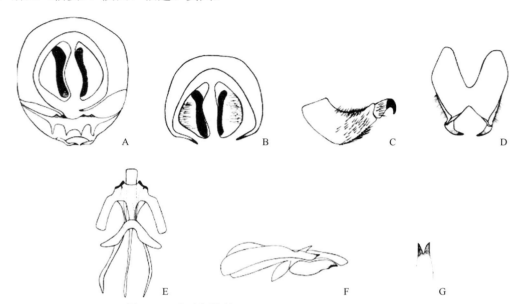

图 3-28　麦氏姬蜂虻 *Systropus melli* (Enderlein, 1926)

A. ♂外生殖器后面观；B. 第 9 背板、尾须、第 10 腹板腹面观；C. 生殖基节和生殖刺突侧面观；D. 生殖基节和生殖刺突腹面观；E. 阳茎复合体背面观；F. 阳茎复合体侧面观；G. 亚生殖板末端腹面观

（128）齿突姬蜂虻 *Systropus serratus* Yang *et* Yang, 1995（图 3-29）

Systropus serratus Yang *et* Yang, 1995: 496.

　　主要特征：雄性：头部红黑色；触角柄节、梗节黄色，鞭节黑色，扁平且光滑。胸部黑色，有黄色斑；前胸侧板浅黄色；中胸背板有 3 个黄色侧斑，前斑与中斑以 1 条宽度为前斑宽度 1/4 的黄带相连，前斑横向，呈四方状；中斑葱头状，后斑不规则楔形，中斑与后斑以 1 条很细的黄褐色条带相连。小盾片黑色，后缘 1/4 黄色，有浅黄色长毛；后胸腹板与第 1 腹节边缘黄色，区域较大。翅浅灰色，透明；前缘带有暗黄色；脉暗褐色，前横脉 r-m 位于中盘室近端部 3/7 处。前足黄色。中足黄色；基节黄褐色，转节端部黑色，腿节黄褐色；后足黄色；基节基部黑色，转节黄褐色，腿节黄褐色；胫节黄褐色，1/2–5/6 处黑色；第 1 跗节黄色（中间存在差异，有些个体第 1 跗节 3/5 至端部黑色），其余跗节黑色。腹部黄色；第 1 背板黑色，前缘宽于小盾片；第 2–5 节腹板中间有黑色长条带；第 6 背板外侧暗褐色（包括生殖器）。第 5–8 腹节膨胀成卵形。

　　分布：浙江（临安）、北京、陕西、河南、云南。

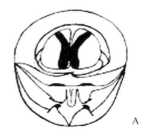

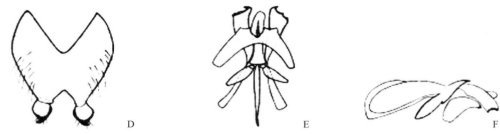

图 3-29　齿突姬蜂虻 *Systropus serratus* Yang *et* Yang, 1995

A.♂外生殖器后面观；B. 第 9 背板、尾须、第 10 腹板腹面观；C. 生殖基节和生殖刺突侧面观；D. 生殖基节和生殖刺突腹面观；E. 阳茎复合体背面观；F. 阳茎复合体侧面观

（129）三突姬蜂虻 *Systropus submixtus* (Séguy, 1963)（图 3-30）

Cephenius submixus Séguy, 1963: 80.

Systropus submixtus: Yang, Yao *et* Cui, 2012: 378.

　　主要特征：雄性：头部红黑色；触角柄节、梗节暗褐色，鞭节黑色，扁平且光滑。胸部黑色，有黄色斑。前胸侧板浅黄色。中胸背板有 1 个黄色侧斑，前斑与中斑以 1 条宽度为前斑宽度 1/2 的黄带相连。前斑横向，呈指状；中斑黄褐色，不规则三角形，后缘向后延伸伸达后斑，与后斑相连；后斑不规则楔形。小盾片黑色，后缘有浅白色长毛；后胸腹板黑色，褶皱，有白色长毛，仅后缘有 1 狭小的"V"形黄褐色区域。后胸腹板与第 1 腹节边缘黄色，区域较小。翅浅烟色；翅脉褐色，r-m 横脉位于盘室端部 2/5 处。前足黄色，基节黄褐色，有 1 大型黑斑；第 3–5 跗节深黄色，第 1–3 跗节黄色，4–5 跗节黑色；中足黄色至深黄色；后足黄褐色；基节基部黑色，转节黄褐色，腿节黄褐色；胫节黄褐色，2/3 处至端部黄色。腹部深棕色；第 1 背板黑色，前缘宽于小盾片；第 2–5 节腹板中间有黑色长条带；第 6 背板外侧暗褐色（包括生殖器）。第 5–8 腹节膨胀成卵形。

　　分布：浙江（临安）、北京、河北、河南、福建。

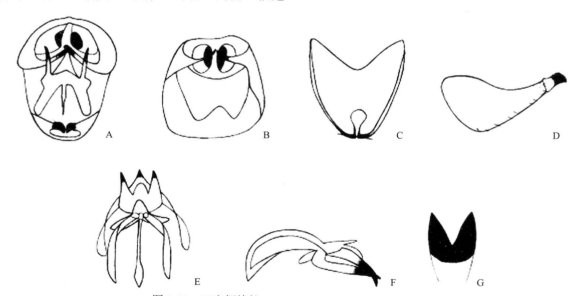

图 3-30　三突姬蜂虻 *Systropus submixtus* (Séguy, 1963)

A.♂外生殖器后面观；B. 第 9 背板、尾须、第 10 腹板腹面观；C. 生殖基节和生殖刺突背面观；D. 生殖基节和生殖刺突侧面观；E. 阳茎复合体背面观；F. 阳茎复合体侧面观；G. 亚生殖板末端腹面观

（130）窗翅姬蜂虻 *Systropus thyriptilotus* Yang, 1995（图 3-31）

Systropus thyriptilotus Yang, 1995: 232.

主要特征：雌性：头部红黑色；触角柄节黑色，梗节暗褐色，鞭节黑色，扁平且光滑。胸部黑色，有黄色斑；前胸侧板浅黄色；中胸背板有 2 个黄色侧斑；前斑横向，呈指状，后斑不规则楔形；小盾片黑色；中胸上前侧片黑色，上后侧片黑色，后半部黄色，有长白毛；后胸腹板与第 1 腹节边缘黑色。翅较宽，烟褐色，基半的翅室中具透明的窗斑，前横脉 r-m 位于中盘室的中部偏外。前足有黄色短毛，基节、转节黑色，其余黄褐色；中足黄色，基节、转节和腿节黑色，其余黄褐色；后足黄褐色，基节基部黑色，转节黑色，腿节黑褐色；胫节黑褐色，4/5 处至端部黄色；第 1 跗节基半黄色，其余黑色。腹部黄色；第 1 背板黑色，第 2–5 节腹板中间有黑色长条带；第 6 背板外侧暗褐色（包括生殖器）。第 5–8 腹节膨胀成卵形。第 8 腹板侧视狭长，端部黑色骨化部分长而突伸，腹视则端部平截。

分布：浙江（开化）。

图 3-31　窗翅姬蜂虻 *Systropus thyriptilotus* Yang, 1995（仿 Yang，1995）
A. 亚生殖板末端侧面观；B. 亚生殖板末端腹面观

（131）三峰姬蜂虻 *Systropus tricuspidatus* Yang, 1995（图 3-32）

Systropus tricuspidatus Yang, 1995: 230.

主要特征：雌性：头部红黑色；触角柄节黄褐色，梗节暗褐色，鞭节黑色，扁平且光滑。胸部黑色，

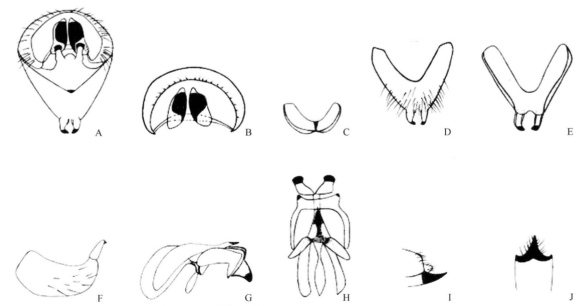

图 3-32　三峰姬蜂虻 *Systropus tricuspidatus* Yang, 1995
A. ♂外生殖器后面观；B. 第 9 背板、尾须、第 10 腹板腹面观；C. 第 10 腹板腹面观；D. 生殖基节和生殖刺突腹面观；E. 生殖基节和生殖刺突背面观；F. 生殖基节和生殖刺突侧面观；G. 阳茎复合体侧面观；H. 阳茎复合体背面观；I. 亚生殖板末端侧面观；J. 亚生殖板末端腹面观

有黄色斑；前胸侧板浅黄色；中胸背板有 3 个黄色侧斑，前斑横向，呈指状，端部变尖；中斑葱头状，前斑与中斑以 1 条宽度为前斑宽度的 1/6–1/2 的黄色条带相连（偶尔前斑与中斑不相连）；后斑为不规则的楔形。小盾片黑色，仅后缘 1/2 黄色，有浅黄色长毛；后胸腹板黄色，两侧各有 1 宽大的黑色条带，基部不愈合。翅浅烟色，透明；翅脉褐色，r-m 横脉位于盘室端部 2/5 处；平衡棒黄色。前足黄色，仅跗节末 3 节黑色；中足基节的基半黑，而端半黄色；转节仅外侧端半为黑色，腿节黑色，胫节褐色，跗节黄色而末 3 节黑褐色；后足基节及转节黑色，腿节红褐而背面较暗；胫节黑色，但基部腹面及端部 1/3 处为黄色，端部有 1 圈黑色区域。腹部黄褐色；第 1 背板黑色；第 2–5 节腹板中间有黑色长条带；第 5–8 腹节膨胀成卵形。

　　分布：浙江（德清、临安、开化）、天津、河南、湖北、福建、广西。

（132）燕尾姬蜂虻 *Systropus yspilus* Du, Yang, Yao *et* Yang, 2008（图 3-33）

Systropus yspilus Du, Yang, Yao *et* Yang, 2008: 13.

　　主要特征：雌性：头部红黑色；触角柄节黄褐色，梗节暗褐色，鞭节黑色，扁平且光滑。胸部黑色，有黄色斑；前胸侧板浅黄色；中胸背板有 2–3 个黄色侧斑；前斑横向，呈四方状；中斑横向较小，黄褐色。有的个体没有中斑；后斑不规则楔形；小盾片黑色；后胸腹板黑色，有长黑毛，后缘有 1 狭小的"V"形黄色区域，后胸腹板与第 1 腹节边缘黄色，区域很小。翅烟色，前缘及基部色略深，呈深棕色；翅面宽大，r-m 横脉位于盘室近端部 2/5 处。前足基节黑色，腿节深棕色，外侧有 1 棕红色长椭圆形斑，胫节及跗节棕黄色。中足转节黑色，腿节深棕色，端部略浅，其余浅棕色；后足基节、转节黑色，腿节棕色，胫节基部棕色，向端部渐深，至近端部 1/7 处为黑色，端部 1/7 及第 1 跗节基半部黄色，余皆黑色。腹部侧扁；第 1 背板黑色，向后收缩呈倒三角形；第 2–5 节棕黄色，背面及腹面两侧棕黑色；第 6–8 节深棕色；亚生殖板燕尾状。

　　分布：浙江（临安）、河南、广东。

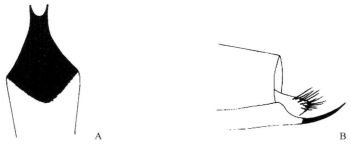

图 3-33　燕尾姬蜂虻 *Systropus yspilus* Du, Yang, Yao *et* Yang, 2008
A. 亚生殖板末端腹面观；B. 亚生殖板末端侧面观

第四章　舞虻总科 Empidoidea

八、舞虻科 Empididae

主要特征：舞虻体小至中型（体长 1.5–12 mm），细长，褐色至黑色或黄色有黑斑，一般有明显的鬃。头部较小而圆，雌雄复眼分开，或在颜区（或额区）相接。触角鞭节基部 1 节较粗，末端生有 1–2 节的端刺或芒；喙一般比较长，较坚硬。胸部背面隆起。前缘脉有时环绕整个翅缘，Sc 端部多游离，有时也完全终止于前缘脉，R_{4+5} 多分叉，R_5 一般终止于翅端，臀室短，离翅缘较远处关闭，盘室有时不存在；翅基部较窄，腋瓣一般不发达。足细长，前足有时为捕捉足，中足或后足腿节有时也明显加粗腹面有齿。一些种类的足雌雄异形，雌性足有羽状鬃或雄性足基跗节膨大；驼舞虻属一些种类雄性后足腿节较粗，而雌性后足腿节较细，且有时腹鬃较少。雄性外生殖器两侧对称或不对称，生殖基节和生殖突退化，第 9 背板和下生殖板较发达。雌性尾须 1 节；精囊 1 个或不存在。

生物学：成虫多发生在潮湿环境的植物上，也出现在树干甚至水面上；捕食性，主要捕食双翅目的蚊类和蝇类、同翅目的木虱类和蚜虫类等。有些种类有群飞习性，交尾时常在陆地或水面上空大量聚集成群飞舞。有些舞虻如舞虻属（*Empis*）、猎舞虻属（*Rhamphomyia*）和喜舞虻属（*Hilara*）的种类有送"彩礼"的习性，即雄虻把猎物带着直到交尾时送给雌虻，有些种则在"献彩礼"之前把小小猎物用泡沫裹成一团，当雌虻抱着这华而不实的东西寻找里面的小虫时，雄虻则趁机与之交配。幼虫生活在土壤中、腐木中、树皮下及淡水中，捕食小的节肢动物。

分布：世界已知 180 余属 5000 余种，中国记录 550 余种，浙江分布 18 属 61 种。*

分属检索表

1. 胸部明显延长，胸背不明显拱突；前足典型捕捉足，基节延长 ·· 2
- 胸部不明显延长，胸背明显或强烈拱突；前足非捕捉足，有时类似捕捉足且基节不延长 ················· 4
2. 触角芒短于第 1 鞭节；胸部无鬃；R_{4+5} 脉分叉 ··· 3
- 触角芒长为第 1 鞭节的 2 倍；胸部有鬃；R_{4+5} 脉不分叉 ······················· **鬃螳舞虻属 *Chelipoda***
3. 有盘室和臀室 ··· **裸螳舞虻属 *Chelifera***
- 无盘室和臀室 ··· **螳舞虻属 *Hemerodromia***
4. 胸部强烈拱突；后足类似捕捉式，腿节加粗且有腹鬃 ··· 5
- 胸部不强烈拱突；后足非捕捉式 ··· 9
5. 臀室明显长于基室；径分脉短 ··· 6
- 臀室与基室等长；径分脉长 ·· 8
6. 喙粗短，末端钝 ··· **优驼舞虻属 *Euhybus***
- 喙长刺状 ··· 7
7. 中脉基部明显，径分脉短；后足胫节端部和后足基跗节不加粗 ···················· **驼舞虻属 *Hybos***
- 中脉基部不明显，径分脉很短；后足胫节端部和后足基跗节加粗 ············· **隐驼舞虻属 *Syndyas***
8. 后足腿节有腹鬃 ··· **柄驼舞虻属 *Syneches***
- 后足腿节无腹鬃 ··· **准驼舞虻属 *Parahybos***

---
* 有关舞虻科的研究得到国家自然科学基金项目（31970444，31772497）的资助。

39. 近溪舞虻属 *Aclinocera* Yang *et* Yang, 1995

Aclinocera Yang *et* Yang, 1995: 236. Type species: *Aclinocera sinica* Yang *et* Yang, 1995 (monotypy).

Aclinocera: Yang, Zhang, Yao *et* Zhang, 2007: 52.

主要特征：前足腿节腹面有 2 排小刺；雌雄后足胫节中部附近均有 2 根黑色腹鬃。雄腹端左右背片各与其端突完全愈合，长明显大于宽；内生殖突叉状且端有小齿。

分布：世界已知 1 种，中国记录 1 种，浙江分布 1 种。

（133）中华近溪舞虻 *Aclinocera sinica* Yang *et* Yang, 1995（图 4-1）

Aclinocera sinica Yang *et* Yang, 1995: 237.

主要特征：头部黑色，有黑色的毛和鬃。触角黑色，芒细长；喙浅黑色；下颚须浅黑色。胸部黑色，鬃黑色。翅略呈浅褐色，脉褐色；平衡棒暗黄色。足暗黄色至黄色，但胫节和跗节浅黑色；前足腿节腹面

图 4-1 中华近溪舞虻 *Aclinocera sinica* Yang *et* Yang, 1995

A. 后足胫节侧面观；B.♂外生殖器侧面观

有 2 排小刺；后足胫节中部附近有 2 根黑色腹鬃。腹部浅黑色，稀有短浅黑毛。雄腹端左右半上生殖板各与其端突完全愈合，长明显大于宽；内生殖突叉状且端有小齿。

分布：浙江（临安、开化）。

40. 溪舞虻属 *Clinocera* Meigen, 1803

Clinocera Meigen, 1803: 271. Type species: *Clinocera nigra* Meigen, 1804 (subsequent monotypy by Meigen, 1804).

Clinocera: Yang, Zhang, Yao *et* Zhang, 2007: 54; Yang, Wang, Zhu *et* Zhang, 2010: 303.

主要特征：头部高稍或偶尔明显大于长；雌雄复眼分开，有密的短毛。基节具背鬃；第 1 鞭节短锥状；芒细长（有时稍加粗），2 节；喙短粗，有很发达的吸盘状的唇瓣。胸部背面明显隆突。中胸背板毛很少，有发达的鬃；中鬃缺如；背中鬃发达，4–5 根；翅基部相当窄，无明显的臀叶；臀角不明显。前缘脉环绕翅缘，有短而直的鬃。亚前缘脉 Sc 完整，末端伸达翅前缘。Rs 短，有些接近肩横脉；R_{4+5} 脉分叉，R_5 终止于翅末端；M 分叉；臀脉端部退化，不伸达翅缘。第 2 基室和臀室很小；第 1 基室长于第 2 基室；臀室末端稍短于第 2 基室，具有钝角的下端角；盘室大而长，伸出 3 条脉。足细长，通常具有许多长直的鬃；爪间突垫状。雄性外生殖器不旋转，对称；尾须较发达，分开为前后 2 突，后突特化为抱器；第 9 背板左右半背片完全宽地分开；下生殖板前侧角与第 9 背板关节。向后延伸，侧视近三角形；阳茎基部嵌入下生殖板末端内；阳茎长，向上伸；基部 2/3 较粗，弱弯曲；端部 1/3 细长而向前强烈钩弯。

分布：世界已知 60 种，中国记录 5 种，浙江分布 2 种。

（134）中华溪舞虻 *Clinocera sinensis* Yang *et* Yang, 1995（图 4-2）

Clinocera sinensis Yang *et* Yang, 1995: 235.

主要特征：复眼黑色，单眼黄色；头部黑色，有黑色的毛和鬃；单眼鬃 1 对，长而竖直分叉，眼后侧有 4 根鬃。触角黑色，芒细长。喙浅黑色；下颚须浅黑色。胸部黑色，鬃黑色；肩鬃 1 根较长；背侧鬃 2 根，背中鬃 5 对，翅后鬃 1 根较弱，小盾鬃 1 对。翅浅褐色，脉褐色；平衡棒暗黄色。足暗黄色至黄色，但胫节和跗节黄褐色；前足腿节腹面仅有 1 排小刺。腹部黑色，有短而稀的黑毛。雄腹端左右背片长大于宽且端缘拱突，其背侧突有 1 背脊；内生殖突细长，末端较尖。

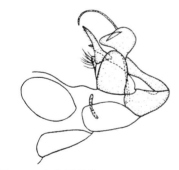

图 4-2　中华溪舞虻 *Clinocera sinensis*
Yang *et* Yang, 1995
♂外生殖器侧面观

分布：浙江（开化）。

（135）吴氏溪舞虻 *Clinocera wui* Yang *et* Yang, 1995（图 4-3）

Clinocera wui Yang *et* Yang, 1995: 235.

主要特征：头部黑色，有黑色的毛和鬃；单眼鬃 1 对，长而竖直分叉，眼后侧有 4 根鬃。复眼黑色，单眼黄色。触角黑色，芒细长；喙浅黑色；下颚须浅黑色。胸部黑色，鬃黑色；肩鬃 1 根较弱；背侧鬃 2 根，背中鬃 5 对，翅后鬃 1 根较短，小盾鬃 1 对。翅近白色透明，脉褐色；平衡棒暗黄色。足暗黄色至黄色，但胫节和跗节浅黑色；前足腿节腹面有 2 排小刺。腹部浅黑色，稀有短黑毛。雄腹端左右背片长略等于宽，端缘较直，其背侧突无侧背脊；内生殖突细长且略比前者粗。

分布：浙江（开化）。

图 4-3 吴氏溪舞虻 *Clinocera wui* Yang *et* Yang, 1995
♂外生殖器侧面观

41. 舞虻属 *Empis* Linnaeus, 1758

Empis Linnaeus, 1758: 603. Type species: *Empis pennipes* Linnaeus, 1758 (designated by Latreille, 1810).

Empis: Yang, Zhang, Yao *et* Zhang, 2007: 85; Yang, Wang, Zhu *et* Zhang, 201: 314.

主要特征：头部高大于长；雄复眼在额相接，背部小眼面明显扩大。喙很长，长大于比头高很多。侧背片有长毛或鬃。翅前缘脉伸至 R_{4+5} 脉端；亚前缘脉末端不完整，游离，不伸达翅前缘；R_{4+5} 脉分二叉；R_5 脉明显终止于翅末端之前；M_1 脉末端有时不完整，游离，不达翅外缘。雄性外生殖器：第 9 背板左右半背片基部窄的相连或完全宽地分开；尾须发达，瓣状；阳茎长，强烈向背方弯曲。

分布：世界广布，已知 741 种，中国记录 51 种，浙江分布 2 种。

（136）天目山平舞虻 *Empis (Planempis) tianmushana* Liu, Saigusa *et* Yang, 2012（图 4-4）

Empis (Planempis) tianmushana Liu, Saigusa *et* Yang, 2012: 52.

主要特征：触角端刺相当短，长为鞭节的 0.3 倍。中鬃 2 排；小盾片有 4 根鬃。翅盘室长，长于第 2 基室。足黄色，但基节浅黑色，中后足基节末端黄褐色；腿节顶端黑色，后足胫节末端浅黑色，跗节浅黑色且前中足基跗节基部暗黄褐色。腹部基部部分黄褐色或暗黄色。雄性尾须具短粗的背臂。

分布：浙江（临安）。

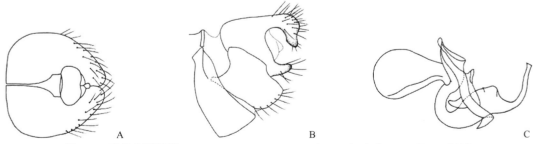

图 4-4 天目山平舞虻 *Empis (Planempis) tianmushana* Liu, Saigusa *et* Yang, 2012
A. 尾须；B.♂外生殖器侧面观；C. 阳茎复合体

（137）朱氏平舞虻 *Empis (Planempis) zhuae* Liu, Saigusa *et* Yang, 2012（图 4-5）

Empis (Planempis) zhuae Liu, Saigusa *et* Yang, 2012: 54.

主要特征：触角端刺相当长，长为鞭节的 0.7 倍。足全黑色。前胸背板和肩胛多毛。中鬃单排；小盾片有 6 根鬃。翅浅灰褐色，前缘暗灰褐色；R_4 斜，r_4 室基部有尖角；翅盘室短，短于第 2 基室。雄性尾须背臂长且末端尖。

　　分布：浙江（临安）。

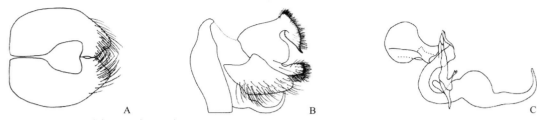

图 4-5　朱氏平舞虻 *Empis* (*Planempis*) *zhuae* Liu, Saigusa *et* Yang, 2012
A. 尾须；B.♂外生殖器侧面观；C. 阳茎复合体

42. 猎舞虻属 *Rhamphomyia* Meigen, 1822

Rhamphomyia Meigen, 1822: 42. Type species: *Empis sulcata* Meigen, 1804 (designated by Curtis, 1834).

Rhamphomyia: Yang, Zhang, Yao *et* Zhang, 2007: 149; Yang, Wang, Zhu *et* Zhang, 2010: 318.

　　主要特征：头部长与高几乎相等。雄性复眼在额相接，背面小眼面稍扩大；颜较宽，长明显大于宽。基节较发达，显著长于梗节，有背腹毛；梗节很短，有 1 圈端鬃；第 1 鞭节长筒状，端部稍变窄；端刺 2 节，基节很短；喙较粗短，稍短于头高；唇瓣通常宽大；下颚须很短小，筒状，有或无明显的鬃。中胸背板中后区平。中鬃和背中鬃单列；小盾片有 2 对鬃。前胸侧板有或无毛；前胸腹板全有毛，或仅两侧有毛。翅臀叶发达，腋角尖或直角状；前缘脉稍超过 R_5 末端；亚前缘脉末端不完整，游离，不伸达翅前缘；Rs 脉短，远离肩横脉；R_{4+5} 脉单一，终止于翅末端；第 1–2 基室较宽大，等长；臀室较窄，明显短于第 2 基室；盘室短宽，伸出 3 条脉；臀脉较弱，伸达或不伸达翅后缘。后足腿节腹面几乎无毛或端部有腹刺。腹部第 1 腹板有或无毛。雄性外生殖器：第 9 背板左右半背片完全宽地分开；下生殖板较小，向上弯，末端尖；阳茎细长，强烈向背前方弯曲。

　　分布：世界广布，已知 573 种，中国记录 15 种，浙江分布 5 种。

分亚属检索表

1. 复眼在额相接 ··· 2
- 复眼在额明显分开，额侧有毛 ··· 大猎舞虻亚属 *Megacyttarus*
2. 前胸侧板有毛；翅腋角尖；后足腿节腹面几乎无毛 ·································· 猎舞虻亚属 *Rhamphomyia*
- 前胸侧板无毛；翅腋角近 90°；后足腿节腹面有明显的毛 ···························· 拟猎舞虻亚属 *Pararhamphomyia*

大猎舞虻亚属 *Megacyttarus* Bigot, 1880

Megacyttarus Bigot, 1880: 47. Type species: *Empis nigripes* Fabricius, 1794 (original designation)[= *Empis crassirostris* Fallen, 1816].

　　主要特征：雄性复眼在额明显分开，背面小眼面不扩大；额向头顶稍加宽，侧有 4–9 根鬃；颜有时有 2 对鬃。喙较粗短，长几乎等于头高；唇瓣稍宽大；下颚须细长。胸中鬃和背中鬃明显，不规则单列或近双列；前胸侧板无毛；前胸腹板仅两侧有数根毛。翅臀叶发达，腋角近直角；臀脉较弱，端部完全消失，末端不伸达翅后缘。雌性盘室通常扩大而延长，末端接近翅外缘。后足腿节腹面有明显的腹毛；雄性跗节常特化。腹部第 1 腹板无毛。雄性尾须宽大，分为 3 叶。

（138）黄鬃猎舞虻 *Rhamphomyia* (*Megacyttarus*) *flaviseta* Wang et Yang, 2016（图 4-6）

Rhamphomyia (*Megacyttarus*) *flaviseta* Wang et Yang, 2016: 314.

主要特征：头部黑色，有灰粉；毛和鬃黑色；额侧有 3–4 根鬃；颜有 2 对鬃。触角黑色；鞭节近长锥状，长为宽的 2.7 倍；端刺较短细，2 节（基节很短），长为鞭节的 0.25 倍。胸部黑色，有灰粉。毛和鬃黑色；中胸背板毛较少；2 根长背侧鬃；中鬃前单列，后双列，与背中鬃几乎等长；背中鬃不规则单列，后 2 根较长；侧背片有 1 组黄鬃。翅近白色透明，稍带浅灰色。足黑色，足毛和鬃黑色，但基节和转节的毛和鬃黄色；前足腿节腹面几乎无毛。中足腿节有 3–4 根很长的黄色后腹鬃，后足腿除基部外几乎无腹毛；前足胫节末端有 4 根鬃，中足胫节有 5 根很长的后背鬃和 1 根很长的后腹鬃，末端有 6 根鬃（1 根后背鬃很长）。后足胫节有 2–3 根细长前背鬃和 5–6 根很细长后背鬃；末端有 5 根鬃（1 根后背鬃很细长），腹部近直，浅黑色；毛和鬃黑色。雄腹端第 8 腹板端缘有长鬃；第 9 背板左右半背片较大，有些近梯形，有长毛和鬃；尾须较大，有些近梯形，向后延长呈近长三角突；第 9 腹板侧视可见；阳茎较细长，端部强烈向背前方弯。

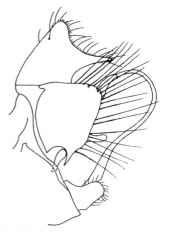

图 4-6　黄鬃猎舞虻 *Rhamphomyia* (*Megacyttarus*)
flaviseta Wang et Yang, 2016
♂外生殖器侧面观

分布：浙江（临安）。

拟猎舞虻亚属 *Pararhamphomyia* Frey, 1922

Pararhamphomyia Frey, 1922: 33 (as subgenus of *Rhamphomyia*). Type species: *Empis plumipes* Fallén, 1816 (original designation) [a misidentification of *E. geniculata* Meigen, 1830].

Pararhamphomyia: Yang, Zhang, Yao et Zhang, 2007: 166; Yang, Wang, Zhu et Zhang, 2010: 319.

主要特征：雄性复眼在额相接，背面小眼面稍扩大；颜较宽，长明显大于宽。雌性复眼分开；额两侧有短鬃。喙较粗短，稍短于头高；唇瓣通常宽大；下颚须很短小，筒状，有细长的毛。胸中鬃和背中鬃较长，单列；小盾片有 2 对鬃；前胸侧板无毛；前胸腹板仅两侧有数根毛。翅臀叶发达，腋角近直角状；臀脉较弱，端部完全消失，末端不伸达翅后缘。后足腿节腹面有明显的腹毛。腹部第 1 腹板无毛。

分种检索表

1. 足主要呈黄色或黄褐色 ··· 2
- 足浅黑色；雄性第 7 腹板有特化的侧瓣，阳茎末端有齿突 ·················· **齿突猎舞虻 *R. serrata***
2. 足主要呈黄色；基节黄色；第 8 腹板宽大；尾须端缘侧视斜的 ··········· **天目山猎舞虻 *R. tianmushana***
- 足黄褐色；基节暗黄褐色；第 8 腹板短小；尾须端缘侧视平截 ·················· **朱氏猎舞虻 *R. zhuae***

（139）齿突猎舞虻 *Rhamphomyia* (*Pararhamphomyia*) *serrata* Wang et Yang, 2016（图 4-7）

Rhamphomyia (*Pararhamphomyia*) *serrata* Wang et Yang, 2016: 316.

主要特征：头部黑色，有灰粉；毛和鬃黑色。触角黑色；鞭节近长锥状，长为宽的 3 倍，端刺较短细，2 节（基节很短），长为鞭节的 0.5 倍。胸部黑色，有灰粉，毛和鬃黑色；中胸背板毛和鬃较少，侧鬃多细长；肩胛有 2 根毛和 1 根长肩鬃；背侧鬃 3 根（中间 1 根长）；中鬃不规则的双列，与背中鬃几乎等长；背中鬃单列，后 2 根较长。翅带浅灰色；翅痣狭长，暗褐色；平衡棒褐色。足浅黑色，足毛和鬃黑色；前足腿节有 1 排后腹鬃。中足腿节有 1 排较密的后腹鬃，后足腿节有背鬃（基部的较长）和 1 排较密的前腹鬃；前足胫节末端有 3–4 根鬃，中足胫节末端有 4 根鬃，后足胫节有 1 根前背鬃和 5–6 根后背鬃；末端有 3 根鬃（1 根后背鬃明显长）。腹部近直或稍向下弯，浅黑色且端部黑色，毛和鬃黑色；第 1 腹板无毛。雄腹端第 7 腹板骨化较强，两侧为瓣状突；第 9 背板左右半背片较小，有些近三角形，有几根长鬃；尾须较小，有些近三角形；阳茎较细长，强烈向背前方弯，末端有 2 齿突。

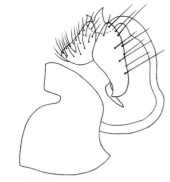

图 4-7　齿突猎舞虻 *Rhamphomyia* (*Pararhamphomyia*) *serrata* Wang et Yang, 2016
♂外生殖器侧面观

分布：浙江（临安）。

（140）天目山猎舞虻 *Rhamphomyia* (*Pararhamphomyia*) *tianmushana* Wang *et* Yang, 2016（图 4-8）

Rhamphomyia (*Pararhamphomyia*) *tianmushana* Wang *et* Yang, 2016: 317.

主要特征：头部黑色，有灰粉；毛和鬃黑色。触角黑色；鞭节近长锥状，长为宽的 3 倍；端刺较短细，2 节（基节很短），长为鞭节的 0.6 倍；喙暗黄褐色，长几乎等于头高，有黑毛；下颚须短小，浅黑色，有黑毛和 1 根长黑端鬃。胸部黑色，有灰粉，毛和鬃黑色；中胸背板毛和鬃较少，侧鬃多较长。背侧鬃 3 根（中间 1 根长）；中鬃双列，稍比背中鬃短；背中鬃单列，后 3 根较长。翅稍带浅灰色；翅痣长，暗褐色。足黄色；腿节有时黄褐色，胫节和跗节暗褐色；足的毛和鬃黑色；前足腿节有 1 排弱的后腹鬃，中足腿节有 1 排较密的后腹鬃，后足腿节基部有背鬃，以及 1 排较密而弱的前腹鬃；前足胫节末端有 3–4 根鬃，中足胫节基部有 1 根前背鬃；末端有 3–4 根鬃，后足胫节有 1 根前背鬃和 5–6 根后背鬃；末端有 3 根鬃（1 根后背鬃明显长）。腹部近直或稍向下弯，浅黑色且端部近黑色。毛和鬃黑色。第 1 腹板无毛。雄腹端第 8 腹板弱突出，有很长的缘鬃；第 9 背板左右半背片宽地分开，基部宽且端部斜向变窄，有中等长度的鬃；尾须发达，长大于宽，末端稍变窄；阳茎很细长，强烈向背前方弯。

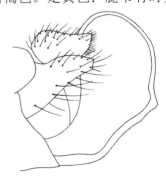

图 4-8　天目山猎舞虻 *Rhamphomyia* (*Pararhamphomyia*) *tianmushana* Wang *et* Yang, 2016
♂外生殖器侧面观

分布：浙江（临安）。

（141）朱氏猎舞虻 *Rhamphomyia* (*Pararhamphomyia*) *zhuae* Wang *et* Yang, 2016（图 4-9）

Rhamphomyia (*Pararhamphomyia*) *zhuae* Wang *et* Yang, 2016: 318.

主要特征：头部黑色，有灰白粉；毛和鬃黑色。触角浅黑色；鞭节近长锥状，长为宽的 3 倍，基部腹缘拱突；端刺较短细，2 节（基节很短），长为鞭节的 0.5 倍。胸部黑色，有灰白粉，毛和鬃黑色；中胸背板毛和鬃较少，鬃多较长；肩胛有 2 根毛和 1 根长肩鬃，背侧鬃 3 根（中间 1 根长），中鬃双列，背中鬃单列，后 2 根较长。足黄褐色；基节暗黄褐色。翅白色透明，稍带浅灰色；翅痣长，暗褐色；脉暗褐色；平衡棒灰黄色，基部暗褐色。足的毛和鬃黑色，毛多较短；中足腿节基部有 2 根弱的前腹鬃，后足腿节有 1 排密而弱的前腹鬃；前足胫节末端有 3 根鬃，中足胫节基部有 1 根前背鬃；末端有 3 根鬃，后足胫节端

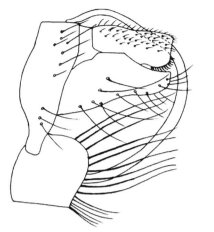

图 4-9　朱氏猎舞虻 *Rhamphomyia (Pararhamphomyia)*
zhuae Wang *et* Yang, 2016
♂外生殖器侧面观

部弱加粗，有 2 根前背鬃和 3 根后背鬃，末端有 3 根鬃（1 根后背鬃明显长）。腹部近直，浅黑色，毛和鬃黑色；第 1 腹板无毛；第 8 背板侧向延伸；第 8 腹板短小，两侧缘鬃很长，中部缘鬃较短；第 9 背板左右半背片宽地分开，基部宽，端部斜向而稍变窄，近基部有 3 根长鬃；尾须发达，长大于宽，末端部宽且平截；阳茎很细长，强烈向背前方弯。

分布：浙江（临安）。

猎舞虻亚属 *Rhamphomyia* Meigen, 1822

Rhamphomyia Meigen, 1822: 42. Type species: *Empis sulcata* Meigen, 1804 (designated by Curtis, 1834).

主要特征：雄性复眼在额相接，背面小眼面稍扩大；颜较宽，长明显大于宽。喙较粗短，稍短于头高；唇瓣通常宽大；下颚须很短小，筒状，无明显的鬃。胸中鬃单列，背中鬃 2 列；小盾片有 2 对鬃；前胸侧板有毛。前胸腹板两侧有毛；翅臀叶发达，腋角尖角；臀脉较弱，伸达翅后缘。后足腿节腹面几乎无毛。腹部第1腹板无毛。

（142）双鬃猎舞虻 *Rhamphomyia (Rhamphomyia) biseta* Yao, Wang *et* Yang, 2014（图 4-10）

Rhamphomyia (Rhamphomyia) biseta Yao, Wang *et* Yang, 2014: 124.

主要特征：头部黑色，有灰粉。触角黑色；鞭节近长锥状，长为宽的 4.0–4.1 倍，端刺较短细，2 节（基节很短），长为鞭节的 0.3 倍。胸部黑色，有灰粉；中胸背板有 4 个暗的纵条，毛和鬃黑色；中胸背板毛短而稀少；肩胛有 2 根毛和 1 根稍长的鬃，中鬃和背中鬃很短的毛状，中鬃不规则的 2 列，背中鬃不规则的 2 列，最后 1 根较明显。翅稍带浅灰色；翅痣长，暗褐色；平衡棒淡黄色。足全黑色，中足腿节有 1 排很短的前腹刺和 1 排稍长的后腹鬃（其中位于中部的 3 根鬃明显粗长），后足腿节腹面大部无毛；前足胫节末端有 4 根鬃，前足胫节和跗节腹面有很短的微毛；中足胫节端部 1/3 有 2 长的后背鬃，以及 1 排前腹鬃；后足胫节有 1 根前背鬃、4–5 根细的后背鬃和 1 排很短的前腹刺；末端有 4–5 根鬃，其中 1 根后背鬃很长。腹部近直或弱向下弯，黑色。雄腹端第 8 背板较小，第 8 腹板宽大，后者有长缘鬃；第 9 背板半背片宽大，基部宽，末端钝圆，有很长的鬃；尾须长显著大于宽，后下端呈指状；阳茎较细长，明显向背方弯。

分布：浙江（临安）。

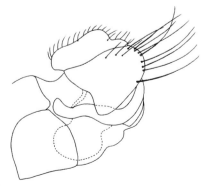

图 4-10　双鬃猎舞虻 *Rhamphomyia (Rhamphomyia) biseta* Yao, Wang *et* Yang, 2014
♂外生殖器侧面观

43. 喜舞虻属 *Hilara* Meigen, 1822

Hilara Meigen, 1822: 1. Type species: *Empis maura* Fabricius, 1776 (designated by Curtis, 1826).

Hilara: Yang, Zhang, Yao *et* Zhang, 2007: 207; Yang, Wang, Zhu *et* Zhang, 2010: 306.

主要特征：头部长与高几乎相等；喙短于头高。雌雄复眼在额和颜均分开，额两侧有成排的毛，但后面倒数第 2 根长鬃状。前缘脉环绕整个翅缘；翅亚前缘脉完整，伸达翅前缘；R_1 脉端部加粗，R_{4+5} 脉分二叉。前足或后足腿节正常，不加粗；雄性前足基跗节通常加粗，有或无强鬃。雄性外生殖器：第 9 背板分为 2 个完全分开的左右半背片，具有端侧突；下生殖板很发达，基部宽大，端部变窄，向背方延伸；阳茎长，强烈向背方弯曲。

分布：世界已知 389 种，中国记录 41 种，浙江分布 10 种。

分种检索表

1. 足全浅黑色至黑色 ··· 2
- 足部分黄色 ··· 8
2. 雄前足基跗节无明显背鬃 ·· 3
- 雄前足基跗节有长或短背鬃 ·· 6
3. 前足和中足腿节无成排毛状腹鬃 ·· 4
- 前足和中足腿节有 1 排毛状腹鬃 ·································· 宽须喜舞虻 *H. latiuscula*
4. 翅稍带浅灰色，R_1 端部不明显加粗 ······························ 侧刺喜舞虻 *H. lateralis*
- 翅近乎白色透明；R_1 端部明显加粗 ··· 5
5. 足黑色；下生殖板末端较宽，中央凹缺成二叶 ··············· 双叶喜舞虻 *H. bilobata*
- 足黑色而膝关节暗黄色；下生殖板端部尖，侧生小齿突 ······ 弯突喜舞虻 *H. curvativa*
6. 雄前足基跗节仅末端有 1 根背鬃 ·· 7
- 雄前足基跗节有 4 根背鬃 ··· 尖端喜舞虻 *H. acuminata*
7. 雄前足基跗节末端有 1 根长背鬃 ···································· 孤鬃喜舞虻 *H. uniseta*
- 雄前足基跗节末端有 1 根短背鬃 ······························ 浙江喜舞虻 *H. zhejiangensis*
8. 基节黑色；雄前足基跗节有 1 根背鬃 ·· 9
- 基节黄色；雄前足基跗节无明显背鬃 ····························· 长刺喜舞虻 *H. longispina*
9. 前足和中足胫节为黄褐色，后足胫节及跗节黑色 ·············· 叉突喜舞虻 *H. forcipata*
- 所有胫节和跗节浅黑色 ·· 扁胫喜舞虻 *H. depressa*

（143）尖端喜舞虻 *Hilara acuminata* Yang *et* Wang, 1998（图 4-11）

Hilara acuminata Yang *et* Wang, 1998: 314.

主要特征：复眼离眼式；头部黑色，有灰色粉被。额侧鬃毛状（6 根，仅其中 1 根发达，略与单眼鬃等长）。触角黑色，但柄节和梗节浅黑色；鞭节长锥状，长为宽的 2.4 倍，端刺 2 节（基节很短），长为鞭节的 0.85 倍。胸部黑色，有灰色粉被；背中鬃 14 根，中鬃 4 排。翅带有浅灰色，翅痣狭长、浅褐色。足黑色，但转节和膝关节浅黑色。中足腿节有 5 根前背鬃；前足胫节有 2 根前背鬃和 3 根后背鬃；前足基跗节粗大且有 4 根背鬃，长为前足胫节的 0.7 倍，宽为前足胫节的 1.7 倍；中足胫节有 2 根前背鬃、2 根前腹鬃和 1 根后腹鬃；后足胫节有 1 根前背鬃、5 根后背鬃和 5 根前腹鬃。腹部黑色；雄腹端半背片宽大，背侧突端部缩小、强烈前弯；尾须狭长；内突尖而直，基部弯曲；下生殖板端部渐向末端缩小，末端尖。

　　分布：浙江（安吉、临安）。

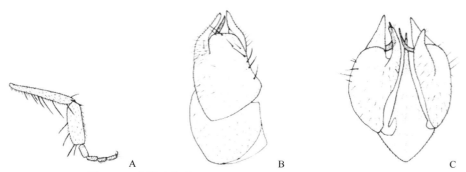

图 4-11　尖端喜舞虻 *Hilara acuminata* Yang *et* Wang, 1998
A. 前足侧面观；B. ♂外生殖器侧面观；C. ♂外生殖器后面观

（144）双叶喜舞虻 *Hilara bilobata* Yang *et* Wang, 1998（图 4-12）

Hilara bilobata Yang *et* Wang, 1998: 312.

　　主要特征：头部黑色；额侧鬃毛状，6 根，仅 1 根与单眼鬃长度近似。触角黑色；第 1 鞭节长为宽的 2.1 倍，端刺长为第 1 鞭节的 1.1 倍；喙褐色，下颚须暗褐色。胸部黑色；肩胛有 3 根短毛和 1 根后鬃，背中鬃 10 根，中鬃 3–4 列。翅近乎白色透明；R_1 端部明显加粗；平衡棒黑色。足黑色；基跗节加粗膨大，长为前足胫节的 0.8 倍，粗为前足胫节的 1.6 倍，无明显鬃。腹部黑色，有黑毛。雄外生殖器第 9 背板半背片宽大，背侧突向内前方弯曲（侧视仅上缘可见）；内突小而较短，弯钩状，侧视不可见；下生殖板末端较宽，中央凹缺成 2 叶。

　　分布：浙江（安吉）。

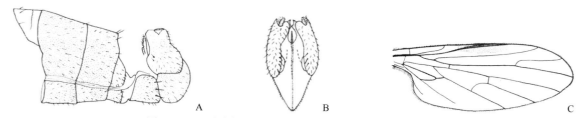

图 4-12　双叶喜舞虻 *Hilara bilobata* Yang *et* Wang, 1998
A. ♂外生殖器侧面观；B. ♂外生殖器后面观；C. 翅

（145）弯突喜舞虻 *Hilara curvativa* Yang *et* Wang, 1998（图 4-13）

Hilara curvativa Yang *et* Wang, 1998: 311.

　　主要特征：头部黑色；额侧鬃毛状，6–7 根，仅 1 根与单眼鬃长度近乎。柄节浅黑色；长为第 2 节的 0.6 倍。喙背刺突黑色，腹瓣黄褐色；下颚须暗黄色。胸部黑色；肩胛 6 短毛、1 后鬃，背中鬃 1 列（10–16 根），中鬃 3–4 列。翅近乎白色透明；R_1 端部明显加粗；平衡棒浅褐色。足黑色而膝关节暗黄色；前足基跗节较膨大，长为前足胫节的 0.7 倍，粗为前足胫节的 1.3 倍，无明显鬃。腹部浅褐色至褐色。雄外生殖器第 9 背板半背片宽大，背侧突发达，末端较钝；尾须端部指状；下生殖板端部尖，侧生小齿突；内突呈弯钩状。

　　分布：浙江（安吉）。

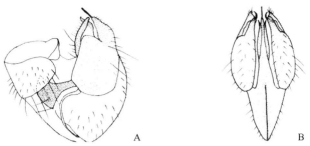

图 4-13　弯突喜舞虻 *Hilara curvativa* Yang *et* Wang, 1998
A.♂外生殖器侧面观；B.♂外生殖器后面观

（146）扁胫喜舞虻 *Hilara depressa* Yang *et* Li, 2001（图 4-14）

Hilara depressa Yang *et* Li, 2001: 424.

主要特征：头部黑色，有灰白粉被。额两侧各有 6 根毛，上面第 2 根毛鬃状。触角黑色，柄节和梗节黄褐色；芒长为鞭节的 0.85 倍。胸部黑色，有灰白粉被。中鬃 3 排（有些不规则），背中鬃 8 根，后 2 根较长，第 7 根内移。翅白色透明；脉黄褐色，前缘脉和 R_1 脉及翅痣黑色。足黄色，基节全黄；胫节和跗节浅黑色；前足腿节端部有 1 根后腹鬃。中足腿节有 4 根前背鬃成 1 排，端部有 1 根前腹鬃，后足腿节端部有 3 根前腹鬃；前足胫节有 4 根背鬃，末端有 1 根前背鬃、1 根后背鬃、1 根侧鬃和 1 根腹鬃；前足基跗节有 1 根腹鬃位于中部，明显加粗，与 2-5 跗节几乎等长，长为胫节的 0.7 倍，宽为胫节的 1.8 倍；中足胫节有 1 根前背鬃、3 根前腹鬃、2 根后腹鬃；末端有 1 根前背鬃、1 根后背鬃和 1 根前腹鬃；后足胫节有 2 根背鬃、3 根前腹鬃；末端有 1 根背鬃、1 根侧鬃和 1 根腹鬃。腹部浅黑色，端部（包括外生殖器）黑色。雄性外生殖器：半背片上的背侧突弯刺状；尾须末端尖；下生殖板末端分叉。

分布：浙江（临安）。

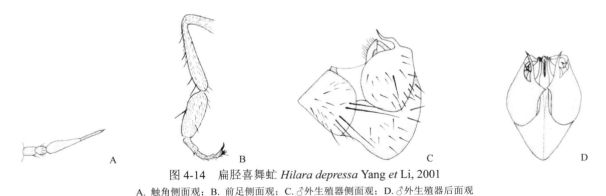

图 4-14　扁胫喜舞虻 *Hilara depressa* Yang *et* Li, 2001
A. 触角侧面观；B. 前足侧面观；C.♂外生殖器侧面观；D.♂外生殖器后面观

（147）叉突喜舞虻 *Hilara forcipata* Yang *et* Li, 2001（图 4-15）

Hilara forcipata Yang *et* Li, 2001: 425.

主要特征：头部黑色，有灰白粉被。额两侧各有 6 根毛，上面第 2 根毛鬃状。触角黑色；芒长为鞭节的 0.9 倍。胸部黑色，有灰白粉被。中鬃 3 排（有些不规则），背中鬃 8 根，后 2 根较长，倒数第 2 根内移。翅白色透明；脉暗黄褐色。足黄色，基节全黄；前足和中足胫节为黄褐色，后足胫节及跗节黑色；前足腿节端部有 1 后腹鬃，中足腿节有 5 根前背鬃，端部有 3 根前腹鬃，后足腿节端部有 2 根前腹鬃；前足胫节有 3 根前背鬃；末端有 1 根前背鬃、1 根后背鬃、1 根前腹鬃和 1 根后腹鬃，中足胫节有 1 根前背鬃、3 根前腹鬃、2 根后腹鬃；末端有 1 根前腹鬃、1 根前背鬃和 1 根背鬃，后足胫节有 2 根前背鬃、3 根后背鬃、4-5 根前腹鬃；末端有 1 根背鬃、1 根侧鬃和 1 根腹鬃；前足基跗节有些加粗，有 1 根背鬃位于中部，前足基跗节长为胫节的 0.7 倍，宽为胫节的 1.4 倍，后足基跗节有 2 根背鬃，左右足位置不同。腹部浅黑色。雄性外生殖器：半背片上的背侧突弯刺状；尾须较窄；下生殖板末端分叉。

分布：浙江（临安）。

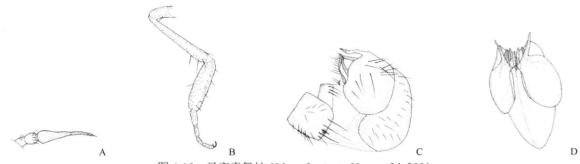

图 4-15　叉突喜舞虻 *Hilara forcipata* Yang et Li, 2001
A. 触角侧面观；B. 前足侧面观；C.♂外生殖器侧面观；D.♂外生殖器后面观

（148）侧刺喜舞虻 *Hilara lateralis* Wang *et* Yang, 2016（图 4-16）

Hilara lateralis Wang et Yang, 2016: 310.

　　主要特征：头部黑色，有浅灰粉。额两侧各有 1 排 5 根毛，仅后面倒数第 2 根长鬃状（比单眼鬃稍短）。触角黑色，但梗节暗黄褐色；第 1 鞭节长锥状，长为宽的 3 倍；端刺 2 节（基节很短），长为第 1 鞭节的 2/3。胸部黑色，有浅灰粉；中鬃和背中鬃明显，几乎等长，中鬃不规则的 2 列，后面 2 根背中鬃较长。翅稍带浅灰色，翅痣狭长，暗褐色。足黑色，但膝关节暗黄褐色，中后足基跗节浅黑色；中足腿节有 1 排 4–5 根前背鬃；后足腿节末端有 2 前腹鬃和 1 根后腹鬃；前足胫节有 2–3 根前背鬃和 4 根后背鬃，末端有 4 根鬃；基跗节弱加粗，长为胫节的 0.7 倍，宽为胫节的 1.3 倍，仅末端有 3 根很短的鬃（1 根前背鬃和 1 根后背鬃）；中足胫节基部有 1 根前背鬃，端部有 1 根前腹鬃；末端有 4 根鬃；后足胫节有 1 根前背鬃位于基部、4 根后背鬃和 4–5 根前腹鬃；末端有 4 根鬃（1 根亚端后背鬃较长）。腹部浅黑色，有稀的灰色粉；雄腹端第 9 背板半背片有 2–3 根很长的鬃；背侧突稍内弯，基部宽大而端部近短指状，后缘亚端有膜质区；尾须指状；下生殖板端部明显变窄，末端有 1 对侧刺。

　　分布：浙江（临安）。

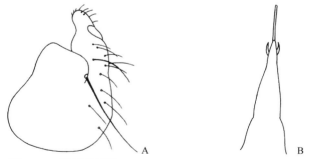

图 4-16　侧刺喜舞虻 *Hilara lateralis* Wang et Yang, 2016
A.♂生殖背板侧面观；B.♂下生殖板端部后面观

（149）宽须喜舞虻 *Hilara latiuscula* Yang *et* Li, 2001（图 4-17）

Hilara latiuscula Yang et Li, 2001: 426.

　　主要特征：头部黑色，有灰白粉被；额两侧各有 1 排 6 根毛，上面第 2 根毛鬃状。触角黑色；端刺长为鞭节的 0.6 倍。胸部黑色，有灰白粉被；中鬃为不规则的 2 排，背中鬃 10 根，后 2–3 根较长。翅稍带灰色，有狭长浅灰褐色翅痣。足全黑色，基节黑色；前足和中足腿节有 1 排毛状腹鬃，端部的 1 根较长，前足腿节端部有 1 根后腹鬃，后足腿节有 1 排毛状前腹鬃，端部的 1 根较长；前足胫节有 1 根背鬃，末端有 1 根前背鬃、1 根后背鬃、1 根前腹鬃和 1 根后腹鬃，中足胫节有 2 根背鬃和 2 根明显的后腹鬃；末端有 1 根前背鬃、1 根后背鬃和 1 根前腹鬃，后足胫节有 4–5 根背鬃和 2 根前腹鬃，末端有 1 根腹鬃和 1 根侧鬃；前足基跗节明显加粗，无明显的长鬃，前足基跗节长为胫节的 0.7 倍，宽为胫节的 1.4 倍。腹部 1–3 节浅黄色，其余黑色。雄性外生殖器：半背片上的背侧突呈短粗的指状；尾须较粗，末端钝；下生殖板末端锥状。

分布：浙江（临安）。

图 4-17　宽须喜舞虻 Hilara latiuscula Yang et Li, 2001
A. 触角侧面观；B. ♂外生殖器侧面观；C. ♂外生殖器后面观

（150）长刺喜舞虻 Hilara longispina Yang et Li, 2001（图 4-18）

Hilara longispina Yang et Li, 2001: 427.

主要特征：头部黑色，有灰色粉被；额两侧各有 7–9 根毛，上面 2 根毛长鬃状（第 2 根毛明显粗长）。触角黑色，柄节和梗节暗黄褐色；鞭节长为宽的 3.0 倍；端刺细长，长为鞭节的 1.1 倍。胸部黑色，有灰白粉被。中鬃有 3 排（不规则）；背中鬃 12 根，后面 3 根较长；小盾鬃 6 根。翅稍带灰色，翅痣狭长，暗褐色。足黑色，基节黑色；中足基跗节暗黄色，后足基跗节色浅近黄色；前足腿节端部 1/3 处有 2–3 根后腹鬃，中足腿节端部有 1 根前腹鬃和 2 根前背鬃，后足腿节端部有 4–6 根粗鬃（4 根前腹鬃、2 根前背鬃）；前足胫节有 2 根背鬃；末端有 1 根前背鬃、1 根端前背鬃和 1 根侧鬃，中足胫节有 1 前背鬃和 3 根后背鬃，后足胫节有 3–4 根前背鬃、2 根后背鬃和 1–2 根前腹鬃；末端有 1 根前背鬃、1 根后背鬃和 1 根腹鬃；前足基跗节长为胫节的 0.6 倍，宽为前足胫节的 1.25 倍，无任何长鬃。腹部浅黑色。雄性外生殖器：半背片上的背侧突呈短指状；尾须较粗，末端平截；下生殖板末端锥状。

分布：浙江（临安）。

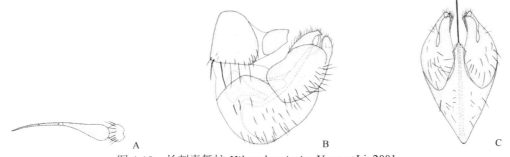

图 4-18　长刺喜舞虻 Hilara longispina Yang et Li, 2001
A. 触角侧面观；B. ♂外生殖器侧面观；C. ♂外生殖器后面观

（151）孤鬃喜舞虻 *Hilara uniseta* Wang *et* Yang, 2016（图 4-19）

Hilara uniseta Wang *et* Yang, 2016: 313.

主要特征：头部黑色，有浅灰粉；额两侧各有 1 排 4–5 根毛，仅后面倒数第 2 根长鬃状（比单眼鬃稍短）。触角黑色；第 1 鞭节长锥状，长为宽的 1.55 倍，端刺 2 节（基节很短），长为触角第 1 鞭节的 1.1 倍。胸部黑色，有浅灰粉；中鬃和背中鬃较长，中鬃 2 列明显分开，后面 2 根背中鬃较长。翅带浅灰色，翅痣长，暗褐色。足浅黑色，前足腿节末端有 1 根很长的后腹鬃，中足腿节有 1 排 4 根前背鬃，后足腿节端部有 3 根粗长的前腹鬃。前足胫节有 3 根前背鬃（端部的 1 根很长），末端有 4 根鬃（1 根前背鬃和 1 根后腹鬃很长）；基跗节明显加粗，长为胫节的 0.75 倍，宽为胫节的 1.65 倍，仅末端有 1 根长的后背鬃，中足胫节基部有 1 根前背鬃和 1 根后背鬃，端部有 1 根前腹鬃，末端有 3 根鬃，后足胫节有 2 根后背鬃和 3–4 根前腹鬃；末端有 4 根鬃（1 根亚端后背鬃较长）；后足基跗节基部有 2 根前腹鬃，端部有 1 根后背鬃。腹部浅黑色；有稀的灰色粉。雄腹端第 9 背板半背片无长鬃；背侧突强烈前弯，侧视通常较窄，末端钝圆；尾须近指状，末端有些尖；下生殖板端部明显变窄，末端钝。

分布：浙江（临安）。

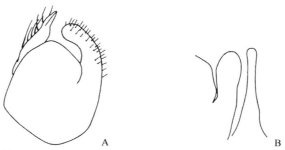

图 4-19　孤鬃喜舞虻 *Hilara uniseta* Wang *et* Yang, 2016
A. ♂生殖背板和尾须侧面观；B. ♂生殖背板和下生殖板后面观

（152）浙江喜舞虻 *Hilara zhejiangensis* Yang *et* Wang, 1998（图 4-20）

Hilara zhejiangensis Yang *et* Wang, 1998: 315.

主要特征：头部黑色；额侧鬃毛状，5 根，仅 1 根与单眼鬃长度相近。触角全黑色；第 1 鞭节长为宽的 2.3 倍，端刺长为第 1 鞭节的 0.75 倍。喙浅褐色，下颚须褐色。胸部黑色；肩胛 4 根短毛、1 根后鬃，背中鬃 9 根，中鬃 2 列。翅近白色透明；R₁ 端部明显加粗；平衡棒褐色。足全黑色；前足基跗节加粗，长为前足胫节的 0.7 倍，粗为前足胫节的 1.6 倍，有 1 根短背鬃；腹部黑色。雄外生殖器第 9 背板半背片宽大，背侧突端部渐缩，向前弯曲；尾须较短粗；内突端部较尖而直，基部较粗，明显弯曲；下生殖板端部明显变尖。

分布：浙江（安吉）。

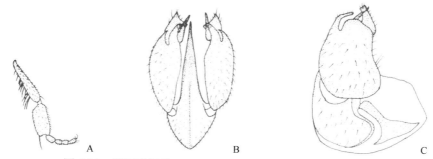

图 4-20　浙江喜舞虻 *Hilara zhejiangensis* Yang *et* Wang, 1998
A. 前足；B. ♂外生殖器后面观；C. ♂外生殖器侧面观

44. 短胫喜舞虻属 *Hilarigona* Collin, 1933

Hilarigona Collin, 1933: 144. Type species: *Pachymeria argentata* Philippi, 1865 (original designation).

Hilarigona: Yang, Zhang, Yao *et* Zhang, 2007: 244.

主要特征：头部长与高几乎相等；雌雄复眼在额和颜均分开。额两侧有成排的毛，但后面倒数第 2 根长鬃状。喙短于头高。前缘脉环绕整个翅缘；翅亚前缘脉完整，伸达翅前缘；R_1 端部加粗，R_{4+5} 分二叉。雄性前足基跗节通常加粗，有或无强鬃。后足腿节加粗，类似捕捉式；后足胫节短于后足腿节。雄性外生殖器：第 9 背板分为 2 个完全分开的左右半背片，具有端侧突；下生殖板很发达，基部宽大，端部变窄，向背方延伸；阳茎长，强烈向背方弯曲。

分布：世界已知 25 种，中国记录 1 种，浙江分布 1 种。

（153）无斑短胫喜舞虻 *Hilarigona unmaculata* Yang *et* Yang, 1995

Hilarigona unmaculata Yang *et* Yang, 1995: 505.

主要特征：复眼宽分离，赤褐色，小眼面无分化；头部黑色，有灰白粉被；毛和鬃黑色，但后头及侧面和腹面的毛黄色；触角全黑色，柄节长于梗节，柄节和梗节有黑毛，触角芒略近似刺状；喙较长、黑色；下颚须浅褐色。胸部黑色，有灰白粉被；毛和鬃黑色；背侧鬃 3 根，翅后鬃 1 根，中鬃不明显，背中鬃 1 对、较短小；后侧片无毛。翅稍带有浅灰色；翅痣狭长、浅褐色；脉黑褐色；平衡棒黄色。足黑色，腿节末端和胫节最基部黄褐色；前足基跗节明显膨大，略短于胫节；后足胫节黄褐色，基部黄色；毛主要呈黄色，后足腿节很粗大，端半部腹面有刺和短齿，胫节明显短于腿节，长为腿节的 3/4，略弯曲。腹部黑色，稍下弯；毛黄色。雄腹端背片较长而略扭曲，尾须小，生殖基节宽大，端突长而略弯；下生殖板明显背弯、端部缩小具叉状末端。

分布：浙江（庆元）。

45. 螳喜舞虻属 *Ochtherohilara* Frey, 1952

Ochtherohilara Frey,1952: 124 (as subgenus of *Hilara*). Type species: *Hilara* (*Ochtherohilara*) *mantis* Frey, 1952 (original designation).

Ochtherohilara: Yang, Zhang, Yao *et* Zhang, 2007: 246.

主要特征：头部长与高几乎相等；雌雄复眼在额和颜均分开；额两侧有成排的毛，但后面倒数第 2 根长鬃状。喙短于头高。前缘脉环绕整个翅缘；翅亚前缘脉完整，伸达翅前缘；R_1 端部加粗，R_{4+5} 分二叉。前足腿节加粗，类似捕捉式，有腹刺；雄性前足基跗节通常加粗，有或无强鬃。雄性外生殖器：第 9 背板分为 2 个完全分开的左右半背片，具有端侧突；下生殖板很发达，基部宽大，端部变窄，向背方延伸；阳茎长，强烈向背方弯曲。

分布：世界已知 5 种，中国记录 1 种，浙江分布 1 种。

（154）基黄螳喜舞虻 *Ochtherohilara basiflava* Yang *et* Wang, 1998 （图 4-21）

Ochtherohilara basiflava Yang *et* Wang, 1998: 315.

主要特征：头部黑色，有灰白粉被；额侧鬃毛状（6 根，仅其中 1 根发达，略与单眼鬃等长）。触角全黑色；鞭节近长锥状，长为宽的 2.9 倍；端刺 2 节（基节很短），长为鞭节的 0.6 倍。喙浅褐色，但背刺突黑色；下颚须褐色，棒状，有 1 根长腹鬃（位于端部）。胸部黑色，有灰色粉被，中胸背板两侧有些亮黑色。毛和鬃黑色，肩胛有 6–7 根短毛，背中鬃 13–14 根且较短，仅后部 2 根稍粗长；中鬃不规则的 2 排，较短；小盾鬃 3 对，中部 2 对较粗长。翅白色透明，有长的浅褐色翅痣；脉褐色，R_1 端部明显膨大。腋瓣褐色，有淡黄毛。平衡棒褐色。足黑色，但膝关节和前足胫节基部黄色。前足腿节粗大，有 2 排黑色腹刺，胫节基部弯折且明显短于腿节。腹部黑色，有黑毛，但基部 4 节主要为或仅有淡黄毛。

　　分布：浙江（安吉）。

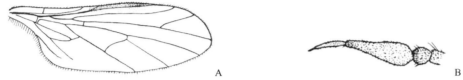

图 4-21　基黄螳喜舞虻 *Ochtherohilara basiflava* Yang *et* Wang, 1998
A. 翅；B. 触角

46. 宽喜舞虻属 *Platyhilara* Frey, 1952

Platyhilara Frey, 1952: 123 (as subgenus of *Hilara*). Type species: *Hilara nitidula* Zetterstedt, 1838 (original designation).

Platyhilara: Yang, Zhang, Yao *et* Zhang, 2007: 247.

　　主要特征：头部长与高几乎相等；雌雄复眼在额和颜均分开；额两侧有成排的毛，但后面倒数第 2 根长鬃状。喙短于头高。前缘脉环绕整个翅缘；翅亚前缘脉完整，伸达翅前缘；R_1 端部加粗，R_{4+5} 分二叉。后足腿节加粗，类似捕捉式；后足胫节等于或长于后足腿节。雄性前足基跗节通常加粗，有或无强鬃。雄性外生殖器：第 9 背板分为 2 个完全分开的左右半背片，具有端侧突；下生殖板很发达，基部宽大，端部变窄，向背方延伸；阳茎长，强烈向背方弯曲。

　　分布：世界已知 9 种，中国记录 1 种，浙江分布 1 种。

（155）淡翅宽喜舞虻 *Platyhilara pallala* (Yang *et* Yang, 1995)

Hilara (*Platyhilara*) *pallala* Yang *et* Yang, 1995: 506.

Platyhilara pallala: Yang *et* Yang, 1995: 248.

　　主要特征：头部黑色，有灰白粉被。触角黑色，柄节和梗节有黑毛，柄节长于梗节，触角芒较粗，末端有 1 个小刺；喙大致与头等长，黑色；下颚须褐色。胸部黑色，有灰白粉被。翅白色透明，脉褐色；平衡棒褐色。足黑色，转节、前中足腿节（特别腹面色浅）、胫节最基部暗黄色至黄褐色；基部浅黑色；毛主要呈黑色；前足基节很粗大，与胫节大致等长。后足腿节明显粗大，端半部腹面有刺；后足胫节稍短于腿节；雌前足基节细短、不膨大。腹部黑色，明显下弯；毛大多黑色。雄腹端背片端部呈指状，尾须很小；生殖基节宽大，端突短而扭曲；下生殖板明显背弯、端部明显缩小、较尖。

　　分布：浙江（庆元）。

47. 裸螳舞虻属 *Chelifera* Macquart, 1823

Chelifera Macquart, 1823: 150. Type species: *Chelifera raptor* Macquart, 1823 [= *monostigma* (Meigen, 1822)](monotypy).

Chelifera: Yang *et* Yang, 2004: 59; Yang, Zhang, Yao *et* Zhang, 2007: 258; Yang, Wang, Zhu *et* Zhang, 2010: 296.

　　主要特征：复眼为离眼式，前部小眼面扩大。颜比额窄，两侧位于复眼内缘各有 1 排毛；单眼瘤弱，有 1 对单眼鬃；1 对头顶鬃，长于单眼鬃。柄节较短，有背鬃；梗节有 1 圈端鬃；第 1 鞭节较粗大，长锥状；触角芒较短，仅 1 节，近刺状，明显短于第 1 鞭节；喙较短，向下伸，下颚须短小。胸鬃不发达，1 根背侧鬃，1 根翅后鬃；小盾片有 2 对鬃位于端缘中段，中对很长，侧对较短。翅有肩横脉 h，亚前缘脉 Sc 末端游离，不伸达翅前缘；径分脉 Rs 较短，R_{2+3} 不分叉，其末端较弯曲，R_{4+5} 分二叉；第 1 基室稍长于第 2 基室，臀室明显短于第 2 基室；盘室较大，M_1 和 M_2 共柄。前足捕捉式；前足基节细长，几乎与腿节等长，腿节明显加粗，有 2 排短黑腹齿，其内外两侧各有 1 排腹鬃，前足胫节有 1 排黑腹鬃和 1 根黑色长的端腹鬃。

分布：世界广布，已知 77 种，中国记录 9 种，浙江分布 2 种。

（156）淡侧裸螳舞虻 *Chelifera lateralis* Yang *et* Yang, 1995

Chelifera lateralis Yang *et* Yang, 1995: 504.

主要特征：头部黑色，有灰白粉。触角黄色，第 1 鞭节暗黄色，仅有短毛、较大且类似锥状；触角芒短小、暗黄色。胸部黑色，有灰白粉；肩胛及位于其后的中胸背板侧区、翅后胛暗黄褐色；小盾片端缘浅黑色；胸侧大致黄褐色或较暗。翅白色透明，翅痣狭长，黑色，脉褐色。足黄色，中后足端部 2 跗节浅黑色；毛多黑色；前足捕捉式，其节很细长，腿节粗大、腹面有 2 排黑色短小的齿，内外侧各有 1 排黄棕色长刺状鬃，黑齿基部前有 2 根长短不一的黄棕色刺状鬃，胫节有 1 排短小黑色的腹鬃，末端有 1 黑色的端距。腹部黑色，但腹面（除端部外）黄色。

分布：浙江（庆元）。

（157）中华裸螳舞虻 *Chelifera sinensis* Yang *et* Yang, 1995（图 4-22）

Chelifera sinensis Yang *et* Yang, 1995: 504.

主要特征：头部黑色，有灰白粉被。触角淡黄色至暗黄色；梗节有黄鬃，第 1 鞭节较大近锥状且仅有短毛；触角芒很短小。胸部黑色，有灰白粉被；翅后胛区暗黄色。翅白色透明，有 1 短而宽的黑色翅痣位于第 1 径室端部，脉褐色，R_{2+3} 端部较弯曲。足黄色，但前足端跗节和中后足端部 2 跗节浅黑色至黑色。前足捕捉式，基节很细长，腿节粗大、腹面有 2 排短小黑色的齿，内外侧各有 1 排黄棕色长刺，胫节有 1 排腹鬃黑色，末端有 1 黑色端距。腹部黑色，但腹面除末端外黄色至暗黄色。雄性外生殖器：尾须较狭长，端明显缩小，背缘（除基部外）有刺突；第 9 背板半背片宽大、末端缩小且略向上弯，端缘也有小刺突；下生殖板末端缩小且较纯。

分布：浙江（临安、庆元）、河南。

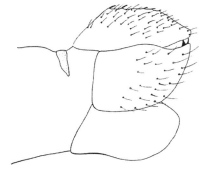

图 4-22　中华裸螳舞虻 *Chelifera sinensis* Yang *et* Yang, 1995
♂外生殖器侧面观

48. 鬃螳舞虻属 *Chelipoda* Macquart, 1823

Chelipoda Macquart, 1823: 148. Type species: *Tachydromia mantispa* Macquart, 1823, nec Panzer [misidentification](original designation) [= *vocatoria* (Fallén, 1816)].

Chelipoda: Yang *et* Yang, 2004: 64; Yang, Zhang, Yao *et* Zhang, 2007: 251; Yang, Wang, Zhu *et* Zhang, 2010: 299.

主要特征：复眼为接眼式，在额区明显分开，而在颜区接近或相接；前部小眼面扩大。单眼瘤弱，有 1 对单眼鬃；2 对头顶鬃。柄节较短，有背鬃；梗节稍比第 1 节粗长，有 1 圈端鬃；第 1 鞭节长锥状，仅有短细毛；触角芒细长，明显长于第 1 鞭节。喙较短，向下伸，下颚须短小。胸部有明显的鬃，中胸背板前中后各有 1 对侧鬃；小盾片有 1 对鬃位于端缘中段。侧背片有 3–4 根毛。翅有肩横脉 h，亚前缘脉 Sc 末端伸达翅前缘；径分脉 Rs 较短，R_{2+3} 和 R_{4+5} 不分叉；第 1 基室稍长于第 2 基室，臀室几乎与第 2 基室等长；有盘室，M_1 和 M_2 无基柄。前足捕捉式；前足基节细长，几乎与腿节等长，腿节明显加粗，有 2 排短黑腹齿，其内外两侧各有 1 排腹鬃；前足胫节有 1 排黑色倒伏状的短腹鬃，末端无长的端腹鬃。

分布：世界广布，已知 64 种，中国记录 21 种，浙江分布 2 种。

（158）林氏鬃螳舞虻 *Chelipoda lyneborgi* Yang *et* Yang, 1990

Chelipoda lyneborgi Yang *et* Yang, 1990: 484.

主要特征：头部黑褐色。触角黄色，但第 1 鞭节暗黄色；触角芒细长，黄褐色。喙黄褐色。胸部浅褐色。翅白色透明，脉黄色；平衡棒黄色。足黄色，但前足胫节和跗节黄褐色。前足捕捉式，基节特别延伸，与腿节几乎等长；腿节粗大，腹面具 2 排黑色短小的齿，其外侧各有 1 排浅褐色长鬃（前腹鬃 6 根、后腹鬃 5 根）。腹部黄褐色。

分布：浙江（安吉）、湖北。

（159）钩突鬃螳舞虻 *Chelipoda forcipata* Yang *et* Yang, 1992（图 4-23）

Chelipoda forcipata Yang *et* Yang, 1992: 44.

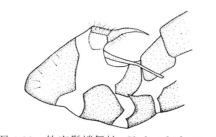

图 4-23　钩突鬃螳舞虻 *Chelipoda forcipata*
Yang *et* Yang, 1992
♂外生殖器侧面观

主要特征：头部黑褐色。触角柄节黄褐色，梗节和第 1 鞭节暗黄色，触角芒细长，白色。胸部浅褐色。翅白色透明且略带黄色，翅脉暗黄色。足黄色，前足为捕捉式；基节特别延伸、与腿节几乎等长，其基部有 1 根浅褐色的短背鬃；腿节粗大，腹面 2 排黑色短小的齿，其外侧各有 1 排浅褐色长鬃（前腹鬃 5–7 根、后腹鬃 4 根）。腹部浅褐色。雄性外生殖器：下生殖板弱扩展；尾须细长，端尖的钩状。

分布：浙江（临安）、海南、广西。

49. 螳舞虻属 *Hemerodromia* Meigen, 1822

Hemerodromia Meigen, 1822: 61. Type species: *Tachydromia oratoria* Fallén, 1816 (designated by Rondani, 1856).

Hemerodromia: Yang *et* Yang, 2004: 83; Yang, Zhang, Yao *et* Zhang, 2007: 267; Yang, Wang, Zhu *et* Zhang, 2010: 302.

主要特征：复眼为接眼式，在额区明显分开，而在颜区几乎接近或短距离相接，前部小眼面扩大；颜有 1 排毛。单眼瘤弱，有 1 对单眼鬃；1 对头顶鬃。触角柄节较短，有背鬃；梗节有 2 根背鬃；第 1 鞭节长锥状，仅有短细毛；触角芒较短，短于 1 鞭节，近短刺状；喙较短，向下伸，下颚须短小。前胸背板有 2–4 根鬃；1 根翅上鬃；小盾片有 2 对鬃位于端缘中段，中对长，侧对较短的毛状。翅无肩横脉 h，亚前缘脉 Sc 末端伸达翅前缘，R_1 较短，末端不超过翅半，径分脉 Rs 较短，R_{2+3} 不分叉，R_{4+5} 分叉；无臀室和盘室，M_1 和 M_2 共柄。前足捕捉式；前足基节细长，几乎与腿节等长，腿节明显加粗，有 2 排短黑腹齿，其内外两侧各有 1 排腹鬃；前足胫节有 2 排黑色短细腹鬃，末端有 1 根黑色长的端腹鬃。

分布：世界广布，已知 127 种，中国记录 25 种，浙江分布 2 种。

（160）条背螳舞虻 *Hemerodromia elongata* Yang *et* Yang, 1995（图 4-24）

Hemerodromia elongata Yang *et* Yang, 1995: 505.

　　主要特征：头部黑色，有灰白粉被。触角淡黄色；触角芒短小，浅褐色。喙黄色。胸部黄色，有灰白粉被；前胸背板中央大部黑色；中胸背板有 1 浅黑色中纵斑，其后部较宽；小盾片暗黄色，基缘黑色；后背片浅黑色。翅近白色透明，纵脉多明显呈灰褐色；平衡棒淡黄色。足黄色。前足捕捉式，基节很长；腿节粗大，腹面有 2 排黑色短小的齿，其内外侧各有 1 排黄色的鬃，胫节腹面有 1 排黑色短小的鬃，末端有 1 黑色的端距。腹部黑色，但腹面（除末端外）黄色。雄性外生殖器：尾须较长，基部宽而端部呈长指状；第 9 背板半背片短宽，亚背片上突稍粗长，下突较细窄。

　　分布：浙江（庆元）。

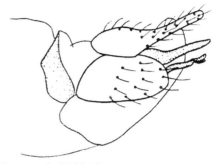

图 4-24　条背螳舞虻 *Hemerodromia elongata*
Yang *et* Yang, 1995
♂外生殖器侧面观

（161）褐芒螳舞虻 *Hemerodromia nigrescens* Yang *et* Yang, 1995

Hemerodromia nigrescens Yang *et* Yang, 1995: 505.

　　主要特征：头部黑色，有灰白粉被。触角黄色，触角芒浅褐色；喙黄色。胸部黄色，有灰白粉被；前胸背板中央浅黑色；后背片浅黑色。翅白色透明，脉浅褐色。平衡棒黄色。足黄色，毛多黑色。前足捕捉式，基节细长；腿节粗大，腹面有 2 排黑色短小的齿，内外侧各有 1 排黄褐鬃；胫节有成排黑色短小的鬃，末端有 1 强端腹鬃。腹部暗黄色，但第 2–6 节背板和末端黑色。

　　分布：浙江（安吉、庆元）。

50. 优驼舞虻属 *Euhybus* Coquillett, 1895

Euhybus Coquillett, 1895: 437. Type species: *Hybos purpureus* Walker, 1849 (designated by Coquillett, 1903).

Euhybus: Yang, Zhang, Yao *et* Zhang, 2007: 282.

　　主要特征：雌雄复眼在颜很接近，颜很窄而近线形。喙明显比头部短，加粗，末端钝；下颚须短。一些种类翅前缘室和臀叶发达，而一些种类翅前缘室和臀叶较窄；Rs 脉短，臀室比基室长。后足腿节较粗，有刺状腹鬃；后足胫节末端加粗。

　　分布：世界广布，已知 62 种，中国记录 7 种，浙江分布 1 种。

（162）中华优驼舞虻 *Euhybus sinensis* Liu, Yang *et* Grootaert, 2004（图 4-25）

Euhybus sinensis Liu, Yang *et* Grootaert, 2004: 85.

　　主要特征：头部浅黑色。触角褐色。胸部黄褐色。中鬃不规则的 6 列，但后部变成 4 列，1 根粗长的背中鬃且前有 12–13 根毛。翅稍带浅灰黄色，臀叶发达；前缘室明显膨大，前缘脉基部有长毛；翅痣长，浅褐色；R_{4+5} 和 M_1 端部平行。足暗黄褐色，但第 3–5 跗节暗褐色，后足转节有 5 根短腹刺；前足腿节粗为中足腿节的 1.6 倍，有 1 排短腹毛；中足腿节有 1 排明显的前腹毛和 1 排长鬃状的后腹毛；后足腿节粗为中足腿节的 2.5 倍，有 4 根端前鬃和大致 2 排腹刺（6 根长而不规则的前腹刺）；前足胫节末端有 3 根粗鬃（1 根长的前背鬃和 1 根长的后背鬃）；中足胫节有 3 根背鬃，末端有 5 根粗鬃；后足胫节有 2–3 根前背鬃，末端有 3 根鬃。腹部浅褐色，有灰粉。雄性外生殖器：左半背片内缘稍弯，左生殖突有长尖的内突和短弯的外突外弯；右半背片内缘几乎直，右生殖突有短钝的内突内弯和短钝的外突外弯；下生殖板长显著大于宽，基部相当宽，端部浅的分叉成 2 钝叶。

分布：浙江（临安）、广东。

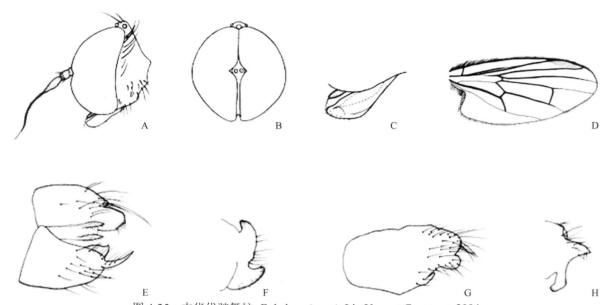

图 4-25　中华优驼舞虻 *Euhybus sinensis* Liu, Yang *et* Grootaert, 2004
A. 头部侧面观；B. 头部前侧；C. 喙侧面观；D. 翅；E. ♂外生殖器；F. 右背侧突；G. 下生殖板；H. 左背侧突

51. 驼舞虻属 *Hybos* Meigen, 1803

Hybos Meigen, 1803: 269; Meigen, 1804: 239. Type species: *Hybos funebris* Meigen, 1804 (designated by Curtis, 1837) [= *grossipes* (Linnaeus, 1767)].

Hybos: Yang *et* Yang, 2004: 117; Yang, Zhang, Yao *et* Zhang, 2007: 287; Yang, Wang, Zhu *et* Zhang, 2010: 223.

主要特征：雌雄复眼均为接眼式，在额区长距离相接；复眼背部小眼面通常扩大，但有的种类小眼面不扩大；单眼瘤明显，有 1 对单眼鬃。颜较短窄。触角基部 3 节较短小；柄节和梗节较短，柄节无背鬃，梗节有 1 圈端鬃；第 1 鞭节较长，近卵圆形，通常有 1–2 根背鬃或腹鬃；触角芒 2 节（基节很短），长丝状，长至少为基部 3 节的 2 倍，通常有微毛且细的端部无毛；喙刺状，水平前伸；下颚须细长，与喙等长，有数根腹鬃。胸部明显隆突；中胸背板中后区稍平；无肩鬃；2 根背侧鬃，1 根翅后鬃；2 根横向的盾前鬃；小盾片有 1 对小盾鬃和数根缘毛。翅臀叶发达；前缘脉绕至 M_1 末端；径分脉短，远离肩横脉；R_{4+5} 和 M_1 稍分叉；有盘室，向翅缘伸出 2 条脉；臀室长于基室，端部尖。后足腿节较粗长，有刺状腹鬃。雄性外生殖器较膨大，向右近 90° 旋转，左右不对称。

分布：世界广布，已知 220 余种，中国记录 129 种，浙江分布 24 种。

分种检索表

1. 足部分或大部黄褐色或黄色 ·· 2
- 足黑色，最多膝关节黄褐色 ·· 17

2. 至少前中足腿节黄褐色或黄色 ··· 3
- 足所有腿节黑色 ··· 8
3. 后足腿节几乎全黑色或中部黑色 ··· 4
- 后足腿节黄色或黄褐色 ··· 6
4. 后足腿节黑色，最末端黄褐色；后足胫节中部有 2 根背鬃 ·· 5
- 后足腿节黄色，中部黑色；后足胫节中部无背鬃 ············· 双色驼舞虻 *H. bicoloripes*
5. 后足腿节黑色，最基部和端部暗黄色至黄色 ··················· 端黄驼舞虻 *H. apiciflavus*
- 后足腿节黑色，最末端黄褐色 ··································· 中华驼舞虻 *H. chinensis*
6. 小盾片黑色；左右背侧突长钩状 ··· 7
- 小盾片黄色或黄棕色；左右背侧突非长钩状 ··············· 黄盾驼舞虻 *H. flaviscutellum*
7. 背侧突有齿突 ··· 齿突驼舞虻 *H. serratus*
- 背侧突无齿突 ··· 古田山驼舞虻 *H. gutianshanus*
8. 后足胫节中部有 1–2 根背鬃 ·· 9
- 后足胫节中部无背鬃 ·· 14
9. 足所有胫节部分或大部黄褐色或黄色 ··· 10
- 足所有胫节黑色 ··· 13
10. 足所有胫节大部黄褐色；后足胫节中部有 2 根背鬃 ············· 浙江驼舞虻 *H. zhejiangensis*
- 足所有胫节仅基部黄色；后足胫节中部有 1 根背鬃 ································· 11
11. 后足胫节中部有 1 根背鬃 ··· 12
- 后足胫节中部有 2 根背鬃 ··································· 贵州驼舞虻 *H. guizhouensis*
12. 前足胫节有 2 根前背鬃；下生殖板端部分叉 ··················· 单鬃驼舞虻 *H. uniseta*
- 前足胫节有 1 根前背鬃；下生殖板端部不分叉 ············· 景宁驼舞虻 *H. jingninganus*
13. 下生殖板端部无长侧突 ··································· 吴氏驼舞虻 *H. wui*
- 下生殖板端部有长侧突 ··································· 湖北驼舞虻 *H. hubeiensis*
14. 触角芒有短毛 ··· 15
- 触角芒无毛 ··· 短板驼舞虻 *H. brevis*
15. 翅白色透明或弱带浅灰色 ·· 16
- 翅浅灰褐色 ··· 灰翅驼舞虻 *H. griseus*
16. 翅白色透明，无明显翅痣 ··································· 龙王驼舞虻 *H. longwanganus*
- 翅弱带浅灰色，有明显翅痣 ······························ 长毛驼舞虻 *H. caesariatus*
17. 触角芒无毛 ·· 18
- 触角芒有细毛 ··· 20
18. 翅痣明显；下生殖板长明显大于宽，端部无长鬃 ····································· 19
- 翅痣不明显；下生殖板长稍大于宽，端部有很长的鬃 ········· 双刺驼舞虻 *H. bispinipes*
19. 后足腿节有 3–4 根前腹鬃；下生殖板近末端有弱的侧凹缺 ······ 望东洋驼舞虻 *H. wangdongyanganus*
- 后足腿节有 6–7 根前腹鬃；下生殖板末端有弱的侧凹缺 ········· 周氏驼舞虻 *H. zhouae*
20. 翅几乎透明；R 和 M 端部平行 ·· 21
- 翅带浅灰色；R 和 M 端部汇聚 ························· 近截驼舞虻 *H. similaris*
21. 鞭节无背毛；R_{4+5} 室不变窄 ·· 22
- 鞭节有 1 根背毛；R_{4+5} 室变窄 ····················· 背鬃驼舞虻 *H. dorsalis*
22. 翅端部无暗斑 ··· 23
- 翅端部黑色 ··· 斑翅驼舞虻 *H. alamaculatus*
23. 翅痣明显的褐色；下生殖板端部无钩状侧突 ··············· 建阳驼舞虻 *H. jianyangensis*
- 翅痣不明显的浅褐色；下生殖板端部有钩状侧突 ··········· 端钩驼舞虻 *H. apicihamatus*

（163）斑翅驼舞虻 *Hybos alamaculatus* Yang *et* Yang, 1995（图 4-26）

Hybos alamaculatus Yang *et* Yang, 1995: 502.

主要特征：头部黑色；触角黑色。胸部黑色；翅白色透明，端部一致黑色。足全黑色，中足胫节各有 1 根基背鬃和中背鬃；后足腿节明显粗大，腹鬃刺状，大致 2 排，腹外侧鬃 1 排且较长；基部 2 跗节有短刺。腹部黑色，略直，毛黄色。雄性外生殖器：第 9 背板左背片较长，背侧突短，右侧角延伸；右背片较宽，内缘弱隆突，背侧突分叉；下生殖板长而宽，末端深裂且中央有 1 细尖突。

分布：浙江（庆元）。

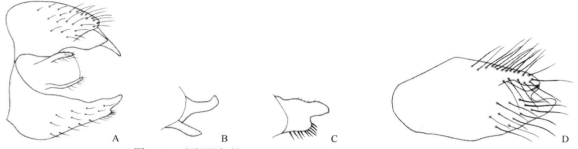

图 4-26　斑翅驼舞虻 *Hybos alamaculatus* Yang *et* Yang, 1995
A. ♂外生殖器；B. 右背侧突；C. 左背侧突；D. 下生殖板

（164）端黄驼舞虻 *Hybos apiciflavus* Yang *et* Yang, 1995（图 4-27）

Hybos apiciflavus Yang *et* Yang, 1995: 499.

主要特征：头部黑色。触角黑色。胸部黑色，毛黄色，鬃黑色。翅白色透明，翅痣浅褐色。足黄色，但基节黑色，后足腿节黑色且最基部和端部暗黄色至黄色，第 3-5 跗节黑色；前足胫节有 1 根中背鬃、1 端前背鬃和数根短端鬃；基跗节有 1 基腹鬃，中足胫节中部前后各有 1 根极长的背鬃和腹鬃，端有数根长短不一的鬃；在跗节有 1 根短的端背鬃、长的中腹鬃和端腹鬃各 1 根，后足腿节明显比胫节粗大，腹鬃刺状，大致 2 排且外侧的较长，腹外侧还有 1 长刺鬃，背外侧鬃 4 根；胫节有 2 根较近的、粗细不一的中鬃，1 根端前腹外侧鬃、1 根端背鬃和 1 根端腹鬃；基跗节有短刺状腹鬃。腹部黑色，毛黄色。雄性外生殖器：第 9 背板左背片较宽大，背侧突由 3 个小突构成且中间的较长而大；右背片略小，背侧突末端略平截，端外侧凹缺；下生殖板长而宽大，端部略缩小且右侧有 1 向内扭弯的突起。

分布：浙江（庆元）。

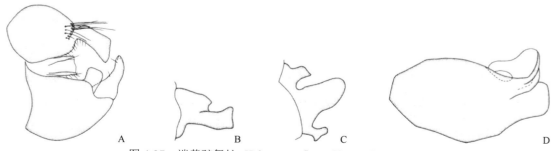

图 4-27　端黄驼舞虻 *Hybos apiciflavus* Yang *et* Yang, 1995
A. ♂外生殖器；B. 右背侧突；C. 左背侧突；D. 下生殖板

（165）端钩驼舞虻 *Hybos apicihamatus* **Yang** *et* **Yang, 1995**（图 4-28）

Hybos apicihamatus Yang *et* Yang, 1995: 500.

　　主要特征：头部黑色；触角黑色。胸部明黑色；翅白色透明，翅痣为不明显的浅褐色。足黑色，前足胫节末端各有 1 根背鬃和腹鬃；中足胫节有 1 根极长的基背鬃、1 根极长的中背鬃和 2 根细长的端腹鬃；后足腿节明显粗大，有大致 2 排短刺状鬃，还有 1 排腹外侧鬃，背外侧鬃 3 根；基部 2 跗节有大致成排的短腹刺。腹部略弯，黑色。雄性外生殖器：第 9 背板左背片稍窄，背侧突基部宽，端部指状；右背片较宽，背侧突短宽，末端凹缺；下生殖板中部较宽大，端部右侧有 1 个弯钩突。

　　分布：浙江（庆元）。

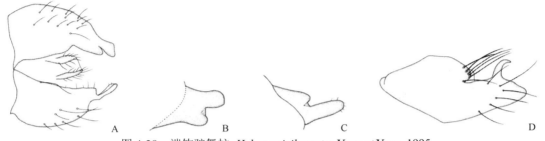

图 4-28　端钩驼舞虻 *Hybos apicihamatus* Yang *et* Yang, 1995
A. ♂外生殖器；B. 右背侧突；C. 左背侧突；D. 下生殖板

（166）双色驼舞虻 *Hybos bicoloripes* **Saigusa, 1963**（图 4-29）

Hybos (*Hybos*) *bicoloripes* Saigusa, 1963: 100.

　　主要特征：头部黑褐色。复眼小眼面无分化。触角呈浅褐色，但第 1 鞭节近黄褐色。胸部褐色，但胸侧色浅近黄褐色；背部的鬃为淡黄色至褐色。翅白色透明，具不明显的浅褐色翅痣。足淡黄色，但后足腿节中部及膝关节带有褐色，前中足第 3–5 跗节和后足端跗节呈暗黄色；足有一些细长的直立毛。前足胫节端部 1/3 处具 1 根背鬃；中足腿节具 1 根端前背鬃；胫节基部 1/3 处和中部各有 1 根长背鬃，端部具 1 根弱的背外侧鬃和 2 根弱的端腹鬃；后足腿节比胫节明显粗大，腹鬃短刺状、大致 2 排，端半部还具 4 根背外侧鬃；基部 2 跗节腹面具成排的短的齿状鬃。腹部黄褐色。雄性外生殖器：第 9 背板左背片较窄，其背侧突指状；右背片宽大，其背侧突指状；下生殖板基部缩小，中部宽大，端部缩小成 2 小突。

　　分布：浙江（景宁）、河南、湖北、四川；日本。

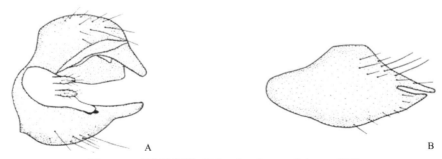

图 4-29　双色驼舞虻 *Hybos bicoloripes* Saigusa, 1963
A. ♂外生殖器；B. 下生殖板

（167）双刺驼舞虻 *Hybos bispinipes* Saigusa, 1965（图 4-30）

Hybos (*Hybos*) *bispinipes* Saigusa, 1965: 192.

主要特征： 头部黑褐色；复眼上部小眼面略扩大。触角浅黑褐色；触角芒细长且光裸无毛。胸部黑褐色。翅白色透明，具不明显的浅褐色翅痣。足黑褐色。前足胫节基部 1/3 处和中部各具 1 根短背鬃，末端具数根端鬃。中足胫节基部 1/3 处和中部各具 1 根长背鬃，末端也具数根鬃。后足腿节比胫节粗大，腹鬃大致 2 排，外侧的较长，基半部还有 1 排较长的腹内侧鬃；基部 2 跗节具成排的短刺状鬃。腹部褐色。雄性外生殖器：第 9 背板左背片宽大，其背侧突由 2 小突构成；右背片狭长，其背侧突由 1 小突和 1 内弯的长棒状突起构成；下生殖板宽大，末端缢缩为大小 2 瓣。

分布： 浙江（景宁）、湖北、台湾。

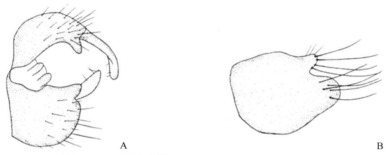

图 4-30　双刺驼舞虻 *Hybos bispinipes* Saigusa, 1965
A. ♂外生殖器；B. 下生殖板

（168）短板驼舞虻 *Hybos brevis* Yang *et* Yang, 1995（图 4-31）

Hybos brevis Yang *et* Yang, 1995: 500.

主要特征： 头部黑色。触角黑色；触角芒全光裸无毛。胸部黑色。翅白色透明，翅痣不明显、浅褐色。足黑色，但后足胫节最基部暗黄色。前足胫节有 1 根基背鬃和 1 根较长的中背鬃，末端有长短不一的鬃；中足胫节各有 1 根长基背鬃和中背鬃，末端有长短不一的鬃；后足腿节明显比胫节粗大，腹鬃刺状，大致 2 排且内侧的较长，腹外侧还有 1 排长刺鬃，背外侧鬃 2 根；胫节无明显鬃，基部 2 跗节有短刺状腹鬃。腹部黑色。雄性外生殖器：第 9 背板左背片侧视近三角形，内缘较直，背侧突较小而单一；右背片侧视端纯圆，内缘凹，背侧突由 1 长弯突和 1 短三角形突构成；下生殖板短阔，端缘有 1 小凹缺和大致成排的长毛。

分布： 浙江（庆元）。

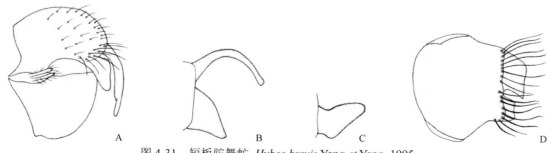

图 4-31　短板驼舞虻 *Hybos brevis* Yang *et* Yang, 1995
A. ♂外生殖器；B. 右背侧突；C. 左背侧突；D. 下生殖板

（169）长毛驼舞虻 *Hybos caesariatus* Yang *et* Yang, 2004（图 4-32）

Hybos caesariatus Yang *et* Yang, 2004: 141.

　　主要特征：头部黑色；触角黑色。胸部黑色。翅略带浅灰色；翅痣较长，浅褐色。足黑色，膝关节暗黄色，中足基部 2 跗节黄褐色或较暗，后足基部 2 跗节黄褐色；前足胫节有少数黑毛；跗节有黑毛，中足基跗节主要有淡黄毛；基节、腿节、胫节和基跗节有一些相当长的毛；中足胫节有 1 根基背鬃和 1 根中背鬃，末端有 1 根前腹鬃和 1 根后腹鬃；基跗节有 4 根腹鬃；后足胫节末端稍加粗；后足腿节明显加粗且稍拱弯，大致有 3 排刺状腹鬃（前排 4–9 根较长，中排较短，后排比中排长），还有 2 根端前鬃。腹部黑色；毛全淡黄色。雄性外生殖器：第 9 背板左背片稍窄，其背侧突端尖；右背片基部稍宽，其背侧突略弯曲；下生殖板宽大，大致分 3 叉。

　　分布：浙江（安吉、临安）。

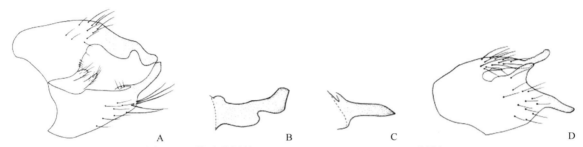

图 4-32　长毛驼舞虻 *Hybos caesariatus* Yang *et* Yang, 2004
A. ♂外生殖器；B. 右背侧突；C. 左背侧突；D. 下生殖板

（170）中华驼舞虻 *Hybos chinensis* Frey, 1953（图 4-33）

Hybos chinensis Frey, 1953: 64.

　　主要特征：头部黑褐色；触角褐色。胸部黑褐色，具光泽。翅几乎透明，具浅褐色翅痣。足黑褐色，但前中足的转节、腿节和基部 2 跗节以及各足的胫节黄色，前中足端部 3 跗节暗黄褐色，后足跗节黄棕色或较暗；前足胫节具 1 根中背鬃和 1 根端背鬃；基跗节具 1 根基腹鬃；中足胫节基部具 1 根极长的背鬃，中部前具 1 根极长的背鬃和 1 根极长的腹鬃；基跗节具 1 根基腹鬃；后足腿节比胫节略粗大，腹鬃大致 2 排，外侧的鬃较长，端半部还具 2 根背外侧鬃；胫节中部具 1 根背鬃，端部具 1 根背鬃和 1 根端腹鬃。腹部黑褐色。雄性外生殖器：第 9 背板左背片较窄，内缘中部隆起，其背侧突有 3 小突；右背片较宽，其背侧突内缘有齿；下生殖板宽大，末端较钝。左侧角有小突。

　　分布：浙江（安吉、临安、景宁）、福建、广西、贵州。

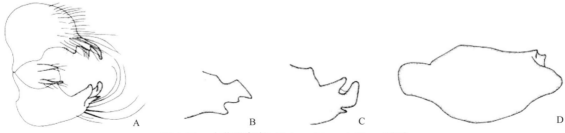

图 4-33　中华驼舞虻 *Hybos chinensis* Frey, 1953
A. ♂外生殖器；B. 右背侧突；C. 左背侧突；D. 下生殖板

（171）背鬃驼舞虻 *Hybos dorsalis* Yang *et* Yang, 1995（图 4-34）

Hybos dorsalis Yang *et* Yang, 1995: 502.

　　主要特征：头部黑色；触角黑色。胸部黑色。翅白色透明，翅痣浅褐色。足黑色，跗节浅黑色。前足胫节有长短不一的端腹鬃。中足胫节有基背鬃 1 根、中背鬃及端腹鬃各 2 根；后足腿节明显粗大，腹鬃刺状、较短、大致 1 排，腹外侧鬃 1 排、较长；基部 2 跗节有短刺。腹部黑色。雄性外生殖器：第 9 背板左背片连接右背片的基部细长，背侧突短钝，侧有 2 个小突；右背片内缘弯曲，背侧突侧视细长而弯曲；下生殖板端部略缩小，端缘浅凹缺。

　　分布：浙江（庆元、景宁）。

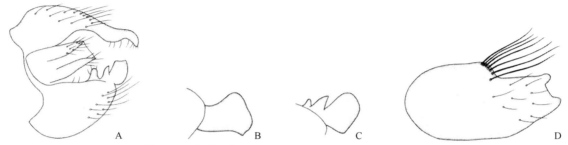

图 4-34　背鬃驼舞虻 *Hybos dorsalis* Yang *et* Yang, 1995
A. ♂外生殖器；B. 右背侧突；C. 左背侧突；D. 下生殖板

（172）黄盾驼舞虻 *Hybos flaviscutellum* Yang *et* Yang, 1986（图 4-35）

Hybos flaviscutellum Yang *et* Yang, 1986: 81.

　　主要特征：头部黑褐色；触角褐色。胸部明黑褐色，但中胸侧板色浅，黄褐色，小盾片黄色或黄棕色。翅透明，具浅褐色翅痣。足黄色至黄棕色，但第 3–5 跗节暗黄色。前足腿节具 1 根弱的中背鬃，基跗节具 1 根类似的基腹鬃。中足胫节基部 1/3 处具 1 根极长的背鬃，中部具 1 根极长的腹鬃，端部具 2 根端腹鬃。后足腿节比胫节略粗大，腹鬃 2 排且较长，端半部还具 2 根长的腹外侧鬃及 3 根长的背外侧鬃；胫节具 1 根端背鬃和 1 根端腹鬃；基跗节具数根腹鬃。腹部褐色。雄性外生殖器：第 9 背板左背片较宽，其背侧突呈刀状；右背片基部宽大且端部缩小，内缘中部突起，其背侧突呈分叉的刺状；下生殖板基部宽大，端部钝圆。

　　分布：浙江（开化）、广西。

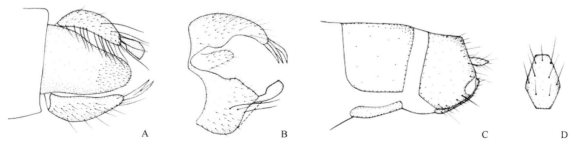

图 4-35　黄盾驼舞虻 *Hybos flaviscutellum* Yang *et* Yang, 1986
A. ♂外生殖器左侧面观；B. ♂外生殖器右侧面观；C. ♀外生殖器侧面观；D. ♀第 8 腹板腹面观

（173）灰翅驼舞虻 *Hybos griseus* Yang *et* Yang, 1991（图 4-36）

Hybos griseus Yang *et* Yang, 1991: 5.

主要特征： 头部黑褐色；触角呈暗黄色，第 1 鞭节背面具 2 根鬃。胸部黑褐色。翅浅灰褐色。足黑褐色，但基跗节暗黄色。前足胫节具 1 根端背鬃和 1 根端腹鬃。中足胫节基部 1/3 处和中部各具 1 根背鬃，端部具 1 根端前背鬃，还有 3 根腹鬃；基跗节基部具 1 根基腹鬃，中部有 1–2 对对生的鬃，端部有 1 对对生的鬃，有时还具 1 根端背鬃。后足腿节比胫节粗大，腹鬃为较长的刺状，大致 2 排，端半部还具 3 根背外侧鬃；胫节具 1 根端背鬃和 1 根端腹鬃；基跗节具成排的短鬃。腹部褐色。雄性外生殖器：第 9 背板左背片基部较宽，端部缩小，其背侧突为形状各异的三叉突；右背片基部很宽大，端部明显缩小，其背侧突比较宽，形状不规则，端缘中央凹缺；下生殖板宽大，末端缢缩为 2 瓣。

分布： 浙江（庆元）、湖北、福建。

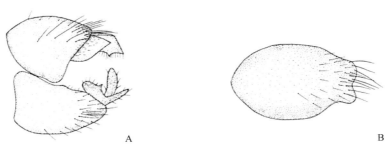

图 4-36　灰翅驼舞虻 *Hybos griseus* Yang *et* Yang, 1991
A. ♂外生殖器；B. 下生殖板

（174）贵州驼舞虻 *Hybos guizhouensis* Yang *et* Yang, 1988（图 4-37）

Hybos guizhouensis Yang *et* Yang, 1988: 136.

主要特征： 头部黑褐色；触角褐色。胸部浅褐色。翅白色透明，有不明显的浅褐色翅痣。足浅褐色，但中足胫节、后足胫节基部和前中足基部 2 跗节黄色。中足胫节基部 1/3 处有 1 根极长的背鬃；中部有 1 根极长的背鬃，其内侧略偏下还有 1 根较短的背鬃，此外还有 1 根极长的腹鬃；端部背外侧有 2 根端前鬃，端腹鬃 3 根（其中 1 根极长）；基跗节有 2 排腹鬃，外侧的较长，基部还有 1 根极长的基腹鬃，端部有 1 根端背鬃。后足腿节很粗大，腹鬃大致 2 排，外侧的较长，还有 1 排极长的腹外侧鬃，背外侧鬃 1 排共 5 根，且大致与腹外侧鬃等长；胫节中部有 2 根极长的背鬃，端部有 1 根长背鬃和 1 根长腹鬃，还有 2 根背外侧鬃位于竖直方向。腹部浅褐色，略向下弯。雄性外生殖器：第 9 背板左背片较狭小，内缘隆突，其背侧突端缘中央凹缺；右背片很宽大，内缘凹缺，其背侧突形状不规则；下生殖板端部缩小，侧有形状不规则的突起。

分布： 浙江（临安）、贵州。

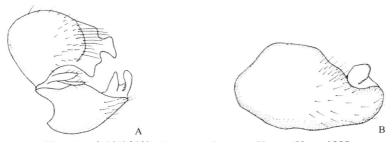

图 4-37　贵州驼舞虻 *Hybos guizhouensis* Yang *et* Yang, 1988
A. ♂外生殖器；B. 下生殖板

（175）古田山驼舞虻 *Hybos gutianshanus* Yang *et* Yang, 1995（图 4-38）

Hybos gutianshanus Yang *et* Yang, 1995: 237.

　　主要特征：头部黑色；触角黑色。胸部明显隆突，黑色。毛黄色，鬃黑色。翅白色透明，翅痣浅褐色。足黄色，后足腿节端背面有些变暗，第 3–5 跗节黄褐色至浅黑色。前足胫节中部有 1 根背鬃，端部背内侧有 1 根鬃，基跗节有 1 根基腹鬃；中足胫节基部 1/3 处有 1 根长背鬃，中部有 1 根长背鬃和 1 根长腹鬃，末端有数根鬃；基跗节有数根鬃；后足腿节明显比胫节粗大，腹鬃刺状，大致 2 排且外侧的较长，背外侧鬃 4 根；胫节中部有 1 根背外侧鬃和 1 根背鬃，末端有 1 根背鬃、1 根端前侧鬃和 1 根腹外侧鬃；基跗节有短鬃。腹部浅黑色。雄性外生殖器：第 9 背板左背片狭窄，背侧突长而弯的刺状；右背片较宽大，背侧突长而弯的刺状；下生殖板长而宽大，端部缩小扭曲且端缘深裂。

　　分布：浙江（开化）。

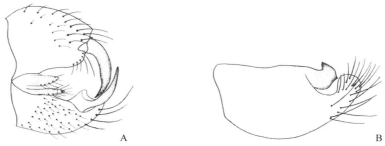

图 4-38　古田山驼舞虻 *Hybos gutianshanus* Yang *et* Yang, 1995
A. ♂外生殖器；B. 下生殖板

（176）湖北驼舞虻 *Hybos hubeiensis* Yang *et* Yang, 1991（图 4-39）

Hybos hubeiensis Yang *et* Yang, 1991: 3.

　　主要特征：头部黑褐色；触角褐色。胸部黑褐色，具光泽。翅白色透明，具明显或不明显的浅褐色翅痣。足黄褐色或黑褐色，但跗节黄色。前足胫节端半部 1/3 处和末端各具 1 根背鬃，前者较弱而后者较粗长，末端还有 1 根极类似鬃的端背毛；基跗节具 1 根基腹鬃。中足胫节基半部 1/3 处具 1 根极长的背鬃，中部具 1 根极长有腹鬃，端部具数根轮生的鬃；基跗节具 1 排腹鬃。后足腿节明显比胫节粗大，腹鬃较长，大致 2 排，端半部还具 4 根背外侧鬃；胫节中部具 2 根背鬃，端部具 1 根端背鬃和 1 根端腹鬃，背外侧还有或无 2 根端前鬃；基跗节有成排且较短的齿状鬃。腹部暗黄褐色。雄性外生殖器：第 9 背板左背片较小，侧视狭长，其背侧突由指突和钩突构成；右背片明显宽大，其背侧突由直的棒突和端部缩小且内弯的突起构成；下生殖板基部略缩小，端缘中部偏左具 1 大的末端缩小成锥形的突起，左侧端还有 1 内弯的小突。

　　分布：浙江（临安）、河南、甘肃、湖北。

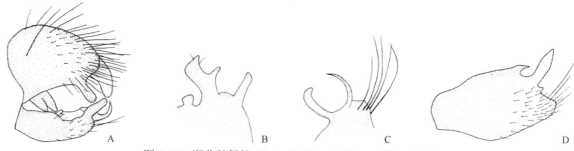

图 4-39　湖北驼舞虻 *Hybos hubeiensis* Yang *et* Yang, 1991
A. ♂外生殖器；B. 右背侧突；C. 左背侧突；D. 下生殖板

（177）建阳驼舞虻 *Hybos jianyangensis* **Yang *et* Yang, 2004**（图 4-40）

Hybos jianyangensis Yang *et* Yang, 2004: 178.

主要特征：头部黑褐色，有灰粉；触角黑色。胸部黑褐色，有灰白粉。翅白色透明，翅痣狭长，褐色。足全黑色。足毛和鬃黑色；后足基节有部分淡黄毛；前足基跗节有一些长毛。前足胫节端部 1/3 处有 1 根背鬃，末端有 4 根鬃；中足胫节有 4 根背鬃（其中 2–3 根长）和 2 根长腹鬃，末端有 3 根鬃；后足胫节末端稍加粗，无鬃。后足腿节明显加粗，粗为后足胫节的 2.6 倍，大致有 3 排刺状腹鬃，前排长，后 2 排短而密，还有 1 排 4 根前背鬃。腹部强烈向下弯曲，黑褐色，有灰粉。毛和鬃淡黄色；腹端毛和鬃主要呈黑色。雄外生殖器：第 9 背板左背片狭窄，端部内有 5 个短指状突，其背侧突宽且内侧有 1 指状突；右背片相当宽，内缘隆突，其背侧突明显内弯且末端较钝；下生殖板基部较宽，近方形，端部稍斜向变窄。

分布：浙江（景宁）、福建、贵州。

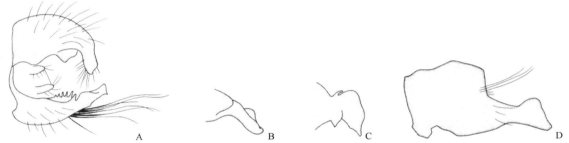

图 4-40　建阳驼舞虻 *Hybos jianyangensis* Yang *et* Yang, 2004
A. ♂外生殖器；B. 右背侧突；C. 左背侧突；D. 下生殖板

（178）景宁驼舞虻 *Hybos jingninganus* **Cao, Yu, Wang *et* Yang, 2018**（图 4-41）

Hybos jingninganus Cao, Yu, Wang *et* Yang, 2018: 199.

主要特征：胸部的毛淡黄色。R_{4+5} 和 M_1 端部分叉。足黑色，胫节基部和第 1–2 跗节黄褐色；后足胫节中部有 1 根前背鬃。下生殖板长稍大于宽，末端钝。

分布：浙江（景宁）。

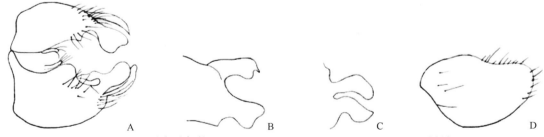

图 4-41　景宁驼舞虻 *Hybos jingninganus* Cao, Yu, Wang *et* Yang, 2018
A. ♂外生殖器；B. 右背侧突；C. 左背侧突；D. 下生殖板

（179）龙王驼舞虻 *Hybos longwanganus* **Yang *et* Yang, 2004**（图 4-42）

Hybos longwanganus Yang *et* Yang, 2004: 190.

主要特征：头部黑色，有灰白粉；触角黑色。胸部黑色，有灰白粉，毛和鬃淡黄色，仅中胸背板中部有黑毛；小盾片毛和鬃全淡黄色。翅白色透明，无明显翅痣；脉淡黄色，前缘脉和R₁黄褐色。足黑色；跗节暗黄褐色，前后足基部2跗节有些变暗。足毛淡黄色，鬃主要呈黑色，跗节部分毛黑色或浅黑色；前足胫节末端有1根淡黄色前背鬃；中足胫节基部1/3处有浅黑色背鬃，末端有1根淡黄色前背鬃和1根淡黄色后腹鬃；后足胫节末端有1根淡黄色前背鬃和1根淡黄色后背鬃；后足基跗节有6黑色短腹齿，第2跗节有1黑色端腹齿；后足腿节明显加粗，粗为胫节的2.0倍；腹刺短，大致3排，前腹刺稍长，4根。腹部浅黑色。雄性外生殖器：第9背板左背片稍长一点且端部有些变窄，其背侧突端缘斜截，侧视较尖；右背片较短宽，其背侧突端缘凹缺；下生殖板较宽大，长明显大于宽，端部稍缩小而向左扭曲。

　　　分布：浙江（安吉）。

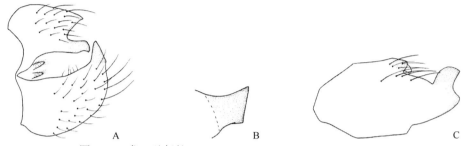

图4-42　龙王驼舞虻 *Hybos longwanganus* Yang *et* Yang, 2004
A. ♂外生殖器；B. 左背侧突；C. 下生殖板

（180）齿突驼舞虻 *Hybos serratus* Yang *et* Yang, 1992 （图4-43）

Hybos serratus Yang *et* Yang, 1992: 1089.

　　　主要特征：头部黑褐色；复眼上部小眼面不明显扩大。触角褐色。胸部黑褐色。翅白色透明，翅痣呈不明显的浅褐色。足黄色，但基节呈浅黄褐色，腿节背部暗黄褐色，第2–5跗节暗黄色。中足胫节基部1/3处具1根背鬃，中具1根背鬃和1根对生的极长的腹鬃，端部还具数根鬃；基跗具1鬃。后足腿节比胫节粗大，具2排长刺状腹鬃，端半部还具1排腹内侧鬃（4根）和背外侧鬃（5根）；胫节具1根中背鬃，还具1根背鬃和1根端腹鬃。腹部黑褐色。雄性外生殖器：第9背板左背片略小，内缘不明显隆突，其背侧突端部内缘具1大齿，且末端明显缩小变尖；右背片较大，内缘隆突，其背侧突明显内弯，基部具1钝突，末端缩小变尖，具3小齿；下生殖板宽大，端缘中央凹缺。

　　　分布：浙江（临安）、河南、广西、四川、贵州。

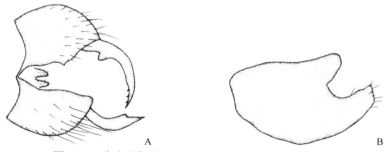

图4-43　齿突驼舞虻 *Hybos serratus* Yang *et* Yang, 1992
A. ♂外生殖器；B. 下生殖板

（181）近截驼舞虻 *Hybos similaris* Yang *et* Yang, 1995 （图4-44）

Hybos similaris Yang *et* Yang, 1995: 503.

　　　主要特征：头部黑色；触角黑色。胸部黑色。翅明显浅灰色，翅痣褐色。足黑色。前足胫节有1根中背鬃；基跗节有数根短刺状基腹鬃。中足胫节有 1 根基背鬃、2 根中背鬃及长短不一的端腹鬃；基跗节有 1 根端前背鬃；后足腿节很粗大，腹鬃短刺状、大致 2 排位于瘤突上，腹外侧鬃长刺状、1 排，背外侧鬃 4 根，端背鬃 1 根；胫节无明显的鬃。腹部明显弯、黑色；毛主要呈黄色。雄性外生殖器：第 9 背板左背片内缘略弯曲，侧视端部不明显缩小，其背侧突较长而末端明显缩小；右背片侧视端部明显缩小，其背侧突近三角形；下生殖板端缘宽，有粗长成排的毛。

　　分布：浙江（庆元、景宁）、贵州。

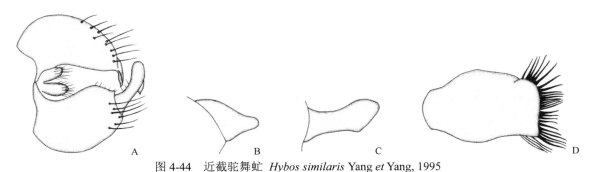

图 4-44　近截驼舞虻 *Hybos similaris* Yang *et* Yang, 1995
A. ♂外生殖器；B. 右背侧突；C. 左背侧突；D. 下生殖板

（182）单鬃驼舞虻 *Hybos uniseta* Yang *et* Yang, 2004（图 4-45）

Hybos uniseta Yang *et* Yang, 2004: 221.

　　主要特征：头部黑色，有浅灰色粉被；触角黑色。胸部黑色。毛淡黄色，鬃黑色，仅中胸背板中部有黑毛。翅白色透明；翅痣长，褐色。足黑色，但胫节基部暗黄色至黄色；跗节黄色，端部 3 节暗褐色。足毛和鬃黑色；基节、转节、后足腿节和胫节有淡黄毛。前足胫节有 2 根背鬃，末端有 1 根长前背鬃；基跗节有 1 根基腹鬃。中足胫节有 2 根背鬃（近中部的极长）和 1 根极长的腹鬃，末端有 3 根鬃（其中 1 根前腹鬃极长）；基跗节基部有 1 根长的前腹鬃和 1 根短的后腹鬃。后足胫节中部有 1 根背鬃，末端有 1 根背鬃和 1 根腹鬃；基跗节有 2 排稀疏的短腹鬃。后足腿节稍加粗，粗为胫节的 1.7 倍；腹刺大致 2 排（前腹刺 4–5 根、较长），2 根端前背鬃。腹部黑色，明显下弯，有灰粉。雄性外生殖器：第 9 背板左背片背侧突分 2 叉，右背片背侧突分 3 叉；下生殖板宽大且基部较窄，末端分 2 叉。

　　分布：浙江（安吉、临安）。

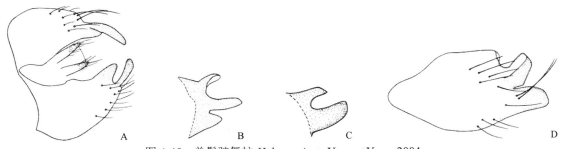

图 4-45　单鬃驼舞虻 *Hybos uniseta* Yang *et* Yang, 2004
A. ♂外生殖器；B. 右背侧突；C. 左背侧突；D. 下生殖板

（183）望东洋驼舞虻 *Hybos wangdongyanganus* Cao, Yu, Wang *et* Yang, 2018（图 4-46）

Hybos wangdongyanganus Cao, Yu, Wang *et* Yang, 2018: 201.

　　主要特征：鞭节延长，触角芒光裸无毛。R_{4+5} 和 M_1 端部大致平行但最末端有点汇聚。足黑色，膝关节暗黄褐色，跗节浅黑色。后足腿节弱加粗，有 3 根前腹鬃。下生殖板端部有弱的侧凹缺。

　　分布：浙江（景宁）。

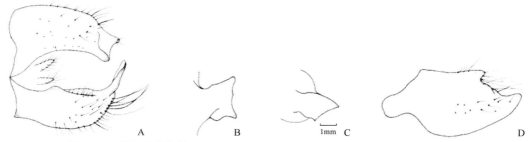

图 4-46　望东洋驼舞虻 *Hybos wangdongyanganus* Cao, Yu, Wang *et* Yang, 2018
A.♂外生殖器；B. 右背侧突；C. 左背侧突；D. 下生殖板

（184）吴氏驼舞虻 *Hybos wui* Yang *et* Yang, 1995（图 4-47）

Hybos wui Yang *et* Yang, 1995: 501.

　　主要特征：头部黑色；触角黑色；喙直、黑色；下颚须黑色，端部有数根毛。胸部明显隆突，黑色。毛和鬃黑色。背侧鬃 2 根，中鬃和背中鬃各 1 对，翅后鬃 1 根，小盾鬃 1 对，均较长。翅白色透明，翅痣不明显的浅褐色，脉浅褐色；平衡棒淡黄色。足黑色，基部 2 跗节暗黄色至黄色，前足胫节有 1 根中背鬃、1 根很长的端背鬃；基跗节有 1 根基腹鬃；中足胫节前后各有 1 根极长的中背鬃和中腹鬃，端部还有数根鬃；基跗节有明显的鬃；后足腿节较粗大，腹鬃大致长刺状、2 排，背外侧鬃 5 根；后足胫节有中背鬃、端前侧鬃、端背鬃和端腹鬃各 1 根；基跗节有短刺。腹部略向下弯，浅黑色。毛黄色。雄性外生殖器：第 9 背板左背片侧视较长，其背侧突长而弯；右背片内缘弯曲，背侧突由细长的外弯突和大的近三角形内突构成；下生殖板较短宽，左端侧缘缢缩且有小突。

　　分布：浙江（庆元、景宁）。

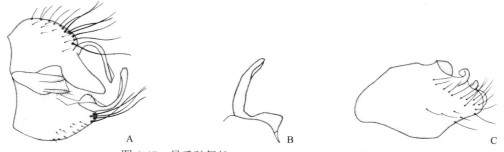

图 4-47　吴氏驼舞虻 *Hybos wui* Yang *et* Yang, 1995
A.♂外生殖器；B. 左背侧突；C. 下生殖板

（185）浙江驼舞虻 *Hybos zhejiangensis* Yang *et* Yang, 1995（图 4-48）

Hybos zhejiangensis Yang *et* Yang, 1995: 238.

　　主要特征：头部黑色；触角黑色。胸部黑色，毛黄色，鬃黑色。翅白色透明，翅痣浅褐色，脉暗黄褐色。足黑色，但胫节和跗节暗黄色至黄色，第 3-5 跗节黑色；毛主要呈黑色，但基节和转节毛黄色。前足胫节有 1 根中背鬃和 1 根端背鬃，基跗节有 1 根基背鬃、1 根基腹鬃和 1 根端腹鬃。中足胫节基部 1/3 处有 1 根长背鬃，中部有 2 根长短不一的背鬃和 1 根腹鬃，端部有数根鬃；基跗节有数根鬃。后足腿节较粗大，腹鬃刺状、大致 3 排，背外侧鬃 4 根，胫节中部有粗细不一的鬃 2 根，近端部有 1 根侧鬃，末端有 1 根背鬃、1 根端前腹鬃和 1 根腹鬃；基跗节有短鬃。腹部浅黑色至黑色。雄性外生殖器：第 9 背板左背片宽大，内缘中部有 1 小突，其背侧突由形状不一的 2 小突构成；右背片宽大，内缘中部明显凹缺，其背侧突较大且中部缩小；下生殖板端部缩小扭曲。

分布：浙江（开化、景宁）。

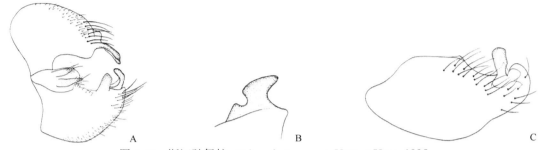

图 4-48　浙江驼舞虻 *Hybos zhejiangensis* Yang *et* Yang, 1995
A. ♂外生殖器；B. 右背侧突；C. 下生殖板

（186）周氏驼舞虻 ***Hybos zhouae*** **Cao, Yu, Wang *et* Yang, 2018**（图 4-49）

Hybos zhouae Cao, Yu, Wang *et* Yang, 2018: 202.

主要特征：鞭节明显延长，触角光裸。足黑色，膝关节黄褐色，跗节浅黑色。足的毛大多数暗黄色或黄褐色，但后足除跗节外全暗黄色或黄褐色。后足腿节有 6–7 根前腹鬃。下生殖板端部有弱的侧凹缺。

分布：浙江（景宁）。

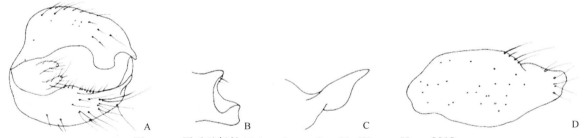

图 4-49　周氏驼舞虻 *Hybos zhouae* Cao, Yu, Wang *et* Yang, 2018
A. ♂外生殖器；B. 右背侧突；C. 左背侧突；D. 下生殖板

52. 准驼舞虻属 *Parahybos* Kertész, 1899

Parahybos Kertész, 189: 176. Type species: *Parahybos iridipennis* Kertész, 1899 (monotypy).
Parahybos: Yang *et* Yang, 2004: 228; Yang, Zhang, Yao *et* Zhang, 2007: 301.

主要特征：雌雄复眼均为接眼式，在额区长距离相接；复眼背部小眼面扩大。单眼瘤显著，有 2 对横排的单眼鬃，中对长而侧对短。颜较短窄。触角基部 3 节较短小；柄节和梗节较短，柄节无背鬃，梗节有 1 圈端鬃；第 1 鞭节稍长，近锥形或近方形，有背鬃或腹鬃；触角芒 2 节（基节很短），长丝状，长为基部 3 节的 3–4 倍，无毛；喙长刺状，水平前伸，明显比头长；下颚须很短，细长形，有腹鬃。胸部明显隆突；中胸背板中后区稍平。无肩鬃；2–3 根背侧鬃，1 根翅后鬃；无明显盾前鬃；小盾片有多对鬃和长缘毛。翅臀叶发达；前缘脉绕至 M_1 末端；径分脉很长，接近肩横脉；R_{4+5} 和 M_1 端部平行或汇聚；有盘室，向翅缘伸出 2 条脉；臀室和基室大致等长。后足腿节弱加粗，无腹鬃。雄性外生殖器不明显膨大，左右对称。

分布：世界广布，已知 23 种，中国记录 16 种，浙江分布 1 种。

（187）浙江准驼舞虻 *Parahybos zhejiangensis* Yang *et* Yang, 1995

Parahybos zhejiangensis Yang *et* Yang, 1995: 504.

主要特征：头部黑色；触角浅黑色，第 1 鞭节有 1 根黑色中背鬃；触角芒有短毛，但端部光裸无毛。喙直、暗黄色；下颚须黄色，稀有黑毛。胸部明显隆突，黑色。翅略带浅灰色，翅痣浅褐色，脉浅褐色。前足浅黑色，但腿节端部暗黄色；中后足黄色，但基节、膝、端跗节浅黑色。中足胫节有 1 根基背鬃和 3 根端腹鬃；后足腿节有 1 排类似鬃的腹外侧毛；胫节有 1 根基背鬃和 3 根端腹鬃。平衡棒褐色。腹部黑褐色，略下弯；毛黑色。

分布：浙江（庆元）。

53. 隐驼舞虻属 *Syndyas* Loew, 1857

Syndyas Loew, 1857: 369. Type species: *Syndyas opaca* Loew, 1857 (designated by Coquillett, 1903).

Syndyas: Yang *et* Yang, 2004: 237; Yang, Zhang, Yao *et* Zhang, 2007: 303; Yang, Wang, Zhu *et* Zhang, 2010: 242.

主要特征：雌雄复眼均为接眼式，在额区长距离相接；复眼背部小眼面扩大；单眼瘤明显，有 1 对单眼鬃；颜较短窄。触角较小；柄节和梗节较短，柄节无背鬃，梗节有 1 圈端鬃；第 1 鞭节较长，近长卵圆形，无背鬃。触角芒 2 节（基节很短），长丝状，长约为基部 3 节的 2 倍，无毛；喙刺状，水平前伸，稍短于头长；下颚须细长，比喙稍短，有 1–2 根端鬃。胸部明显隆突；中胸背板中后区稍平。无肩鬃；2 根背侧鬃；1 根翅后鬃；小盾片有 1 对小盾鬃和数根缘毛。翅臀叶发达；前缘脉绕至 M_1 末端；径分脉很短，明显远离肩横脉；R_{4+5} 和 M_1 端几乎平行；中脉基部不明显，有盘室，向翅缘伸出 2 条脉；臀室稍长于基室，端部尖。后足腿节稍加粗，有刺状腹鬃；后足胫节端部和后足基跗节加粗。雄性外生殖器较膨大，向右近 90°旋转，左右两侧不对称。

分布：世界广布，已知 33 种，中国记录 5 种，浙江分布 1 种。

（188）中华隐脉驼舞虻 *Syndyas sinensis* Yang *et* Yang, 1995（图 4-50）

Syndyas sinensis Yang *et* Yang, 1995: 503.

主要特征：头部黑色。触角黑色，柄节仅有短细毛；触角芒光裸无毛。喙直、黑色；下颚须褐色，末端

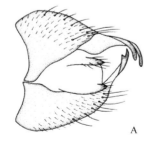

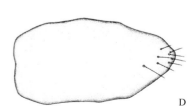

图 4-50　中华隐脉驼舞虻 *Syndyas sinensis* Yang *et* Yang, 1995

A. ♂外生殖器；B. 右背侧突；C. 左背侧突；D. 下生殖板

有 1 根毛。胸部黑色，毛较长、黄色，鬃黑色。翅褐色，翅痣暗褐色。足黑色；前足胫节近基部处明显膨大；中足胫节有 1 根细长的端腹鬃；后足腿节略加粗，腹鬃 1 排、刺状；胫节端部和基跗节明显膨大。腹部黑色，明显下弯。雄性外生殖器：第 9 背板左右背片完全分开，左背片较狭，其背侧突端缘浅凹；右背片较宽大，其背侧突端缘有深的凹缺；下生殖板长而宽，末端大致钝圆。

分布：浙江（庆元）。

54. 柄驼舞虻属 *Syneches* Walker, 1852

Syneches Walker, 1852: 165. Type species: *Syneches simplex* Walker, 1852 (monotypy).

Syneches: Yang *et* Yang, 2004: 241; Yang, Zhang, Yao *et* Zhang, 2007: 306; Yang, Wang, Zhu *et* Zhang, 2010: 243.

主要特征：雌雄复眼均为接眼式，在额区长距离相接；复眼背部小眼面扩大；单眼瘤明显，一般有 1 对单眼鬃。颜较短窄。触角基部 3 节较短小；柄节和梗节较短，柄节无背鬃，梗节有 1 圈端鬃；第 1 鞭节稍长，近锥形或方形，有背鬃或腹鬃；触角芒 2 节（基节很短），长丝状，长为基部 3 节的 3–4 倍，无毛；喙刺状，水平前伸，稍比头长；下颚须短，细长形，约为喙长 1/4，有腹鬃。胸部明显隆突。无肩鬃；2 根背侧鬃，1 根翅后鬃；盾前鬃通常明显成横排；小盾片有多对鬃和长缘毛。翅臀叶发达；前缘脉绕至 M_1 末端；径分脉很长，接近肩横脉；R_{4+5} 和 M_1 端部平行或汇聚；有盘室，向翅缘伸出 2 条脉；臀室和基室大致等长。后足腿节弱或明显加粗，有明显的前腹鬃。雄性外生殖器不明显膨大，左右对称。

分布：世界广布，已知 138 种，中国记录 38 种，浙江分布 2 种。

（189）南岭柄驼舞虻 *Syneches nanlingensis* Yang *et* Grootaert, 2007（图 4-51）

Syneches nanlingensis Yang *et* Grootaert, 2007: 138.

主要特征：头部黑色。触角黄褐色，第 1 鞭节暗褐色；第 1 鞭节近方形，有 1 根背毛。胸部黑色，小盾片有长缘毛，其中 6 根鬃状。翅浅灰色；翅痣长，暗褐色；R_{4+5} 和 M_1 端部稍汇聚。足暗褐色；基节浅黑色；前中足腿节末端黄色，后足腿节黄色且基部 1/3 暗褐色；胫节末端黄色；跗节黄色，端跗节暗褐色。前足腿节粗为中足腿节的 1.1 倍；后足腿节粗为中足腿节的 1.1 倍，有 1 排 4–5 根细长的前腹鬃明显长于腿节粗；前足胫节末端有 3 根鬃，中足胫节基部有 1 根很长的前背鬃，末端有很长的黄色前腹鬃和后腹鬃各 1 根，后足胫节有 1 根长的前背鬃位于基部和一些长鬃状后毛；末端有 1 根前背鬃、1 根后背鬃和 1 根黄褐色前腹鬃。腹部黑色，有灰粉。雄性外生殖器：生殖背板叶向末端变窄，侧视有短尖的背端角；下生殖板端部稍窄，端缘中部浅凹缺，有 2 个短三角的侧突；阳茎端圆，亚端有弯的侧突。

分布：浙江（临安）、广东。

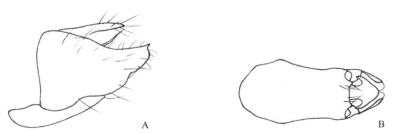

图 4-51　南岭柄驼舞虻 *Syneches nanlingensis* Yang *et* Grootaert, 2007
A. ♂外生殖器侧面观；B. 下生殖板和阳茎

（190）浙江柄驼舞虻 *Syneches zhejiangensis* Yang *et* Wang, 1998（图 4-52）

Syneches zhejiangensis Yang *et* Wang, 1998: 311.

主要特征：头部黑色，有灰粉；单眼瘤有 10–11 根毛，其中中部 6–7 根长，很难区分出单眼鬃。触角黑色，梗节有 1 圈端鬃，第 1 鞭节有 3 根背鬃；触角芒黄褐色，毛不明显；喙刺状、前伸，稍比头长，黑色；下颚须黑色，有黑毛。胸部浅黑色，有灰粉。毛和鬃黑色。中胸背板中后区毛较长，左右两侧各有 1 横列 3 根盾前鬃，小盾片有成排的长毛和鬃。翅灰褐色，翅痣较狭长、暗灰褐色；R_{4+5} 与 M_1 端部汇聚。足全黑色。前后足腿节等粗，粗为后足胫节的 1.3 倍，中足腿节粗为后足腿节的 0.8 倍；后足胫节端部稍加粗。后足腿节有 1 排细长的前腹鬃（8–9 根）。腹部浅黑色，有灰粉。毛和鬃黑色，但第 1–6 背板两侧有淡黄的毛和鬃。雄性外生殖器：第 9 背板半背片较宽大，背侧突末端分叉状；下生殖板长明显大于宽，端部缩小而钝。

分布：浙江（安吉、临安）。

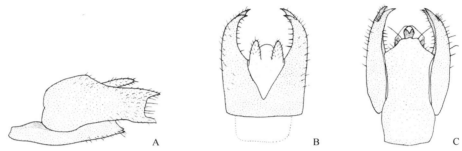

图 4-52　浙江柄驼舞虻 *Syneches zhejiangensis* Yang *et* Wang, 1998
A.♂外生殖器侧面观；B.♂外生殖器背面观；C.♂外生殖器腹面观

55. 黄隐肩舞虻属 *Elaphropeza* Macquart, 1827

Elaphropeza Macquart, 1827: 86. Type species: *Tachydromia ephippiata* Fallén, 1815 (monotypy).

Elaphropeza: Shamshev *et* Grootaert, 2007: 6; Yang, Zhang, Yao *et* Zhang, 2007: 370; Yang, Wang, Zhu *et* Zhang, 2010: 265.

主要特征：胸部一般黄色。复眼在额窄地分开，与颜很接近或相接。颊不明显，很窄。单眼瘤明显，有 1 对单眼鬃和 2 根后毛；头顶鬃 2 对。触角向前方伸；梗节有 1 圈端鬃；第 1 鞭节为稍长的锥状；触角芒很细长，位于触角第 1 鞭节的末端；喙很短，显著短于头长或头高；下颚须较小，较短阔。肩胛不明显，无明显肩鬃；中胸背板有较多短毛，背侧鬃 2 根，翅后鬃 1 根，盾前鬃 1 根；小盾鬃 2 对。翅前缘脉终止于 M_{1+2} 末端；亚前缘脉很接近 R（似愈合），末端退化，不达翅前缘；Rs 柄很短；R_{4+5} 和 M_{1+2} 端部分叉；臀脉和臀室完全消失；第 1 基室明显短于第 2 基室；无盘室。足腿节稍加粗；后足胫节中部有明显前背鬃。雄腹部末端向右旋转。

分布：世界广布，已知 148 种，中国记录 52 种，浙江分布 2 种。

（191）端黑黄隐肩舞虻 *Elaphropeza apiciniger* (Yang, An *et* Gao, 2002), comb. nov.（图 4-53）

Drapetis apiciniger Yang, An *et* Gao, 2002: 33.

主要特征：头部黑色，有灰白粉；毛和鬃淡黄色。触角黄褐色；第 1 鞭节长锥状，长为宽的 3.0 倍；芒细长，长约为触角 3 节长之和的 2 倍，褐色，有微细毛；喙暗黄色，有淡黄毛。下颚须暗黄色，有淡黄毛。胸部黑色；中胸背板亮黑色。中胸背板毛多而短。无明显肩鬃，2 根背侧鬃，1 根背中鬃，1 根翅后鬃。

翅白色透明；脉黄褐色，R$_{4+5}$ 与 M 端部稍分叉；平衡棒暗黄色。足黄色；后足腿节端半浅黑色，后足胫节浅黑色。足毛和鬃淡黄色。前足腿节明显加粗，粗为前足胫节的 1.8 倍；中足腿节稍加粗，粗为中足胫节的 2.0 倍；后足腿节稍加粗，粗为后足胫节的 1.3 倍。前足腿节有 1 排短细的后腹鬃，基部有 1 根长后腹鬃，末端有 2 根有些靠近而较长的后腹鬃；中足腿节基部有 1 根长后腹鬃。前足胫节末端有 1 根明显的后腹鬃。腹部浅褐色。毛黑色，第 3–4 节背板有短刺毛。

分布：浙江（临安）、河南。

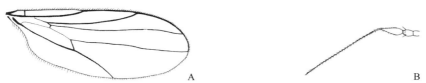

图 4-53　端黑黄隐肩舞虻 *Elaphropeza apiciniger* (Yang, An *et* Gao, 2002)

A. 翅；B. 触角

（192）贵州黄隐肩舞虻 *Elaphropeza guiensis* (Yang *et* Yang, 1989)（图 4-54）

Drapetis (*Elaphropeza*) *guiensis* Yang *et* Yang, 1989: 36.

Elaphropeza guiensis: Yang *et* Yang, 1989: 572.

主要特征：头部黑褐色，头顶鬃 1 对，单眼鬃 1 对，均为暗黑色。触角浅黄褐色，第 1 鞭节为长锥状，触角芒极细长；喙较短、黄色；下颚须黄色。胸部黄色，前胸背板浅黑色；中胸背板位于翅基内侧各有 1 近三角形的大黑斑，其前侧伸达背板外缘，其后几达小盾片。小盾片黄色，后背片黑色。中侧片下缘、翅侧片、下侧片下部和后侧片上部均为黑色，腹侧片有 1 黑斑。胸鬃浅褐色，背中鬃 1 对。翅白色透明，翅脉大致为浅灰色。足黄色，仅腿节端部和前中足胫节带浅灰色，跗节为暗黄色；后足胫节 2 根背鬃。腹部黄色，略带浅灰色。

分布：浙江（临安）、广东、贵州。

图 4-54　贵州黄隐肩舞虻 *Elaphropeza guiensis* (Yang *et* Yang, 1989)

A. ♂外生殖器背面观；B. 右生殖背板叶；C. 左生殖背板叶

56. 平须舞虻属 *Platypalpus* Macquart, 1827

Platypalpus Macquart, 1827: 92. Type species: *Musca cursitans* Fabricius, 1775 (designated by Westwood, 1840).

Platypalpus: Yang, Zhang, Yao *et* Zhang, 2007: 391; Yang, Wang, Zhu *et* Zhang, 2010: 291.

主要特征：复眼在额和颜窄地分开。单眼瘤弱；头顶鬃 1–2 对，有时完全缺如。触角第 1 鞭节短锥状至长锥状；喙明显短于头长；下颚须很小而圆。肩胛明显，无明显肩鬃。中鬃 2–6 列，与背中鬃分开；有时中胸背板毛很多，中鬃和背中鬃难以区分。翅前缘脉终止于 M$_{1+2}$ 末端；亚前缘脉末端游离，不达翅前缘；R$_{4+5}$ 和 M$_{1+2}$ 端部平行或明显汇聚；臀脉退化，痕迹可见，或完全消失。第 1–2 基室较短；臀室很短，显著短于基室；无盘室。前足腿节稍加粗。中足捕捉式。中足腿节明显，显著加粗，腹面有 2 排刺状腹鬃，外侧常还有长的前腹鬃和后腹鬃。中足胫节稍弯曲，有 1 排很短的腹刺，末端一般有形状多样的端距。雄腹部末端向右旋转。

分布：世界广布，已知 559 种，中国记录 58 种，浙江分布 1 种。

（193）尖突平须舞虻 *Platypalpus acutatus* Yang *et* Li, 2005（图 4-55）

Platypalpus acutatus Yang *et* Li, 2005: 46.

主要特征：头部黑色，有灰白粉；头部毛淡黄色，无头顶鬃。触角黄褐色，但第 1 鞭节浅黑色，长锥状，长为宽的 2.7 倍，有短毛；触角芒长为第 1 鞭节的 1.3 倍，黑色，有短毛。胸部黑色，有灰白粉；中胸背板亮黑色，侧部和后部有粉被，腹侧片有大的亮斑；毛淡黄色；肩胛有 3–4 根毛，无肩鬃；中胸背板的毛较均匀一致；无背中鬃和盾前鬃，翅后鬃毛状。翅白色透明；R_{4+5} 和 M 端部平行。足黄褐色，跗节端部浅褐色。足的毛和鬃淡黄色，但跗节有一些浅黑毛。前中足腿节加粗，前足腿节 1.6 倍，中足腿节 1.8 倍于后足腿节粗；中足腿节仅有 2 排黑色腹鬃（前排鬃很短，多齿状；后排鬃为前排鬃的 3–4 倍）；中足胫节有 1 排弱的黑色腹鬃，无明显的端距。腹部黑色，有灰白粉，但背面近亮黑色。毛淡黄色。雄性外生殖器：左右生殖背板叶基部窄的相连；左生殖背板叶窄，生殖突不明显分开，末端几乎尖且有 4 根长侧鬃；右生殖背板叶宽，分开的背侧突短且末端有些尖；左尾须比右尾须稍长，右尾须基部宽。

分布：浙江（临安）、河北、河南。

 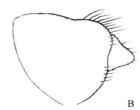 

A　　　　　　　　　　　　B　　　　　　　　　　　　C

图 4-55　尖突平须舞虻 *Platypalpus acutatus* Yang *et* Li, 2005
A. ♂外生殖器背面观；B. 右生殖背板叶；C. 左生殖背板叶

九、长足虻科 Dolichopodidae

主要特征：长足虻成虫体金绿色或蓝绿色，有薄的白色或灰褐色粉。复眼 1 对；单眼 3 个，三角形排列。触角第 1 鞭节末端或背面有触角芒，雌雄触角多异型。口器类似舐吸型，呈较粗壮的盘状。胸部通常金绿色，有时全黄色或仅侧板黄色；胸部鬃发达，背中鬃粗长，双列，每列 4–8 根，通常 5–6 根，倒数第 2 根有时稍内移或显著内移，接近中鬃列。前翅发达，长圆形，翅脉较简单；第 1 基室短小，第 2 基室与盘室愈合，臀室短小。足细长，通常有鬃，其数量及着生位置为重要的鉴别特征。腹部呈细长的筒状或渐向端部变窄，背板有较长的缘鬃。雌虫腹部仅第 1–5 腹节发达可见，其余各节套叠在第 5 节内，端部可见第 9+10 背板的端部和尾须的端部。

生物学：长足虻的幼虫绝大多数为捕食性，捕食范围广；仅知潜长足虻属 *Thrypticus* 的所有幼虫均为植食性，在植物茎秆里行钻蛀生活。成虫多在潮湿的环境中活动，如河流、湖泊、海洋、或岸边的土壤，或植物表面、林地中。

分布：世界已知 15 亚科 226 属 6870 种，中国记录 10 亚科 66 属 1026 种，浙江分布 9 亚科 23 属 76 种。

分亚科检索表

1. 头顶深凹；翅瓣发达 ·· 丽长足虻亚科 Sciapodinae
- 头顶平或弱凹；翅瓣缺如 ··· 2
2. 上后头明显凹；臀室缺如 ·· 聚脉长足虻亚科 Medeterinae
- 上后头平或弱凹；臀室存在 ··· 3
3. 雄性复眼在额和颜均宽地分开；雄性颜两侧平行或向下变宽；中后足腿节至少有 2 根端前鬃 ·················
   ··· 水长足虻亚科 Hydrophorinae
- 雄性复眼在颜接近或相接；雄性颜很窄或明显向下变窄；中后足腿节有 1 根端前鬃或缺如 ··················· 4
4. 中胸背板中后区弱隆突 ·· 5
- 中胸背板中后区平；雄性外生殖器相当大而大部分裸露 ·· 8
5. 中后足腿节均有端前鬃 ·· 6
- 中后足腿节均无端前鬃 ·· 7
6. 足基节无毛；雄性外生殖器小，盖帽状 ·· 合长足虻亚科 Sympycninae
- 足基节有背毛；雄性外生殖器相当大而大部分裸 ··· 长足虻亚科 Dolichopodinae
7. 后顶鬃 1 根；雄性第 8 腹板有强鬃 ··· 异长足虻亚科 Diaphorinae
- 后顶鬃 2 根；雄性第 8 腹板无强鬃 ··· 锥长足虻亚科 Rhaphiinae
8. 中后足腿节无端前鬃；后足基节在基部 1/3 处有 1 根外鬃；雌性第 9+10 合背板无粗刺；胸部和腹部通常大部黄色，前胸的毛和鬃黄色 ··· 脉长足虻亚科 Neurigoninae
- 中后足腿节有端前鬃；后足基节中间有 1 根外鬃；雌性第 9+10 合背板有粗刺 ···
   ··· 佩长足虻亚科 Peloropeodinae

（一）丽长足虻亚科 Sciapodinae Becker, 1917

主要特征：颜很宽，向下渐变窄；后头几乎平截。头顶深凹，上后头有些凹陷；下后头具浓密的毛，下部眼后鬃多列。中胸背板中后区不平。翅瓣发达。翅 M_2 脉发达；CuAx 值大于 1；臀室和臀脉明显。雄性腹部第 6 背板侧视为大的四边形，被毛和鬃；第 7 节外露，被毛和鬃。雄性外生殖器背侧突不分叶；第 9 背板的侧突短小，位于背侧突基部；亚生殖背板端突缺失，后突不明显；下生殖板长。

分布：世界已知 26 属 1294 种，中国记录 8 属 132 种，浙江分布 5 属 15 种。

分属检索表

1. 额具明显毛瘤；4-5 根强的背中鬃，2 对强的小盾鬃；翅多棕色，后缘透明，m-cu 脉上部具 1 透明斑；雄性外生殖器小 ·· 毛瘤长足虻属 *Condylostylus*
- 额无毛瘤；其他特征各异 ·· 2
2. 触角第 1 鞭节近四边形；触角芒常背位，短（极少长于头宽）；雄虫触角芒偶尔端部膨大；胫节的鬃较弱，雄虫更甚；m-cu 横脉直 ·· 3
- 触角第 1 鞭节三角形；触角芒常端位，长（雌虫的亦长于体长一半）；雄虫触角芒有时端部膨大；前足胫节具长鬃；m-cu 横脉波浪形 ·· 4
3. 雄虫顶鬃较弱，甚至退化；后足第 5 跗节的爪正常 ·················· 雅长足虻属 *Amblypsilopus*
- 顶鬃强；后足第 5 跗节具 1 长刺状的爪 ·························· 华丽长足虻属 *Sinosciapus*
4. 额亮金绿色；雄虫顶鬃退化或较弱；雄虫柄节常膨大，花瓶状；前足基节有 3-7 根强的刺状侧鬃（雌虫强于雄虫）或 3 根强的黑色端侧鬃；前足腿节和胫节无明显的鬃 ·············· 基刺长足虻属 *Plagiozopelma*
- 额及头顶常被粉；雄虫顶鬃毛状；雄虫柄节很少膨大呈花瓶状；前足基节无强的刺状侧鬃；前足腿节和胫节有明显的长鬃 ·· 金长足虻属 *Chrysosoma*

57. 雅长足虻属 *Amblypsilopus* Bigot, 1888

Amblypsilopus Bigot, 1888: XXIV. Type species: *Psilopus psittacinus* Loew, 1861 (original designation).

主要特征：体细弱，足长。头顶深凹；雄虫顶鬃常退化，或头顶的斜坡具浓密的鬃。触角梗节常具短的背鬃和腹鬃；鞭节多为四边形或三角形；触角芒多背位。中鬃双列，3–6 对；4–5 根背中鬃。翅 m-cu 脉直，与 M 脉呈直角相交。雄性下生殖板不对称，具窄的左侧臂；阳茎具背角；生殖背板侧叶具 2 根端鬃；背侧突长，具宽大的腹叶及指状的背突。

分布：世界广布，已知 275 种，中国记录 45 种，浙江分布 5 种。

分种检索表

1. 前足胫节无明显弯曲的后鬃 ·· 2
- 前足胫节具 1 根或 5–6 根明显弯曲的后鬃 ··· 4
2. 雄虫头顶斜坡上具 1 根弱的淡色毛状顶鬃；尾须分叉 ·················· 基雅长足虻 *A. basalis*
- 雄虫头顶斜坡具浓密的黑色鬃或 1 根强的顶鬃；尾须不分叉 ······························· 3
3. 足基节全黑色；雄虫尾须长鞭状，背侧突不分叉，侧视明显弯 ·········· 浙江雅长足虻 *A. zhejiangensis*
- 足基节基部黄色；雄虫尾须短，指状，有一些弯，背侧突分为 2 细长的突起 ·········· 龙王山雅长足虻 *A. longwanganus*
4. 前足胫节端部 1/4 处具 1 根淡色而弯曲的后鬃；顶鬃弱；尾须相当粗，腹面稍凹 ·········· 粗须雅长足虻 *A. crassatus*
- 前足胫节具 5–6 根淡色而弯曲的后鬃；雌雄虫均有强的顶鬃；尾须短，向腹弯折，呈"L"形 ·· 黄附雅长足虻 *A. flaviappendiculatus*

（194）基雅长足虻 *Amblypsilopus basalis* Yang, 1997（图 4-56）

Amblypsilopus basalis Yang, 1997: 132.

主要特征：体长 5.3 mm，翅长 5.5 mm。触角黄色；第 1 鞭节锥状，暗黄色。背中鬃 5 根，粗壮，中鬃不明显。翅透明，脉浅褐色；平衡棒黄色。足黄色；前足第 5 跗节端部、中足跗节和后足第 5 跗节褐色。

腿节有淡色腹毛；前足腿节有 2 行弱腹鬃（4 根前腹鬃和 6 根后腹鬃），胫节基部有 3 根背鬃；中足第 2–4 跗节明显扁平。雄性外生殖器：第 9 背板短而宽；背侧突中部凹；尾须延长，有 1 粗基突；下生殖板有长侧臂；阳茎粗，末端直。

　　分布：浙江（泰顺）、广西、贵州。

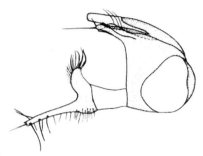

图 4-56　基雅长足虻 *Amblypsilopus basalis* Yang, 1997
♂外生殖器侧面观

（195）粗须雅长足虻 *Amblypsilopus crassatus* Yang, 1997

Amblypsilopus crassatus Yang, 1997: 133.

　　主要特征：体长 3.3–3.5 mm，翅长 4.0–4.2 mm。触角黄色；第 1 鞭节近矩形；触角芒背位，暗褐色，短于头宽。背中鬃后 2 根强，前 3 根弱的毛状，强中鬃不规则的 3 对，无侧小盾鬃。足黄色；前足基节黄色，中后足基节黑色；前足跗节暗褐色（基部颜色有些淡），中后足第 5 跗节暗褐色；前足第 5 跗节明显扁平，有小侧突。雄性外生殖器：第 9 背板长大于宽许多；背侧突宽；尾须相当粗，腹面稍凹；下生殖板相当宽；阳茎细，端部有些弯。雌性与雄性近似，中足胫节基半部有 3 根很短的前背鬃，基部有 1 根长后背鬃、4 根后腹鬃和 2 根前腹鬃；后足胫节有 6 根短背鬃，基部有 1 根前背鬃和 5 根短腹鬃。

　　分布：浙江（杭州）、河南、湖北、福建、广东、广西、贵州、云南；新加坡。

（196）黄附雅长足虻 *Amblypsilopus flaviappendiculatus* (De Meijere, 1910)（图 4-57）

Agonosoma flaviappendiculatus De Meijere, 1910: 94.
Amblypsilopus flaviappendiculatus: Bickel *et* Dyte, 1989: 394.

　　主要特征：体长 4.3–4.5 mm；翅长 3.0–3.4 mm。颜向下渐变窄。触角黑色，但第 1 鞭节淡黄色，近梯形；梗节近椭球形，亚端部具 1 圈鬃（包括 1 根长背鬃、1 根长腹鬃）；触角芒亚端位，与头宽近等长。5 对背中鬃（前 3 对毛状），1 对不规则的中鬃。翅透明，脉棕色，M_1 不明显，m-cu 直。足淡黄色；前足基节浅黄色，中足、后足基节黑色；前足第 4–5 跗节、中足第 4–5 跗节及后足第 3–5 跗节棕色。雄性前足基

A　　　　　　　　　　　　　　B　　　　　　　　　　　　C

图 4-57　黄附雅长足虻 *Amblypsilopus flaviappendiculatus* (De Meijere, 1910)
A. 翅；B. 触角侧面观；C.♂外生殖器侧面观

节具 1 排 3 根弯的淡色前鬃及不规则前毛，中足基节具 2 根弯的淡色前鬃，后足基节上部具 1 根淡色外鬃。后足第 3–5 跗节背腹扁平。雌性前足基节无弯曲的淡色腹鬃；后足第 3–5 跗节正常。雄性外生殖器：第 9 背板深褐色，背侧突短；阳茎细长，端部直；尾须短，具淡色毛。

分布：浙江、湖北、湖南、海南、广西、贵州、云南；越南，菲律宾，印度尼西亚，澳大利亚。

（197）龙王山雅长足虻 *Amblypsilopus longwanganus* Yang, 1997（图 4-58）

Amblypsilopus longwanganus Yang, 1997: 147.

　　主要特征：体长 4.7 mm，翅长 4.2 mm。头部毛和鬃黑色；下眼后鬃黄色；头顶有 1 根弯的黑鬃在后侧斜坡上。触角黑色；第 1 鞭节长近等于宽，近三角形；触角芒背端位，黑色，短于头宽。喙黄色，有淡色毛；下颚须黄色，有黑毛。中鬃不规则的 2 对、较强，后面的背中鬃 2 根、粗壮；小盾片无侧鬃；翅透明；脉黑色，M_2 基部明显，m-cu 直。足主要为黄色；基节、转节、腿节基部和后足腿节端部黑色；第 3–5 跗节褐色至暗褐色。前足基节有 3 根前鬃；中足胫节有 3 根很短的背鬃。腋瓣暗褐色，有黑毛，平衡棒黄色。雄性外生殖器：第 9 背板长大于宽，端部宽；背侧突分为 2 个很细长的臂；尾须指状略弯曲；下生殖板端部尖，侧臂长、端部明显弯曲；阳茎很细长，末端直。

　　分布：浙江（安吉）。

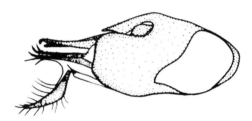

图 4-58　龙王山雅长足虻 *Amblypsilopus longwanganus* Yang, 1997
♂外生殖器侧面观

（198）浙江雅长足虻 *Amblypsilopus zhejiangensis* Yang, 1997（图 4-59）

Amblypsilopus zhejiangensis Yang, 1997: 136.

　　主要特征：体长 3.6–4.1 mm，翅长 3.8–4.0 mm。头部金绿色，头顶有 3–4 根端部弯曲的顶鬃在后侧斜坡上。触角黑色；第 1 鞭节锥状；触角芒端位，长约等于头宽；喙和下颚须均黑色，有淡色毛。胸背中鬃后 2 根粗，前 3 根弱的毛状，中鬃不规则的 3 对，无侧小盾鬃。翅浅灰色，后缘颜色有些淡；脉暗褐色；M_2 基部明显，m-cu 近直；平衡棒暗黄色。足黑色；前中足腿节端部、胫节和基跗节黄色；第 2–5 跗节暗褐色。后足第 4–5 跗节有些粗。足毛黑色；基节仅有淡色毛，腿节有淡色腹毛。雄性外生殖器：第 9 背板端有些窄；背侧突侧视明显弯；尾须长鞭状；下生殖板有 1 很细侧臂；阳茎端窄。

　　分布：浙江（杭州）、福建、海南、云南。

图 4-59　浙江雅长足虻 *Amblypsilopus zhejiangensis* Yang, 1997
♂外生殖器侧面观

58. 金长足虻属 *Chrysosoma* Guérin-Méneville, 1831

Chrysosoma Guérin-Méneville, 1831: 20. Type species: *Chrysosoma fasciata* Guérin-Méneville, 1831.

主要特征：体粗壮；头顶深凹，后顶鬃强，位于眼后鬃上端和延长线上；雄虫头顶常具有 1 簇弱鬃；雌虫顶鬃发达。触角第 1 鞭节常为长三角形；触角芒端位，长远大于头宽。胸 3–5 对强中鬃；雄虫后 2 根背中鬃强，前面的背中鬃弱，毛状；雌虫具 5 根强背中鬃；小盾侧鬃弱，甚至缺失。翅透明，有时具棕色斑纹。m-cu 弯曲，若直，则与 M 呈锐角相交。前足腿节常具有强的腹鬃；前足胫节具强的背鬃。下生殖板具窄的左侧臂。阳茎具背角。生殖背板侧叶具 2 根强的端鬃。背侧突具大的腹突和指状背突。尾须多分叉。

分布：世界广布，已知 207 种，中国记录 29 种，浙江分布 5 种。

分种检索表

1. 后足胫节亚基部具 1 膨大的结节；触角芒尖端膨大；尾须细长，基部具 1 指状突，端部分叉 ·· 普通金长足虻 *C. globiferum*
- 后足胫节无结节；触角芒与尾须特征各异 ·· 2
2. 前足基跗节稍加粗，具浓密的侧毛；胸部主要呈深黄色；尾须细长 ··········· 金平金长足虻 *C. jingpinganum*
- 前足基跗节正常；胸部颜色与尾须各异 ··· 3
3. 触角芒不长于头胸之和；5 根强背中鬃；1 对弱的中鬃；尾须二叉 ············· 大沙河金长足虻 *C. dashahense*
- 触角芒长于头胸之和；背鬃与尾须形态各异 ··· 4
4. 中足基节黄色；胸部主要呈黄色；尾须长，指状 ··· 淡黄金长足虻 *C. xanthodes*
- 中足基节黑色；尾须二裂，背突短，腹突长，端部分叉 ······························ 杭州金长足虻 *C. hangzhouense*

（199）大沙河金长足虻 *Chrysosoma dashahense* Zhu *et* Yang, 2005（图 4-60）

Chrysosoma dashahensis Zhu *et* Yang, 2005: 399.

主要特征：体长 5.1 mm，翅长 4.6 mm。触角黑色，但柄节棕色，梗节深棕色；第 1 鞭节三角形，长约等于宽；触角芒背位、黑色、简单、与头宽等长，具 1 短基节。胸 5 根背中鬃均强，仅 1 对弱的中鬃；小盾侧鬃毛状。翅浅灰色；脉暗褐色。腋瓣黑色，有淡色毛。足黄色，但前足跗节和后足第 5 跗节发黑；基节黄色；前足腿节具 1 排长的淡色腹鬃及 1 排 4–5 根淡色刺状鬃（2 倍于前足腿节的宽）；中足、后足腿节几乎光裸；前足胫节稍微膨大，并在膨大处腹面具有浓密的淡色柔毛；中足第 4、第 5 跗节有成列的 5 根后腹鬃，腹面具有浓密的淡色柔毛；后足基跗节中部具 1 强后腹鬃。雄性外生殖器：第 9 背板近四边形；背侧突中部凹；尾须分叉，具黑色长鬃；下生殖板有长侧臂；阳茎粗，末端直。

分布：浙江（杭州）、贵州。

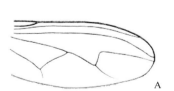

图 4-60　大沙河金长足虻 *Chrysosoma dashahense* Zhu *et* Yang, 2005

A. 翅；B. 触角侧面观；C. ♂外生殖器侧面观

（200）普通金长足虻 *Chrysosoma globiferum* (Wiedemann, 1830)（图 4-61）

Psilopus globifer Wiedemann, 1830: 222.

Chrysosoma globiferum: Becker, 1918: 146.

主要特征：体长 5.0–5.1 mm；翅长 4.3–4.6 mm。触角黑色；梗节近椭球形，第 1 鞭节近三角形；触角芒亚端位，与头胸之和近等长，端部呈矛状膨大。胸部 6 对背中鬃（前 4 对毛状），4 对不规则的中鬃。翅透明，脉棕色；m-cu 波浪形弯曲。雄虫足黑色，但前足腿节端部、前足胫节基部 4/5、前足基跗节基部 3/5、中足腿节末端、中足胫节基部 9/10 和中足基跗节基部 7/8 黄色。后足胫节基部 2/5 处膨大，颜色深于后足胫节的其他部分，末端具 1 长鬃；前足基跗节具几排密而短的淡色钩状腹毛。雌虫与雄虫相似，但中足胫节亚端部和中足基跗节基无钩状前背鬃。腹部第 2–5 腹节的基缘和端缘均为黑色，在腹节的连接处形成黑色环带斑。雄性外生殖器：第 9 背板深褐色，三角形，长稍大于宽；下生殖板具长的侧臂；尾须 2 叉。

分布：浙江、北京、天津、河北、河南、福建、台湾、广东、海南、香港、广西、四川、贵州、云南；日本，美国（莱桑岛）。

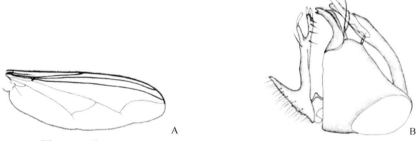

图 4-61 普通金长足虻 *Chrysosoma globiferum* (Wiedemann, 1830)
A. 翅；B. ♂外生殖器侧面观

（201）杭州金长足虻 *Chrysosoma hangzhouense* Yang, 1995（图 4-62）

Chrysosoma hangzhouense Yang, 1995: 63.

主要特征：体长 6.4 mm，翅长 5.9 mm。头部毛和鬃黑色；后腹毛色浅；单眼瘤有 2 根强的单眼鬃和 2 根后毛；头顶在后侧斜坡上有 1 根长黑鬃和 4–5 根浅色毛。触角黑色；第 1 鞭节长为宽的 1.5 倍，触角芒端位，很长；喙暗黄色，有褐色毛；下颚须黑色，有黑毛。胸中鬃 3 对、粗长；2 根强后背中鬃；侧小盾鬃短毛状。翅透明；脉暗褐色，前缘脉的毛长，m-cu 弱弯曲；平衡棒褐色，球部黄色。足黄色；中后足基节黑色；前中足第 2–5 跗节和后足跗节暗褐色。足毛黑色；基节仅有淡色毛，腿节有较长的淡色腹毛；前足腿节有 2 根淡色的基腹鬃；前足胫节有 1 根基背鬃；中足胫节有 2 根背鬃和 2 根腹鬃，后足胫节有 2 根背鬃。雄性外生殖器：第 9 背板宽，近三角形；背侧突中部凹，有 1 小的端侧凹；下生殖板有延长的侧臂；尾须有短的指状背突和长的棒形二叶腹臂。

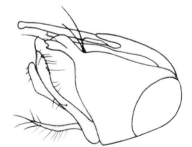

图 4-62 杭州金长足虻 *Chrysosoma hangzhouense* Yang, 1995
♂外生殖器侧面观

分布：浙江（杭州）、云南。

（202）金平金长足虻 *Chrysosoma jingpinganum* Yang *et* Saigusa, 2001（图 4-63）

Chrysosoma jingpinganum Yang *et* Saigusa, 2001: 182.

主要特征：体长 3.0 mm，翅长 4.3 mm。触角黄色；梗节有 1 长背鬃和 1 长腹鬃；触角第 1 鞭节短而近锥状，长近等于宽；触角芒端位，明显长于头胸之和，浅黑色，有不明显的毛，端部膨大。胸部暗黄色，中胸背板（除窄的侧区）和小盾片带淡金绿色。背中鬃后 2 根粗，前 4 根短毛状；中鬃长，不规则 2 对；无缝鬃。翅透明；脉浅黄褐色，m-cu 直。足包括基节黄色。前足基跗节相当长，基部 1/5 处相当粗（有羽状侧毛）。腹部浅黄褐色，雄性外生殖器：第 9 背板有 2 根长侧毛；背侧突端部相当细长，基部有 1 短粗突起；尾须长指状；下生殖板无侧臂；阳茎相当粗且稍弯。

分布：浙江（泰顺）、广东、广西、云南。

图 4-63　金平金长足虻 *Chrysosoma jingpinganum* Yang *et* Saigusa, 2001
♂外生殖器侧面观

（203）淡黄金长足虻 *Chrysosoma xanthodes* Yang *et* Li, 1998（图 4-64）

Chrysosoma xanthodes Yang *et* Li, 1998: 322.

主要特征：体长 6.9–7.1 mm，翅长 5.6–5.8 mm。触角黄色；第 1 鞭节近短锥状；触角芒端位，非常细长。胸部黄色，背部金绿色（除中胸背板两侧外）。翅白色透明，脉黄褐色，M_2 基部明显，m-cu 近直。前足基节端部前侧有 3 根鬃；前足腿节腹面仅有短黄毛，胫节无背鬃；中足胫节有 2 根短后背鬃；后足腿节无端前背鬃，胫节有一些短后背鬃，基跗节有 4 根短腹鬃。腹黄色，第 2–4 背板基部浅褐色而端缘褐色，其余背板浅褐色。毛黑色。雄性外生殖器：第 9 背板端部渐向末端略缩小；背侧突基部和末端各有 1 小突；尾须细长，指状；第 9 腹板侧视较粗大，有 1 细长而略直的侧臂；阳茎端稍弯曲。

分布：浙江（安吉）。

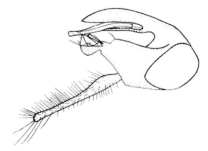

图 4-64　淡黄金长足虻 *Chrysosoma xanthodes* Yang *et* Li, 1998
♂外生殖器侧面观

59. 毛瘤长足虻属 *Condylostylus* Bigot, 1859

Condylostylus Bigot, 1859: 215. Type species: *Psilopus bituberculatus* Macquart, 1842 (original designation).

主要特征：1 根顶鬃位于头顶明显的毛瘤上；触角芒背位，有时端背位。2–3 对长中鬃；5 根强背中鬃；2 对强小盾鬃。翅多为棕色，后部色淡，m-cu 脉上部具 1 透明斑；M_1 近直角弯曲；m-cu 直。前足基节端部具 3 根黑色前鬃；前足胫节多无强鬃；中足胫节具明显的前背鬃和后背鬃；雄虫中足胫节端半部及跗节多有钩状毛。腹部第 7 背板发达，但第 7 腹板退化为膜质。雄性外生殖器较丽长足虻亚科其他属的小；下生殖板宽，短，无侧臂；第 9 背板侧叶无或不明显；尾须简单，多为延长的线状，少有分叉的或膨大的。

分布：世界已知 262 种，中国记录 26 种，浙江分布 3 种。

分种检索表

1. 翅具棕色斑纹；尾须各异 ·· 2
- 翅无色透明；尾须长带状 ·· 福建毛瘤长足虻 *C. fujianensis*
2. 胸部 4 根背中鬃；基节黄色；中足具 1 排淡色的钩状前背鬃 ··················· 黄基毛瘤长足虻 *C. luteicoxa*
- 胸部 5 根背中鬃；基节除前足基节端部外黑色；中足无特化的鬃 ············ 黑腿毛瘤长足虻 *C. ornatipennis*

（204）福建毛瘤长足虻 *Condylostylus fujianensis* Yang *et* Yang, 2003（图 4-65）

Condylostylus fujianensis Yang *et* Yang, 2003: 267.

主要特征：体长 4.0–4.7 mm，前翅长 5.7–6.1 mm。单眼鬃 1 对，后弯且分叉，后有 1 对长毛；头顶后侧区瘤突上有 4–5 根主要为白色的细毛和 1 根很长的黑鬃（毛长为鬃的 1/3）。触角黑色；第 3 节近梯形；芒黑色，亚端位，很细长。4 根强的中鬃，2 对不规则的背中鬃较强；小盾鬃 4 根较强。翅白色透明，无任何暗斑；脉浅褐色，M_1 近膝形弯曲，其末端接近 R_{4+5}，M_2 较弱，m-cu 几乎是直的。足黄色；基节金黄色；足跗节自基跗节末端往外褐色至暗褐色。腿节有淡黄色腹毛，前中足的毛较显著；中足胫节端部 3/5 及其跗节有 1 排斜钩状前背毛。雄腹端浅黑色，尾须黄褐色，长带状。

分布：浙江（湖州、泰顺）、福建、广东。

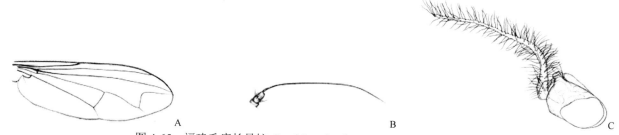

图 4-65　福建毛瘤长足虻 *Condylostylus fujianensis* Yang *et* Yang, 2003
A. 翅；B. 触角侧面观；C. ♂外生殖器侧面观

（205）黄基毛瘤长足虻 *Condylostylus luteicoxa* Parent, 1929（图 4-66）

Condylostylus luteicoxa Parent, 1929: 225.

主要特征：体长 5.0–5.5 mm；翅长 4.4–4.7 mm。头顶的毛瘤上着生着 1 根强的顶鬃及 4–5 根长的淡色毛。触角黑色；梗节近椭球形，亚端部具 1 圈鬃（包括 1 根长背鬃和 2 根长腹鬃）；第 1 鞭节近三角形；触角芒亚端位。胸具 2 对不规则的中鬃，4 根背中鬃；前胸侧板具 4–5 根淡色长毛。翅灰褐色，但基部和后外缘透明，第 2 缘室内有 1 透明斑；脉黑色，M_1 强烈弯曲，近直角，m-cu 直，CuAx 值为 1.5。足黄色，但各足基跗节浅褐色，前足第 2–5 跗节褐色，中足、后足第 2–5 跗节黑色。雄虫中足胫节亚端部和中足基跗节具 1 排钩状前背鬃。雌虫中足胫节亚端部、中足基跗节基无钩状前背鬃。腹部第 1–4 节金绿色，第 5–8 节深棕色，被薄的灰白粉。雄性外生殖器：第 9 背板深褐色，长稍大于宽；背侧突短粗；尾须细长，具长的毛和鬃。

分布：浙江（杭州）、河南、陕西、湖北、江西、湖南、福建、台湾、广东、广西、四川、贵州、云南；日本，印度。

图 4-66　黄基毛瘤长足虻 *Condylostylus luteicoxa* Parent, 1929
A. 翅；B. 触角侧面观；C. ♂外生殖器侧面观

（206）黑腿毛瘤长足虻 *Condylostylus ornatipennis* (De Meijere, 1910)（图 4-67）

Agonosoma ornatipennis De Meijere, 1910: 86.

Condylostylus ornatipennis: Becker, 1922: 121.

主要特征：体长 4.5–4.7 mm；翅长 3.9–4.2 mm。雄虫头顶的毛瘤上着生 1 根强的顶鬃及 10–12 根弯毛；1 根强的后顶鬃位于眼后鬃上端。触角黑色；梗节近椭球形，第 1 鞭节近三角形，长近等于宽；触角芒亚端位，与头宽近等长。胸具 2 对强中鬃，5 根强背中鬃；2 对强小盾鬃；前胸侧板裸。翅棕色，但基部和后外缘透明，第 2 缘室内有 1 透明斑（偶尔只在脉周围具棕色斑）；脉黑色，M_1 呈直角弯曲，m-cu 直。足黑色，但前足基节末端、前中足转节、腿节末端、胫节（除末端）、中足基跗节（除端部）、后足基跗节（除端半部）深黄色，前足基跗节（除端部）、中足基跗节端部、后足基跗节端半部深棕色。足毛和鬃黑色。前足基节前侧面具淡色长毛，各足腿节具 2 排淡色腹毛。腹部黑色。雄性外生殖器：黑色。尾须鞭状，基部粗，端部尖，具长的毛和鬃。雌性与雄性相似，但头顶毛瘤上的毛较短；前足胫节端部无长鬃。

分布：浙江（杭州）、福建、台湾、海南、广西、四川；中南半岛、斯里兰卡、印度尼西亚。

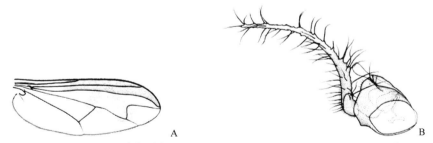

图 4-67　黑腿毛瘤长足虻 *Condylostylus ornatipennis* (De Meijere, 1910)
A. 翅；B. ♂外生殖器侧面观

60. 基刺长足虻属 *Plagiozopelma* Enderlein, 1912

Plagiozopelma Enderlein, 1912: 367. Type species: *Plagiozopelma spengeli* Enderlein, 1912 [= *Psilopus appendiculatus* Bigot, 1890] (original designation).

主要特征：额光亮。雌虫顶鬃发达，而雄虫顶鬃缺失或弱的毛状。雄虫触角柄节常膨大为花瓶状；

第 1 鞭节圆锥状，多延长，具端位触角芒；触角芒常特化，端部膨大或加粗。雌虫的触角第 1 鞭节近四边形，具端背位或背位触角芒。胸具 2–4 对强中鬃。雄虫常后 2 根背中鬃强，前面 3–4 根背中鬃弱。雌虫具 5–6 根强中鬃；小盾侧鬃常毛状，甚至缺失。翅 m-cu 略微弯曲或直。前足基节具 3–7 根强的淡色刺状前鬃，雌虫的鬃强于雄虫；前足腿节及胫节无明显的鬃。腹部第 8 背板和腹板发达。阳茎具背角。尾须常深裂。

　　分布：世界已知 98 种，中国记录 14 种，浙江分布 1 种。

（207）长跗基刺长足虻 *Plagiozopelma elongatum* (Becker, 1922)（图 4-68）

Chrysosoma elongatum Becker, 1922: 153.

Plagiozopelma elongatum: Bickel, 1994: 219.

　　主要特征：体长 5.7–7.0 mm，翅长 5.0–6.0 mm。触角深黄色，但第 1 鞭节端部棕色，触角芒黑色；柄节膨大，花瓶状；梗节圆形，相对较小，端部具 1 圈短鬃；第 1 鞭节侧扁，侧视近锥形，长约为宽的 4 倍；触角芒端位。胸部金绿色，但肩胛黄棕色；4 对强中鬃；5 根背中鬃，前 3 根短毛状。翅透明，略带棕色，脉深棕色；M$_1$ 呈拱形弯曲，m-cu 呈波浪形弯曲。足黄色，前足基跗节具 1 排 8 根细长的后腹鬃及 1 排 18–20 根短弱的后腹鬃；第 2 跗节短缩；第 3 跗节及第 4 跗节基半部背腹扁平，呈梭形。中足胫节基部 1/10 具 1 根强的前背鬃，末端具 1 根强的及 3 根弱的鬃。后足胫节具 8 根背鬃和 6 根腹鬃，末端具 3 根短鬃。腹部金绿色，第 2–6

图 4-68　长跗基刺长足虻 *Plagiozopelma elongatum*
(Becker, 1922)
♂外生殖器侧面观

背板前半部黑色，第 7–8 背板黑色，被灰白粉。雄性外生殖器：深棕色，但第 9 背板腹缘棕色，背侧突端部黑色；第 9 背板近三角形，长近等于宽；背侧突长，粗，纵凹，基部具长的指状突，其上有 2 根长的端鬃。尾须 2 叉，背叶短指状，端部尖，具长的棕色毛；腹叶细长，端部叉状。雌性与雄虫近似，但前足第 1 跗节无细长的后腹鬃；前足第 2–4 跗节正常。

　　分布：浙江（杭州）、湖北、台湾、海南、广西、四川、贵州、云南。

61. 华丽长足虻属 *Sinosciapus* Yang, 2001

Sinosciapus Yang, 2001: 432. Type species: *Sinosciapus tianmushanus* Yang, 2001 (monotypy).

　　主要特征：头顶明显凹陷；顶鬃发达；雌颊后缘有 1 根刺状鬃；颜中等宽，向下稍变宽；唇基端部突出，与复眼内缘分开。触角第 1 鞭节近梯形；触角芒端背位，其长短于头宽。胸具 5 根粗的背中鬃，前 3 根较短；5–7 对不规则的中鬃，短毛状；2 对小盾鬃，基对长约为端对的 2/3。翅 M$_1$ 呈直角弯曲，M$_2$ 仅基部存在；m-cu 直。雄性前足基节端部有 3 根侧鬃，较弱，后足第 5 跗节具 1 长刺状的爪；雌性前足基节端部有 3 根刺状侧鬃，内面（除端部）有短刺状鬃。

　　分布：东洋区。世界已知 2 种，中国记录 2 种，浙江分布 1 种。

（208）天目山华丽长足虻 *Sinosciapus tianmushanus* Yang, 2001（图 4-69）

Sinosciapus tianmushanus Yang, 2001: 432.

　　主要特征：体长 4.1–5.3 mm，翅长 4.7–5.1 mm。触角黄色；第 1 鞭节近梯形，末端较钝；触角芒黑色，近端生，稍短于头宽。胸部黄色；中胸背板大部分和小盾片金绿色；5 根发达的背中鬃，前面 3 根较短；5–7 对不规则的中鬃很短的毛状。翅白色透明，脉浅黑色；前缘脉位于 R_1 与 R_{2+3} 之间的前排鬃明显延长；M_1 基部膝形弯曲，M_2 仅存基部，m-cu 较直。足黄色；前中足端跗节及后足第 4–5 跗节暗褐色。前足第 5 跗节有 2 排刺状腹鬃，末端 1 爪延长呈刺状；中足第 5 跗节弱加粗，后足第 4–5 跗节明显缩短加粗，腹面有微细毛。腹强烈向下弯曲；黄色，但第 1 背板黑色，第 2–5 背板中后区及第 5 腹板后部金绿色；末端金绿色，尾须黄褐色。

　　分布：浙江（杭州）。

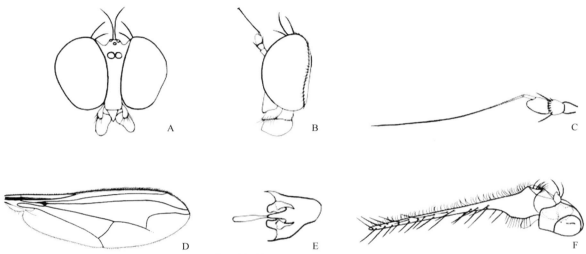

图 4-69　天目山华丽长足虻 *Sinosciapus tianmushanus* Yang, 2001
A. 头部前面观；B. 头部侧面观；C. 触角侧面观；D. 翅；E. ♂外生殖器腹面观；F. ♂外生殖器侧面观

（二）水长足虻亚科 Hydrophorinae Lioy, 1864

　　主要特征：头部圆，一般宽略大于长；后头凸，有时从后头至头顶扁平；头顶弱的凹陷。复眼明显具毛。雄虫复眼宽分离；颜的两边缘近平行，或向下渐宽，唇基稍凸出，端缘凸；颊有时发达，下部眼后鬃多列；有时下后头具浓密的毛。下颚须大至极大，横卧在喙上。胸具背中鬃从 4 对到 20 对不等，甚至更多；前胸侧板被毛，下部具 1–3 根鬃。翅 M 不分支，前缘脉延伸至 M，m-cu 位于翅端部 1/2，CuAx 值常大于 1，臀室存在，臀脉明显。雄虫的前足常特化且具有特化的鬃和毛；爪垫和爪间突发达。雄虫第 6 腹板侧视近四边形，具毛和鬃，少数侧视近短的三角形，裸。雄性外生殖器相对较小，包含于腹部末端或游离。

　　分布：世界已知 37 属 518 种，中国记录 9 属 65 种，浙江分布 1 属 1 种。

62. 滨长足虻属 *Thinophilus* Wahlberg, 1844

Thinophilus Wahlberg, 1844: 37. Type species: *Rhaphium flavipalpe* Zetterstedt, 1843 (monotypy).
Parathinophilus Parent, 1932: 161. Type species: *Parathinophilus expolitus* Parent, 1932 (monotypy).

　　主要特征：体中至大型（2.5–5.8 mm），粗壮，色黯淡。离眼式；头部宽大于长，头顶微凹，单眼瘤明显，具 1 对强单眼鬃及 1 对后毛，1 根强顶鬃；唇基短，远离复眼下缘，唇基下缘中部尖。触角黄色至深棕色；柄节、梗节明显短于第 1 鞭节，梗节端背部延长，包裹住第 1 鞭节基背部；第 1 鞭节侧扁，侧视近圆形，被短毛；触角芒背位，短，长约等于眼高或短于眼高。中胸背板有时具黑斑。中鬃缺失；5–6 对强背中鬃。翅透明，略带浅棕色至棕色，前缘脉终止于 M，达翅尖或超过翅尖；R_1 多终止于翅基半部，R_{4+5}

近端部 1/3 处及 m-cu 常具有棕色的翅斑；CuAx 值小于 1。中足、后足基节均具 1 根外鬃。前足腿节及胫节常具特化的毛和鬃。腹圆柱状，具 5 可视腹节，被稀疏至浓密的粉，具短鬃。

　　分布：世界广布，已知 106 种，中国记录 17 种，浙江分布 1 种。

（209）中华滨长足虻 *Thinophilus sinensis* Yang *et* Li, 1998（图 4-70）

Thinophilus sinensis Yang *et* Li, 1998: 320.

Thinophilus qianensis Wei *et* Song, 2006: 332.

　　主要特征：体长 5.3–5.4 mm，翅长 4.6–4.9 mm。触角暗黄色，背面较暗；第 1 鞭节近卵圆形，长宽大致相等；触角芒黑色，有很短的毛，基节很短。胸部金绿色，中胸背板在背中鬃列间有 2 条狭长的暗褐色纵带斑；背中鬃 6 对，无中鬃，小盾 2 对（基对短毛状）；前胸侧板有淡黄毛和 1 根黑鬃。翅白色透明，脉褐色，R$_{4+5}$ 与 M 在 m-cu 之后间距较宽，端部几乎平行；CuAx 值为 0.7。足黄色；前足基节黄色，中后足基节黑色；第 2 跗节末端往外褐色至黑色。前足腿节有 2 排腹鬃（基部的前腹鬃较细长，端部的后腹鬃较粗长）；胫节有 3 根前背鬃和 2 根后背鬃，1 排短细腹鬃和 1 根短腹鬃；基跗节有 1 排粗短腹鬃；中足腿节有 1 根端前鬃和 2 排很长的腹鬃；胫节有 2 根前背鬃、2 根后背鬃和 1 根前腹鬃；后足腿节有 6 根前背鬃，端部有明显腹鬃；胫节有 3 根前背鬃、2 根后背鬃和 2 根前腹鬃。雄性外生殖器：第 9 背板略狭长；背侧突弯曲，腹叶端缘有短鬃，中叶尖突状；尾须宽大，渐向末端缩小。

　　分布：浙江（杭州）、辽宁、北京、福建、海南。

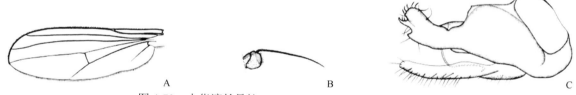

图 4-70　中华滨长足虻 *Thinophilus sinensis* Yang *et* Li, 1998

A. 翅；B. 触角侧面观；C. ♂外生殖器侧面观

（三）聚脉长足虻亚科 Medeterinae Lioy, 1864

　　主要特征：雄虫复眼较接近，颜有些窄，向下渐窄。头顶平；后头向后稍凸出；上后头明显凹陷；顶鬃与单眼鬃几乎在 1 条水平线上，后顶鬃缺失；眼后鬃单列。触角第 1 鞭节非常小，端部有些圆；触角芒端位。中胸背板中后区平。前胸侧板裸，仅在中、下部具 2–3 根分散的鬃。3–4 根背中鬃，前有短毛，前 1–2 根背中鬃短，向后渐长；缝前鬃缺失。臀室缺失；臀脉不明显。足毛短。后足基节中部具 1 根外鬃；中、后足腿节无端前鬃。雄虫第 6 背板为大的三角形，具毛和鬃；第 7 节外露，具毛。雄性外生殖器大，大部分外露；背侧突长，仅在端部浅的分叉（不分为 2 个弯曲分离的臂）；第 9 背板侧叶短；亚生殖背板端突缺失；后突和肛上突不明显；下生殖板长；尾须基部长粗壮，具长的端突。

　　分布：世界已知 17 属 540 种，中国记录 6 属 31 种，浙江分布 1 属 3 种。

63. 聚脉长足虻属 *Medetera* Fischer von Waldheim, 1819

Medetera Fischer von Waldheim, 1819: 7. Type species: *Medetera carnivore* Fischer von Waldheim, 1819(monotypy) [= *Musca diadema* Linnaeus, 1767].

Lorea Negrobov, 1966: 878 (as subgenus). Type species: *Oligochaetus spinigera* Stackelberg, 1937 (original designation).

主要特征：体小至中型（1.2–5.0 mm），多为暗金绿色或黑色，少有亮金绿色。复眼裸。上后头明显凹。触角柄节无背鬃；第 1 鞭节近圆形；触角芒端位，具短的基节。喙粗壮，骨化强。中胸背板中后区平。2 根翅上鬃（前翅上鬃弱）。翅 M 不分叉；M 与 R_{4+5} 在翅端汇聚；前缘脉终止于 M，多半超过翅尖；臀脉明显。后足基节具 1 根外鬃；中足、后足腿节无明显的端前鬃；中足胫节常在亚基部具 1 根前背鬃和 1 根后背鬃；后足基跗节明显短于第 2 跗节。腹部骨化强。雄虫的外生殖器大，游离；背侧突常分为背腹 2 突；第 9 背板腹缘在背侧突基部具 2 个突起，具长鬃。

分布：世界广布，已知 87 种，中国记录 23 种，浙江分布 3 种。

分种检索表

1. 4–6 根强背中鬃；背侧突和尾须窄 ··· 2
- 6–10 根强背中鬃，前有短鬃；背侧突宽大，中部具长的腹臂；尾须大，背视近半圆形······ **异鬃聚脉长足虻 _M. abnormis_**
2. 雄后足基跗节基部明显具齿状前腹鬃；第 9 背板梨状，基部膨大；下生殖板和阳茎细长；生殖背板鬃缺失 ··············
　　··· **浙江聚脉长足虻 _M. zhejiangensis_**
- 雄后足基跗节无齿状前腹鬃；第 9 背板近四边形；下生殖板近四边形，基部包裹住阳茎，与第 9 背板呈一定角度伸出；生殖背板鬃存在 ·· **伊文聚脉长足虻 _M. evenhuisi_**

（210）异鬃聚脉长足虻 _Medetera abnormis_ Yang _et_ Yang, 1995（图 4-71）

Medetera abnormis Yang _et_ Yang, 1995: 511.

主要特征：体长 4.4 mm，翅长 3.9 mm。触角黄色，但第 1 鞭节黑色且末端略尖；触角芒亚端位、黑色。喙褐色，稀有黄毛；下颚须暗金绿色，有黄毛和 1 根浅褐色端鬃。胸部暗金绿色，有灰白粉。中鬃 9 对，近毛状；背中鬃 6–10 根，前面 3 对较短。翅透明；脉浅褐色，R_{4+5} 与 M 明显汇聚，M 中部特别向后缘拱突，CuAx 值为 0.5；平衡棒淡黄色。足黑色；毛和鬃黑色；中足胫节基部有 1 排粗长的前背毛。腹部暗金绿色，有灰粉；毛多淡黄色。雄性外生殖器：第 9 背板基部稍缩小，背侧突较粗大，末端深裂，基部侧有 2 根位于指突上的鬃，近端部侧有 1 根位于指突上的鬃；尾须较大，略弯曲；阳茎端部明显缩小，较尖；下生殖板侧视较宽大，中部有明显的隆脊。

分布：浙江（庆元）。

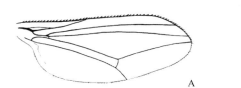

图 4-71　异鬃聚脉长足虻 _Medetera abnormis_ Yang _et_ Yang, 1995
A. 翅；B. ♂外生殖器侧面观

（211）伊文聚脉长足虻 _Medetera evenhuisi_ Yang _et_ Yang, 1995（图 4-72）

Medetera evenhuisi Yang _et_ Yang, 1995: 511.

主要特征：体长 3.0–3.1 mm，翅长 2.3–2.7 mm。触角浅黑色至黑色，触角第 1 鞭节近卵圆形；触角芒亚端位，浅黑色。胸中鬃 6–7 对，较发达；背中鬃 5 对，前面的明显较短；小盾鬃 2 对；前胸侧板仅有 1 根浅黑色长鬃。翅白色透明；脉浅褐色，R_{4+5} 与 M 汇聚，CuAx 值为 0.6。足浅黑色至黑色，但腿节末端近黄色；毛和鬃黑色；前足腿节端部有 1 排前腹鬃；中足腿节端半部有 1 排较长的前腹鬃，胫节基部 1/3 处有 2 根背鬃；后足腿节端部有 1 排长的前腹鬃和 1 排长的前背鬃。腹部暗金绿色，有灰粉；毛黑色。雄性外生殖器：第 9 背板较狭长，背侧突较短且末端深裂，端缘有 2 短尖的齿；尾须末端有 1 长而弯的钩突及 2 短突；阳茎端部明显缩小，略钩弯；下生殖板狭长，末端钝圆。

　　分布：浙江（庆元）。

图 4-72　伊文聚脉长足虻 *Medetera evenhuisi* Yang *et* Yang, 1995
♂外生殖器侧面观

（212）浙江聚脉长足虻 *Medetera zhejiangensis* Yang *et* Yang, 1995（图 4-73）

Medetera zhejiangensis Yang *et* Yang, 1995: 510.

　　主要特征：体长 2.9–3.1 mm，翅长 2.7–2.9 mm。头部暗金绿色，毛和鬃黄色。触角黑色；第 1 鞭节卵圆形；触角芒端位，浅黑色。胸部暗金绿色，有灰粉且背面的粉较厚。毛浅黑色，鬃黑色；胸中鬃 8–10 对，短毛状，背中鬃 4 对且前面 2 对较短，小盾鬃 2 对。前胸侧板有 2 根黄褐色长鬃。翅白色透明，脉浅褐色，R_{4+5} 与 M 汇聚，CuAx 值为 0.7；平衡棒淡黄色。足暗黄色；中足胫节基部 1/3 处有 2 根背鬃。腹部暗金绿色，雄性外生殖器第 9 背板粗短，背侧突狭长，端部裂开，基部有 1 对长毛状鬃位于长的指突上；尾须不分节，末端缩小而弯曲；下生殖板很狭长。

　　分布：浙江（庆元）。

图 4-73　浙江聚脉长足虻 *Medetera zhejiangensis* Yang *et* Yang, 1995
A. 翅；B. ♂外生殖器侧面观

（四）长足虻亚科 Dolichopodinae Latreille, 1809

　　主要特征：头顶平或弱凹。胸部中胸背板弱的隆起；前胸侧板下部有 1 根鬃，翅侧片和后胸侧板有时有细毛。翅较宽，基部窄，翅瓣不明显，臀叶较窄，第 2 基室和盘室愈合；亚前缘脉与第 1 径脉愈合。中足基节有 1 根外鬃，后足基节在中部或近端部有 1 根外鬃；腿节细长或短粗，中后足腿节各有 1 根端前鬃，足胫节有发达的鬃。足跗节有时发生各种形状的特化。雄性外生殖器发生 180° 扭转，向腹面钩弯。

　　分布：世界已知 25 属 1690 种，我国已知 16 属 445 种，浙江分布 5 属 27 种。

分属检索表

1. 翅侧片后胸气门前有毛 ……………………………………………………………………………… 2
- 翅侧片后胸气门前无毛 ……………………………………………………………………………… 4
2. 后足基跗节有背鬃；中脉后段有"Z"形弯折，退化的 M_2 有或无，M_1 附脉很短或无；第 9 背板有明显侧叶，尾须一般方形
…………………………………………………………………………………………… 长足虻属 *Dolichopus*

- 后足基跗节无背鬃；中脉后段无"Z"形弯折；尾须与侧叶特征各异 ······················· 3
3. 颜下部中央有 1 对强鬃；尾须大，带状 ························· 毛颜长足虻属 *Setihercostomus*
- 颜无鬃；尾须呈较小的梯形或三角形 ····························· 行脉长足虻属 *Gymnopternus*
4. 中脉端部强弯向翅前缘；下生殖板常具复杂的分叉，形成 1 复合体；CuAx 值稍小于 1 或大于 1 ·············
 ··· 弓脉长足虻属 *Paraclius*
- 中脉端部近直或弱弯向翅前缘；下生殖板简单；CuAx 值明显小于 1 ··············· 寡长足虻属 *Hercostomus*

64. 长足虻属 *Dolichopus* Latreille, 1796

Dolichopus Latreille, 1796: 159. Type species: *Musca ungulata* Linnaeus, 1758 (designated by Latreille, 1810).

Macrodolichopus Stackelberg, 1933: 109 (as subgenus). Type species: *Dolichopus diadema* Haliday, 1832 (original designation).

主要特征：体中到大型（3.0–5.0 mm）。雄虫颜上部宽，向下渐变窄；雌虫颜近两侧平行。触角柄节有背毛，长于第 2 节；触角基部相互靠近，间距小于单眼瘤宽。胸部 6 根强背中鬃，第 5 根不内移或稍内移；中鬃 2 列，短毛状；前胸侧板上下部被毛，下部有 1 根鬃；翅侧片后胸气门前有几根细毛。R_{4+5} 近直，端部略后弯向 M；M 后部有"Z"形弯折，有或无退化的 M_2，M_1 有时有 1 小附脉；M 终止处近翅末端；CuAx 值明显小于 1。中足基节有 1 根外鬃，后足基节端部 1/3 处有 1 根外鬃。中后足腿节各有 1 根端前鬃。后足腿节短粗，长为宽的 4–5 倍；后足基跗节有背鬃，等于或稍长于第 2 跗节；足爪小。腹部较粗（长为胸部的 1.0–1.5 倍），渐向末端变窄；腹毛及背板缘鬃中等长，第 6 背板光裸。雄性外生殖器：第 9 背板长大于宽，外侧叶较宽大，有端鬃；内侧叶不明显的瘤突状或与外侧叶近等大；尾须大，近方形，黄色且有黑色边缘，有缘齿和强鬃；下生殖板简单。

分布：世界已知 573 种，中国记录 72 种，浙江分布 3 种。

分种检索表

1. 后足腿节有腹毛或腹鬃；尾须近长方形，端缘有明显指突；下生殖板狭长，近末端有 1 小齿突；阳茎端弯且有 1 齿突
 ··· 浙江长足虻 *D. zhejiangensis*
- 后足腿节无腹毛或鬃，至多有短毛；胸外生殖器特征各异 ··· 2
2. 后足基跗节全黑色；下生殖板端尖；内侧叶棒状，近端部有密毛 ················· 尖钩长足虻 *D. bigeniculatus*
- 后足基跗节基半部黄色；下生殖板端不尖；内侧叶端部变窄，有短细毛 ············· 基黄长足虻 *D. simulator*

（213）尖钩长足虻 *Dolichopus bigeniculatus* Parent, 1926（图 4-74）

Dolichopus bigeniculatus Parent, 1926: 114.

主要特征：体长 5.3–5.5 mm，翅长 5.4–5.6 mm。颜银白色。触角柄节及梗节黄色（窄的背面褐色）；第 1 鞭节黑色（窄的基腹区暗黄色），长为宽的 1.3 倍，端钝；触角芒黑色，有短细毛，基节长为端节的近 0.4 倍。6 根强背中鬃，6–7 对短毛状中鬃。翅白色透明（端前缘略带浅灰色），脉黑色；前缘胝不明显的刻点状；M 有退化的 M_2；CuAx 值为 0.55。足黄色；前足基节黄色，中后足基节黑色；前足跗节自基跗节端往

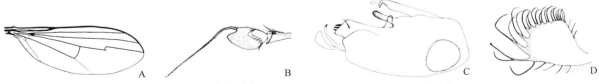

图 4-74 尖钩长足虻 *Dolichopus bigeniculatus* Parent, 1926
A. 翅；B. 触角；C. ♂外生殖器；D. 尾须

外浅褐色至褐色，中足跗节自基跗节端往外黑色，后足胫节端部 1/2 及后足跗节黑色。前足胫节有 2 根前背鬃、2 根后背鬃和 1 根后腹鬃；中足胫节有 3–4 根前背鬃、2 根后背鬃和 1 根腹鬃；后足胫节有 4 根前背鬃、3 根后背鬃、1 根端背鬃和 1 根前腹鬃。腹部金绿色，有灰白粉。毛和鬃黑色。雄性外生殖器：第 9 背板长明显大于宽，外侧叶端部有 3 根粗刺状鬃，内侧叶细长的条状，密被短细毛；尾须近方形，有明显指突和强缘鬃；下生殖板端尖而弯。

　　分布：浙江（杭州、庆元）、北京、山东、河南、陕西、江苏、安徽、四川。

（214）基黄长足虻 *Dolichopus simulator* Parent, 1926（图 4-75）

Dolichopus simulator Parent, 1926: 119.

Dolichopus simulator clarior Parent, 1936: 1.

　　主要特征：体长 4.8–5.2 mm，翅长 5.3–5.5 mm。触角黄色；第 1 鞭节黑色（近基半部黄色），长几乎等于宽，端略尖；触角芒黑色，有短细毛。胸部具 6 根强背中鬃，7–8 对短毛状中鬃。翅白色透明，脉黑色；前缘胝刻点状；M 有退化的 M_2，CuAx 值为 0.8。足黄色；前中足跗节褐色至暗褐色。中足胫节有 4 根前背鬃、2 根后背鬃和 1 根前腹鬃；后足胫节有 5 根前背鬃、4 根后背鬃、1 根端背鬃和 1 根前腹鬃。腹部金绿色，有灰白粉。雄性外生殖器：第 9 背板长大于宽，外侧叶有 4 根刺状端鬃，内侧叶端部变窄，有短细毛；尾须有明显指突及缘鬃；下生殖板端略钩弯。

　　分布：浙江（杭州、开化、庆元）、河南、陕西、上海、湖北、湖南、福建、广西、四川、贵州、云南。

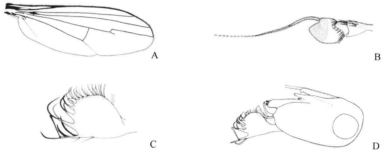

图 4-75　基黄长足虻 *Dolichopus simulator* Parent, 1926
A. 翅；B. 触角；C. ♂外生殖器；D. 尾须

（215）浙江长足虻 *Dolichopus zhejiangensis* Yang *et* Li, 1998（图 4-76）

Dolichopus zhejiangensis Yang *et* Li, 1998: 318.

　　主要特征：体长 5.9–6.3 mm，翅长 4.7–6.0 mm。触角黄色；第 1 鞭节浅黑色且基部黄色，长为宽的 1.5 倍，

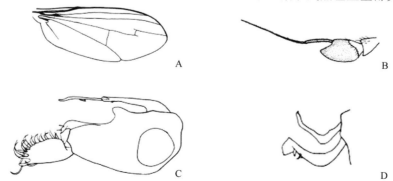

图 4-76　浙江长足虻 *Dolichopus zhejiangensis* Yang *et* Li, 1998
A. 翅；B. 触角；C. ♂外生殖器；D. 亚生殖背板突

末端尖；触角芒黑色。喙黄褐色；下颚须黄色，均有黑毛。小盾片无短细毛。翅近白色透明，脉黑色；前缘瘤突短小；中脉有很短的 M_2，M_1 在曲折处有 1 很短的附脉；CuAx 值为 0.8。足黄色；基节黄色，中足基节有 1 黑色或浅黑色斑。后足腿节（除基部外）有 1 排黄色长腹毛。后足基跗节有 1 根背鬃和 1 根很短的侧鬃。雄性外生殖器：第 9 背板末端有些缢缩，内侧叶明显，外侧叶扭曲而端尖，有 2 根毛；尾须近长方形，端缘有明显指突；下生殖板狭长，近末端有 1 小齿突；阳茎端弯且有 1 齿突。

分布：浙江（安吉）、贵州。

65. 行脉长足虻属 *Gymnopternus* Loew, 1857

Gymnopternus Loew, 1857: 10. Type species: *Dolichopus cupreus* Fallén, 1823 (designated by Coquillett, 1910).

Paragymnopternus Bigot, 1888: XXIV. Type species: *Dolichopus cupreus* Fallén, 1823 (designated by Evenhuis *et* Pont, 2004).

主要特征：体小到中型。复眼离眼式；头顶平；唇基较短小，下端平截，明显不达复眼下缘。触角柄节明显长于梗节，有背毛；触角芒背位，短于头宽，有短毛。胸部具 5–6 根强背中鬃，倒数第 2 根内移；小盾片有 2 对鬃，基鬃短毛状，端鬃粗长，有明显短缘毛，有或无背毛。翅前缘脉不加粗或仅第 1 前缘段中部加粗，无前缘胝；R_{4+5} 和 M 近直，端部平行，M 终止处近翅末端；CuAx 值明显小于 1。中足基节有 1 根外鬃，后足基节中部有 1 根外鬃；中足腿节有 1 根端前鬃，后足腿节有 1 根端前鬃；后足腿节粗，长为宽的 5 倍；后足基跗节无背鬃，明显短于第 2 跗节；足爪小。腹部粗（长为胸部的 1–1.5 倍），大致向末端变窄。雄性外生殖器：第 9 背板长大于宽，侧叶细长的条形，有 2 根端鬃；内侧叶无，或瘤状至发达的指状；尾须三角形或梯形，缘突一般较弱；下生殖板简单，不分叉。

分布：古北区、东洋区、新北区。世界已知 115 种，中国记录 41 种，浙江分布 8 种。

分种检索表

1. 第 1 前缘段中部稍加粗；尾须近梯形，无指突；第 9 背板无内侧叶 ···············**毛盾行脉长足虻 *G. congruens***
- 前缘脉不加粗；尾须近三角形，有弱或明显的指状缘突；第 9 背板有内侧叶 ·· 2
2. 尾须有弱的或明显的缘齿 ·· 3
- 尾须无缘齿 ···**密毛行脉长足虻 *G. collectivus***
3. 第 9 背板外侧叶端无弯鬃 ··· 4
- 第 9 背板外侧叶端有 1 根弯鬃 ··**大行脉长足虻 *G. grandis***
4. 下生殖板端直 ·· 5
- 下生殖板端弯 ···**钩头行脉长足虻 *G. ancistrus***
5. 第 9 背板外侧叶端明显下弯 ·· 6
- 第 9 背板外侧叶端不下弯；触角第 1 鞭节端斜尖，触角芒基节长为端节的 0.4 倍 ···········**中瓣行脉长足虻 *G. medivalvis***
6. 尾须带状，腹缘有端缘齿 ··**群行脉长足虻 *G. populus***
- 尾须三角形，有几个缘齿 ·· 7
7. 侧叶端窄而弯曲 ···**波密行脉长足虻 *G. bomiensis***
- 侧叶弯曲末端粗 ···**弯端行脉长足虻 *G. curvatus***

（216）钩头行脉长足虻 *Gymnopternus ancistrus* (Yang *et* Yang, 1995)（图 4-77）

Hercostomus ancistrus Yang *et* Yang, 1995: 512.

Gymnopternus ancistrus: Yang, Zhu, Wang *et* Zhang, 2006: 139.

主要特征：体长 3.7–4.5 mm，翅长 3.7–4.2 mm。触角暗黄色，第 1 鞭节浅黑色；触角芒暗褐色。胸部具 5 根强背中鬃，6–7 对较弱的中鬃；小盾片有 1 对强鬃且端缘有短毛。翅近白色透明，脉黑色；R$_{4+5}$ 与 M 端部平行；CuAx 值为 0.7。足黄色；中后足基节浅黑色至黑色；各足端跗节及后足跗节褐色至黑褐色。基跗节有 1 根基腹鬃；中足胫节有 3 根前背鬃、2 根后背鬃和 1 根腹鬃，基跗节有 2 根腹鬃；后足胫节有 3 根前背鬃、3 根后背鬃和 2 根弱的腹鬃，基跗节有 1 根明显的基腹鬃。雄性外生殖器：第 9 背板长大于宽，端腹叶末端略膨大而钝圆，基部有 1 根黑色长鬃；尾须钝圆，端缘中央有明显指突；下生殖板末端呈钩状。

　　分布：浙江（庆元）。

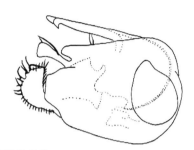

图 4-77　钩头行脉长足虻 *Gymnopternus ancistrus* (Yang *et* Yang, 1995)
♂外生殖器侧面观

（217）波密行脉长足虻 *Gymnopternus bomiensis* (Yang, 1996)（图 4-78）

Hercostomus (*Hercostomus*) *bomiensis* Yang, 1996: 412.

Gymnopternus bomiensis: Yang, Zhu, Wang *et* Zhang, 2006: 139.

　　主要特征：体长 3.3–3.8 mm，翅长 4.8–5.2 mm。头部金绿色，有密的浅灰粉；毛和鬃黑色；眼后鬃全黑色。触角黑色；第 1 鞭节长为宽的 1.5 倍，端钝；触角芒黑色。喙暗黄褐色，有黑毛；下颚须黑色，有黑毛。胸部金绿色，有浅灰粉。毛和鬃黑色；6–7 对不规则的短毛状中鬃；6 根强背中鬃。翅略带浅灰色，前区颜色较深；脉暗褐色；R$_{4+5}$ 与 M 汇聚，CuAx 值为 0.4。足黄色；跗节褐色至暗褐色。足毛和鬃黑色；中后足基节各有 1 根鬃，中后足腿节各有 1 根端前鬃；前足胫节有 1 根前背鬃和 2 根后背鬃，无明显的端腹鬃；中足胫节有 3 根前背鬃、2 根后背鬃和 1 根前腹鬃；后足胫节有 3 根前背鬃、3 根后背鬃和 1 根前腹鬃；后足基跗节基部有 1 根弱的腹鬃。腋瓣黄色，有黑毛。平衡棒黄色，基部褐色。腹部金绿色。毛和鬃黑色。雄性外生殖器：第 9 背板长明显大于宽，端相当宽，其侧叶端窄而弯曲；尾须近三角形，有短缘齿；下生殖板窄长；阳茎端近直。

　　分布：浙江（杭州）、河南、湖北、广东、云南、西藏。

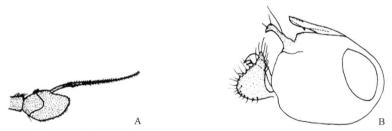

图 4-78　波密行脉长足虻 *Gymnopternus bomiensis* (Yang, 1996)
A. 触角；B. ♂外生殖器

（218）密毛行脉长足虻 *Gymnopterus collectivus* (Yang *et* Grootaert, 1999)（图 4-79）

Hercostomus (*Gymnopternus*) *collectivus* Yang *et* Grootaert, 1999: 215.

Gymnopternus collectivus: Yang, Zhu, Wang *et* Zhang, 2006: 140.

主要特征：体长 3.0 mm，翅长 3.3 mm。触角浅黑色，但梗节和第 1 鞭节基部黄褐色；触角第 1 鞭节长为宽的 1.2 倍，端尖；触角芒浅黑色。胸部具 5 根强背中鬃；9–10 对不规则的短毛状中鬃，小盾片背面和端缘短毛多为黑色。翅侧片在后胸气门之前有 1 细毛丛。翅稍带浅灰色，脉浅黑色；第 1 前缘段中部有些加粗，R_{4+5} 与 M 端部平行；CuAx 值为 0.8。足黄色；基节黄色，中足基节有 1 大的黑斑。前足胫节有 1 根前背鬃，端部 2/3 有 1 排短前背鬃和 2 根后背鬃；中足胫节有 3 根前背鬃、2 根后背鬃和 1 根前腹鬃；后足胫节有 2 根前背鬃、3 根后背鬃和 2–3 根前腹鬃。雄性外生殖器：相当小，第 9 背板长明显大于宽，端部窄，侧叶相当粗，端有些尖，有 3 根相互靠近的鬃；尾须端圆；下生殖板粗，端直。

分布：浙江（临安）。

图 4-79 密毛行脉长足虻 *Gymnopterus collectivus* (Yang *et* Grootaert, 1999)
A. 触角；B. 亚生殖背板突；C. ♂外生殖器侧面观

（219）毛盾行脉长足虻 *Gymnopternus congruens* (Becker, 1922)（图 4-80）

Hercostomus congruens Becker, 1922: 29.

Gymnopternus congruens: Yang, Zhu, Wang *et* Zhang, 2006: 140.

主要特征：体长 3.4 mm，翅长 3.4 mm。触角黄褐色；第 1 鞭节长等于宽，端略尖；触角芒黑色，基节长为端节的 0.3 倍。6–7 对不规则的短毛状中鬃，5 根强背中鬃。小盾片有 1 对强端鬃及短缘毛。前胸侧板有黑毛，下部有 1 根黑鬃；翅侧片在后胸气门前有短毛。翅近白色透明，脉暗褐色；前缘脉基段弱加粗，R_{4+5} 与 M 端部平行。足黄色；前后足基节黄色，中足基节浅黑色；跗节自基跗节末端往外黑色。前足胫节有 1 根前背鬃和 2 根后背鬃；中足胫节有 2 根前背鬃、2 根后背鬃；后足胫节有 3 根前背鬃、3 根后背鬃和 2 根前腹鬃。雄性外生殖器：第 9 背板长明显大于宽，端侧叶细长；尾须近方形，基部窄；下生殖板狭长，近直。

分布：浙江（临安、开化、庆元）、山东、河南、陕西、甘肃、湖南、福建、台湾、广东、广西、四川、贵州、云南。

图 4-80 毛盾行脉长足虻 *Gymnopternus congruens* (Becker, 1922)
A. 翅；B. 触角侧面观；C. ♂外生殖器侧面观；D. 尾须；E. 亚生殖背板突

（220）弯端行脉长足虻 *Gymnopternus curvatus* (Yang, 1997)（图 4-81）

Hercostomus (*Hercostomus*) *curvatus* Yang, 1997: 149.

Gymnopternus curvatus: Yang, Zhu, Wang *et* Zhang, 2006: 141.

主要特征：体长 3.7 mm，翅长 3.3 mm。触角黄褐色；第 1 鞭节浅黑色，基腹部黄褐色；第 1 鞭节长为宽的 1.6 倍；触角芒黑色。胸部具 6–7 对不规则的短毛状中鬃；小盾片无短毛。翅白色透明；脉暗黄色；

R_{4+5} 与 M 端部平行，CuAx 值为 0.6。足黄色；前足基节黄色，中后足基节浅黑色；跗节暗黄色。中足胫节有 3 根前背鬃、2 根后背鬃和 1 根前腹鬃；后足胫节有 3 根前背鬃、3 根后背鬃和 2 根前腹鬃；后足基跗节基部有 1 根腹鬃。雄性外生殖器：第 9 背板长大于宽，端窄，侧叶弯曲且末端粗；尾须近三角形，有一些短缘齿；下生殖板端窄；阳茎细、末端直。

　　　分布：浙江（安吉）、湖南。

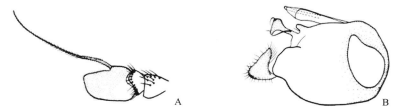

图 4-81　弯端行脉长足虻 *Gymnopternus curvatus* (Yang, 1997)

A. 触角侧面观；B. ♂外生殖器侧面观

（221）大行脉长足虻 *Gymnopternus grandis* (Yang *et* Yang, 1995)（图 4-82）

Hercostomus grandis Yang *et* Yang, 1995: 513.

Gymnopternus grandis: Yang, Zhu, Wang *et* Zhang, 2006: 142.

　　　主要特征：体长 5.2 mm，翅长 5.0 mm。触角黄色，第 1 鞭节黄褐色且基部黄色；触角芒褐色。6 根强背中鬃，7–8 对较弱的中鬃；小盾片有 1 对强鬃，端缘有短毛。足黄色；中足基节带有浅黑色。中足胫节有 3 根前背鬃、2 根后背鬃和 1 根腹鬃；后足胫节有 3 根前背鬃、3 根后背鬃和 2 根弱的腹鬃，基跗节有 1 根基腹鬃。翅近白色透明；脉黑色，R_{4+5} 与 M 端部平行；CuAx 值为 0.9。雄性外生殖器：第 9 背板长明显大于宽，端部明显缩小，端腹叶略弯且中部有 1 根黑色长鬃；尾须明显扭曲、端略缩尖；下生殖板近末端侧有隆脊；阳茎很细长而弯曲。

　　　分布：浙江（临安、庆元）、福建、广东、广西、贵州、云南。

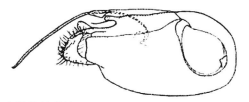

图 4-82　大行脉长足虻 *Gymnopternus grandis* (Yang *et* Yang, 1995)

♂外生殖器侧面观

（222）中瓣行脉长足虻 *Gymnopternus medivalvis* (Yang, 2001)（图 4-83）

Hercostomus medivalvis Yang, 2001: 430.

Gymnopternus medivalvis: Yang, Zhu, Wang *et* Zhang, 2006: 143.

　　　主要特征：体长 2.6–3.7 mm，翅长 3.0–3.5 mm。触角黄色，第 1 鞭节浅黑色（有时基部暗黄色）；第 3 节长为宽的 1.5 倍，端部有些尖；触角芒黑色。胸部中鬃 5–6 对不规则的短毛状，5–6 根背中鬃；小盾片端缘及背面有短毛。翅近白色透明；脉浅褐色，R_{4+5} 与 M 端部近平行，CuAx 值为 0.55。中足胫节有 3 根前背鬃、2 根后背鬃和 1 根前腹鬃；后足胫节有 4 根前背鬃、4 根后背鬃和 2 根前腹鬃。雄性外生殖器：第 9 背板长明显大于宽，其侧叶基部较窄；尾须近三角形，缘齿较弱；下生殖板内缘有弱齿突。

　　　分布：浙江（临安）、广东。

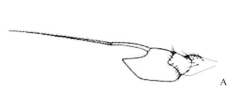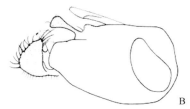

图 4-83　中瓣行脉长足虻 *Gymnopternus medivalvis* (Yang, 2001)
A. 触角侧面观；B. ♂外生殖器侧面观；C. 亚生殖背板叶

（223）群行脉长足虻 *Gymnopternus populus* (Wei, 1997)（图 4-84）

Hercostomus (*Gymnopternus*) *populus* Wei, 1997: 37.

Gymnopternus populus: Yang, Zhu, Wang *et* Zhang, 2006: 145.

主要特征：体长 4.1 mm，翅长 4.3 mm。触角黄褐色；第 1 鞭节浅黑色，端尖，长几乎等于宽。胸部具 8–9 对不规则的短毛状中鬃；6 根强背中鬃；小盾片背面和端缘有一些短毛。R_{4+5} 与 M 端部弱的汇聚，CuAx 值为 0.7。足黄色；基节浅黑色；跗节自基跗节末端往外褐色至暗褐色。中足胫节有 3 根前背鬃、2 根后背鬃和 1 根前腹鬃；后足胫节有 3 根前背鬃、3–4 根后背鬃和 2 根前腹鬃；后足基跗节基部有 1 根短腹鬃。翅白色透明；脉黄褐色。雄性外生殖器：第 9 背板长大于宽，端有些窄，有强弯的侧叶；尾须弯，带状，有短缘齿；下生殖板长，端有些窄。

分布：浙江（临安）、河南、陕西、广西、四川、贵州、云南。

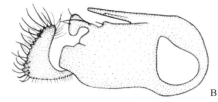

图 4-84　群行脉长足虻 *Gymnopternus populus* (Wei, 1997)
A. 触角；B. ♂外生殖器侧面观

66. 寡长足虻属 *Hercostomus* Loew, 1857

Hercostomus Loew, 1857: 9. Type species: *Sybistroma longiventris* Loew, 1857 (original designation).

Steleopyga Grootaert *et* Meuffels, 2001: 208. Type species: *Steleopyga dactylocera* Grootaert *et* Meuffels, 2001 (original designation).

主要特征：体小到中型。腹部粗（长为胸部的 1.0–1.5 倍），大致向末端变窄。触角柄节明显长于梗节，有背毛；触角芒背位，短于头宽，有短毛。触角基部间距小于单眼瘤宽。胸部具 5–6 根强背中鬃，倒数第 2 根内移；中鬃 2 列，短于第 1 根背中鬃。翅前缘脉不加粗，无前缘胝；R_{4+5} 端部略弯向翅后缘，M 近直，R_{4+5} 和 M 端部汇聚；M 终止于翅近末端；CuAx 值明显小于 1。中足、后足腿节有 1 根端前鬃。后足基跗节无背鬃，明显短于第 2 跗节。足爪小。雄性外生殖器：第 9 背板长大于宽，侧叶及尾须的大小及形状变化为重要的分类特征。

分布：世界广布，已知 441 种，中国记录 241 种，浙江分布 13 种。

分种检索表

1. 前中足爪垫发达、明显延长 ·· **长垫寡长足虻 *H. longipulvinatus***

\- 前中足爪垫不明显延长 ·· 2

2. 尾须细长，明显长于第 9 背板 ·· 3

- 尾须较短粗，明显短于第 9 背板 ·· 4

3. 后足胫节无腹鬃；尾须指状，较短；下生殖板端尖 ······················· 短叶寡长足虻 *H. brevis*

- 后足胫节具 1 根腹鬃；尾须很细长；下生殖板端钝圆 ·················· 长须寡长足虻 *H. longicercus*

4. 尾须类似长足虻属，很大，近方形 ·· 浙江寡长足虻 *H. zhejiangensis*

- 尾须非长足虻属类型 ··· 5

5. 尾须很小，近三角形，一般有 2–4 个明显缘指突 ··· 6

- 尾须非上述类型 ·· 7

6. 6–7 对不规则的短毛状中鬃；后足全黄色；尾须近基部有 1 指状侧突；下生殖板端部分叉，有 1 弯曲侧臂 ········
··· 甘肃寡长足虻 *H. gansuensis*

- 4–5 对较弱的中鬃；后足黄色，但腿节末端黑色；尾须端部略缩尖；下生殖板末端钩弯 ············· 钩寡长足虻 *H. takagii*

7. 胸部和腹部部分黄色 ··· 8

- 胸部金绿色 ·· 11

8. 尾须 "S" 形，背缘凹，近中部有 1 根强鬃 ································· 黄腹寡长足虻 *H. flaviventris*

- 尾须有 1–2 根内弯的端刺 ·· 9

9. 中足黄色，但基节有 1 黑色外斑；尾须端相当大；下生殖板长，不规则的分枝 ········· 美寡长足虻 *H. himertus*

- 中足基节全黄色；尾须端部不膨大；下生殖板各异 ·· 10

10. 后足胫节有 4 根前背鬃、4 根后背鬃；下生殖板特化为不规则的突起，阳茎细长 ············· 吴鸿寡长足虻 *H. wuhongi*

- 后足胫节有 3 根前背鬃、3 根后背鬃；下生殖板基侧凹缺；阳茎端部细而略尖 ············· 近新寡长足虻 *H. subnovus*

11. 后足胫节端部加粗且有强刺；尾须端部分叉 ····························· 胫刺寡长足虻 *H. apiculatus*

- 后足胫节端部不加粗；尾须端部不分叉 ·· 12

12. 触角黑色；足基节浅黑色；尾须短而扭曲，端部有些细，外缘有明显齿突；下生殖板端部略钩弯 ·········
··· 百山祖寡长足虻 *H. baishanzuensis*

- 触角黄色；足基节黄色，但中足基节有 1 浅黑色外斑；尾须相当大，无明显齿突；有 1 内弯的粗端鬃；下生殖板中部凹，侧臂有些弯 ·· 平角寡长足虻 *H. flatus*

（224）胫刺寡长足虻 *Hercostomus apiculatus* Yang *et* Grootaert, 1999（图 4-85）

Hercostomus (Hercostomus) apiculatus Yang *et* Grootaert, 1999: 216.

主要特征：体长 3.3 mm，翅长 3.7 mm。触角黑色；第 1 鞭节基部浅黑色，明显延长，长为宽的 2.3 倍，端尖；触角芒黑色，有很短的柔毛，基节长为端节的 0.7 倍。胸部具 4–5 对不规则的短毛状中鬃，6–7 根强背中鬃；小盾片无短毛。翅略带灰色；脉浅黑色，R$_{4+5}$ 与 M 端部汇聚；CuAx 值为 0.5。足黄色；基节黄色，中足基节除端部外浅黑色；后足胫节端部浅黑色；前中足跗节自基跗节末端往外褐色至暗褐色，后足跗节暗褐色。后足胫节端部加粗，有 1 长腹刺，后足基跗节基部有 1 上弯的粗腹刺。雄性外生殖器：第 9 背板

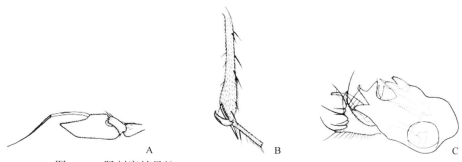

图 4-85　胫刺寡长足虻 *Hercostomus apiculatus* Yang *et* Grootaert, 1999
A. 触角；B. 后足胫节及第 1 跗节；C. ♂外生殖器

长大于宽许多，端多少有些尖，侧叶相当宽，端部分枝；尾须近三角形，端部明显凹，有缘齿；下生殖板相当短，不规则分枝。

　　分布：浙江（临安）。

（225）百山祖寡长足虻 *Hercostomus baishanzuensis* Yang *et* Yang, 1995（图4-86）

Hercostomus baishanzuensis Yang *et* Yang, 1995: 515.

　　主要特征：体长3.0–3.2 mm，翅长3.0–3.1 mm。额后侧角有1根强鬃。触角黑色；触角芒暗褐色。胸部具6根强背中鬃，中鬃不存在；小盾片仅有1对强鬃且无其他短毛。翅略带有浅灰色，脉黑色；R_{4+5}与M端部明显汇聚，CuAx值为0.6。足浅黑色；胫节黄色，后足胫节末端浅褐色；跗节暗褐色，前中足基跗节色较浅。足毛和鬃黑色；中后足基节各有1根外鬃，前足胫节有2根后背鬃和1根后腹鬃，端腹鬃很短；中足胫节有3根前背鬃、2根后背鬃和1根腹鬃；后足胫节有2根前背鬃、3根后背鬃和1根前腹鬃，基跗节有1根基腹鬃。雄性外生殖器：第9背板较短阔，长略大于宽，端腹叶粗大；尾须短而扭曲，端部有些细，端缘有指突；下生殖板端部略钩弯。

　　分布：浙江（庆元）、广西、四川、云南。

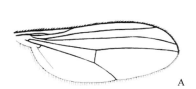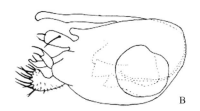

图4-86　百山祖寡长足虻 *Hercostomus baishanzuensis* Yang *et* Yang, 1995

A. 翅；B. ♂外生殖器

（226）短叶寡长足虻 *Hercostomus brevis* Yang, 1997（图4-87）

Hercostomus (*Hercostomus*) *brevis* Yang, 1997: 148.

　　主要特征：体长3.2 mm，翅长2.9 mm。眼后鬃全黑色。触角黑色；第1鞭节长为宽的1.2倍，端有些尖；触角芒黑色。胸部中鬃无；6根强背中鬃；小盾片有一些缘毛。翅白色透明，脉褐色；R_{4+5}与M近平行，CuAx值为0.8。足黄色；中足基节略带浅黑色；跗节自基跗节末端往外褐色至暗褐色。后足胫节有3根前背鬃和3根后背鬃；后足基跗节基部有1根短腹鬃。雄性外生殖器：第9背板长明显大于宽，短侧叶上有3根长鬃；尾须指状；下生殖板直，端有些尖。

　　分布：浙江（安吉、临安）、广西。

图4-87　短叶寡长足虻 *Hercostomus brevis* Yang, 1997

A. 触角；B. ♂外生殖器

（227）平角寡长足虻 *Hercostomus flatus* Yang *et* Grootaert, 1999（图4-88）

Hercostomus (*Hercostomus*) *flatus* Yang *et* Grootaert, 1999: 217.

主要特征：体长 4.0–4.8 mm，翅长 4.1–4.7 mm。触角黄色；第 1 鞭节背面和端部黑色，相当大，长为宽的 1.5 倍，端部扁；触角芒黑色。胸部具 6–7 对不规则的短毛状中鬃，6 根强背中鬃；前胸侧板被淡黄色毛，下部有 1 根黑鬃。翅白色透明；脉浅黑色，R_{4+5} 和 M 端部明显汇聚；CuAx 值为 0.7。足黄色；基节黄色，中足基节有 1 浅黑色外斑；跗节自基跗节末端往外褐色至暗褐色；后足胫节有 3 根前背鬃、3 根后背鬃和 6 根前腹鬃（近端部的 2 根前腹鬃较强）；后足基跗节有 3 根腹鬃。腋瓣黄色，有黑毛。雄性外生殖器：第 9 背板长大于宽，端窄，侧叶分开，相当大；尾须相当大，有 1 内弯的粗端鬃；下生殖板中部凹，侧臂有些弯。

分布：浙江（临安）。

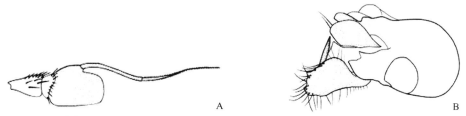

图 4-88　平角寡长足虻 Hercostomus flatus Yang et Grootaert, 1999
A. 触角；B.♂外生殖器

（228）黄腹寡长足虻 Hercostomus flaviventris Smirnov et Negrobov, 1977（图 4-89）

Hercostomus flaviventris Smirnov et Negrobov, 1977: 38.

Hercostomus (Hercostomus) opulus Wei, 1997: 43.

主要特征：体长 3.1 mm，翅长 3.8 mm。额有 1 根强鬃在后侧角上。触角浅黑色；第 1 鞭节长为宽的 1.2 倍，端有些尖；触角芒暗褐色。胸部黄色，但背面金绿色，有浅灰粉；中胸背板前缘和前侧区黄色；翅侧片浅黑色；毛和鬃黑色；5–6 对不规则的短毛状中鬃；6 根强背中鬃；小盾片有 2 根强鬃。翅稍带浅褐色；脉褐色；R_{4+5} 与 M 明显汇聚，CuAx 值为 0.5。足黄色；前中足跗节黄褐色，后足胫节端部和后足跗节暗褐色。后足基跗节基部有 1 根相当强的腹鬃。腹部金绿色；第 1–2 背板除中部和后缘外黄色，毛和鬃黑色。雄性外生殖器：第 9 背板长大于宽许多，端有些尖，侧叶与第 9 背板窄地分开；尾须窄而弯；下生殖板端部分枝；阳茎细端部细而稍向上弯。

分布：浙江（临安、开化）、台湾、广西、四川、贵州；日本。

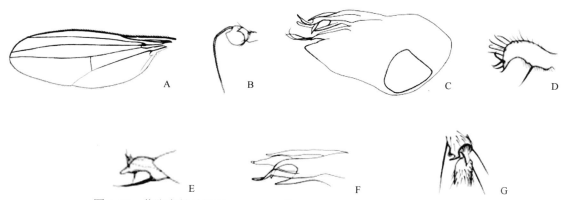

图 4-89　黄腹寡长足虻 Hercostomus flaviventris Smirnov et Negrobov, 1977
A. 翅；B. 触角；C.♂外生殖器；D. 尾须；E. 亚生殖背板突；F. 下生殖板侧面观；G. 后足胫节末端和后足基跗节基部

（229）甘肃寡长足虻 *Hercostomus gansuensis* Yang, 1996（图 4-90）

Hercostomus gansuensis Yang, 1996: 238.

Hercostomus (*Hercostomus*) *mustus* Wei, 1997: 50.

主要特征：体长 3.0 mm，翅长 3.2 mm。头部金绿色，有浅灰粉；毛和鬃黑色；眼后鬃黑色。触角黑色，触角芒黑色；喙浅黑色，下颚须浅黑色，均有黑毛。胸部金绿色，有浅灰粉；毛和鬃黑色；6–7 对不规则的短毛状中鬃；6 根强背中鬃；小盾片有 2 根强鬃。翅近白色透明，前部略带灰色；脉褐色；R_{4+5} 与 M 明显汇聚，CuAx 值为 0.6。足黄色；前足基节黄色，中后足基节浅黑色；跗节暗褐色（基跗节基部颜色较浅）。足毛和鬃黑色；中后足基节各有 1 根鬃；中后足腿节各有 1 根端前鬃。前足胫节有 1 根前背鬃和 2 根后背鬃，无端腹鬃；中足胫节有 3 根前背鬃、2 根后背鬃和 1 根腹鬃；后足胫节有 4 根前背鬃、4 根后背鬃和 2 根弱的腹鬃。腋瓣黄色，有浅黑毛。平衡棒黄色。腹部金绿色，有黑毛和鬃。雄性外生殖器：第 9 背板长明显大于宽，端部宽，侧叶很短；尾须近带状，近基部有 1 指状侧突；下生殖板端部分叉，有 1 弯曲侧臂；阳茎有些粗，端部弯曲。

分布：浙江（临安）、陕西、甘肃、四川、贵州。

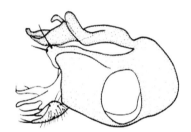

图 4-90 甘肃寡长足虻 *Hercostomus gansuensis* Yang, 1996
♂外生殖器侧面观

（230）美寡长足虻 *Hercostomus himertus* Wei, 1997（图 4-91）

Hercostomus himertus Wei, 1997: 34.

Hercostomus (*Hercostomus*) *serrulatus* Yang *et* Grootaert, 1999: 217.

主要特征：体长 5.7 mm，翅长 5.4 mm。触角黑色；第 1 鞭节相当短，长为宽的 1.3 倍，端钝；触角芒黑色。胸部具 7–8 对不规则的短毛状中鬃，6 根强背中鬃。前胸侧板有淡黄色毛，下部有 1 根黑鬃。翅灰色；脉黑色，R_{4+5} 与 M 端部明显汇聚；CuAx 值为 0.8。足黄色；基节黄色，中足基节有 1 黑色外斑。中足胫节有 3–4 根前背鬃、2 根后背鬃和 3 根前腹鬃；后足胫节有 3–4 根前背鬃、1 根背鬃、4 根后背鬃和 6 根前腹鬃。第 7 腹板有一些小齿。雄性外生殖器：第 9 背板长明显大于宽，端宽，侧叶明显、近直，后部有 1 端尖的明显突起；尾须端相当大，有一些强缘鬃；下生殖板长，不规则的分枝。

分布：浙江（临安）、福建、贵州。

图 4-91 美寡长足虻 *Hercostomus himertus* Wei, 1997
A. 触角；B. 生殖前节；C. ♂外生殖器侧面观

（231）长须寡长足虻 *Hercostomus longicercus* Yang *et* Yang, 1995（图 4-92）

Hercostomus longicercus Yang *et* Yang, 1995: 514.

　　主要特征：体长 3.1 mm，翅长 2.6 mm。触角黑色；触角芒暗褐色。胸部具 6 根强背中鬃，中鬃不存在；小盾片有 1 对强鬃且端缘有短毛。翅带有浅灰色，脉黑色；R_{4+5} 与 M 端部平行，CuAx 值为 0.9。足黄色；中足基节带有浅黑色；跗节暗褐色，但基跗节仅末端或端部褐色。中足胫节有 3 根前背鬃、2 根后背鬃和 1 根腹鬃；后足胫节有 3 根前背鬃、3 根后背鬃和 1 根腹鬃，基跗节有 1 根基腹鬃。雄性外生殖器：第 9 背板长明显大于宽，渐向末端略缩小，端腹叶末端较宽，钝圆；尾须很细长；下生殖板端钝圆。

　　分布：浙江（庆元）、云南。

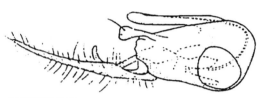

图 4-92　长须寡长足虻 *Hercostomus longicercus* Yang *et* Yang, 1995
♂外生殖器侧面观

（232）长垫寡长足虻 *Hercostomus longipulvinatus* Yang, 1998（图 4-93）

Hercostomus (*Hercostomus*) *longipulvinatus* Yang, 1998: 182.

　　主要特征：体长 4.6 mm，翅长 5.0 mm。触角黑色；第 1 鞭节近卵圆形，长略等于宽；触角芒黑色。6 根强背中鬃，6 对较短的中鬃，肩胛有 1 根长鬃和 2 根短毛。翅白色透明；脉黑色，R_{4+5} 与 M 端部汇聚；CuAx 值为 0.9。足黄色；前足基节黄色，中后足基节浅黑色；后足腿节端部和后足胫节端部 2/5 黑色；前中足基跗节末端往外和整个后足跗节黑色。前中足的爪垫较发达、明显延长。前足第 2–5 跗节腹面有较密短细毛；中足胫节有 4 根前背鬃、2 根后背鬃和 3 根短的后腹鬃；后足胫节有 3 根前背鬃、4 根后背鬃和 5 根短的后腹鬃。雄性外生殖器：第 9 背板端部缩小而弯曲，形状不规则，其侧叶较大；尾须基部较粗大，端部分叉；下生殖板狭长。

　　分布：浙江（庆元）。

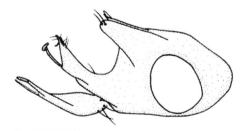

图 4-93　长垫寡长足虻 *Hercostomus longipulvinatus* Yang, 1998
♂外生殖器侧面观

（233）近新寡长足虻 *Hercostomus subnovus* Yang *et* Yang, 1995（图 4-94）

Hercostomus subnovus Yang *et* Yang, 1995: 513.

Hercostomus weii Yang *et* Saigusa, 2000: 223.

主要特征：体长 4.8 mm，翅长 5.1 mm。触角全黑色；触角芒黑色。胸部具 6 根强背中鬃，6–7 对较弱的中鬃；小盾片仅有 1 对强鬃而无短毛。翅浅灰色；脉黑色，R_{4+5} 与 M 端部明显汇聚；CuAx 值为 0.8。足黄色，跗节除基跗节外暗褐色。中足胫节有 3 根前背鬃、2 根后背鬃和 1 根腹鬃；后足胫节有 3 根前背鬃、3 根后背鬃和 1 排弱的腹鬃（6–7 根），基跗节有 3 根腹鬃。雄性外生殖器：第 9 背板长大于宽，端明显缩小，端侧叶宽钝的指状，内有一分叉的且末端带钩的突起；尾须基部略窄且末端较钝圆，无明显指突；下生殖板基侧凹缺；阳茎端部细而略尖。

分布：浙江（庆元）、陕西、四川、云南。

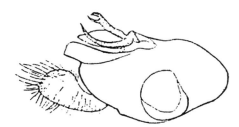

图 4-94 近新寡长足虻 *Hercostomus subnovus* Yang et Yang, 1995
♂外生殖器侧面观

（234）钩寡长足虻 *Hercostomus takagii* Smirnov et Negrobov, 1979（图 4-95）

Hercostomus takagii Smirnov et Negrobov, 1979: 39.
Hercostomus clivus Wei et Yang, 2007: 565.

主要特征：体长 3.6–3.7 mm，翅长 3.7–3.8 mm。触角黑褐色；触角芒黑褐色且有很短的毛。胸部具 6 根强背中鬃，4–5 对较弱的中鬃；小盾片仅有 1 对强鬃且无短毛。翅白色透明，脉黑色；R_{4+5} 与 M 端部明显汇聚，CuAx 值为 0.7。足黄色；中后足基节、后足腿节末端浅褐色，前足第 3–5 跗节、中足第 2–5 跗节及后足跗节暗褐色。后足胫节有 4 根前背鬃、4 根后背鬃和 1 排弱的腹鬃（6 根），基跗节有 1 根基腹鬃。雄性外生殖器：第 9 背板长明显大于宽，端略缩尖，端侧叶较长且端部很细；尾须较小，端部略缩尖；下生殖板末端钩弯。

分布：浙江（安吉、临安、庆元）、河南、广西、四川、贵州；日本。

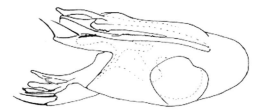

图 4-95 钩寡长足虻 *Hercostomus takagii* Smirnov et Negrobov, 1979
♂外生殖器侧面观

（235）吴鸿寡长足虻 *Hercostomus wuhongi* Yang, 1997（图 4-96）

Hercostomus (*Hercostomus*) *wuhongi* Yang, 1997: 151.

主要特征：体长 5.2 mm，翅长 4.7 mm。触角全黑色；第 1 鞭节长为宽的 1.7 倍，端近三角形；触角芒黑色。7–8 对不规则的短毛状中鬃；6 根强背中鬃；小盾片无短毛。翅近白色透明；脉浅褐色；R_{4+5} 与 M 端部明显汇聚，CuAx 值为 0.7。足黄色；第 2–5 跗节暗黄色至褐色。后足胫节有 4 根前背鬃、4 根后背鬃和 6 根腹鬃；后足基跗节有 3 根短腹鬃。雄性外生殖器：第 9 背板长大于宽，小侧骨片上有 2 根鬃；尾须带状、端相当宽，有内弯的黑缘刺；下生殖板特化为不规则的突起；阳茎细长。

　　分布：浙江（安吉、临安）、福建。

图 4-96　吴鸿寡长足虻 *Hercostomus wuhongi* Yang, 1997
A. 触角侧面观；B. ♂外生殖器侧面观

（236）浙江寡长足虻 *Hercostomus zhejiangensis* (Yang, 1997)（图 4-97）

Phalacrosoma zhejiangense Yang, 1997: 152.

Hercostomus zhejiangensis: Zhang, Yang *et* Masunaga, 2004: 35.

　　主要特征：体长 6.8 mm，翅长 6.8 mm。触角浅黄褐色；第 1 鞭节长等于宽，端圆；触角芒黑色。无中鬃；6 根强背中鬃；小盾片有一些淡色短缘毛。翅带灰色，前端部颜色均一的较暗；脉黑色，R_{4+5} 与 M 端有些汇聚；CuAx 值为 0.9。足黄色；中后足基节部分带黑色；前中足跗节自基跗节端往外暗褐色至黑色，后足胫节端部及后足跗节暗褐色至黑色。中足胫节有 4 根前背鬃、2 根后背鬃和 4 根前腹鬃；后足胫节有 3 根前背鬃、7 根后背鬃和 10 根腹鬃；基跗节基部有 1 根短腹鬃；后足基跗节有 1 根长背鬃。雄性外生殖器：第 9 背板长大于宽，端截形；侧叶宽，有 3 根端鬃；尾须有些方形，有短缘齿；下生殖板端尖。

　　分布：浙江（安吉）。

图 4-97　浙江寡长足虻 *Hercostomus zhejiangensis* (Yang, 1997)
A. 触角侧面观；B. ♂外生殖器侧面观

67. 弓脉长足虻属 *Paraclius* Loew, 1864

Paraclius Loew, 1864: 97. Type species: *Pelastoneurus arcuatus* Loew, 1861 (designated by Coquillett, 1910).

Leptocorypha Aldrich, 1896: 315. Type species: *Leptocorypha pavo* Aldrich, 1896 (monotypy).

　　主要特征：体中型（3.0–4.0 mm）；腹部较粗，渐向末端变窄。胸部具 6 根强背中鬃，第 5 根不内移；中鬃 2 列，短毛状；小盾片有 2 对鬃，端鬃粗长，基鬃长为端鬃的 1/4，无明显短缘毛及背毛。翅前缘脉不加粗，无前缘胝；R_{4+5} 近直，端部弯向翅缘；M 后部强弯向 R_{4+5}，明显终止于翅端前；CuAx 值稍小于 1 或大于 1。后足基跗节无背鬃，明显短于第 2 跗节；足爪小。雄性外生殖器：第 9 背板长大于宽，侧叶通常较短粗，有几根分枝毛；尾须较大，有时有分枝毛或分叉短粗鬃；下生殖板常具复杂的分叉，形成 1 复合体。

　　分布：世界广布，已知 138 种，中国记录 30 种，浙江分布 2 种。

（237）尖角弓脉长足虻 *Paraclius acutatus* Yang et Li, 1998（图 4-98）

Paraclius acutatus Yang et Li, 1998: 320.

　　主要特征：体长 6.0–6.1 mm，翅长 5.0–5.1 mm。触角黑色，第 1 鞭节长为宽的 1.1 倍，末端尖；触角芒黑色。胸部具 5 对强背中鬃，8–9 对较短的中鬃。小盾片无短细毛。翅近白色透明，脉褐色；M 端部明显弯向 R_{4+5}；CuAx 值为 1.0–1.1。足黄色；前足基节黄色，中后足基节黑色；后足腿节背缘及末端黑色；前中足基跗节末端往外浅黑色至黑色，后足胫节末端和后足跗节黑色。前足胫节有 3 根前背鬃和 2 根后背鬃（无明显端腹鬃），中足胫节有 3 根前背鬃、3 根后背鬃和 2 根前腹鬃，后足胫节有 5 根前背鬃和 5 根后背鬃。后足基跗节有 1 根短的基腹鬃。雄性外生殖器：第 9 背板侧叶短，有 3 根分枝毛；尾须大，近三角形；下生殖板分叉，有强而后弯的侧臂。

　　分布：浙江（安吉）、山东、河南、广西、四川。

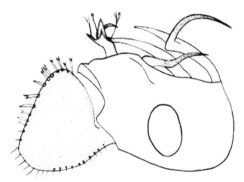

图 4-98　尖角弓脉长足虻 *Paraclius acutatus* Yang et Li, 1998
♂外生殖器侧面观

（238）中华弓脉长足虻 *Paraclius sinensis* Yang et Li, 1998（图 4-99）

Paraclius sinensis Yang et Li, 1998: 319.

　　主要特征：体长 5.5 mm，翅长 5.1 mm。触角浅黑色；第 1 鞭节暗黄色，长为宽的 1.1 倍，末端钝圆；触角芒黑色。胸部背中鬃 6 对，中鬃 8–9 对；小盾片无短细毛。翅略带浅灰色，脉褐色；M 端部明显弯向 R_{4+5}；CuAx 值为 0.8。足黄色；基节黄色，中足基节侧有 1 黑斑；后足腿节背缘黑色；前足基跗节末端往外暗黄色，中后足基跗节末端往外浅黑色。前足胫节有 3 根前背鬃和 2 根背鬃，无明显端腹鬃；中足胫节有 3 根前背鬃和 2 根前腹鬃；后足胫节有 4 根前背鬃和 4 根后背鬃。后足基跗节有 1 根基腹鬃。雄性外生殖器：第 9 背板较宽而阔，端侧叶钝而不明显分开，前有生枝毛的小突；尾须较宽大，末端钝而圆；下生殖板狭长；阳茎端部缩小。

　　分布：浙江（安吉、临安）、台湾、广东、贵州。

图 4-99　中华弓脉长足虻 *Paraclius sinensis* Yang et Li, 1998
A. 翅；B. 触角侧面观；C. ♂外生殖器侧面观

68. 毛颜长足虻属 *Setihercostomus* Zhang *et* Yang, 2005

Setihercostomus Zhang *et* Yang, 2005: 183. Type species: *Hercostomus zonalis* Yang, Yang *et* Li, 1998[*Hercostomus* (*Gymnopternus*) *wuyangensis* Wei, 1997].

主要特征：体小至中型（体长 2.8–3.6 mm，翅长 2.5–3.1 mm）。唇基中央有黑色鬃。基节有背毛，明显长于梗节；第 1 鞭节长明显大于宽；触角芒背位，有细短毛；触角基部窄地分开，接近复眼内缘。胸部具 6 根强背中鬃（倒数第 2 根偏离背中鬃列），接近中鬃列。小盾片有 2 对鬃（基鬃短毛状，端鬃长而强），无缘毛及背毛。翅 R_{4+5} 与 M 端部平行；M 终止处近翅末端；CuAx 值小于 1。中后足腿节各有 1 根端前鬃。后足基跗节短于第 2 跗节。第 6 背板光裸。雄性外生殖器尾须相当大。

分布：古北区、东洋区。世界已知 4 种，中国记录 3 种，浙江分布 1 种。

（239）舞阳毛颜长足虻 *Setihercostomus wuyangensis* (Wei, 1997)（图 4-100）

Hercostomus (*Gymnopternus*) *wuyangensis* Wei, 1997: 40.

Setihercostomus wuyangensis: Zhang *et* Yang, 2005: 184.

主要特征：体长 3.6 mm，翅长 3.1 mm。复眼在颜上明显分开，颜渐向口缘变窄，唇基中央有 1 对黑色鬃。触角黑色；第 1 鞭节延长，长为宽的 2.0 倍，端尖；触角芒黑色；喙和下颚须黑色，均有黑毛。胸部具 6 根强背中鬃，中鬃 6 对、较短；小盾基鬃短毛状。翅白色透明；脉黑色，R_{4+5} 与 M 端部几乎平行；CuAx 值为 0.6。足基节全黑色；腿节末端暗黄色至黄色；胫节黄色，但后足胫节端部黑色；跗节暗褐色至黑色，前足基部 2 跗节和中足基跗节黄色；前足胫节有 1 根前背鬃、2 根后背鬃和 8 根后腹鬃，无端腹鬃；中足胫节有 3 根前背鬃、2 根后背鬃和 1 根前腹鬃；后足胫节有 3 根前背鬃、3 根后背鬃和 1 根前腹鬃，基跗节有 1 根短细的基腹鬃。腋瓣黄色，有黑毛。雄性外生殖器：第 9 背板长大于宽，端部缩小，侧叶呈指状；尾须长带状；下生殖板腹视端部近锥状。

分布：浙江（临安）、河南、陕西、广东、广西、四川。

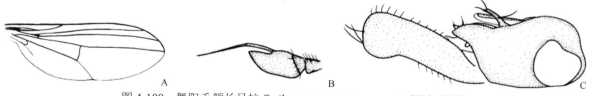

图 4-100　舞阳毛颜长足虻 *Setihercostomus wuyangensis* (Wei, 1997)
A. 翅；B. 触角侧面观；C. ♂外生殖器侧面观

（五）异长足虻亚科 Diaphorinae Schiner, 1864

主要特征：头顶平；1 对顶鬃，1 对后顶鬃；眼后鬃单列，延伸至口缘；唇基与颜不明显分开；喙和下颚须较短小。中胸背板弱的隆起；4–6 根背中鬃，1 根肩鬃，1–2 根肩毛，1 根肩后鬃，1 根缝前鬃，1 根缝鬃，2 根背侧鬃，2 根翅上鬃，1 根翅后鬃。小盾片有 2 对鬃，基对鬃短毛状；前胸侧板下部有 1 根鬃。翅较宽，翅瓣不明显，臀区大；M 不分叉，端部与 R_{4+5} 平行或稍汇聚。后足基节在近基部有 1 根外鬃，中、后足胫节有强鬃。腹部 6 节可见，自基部向端部稍变窄；第 6 背板有毛，第 8 腹板有 2–8 根强鬃。雄性外生殖器小，不膨大，与生殖前节连接紧密，隐藏在腹部末端，盖帽状。

分布：世界已知 19 属 836 种，中国记录 8 属 115 种，浙江分布 3 属 11 种。

分属检索表

1. 触角第 1 鞭节宽大，长明显大于宽，端部尖 ··银长足虻属 *Argyra*
- 触角第 1 鞭节短小，宽大于长或几乎等长 ··· 2
2. 触角第 1 鞭节近三角形，端部尖，触角芒端位，雄性第 8 腹板无强鬃 ···············小异长足虻属 *Chrysotus*
- 触角第 1 鞭节半圆形，端部钝；触角芒背位或中背位；雄性第 8 腹板具强鬃 ·········异长足虻属 *Diaphorus*

69. 银长足虻属 *Argyra* Macquart, 1834

Argyra Macquart, 1834: 456. Type species: *Musca diaphana* Fabricius, 1775 (designated by Rondani, 1856).

Leucostola Loew, 1857: 39. Type species: *Dolichopus vestita* Wiedemann, 1817 (monotypy).

主要特征：体中到大型；雄性的胸和腹部通常有银色粉，雌性的腹部通常有黄斑。头部与胸部连接紧。头顶有些凹，后头区中部稍凹；额很宽，向前稍微变窄；单眼瘤明显有 2 根长的单眼鬃和 2 根很短的后毛。1 根长的顶鬃（雄性没有）和 1 根短的后顶鬃。裸银长足虻亚属 *Leucostola* 的触角柄节光裸，而银长足虻亚属 *Argyra* 的柄节有背毛；触角第 1 鞭节短或长；触角芒背位到亚端位，有不明显的毛；喙和下颚须很小。背中鬃 6 根，粗壮；中鬃单列或双列（偶尔 4 列）。翅 M 中部通常弱或强的弯曲，R_{4+5} 和 M 端部弱的汇聚。中足、后足腿节通常没有端前鬃。雄性外生殖器：第 9 背板的背侧突短或长，背叶和腹叶分开，下生殖板长，阳茎明显长，端部突出。

分布：世界已知 97 种，中国记录 9 种，浙江分布 3 种。

分种检索表

1. 柄节无毛（裸银长足虻亚属 *Leucostola*）··· 2
- 柄节有背毛（银长足虻亚属 *Argyra*）··黑端银长足虻 *A. (A.) arrogans*
2. 前足基节具黑色毛和鬃；中足胫节有 2 根前腹鬃；腹部末端有强鬃 ···············中华银长足虻 *A. (L.) sinensis*
- 前足基节具黄色毛和鬃；中足胫节不具腹鬃；腹部末端不具强鬃 ···············范氏银长足虻 *A. (L.) vanoyei*

（240）黑端银长足虻 *Argyra (Argyra) arrogans* Takagi, 1960（图 4-101）

Argyra arrogans Takagi, 1960: 124.

Argyra chishuiensis Wei *et* Song, 2006: 333.

主要特征：体长 5.6–5.8 mm，翅长 4.3–4.6 mm。触角全黑色；柄节有黑色背毛，触角第 1 鞭节很大并且明显延长，长约等于宽的 2.1 倍，端部稍尖；触角芒亚端位，着生于触角第 1 鞭节的端部 1/5 处，浅黑色，长为触角第 1 鞭节的 2.2 倍。喙黑色，被黑色毛；下颚须黑色，具黑色毛和 1 根黑色短鬃。胸部具 6 根强的背中鬃；中鬃前面不规则的 3 对较长，后面 6–7 根单列较短。翅白色透明，脉暗褐色，R_{4+5} 有些向前弯，M 中部稍弯，R_{4+5} 和 M 端部汇聚；CuAx 值为 0.53。足黄色；基节浅黑色；前足转节黄色，中足、后足转节浅黑色；后足腿节端部黑色，后足胫节端部黑色；跗节自基部向端部褐色至暗褐色，后足跗节全黑色。前足腿节有 3–4 排腹鬃（包括长的后腹毛），中足腿节有 1 排鬃状腹毛（长于腿节的宽度）；前足胫节有 4 根前背鬃和 2 根后背鬃，端部有 3 根鬃；中胫节有 3 根前背鬃和 3 根后背鬃，端部有 4 根鬃；后足胫节有 4 根前背鬃、3 根后背鬃和 4 前腹鬃；端部有 4 根鬃；前足、中足第 1 跗节都长于相应的第 2–5 跗节总长。腹部第 8 腹板有 4 根长鬃。雄性外生殖器：背侧突背叶宽大，端部稍尖，有 1 根刺状端鬃，腹叶窄，近基部有 2 根长鬃；内突细长，稍弯曲；尾须长，向端部变窄，有短毛和中等长度的鬃；下生殖板长，中部稍弯；阳茎粗，端部弯。

分布：浙江（临安、庆元）、贵州。

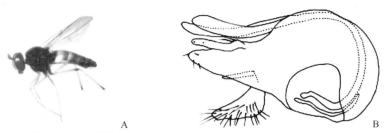

图 4-101　黑端银长足虻 *Argyra* (*Argyra*) *arrogans* Takagi, 1960

A. 成虫；B. ♂外生殖器侧面观

（241）中华银长足虻 *Argyra* (*Leucostola*) *sinensis* Yang *et* Grootaert, 1999

Argyra (*Leucostola*) *sinensis* Yang *et* Grootaert, 1999: 218.

主要特征：体长 3.8 mm，翅长 3.2 mm。触角浅黑色；触角第 1 鞭节暗黄色，基部和背缘黑色，稍延长，长为宽的 2.1 倍，端部有些尖；触角芒黑色，基节长为端节的 0.25 倍。胸部中鬃不规则的 5–6 对，短毛状，6 根强背中鬃。翅稍带灰色；脉浅黑色，R_5 室在 m-cu 之后最宽，R_{4+5} 与 M 端部平行；CuAx 值为 0.4。足黄色；基节黄色；后足腿节端部褐色；中足、后足跗节自第 1 跗节末端往外褐色至暗褐色。前足胫节有 1 根弱后背鬃，第 1 跗节有 4 根短腹鬃；中足胫节有 2 根前背鬃、2 根短后背鬃和 2 根前腹鬃；后足胫节有 1 根短前背鬃和 1 排后背鬃。腋瓣黄色，有淡黄色毛。腹部金绿色，第 2–3 背板各有 1 大的黄色侧斑，第 1 腹板黄色；雄性外生殖器黑色，尾须黄色。

分布：浙江（临安）。

（242）范式银长足虻 *Argyra* (*Leucostola*) *vanoyei* (Parent, 1926)（图 4-102）

Leucostola vanoyei Parent, 1926: 131.

Argyra vanoyei: Negrobov, 1991: 67.

主要特征：体长 3.0 mm，翅长 3.0 mm。触角黑色；柄节黑色无背毛；触角第 1 鞭节长约等于宽的 1.5 倍，端部稍尖；触角芒亚端位，黑色，有不很明显的细毛。胸部 6 根强的背中鬃（第 1 对稍短），无中鬃；小盾片没有背毛和边缘毛；前胸侧板上部有浅黄色毛，下部有浅黄色毛和 1 根浅黄色鬃。翅白色透明，脉浅黑色；M 中部稍弯，R_{4+5} 和 M 端部汇聚；CuAx 值为 0.45。足黄色；所有基节黄色，后足腿节端部浅黑色。后足腿节有 1 排浅黄色腹鬃。前足胫节基部有 1 根前背鬃；中胫节有 1 根前背鬃（在基部）、1 根后背鬃和 1 根前腹鬃；后足胫节有 2 根前背鬃和 3 根后背鬃。腹部金绿色，第 1–2 腹板黄色，第 2–3 背板两侧各有 1 个大黄斑，腹部末端不具强鬃。毛和鬃黑色。雄性外生殖器：第 9 背板近圆形；背侧突背叶宽大，端部尖，有一些短毛，腹叶基部宽而端部窄，中部弯曲，有短鬃；尾须长，基部宽，向端部变尖；下生殖

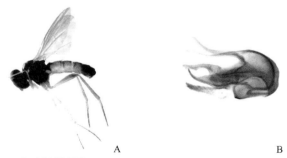

图 4-102　范氏银长足虻 *Argyra* (*Leucostola*) *vanoyei* (Parent, 1926)

A. ♂整体图侧面观；B. ♂外生殖器侧面观

板长，中部稍弯，俯视端部有内凹；阳茎粗，端部弯。

　　分布：浙江、上海。

70. 小异长足虻属 *Chrysotus* Meigen, 1824

Chrysotus Meigen, 1824: 40. Type species: *Musca nigripes* Fabricius (Westwood, 1940: 134).

Achradocera Becker, 1922: 207. Type species: *Achradocera femoralis* Becker.

　　主要特征：体小到中型，金绿色。颜向下变窄或两侧平行，头顶没有或只有浅的凹。雄虫触角第 1 鞭节短小，触角芒亚端位。前胸侧片上部光裸或只有极少的鬃；中胸背板均匀突起或在小盾片之前大部分弱的平展；小盾片从不长等于宽。M 脉没有发育充分的分叉。中后腿节在前到前背表面没有明显的端前鬃，足基节光裸。腹部第 1 腹板光裸无毛，

　　分布：世界广布，已知 464 种，中国记录 107 种，浙江分布 5 种。

分种检索表

1. 阳茎端部具 3 个掌状突起 ·· 三突小异长足虻 *C.triprojicienus*
- 阳茎无上述特化 ·· 2
2. 雄性生殖背板后面具明显的角状突起 ·· 3
- 雄性生殖背板后面不具明显的角状突起 ·· 4
3. 复眼在颜上较宽地分开，阳茎末端具齿状突 ·············· 齿突小异长足虻 *C. serratus*
- 复眼在颜上相接；阳茎末端无齿状突，形成两个球状侧突 ·············· 双突小异长足虻 *C. biprojicienus*
4. 前足基节具黄色毛；中足胫节具 2 根前背鬃 ·············· 颓唐小异长足虻 *C. degener*
- 前足基节具黑色毛；中足胫节具 1 根前背鬃 ·············· 大头小异长足虻 *C. magnuscaputus*

（243）双突小异长足虻 *Chrysotus biprojicienus* Wei *et* Zhang, 2010（图 4-103）

Chrysotus biprojicienus Wei *et* Zhang, 2010: 10.

　　主要特征：体长 1.8–1.9 mm，翅长 1.4–1.8 mm。复眼在颜上相接；中下眼后鬃（包括后腹毛）黑色。触角黑色；触角第 1 鞭节近三角形，长是宽的 0.7 倍；触角芒黑色，有短毛。胸部具 6 对强的背中鬃，中鬃 6–7 对，短毛状；小盾片有 2 对鬃（端对粗而长，基对短毛状）。翅透明，脉褐色，R_{4+5} 和 M 端部平行；CuAx 值为 0.3。足黄褐色；所有基节和转节黑色；所有腿节黑色；所有胫节基部黑色，后足胫节端部黑色；前中足跗节由第 1 跗节端部向外褐色，后足跗节褐色。前足胫节具 1 根前背鬃。雄性外生殖器：生殖背板

图 4-103　双突小异长足虻 *Chrysotus biprojicienus* Wei *et* Zhang, 2010
A. ♂整体图侧面观；B. 触角侧面观

后面具角状突起；第 9 背板侧叶长而宽，端部与下生殖板端部几平行；背侧突宽，端部略细；尾须短，毛鬃正常；阳茎末端具 2 圆形侧突；后突弯曲，前面手臂状，端部斧头状，后端舌状。

　　分布：浙江、北京、河北、山西、陕西、安徽、湖北、江西、湖南、福建、台湾、海南、广西、重庆、四川、贵州、云南、西藏。

（244）颓唐小异长足虻 *Chrysotus degener* Frey, 1917（图 4-104）

Chrysotus degener Frey, 1917: 11.

　　主要特征：体长 1.8–2.0 mm，翅长 1.5–1.8 mm。复眼在颜相接；下眼后鬃（包括后腹毛）浅黄色。触角黑色；触角第 1 鞭节近圆形，宽是长的 1.2 倍；触角芒在端部凹槽中，黑色，有短毛。胸部 6 根背中鬃（最前 1 根较短）；中鬃不规则的 6–7 对，短毛状。小盾片有 2 对鬃（基对短毛状）。翅白色透明，脉褐色；CuAx 值为 0.22。足黄色；前足基节黄色，基部黑色；中足、后足基节黑色，端部黄色；所有跗节自第 1 节端部向外浅褐色至褐色。前足腿节端部有 2–3 根后腹鬃；中足腿节端部 2 根前腹鬃和 2–3 根后腹鬃；后足腿节有 1 根端前鬃，端部有 2 根前背鬃和 1–2 根后腹鬃。前足胫节在基部 1/4 处有 1 根前背鬃；中足胫节有 2 根前背鬃和 1 根后背鬃；后足胫节有 2 根前背鬃和 3–4 根后背鬃。雄性外生殖器：第 9 背板有些圆；背侧突钝，端部弯；尾须短宽，端部有些尖；阳茎细长，端部分叉；下生殖板短而尖。

　　分布：浙江、黑龙江、辽宁、北京、河南、陕西、江苏、安徽、台湾、广西、重庆、云南；俄罗斯，巴基斯坦，印度，缅甸，斯里兰卡。

图 4-104　颓唐小异长足虻 Chrysotus degener Frey, 1917
A. ♂整体图侧面观；B. 触角侧面观；C. ♂外生殖器侧面观

（245）大头小异长足虻 *Chrysotus magnuscaputus* Liu *et* Yang, 2016（图 4-105）

Chrysotus magnuscaputus Liu *et* Yang, 2016: 26.

　　主要特征：体长 1.5 mm，翅长 1.4 mm。中下眼后鬃（包括后头鬃）黑色。触角深褐色至黑色；梗节和柄节黑色；鞭节深褐色，近长方形，宽为长的 1.8 倍；触角芒褐色，具短毛。喙深褐色有淡色长毛；唇须黑色端部具 1 根黑色鬃。胸部 5 对强背中鬃；中鬃 6–7 对，短毛状；小盾片有 2 对鬃（端对粗而长，基对短毛状）。翅透明；脉黑色，R₄₊₅ 和 M 端部平行；CuAx 值为 0.3。足主要呈褐色；前中足胫节基部黄色；所有跗节第 1 跗节黄色，由第 1 跗节端部向前褐色。前足腿节端部具 3 根后腹鬃；中足腿节端部具 4–5 根前腹鬃和 2–3 根后腹鬃；后足腿节具 1 排前腹鬃。中足胫节基部 1/4 具 1 根前背鬃；后足胫节具 3–5 根后背鬃。后足胫节腹面和前面毛长而密；后足跗节毛长而密。雄性外生殖器：生殖背板有些圆，后面不具角状突起；下生殖板末端细；第 9 背板侧叶下方具 1 弱刺状突；背侧突基部宽，端部变细；尾须短而宽，毛鬃正常；阳茎细长，端部略变细。

　　分布：浙江、安徽、台湾、海南。

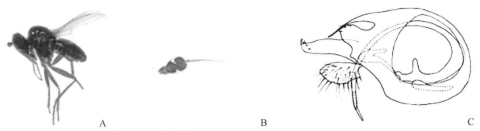

图 4-105 大头小异长足虻 *Chrysotus magnuscaputus* Liu *et* Yang, 2016
A.♂整体图侧面观；B. 触角侧面观；C.♂外生殖器侧面观

（246）齿突小异长足虻 *Chrysotus serratus* Wang *et* Yang, 2006（图 4-106）

Chrysotus serratus Wang *et* Yang, 2006: 253.

主要特征：体长 3.8 mm，翅长 3.1 mm。复眼在颜上宽地分开；中下眼后鬃（包括后腹毛）浅黄色。触角黑色；触角第 1 鞭节宽是长的 2.0 倍；触角芒黑色，有短毛。胸部具 5 对强的背中鬃，中鬃 6–7 对，短毛状；小盾片有 2 对鬃（端对粗而长，基对短毛状）。前胸侧片下部有 3 根黄色鬃。翅透明，脉黑色；CuAx 值 0.4。腋瓣浅黄色具黑毛；平衡棒浅黄色。足黑色，所有基节黑色；所有腿节顶端部黄色；所有胫节黄色；前足、后足跗节自第 1 节端部和中足跗节自第 2 节端部向外褐色至暗褐色。前足腿节端部有 2 根后腹鬃；中足腿节端部 2 根前腹鬃；后足腿节端部有 2 根后腹鬃；前足、中足胫节没有明显的鬃；后足胫节有 1–2 根前背鬃和 3 根后背鬃，末端有 3 根鬃。雄性外生殖器：第 9 背板有些圆；背侧突长而粗，顶端有尖的突起；尾须近圆形；阳茎端部有齿状突。

分布：浙江、辽宁、北京、山西、安徽、海南。

图 4-106 齿突小异长足虻 *Chrysotus serratus* Wang *et* Yang, 2006
A.♂整体图侧面观；B. 触角侧面观；C.♂外生殖器侧面观

（247）三突小异长足虻 *Chrysotus triprojicienus* Liu *et* Yang, 2017（图 4-107）

Chrysotus triprojicienus Liu *et* Yang, 2017: 182.

主要特征：体长 1.9–2.2 mm，翅长 1.7–2.0 mm。复眼在颜相接。触角褐色至深褐色；梗节和柄节深褐色；鞭节褐色，近长方形，宽为长的 1.9 倍；触角芒褐色，具短毛。胸部具 5 对强背中鬃；中鬃 5–6 对，短毛状；小盾片有 2 对鬃（端对粗而长，基对短毛状）。翅透明；脉黑色，R_{4+5} 和 M 端部平行；CuAx 值为 0.3。足主要呈褐色；所有腿节端部黄色；前足胫节黄色，中后足胫节黄色基部略褐色；所有跗节由第 1 跗节端部向前黄色至褐色。前足腿节端部具 4 根后腹鬃；中足腿节具 2 排短腹鬃；后足腿节具 1 排腹鬃，端部具 3–4 根前腹鬃。中足胫节基部 1/4 具 1 根前背鬃，端部具 3–4 根鬃；后足胫节具 1 排前腹鬃和 1 排前鬃，1 根短前背鬃和 1 根短后背鬃，端部具 4 根短鬃。腋瓣褐色，具褐色长毛。平衡棒淡色。雄性外生殖器：第 9 背板近圆形，后面无明显角状突起；第 9 背板侧叶突出，具 3 根短鬃；背侧突钝，端部略变细；尾须近梯形，毛鬃正常；阳茎细长，端部具 3 个掌状侧突。

分布：浙江、台湾、广西、重庆。

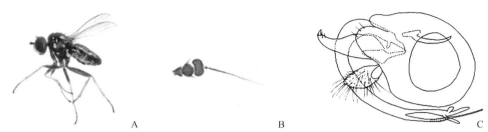

图 4-107　三突小异长足虻 *Chrysotus triprojicienus* Liu *et* Yang, 2017
A. ♂整体图侧面观；B. 触角侧面观；C. ♂外生殖器侧面观

71. 异长足虻属 *Diaphorus* Meigen, 1824

Diaphorus Meigen, 1824: 32. Type species: *Diaphorus flavocinctus* Meigen,1824[=oculatus (Fallén, 1816)].
Lyroneurus Loew, 1857: 38. Type species: *Lyroneurus coerulescens* Loew, 1857(designated by Coquillett, 1910).

主要特征：体小到大型，金绿色。复眼在额相接或窄地分开；额窄；颜宽，两侧平行。触角柄节背面通常无毛；第 1 鞭节短小，通常宽大于长，端部钝；触角芒背位；唇基与颜不明显分开；喙和下颚须较短小。胸部中胸背板中后区弱的隆起；背中鬃 4–6 根；小盾片一般有 2 对鬃，基对鬃短毛状；前胸侧板下部有 1 根鬃。翅大型，臀区发达，R_{4+5} 与 M 端部平行。后足基节近基部有 1 根外鬃；中足、后足腿节没有明显的端前鬃，但端部有 2–3 根腹鬃；中足、后足胫节有强鬃。各足爪小或缺如，爪垫发达。雄虫腹部 6 节可见，自基部向端部稍变窄，第 6 背板光裸；第 8 腹板有 2–8 根强鬃；雄性外生殖器小，不膨大，与生殖前节连接紧密，隐藏在腹部末端，盖帽状。

分布：世界广布，已知 267 种，中国记录 48 种，浙江分布 3 种。

分种检索表

1. 中足跗节无爪；腹部 1–3 节黄色，但第 2 背板后域及第 3 背板前域和后域暗褐色 ⋯⋯⋯⋯⋯**基黄异长足虻 *D. mandarinus***
- 中足跗节具爪；腹部不如上述 ⋯⋯⋯⋯⋯⋯⋯⋯⋯⋯⋯⋯⋯⋯⋯⋯⋯⋯⋯⋯⋯⋯⋯⋯⋯⋯⋯⋯⋯⋯⋯⋯⋯⋯⋯ 2
2. 腹部背板全黑色；后足腿节黑色，至多末端黄色或暗黄色 ⋯⋯⋯⋯⋯⋯⋯⋯**黑色异长足虻 *D. nigricans***
- 腹部背板基部黄色；后足腿节黄色 ⋯⋯⋯⋯⋯⋯⋯⋯⋯⋯⋯⋯⋯⋯⋯⋯**瑞丽异长足虻 *D. ruiliensis***

（248）基黄异长足虻 *Diaphorus mandarinus* Wiedemann, 1830（图 4-108）

Diaphorus mandarinus Wiedemann, 1830: 212.
Diaphora aeneus Doleschall, 1856: 409.

主要特征：体长 3.8–4.6 mm，翅长 3.5–3.8 mm。复眼在额窄地分开；颜宽，侧缘平行，下部眼后鬃（包括后腹毛）浅黄色。触角暗黄色；触角第 1 鞭节黄褐色，宽是长的 1.4 倍，端部钝；触角芒浅褐色，基节很短。胸部背中鬃 5 根，粗壮，中鬃不规则的 9–10 对。翅白色透明；脉褐色，R_{4+5} 和 M 端部平行，M 中部稍弯；CuAx 值为 0.4。足黄色；前足基节黄色，中足基节浅黑色，后足基节黄色；所有第 5 跗节褐色。前足腿节有 1 排短的后腹鬃，端部有 4–5 根后腹鬃；中足腿节端部有 2–3 根前腹鬃和 3–4 根后腹鬃；后足腿节端部有 3–4 根前腹鬃。前足胫节基部 1/4 有 1 根前背鬃；中足胫节基部有 1 根前背鬃、2 根后背鬃和 1 根前腹鬃；后足胫节 3 根前背鬃、4–5 根后背鬃和 2–3 根短的前腹鬃。前足第 2–5 跗节腹面都有密的短绒毛，第 5 跗节有 4–5 根很长的背鬃（长于前足爪垫），没有爪，膨大的爪垫明显长于第 5 跗节；中足、后足

第 5 跗节各有 4–5 根长的背鬃。前足、中足都没有爪，后足有小的爪；各足都有长的爪垫。腹部 1–3 节黄色，但第 2 背板的后域和第 3 背板的前域和后域暗褐色，第 8 背板有 4 根强鬃。雄性外生殖器：第 9 背板长约等于宽，侧突长而宽，端部有 2 根长鬃；背侧突长而粗；内突短，端部分叉且有 1 根端鬃；尾须圆形，细长的腹突有明显的长鬃，基部有 7 根长鬃；阳茎细长。

分布：浙江（杭州）、福建、台湾、广东、海南、云南；巴基斯坦，印度，尼泊尔，缅甸，菲律宾，印度尼西亚。

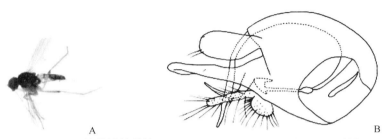

图 4-108　基黄异长足虻 *Diaphorus mandarinus* Wiedemann, 1830
A. ♂整体图；B. ♂外生殖器侧面观

（249）黑色异长足虻 *Diaphorus nigricans* Meigen, 1824（图 4-109）

Diaphorus nigricans Meigen, 1824: 33.

Diaphorus sokolovi Stackelberg, 1928: 73.

主要特征：体长 3.2–3.4 mm，翅长 3.0–3.1 mm。复眼在额较长 1 段相接；颜宽，侧缘平行；毛和鬃黑色；眼后鬃（包括后腹毛）黑色。触角黑色；触角第 1 鞭节黑色，端部钝（宽是长的 1.5 倍）；触角芒黑色，基节很短；喙黑色，有黑毛；下颚须黑色，有 4 根黑色毛和 1 根黑色端鬃。背中鬃 5 根，粗壮；中鬃不规则的 6–7 对。翅浅灰褐色，后域和端部颜色较浅；脉褐色，R_{4+5} 和 M 端部平行，M 中部稍弯；CuAx 值为 0.6。足黑色；所有基节黑色；所有腿节黑色，最末端暗黄色或黄色；胫节黄色，中足、后足胫节基部暗褐色；所有跗节暗黄色，第 2 跗节向外褐色至暗褐色。前足腿节有 2 排弱的腹鬃；后足腿节端部有 3–4 根前腹鬃。中足胫节有 1 根前背鬃和 2 根后背鬃；后足胫节有 1 根前背鬃和有 3–4 根后背鬃。前足跗节没有爪，膨大的爪垫稍短于第 5 跗节；中足、后足跗节各有 2 小爪和爪垫。腹部黑色，有灰粉，第 8 背板有 4 根强鬃。雄性外生殖器：第 9 背板长约等于宽，侧叶宽大，端部尖，端部有明显的内凹和 2 根鬃；背侧突细长，端部具刺状突，中间偏端部有 1 根鬃；内突短，端部有 2 根长鬃；尾须短而宽，没有腹突，有一些毛和长鬃；阳茎细长。

分布：浙江（临安）、河南、四川、贵州、云南；欧洲，美国，多米尼加，墨西哥，巴西，阿根廷。

图 4-109　黑色异长足虻 *Diaphorus nigricans* Meigen, 1824
A. ♂整体图侧面观；B. 触角侧面观；C. ♂外生殖器侧面观

（250）瑞丽异长足虻 *Diaphorus ruiliensis* Wang, Yang *et* Grootaert, 2006（图 4-110）

Diaphorus ruiliensis Wang, Yang *et* Grootaert, 2006: 15.

主要特征：体长 4.9 mm，翅长 3.8 mm。颜宽，侧缘平行。下部眼后鬃（包括后腹毛）浅黄色。触角暗褐色；触角第 1 鞭节暗黄色，近三角形（宽是长的 1.4 倍）；触角芒浅褐色，基节很短。背中鬃 5 根，粗壮，中鬃不规则的 6–7 对。翅透明，带浅灰色；脉褐色，R_{4+5} 和 M 端部平行，M 中部稍弯；CuAx 值为 0.6。足黄色；前足基节黄色，中足、后足基节浅黑色。前足腿节在基部 2/3 处有 1 排前腹鬃，整个腹面有 1 排后腹鬃；后足腿节端部有长的腹毛（长于腿节的宽）和 3–4 根短的前腹鬃；中足胫节基部有 1 根前背鬃，中部有 3 根短的后背鬃和 3 根前腹鬃；后足胫节 1 排后背鬃（其中 3 根长），6–7 根短的前腹鬃；前足跗节没有爪，膨大的爪垫稍长于第 5 跗节；中足、后足跗节各有 2 个小爪。腹部 1–3 节主要呈黄色，但第 2 背板的后域和第 3 背板的前域和后域暗褐色。第 8 背板有 4 根强鬃。雄性外生殖器：第 9 背板长约等于宽，侧突细长，端部有 2 根长鬃，背侧突长而粗，中部有 1 个小的突起和 1 根短鬃，端部具刺状突，中部有 1 根鬃；内突短，端部分叉有 2 根端鬃；尾须圆形，有细长的腹突，有 7 根长鬃，腹突端部的 3 根鬃明显长。

　　分布：浙江（临安）、云南。

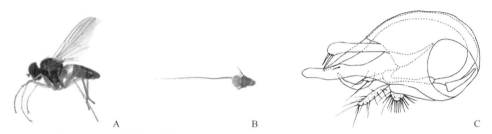

图 4-110　瑞丽异长足虻 *Diaphorus ruiliensis* Wang, Yang *et* Grootaert, 2006
A.♂整体图侧面观；B. 触角侧面观；C.♂外生殖器侧面观

（六）锥长足虻亚科 Rhaphiinae Bigot, 1852

　　主要特征：头部头顶平；颜明显窄于额，唇基与颜不明显分开。1 对顶鬃和 1 对后顶鬃；眼后鬃单列，延伸至口缘。触角第 1 鞭节发达，长明显大于宽；柄节背面通常无毛；触角芒端位；喙和下颚须较短小。中胸背板中后区弱的隆起，4–6 根背中鬃；小盾片有 2 对鬃，基对鬃短毛状；前胸侧板下部没有明显的鬃，但有浓密的白色毛；1 根肩鬃，1–2 根肩毛，1 根肩后鬃，1 根缝前鬃，1 根缝鬃，2 根背侧鬃，2 根翅上鬃和 1 根翅后鬃。翅较宽，翅瓣不明显，臀区大。R_{4+5} 与 M 端部平行或稍汇聚。中足基节有 2 根（或多于 2 根）外鬃；后足基节在近中部有 1 根外鬃；中、后足腿节都有端前鬃，中、后足胫节有强鬃。腹部 6 节可见，自基部向端部稍变窄，第 6 背板有毛。雄性外生殖器小，不膨大，与生殖前节连接紧密，隐藏在腹部末端，盖帽状。

　　分布：世界已知 8 属 212 种，中国记录 3 属 23 种，浙江分布 1 属 2 种。

72. 锥长足虻属 *Rhaphium* Meigen, 1803

Rhaphium Meigen, 1803: 272. Type species: *Rhaphium macrocerum* Meigen, 1824 (designated by Curtis, 1935).

Hydrochus Fallén, 1823: 5. Type species: *Hydrochus longicornis* Fallen, 1823 (designated by Coquillet, 1910).

　　主要特征：小到大型（体长 1.5–5.7 mm）。头顶平而不凹。单眼鬃与顶鬃几乎等长。雄性颜明显窄于额，无明显的唇基缝。触角黑色，第 1 鞭节明显延长（长为宽的 2.0–8.0 倍）；触角芒端位。雄性的第 1 鞭节多长于雌性的。前胸侧板常有密的白色长毛，极少有强鬃。翅 M 脉直，不分叉，R_{4+5} 和 M 端部平行，CuAx 值小于 1。后足基节上的外鬃有或无；中足、后足腿节有端前鬃。腹部 6 节可见，第 1–3 节常有白色长毛，第 6 节有毛，第 8 节无强鬃。雄性外生殖器相当小，不膨大，与生殖前节连接紧密，盖帽状；尾须长，向端部变窄，有中等长度的毛和鬃。

　　分布：世界广布，已知 185 种，中国记录 20 种，浙江分布 2 种。

（251）异突锥长足虻 *Rhaphium dispar* Coquillett, 1898（图 4-111）

Rhaphium dispar Coquillett, 1898: 319.

Porphyrops argyroides Parent, 1926: 137.

主要特征：体长 4.0–4.4 mm，翅长 4.1–5.1 mm。头部金绿色，毛和鬃黑色，眼后鬃发白。触角第 1 鞭节长为宽的 1.9 倍，触角芒长为触角第 1 鞭节的 2.4 倍；下颚须褐黄色。胸部金绿色，毛和鬃黑色；5 对背中鬃。小盾片有 2 根强鬃和 2 根柔的侧鬃。翅有些暗色。足黄色（前足腿节和前足、中足、后足跗节暗色）；腿节基部和中足腿节近端部背面有黑斑。前足基节有浅黄色毛和端部有几根黑色鬃。中足基节近基部有浅色毛，端部有黑色鬃。后足基节有 1 根强的黑色鬃和 1–2 根较弱的黑鬃及白色的毛；前足腿节有白色的长毛和端部有黑色毛，端部有 2–3 根长的黑鬃，前足胫节有 3 根前背鬃，2–3 根后背鬃。前足第 1 跗节弯曲，基半部有强的黑腹鬃；前足第 2 跗节端半部强烈隆起，有腹鬃。中足腿节基半部有长的浅色腹毛，端部有 1–2 根前腹鬃和 1–2 根后腹鬃，中足胫节有 2–3 根前背鬃，4–5 根后背鬃和 1 根前腹鬃，中足跗节第 1 节有 2 根强腹鬃（长为该节的 2.0–2.5 倍）。后足腿节端部有 1 根短鬃，后足胫节有 4–5 根前背鬃和 4–5 根后背鬃。腹部金绿色。具黑色和白色的毛和鬃。尾须长，基部 1/3 扩大，具长的黑鬃，长于下生殖板。

分布：浙江（安吉、庆元）、台湾、四川、贵州；俄罗斯，日本。

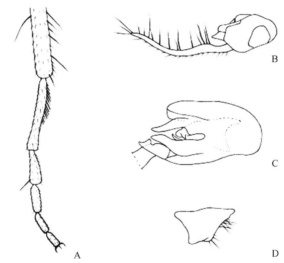

图 4-111　异突锥长足虻 *Rhaphium dispar* Coquillett, 1898
A. 前足跗节侧面观；B. ♂外生殖器侧面观；C. ♂外生殖器腹面观；D. 背侧突腹面观

（252）武都锥长足虻 *Rhaphium wuduanum* Wang, Yang *et* Masunaga, 2005（图 4-112）

Rhaphium wuduanum Wang, Yang *et* Masunaga, 2005: 406.

主要特征：体长 3.8–4.0 mm，翅长 3.5–3.6 mm。头部金绿色，毛和鬃黑色；中下眼后毛淡黄色。触角黑色；触角第 1 鞭节中等延长，长为宽的 2.1 倍；触角芒长，长为触角第 1 鞭节的 1.25 倍；喙黑色，有黑毛；下颚须黑色，有黑毛。胸部金绿色，毛和鬃黑色；中鬃不规则的 5–6 对；背中鬃 6 对（第 2 对有些短）；前胸侧板上部和下部有一些浅黄色毛，下部有 1 根黑色鬃。翅白色透明；脉黑色，R_{4+5} 与 M 端部汇聚；CuAx 值为 0.65；腋瓣黄色，有黄毛；平衡棒黄色。足暗褐色；所有基节暗褐色，前足、中足腿节端部黄色，后足腿节基半部浅褐黄色；前足、中足胫节黄色，后足胫节大部分暗黄色（基部和端部褐色）；前足、中足第 1 跗节黄色，后足跗节全部浅黑色。足上毛和鬃黑色；前足基节有 4–6 根黑色前鬃和一些黑色毛，中足基节有浅黄色毛和 5–6 根强的黑色鬃，后足基节有浅黄色毛和 2 根黑色毛，没有明显的外鬃。前足腿节有

2 排短腹鬃，端部 1/3 有 3 根浅腹鬃和 4–6 根后腹鬃；中足腿节端部 1/5 有 2 根前腹鬃和 1 根后腹鬃；后足腿节端部 1/5 有 2 根前腹鬃和 1 根后腹鬃。前足胫节有 4 根前背鬃和 3 根后背鬃；中足胫节有 4 根前背鬃、5–6 根后背鬃、1 根前腹鬃（在端部 1/3）和 1 根后腹鬃；后足胫节有 2 根前背鬃、5–6 根后背鬃和 3 根腹鬃。中足第 1 跗节有 3–4 根等长的腹鬃；后足第 1 跗节与第 2 跗节等长。腹部金绿色，有灰白粉。毛和鬃黑色，但第 1–2 节有长的浅黄色毛，第 1–5 背板有长的缘鬃，第 1–5 腹板有稀疏的浅黄色毛。雄性外生殖器：第 9 背板长近等于宽，粗的侧突端部钝；背侧突短宽，端部有浅的内凹；尾须长，基半部宽；阳茎宽。

分布：浙江（临安）、甘肃、江苏。

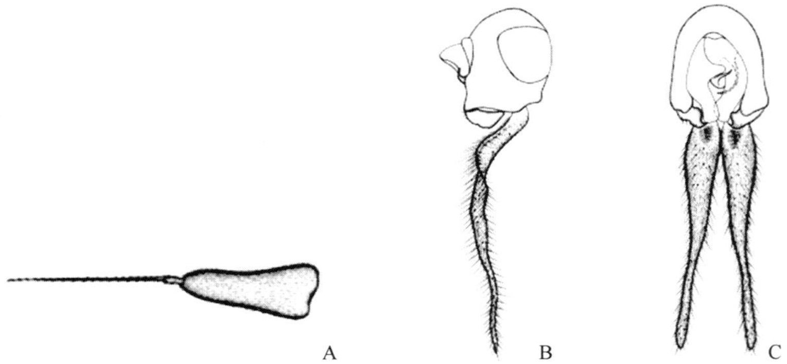

图 4-112　武都锥长足虻 *Rhaphium wuduanum* Wang, Yang *et* Masunaga, 2005
A. 触角侧面观；B. ♂外生殖器侧面观；C. ♂外生殖器腹面观

（七）合长足虻亚科 Sympycninae Aldrich, 1905

主要特征：头顶平；1 对顶鬃和 1 对后顶鬃；眼后鬃单列，延伸至口缘。唇基与颜不明显分开；喙和下颚须较短小。柄节背面通常无毛。胸部中胸背板中后域弱的隆起。4–6 根背中鬃；小盾片有 2 对鬃，基对鬃短毛状。1 根肩鬃，1–2 根肩毛；1 根肩后鬃，1 根缝前鬃，1 根缝鬃，2 根背侧鬃，2 根翅上鬃和 1 根翅后鬃。前胸侧板下部有 1 根鬃。翅较宽，翅瓣不明显；中脉直（有时弱的弯曲），端部与 R4+5 脉平行或稍汇聚。后足基节靠基部有 1 根外鬃；中、后足腿节有明显的端前鬃，中、后足胫节有强鬃。腹部可见 6 节，自基部向端部稍变窄，第 6 背板有毛。雄性外生殖器小，不膨大，与生殖前节连接紧密，隐藏在腹部末端，盖帽状。

分布：世界已知 40 属 979 种，中国记录 8 属 90 种，浙江分布 4 属 6 种。

分属检索表

1. 柄节有背毛；第 1 鞭节宽大，近方形，端部钝 ·· 毛柄长足虻属 *Hercostomoides*
- 柄节无背毛；第 1 鞭节三角形，端部尖 ·· 2
2. 梗节端部有长的指状突伸入第 1 鞭节 ··· 嵌长足虻属 *Syntormon*
- 梗节正常（没有长的指状突伸入第 1 鞭节）··· 3
3. 横脉 m-cu 向前倾斜；中脉在横脉之后的部分向前隆起 ···························· 脉胝长足虻属 *Teuchophorus*
- 横脉 m-cu 不倾斜；中脉不向前隆起 ·· 短跗长足虻属 *Chaetogonopteron*

73. 短跗长足虻属 *Chaetogonopteron* De Meijere, 1914

Chaetogonopteron De Meijere, 1914: 96. Type species: *Chaetogonopteron appendiculatum* De Meijere, 1914 (monotypy).

Hoplignusus Vaillant, 1953: 11. Type species: *Hoplignusus bernardi* Vaillant, 1953 (monotypy).

主要特征：体小到大型（体长 1.25–6.0 mm，翅长 1.5–5.7 mm）。头部金绿色，有灰白粉；额部有薄粉。

头顶平，不凹，后头明显；单眼瘤弱，有 1 对强的单眼鬃；顶鬃与单眼鬃近等长，后顶鬃短于顶鬃；颜明显窄于额，有时中部明显变窄，有唇基缝，唇基侧缘与复眼内缘分开。触角柄节无背毛，第 1 鞭节近三角形，有时明显延长；触角芒背位，有短的细毛；喙和下颚须短小。胸部隆起，中胸背板中后区不平；中鬃单列或双列，偶尔缺如；背中鬃 5–6 对。1 根肩鬃，1 根肩后鬃，1 根内肩鬃，1 根缝鬃，2 根背侧鬃，2 根翅上鬃，1 根翅后鬃；前胸侧板下部有 1 根鬃。翅通常白色透明，R_{4+5} 和 M 端部几乎平行，M 较直。后足基节基部 1/3 处或靠中部有 1 根外鬃，中后足腿节有 1 根端前鬃。后足第 1 跗节明显缩短。雄性有时第 1–2 跗节均缩短，第 2 跗节端部常有浅色的腹突。雄性外生殖器很小，隐藏在腹部末端，与生殖前节连接紧密，不明显，盖帽状。

分布：东洋区、澳洲区。世界已知 76 种，中国记录 39 种，浙江分布 1 种。

（253）黄斑短跗长足虻 *Chaetogonopteron luteicinctum* (Parent, 1926)（图 4-113）

Sympycnus luteicinctum Parent, 1926: 134.

Chaetogonopteron luteicinctum: Yang, Zhu, Wang *et* Zhang, 2006: 472.

主要特征：体长 2.4–2.7 mm，翅长 2.2–2.3 mm。头部金绿色，有灰白粉；颜很窄；复眼在颜相接。毛和鬃黑色；眼后鬃及后腹毛淡黄色；单眼瘤弱，有 2 根强的单眼鬃和 2 根短后毛。触角黄色；第 1 鞭节近三角形，长几乎等于宽，触角芒黑色，背位；喙暗黄褐色，有黑毛；下颚须浅黑色，有黑毛。胸部金绿色，有灰白粉；后胸侧板黄色或暗黄色。毛和鬃黑色；6 根强背中鬃，中鬃单列，7–8 根；1 根长的肩鬃和 1 根短的肩毛，1 根长肩后鬃，无内肩鬃，1 根短的缝鬃，1 根长的前背侧鬃和 1 根稍短的后背侧鬃，1 根稍短的前翅上鬃和 1 根长后翅上鬃，1 根长翅后鬃；小盾片有 2 对鬃和 4 根淡黄色短毛。前胸侧板上部有淡黄色毛，下部有 1 根黄色毛。翅白色透明；脉暗褐色，R_{4+5} 与 M 端部平行；CuAx 值为 0.5。腋瓣黄色，有黑毛；平衡棒黄色。足黄色；基节黄色，中足基节有 1 条黑色中纵条，后足腿节端部黑色；所有跗节自第 1 跗节向外前褐色至褐色。足上毛和鬃黑色。前足基节有 5–6 根鬃；中足基节近端部有 1 根前鬃；后足基节基部有 1 根外鬃。前足胫节端半部有 1 排（6 根）背鬃；中足胫节有 3 根前背鬃、1 根后背鬃和 1 根前腹鬃，端部有 4 根鬃；后足胫节有 1 根前背鬃、3 根后背鬃、1 根前腹鬃和 2 根后腹鬃，末端有 3 根鬃。腹部金绿色，有灰白粉。第 1 背板浅金绿色，第 2–3 背板两侧各有 1 个大黄斑（有时第 2 背板或第 2–3 背板几乎全黄色），第 1–4 腹板黄色至暗黄色。毛和鬃黑色。雄性外生殖器：第 9 背板长大于宽；背侧突背叶稍窄，端明显弯，腹叶宽，中部有 2 根长鬃；尾须相当粗而长（超过背侧突背叶）；下生殖板粗，端钝。

分布：浙江（临安）、河南、上海、福建、广东、广西、云南。

图 4-113　黄斑短跗长足虻 *Chaetogonopteron luteicinctum* (Parent, 1926)
A. 翅；B. 触角侧面观；C. ♂外生殖器侧面观

74. 毛柄长足虻属 *Hercostomoides* Meuffels *et* Grootaert, 1997

Hercostomoides Meuffels *et* Grootaert, 1997: 474. Type species: *Telmaturgus indonesianus* Hollis, 1964 (monotypy).

主要特征：体长小于 2.0 mm。体黄褐色。额和颜宽，向下变窄。触角大；柄节长明显大于宽，背部有长毛；第 1 鞭节宽大，近方形长明显大于宽，端部钝；触角芒背位，有短的细毛。胸部中鬃单列，背中鬃

5 根。翅通常白色透明，R₄₊₅ 和 M 端部几乎平行，M 较直。中足、后足基节各有 1 根外鬃；后足腿节没有端前鬃。后足第 1 跗节短于第 2 跗节。雄性外生殖器很小，隐藏在腹部末端，与生殖前节连接紧密，不明显，盖帽状。雌性触角第 1 鞭节近三角形，长等于宽，端部钝。

分布：世界已知 1 种，中国记录 1 种，浙江分布 1 种。

（254）印度尼西亚毛柄长足虻 *Hercostomoides indonesianus* (Hollis, 1964)（图 4-114）

Telmaturgus indonesianus Hollis, 1964: 264.

Hercostomoides indonesianus: Yang, Zhu, Wang *et* Zhang, 2006: 477.

主要特征：体长 1.7–1.9 mm，翅长 2.0–2.2 mm。头部金绿色，毛和鬃黑色；触角黑色；第 1 鞭节长，近方形，长约为宽的 1.7 倍，端部平截；触角芒端背位，暗褐色，基节短。喙褐色，具黑毛；下颚须暗褐色，具黑毛和 1 根黑色端鬃。胸部黄褐色；胸侧下半部黄色，翅侧片后域有 1 个黑色斑点。毛和鬃黑色；背中鬃 5 根；中鬃 9 根，单列。前胸侧板上部有短的浅黄色毛，下部有 1 根黑色鬃和一些毛；小盾片有 4 根强的缘鬃。翅白色透明；脉褐色，R₄₊₅ 和 M 端部有些分叉，M 中部稍弯；CuAx 值为 0.5。足黄色；前足基节黄色，中足基节上后角有 1 个黑色斑。毛和鬃黑色；前足胫节端部有 2 根短鬃；中足胫节有 3 根前背鬃、2 根后背鬃和 1 根前腹鬃，端部有 3 根鬃；后足胫节有 3 根前背鬃和 3 根后背鬃。前足第 4 跗节有 2 排背鬃。腋瓣暗黄色，有黑毛。平衡棒暗黄色。腹部全黄褐色；雄性外生殖器黄色；第 9 背板长明显大于宽；背侧突背叶尖的指状，上有 1 根鬃，宽的腹叶基部在小齿上有 1 根长鬃；尾须近圆形，端部稍窄；下生殖板很宽。

分布：浙江（安吉）、广东、海南、广西；越南，泰国，菲律宾，马来西亚，新加坡，印度尼西亚。

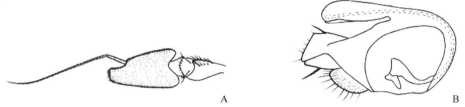

图 4-114 印度尼西亚毛柄长足虻 *Hercostomoides indonesianus* (Hollis, 1964)
A. 触角侧面观；B. ♂外生殖器侧面观

75. 嵌长足虻属 *Syntormon* Loew, 1857

Syntormon Loew, 1857: 35. Type species: *Rhaphium metathesis* Loew, 1850 (designated by Coquillett, 1910).

Drymonoeca Becker, 1907: 108. Type species: *Drymonoeca calcarata* Becker, 1907 (monotypy).

主要特征：雌雄复眼均为离眼式。颜向下变窄。梗节端部有 1 个长的指状突伸入触角第 1 鞭节基部的凹陷内；第 1 鞭节延长，触角芒端位或亚端位。喙和下颚须都很小。中胸背板中后区不平，具 6 根强的背中鬃，1 根肩鬃，2 根背侧鬃，1 根缝鬃，1 根翅上鬃，1 根翅后鬃；小盾片侧对鬃短毛状；前胸侧板被浅色的毛。R₄₊₅ 和 M 端部稍汇聚。中足、后足基节都有 1 根外鬃，中足、后足腿节都有 1 根端前鬃。

分布：世界广布，已知 105 种，中国记录 15 种，浙江分布 2 种。

（255）柔顺嵌长足虻 *Syntormon flexibile* Becker, 1922（图 4-115）

Syntormon flexibile Becker, 1922: 55.

Syntormon lindneri Negrobov, 1975: 660.

主要特征：体长 3.5–3.9 mm，翅长 3.1–3.2 mm。头部金绿色，额有些发亮。毛和鬃黑色；中下眼后鬃及后腹毛淡黄色。触角黑色；第 1 鞭节长为宽的 2.9 倍；触角芒黑色，稍长于触角第 1 鞭节。喙黑褐色，有黑色毛；下颚须黑色，有黑色毛和 2 根黑色端鬃。胸部金绿色，毛和鬃黑色；背中鬃 6 根，中鬃不规则的 5–6 对，短毛状。小盾片有 2 对鬃。前胸侧板上部和下部都有浅黄毛。翅透明；脉黑色；R_{4+5} 与 M 端部平行，CuAx 值为 0.74；腋瓣黄色，有浅黄色毛；平衡棒黄色。足黄色；前足基节黄色，中足、后足基节（除端部外）黑色；后足胫节自基部至端部褐色至暗褐色；前足、中足跗节自第 1 跗节末端往外暗褐色，后足跗节浅黑色。前足腿节端部有 1 根前腹鬃和 2 根后腹鬃；中足腿节中部有 3 根长的腹鬃，端部有 1 根前腹鬃和 2 根后腹鬃；后足腿节端部有 1 根前腹鬃和 2 根后腹鬃。前足胫节中部有 1 根前背鬃；中足胫节有 1 根前背鬃和 1 根后背鬃；后足胫节有 1 根前背鬃和 3–4 根后背鬃。前足第 1 跗节端部有些膨大；后足第 1–3 跗节都缩短且膨大，第 2 跗节短于第 3 跗节。腹部金绿色，有灰粉；毛和鬃黑色。雄性外生殖器：第 9 背板长大于宽；背侧突背叶窄，中部有 1 根长的背鬃，腹叶宽而钝，有 1 根腹鬃；尾须粗，端部有些钝；下生殖板短，有长而粗的侧支。

分布：浙江（临安）、河北、江苏、上海、福建、台湾、广东、贵州；俄罗斯，日本，奥地利，法国，荷兰，美国。

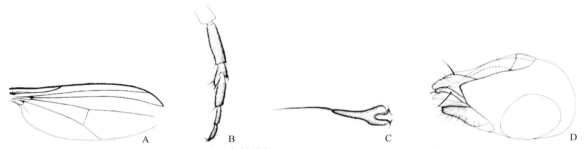

图 4-115　柔顺嵌长足虻 *Syntormon flexibile* Becker, 1922
A. 翅；B. 触角侧面观；C. 前足跗节侧面观；D. ♂外生殖器侧面观

（256）河南嵌长足虻 *Syntormon henanensis* Yang et Saigusa, 2000（图 4-116）

Syntormon henanense Yang et Saigusa, 2000: 207.

主要特征：体长 3.1–4.0 mm，翅长 3.3–4.0 mm。头部金绿色，毛和鬃黑色；中下眼后鬃及腹毛淡黄色。触角黑色；第 1 鞭节延长；触角芒相当短，端位，黑色。喙浅黑色，下颚须黑色，均有黑毛。胸部金绿色，毛和鬃黑色。6 根强背中鬃；中鬃 7–8 根，单列，短毛状。小盾片有 2 根强小盾鬃，2 根弱侧小盾鬃，在小盾鬃之间有 2 根弱毛。翅透明；脉黑色，R_{4+5} 与 M 端部弱的汇聚；CuAx 值为 0.8；腋瓣黄色，边缘暗褐色，有黑毛；平衡棒黄色。足黄色；前足基节黄色，中足、后足基节除窄的端部外黑色；后足腿节端部黑色；前足、中足跗节自第 1 跗节端部黑色，但第 2 跗节基部颜色有些浅；后足跗节黑色，但第 1 跗节基部有时黄褐色。雄虫中足胫节有 3–4 根前背鬃和 1 根后背鬃；后足胫节有 1 根前背鬃、5 根后背鬃、1–2 根前腹鬃和 1 排（11–12 根）后腹鬃。雌虫中足胫节有 3 根前背鬃、1 根后背鬃和 1 根前腹鬃；后足胫节有 3 根前背鬃、4–5 根后背鬃和 1 根前腹鬃。后足第 1 跗节基部有 1 根后腹鬃。腹部金绿色，有灰白粉。毛和鬃

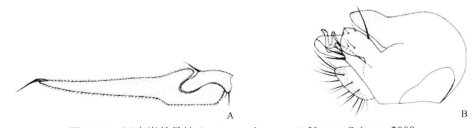

图 4-116　河南嵌长足虻 *Syntormon henanensis* Yang et Saigusa, 2000
A. 触角侧面观；B. ♂外生殖器侧面观

黑色，但第 1–3 节的背板两侧和腹板有淡黄色毛；雄性外生殖器：背侧突背叶相当宽，有一些短或长的鬃，腹叶很窄，仅中部有 2 根鬃；下生殖板大，端部圆锥形；尾须有长鬃；阳茎强弯，端部分支。

　　分布：浙江（临安）、河南、陕西、云南。

76. 脉胝长足虻属 *Teuchophorus* Loew, 1857

Teuchophorus Loew, 1857: 44. Type species: *Dolichopus spinigerellus* Zetterstedt, 1843 (designated by Coquillett, 1910).
Paresus Wei, 2006: 493. Type species: *Paresus moniasus* Wei, 2006 (monotypy).

　　主要特征：体长 1.2–2.0 mm，翅长 1.3–2.0 mm。额宽，向下变窄。2 根顶鬃，2 根单眼鬃。颜向下变窄，雄性复眼相接。柄节光裸，第 1 鞭节近似圆锥形，触角芒背位。胸部亮金绿色，侧板褐色；中鬃单列（极少情况下缺如），背中鬃 5 根。1 根肩鬃，1 根肩后鬃，1 根内肩鬃，1 根缝鬃，2 根背侧鬃，2 根翅上鬃，1 根翅后鬃。翅通常白色透明；R_{4+5} 和 M 端部几乎平行，M 在 m-cu 之后的 1 段明显向前隆起，横脉 m-cu 倾斜，与 Cu 脉夹角为明显的钝角（近 145°）。足黄色或褐色。后足基节有 1 根外鬃。中足、后足腿节有 1 根端前腹鬃，中足胫节常有不规则的腹鬃。雄虫 R_1 端部和 R_{2+3} 端部之间的前缘脉部分常加粗。雄性腹部圆柱形，可见 6 节几乎均匀粗细，第 6 背板有毛。雄性外生殖器很小，隐藏在腹部末端，与生殖前节连接紧密，不明显，盖帽状。

　　分布：世界广布，已知 115 种，中国记录 15 种，浙江分布 2 种。

（257）中华脉胝长足虻 *Teuchophorus sinensis* Yang et Saigusa, 2000（图 4-117）

Teuchophorus sinensis Yang et Saigusa, 2000: 205.

　　主要特征：体长 1.3–1.4 mm，翅长 1.7–1.9 mm。头部金绿色，有灰白粉；复眼明显分开，颜向下渐变窄。毛和鬃黑色；眼后鬃及后腹毛黑色。触角黑色；触角第 1 鞭节近三角形，长等于宽；触角芒黑色，背位，基节短。喙黑色，有黑毛；下颚须黑色，有黑色毛和 1 根黑色端鬃。胸部金绿色，有灰白粉。毛和鬃黑色。中鬃 6 根，单列，短毛状；6 根强的背中鬃。翅透明；脉暗褐色，前缘胝不明显；R_{4+5} 与 M 端部弱的分开，M 在 m-cu 之后稍向前凸，m-cu 倾斜；CuAx 值为 0.4。足黄色；前足基节黄色，中足、后足基节暗黄色或黄褐色；各足跗节自第 2 跗节末端往外褐色至暗褐色。足上毛和鬃黑色。前足基节有 4–5 根鬃；后足基节有 1 根外鬃。后足腿节有明显腹毛，端部有 2 根长的前腹鬃；中足胫节有 2 根前背鬃、1 根后背鬃和 1 根前腹鬃；后足胫节有 1 排（5–7 根）前腹鬃（稍长于后足胫节宽，仅雄性中出现）和 3–4 根后背鬃。后足第 1 跗节有 2–3 根短腹鬃。腋瓣暗黄色，边缘暗褐色，有黑毛。平衡棒黄色。腹部金绿色，有灰白粉；毛黑色。雄性外生殖器：背侧突腹叶明显，有 3 根毛，背叶部分可见，有 1 根毛；下生殖板直。

　　分布：浙江（临安）、河南、四川；韩国。

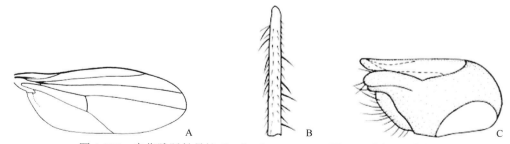

图 4-117　中华脉胝长足虻 *Teuchophorus sinensis* Yang et Saigusa, 2000
A. 翅；B. 后足胫节侧面观；C. ♂外生殖器侧面观

（258）天目山脉胝长足虻 *Teuchophorus tianmushanus* Yang, 2001（图 4-118）

Teuchophorus tianmushanus Yang, 2001: 437.

主要特征：体长 1.8–1.9 mm，翅长 1.9–2.1 mm。头部暗金绿色，复眼在颜较宽地分开，毛和鬃黑色。触角黑色；触角第 1 鞭节浅黑色，近三角形，长为宽的 1.7 倍；触角芒浅黑色，基节长为端节的 0.3 倍。喙黑色；下颚须黑色，有淡黄色毛和 1 根黑鬃。胸部金绿色，有灰白粉。后胸侧板暗黄色。毛和鬃黑色。背中鬃 6 根，发达；中鬃不规则的 7–8 根，单列，短毛状。小盾片有 4 根短毛位于端对鬃之间。前胸侧板有很短的淡黄色毛。翅白色透明；脉暗黄褐色；第 2 前缘段基部明显加粗，R_{4+5} 与 M 端部弱分叉，M 基部弱向前拱弯，m-cu 斜，CuAx 值为 0.4；腋瓣黄色，有黑毛；平衡棒黄色。足黄色；基节全黄色；第 1 跗节末端往外黄褐色至褐色。足上毛和鬃黑色；前足基节有 1 根外鬃；中后足腿节各有 1 根端前鬃。中足胫节有 2 根前背鬃、1 根后背鬃和 1 根前腹鬃；后足胫节有 3 根后背鬃（端部 2 根后背鬃之间有 3 根短的鬃状毛）。腹部金绿色，有灰白粉被；毛黑色。雄性外生殖器：第 9 背板端部较窄；背侧突背叶短小，有 1 根鬃，腹叶较宽大，有 6 根鬃（其中 4 根长鬃位于腹缘）。

分布：浙江（临安）。

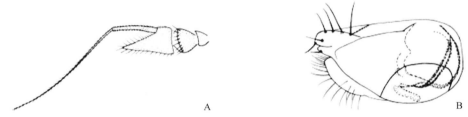

图 4-118　天目山脉胝长足虻 *Teuchophorus tianmushanus* Yang, 2001
A. 触角侧面观；B. ♂外生殖器侧面观

（八）佩长足虻亚科 Peloropeodinae Robinson, 1970

主要特征：头顶平，上后头宽。颜明显窄于额，向下变窄。有明显的唇基缝。1 对顶鬃和 1 对后顶鬃；眼后鬃单列，延伸至口缘。触角柄节背面无毛；喙和下颚须较短小。中胸背板中后区平，4–6 根背中鬃，1 根肩鬃，1–2 根肩毛，1 根肩后鬃，1 根缝前鬃，1 根缝鬃，2 根背侧鬃，2 根翅上鬃，1 根翅后鬃。小盾片一般有 2 对鬃；前胸侧板下部有 1 根鬃。翅较宽，翅瓣不明显，臀区大。中脉直，端部与 R_{4+5} 脉平行或稍汇聚。中足基节中部偏下有 1 根外鬃，后足基节在近基部有 1 根外鬃。中、后足腿节有端前鬃，中、后足胫节有强鬃。腹部 6 节可见，自基部向端部变窄，第 6 背板光裸。雄性外生殖器大，大部分游离；但黄鬃长足虻属 *Chrysotimus* 的雄性外生殖器小，大部分隐藏在端部末端。

分布：世界已知 15 属 231 种，中国记录 5 属 92 种，浙江分布 2 属 8 种。

77. 黄鬃长足虻属 *Chrysotimus* Loew, 1857

Chrysotimus Loew, 1857: 48. Type species: *Chrysotimus pusio* Loew (designated by Coquillett, 1910).

Guzeriplia Negrobov, 1968: 470. Type species: *Guzeriplia chlorina* Negrobov, 1968 (original designation).

主要特征：体小型（1.4–2.8 mm）。体金绿色。复眼分离；头部和胸部的毛和鬃通常黄色，有时胸部的毛和鬃为浅褐色；额宽，向前变窄；颜窄于额，两侧平行。触角第 1 鞭节小，通常为半圆形，宽大于或等于长，端部钝；触角芒背位至端位。胸部阔，中胸背板中后域明显平；背中鬃 4–6 对，中鬃双列或缺如。足常黄色或浅褐黄色，第 5 跗节褐色；后足基节近中部有 1 根外鬃，中足、后足腿节常有端前鬃，前足胫节没有明显的背鬃，但中足、后足胫节有明显的前背鬃和后背鬃；绝大多数雄虫后足第1跗节基部有一些黑色竖直的短腹鬃，并且雄虫中足基跗节一般至少与第2–4跗节之和等长。雄性外生殖器小，隐藏在腹部末端，盖帽状。

分布：世界广布，已知67种，中国记录30种，浙江分布4种。

分种检索表

1. 后足第1跗节基部最多有分散的黑色腹鬃 ··· 2
- 后足第1跗节基部有1（或2）簇黑色腹鬃 ·· 3
2. 触角第1–2节黄色；背侧突端缘有2根短鬃；尾须端钝；下生殖板末端两侧各1较短的指状突 ···········
 ·· **基黄黄鬃长足虻 *C. basiflavus***
- 触角全黑色；背侧突端缘有4根短鬃；尾须端尖而弯；下生殖板末端两侧各具1较长的指状突 ············
 ··· **弯尖黄鬃长足虻 *C. apicicurvatus***
3. 前背中鬃4–5根；中鬃缺如；尾须端细窄 ································ **背芒黄鬃长足虻 *C. dorsalis***
- 背中鬃6根；中鬃存在；尾须圆形 ····································· **单束黄鬃长足虻 *C. unifascia***

（259）弯尖黄鬃长足虻 *Chrysotimus apicicurvatus* Yang, 2001（图 4-119）

Chrysotimus apicicurvatus Yang, 2001: 434.

主要特征：体长2.4–2.8 mm，翅长2.5–2.7 mm。头部金绿色，毛和鬃黄色。触角黑色，第1鞭节有时浅黑色，近半圆形，宽为长的1.6倍；触角芒浅黑色，基节较短。喙暗褐色，有淡黄色毛；下颚须暗黄色，有淡黄色毛和鬃。胸部金绿色，有灰白粉；后胸侧片暗黄色；毛和鬃黄色；无中鬃，背中鬃5根（第1根较短）。翅白色透明，略带浅黄色；脉黄色；R_{4+5}与M端部平行；CuAx值为0.3；腋瓣黄色，有淡黄毛；平衡棒黄色。足黄色，仅端跗节暗褐色。足上毛和鬃淡黄色，腿节背面毛暗黄色。中足、后足基节各有1根外鬃，中足、后足腿节各有1根端前鬃；前足胫节无明显背鬃；中足胫节有2根前背鬃和2根后背鬃；后足胫节有1根前背鬃和2根后背鬃；后足第1跗节基部约1/5长段有竖直的短黑鬃。腹部金绿色，有灰白粉；第1背板两侧及1–6腹板黄色。毛和鬃淡黄色。雄性外生殖器：背侧突宽大且扭曲，端缘有4根鬃；尾须端尖而弯；下生殖板末端两侧各具1较长的指状突。

分布：浙江（临安）。

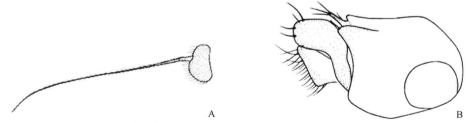

图 4-119　弯尖黄鬃长足虻 *Chrysotimus apicicurvatus* Yang, 2001
A. 触角侧面观；B. ♂外生殖器侧面观

（260）基黄黄鬃长足虻 *Chrysotimus basiflavus* Yang, 2001（图 4-120）

Chrysotimus basiflavus Yang, 2001: 434.

主要特征：体长2.2–2.3 mm，翅长2.2–2.5 mm。头部金绿色，毛和鬃黄色。触角黄色，但第1鞭节黑色，近半圆形，宽为长的2.2倍；触角芒浅黑色，基节较短。喙暗褐色，有淡黄色和浅黑色毛；下颚须褐色，有淡黄色毛和鬃。胸部金绿色，有灰白粉。毛和鬃黄色；无中鬃，背中鬃5根。翅白色透明，略带浅黄色；脉黄色，R_{4+5} 与 M 端部平行；CuAx 值为0.3；腋瓣黄色，有淡黄色毛；平衡棒黄色。足黄色，仅端跗节暗褐色。足上毛和鬃淡黄色，腿节背面毛浅黑色。中足、后足基节各有1根外鬃，中足、后足腿节各有1根端前鬃。前足胫节无明显背鬃；中足胫节有2根前背鬃和2根后背鬃；后足胫节有1根前背鬃和2根后背鬃。后足第1跗节基部 2/5–1/2 长段有竖直的短黑鬃。腹部金绿色，有灰白粉；第 1–6 腹板黄色。毛和鬃淡黄色。雄性外生殖器：背侧突较宽大且扭曲，端缘有2根短鬃；尾须端钝；下生殖板末端两侧各1较短的指状突。

　　分布：浙江（临安）。

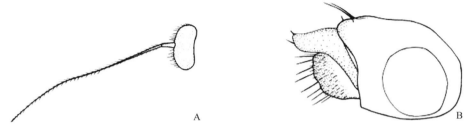

图 4-120　基黄黄鬃长足虻 *Chrysotimus basiflavus* Yang, 2001
A. 触角侧面观；B.♂外生殖器侧面观

（261）背芒黄鬃长足虻 *Chrysotimus dorsalis* Yang, 2001（图 4-121）

Chrysotimus dorsalis Yang, 2001: 435.

　　主要特征：体长 2.4 mm，翅长 2.7 mm。头部金绿色，毛和鬃黄色。触角黑色，第1鞭节近半圆形，宽为长的 1.5 倍；触角芒黑色，背位，基节短。喙暗褐色，有浅黑色毛；下颚须褐色，主要有淡黄色毛。胸部金绿色，毛和鬃淡黄色。翅白色透明，略带浅黄色；脉黄色，R_{4+5} 与 M 端部平行，CuAx 值为0.3；腋瓣黄色，有淡黄色毛；平衡棒黄色。足黄色，前足端跗节暗褐色。足毛和鬃淡褐色；基节毛和鬃淡黄色，中足、后足基节各有1根外鬃（后足基节的外鬃褐色），中足、后足腿节各有1根端前鬃。前足胫节无明显背鬃；中足胫节有2根前背鬃和2根后背鬃；后足胫节有1根前背鬃和2根后背鬃。后足第1跗节有1束竖直的黑腹鬃。腹部金绿色，有灰白粉；第 1–2 腹板黄色。毛和鬃淡黄色。雄性外生殖器：背侧突端部有些尖，端缘有2根鬃；尾须端细窄；下生殖板末端两侧各有宽大的突起。

　　分布：浙江（临安）。

图 4-121　背芒黄鬃长足虻 *Chrysotimus dorsalis* Yang, 2001
A. 触角侧面观；B.♂外生殖器侧面观

（262）单束黄鬃长足虻 *Chrysotimus unifascia* Yang *et* Saigusa, 2005（图 4-122）

Chrysotimus unifascia Yang *et* Saigusa, 2005: 752.

　　主要特征：体长 1.6–1.7 mm，翅长 2.5–2.6 mm。头部金绿色，复眼明显分开，毛和鬃黄色；单眼瘤弱。

触角黑色，第 1 鞭节短，长为宽的 0.55 倍；触角芒上端位，黑色。喙黑色，有黑毛；下颚须黄色，有黄毛和 1 根黄端鬃。胸部亮金绿色，毛和鬃黄色；6 根粗背中鬃（前面第 1 根较短），中鬃不规则的 2-3 对，位于第 3 根背中鬃之前。翅白色透明；脉黄褐色；R_{4+5} 和 M 端部近平行，CuAx 值为 0.2；腋瓣黄色，毛淡黄色；平衡棒黄色。足黄色，第 5 跗节暗褐色。足毛和鬃淡黄色。前足胫节无明显的鬃；中足胫节有 2 根前背鬃和 1 根后背鬃，末端有 3 根鬃；后足胫节有 2 根前背鬃和 2 根后背鬃，末端有 3 根鬃。后足第 1 跗节最基部有 1 束 4-5 根竖直的黄褐色短腹鬃和 1 排 7-8 根后腹鬃。腹部金绿色，有灰白粉。毛和鬃多黄色。雄性外生殖器：第 9 背板背侧突端较窄，内缘有 2 根端毛；尾须圆形，内突端有些尖。

分布：浙江（临安）、陕西。

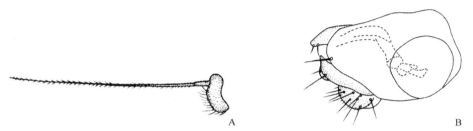

图 4-122　单束黄鬃长足虻 *Chrysotimus unifascia* Yang *et* Saigusa, 2005
A. 触角侧面观；B. ♂外生殖器侧面观

78. 跗距长足虻属 *Nepalomyia* Hollis, 1964

Nepalomyia Hollis, 1964: 110. Type species: *Nepalomyia dytei* Hollis, 1964 (original designation).

Neurigonella Robinson, 1964: 119. Type species: *Neurigona nigricornis* Van Duzee, 1914 (original designation).

主要特征：体小到中型，黑色，具灰褐色粉。雌雄复眼都明显分离，有一些浅色的短细毛；后头明显凹陷。额很宽，向前有些变窄；颜很宽，但是窄于额，向下有些变窄；单眼瘤弱，有 2 根长而粗的单眼鬃和 2 根很短的后毛；1 根长的顶鬃和 1 根短的后顶鬃。胸部具背中鬃 4-8 根，粗，中鬃短毛状，双列；1 根肩鬃，1 根肩后鬃，1 根内肩鬃，1 根缝鬃，2 根背侧鬃，2 根翅上鬃，1 根翅后鬃。小盾片有 2 对鬃，基对短毛状。前胸侧板极少有毛，但是下部多有 1 鬃。翅白色透明，带浅灰色。R_{4+5} 和 M 近直，端部多平行。中足基节有 1 根前鬃，后足基节有 1 根外鬃。中后足腿节各有 1 根端前鬃。前足胫节没有明显的背鬃和腹鬃。雄性后足第 1 跗节短于第 2 跗节，基部有向上弯的距。雄性外生殖器大而大部分游离，背侧突分为 3 叶，下生殖板变化多样，是种团划分的重要依据。尾须结构复杂，有时基部有强或弱的毛瘤。

分布：古北区、东洋区、新北区。世界已知 61 种，中国记录 51 种，浙江分布 4 种。

分种检索表

1. 触角第 1 鞭节延长，长明显大于宽 ··· 2
- 触角第 1 鞭节短，长不大于宽 ·· 3
2. 中鬃 6 对，短毛状；足基节全黄色；背侧突狭长不分叉；尾须基部有生毛的瘤突；下生殖板外侧有 1 长突 ·············
　　·· 中华跗距长足虻 *N. chinensis*
- 中鬃 9-10 对，短毛状；足基节黑色；背侧突分叉；尾须基部无瘤突；下生殖板弯曲，外侧无突起 ····················
　　·· 天目山跗距长足虻 *N. tianmushana*
3. 第 9 背板有明显的侧突（长等于宽）；下生殖板基腹视三分叉；尾须基部没有明显的瘤突 ··· 东方跗距长足虻 *N. orientalis*
- 第 9 背板有小而不明显的侧突，下生殖板腹视二分叉；尾须有着生密长毛的指状基瘤 ········· 多毛跗距长足虻 *N. pilifera*

（263）中华跗距长足虻 *Nepalomyia chinensis* (Yang, 2001)（图 4-123）

Neurigonella chinensis Yang, 2001: 436.

Nepalomyia chinensis: Runyon *et* Hurley, 2003: 412.

　　主要特征：体长 3.5 mm，翅长 3.4 mm。头部暗金绿色，复眼在颜明显分开，颜向下变窄，毛和鬃黑色；眼后毛全黑色，后腹毛淡黄色。下颚触角黑色，第 1 鞭节长为宽的 0.7 倍，端缘凹缺，浅黑色的触角芒生于其中（芒基节很短）。喙褐色；下颚须黑色，均有黑毛。胸部金绿色，有灰白粉。毛和鬃黑色；背中鬃 6 根发达，中鬃 6 对，短毛状；翅白色透明，脉褐色；R_{4+5} 与 M 端部平行；CuAx 值为 0.5；腋瓣黄色，边缘黑色，有黑毛；平衡棒黄色。足黄色，基节全黄色；第 1 跗节末端往外浅褐色至褐色。足上毛和鬃黑色；前足基节有 3 根粗鬃和 3 根细鬃，中后足基节各有 1 根外鬃；中足、后足腿节各有 1 根端前鬃；前足胫节无明显背腹鬃；中足胫节有 2 根前背鬃、2 根后背鬃和 1 根弱的后腹鬃；后足胫节有 2 根前背鬃和 3 根后背鬃。后足第 1 跗节基部有 1 短距弯向胫节末端。腹部金绿色，有灰白粉被；毛和鬃黑色。雄性外生殖器：第 9 背板端部较基部宽大，背侧突较狭长；侧叶与第 9 背板分界线不明显，较短而钝，有 2 根长鬃；尾须特化，有些骨化，基部有生毛的瘤突；下生殖板外侧有 1 长突；阳茎细长，末端尖细。

　　分布：浙江（临安）。

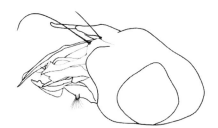

图 4-123　中华跗距长足虻 *Nepalomyia chinensis* (Yang, 2001)
♂外生殖器侧面观

（264）东方跗距长足虻 *Nepalomyia orientalis* (Yang *et* Li, 1998)（图 4-124）

Machaerium orientalis Yang *et* Li, 1998: 321.

Nepalomyia orientalis: Yang, Zhu, Wang *et* Zhang, 2006: 334.

　　主要特征：体长 3.1 mm，翅长 3.1 mm。头部金绿色，颜上面宽而渐向口缘变窄；后头上中部凹陷；毛和鬃黑色；眼后鬃全黑色。触角浅黑色，第 1 鞭节明显延长且基部较粗；触角芒黄褐色，基节很短，有很短的细毛。喙浅黑色，下颚须黑色，均有黑毛。胸部浅金绿色，毛和鬃黑色；背中鬃 5 对、均粗壮，中鬃 6~7 对、短毛状；肩鬃 2 根（其中 1 根细而短），背侧鬃 2 根、粗壮，前胸侧板无细毛而仅有 1 根鬃，小盾鬃 2 对（侧鬃短毛状）。翅白色透明；脉褐色，R_{4+5} 与 M 几乎平行；CuAx 值为 0.55；腋瓣黄色，有黄毛。平衡棒淡黄色。足暗黄色；基节浅黑色；跗节黄褐色。毛和鬃黑色；中后足基节各有 1 根外鬃，中后足腿节各有 1 根端前鬃；中足胫节有 2 根前背鬃和 2 根后背鬃，后足胫节有 1 根前背鬃和 3 根后背鬃。后足胫节末端有横排的梳状鬃。后足第 1 跗节基部有向上弯的刺状距和 2 根腹鬃，末端有梳状鬃。腹部金绿色，有灰白粉被；毛和鬃黑色。雄性外生殖器：第 9 背板宽大，端部侧角有短的指状突起；背侧突背叶短小，中叶宽大，渐向末端缩小，端部有 1 个刺状鬃，腹叶短宽；尾须基部粗而端部缩小，有些弯曲，没有明显的基瘤；下生殖板基部窄，端部宽且分 3 叉，腹视对称，侧叶宽大，花瓣状；阳茎较宽大，形状不规则。

　　分布：浙江（安吉）。

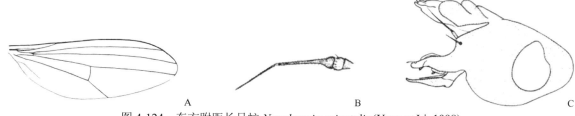

图 4-124　东方跗距长足虻 *Nepalomyia orientalis* (Yang *et* Li, 1998)
A. 翅；B. 触角侧面观；C.♂外生殖器侧面观

（265）多毛跗距长足虻 *Nepalomyia pilifera* (Yang *et* Saigusa, 2001)（图 4-125）

Neurigonella pilifera Yang *et* Saigusa, 2001: 253.

Nepalomyia pilifera: Runyon *et* Hurley, 2003: 413.

主要特征：体长 2.7–2.9 mm，翅长 3.5–3.7 mm。头部暗金绿色，毛和鬃黑色；眼后鬃及后腹毛黑色。触角黑色，第 1 鞭节长为宽的 0.6 倍；触角芒黑色，有很短的毛。喙黑色，有黑毛；下颚须黑色，有黑毛和 1 根黑端鬃。胸部暗褐色，毛和鬃黑色；背中鬃 6 根，粗壮，中鬃不规则的 6 对，短毛状；小盾片有 2 对鬃，基对鬃长约为端对鬃的 1/3。前胸侧板上部有 2 根黑毛，下部有 3 根黑毛和 1 根黑鬃。翅白色透明；脉暗褐色，前缘脉在肩横脉之前明显加粗，R_{4+5} 与 M 端部稍汇聚；CuAx 值为 0.35；腋瓣黄色，有黑毛；平衡棒黄色。足黄色；前足基节黄色，中足、后足基节浅褐色；跗节自第 1 跗节末端往外暗褐色。足上毛和鬃黑色。前足基节有 5 根端鬃；中足、后足基节各有 1 根外鬃；中足、后足腿节各有 1 根端前鬃。中足胫节有 2 根前背鬃和 2 根后背鬃；后足胫节有 2 根前背鬃和 2 根后背鬃。后足第 1 跗节最基部有 1 根腹鬃。腹部暗金绿色，有灰褐色粉。毛和鬃黑色；第 2–3 腹板有淡黄色毛。雄性外生殖器：背侧突背叶粗，端部不规则的凹，腹叶稍窄，端宽，端角尖；尾须基部的长指状瘤突有一些淡黄色长毛；下生殖板相当粗，有小端凹；阳茎相当粗，端明显弯。

分布：浙江（临安）、云南。

图 4-125　多毛跗距长足虻 *Nepalomyia pilifera* (Yang *et* Saigusa, 2001)
A. 触角侧面观；B.♂外生殖器侧面观；C.下生殖板腹面观

（266）天目山跗距长足虻 *Nepalomyia tianmushana* (Yang, 2001)（图 4-126）

Machaerium tianmushanum Yang, 2001: 438.

Nepalomyia tianmushana: Yang, Zhu, Wang *et* Zhang, 2006: 335.

主要特征：体长 3.0 mm，翅长 2.5 mm。头部金绿色，复眼在颜窄地分开，颜上面宽而渐向口缘变窄。后头上部有些凹陷，毛和鬃黑色。触角黑色，第 1 鞭节明显延长且基部较粗；触角芒黑色，几乎与第 1 鞭节等长，基节很短，有很短的细毛。喙暗褐色，有淡黄色毛；下颚须黑色，有浅黑色毛和 1 根淡黄色端鬃。胸部金绿色，毛和鬃黑色；背中鬃 6 根、较粗，中鬃 9–10 对、短毛状。前胸侧板稀有短毛，下部有 1 根淡黄色鬃。翅白色透明；脉褐色，R_{4+5} 与 M 在横脉 m-cu 1 段相互有些远离，在端部有些汇聚；CuAx

值为 0.55；腋瓣黄色，有淡黄色毛；平衡棒淡黄色。足黄色；基节黑色；端跗节端部褐色。足上毛和
鬃浅黑色；胫节和跗节毛淡黄色，鬃浅黑色。腿节腹毛淡黄色。前足基节有 5 根鬃，后足基节有 1 根
外鬃。中足胫节有 1 根前背鬃和 2 根后背鬃；后足胫节有 3 根后背鬃。腹部金绿色，有灰白粉；毛黑
色。雄性外生殖器：第 9 背板长稍大于宽，侧叶较粗大；背侧突分叉；尾须端半部较窄，有中等长度
的毛；下生殖板弯曲。

　　分布：浙江（临安）。

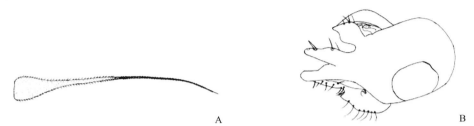

图 4-126　天目山跗距长足虻 *Nepalomyia tianmushana* (Yang, 2001)
A. 触角侧面观；B.♂外生殖器侧面观

（九）脉长足虻亚科 Neurigoninae Aldrich, 1905

　　主要特征：胸部和腹部主要呈黄色，腹部细长，明显长于胸部。头部长大于宽，头顶平。颜明显窄于额，
向下变窄。唇基与颜不明显分开；1 对顶鬃和 1 对后顶鬃，眼后鬃单列，延伸至口缘。喙和下颚须较短小；
触角柄节背面无毛；第 1 鞭节端部钝，长几乎等于宽；触角芒亚端位或背位。胸部中胸背板中后区平。背中
鬃位于中后域，小盾片一般有 2 对鬃，基对鬃短毛状。前胸侧板下部有 1 根鬃。1 根肩鬃，1–2 根肩毛，1
根肩后鬃，1 根缝前鬃，没有缝鬃，2 根背侧鬃，2 根翅上鬃和 1 根翅后鬃。翅较宽，翅瓣不明显，基部窄，
臀区小。R_{2+3} 端部向后弯曲，M 不分叉，端部弱或强的向前弯曲，与 R_{4+5} 汇聚，臀脉长，延伸至翅缘。足
浅黄色或黄色，前足第 1 跗节较长（有时与前足胫节差不多长）。后足基节在基部 1/3 处有 1 根外鬃；中、
后足腿节没有明显的端前鬃，中、后足胫节有强鬃。腹部 5 节可见，几乎等宽；第 5 腹板有时有深色腹突。
雄性外生殖器与生殖前节连接松散，大部分游离，非盖帽状，背侧突宽大，近方形，尾须隐藏在背侧突内。

　　分布：世界已知 14 属 215 种，中国记录 2 属 30 种，浙江分布 1 属 5 种。

79. 脉长足虻属 *Neurigona* Rondani, 1856

Neurigona Rondani, 1856: 142. Type species: *Musca quadrifasciata* Fabricius, 1781 (original designation).
Saucropus Loew, 1857: 41. Type species: *Musca quadrifasciata* Fabricius, 1781 (automatic).

　　主要特征：中到大型（体长 3.5–6.0 mm，翅长 1.5–5.7 mm）。头部金绿色，触角和腹部黄色或黄褐色。
头顶不凹，上后头弱的凹陷。单眼瘤弱，2 根单眼鬃，顶鬃与单眼鬃几乎等长，后顶鬃缺如。触角柄节无
毛，第 1 鞭节短小，端部钝；触角芒亚端位至中背位。喙和下颚须浅黄色。中胸背板中后区平。胸部一般
黄色，有时中胸背板有金绿色斑，偶尔全金绿色。1 根肩鬃，1 根肩后鬃，缝鬃缺如，2 根背侧鬃，2 根翅
上鬃，1 根翅后鬃。前胸侧板下部有 1 根鬃。R_{4+5} 端部微向后弯曲，M 在横脉 m-cu 之后的部分明显弯曲，
R_{4+5} 与 M 端部汇聚。足黄色。中足基节没有外鬃，后足基节基部 1/3 处有 1 根外鬃。中后足腿节没有端前
鬃。雄性第 5 腹节有时有腹突。雄性外生殖器膨大，大部分游离；背侧突宽大，尾须基部宽大。

　　分布：世界广布，已知 151 种。中国已知 29 种，浙江分布 3 种。

分种检索表

1. 第 5 腹板没有腹突；前足第 5 跗节稍加粗，腹面有强鬃，爪明显延长 ·····························**畸爪脉长足虻 *N. micropyga***

- 第 5 腹板有腹突，前足无上述特征 ·· 2
2. 中胸背板全黄色；背中鬃 7 根，中鬃 8–9 对；背侧突背叶宽，基部有长的突起，腹叶长而宽，中部有粗的突起，端部尖 ·· **吴氏脉长足虻 *N. wui***
- 中胸背板中后域有大或小的黑色斑；18–19 对不规则中鬃短毛状，5 根背中鬃（前面 3 根较长）；背侧突具短宽的背叶，端缘凹，有 1 尖突，腹叶端部细长而弯曲 ································ **浙江脉长足虻 *N. zhejiangensis***

（267）畸爪脉长足虻 *Neurigona micropyga* Negrobov, 1987（图 4-127）

Neurigona micropyga Negrobov, 1987: 413.

　　主要特征：体长 5.2 mm，翅长 4.4 mm。头部金绿色，颜窄，复眼在颜中部相接；毛和鬃黑色；眼后鬃浅黄色（最上 1 根黑色）。触角黄色；第 1 鞭节长约等于宽，端部钝；喙淡黄色，有淡黄色毛；下颚须黄色，有浅黄色毛和 2 根黄色端鬃。胸部黄色，中胸背板中后部有 1 个近三角形的浅黑色斑，小盾片黄色，后背片黄褐色；翅侧片在翅基部下有 1 个小黑斑；背中鬃 6 根，中鬃 15–16 根；前胸侧板下部有浅黄色毛和鬃。翅透明带灰色；脉黑色，M 明显弯向 R$_{4+5}$；CuAx 值为 0.5；腋瓣黄色；有淡黄色毛；平衡棒黄色。足黄色，足上毛和鬃黑色，前足第 5 跗节稍加粗，腹面有刺状鬃，爪明显延长，刺状；中足胫节有 3 根前背鬃、1 根后背鬃和 2 根腹鬃，末端有 3 根鬃；后足胫节有 4 根前背鬃、3–4 根后背鬃和 5–6 根细的腹鬃。中足第 1 跗节有粗鬃。腹部黄色，第 3–4 背板基部各有短宽的黑色斑；第 5 腹板没有腹突。雄性外生殖器亮黑色。腹部毛和鬃黑色。雄性外生殖器：第 9 背板长约等于宽，基部有 2 个长的侧突；背侧突背叶宽，端部长而钝，背角有尖突，腹叶长而宽，端部有细的指状突起；尾须圆，有短毛。

　　分布：浙江（临安）、河南；俄罗斯，日本。

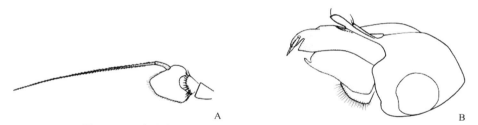

图 4-127　畸爪脉长足虻 *Neurigona micropyga* Negrobov, 1987
A. 触角侧面观；B. ♂外生殖器侧面观

（268）吴氏脉长足虻 *Neurigona wui* Wang, Yang *et* Grootaert, 2007（图 4-128）

Neurigona wui Wang, Yang *et* Grootaert, 2007: 35.

　　主要特征：体长 4.5 mm，翅长 3.8 mm。头部金绿色，颜窄，复眼在颜中部相接。毛和鬃黑色；眼后鬃浅黄色。触角黄色，端部有些尖；雄虫第 1 鞭节长约等于宽，雌虫触角第 1 鞭节长约为宽的 1.5 倍；触角芒浅褐色，基节短，是端节的 0.1 倍。喙浅褐黄色，有淡黄色毛；下颚须浅黄色，有浅黄色毛和 2 根浅褐色端鬃。胸部黄色，后背片和小盾片黄色，翅侧片在翅基部下有 1 个小黑斑。毛和鬃黑色，但是前胸背板和前胸侧板上的毛和鬃黄色。背中鬃 7 根，中鬃 8–9 对。前胸侧板下部有 1 根黄色鬃。翅透明；脉暗褐色，M 弱的弯向 R$_{4+5}$；CuAx 值为 0.5。腋瓣黄色，有淡黄色毛；平衡棒黄色。足黄色；所有基节黄色；所有跗节浅褐色。足上毛和鬃黑色；前足基节有黄色毛和 4–6 根黄色端鬃；中足基节有黄色毛和 4 根黄色端鬃，后足基节中部有 1 根黑色外鬃。中足胫节有 3 根前背鬃（在中部）、2 根后背鬃和 2 根后腹鬃，末端有 3 根鬃；后足胫节基部有 2 根前背鬃、1 根后背鬃和 3 根腹鬃，末端有 4 根鬃。前足第 1 跗节短于相应的胫节，有 5–6 根短腹鬃。中足第 1 跗节有 1 根前背鬃 4–6 根黑色短腹鬃；后足第 1–3 跗节各有 1 排短的腹鬃，第 4 跗节有 5 根短的腹鬃，第 5 跗节有 1–2 根短的腹鬃。腹部黄色，有黄色粉；第 2–5 背板各有 1 大的黑色基斑，第 5 背板有小的浅黑色基斑；雄性外生殖器亮黑色，第 5 腹板有褐色腹突，腹部毛和鬃黑色。雄性外生殖器：第 9 背板有些圆，基部有 2 个细长的侧突；背侧突背叶宽，基部有长的突起，腹叶长而宽，中部有粗的突起，端部尖；尾须近方形。

分布：浙江（开化）。

图 4-128　吴氏脉长足虻 *Neurigona wui* Wang, Yang *et* Grootaert, 2007

A. 翅；B. 触角侧面观；C. ♂外生殖器侧面观

（269）浙江脉长足虻 *Neurigona zhejiangensis* Yang, 1999（图 4-129）

Neurigona zhejiangensis Yang, 1999: 202.

主要特征：体长 4.9–5.0 mm，翅长 4.0–4.1 mm。头部金绿色，复眼窄的分离，毛和鬃黑色。触角黄色；第 1 鞭节长为宽的 1.1 倍，端钝；芒黑色，基节长为端节的 0.1 倍。喙黄色，有淡黄色毛；下颚须淡黄色，有黑毛。胸部黄色，有黄粉；中胸背板有 1 窄中后褐斑；小盾片（除后缘外）和后背片褐色；翅侧片在翅基下有 1 小黑斑。毛和鬃黑色，但前胸背板和前胸侧板有黄鬃。18–19 对不规则中鬃短毛状，5 根背中鬃（前面 3 根较长）。翅透明；脉浅黄褐色，M 端部明显成直角弯曲，在近 R_{4+5} 处止于翅缘；CuAx 值为 0.6；腋瓣黄色，有淡黄色毛；平衡棒黄色。足黄色；基节黄色。足上毛和鬃黑色；前足基节有黄色毛，但端部有黑鬃。前足胫节有 1 根前背鬃和 1 根后背鬃；中足胫节有 4–5 根前背鬃、2 根后背鬃、3 根前腹鬃（位于基部）和 1 根后腹鬃；中足第 1 跗节有 8 根前背鬃。后足胫节有 3 根前背鬃和 3 根后背鬃；后足第 1 跗节中部有 2 根腹鬃。中足胫节和第 1–4 跗节都有 1 排短的竖直的淡黄色前腹鬃。中足第 1 跗节延长，与中足胫节等长。腹部黄色，第 2–3 背板各有 1 宽的浅黑色基带，第 4 背板浅黑色；第 5 腹节浅黑色，有腹突；雄性外生殖器浅黑色，第 9 背板有 2 个指状侧突；背侧突具短宽的背叶，端缘凹，有 1 尖突，腹叶端部细长而弯曲。

分布：浙江（庆元）、贵州。

图 4-129　浙江脉长足虻 *Neurigona zhejiangensis* Yang, 1999

A. 触角侧面观；B. ♂外生殖器侧面观

第五章　蚤蝇总科 Phoroidea

十、尖翅蝇科 Lonchopteridae

主要特征：尖翅蝇体细长，浅黄至黑色，体小型（2.0－4.5 mm），有发达的鬃。头部至少与胸部等宽，触角柄节、梗节末端有 1 列短鬃，第 1 鞭节密被柔毛。中胸背板通常颜色一致，个别有斑纹。翅多长于身体，狭窄，翅端尖锐或略钝圆是其明显的鉴定特征；尖翅蝇属和瑕尖翅蝇属翅脉两性异型：雄性 A_1+CuA_2 和 CuA_1 分别伸至翅后缘，而雌性 A_1+CuA_2 则并入 CuA_1 以 $A_1+CuA_2+CuA_1$ 终止于翅缘；同尖翅蝇属两性均以 $A_1+CuA_2+CuA_1$ 终止于翅缘；两性均缺翅室。雄性的腹部可见 5 节，外生殖器外露，折叠在腹部之下；雌性腹部可见 6 节。

分布：世界已知 63 种，中国记录 26 种，浙江分布 1 属 4 种。

80. 尖翅蝇属 *Lonchoptera* Meigen, 1803

Lonchoptera Meigen, 1803: 272. Type species: *Lonchoptera lutea* Panzer, 1809 (designated by Curtis, 1839).

主要特征：脉序异型，雄虫 A_1+CuA_2 脉伸达翅缘，雌虫 A_1+CuA_2 脉并入 CuA_1，翅面无褐色大斑，仅个别种翅端颜色有加深。前足胫节中部与两端均具明显的鬃，跗节细于胫节；雄虫中足与后足有时有特殊变化。

分布：世界广布，已知 63 种，中国记录 20 种，浙江分布 4 种。

分种检索表

1. 触角褐色至黑色，中胸背板黄色或黄褐色 ·· 2
- 触角黄色或黄褐色，中胸背板深褐色 ·· 尾翼尖翅蝇 *L. caudala*
2. 中足正常，没有长而弯曲的鬃 ·· 3
- 中足腿节背面中部具明显的凹缺，中足腿节端部有 1 长且弯曲的背鬃，中足胫节基部 1/3 处有 1 列 4 根长而弯曲的前背鬃 ·· 凹腿尖翅蝇 *L. excavata*
3. 中足胫节端部略膨大，第 2 跗节极宽扁，显著宽于基跗节 ························ 跗异尖翅蝇 *L. tarsulenta*
- 中足胫节端部正常无膨大；跗节黄至黑色，各节均等粗 ···················· 古田山尖翅蝇 *L. gutianshana*

（270）尾翼尖翅蝇 *Lonchoptera caudala* Yang, 1995（图 5-1）

Lonchoptera caudala Yang, 1995: 241.

主要特征：雄性：体长 2.5–2.6 mm，翅长 3.5 mm。头部黄褐色。触角黄褐色，触角芒黑色。胸部深褐色，侧缘和腹面黄褐色；肩胛和小盾片端部黄色。翅 M_{1+2} 与 M_2 的长度比为 54：80。足黄色，后足腿节末端浅褐色。前足腿节端部有 1 根前腹鬃、2 根背鬃和 1 根后腹鬃；中部有 1 根前背鬃和 1 根后背鬃，端前有 1 根前背鬃，端部有 1 根背鬃和 1 根腹鬃；前足第 2 跗节端部有 1 根短的前腹鬃；第 3 跗节基部有 1 根短鬃，端前有 4 根短鬃；第 5 跗节近端部有 2 根粗的短鬃；中足腿节端部有 1 根前腹鬃、1 根背鬃和 1 根后腹鬃；中足胫节中部有 1 根前背鬃和 1 根后背鬃，端部有 1 根前腹鬃、1 根背鬃和 1 根长的腹鬃，后足腿节基部 2/3 处有 1 根前背鬃，端部有 1 根前鬃、1 根前腹鬃、1 根背鬃和 1 根后腹鬃；后足胫节基部有 1 根前背鬃，中部有 1 根背鬃，端前有 1 根前背鬃和 2 根短的前腹鬃，端部有 1 根背鬃。后足第 1 跗节基部有 1 根前腹鬃和 1 根后腹鬃，端部有 1 根前腹鬃和 1 根后腹鬃。腹部黑色。雄性第 9 背板侧视近球形，后缘有"V"形凹陷，黑褐色，被稀疏的毛。尾须小，黄色，分 2 叶，斜向伸展，约与第 9 背板等长，基部中央有 1 短的突起，其上中部有 1 根短的鬃状毛，端部有 1 对紧贴的弯曲的鬃状毛，背面中央有 2 列短的柔毛，内缘有长鬃，各叶腹面中部有 1 对紧贴在一起的黑色弯曲的粗刺。生殖复合体端部有 1 密被柔毛的区域，其上着生 1 根粗而略弯曲的长鬃。

分布：浙江（开化）、宁夏。

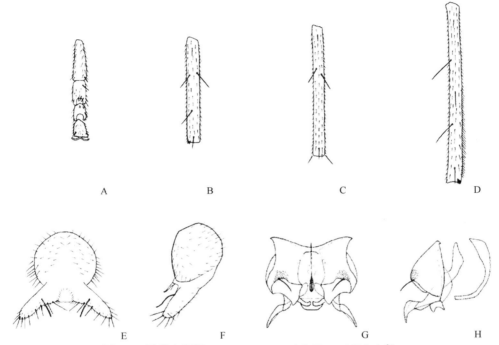

图 5-1　尾翼尖翅蝇 *Lonchoptera caudala* Yang, 1995（♂）

A. 前足 2–5 跗节腹面观；B. 前足胫节背面观；C. 中足胫节背面观；D. 后足胫节背面观；E. 第 9 背板和尾须背面观；F. 第 9 背板和尾须侧面观；
G. 生殖复合体腹面观；H. 生殖复合体侧面观

（271）凹腿尖翅蝇 *Lonchoptera excavata* Yang *et* Chen, 1995（图 5-2）

Lonchoptera excavata Yang *et* Chen, 1995: 520.

主要特征：体长约 4 mm，翅长约 4 mm。头部黄褐色。触角黑色，触角芒黑色。胸部黄褐色，腹面颜色略浅，肩胛处有 1 三角形黑斑，中胸盾片侧面至侧板基部有 1 倒三角形大黑斑。小盾片黄褐色。翅 M_{1+2} 与 M_2 的长度比为 44∶77。足黄褐色，前后足胫节和跗节淡褐色，中足跗节褐色。前足腿节端部有 1 根前鬃、1 根前腹鬃、1 根前背鬃、1 根背鬃、2 根后背鬃和 1 根后腹鬃；前足胫节基部 1/3 处有 1 根短的前背鬃和 1 根后背鬃，中部有 1 根后腹鬃，端部有 1 根后腹鬃和 1 根后背鬃。前足第 2 跗节端部有 1 根长的前腹鬃、1 根短的后腹鬃；第 3 跗节基部有 4 根鬃状毛。中足腿节背面中部具明显的凹缺，腹面的凹陷小；基部腹面有 1 短鬃围成的环，基部 2/3 处有 1 根前鬃、1 根前腹鬃和 2 根前背鬃，端部有 1 根长且弯曲的背鬃；中足胫节基部前面有 1 列 6–8 根短刺突，基部 1/3 处有 1 根后背鬃，1 列 4 根长而弯曲的前背鬃、1 列 4 根前腹鬃，从基部 1/2 处向端部有 1 列 6 根腹鬃，端部有 2 根前腹鬃、1 根后腹鬃和 1 根后背鬃；中足第 2 跗节明显宽扁于第 1、第 3 节。后足腿节基部 2/3 处有 1 根前背鬃，近端部有 1 根前背鬃，端部有 1

根前鬃、1 根前腹鬃、1 根后腹鬃和 1 根后背鬃；后足胫节基部 1/3 处有 1 根前背鬃和 1 根后背鬃，中部有 2 根前腹鬃，端前有 1 根前背鬃和 1 根前腹鬃，端部有 1 根背鬃。后足第 1 跗节基部有 1 根前腹鬃和 1 根后腹鬃，端部有 1 根前腹鬃和 1 根后腹鬃，腹面有 1 列长毛。腹部黑褐色，腹面黄褐色。第 4 腹板后缘有左右对称的 3 对鬃状毛。雄性第 9 背板近半球形，深褐色，被有稀疏的毛。尾须黄褐色；约为第 9 背板的一半长；背部中央有 2 列短的柔毛围成一环形；后缘有长的鬃状毛；腹面基部左右各有 1 粗而内弯的刺，中部有 1 对长鬃。生殖复合体端部扭曲具 1 根弯曲的鬃，亚端有 1 根鬃状毛。

分布：浙江（庆元）、广西。

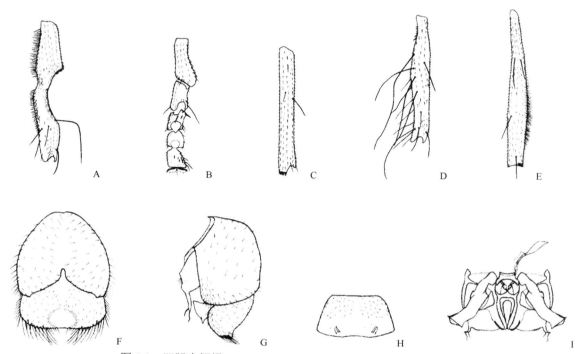

图 5-2　凹腿尖翅蝇 *Lonchoptera excavata* Yang *et* Chen, 1995（♂）

A. 中足腿节侧面观；B. 前足 2–5 跗节腹面观；C. 前足胫节背面观；D. 中足胫节背面观；E. 后足胫节背面观；F. 第 9 背板和尾须背面观；
G. 第 9 背板和尾须侧面观；H. 第 4 腹板；I. 生殖复合体腹面观

（272）古田山尖翅蝇 *Lonchoptera gutianshana* Yang, 1995（图 5-3）

Lonchoptera gutianshana Yang, 1995: 242.

主要特征：触角黑色。中胸背板黑褐色，中央有宽的黄色纵条纹。中足跗节黑色。腹部背板黑色，腹板淡黄褐色，第 3、第 4 腹板各有 2 组纤毛，第 4 腹板后缘有 2 组各 3 根粗鬃。第 9 背板黑褐色，尾须短

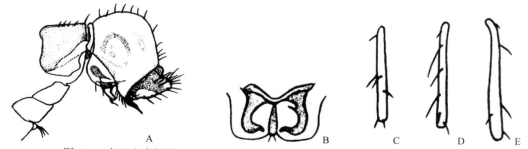

图 5-3　古田山尖翅蝇 *Lonchoptera gutianshana* Yang, 1995（仿杨集昆，1995）

A. ♂末端和生殖复合体侧面观；B. 尾须腹面观；C. 前足胫节背面观；D. 中足胫节背面观；E. 后足胫节背面观

而宽，黄色，腹面具 1 对粗壮的黑色钩突，端部中央分 2 叶并具 1 中突及 1 对短鬃；生殖复合体基部隆突，端部呈指状，具 1 弯鬃；阳基侧突狭长而扭曲。

分布：浙江（开化）。

（273）跗异尖翅蝇 *Lonchoptera tarsulenta* Yang, 1998（图 5-4）

Lonchoptera tarsulenta Yang, 1998: 52.

主要特征：体长约 3.8 mm，翅长约 4.5 mm。头部黄色。触角深褐色，触角芒黑色。胸部浅褐色，腹面黄色；中胸背板基部具 1 楔形深褐色条纹，两侧有深褐色宽条纹，向后延伸至小盾片；小盾片黄色，侧缘深褐色。翅 M_{1+2} 与 M_2 的长度比为 15：24。足黄色，前足第 5 跗节深褐色；中足胫节末端略膨大，深褐色，中足第 2–5 跗节深褐色。前足腿节端前有 1 根前鬃，端部有 1 根前鬃、1 根前腹鬃、1 根背鬃、1 根后鬃和 1 根后腹鬃；前足胫节基部有 1 根短的背鬃，中部有 1 根前背鬃和 1 根后背鬃，端前有 1 根后腹鬃，端部

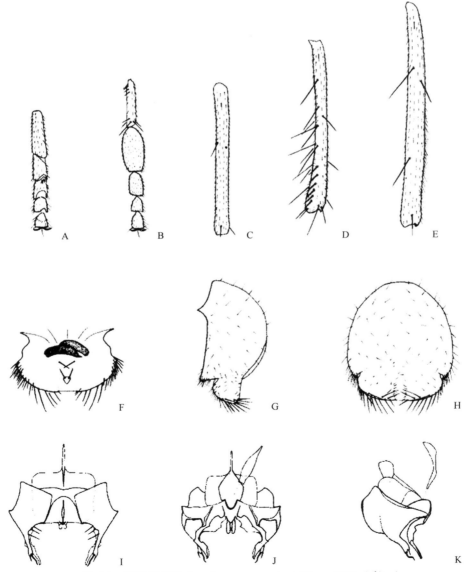

图 5-4　跗异尖翅蝇 *Lonchoptera tarsulenta* Yang, 1998（♂）

A. 前足 2–5 跗节腹面观；B. 中足跗节腹面观；C. 前足胫节背面观；D. 中足胫节背面观；E. 后足胫节背面观；F. 尾须腹面观；G. 第 9 背板和尾须侧面观；H. 第 9 背板和尾须背面观；I. 生殖复合体腹面观；J. 生殖复合体背面观；K. 生殖复合体侧面观

有 1 根腹鬃、1 根背鬃和 1 根后腹鬃；前足第 3 跗节基部有 4 根短的鬃状毛。中足腿节中部背面有浅的凹陷；中部有 1 根前背鬃，端前有 1 列 7 根前腹鬃，端部有 1 根前腹鬃、1 根前背鬃、1 根后腹鬃和 2 根背鬃；中足胫节基部有 1 根短的背鬃，中部有 1 列 3 根前腹鬃、1 列 4 根前背鬃、2 根前背鬃和 1 根后背鬃，端前有 1 列 3 根前鬃和 1 列 6 根背鬃，端部有 1 根前背鬃、1 长 1 短 2 根后背鬃、1 根后腹鬃和 1 根腹鬃；第 1 跗节基部有 1 列 4 根前背鬃，端部有 1 根前腹鬃、1 根前背鬃、1 根长的背鬃、1 根后腹鬃和 1 根后背鬃；第 2 跗节极宽扁，第 3 跗节略宽；后足腿节端前有 1 根前背鬃，端部有 1 根前鬃、1 根前腹鬃、1 根前背鬃、1 根背鬃和 1 根后腹鬃；后足胫节基部有 1 根短的背鬃，中部有 1 根前背鬃和 1 根后背鬃，端前有 1 根前背鬃和 2 根短的前腹鬃，端部有 1 根背鬃。后足第 1 跗节基部有 1 根前腹鬃和 1 根后腹鬃，端部有 1 根前腹鬃和 1 根后腹鬃。腹部褐色，腹面黄褐色。第 8 背板窄小；第 4 腹板后缘有两组各 3 个末端弯曲的鬃。雄性第 9 背板侧视隆突，褐色，被稀疏的毛。尾须短，与第 9 背板等宽，黄色；背面中央有两列短的柔毛；后缘有长的鬃状毛；腹面基部有 1 对粗大的黑色弯刺突，中央有 1 对长鬃，近端部有 1 褐色三角形区域，其上有 2 根鬃。生殖复合体长而弯曲，顶端有 1 根粗而弯曲的刺，近端有 1 根短的鬃。阳基侧突细长而弯曲，端部颜色较深。雌性类似雄性，但前足跗节正常无鬃；中足正常，无粗大的黑色部分。腹部第 4 腹板仅有稀疏的短毛。

分布：浙江（临安）、贵州。

十一、蚤蝇科 Phoridae

主要特征：小至中型昆虫，体长多为 1.5–3 mm。体色多在黑、褐和黄 3 种颜色间变化。体形比较特殊，其胸部背板隆起，侧面观身体呈驼背状。翅发达，少数种类雌性翅呈短翅型、翅芽状或完全无翅。翅膜质透明，无色至褐色，除翅基部外，几乎无横脉；前部 3 条纵脉（不包括 C 和 Sc 脉）明显增粗，颜色较深，一般称粗脉；而后部 4 条纵脉则非常细弱，颜色较浅，一般称细脉。足发达，股节宽大，有时中足股节后表面具感觉器官。腹部由 11 节组成，其中末节特化成尾须和肛门管。第 1–5 节腹面均为膜质区，无腹板。

生物学：蚤蝇的生活习性异常分化。幼虫具腐食、寄生和植食等食性。成虫活泼，喜潮湿环境，可生活于腐败植物、动物尸体、花或真菌上，以及鼠穴、鸟巢、蜂巢或蚁穴内。

分布：世界已知 250 属 3200 种，中国记录 27 属 214 种，浙江分布 9 属 20 种。

分属检索表

1. 中侧片不分裂；后足胫节具大鬃 ·· 2
- 中侧片分裂；胫节缺大鬃（端距除外），有时在栅毛列前后具鬃状纤毛列 ····························· 7
2. 后足胫节具栅毛列或栉毛裂 ·· 3
- 后足胫节缺栅毛列或栉毛裂 ·· 6
3. 后足胫节具栉毛列；中胸侧片具毛及 1 根长鬃；R_{2+3} 缺 ·············· 栉蚤蝇属 *Hypocera*
- 后足胫节不具栉毛列，但具栅毛列 ·· 4
4. 单眼区明显扩大，前部形成 3 个弧形突；两侧单眼远离 ····················· 弧蚤蝇属 *Stichillus*
- 单眼区三角形，正常大小；侧单眼相距不甚远 ·· 5
5. 中侧片光裸；后足胫节具 2–3 栅毛列 ·· 栅蚤蝇属 *Diplonevra*
- 中侧片具毛；后足胫节 1 栅毛列 ··· 栓蚤蝇属 *Dohrniphora*
6. 中足胫节具 3–9 根背鬃；额具中沟；雄虫体绿黑 ·· 蚤蝇属 *Phora*
- 中足胫节具 1 根背鬃；额缺中沟；雄虫触角第 1 鞭节伸长呈圆锥状或曲颈瓶状 ··· 锥蚤蝇属 *Conicera*
7. R_{2+3} 缺；CuA_1 脉中部急剧上弯，与 M_2 脉的下弯相对；雌虫第 5 节具腺体 ··· 裂蚤蝇属 *Metopina*
- R_{2+3} 多存在；CuA_1 脉中部不急剧上弯 ·· 8
8. 后足胫节具栅毛列和纤毛列；翅脉通常较粗壮；雌虫杜氏器椭圆形 ·········· 异蚤蝇属 *Megaselia*
- 后足胫节缺栅毛列和纤毛列；翅脉通常细弱；雌虫杜氏器哑铃形 ············· 乌蚤蝇属 *Woodiphora*

81. 栉蚤蝇属 *Hypocera* Lioy, 1864

Hypocera Lioy, 1864: 78. Type species: *Trineura mordellaria* Fallén, 1823.

主要特征：额缺纵沟，额面被细毛。触角上鬃存在。第 1 鞭节球形，触角芒背生，具微毛。胸部黑色或红黄色；小盾片鬃 4 根，前部 2 根很细小；中侧片上半部具细毛，后缘具 1 长鬃。翅常褐色，纤毛较短；径脉基部具 4–5 根短鬃，缺 R_{2+3} 脉；腋区具鬃数根；平衡棒黑色或黄色。足股节和胫节发达。前足胫节基半部具背鬃 1 根。中足胫节基部 1/5 具对鬃，端部 1/4–1/3 具前腹鬃 1 根。胫节背面对鬃以上和端部 1/3 以下具栉状毛列。后足胫节背部栉状毛列发达，12 列以上。腹部背板向下卷。尾器大，不对称。

分布：世界广布，已知 7 种，中国记录 3 种，浙江分布 1 种。

（274）束毛栉蚤蝇 *Hypocera racemosa* Liu, 2001（图 5-5，图版 XV-1）

Hypocera racemosa Liu, 2001: 34.

主要特征：雄性：额黄色，单眼周围黑色。宽小于高。额面散布黑色细毛。触角上鬃 1 对，其他额鬃同属征，第 1 鞭节橘红色，卵圆形；触角芒背生，具绒毛。下颚须黄色，腹面和端部具短鬃。胸部和足均黄色。毛序同属征，但后足胫节基部无鬃。翅灰褐色，前缘脉指数为 0.56，前缘脉比 1∶1.20，纤毛长 0.09 mm；平衡棒黄色。翅长 3.5 mm。腹部均橘红色，背板后缘略暗。背板上散布细毛。尾器褐色，左生殖背板大，背部具刚毛；端角钝，端下角具 1 簇鬃。右生殖背板不延伸，端角尖，沿边缘具 1 列长鬃。生殖腹板分为左右 2 叶。体长 4.25 mm。

分布：浙江（临安）、四川。

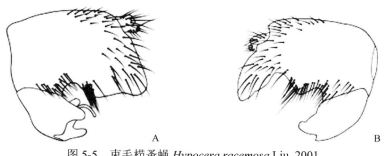

图 5-5　束毛栉蚤蝇 *Hypocera racemosa* Liu, 2001
A、B. ♂尾器

82. 弧蚤蝇属 *Stichillus* Enderlein, 1924

Stichillus Enderlein, 1924: 279. Type species: *Stichillus acutivertex* Enderlein, 1924 [=*Hypocera inperata* Brues, 1911].

主要特征：体黑，中至大型。单眼区明显扩大，其前部呈 3 个弧形突。额缺纵沟。触角上鬃缺；第 1 鞭节黑色、褐色或锈红色，卵圆形或柠檬形；触角芒亚端生。下颚须黑褐、锈红或黄色；喙短小。胸密被细毛，无肩鬃；小盾片鬃 4 根。中侧片上半部具毛，缺鬃。翅多呈灰褐色。R_{2+3} 脉缺。Rs 脉基部常有 2–3 根小毛，并沿脉具 1 列小毛，至少达脉的中部；平衡棒头黑，杆黄。中足胫节基部 1 对鬃；栅毛 2 列。后足胫节近基部前鬃 1 根；栅毛 3 列。腹部背板扁平，向后变狭。雄性尾器两侧对称。

分布：世界广布，已知 31 种，中国记录 8 种，浙江分布 1 种。

（275）日本弧蚤蝇 *Stichillus japonicus* (Matsumura, 1916)（图 5-6）

Conicera japonica Matsumura, 1916: 377.

Stichillus japonicus: Takagi, 1962: 44.

主要特征：雄性：额黑色。单眼区长宽比为 1∶1.25，中弧与两侧弧近等长、等大，两侧夹角尖锐。第 1 鞭节暗褐色，圆锥形；触角芒亚端生，长为触角节的 1.5 倍，具微毛；下颚须黄色，具鬃 7–9 根。胸部黑色，略具闪光；小盾片鬃 4 根，前 2 根长为后者的 1/2。中侧片黑色，具毛。翅略呈灰褐色，翅脉暗褐；前缘脉指数 0.47，前缘脉比 1.44∶1，纤毛长 0.14 mm；基部 3/4 具微毛 1 列；M_1 不与 Rs 相接，基部前凹，之后直达翅端；平衡棒黑色，柄黄色。足黑色，仅前足股节端部、胫节和跗节黄褐色。中足胫节栅状毛 2 列；后足栅状毛 3 列，不融合。翅长 3.75 mm。腹部黑色，略具闪光。背板扁平，第 2 背板最长，其后缘向后钝突。雄性尾器黑色，左右对称；体长 3.7 mm。雌性：体长 4.00 mm。翅长 4.1 mm，前缘脉指数 0.5，前缘脉比 1 : 1.03，纤毛长 0.14 mm。

　　分布：浙江（临安、余姚）、广西、四川；日本。

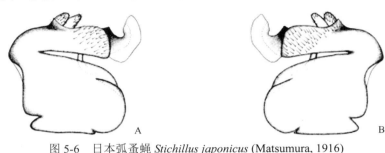

图 5-6　日本弧蚤蝇 *Stichillus japonicus* (Matsumura, 1916)
A、B. ♂尾器

83. 蚤蝇属 *Phora* Latreille, 1796

Phora Latreille, 1796: 169. Type species: *Musca aterrima* Fabricius, 1794 [=*Trineura atra* Meigen, 1804].

　　主要特征：额绒状黑，狭窄，具中沟；触角上鬃 1 对，后倾；触角暗黑，具褐色短毛，触角第 1 鞭节球状；触角芒背生，几乎光裸。下颚须黑色，棒状。胸黑色；盾片绒黑色，具短毛；中侧片黑色，不分裂，光裸；小盾片具 1 对长鬃。足暗黑色；前足无鬃；中足胫节具前背鬃 1–2 根和背鬃 3–9 根；后足胫节具前背鬃 1–2 根。翅透明。前缘脉绒黑，常超过翅长 1/2，R_{2+3} 脉缺。平衡棒绒黑。腹部绒黑，背板均具稀疏微毛；尾器黑色，不对称。

　　生物学：本属种类一般居于山区的常绿阔叶林中。成虫喜集群活动。常常在林中树皮下做锯齿状飞舞。成虫吸食蚜虫"蜜露"，或取食溶于水中的鸟粪。

　　分布：世界广布，已知 79 种，中国记录 10 种，浙江分布 1 种。

（276）全绒蚤蝇 *Phora holosericea* Schmitz, 1920（图版 XV -10、11）

Phora holosericea Schmitz, 1920: 121.

　　主要特征：雄性：额窄，两侧几乎平行。下颚须端部具短鬃 4 根。足黑色；前足胫节具 1 列背鬃。翅透明，翅面几乎无色，前缘脉指数 0.51；纤毛长 0.08 mm。中足胫节前背鬃 1 根。前部和外部生有几根刚毛。生殖器亮黑色。左侧尾叶背基部与生殖背板分离，基半部较窄。端半部突然加宽，末端圆弧形；端背部有 1 内突。生殖背板叶发达，末端圆弧形，锯齿状，外表面密布皱纹。右侧尾叶宽大，端部加宽，后背角尖，后腹角圆。背板右叶略呈三角形，具 1 后背突及 1 个亚端缘的内突。生殖腹板右叶后腹面深陷，其左突细，具微毛；右突细，末端圆形，光裸。体长 2.0–2.5 mm。雌性：体长 1.75–2.0 mm。前缘脉指数 0.48；翅长 1.93–2.10 mm。

　　分布：浙江（临安、余姚）、黑龙江、吉林、辽宁、河北、陕西；朝鲜，日本，欧洲，美国。

84. 栅蚤蝇属 *Diplonevra* Lioy, 1864

Diplonevra Lioy, 1864: 77. Type species: *Bibio florea* Fabricius, 1794 [=*Musca florescens* Turton, 1801].

Apopteromyia Beyer, 1958: 121. Type species: *Apopterymyia gynaptera* Fuller *et* Lee, 1938. Syn. *Diplonevra* by Disney 1990: 33.

　　主要特征：中至大型种类；体黑色、黄色或黑黄相间。额宽多大于侧高，被细毛。触角上鬃 1 对，后外倾。触角第 1 鞭节小至大型；下颚须 2 节，扁平。雄虫喙舐吸式，雌虫则为刺吸式。胸部中部之前最宽；小盾片宽短，具鬃 1-2 对。中侧片光裸。翅前缘脉常超过翅长之半。R$_{2+3}$ 存在；M$_1$ 直或端部后弯。腋区具鬃数根。中足胫节基部具鬃 1 对，并具栅毛 2 列；后足胫节具 2-3 栅毛列；常具前背鬃和前腹鬃；股节基部感器呈毛状。腹部背板常凹陷，两侧呈锐角下弯。雄性尾器两侧几对称。尾须小。

分布：世界广布，已知 76 种，中国记录 7 种，浙江分布 2 种。

（277）黑腹栅蚤蝇 *Diplonevra abbreviata* (von Roser, 1840)（图 5-7，图版 ⅩⅤ-3）

Phora abbreviata von Roser, 1840: 64.

Diplonevra abbreviata: Schmitz, 1927: 47.

主要特征：雄性：额黑色，表面散布稀疏细毛；触角上鬃位于额突起的前沿，彼此紧挨。触角第 1 鞭节红褐色；触角芒亚端生，具细毛；下额须黄色，端部腹面具 6 根短鬃。中胸腹侧片和后胸侧片褐色，向足基节方向渐变成浅黄色。翅黄褐色，翅脉褐色。前缘脉指数 0.46；前缘脉比 8：2：1；前缘脉纤毛长 0.1 mm；翅长 3.25 mm。前、中足黄色；后足基节和股节基半部黄色，而端半部、胫节和跗节褐色。中足基部 1 对鬃；具 2 列栅状毛；其中后背列在胫节 1/3 处断开；后足股节加宽；胫节栅状毛列 3 列，各列间不融合；前背鬃 3 根。腹部黑色；尾器黑色或黑褐色。体长 2.7-3.3 mm。雌性：体长 4.8 mm。翅长 3.9 mm，前缘脉指数 0.47。

分布：浙江（临安）、辽宁；俄罗斯，欧洲。

图 5-7　黑腹栅蚤蝇 *Diplonevra abbreviate*(von Roser, 1840)
♂后足胫节

（278）广东栅蚤蝇 *Diplonevra peregrina* (Wiedemann, 1830)（图 5-8）

Trineura peregrina Wiedemann, 1830: 600.

Diplonevra peregrina: Schmitz, 1929: 13.

主要特征：雄性：额黄色，单眼区褐色。触角上鬃发达。触角黄色，端部黄褐色；略呈圆形，前部微尖，触角芒亚端生，褐色，具微毛。下颚须黄色，端部具鬃 7-8 根。胸部黄色，背板略暗，有浅色纵带；小盾片黄色，具鬃 4 根。翅长 2.0-3.1 mm，前缘脉指数 0.45-0.47，前缘脉比为 7-9：2-2.5：1，前缘脉纤毛短，0.04 mm；平衡棒黄色。足黄色，后足胫节、跗节较暗；前足具 1 背鬃，并与 4-7 根短鬃成 1 列；中足具栅状毛 2 列，其中前背列只达胫节 3/4；后足股节加宽，背缘具长纤毛，端部色暗；栅状毛 2 列；具前背鬃 3 根，少数 4 根，前腹鬃 2-4 根，大多 3 根。腹部腹面黄色，背板黄褐相间，或黄黑相间，第 1 背板大部分暗褐色，前、后缘为黄色；背板黑褐色，具淡黄色后缘；第 2-5 背板中央呈橘黄色，尾器黑褐色；生

图 5-8　广东栅蚤蝇 *Diplonevra peregrine* (Wiedemann, 1830)
A. ♂翅；B. ♂后足胫节

殖背板短小，生殖腹板阔，端部钝圆。体长 2.0–3.5 mm。雌性：翅长 2.75–4.25 mm，宽 1.0–1.75 mm；前缘脉指数 0.47–0.51 mm；前缘脉比 8.5–11.4：2.4–2.5：1，纤毛长 0.06–0.75 mm，体长 2.6–4.75 mm。

分布：浙江（临安、景宁）、辽宁、陕西、台湾、广东、海南、香港、广西、云南；日本，澳大利亚。

85. 栓蚤蝇属 *Dohrniphora* Dahl, 1898

Dohrniphora Dahl, 1898: 188. Type species: *Dohrniphora dohrni* Dahl, 1898.

主要特征：中至大型。额缺中沟，被细毛。额鬃常强大，触角上鬃 1 对，上外倾。触角第 1 鞭节小至大型，具性二型现象。触角芒背生或亚端生。下颚须 2 节，端部具鬃。雄虫喙舐吸式；雌虫喙刺吸式。胸部最宽处在中部之前；中侧片上部具短毛。翅短宽。前缘脉常伸达翅之一半；R_{2+3} 脉存在。足细长，只后足股节加宽。中足胫节近基部具鬃 1 对，并具 1 栅毛列。后足胫节具 1 完整栅毛列；股节后面基部具栓状感器。腹部背板常凹陷，两侧呈锐角向腹面弯曲。雄性尾器短。尾须和载肛片长。

生物学：成虫常见于污物、粪便、动物、植物残体上。有些种类常活动于蚁生菌上；作为传粉昆虫，亦有起重要作用者。

分布：世界广布，已知 137 种，中国记录 11 种，浙江分布 2 种。

（279）角喙栓蚤蝇 *Dohrniphora cornuta* (Bigot, 1857)（图版 XV-4、7-9）

Phora cornuta Bigot, 1857: 348.

Dohrniphora cornuta: Borgmeier, 1960: 277.

主要特征：雄性：额暗黑，无光泽，隆起。触角第 1 鞭节暗褐色，端部略尖；触角芒被微毛。下颚须黄色，具 5 根不等的端鬃。胸部背板黑褐色。小盾片具 2 根鬃和 2 根短毛。中足胫节栅毛列只达胫节 2/5–1/3。后足胫节端 1/4 以上无单鬃。后足基节感器由 4–6 个感觉栓组成，不呈 1 列；后足基节叶乳头状。翅长 2.03 mm。前缘脉指数 0.49–0.52；前缘脉比 15：3.5：11；纤毛长 0.056 mm；平衡棒黄色。腹部腹面黄色，后缘具毛；第 2 和第 6 背板延长；第 1 背板黄褐色，两侧各具 1 楔形的黑斑；第 2 背板黑色，前缘具 1 黄带；第 3–5 背板黑色；第 6 背板前部黄色，后部黑色。尾器褐色，肛管黄色。雌性：体长 1.5–2.4 mm。翅前缘脉指数 0.5–0.56。

分布：浙江（临安、景宁）、辽宁、北京、河北、陕西、台湾、广东、广西；世界广布。

（280）马来栓蚤蝇 *Dohrniphora malaysiae* Green, 1997（图版 XV-2、6）

Dohrniphora malaysiae Green, 1997: 159.

Dohrniphora rectilinearis Liu, 2001: 104.

主要特征：雄性：额黑色，稀布细毛。触角第 1 鞭节褐色，球形，芒背生，较长。下颚须黄色。胸部黄色。小盾片鬃 1 对，短毛 1 对。翅长 1.8–2.0 mm；前缘脉指数 0.5，前缘脉比 8.3：2：1，纤毛长 0.05 mm；平衡棒黄色。足黄色。中足胫节栅毛列超过胫节 1/2。后足胫节缺前背鬃；后足股节基部感觉栓 6 根，排成 1 列，着生于突起上，其后具凹陷，后足基节叶乳头状。腹部腹面、肛管黄色；第 1、第 2 背板和第 6 背板前半部黄色，后半部褐色，通常黄色区域占大部分；第 3–5 背板各在前部中央具三角形黄斑，其余部分褐色。体长 1.8–2.2 mm。

分布：浙江（临安、岱山）、陕西、海南、云南。

86. 锥蚤蝇属 *Conicera* Meigen, 1830

Conicera Meigen, 1830: 226. Type species: *Conicera atra* Meigen, 1830 (monotypy) [=*Phora dauci* Meigen, 1830].

主要特征：小型到极小型，暗黑。额缺纵沟；雄虫触角第 1 鞭节大多长曲颈瓶状。雌虫触角第 1 鞭节球形，端部尖；触角芒端生。胸部小盾片鬃 2 根，短毛 2 根。中侧片光裸。翅无色透明到具较深的着色。前缘脉短，前缘脉指数小于 0.5，第 1 段明显长于第 2 段，纤毛短到中等长；平衡棒黑色。足细长。中足胫节基部具 1 根前背鬃和 1 根背鬃，亚端部具 1 根短前背鬃；后足胫节缺毛列，基半部鬃 1 对，中部以下具背鬃 1 根，亚端部短前背鬃 1 根。雄性腹部短。尾器大，长椭圆或近球形。尾须小。

生物学：本属成虫多喜腐烂有机质。

分布：世界广布，已知 41 种，中国记录 9 种，浙江分布 1 种。

（281）台湾锥蚤蝇 *Conicera formosensis* Brues, 1911（图 5-9，图版 XV -5）

Conicera formosensis Brues, 1911: 539.

Conicera breviciliata Schmitz, 1926a: 48.

主要特征：雄性：额暗黑。触角上鬃 1 对，很小，彼此紧挨。触角黑或黑褐，锥形，长 0.21 mm，略大于基部宽的 2 倍，触角芒基部略粗；下颚须褐，棒形，端部具短鬃。胸黑或黑褐，不闪光，密布褐毛；小盾片鬃 2 根。翅略具灰色，前 3 脉褐色，后 3 脉浅褐至白色。前缘脉指数 0.40，前缘脉比 2.5∶1，纤毛 0.35 mm；背列不达脉端，腋区 1–2 根鬃。平衡棒黑色。翅长 1.1 mm，宽 0.54 mm。前足浅褐。中足腿节感器具 1 狭沟和 1 管状突；中足胫节端距为第 1 跗节的 2/3。后足腿节 3 倍长于宽，胫节背鬃 1 根，前背鬃 2 根；亚端鬃 1 根，短。腹暗黑，背板几光裸；第 2–6 背板延长，尾器浅褐，闪光。肛管乳头状。足栗褐色。体长 1.1 mm。雌性：触角第 1 鞭节卵圆形，端部稍尖。中足股节无感器。前缘脉指数 0.46，前缘脉比 1.5∶1，纤毛长 0.04 mm。体长：1.4–1.5 mm。

分布：浙江（临安、余姚）、陕西、台湾、香港、广西；日本。

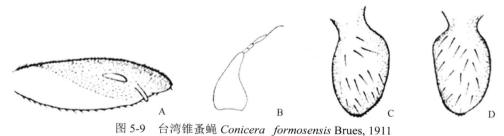

图 5-9　台湾锥蚤蝇 *Conicera formosensis* Brues, 1911
A. ♂中足胫节；B. ♂触角；C、D. ♂尾器

87. 裂蚤蝇属 *Metopina* Macquart, 1835

Metopina Macquart, 1835: 666. Type species: *Phora galeata* Haliday, 1833.

主要特征：体小型。额近方形，具纵沟；触角上鬃 4 根，前倾；鬃序 2-4-4。触角第 1 鞭节小，球状；触角芒端生。下颚须长棒状。胸长而狭，中侧片光裸，小盾片鬃 2 根。翅基部狭，前缘脉有时加粗，其纤毛细弱，R_{2+3} 缺，CuA_1 脉中部急剧前弯。足缺栅毛列和纤毛列。雄性尾器中型，缺鬃；雌腹背板缩小，第

3 和第 6 节愈合，第 6 背板基部具 1 半圆形骨片。

分布：世界广布，已知 55 种，中国记录 6 种，浙江分布 1 种。

（282）矛片裂蚤蝇 *Metopina sagittata* Liu, 1995（图 5-10）

Metopina sagittata Liu, 1995: 485.

主要特征：雌性：额暗褐，布细毛。触角上鬃 4 根，近等长，额鬃序 2-4-4；单眼区正常，中、侧单眼间距大于侧单眼直径。触角第 1 鞭节暗褐；下颚须浅褐。胸暗褐。小盾片鬃 2 根。足褐，后足股节最大长宽比 3.33∶1，腹缘基部稍隆，具细毛 9 根；转节具细毛 3 根。翅略呈浅褐色，翅脉浅褐色；前缘脉指数 0.36，前缘脉比 0.59∶1，纤毛 0.03 mm。平衡棒暗褐；翅长 0.94–1.0 mm。腹部背板暗褐。第 2–4 背板矩形，第 4 背板长大于宽，第 5 背板腺体盖多呈半圆，下面骨片后部明显缢缩；第 7 背板呈楔形。腹部腹面布短毛。体长 1.74–1.90 mm。雄性：腹第 3–5 节腹面具 1 矛状的骨片，其上稀布细毛；翅长 0.86 mm；前缘脉指数 0.5，前缘脉比 0.67∶1，纤毛长 0.02 mm。体长 1.0 mm。

分布：浙江（临安、余姚）、广西。

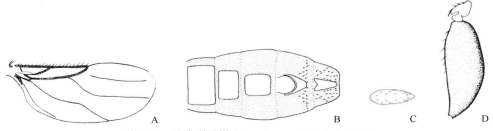

图 5-10　矛片裂蚤蝇 *Metopina sagittata* Liu, 1995
A. ♂翅；B. ♀腹部背面观；C. ♂腹部腹面观；D. ♀后足腿节

88. 乌蚤蝇属 *Woodiphora* Schmitz, 1926

Woodiphora Schmitz, 1926b: 73. Type species: *Phora retroversa* Wood, 1908.

主要特征：小至中型，暗色，额具纵沟；触角上鬃 4 根，前倾，鬃序 4-4-4；前额间鬃上内倾。复眼具毛；颊和侧颜具毛。触角第 1 鞭节球形，芒背生，明显被毛。雄虫下颚须长而扁，几乎光裸；雌虫下颚须短而狭，具鬃。雌喙不明显。胸背中鬃 1 对；小盾片鬃 4 根。中侧片光裸。翅透明或半透明，叉室较宽。杜氏器暗色，呈哑铃状，中部还有 2 根细管。腹部被毛稀疏。雄虫尾器小至中型，具毛，后部不延长。雌虫第 6 背板具半圆形的骨片，其下为腺体开口。足细；前足第 1 跗节有时增粗；后足胫节缺栅毛列和纤毛列，或只具不发达的栅毛列。

分布：世界广布，已知 41 种，中国记录 10 种，浙江分布 1 种。

（283）舌叶乌蚤蝇 *Woodiphora linguiformis* Liu, 2001（图 5-11）

Woodiphora linguiformis Liu, 2001: 162.

主要特征：雌性：雄性额暗褐，具细毛，4 根触角上鬃近等，触角上鬃上对高于前额间鬃，低于前额眶鬃；后额间鬃低于后额眶鬃，其间距略小于前额间鬃间距。触角暗褐；下颚须细长，暗褐，具短鬃。胸暗褐，小盾片鬃 4 根，近相等。翅长 1.3 mm，前缘脉指数 0.51，前缘脉比 3.8∶2∶1，纤毛长 0.03 mm。

翅脉褐色，只第 7 纵脉白色，翅面略着灰褐色，腋瓣区鬃 3 根，平衡棒褐。足褐色，胫节无栅状毛列；后足股节腹缘基部具毛 10 根，几不长于端部毛，中足胫节腹缘近基部 1/3 略突起。腹部背板暗褐，尾器褐。生殖背板左侧圆钝，具少量细毛。生殖腹板腹面向前伸出 1 舌形叶，叶腹面具毛。

分布：浙江（临安、余姚）、陕西、云南。

图 5-11　舌叶乌蚤蝇 *Woodiphora linguiformis* Liu, 2001
A、B. ♂尾器

89. 异蚤蝇属 *Megaselia* Rondani, 1856

Megaselia Rondani, 1856: 137. Type species: *Megaselia crassineura* Rondani, 1856 [=*Phora costalis* von Roser, 1840].

主要特征：翅和平衡棒存在；后足胫节具栅毛列和纤毛列；R_{2+3} 存在，Rs 基部具 0–2 根毛，第 6 纵脉中部不弯曲；胫节缺鬃（端鬃除外）；中侧片分裂；前足跗节第 1 节长于第 5 节；额具纵沟；触角上鬃 2–4 根；鬃序 4-4-4，单眼存在；如果后足胫节具前背纤毛（亦具后背纤毛），则雌虫具 6 块背板，并且雄虫载肛片上的端毛比尾须刚毛粗大；雌虫具椭圆形杜氏器。

生物学：本属种类繁多，生活环境复杂，生活习性各异，仅就幼虫食性来说，就包括植食性、腐食性、捕食性和寄生性 4 类。植食性种类包括取食高等担子菌的类群。它们给食用菌生产带来损失。腐食性种类占本属的大部分，它们常以腐烂动物、植物或动物粪便为食。

分布：世界广布，已知 1500 种，中国记录 101 种，浙江分布 10 种。

分种检索表

1. 中侧片具毛或鬃 ·· 2
- 中侧片光裸 ··· 4
2. 中胸小盾片鬃 4 根；腹部气门扩大 ·································· 东亚异蚤蝇 *M. spiracularis*
- 中胸小盾片鬃 2 根；腹部气门不扩大 ·· 3
3. 腹部黑色；前足基跗节膨大，等于或宽于胫节；后足腿节腹缘缺鬃状毛 ······ 阔跗异蚤蝇 *M. aemula*
- 腹部黄色；前足基跗节不膨大；后足腿节腹缘具鬃状毛 ······ 须足异蚤蝇 *M. barbulata*
4. 前缘脉指数小于 0.5，生殖背板缺鬃；肛管黑褐色，极短 ········ 黑角异蚤蝇 *M. atrita*
- 前缘脉指数等于大于 0.5 ·· 5
5. 腹部腹面黄色 ·· 6
- 腹部腹面黑或黑灰色 ··· 8
6. 肛管端毛粗大，羽状；小盾片鬃 2 对 ···························· 蛆症异蚤蝇 *M. scalaris*
- 肛管端毛不甚粗大，不呈羽状；小盾片鬃 1 对 ··· 7
7. 前足基跗节长于其他跗节之 2 倍 ·································· 黄足异蚤蝇 *M. flava*
- 前足基跗节等于其他跗节之 2 倍 ·································· 迈氏异蚤蝇 *M. meijerei*
8. 腹部第 4–6 背板具很多粗大羽状鬃毛；生殖背板也有羽状鬃毛 ······ 鬃腹异蚤蝇 *M. hirtiventris*

- 腹部第 4–6 背板不具上述特征 ·· 9
9. 后足黑褐色，但腿节和胫节基部黄色；腿节腹缘毛细长、非鬃状 ······················· **亮额异蚤蝇** *M.politifrons*
- 后足单一黑褐色；腿节腹缘具粗壮的鬃状毛 ··· **长毛异蚤蝇** *M. longiseta*

（284）东亚异蚤蝇 *Megaselia spiracularis* Schmitz, 1938（图版 XVI-1-3）

Megaselia spiracularis Schmitz, 1938: 81.

　　主要特征：雄性：额褐色，密布细毛约 110 根，纵沟明显。触角上鬃 2 对，不等。触角第 1 鞭节红褐色，皮下感觉孔多，约 30 个；触角芒具微毛；下颚须黄色。胸部背板黄褐色或褐色，侧板黄色；中侧片具毛，无鬃或具短鬃小盾片鬃 2 对，近等长。翅略呈灰褐色，前缘脉指数 0.44–0.51，前缘脉比（3.81–4.5）：（2.75–2.90）：1，前缘纤毛短，为 0.06–0.07 mm，不长于 R_{2+3} 脉；Rs 脉基部无毛，Sc 发达，伸达 R_1；平衡棒黄色。足黄色，后足腿节基部的腹缘毛长于腹缘端部的腹缘毛；胫节缺前背纤毛，后背纤毛强壮。腹部背板黑色至黑褐色，腹面黄色，腹面 3–7 节的气门扩大，长轴长度约是背板长的 1/3。尾器小，肛管黄色。体长 1.5–2.0 mm。雌性：体长 1.8–2.3 mm。前缘脉指数约 0.51，前缘脉比 4.3：3.2：1。

　　分布：浙江（临安、余姚）、辽宁、北京、河南、江苏、湖北、江西、湖南、福建、台湾、海南；日本，斯里兰卡，马来西亚。

（285）须足异蚤蝇 *Megaselia barbulata* (Wood，1909)（图版 XVI-4-6）

Phora barbulata Wood, 1909: 115.

Megaselia barbulata: Schmitz, 1929: 33.

　　主要特征：雄性：额黑褐色，表面散布细毛约 46 根，纵沟明显。触角上鬃 2 对。触角第 1 鞭节黑褐色，明显膨大，无皮下感觉孔；触角芒具微毛。下颚须黄色至黄褐色。胸部黑褐色。中侧片具毛及 1 根较长的鬃。小盾片鬃 1 对。足黄色或黄褐色。后足腿节基部腹缘毛短小，端部腹缘毛极强壮，鬃状，至少是前者的 2 倍长，胫节缺前背纤毛，后背纤毛纤细。翅黄色，脉褐色。前缘脉指数 0.45–0.47；前缘脉比 3.46：1.81：1；前缘纤毛长，为 0.12–0.15 mm。Sc 不伸达 R_1。Rs 脉基部无毛。平衡棒黑色。腹部背板黑褐色或褐色，腹面黄色。尾器大，黑褐色，生殖背板两侧具短毛，左右不对称，左侧窄；右侧宽，后下角具短毛，其中 1 根呈鬃状。阳茎扩大，基部宽大，向端部渐尖，并上弯，呈钩状。肛管黄色，端毛短于尾须上最长的毛。体长 2.1 mm。

　　分布：浙江（临安、余姚）、吉林、广西；欧洲。

（286）阔跗异蚤蝇 *Megaselia aemula* (Brues, 1911)（图版 XVI-10-12）

Aphiochaeta aemula Brues, 1911: 549.

Megaselia (*Aphiochaeta*) *aemula*: Beyer, 1960: 102.

　　主要特征：雄性：额黑色，表面散布细毛约 60 根，纵沟明显。触角上鬃 2 对，近等。触角第 3 节黑色，无皮下感觉孔；芒明显长于额宽，具微毛。下颚须深黄色，细长，端鬃发达。胸部黑色。中侧片具毛及 1 根长鬃，与背侧鬃等长。背侧鬃 3 根，近等长，无背侧裂。小盾片鬃 1 对。前足黄褐色，中、后足褐色。前足跗节增粗，基跗节极宽大，其最宽处直径明显宽于胫节的直径。后足腿节腹缘毛细长、非鬃状，基部与端部的腹缘毛近等长；胫节缺前背纤毛，后背纤毛较强壮。翅黄褐色，脉褐色；前缘脉指数 0.48，前缘脉比 3.17：2.20：1，前缘纤毛短，为 0.09 mm；Sc 不伸达 R_1；Rs 脉基部无毛。腋鬃 2 根。平衡棒黑褐色。腹部黑色。各节背板稀布细毛，第 6 背板后缘毛略长，鬃状。第 2–6 背板近等长。尾器黑色，生殖背板两侧具短毛。肛管黄色，端毛明显。体长 1.8 mm。

分布：浙江（临安、余姚）、台湾、广西；菲律宾。

（287）黑角异蚤蝇 *Megaselia atrita* (Brues, 1915)（图版 XVI-7-9）

Aphiochaeta atrita Brues, 1915: 188.

Megaselia atrita: Borgmeier, 1967: 91.

主要特征：雄性：额黑色，表面散布细毛 72–96 根，纵沟明显。触角上鬃 2 对。触角第 1 鞭节黑色，皮下感觉孔大小不等，30 个以上，大的直径略大于上对触角上鬃的毛窝直径；芒明显长于额宽，具微毛。下颚须黄色，端鬃较发达。胸部黑色，中侧片光裸。小盾片鬃 1 对。足褐色至黑褐色。翅几乎无色，透明，脉黄褐色。前缘脉指数 0.40–0.46，前缘脉比（2.49–4.05）：（1.52–2.67）：1，第 1 段约等于 2+3 段之和。前缘纤毛长 0.06–0.09 mm。Rs 脉基部具 1 短毛，不长于 R_{2+3} 脉，Sc 不伸达 R_1。腋鬃 3 根。平衡棒黑褐色。前足基跗节与邻近 2 个跗节之和近等长。后足腿节基部腹缘毛长，长于端部的腹缘毛；胫节缺前背纤毛，后背纤毛强壮。腹部背板黑色，腹面色较淡，背板各节稀布细毛。尾器小，黑色。生殖背板两侧具短毛。肛管黑褐色，极短，端毛不显著长于其他毛。体长 1.1–1.5 mm。

分布：浙江（临安、余姚）、吉林、辽宁、内蒙古、台湾、广东、海南、广西；斯里兰卡，印度尼西亚。

（288）蛆症异蚤蝇 *Megaselia scalaris* (Loew, 1866)（图版 XVI-13-16）

Phora scalaris Loew, 1866: 53.

Megaselia scalaris: Schmitz, 1929: 29.

主要特征：雄性：额黄褐色，表面密布细毛约 190 根，纵沟明显。触角上鬃 2 对。触角第 1 鞭节浅黄褐色；皮下感觉孔多于 30 个；触角芒明显长于额宽，具微毛。下颚须黄色，宽，半月形，端半部鬃发达。喙黄色，短小。胸部黄色或黄褐色。中侧片光裸。背侧鬃 2 根。小盾片鬃 2 对。足黄色，后足腿节端部具暗斑。前足跗节细长，基跗节与邻近 2 个跗节之和近等长。后足腿节基部腹缘毛短，显著短于端部的腹缘毛；胫节缺前背纤毛，后背纤毛强壮。翅面略带黄色，脉褐色；前缘脉指数 0.53–0.55；各段比 4.05：2.97：1；前缘纤毛短，为 0.08 mm，Sc 伸达 R_1；Rs 脉基部无毛。腋鬃 4 根。平衡棒大部分黄色，仅端部具 1 小型暗斑。腹部背板黑色或黑褐色，前缘中部具黄斑，尤以第 4 和第 5 背板黄斑最大；腹面黄色，尾器黑褐色或黑色。体长 2.0–2.4 mm。雌性：体长 2.1–2.8 mm。前缘脉指数 0.56–0.57，前缘脉比 5.8：5：1。

分布：浙江（临安、余姚）；世界广布。

（289）鬃腹异蚤蝇 *Megaselia hirtiventris* (Wood, 1909)（图版 XVII-1-4）

Phora hirtiventris Wood, 1909: 194.

Megaselia hirtiventris: Schmitz, 1941: 17.

主要特征：雄性：额黑色，表面散布细毛 78 根，纵沟明显。触角上鬃 2 对。触角第 1 鞭节黑褐色或黑色，略大，无皮下感觉孔；触角芒明显长于额宽，具微毛。下颚须细长，黄色，端鬃发达，略长于下颚须的最大直径。胸部黄褐色或黑褐色，中侧片光裸无毛。小盾片鬃 1 对。翅略带黄色，脉黄褐色。前缘脉指数 0.41–0.48，前缘脉比（3.12–3.56）：（1.33–2.04）：1；前缘纤毛长 0.10–0.11 mm。Rs 脉基部具 1 短毛，短于 R_{2+3} 脉。Sc 不伸达 R_1。平衡棒黄色。足黄色或黄褐色。后足胫节的栅毛列在端部 1/3 处突然向前弯曲，使其后边形成 1 个平的三角形区域，仅具后背纤毛。腹部背板黑褐色，腹部腹面色较淡，但第 4–6 背板两侧常被羽状鬃毛。尾器褐色或黑色，生殖背板两侧有与腹部背板相同的羽状鬃毛，在生殖背板左侧近垂排列。肛管黄色，具短毛，端毛不显著长于其他毛。体长 1.5–2.0 mm。

分布：浙江（临安）、吉林、辽宁；欧洲。

（290）亮额异蚤蝇 *Megaselia politifrons* Brues, 1936（图版 XVII-5-8）

Megaselia politifrons Brues, 1936: 439.

主要特征：雄性：额黑褐色，表面散布细毛约 50 根，纵沟明显。触角上鬃 2 对。触角第 1 鞭节黑褐色，无皮下感觉孔；芒明显长于额宽，具微毛。下颚须黄色，端半部的鬃发达。胸部黑色，中侧片光裸；小盾片鬃 1 对。翅狭窄，黄褐色，脉黑褐色。前缘脉指数 0.48–0.52，前缘脉比约 2.46：2.28：1；前缘纤毛长 0.09 mm。Rs 脉基部具 1 根微毛，明显短于 R$_{2+3}$ 脉。缺 Sc 脉。腋鬃 2 根。平衡棒淡黄色。前足、中足及所有基节黄色，后足黑褐色，但腿节基部和胫节基部黄色。前足基跗节长邻近 2 个跗节之和。后足腿节基部腹缘毛细长，略弱于发达的端部腹缘毛；胫节缺前背纤毛，后背纤毛强壮。腹部背板和腹面均黑色，背板各节稀布细毛，第 6 背板后缘毛较长。第 2–6 背板近等长，伸达两侧。尾器黑褐色，生殖背板两侧下角具几根短毛。肛管黄色，细长，端毛短于尾须上的毛。体长 1.6 mm。

分布：浙江（临安）、海南；菲律宾，新几内亚。

（291）长毛异蚤蝇 *Megaselia longiseta* (Wood, 1909)（图版 XVII-9-12）

Phora longiseta Wood, 1909: 26.
Megaselia longiseta: Schmitz, 1941: 17.

主要特征：雄性：额黑色，表面散布细毛约 90 根，纵沟明显。触角上鬃 2 对。触角第 1 鞭节小，小于额宽的 1/3，褐色至黑色，无皮下感觉孔；芒色较浅，明显长于额宽，具微毛。下颚须黄色，端半部鬃发达，明显长于下颚须的最宽处。胸部黑色。中侧片光裸。背侧鬃 3 根，后 2 根近等长。无背侧裂。小盾片鬃 1 对。翅面带黄色，脉褐色。前缘脉指数 0.50–0.52，前缘脉比（3.21–3.41）：（2.12–2.64）：1，前缘纤毛长 0.09–0.10 mm。平衡棒黑色。前足黄色，中、后足褐色至黑褐色。前足跗节强壮，基跗节的宽度略小于胫节的宽度，长于邻近 2 个跗节之和。后足腿节腹缘毛短，在基部有 4–7 根鬃状毛，粗壮、弯曲、紧密排列呈刷状；胫节缺前背纤毛，后背纤毛较强壮。腹部黑色，腹面色略浅。各节背板稀布细毛。尾器黑色或黑褐色，生殖背板左右极不对称。肛管向下尾状弯曲，黄色。体长 1.2–2.2 mm。

分布：浙江（临安、余姚）、吉林、河北、安徽；欧洲。

（292）黄足异蚤蝇 *Megaselia flava* (Fallén, 1823)（图版 XVII-13-15）

Trineura flava Fallén, 1823: 7.
Megaselia flava: Schmitz, 1929: 17.

主要特征：雄性：额黄褐色或褐色，表面散布细毛约 66 根，纵沟明显。触角上鬃 2 对，不等。触角第 1 鞭节黄色或黄白色；芒明显长于额宽，具微毛；下颚须黄色，鬃发达。胸部黄色至褐色。中侧片光裸。小盾片鬃 1 对。翅面略带黄色，脉褐色。前缘脉指数 0.45–0.51，前缘脉比约 3.51：3.47：1，第 1 段与第 2 段近等长；前缘纤毛短，为 0.04 mm。Sc 伸达 R$_1$ 或几乎伸达 R$_1$。Rs 脉基部具 1 微毛，短于 R$_{2+3}$ 脉。腋鬃 2 根。平衡棒黑褐色或黄褐色。腹部背板颜色变化大，黄色至黑褐色。腹面黄色。尾器褐色或黑褐色，生殖背板两侧具短毛；生殖腹板的左、右侧突发达，左右等长或左短右长。肛管黄色，端毛短于尾须上的毛。足黄色，后足腿节端部具暗斑。前足跗节细长，基跗节长于邻近 2 个跗节之和。后足腿节基部的腹缘毛长，是端部腹缘毛的 2 倍长；胫节缺前背纤毛，后背纤毛较强壮。体长 1.5–2.1 mm。雌性：与雄性相似。腹背板颜色与雄性一样变化较大。前缘脉指数大于 0.5。

　　分布：浙江（临安、余姚）、吉林、辽宁、北京、台湾、海南、广西；马来西亚，印度尼西亚，欧洲，北美洲，新几内亚。

（293）迈氏异蚤蝇 *Megaselia meijerei* (Brues, 1915)（图版 XVII-16-19）

Aphiochaeta meijerei Brues, 1915: 189.

Megaselia meijerei: Borgmeier, 1967: 90.

　　主要特征：雄性：额黄色，宽于侧高，散布细毛约 84 根，纵沟明显；触角上鬃 2 对，不等；下额间鬃略低于下额眶鬃，并与之靠近；后者与上对触角上鬃等高。上额间鬃低于上额眶鬃，4 根鬃等距排列。触角第 1 鞭节小，红黄色，无明显的皮下感觉孔；芒明显长于额宽，具微毛；下颚须黄白色，端鬃发达。胸部红黄色，侧板色浅；中侧片光裸。背侧鬃 3 根，前一根粗壮，后 2 根近等长，无背侧裂。小盾片鬃 1 对。翅面略带灰黄色，脉褐色；前缘脉指数 0.53，前缘脉比 3.50：3.53：1，前缘纤毛短，长 0.05 mm，Sc 弱，但伸达 R_1，Rs 脉基部具 1 微毛，短于 R_{2+3} 脉。腋鬃 2 根。平衡棒褐色。足黄色，后足腿节端部具黑斑。前足跗节较粗壮，基跗节与邻近 2 个跗节之和近等长。后足腿节基部的腹缘毛长，最长的明显长于端部腹缘毛的 2 倍，胫节缺前背纤毛，后背纤毛在中下部强壮。体长 1.8 mm。雌性：与雄性相似。第 2–5 背板伸达两侧，第 6 背板窄，梯形。前足跗节细长。腹部腹面黄色，第 2、第 6 背板黄色，其余背板黑褐色，且中部具黄色纵带。各节背板稀布细毛，两侧具稀疏的鬃状毛。第 2 背板略长，第 3、4 背板近等长。尾器较大，球状，黑褐色，生殖背板两侧具稀疏短毛；肛管黄色，中等长度，端毛不明显特化。

　　分布：浙江（临安）、台湾、海南；印度尼西亚。

第六章　蚜蝇总科 Syrphoidea

十二、食蚜蝇科 Syrphidae

主要特征：食蚜蝇科属双翅目短角亚目蝇型无缝组；无明显的额囊缝，亦无真正的新月片。成虫体小至大型，很多种类体色鲜艳明亮，具黄、蓝、绿、铜等色彩的斑纹，常拟态膜翅目多种蜂类。在 R_{4+5} 脉和 M_{1+2} 脉之间，并贯穿 r-m 横脉有 1 条裙皱状或骨化的伪脉，少数种类不明显，甚至缺如；r_5 室封闭，端横脉通常与翅缘平行。

生物学：食蚜蝇科成虫多取食花粉和花蜜，是重要的访花昆虫。幼虫因生活习性不同，形态差异巨大；体表多皱环；头部退化，仅有角颚感觉器和口；胸部 3 节，前胸大；腹部 7 或 8 节，粪食性种类为适应污水环境腹末演化出极长的呼吸管。食蚜蝇亚科 Syrphinae 幼虫多为捕食性类型，主要捕食蚜虫、介壳虫、粉虱等，在生物防治上具重要前景。管蚜蝇亚科 Eristalinae 幼虫大多数为腐食性类型，喜在腐烂的树桩、树洞或落叶中取食，少数在污水粪便中生存，有助于自然界的物质循环；另一部分则为植食性，取食水仙等鳞茎植物，是重要的检疫性害虫。巢穴蚜蝇亚科 Microdontinae 幼虫则生活于蚂蚁巢穴中，大多数种类的生活史及生物学习性还有待深入研究。

分布：世界已知 6000 余种，中国记录 900 种左右（霍科科和张魁艳，2017），浙江分布 111 种。

分亚科检索表

1. 肩胛无毛，常被头部所覆盖 ·· **食蚜蝇亚科 Syrphinae**
- 肩胛具毛，常明显可见 ·· **2**
2. 端横脉不回转或回转不明显；如明显回转，则触角短，不延长 ························· **管蚜蝇亚科 Eristalinae**
- 端横脉明显回转；触角前伸，柄节、第 1 鞭节延长，雌雄两性离眼 ·················· **巢穴蚜蝇亚科 Microdontinae**

（一）食蚜蝇亚科 Syrphinae Leach, 1815

主要特征：触角长，前伸；或触角短，下垂。头部后面深凹并紧贴胸部；肩胛无毛，常被头部覆盖；R_{4+5} 脉直或略凹入 r_5 室；后胸腹板具毛或裸。腹部细长，常呈棍棒形，或两侧平行或卵圆形。

生物学：该亚科幼虫多为捕食性，取食多种农林业害虫，生物防治上有重要的应用前景。

分布：世界广布。中国记录 300 余种，浙江分布 17 属 40 种。

分属检索表

1. 腹部第 1 节背板很发达，盘面常为第 2 背板长度之半并超出小盾片之后；小盾片后缘细或粗糙或具细齿；体较小，腹部粗壮，卵圆形，具细刻点 ··· **小蚜蝇属 Paragus**
- 腹部第 1 节背板短小，盘面常呈线状并隐藏于小盾片之下；小盾片后缘光滑 ································· **2**
2. 触角长，前伸，鞭节至少 3 倍长于宽，或柄节、梗节细长；腹部背面很凸，拱形，明显具边框 ·· **长角蚜蝇属 Chrysotoxum**
- 触角短，下垂，若长，则腹部背面仅略凸；腹部无边框或具极弱的边框 ····································· **3**
3. 腹部细长，常呈棍棒形，若两侧平行，则中胸背板前缘具密而长的毛；后胸腹板裸 ·························· **4**
- 腹部通常两侧平行或卵圆形，若中胸背板前缘被密长毛，则腹部宽，卵圆形；后胸腹板裸或明显被毛 ············· **5**

4. 肩胛后部有 1 排竖立长毛或几乎肩胛后半部被毛 ·························· 异巴蚜蝇属 *Allobaccha*
  - 肩胛完全裸 ··· 巴蚜蝇属 *Baccha*
5. 颜和小盾片全黑色；腹部无边框；雄性前足胫节和跗节有时变宽；后胸腹板裸 ······················ 6
  - 颜和小盾片通常至少部分黄色或黄褐色，若黑褐色，则至少触角基部周围淡褐色；腹部有或无边框；雄性前足细；后胸腹板具毛或裸 ·· 7
6. 腹部卵形，很宽扁 ·· 宽扁蚜蝇属 *Xanthandrus*
  - 腹部细狭，两侧几乎平行或长椭圆形 ····························· 墨蚜蝇属 *Melanostoma*
7. 中胸侧板前方平坦部分（即前气门后方）至少后背侧具竖立或半竖立的细长毛 ······ 黑带食蚜蝇属 *Episyrphus*
  - 中胸侧板前方平坦部分仅具微毛 ·· 8
8. 翅中部具明显的褐色横带 ··· 斑翅食蚜蝇属 *Dideopsis*
  - 翅除翅痣外无明显暗带和暗斑 ·· 9
9. 后胸腹板裸 ·· 10
  - 后胸腹板至少具少量毛 ·· 13
10. 中胸背板肩胛亮黄色，从肩胛至盾沟通常有 1 界限明显的黄或黄白色侧条 ············ 刺腿食蚜蝇属 *Ischiodon*
  - 中胸背板通常两侧暗，至多具不明显的暗黄色粉被侧条 ································· 11
11. 翅膜微毛整个很稀、很分散；雄性复眼上部小眼面明显大；额鼓胀 ············ 鼓额食蚜蝇属 *Scaeva*
  - 翅膜大部分密覆均匀的微毛；雄性复眼上部与下部小眼面无明显界限 ····················· 12
12. 腹侧片上、下毛斑后部明显分开；腹部斑黄色或灰色，密覆粉被；颜密覆灰色粉被，复眼均被密毛 ········
  ··· 贝食蚜蝇属 *Betasyrphus*
  - 腹侧片上、下毛斑后部窄或宽地联合；腹部斑亮黄色，粉被少；若颜部覆粉被，复眼仅上半部具毛··· 食蚜蝇属 *Syrphus*
13. 下侧片在气门下方或下端前方具细毛簇 ······································· 14
  - 下侧片在气门下方或下端前方裸 ·· 15
14. 下侧片毛簇在气门下端前方 ··· 狭口食蚜蝇属 *Asarkina*
  - 下侧片毛簇在气门下方；下腋瓣上表面具少许细而分散的直立毛 ··············· 边食蚜蝇属 *Didea*
15. 中胸背板肩胛亮黄色或自肩胛至盾沟具界限明显的黄或白黄色侧条或亚侧条 ··········· 细腹食蚜蝇属 *Sphaerophoria*
  - 中胸背板至多具界限不明显的暗黄色粉被侧条 ································· 16
16. 复眼毛很密，后足基节后腹端角具毛簇 ······························ 直脉食蚜蝇属 *Dideoides*
  - 复眼毛明显但稀疏，后足基节后腹端角无毛簇 ····················· 优食蚜蝇属 *Eupeodes*

90. 异巴蚜蝇属 *Allobaccha* Curran, 1928

Allobaccha Curran, 1928: 245, 251 (as subgenus of *Baccha* Fabricus, 1805). Type species: *Baccha rubella* van der Wulp, 1898.

Asiobaccha Violovitsh, 1976: 132 (as subgenus of *Baccha* Fabricus, 1805). Type species: *Baccha nubilipennis* Austen, 1893.

主要特征：头部大，半球形，宽于胸部。额略突出，颜中突明显或不明显。复眼裸，雄性接眼，复眼接缝长，雌性两眼狭地分开。触角短，鞭节基环节宽大于长，触角芒裸。中胸背板和小盾片黑色，肩胛后部有 1 排竖立长毛或后半部被毛。r-m 横脉位于 m_2 室基部，R_{4+5} 脉外缘横脉与翅缘平行。足细长，后足基跗节加厚。腹部细长，3–4 倍于胸长，第 2、第 3 节甚狭长，其后迅速加宽。

分布：世界广布，已知 80 余种，中国记录 7 种，浙江分布 2 种。

（294）紫额异巴蚜蝇 *Allobaccha apicalis* (Loew, 1858)（图版 XVⅢ-1）

Baccha apicalis Loew, 1858: 106.

Allobaccha apicalis: Peck, 1988: 53.

主要特征：体长 9–13 mm。雄性：头顶亮黑色，后头部密覆白粉；额前部具紫色光泽；颜面中突裸，亮棕色，两侧具狭长的黄白色斑。触角橘黄色，触角芒裸，棕褐色。中胸背板黑色，具钢蓝色或青铜色光泽；肩胛、翅后胛黑棕色，背板被棕黄色竖立毛，前缘具 1 横列黄毛。中胸侧板亮黑色，中侧片后部具黄色纵条。翅略染烟褐色，沿前缘具暗色带，翅末端具棕褐色斑。足黄色至橘黄色；后足股节近基部、胫节基部、跗节背面（基跗节除外）棕褐色至褐色。腹部亮黑色，第 1 节背板红黄色，后缘棕褐色；第 2 节背板细长，呈柄状，有时基部两侧具红色小斑，中部之后具浅红黄色横带；第 3 背板中部两侧具方形黄斑或红黄斑；第 4 背板基部两侧具方形橘黄斑；第 5 背板与前节相同，或仅基角具三角形红黄斑。雌性：额中部两侧具淡黄色至黄色粉被斑，额突大，裸。肩胛棕黄色。腹部第 2 节背板基部具宽的红黄色横带；第 3 背板黄斑三角形，后缘凹入深；第 4 背板近基部两侧具黄色条纹和斜斑，两者基部相连。

分布：浙江（临安）、陕西、甘肃、江苏、安徽、湖北、江西、湖南、福建、台湾、广东、香港、广西、四川、云南；日本，中亚地区，东洋区。

（295）褐翅异巴蚜蝇 *Allobaccha nubilipennis* (Austen, 1893)（图版 XVIII-2）

Baccha nubilipennis Austen, 1893: 136.

Allobaccha nubilipennis: Peck, 1988: 53.

主要特征：体长 12–15 mm。雄性：头顶狭长，黑色。额突亮黑色，基部被黄粉和黑褐色毛，前端黄色。颜面黄色，面中突裸；颊黄色。触角橘黄色，鞭节宽卵形；触角芒长，裸，基部黄色，其余棕褐色。中胸背板黑色，具光泽；肩胛灰黄色，翅后胛棕色，背板被稀疏的黄毛，前缘具 1 横列黄毛；小盾片暗棕色，后部半透明。侧板棕黑色，中侧片后部及腹侧片上方棕黄色。翅大部分棕色或烟褐色，中部暗褐色，仅基部和端部淡色，翅面覆毛明显。足橘黄色，后足胫节除基部 1/3 棕黄色外，其余暗棕色。腹部金属黑色或棕黑色；第 2 节背板细长，呈柄状，基部两侧具三角状黄斑，并沿背板侧缘向后延伸，近后缘处具棕黄色横带，中部断开；第 3 背板基部两侧黄色，向后延伸与中部具较宽的黄色横带相连，横带约为背板长度的 1/3。雌性：额黑色，两侧具狭的三角形黄粉斑，中胸侧板棕褐色。

分布：浙江（临安）、湖南、福建、台湾、广西、云南；日本，印度，尼泊尔，斯里兰卡。

91. 巴蚜蝇属 *Baccha* Fabricius, 1805

Baccha Fabricius, 1805: 199. Type species: *Syrphus elongatus* Fabricius, 1775.

Bacchina Williston, 1896: 86. Type species: *Syrphus elongata* Fabricius, 1775.

主要特征：头部大，半球形，宽于胸部，额略突出；颜中突明显或不明显。复眼裸，雄性接眼，两眼长距离相接，雌性眼狭分开。触角短，鞭节基环节宽大于长；触角芒裸。肩胛全裸；中胸背板和小盾片黑色，无淡色斑纹和粗毛。翅 r-m 横脉位于 m_2 室基部，R_{4+5} 脉较直，外缘横脉与翅缘平行。足细长，后足股节不加粗，后足基跗节加厚。腹部很细长，3–4 倍于胸长，第 2–3 节甚狭长，其后迅速加宽。

生物学：幼虫取食蚜虫、介壳虫、粉虱，是重要的天敌类群。

分布：世界广布，已知 10 余种，中国记录 3 种，浙江分布 1 种。

（296）纤细巴蚜蝇 *Baccha maculata* Walker, 1852（图版 XVIII-3）

Baccha maculata Walker, 1852: 223.

Baccha pulla Violovitsh, 1976: 146.

主要特征：体长 8–14 mm。雄性：头顶单眼三角区黑色；额亮黑色，具蓝色金属光泽，两侧覆灰黄粉被或灰色粉被，额突黑亮；颜面密覆灰黄色粉被，中突明显，黑亮。触角橘红色，鞭节近圆形；触角芒纤细，基部 1/3 较粗，被微毛。中胸背板亮黑色，密被刻点和淡黄色毛；肩胛、翅后胛棕色；小盾片亮黑色，被淡黄色毛。侧板亮黑色。翅透明，翅痣暗棕色，sc 室末端、r_{2+3} 室外缘深棕色，在径分脉分叉处及 r-m 横脉处有棕褐色暗斑。足橙黄色，中后足基节黑色，后足股节近端具棕褐色环，后足胫节中部具暗色宽带。腹部亮黑色，第 2 背板极基部，第 3、第 4 背板的基部具橘黄色横斑。第 9 背板黑色，尾须橙黄色，被毛。雌性：额蓝黑色，两侧具狭的三角形黄粉斑。小盾片棕黄色。足橙黄色，后足基节和股节近端部棕色。腹部亮黑色，第 1 背板棕黄色，第 5 背板两侧前角具 1 对黄斑。

分布：浙江（临安）、黑龙江、北京、河北、山西、新疆、安徽、湖北、江西、湖南、福建、台湾、广东、广西、四川、云南、西藏；朝鲜，日本，中亚地区，东南亚地区。

92. 长角蚜蝇属 *Chrysotoxum* Meigen, 1803

Chrysotoxum Meigen, 1803: 275. Type species: *Musca bicincta* Linnaeus, 1758.

Antiopa Meigen, 1800: 32. Type species: *Musca bicincta* Linnaeus, 1758.

主要特征：体中至大型，黑色，具亮丽的黄色带和斑。头部半球形，与胸部等宽；额突出；颜在触角基部略凹，然后垂直向下，口上缘向外弯曲。复眼被毛或裸，雄性两眼短距离相接，雌眼分开。触角长于头部，前伸，着生在短的额突上，鞭节基环节很长；触角芒裸。肩胛裸，中胸背板长方形。r-m 横脉在 m_2 室基部，R_{4+5} 脉略凹入 r_5 室，外缘横脉与翅缘平行。腹部卵圆形或长卵形，背面拱，具侧边。

分布：世界广布，已知 100 余种，中国记录 48 种，浙江分布 4 种。

分种检索表

1. 触角芒长于基部 2 节之和 ·· 隐条长角蚜蝇 *C. draco*
- 触角芒短于基部 2 节之和 ·· 2
2. 翅中部具大的黑褐色斑；腹部侧缘全黑色 ·· 土斑长角蚜蝇 *C. vernale*
- 翅斑小，黄色，位于翅前缘；腹部侧缘黑黄色 ··· 3
3. 腹部狭长，第 2–5 背板具中断的黄色弓形横带 ······························ 丽纹长角蚜蝇 *C. elegans*
- 腹部宽卵形，第 2–5 背板具"八"字形黄斑，斑外端宽 ············· 八斑长角蚜蝇 *C. octomaculatum*

（297）隐条长角蚜蝇 *Chrysotoxum draco* Shannon, 1926 （图版 XVIII-4）

Chrysotoxum draco Shannon, 1926: 15.

主要特征：体长 13–18 mm。雄性：复眼裸，两眼长距离相接。头顶黑色，单眼三角着生位置较前。后头部背面狭，密被黄粉；额橘黄色。颜面黄色，中纵条红黄色，颊部橘黄色。触角鞭节明显长于基部 2 节之和，棕褐色；触角芒红褐色，端部棕褐色。中胸背板正中具 1 对宽的灰白色纵条纹；背板侧缘棕黄色，其上具鲜黄色侧条纹。小盾片红黄色至红褐色。侧板红黄色，中胸腹侧片下部黑色。翅略呈黄色，翅痣黄色。足橘黄色，后足股节和跗节橘红色。腹部宽卵形，背面很拱，侧缘明显隆起；第 3、第 4 背板后侧角显著突出。第 1 背板两前角黄色；第 2–4 背板具很宽的橘黄色弓形带，中部靠近背板前缘，两侧近背板后缘，中央宽地断开；各节背板端部具宽三角形黄斑，两侧与黄带平行；第 5 背板橘黄色，基部具"M"形黑斑。雌性：头顶和额黑褐色至棕褐色，额中部两侧具黄粉斑。

分布：浙江（临安）、湖北、湖南、四川。

（298）丽纹长角蚜蝇 *Chrysotoxum elegans* Loew, 1841（图版 XVIII-5）

Chrysotoxum elegans Loew, 1841: 140.

Chrysotoxum bigoti Giglio-Tos, 1890: 154.

Chrysotoxum latilimbatum Collin, 1940: 157.

主要特征：体长 10–16 mm。雄性：复眼具微毛，头顶及额黑色，额两侧沿复眼边缘具黄白色粉被；颜黄色，具黑色中条和侧条；后头部密被黄白色粉被和黄色毛。触角黑色，鞭节稍长；触角芒黄色，端部棕色。胸部黑色，具金属光泽；背板具 2 条纵向灰白粉被条纹，末端达背板中部；两侧具宽的亮黄色侧条，盾沟后中断宽，毛棕黄色；侧板黑色，被黄色长毛，前胸侧片、中侧片后部、腹侧片上部各 1 黄斑；小盾片黄色，中间有 1 椭圆形黑色区域。翅浅黄色，前缘色加深。足红黄色。腹部黑色，第 2–5 背板各具 1 条中间断开的横带纹，这些横带纹与各自所在背板后缘的黄斑相连；第 5 背板斑纹之间棕红色。

分布：浙江（临安）、黑龙江、吉林、辽宁、北京、河北、陕西、新疆、江西、湖南、福建；中亚地区，欧洲。

（299）八斑长角蚜蝇 *Chrysotoxum octomaculatum* Curtis, 1837（图版 XVIII-6）

Chrysotoxum octomaculatum Curtis, 1837: 653.

Chrysotoxum sacheni Giglio-Tos, 1890: 152.

主要特征：体长 11–16 mm。雄性：复眼稀被浅色短毛。头顶黑色，单眼后部具白色粉被；额黑亮，颜面侧面观在触角之下几乎垂直，中央略突出；正面观自触角下到口前缘具黑中条。中胸背板黑色，有细密刻点，中央有 2 条灰纵纹；背板两侧鲜黄，在横沟后中断。小盾片中央暗黑，周围黄色。中侧片后部具纵黄斑，腹侧片背部具横黄斑。前足基节上方和后气门上方各有 1 黄斑。足棕黄色，基节棕黑色。腹部长卵形，侧缘隆脊发达，背板黑色，具细密刻点。第 1 节具黄斑 1 对，侧缘黄色；第 2–5 节各有 1 "八"字形黄斑。各节后缘棕黄，至两端沿侧缘前伸。腹面黑亮，第 1、第 2 节基半部黄色，第 3、第 4 节基半部各有 1 对大黄斑。雌性：额黑亮，中部有 1 对四边形白色大粉斑。触角黑色，柄节略长于梗节，触角芒稍长于鞭节。翅前缘中部向后有 1 黄斑。

分布：浙江（临安）、黑龙江、内蒙古、北京、河北、甘肃、湖北、江西、湖南、四川；中亚地区，欧洲。

（300）土斑长角蚜蝇 *Chrysotoxum vernale* Loew, 1841（图版 XVIII-7）

Chrysotoxum vernale Loew, 1841: 138.

Chrysotoxum vernaloides Giglio-Tos, 1890: 161.

主要特征：体长 11–14 mm。雄性：复眼被淡色短毛；头顶三角小，黑色，被同色短毛；额亮黑色，沿眼缘覆黄色粉被；颜黄色，具亮黑色中纵条和侧条，毛黄色。触角黑色，鞭节明显短于基部 2 节之和；触角芒黄褐色。中胸背板亮黑色，正中具 1 对灰色粉被中条，两侧具宽的黄色纵条，纵条在盾沟中部之后中断，背板毛黄褐色；侧板黑色，具 3 对黄斑，分别位于前胸侧片、中侧片和腹侧片；小盾片黄色，具黑色中斑。翅略呈黄色，前缘黄色至黄褐色。足红黄色，基节、转节及股节基部黑色。腹部亮黑色，第 2–5 节具较窄的中部中断的黄色弓形横带，第 2–4 节后缘黄色极窄，第 5 节后缘横带略宽。

分布：浙江、黑龙江、吉林、辽宁、河北；俄罗斯，中亚地区，伊朗，欧洲。

93. 墨蚜蝇属 *Melanostoma* Schiner, 1860

Melanostoma Schiner, 1860: 213. Type species: *Musca mellina* Linnaeus, 1758.

Anocheila Hellén, 1949: 90. Type species: *Chilosia freyi* Hellén, 1949.

主要特征：体较小，裸。头部半圆形，与胸部等宽或略宽；颜、中胸背板和小盾片全黑色，具金属光泽；颜宽，具小的中突；复眼裸，雄性接眼。触角较头部短，前伸；鞭节卵形或长卵形，约等于基部 2 节之和。翅大，具典型的食蚜蝇脉相，r-m 横脉在中室中部之前。腹部长卵形或两侧平行，通常具黄斑，有时无。

生物学：幼虫捕食植物叶片、灌丛、草丛中的蚜虫。

分布：世界广布，已知 60 余种，中国记录 9 种，浙江分布 3 种。

分种检索表

1. 雄性前、中足股节基半部、后足股节除末端外黑色；雄性腹部第 3、第 4 节背板黄斑近方形至长方形 ……………………
   …………………………………………………………………………………………… 东方墨蚜蝇 *M. orientale*
- 雄性各足股节黄色，或仅后足股节前半部具黑环 ………………………………………………………………… 2
2. 雄性腹部较宽短，长仅 4 倍于宽，第 3、第 4 节背板黄斑近方形；雌性腹部第 2 节末端最宽，第 3、第 4 节黄斑近三角形
   …………………………………………………………………………………………… 方斑墨蚜蝇 *M. mellinum*
- 雄性腹部细长，长 6 倍于宽，第 3、第 4 节背板黄斑近长方形；雌性腹部第 4 节中部最宽，黄斑长三角形，第 4 节黄斑外
   侧凹入明显 ……………………………………………………………………………… 梯斑墨蚜蝇 *M. scalare*

（301）方斑墨蚜蝇 *Melanostoma mellinum* (Linnaeus, 1758)（图版 XVIII-8）

Musca mellinum Linnaeus, 1758: 594.

Melanostoma mellinum: Peck, 1988: 66.

主要特征：体长 7–8 mm。雄性：头顶及额黑亮；颜面黑色略狭于头宽的 1/2，中突较小而裸露。触角棕色，腹面橘黄色；触角芒被微毛。胸部黑亮。足棕黄色，基节、转节黑色，前足、中足股节基部有时具黑环，后足股节中部有宽黑环，胫节中部有时亦具黑环，跗节背面色暗。翅略呈灰色，长于腹部。腹部细长，黑色，两侧近平行；第 2 背板长略大于宽，中部 1 对半圆形大黄斑；第 3、第 4 背板近方形，各有 1 对紧接背板前缘的矩形黄斑，第 3 节黄斑长度占该节的 3/4，第 4 节占 1/2。雌性：头顶宽约为头宽的 1/4；额两侧有粉斑。足除基节外通常黄色，前足第 2–4 跗节黑色，后足末端数节色深。腹部背板黑色，第 3、第 4 背板基部 1/3–1/2 各有 1 对长三角形黄斑，其内缘直；第 5 背板基半部具 1 对短宽黄斑。

分布：浙江（临安）、黑龙江、吉林、辽宁、内蒙古、北京、河北、甘肃、青海、新疆、上海、湖北、江西、湖南、福建、海南、广西、四川、贵州、云南、西藏；蒙古国，日本，中亚地区，伊朗，阿富汗，欧洲，北美洲，非洲。

（302）东方墨蚜蝇 *Melanostoma orientale* (Wiedemann, 1824)（图版 XVIII-9）

Syrphus orientale Wiedemann, 1824: 36.

Melanostoma orientale: Knutson *et al.*, 1975: 326.

主要特征：体长 7–8 mm。雄性：头顶和额亮黑色，具金绿色光泽；颜面金绿色，中突小，光亮。触角深褐色，鞭节下侧褐黄色；触角芒具微毛。中胸背板和小盾片亮黑色。翅透明，覆微毛。足橘黄色（基

节棕色)，前足、中足股节基半部、后足股节大部棕色；各足胫节中部有棕色带。腹部黑色，略具光泽，两侧平行；第 2–4 节背板各具 1 对橘黄色斑，第 2 节斑内侧圆；第 3、第 4 节斑大，方形至长方形，内侧直。雌性：额中部具 1 对三角形灰色粉斑。足全黄色（基节棕色），后足股节端部、胫节中部各有 1 条淡褐色环带。腹部第 2 节斑斜置，变小或不明显；第 3、第 4 节斑近三角形，靠近前缘，内角直；第 5 节前角有 1 对窄斑。

分布：浙江（临安）、吉林、内蒙古、青海、新疆、上海、湖北、湖南、福建、广西、四川、贵州、云南、西藏；日本，中亚地区，东洋区。

（303）梯斑墨蚜蝇 *Melanostoma scalare* (Fabricius, 1794)（图版 XVIII-10）

Syrphus scalare Fabricius, 1794: 308.

Melanostoma scalare: Knutson et al., 1975: 325.

主要特征：体长 6–10 mm。雄性：头顶黑色；额宽约为头宽的 1/3，中央及前端黑色；颜面两侧平行，中突裸露，余部被白色细毛，覆白粉。触角黄色，鞭节背面稍黑；触角芒黄色，端部棕色。中胸背板及小盾片黑亮，被黄毛。翅长大于腹长。腋瓣较小，平衡棒棕黄色。足全黄色（基节棕色），后足胫节中部淡褐色环带窄；跗节背侧色深。腹部棕黑色，两侧平行；第 2 背板两侧 1 对三角形小黄斑，最宽处在中部；第 3、第 4 背板均呈长方形，第 3 背板基半部、第 4 背板基部 1/3 各有 1 对紧靠前缘的长形黄斑。雌性：前足、中足端半部有黑环，后足以黑色为主，股节基部和膝部黄色。深色标本第 2 背板全黑，第 3、第 4 节的黄斑小。

分布：浙江（临安）、内蒙古、北京、河北、山东、陕西、甘肃、新疆、江苏、湖北、江西、湖南、福建、台湾、四川、贵州、云南、西藏；蒙古国，日本，中亚地区，阿富汗，东洋区，巴布亚新几内亚，非洲。

94. 宽扁蚜蝇属 *Xanthandrus* Verrall, 1901

Xanthandrus Verrall, 1901: 316. Type species: *Musca comtus* Harris, 1780.

Hiratana Matsumura, 1919: 129. Type species: *Syrphus quadriguttulus* Matsumura, 1911.

主要特征：体中等大小，黑色。头宽于胸，复眼裸。颜和小盾片全黑色。翅透明，足简单。腹部宽平，椭圆形，具大的红黄色斑点，雄性斑点更大。

生物学：幼虫捕食蚜虫。

分布：世界广布，已知 20 余种，中国记录 3 种，浙江分布 2 种。

（304）圆斑宽扁蚜蝇 *Xanthandrus comtus* (Harris, 1780)（图版 XVIII-11）

Musca comtus Harris, 1780: 108.

Xanthandrus comtus: Knutson *et al.*, 1975: 326.

主要特征：体长 8–11 mm。雄性：头顶三角黑色。额前部亮黑色或蓝黑色；颜与额同色。触角较大，棕黄色至红黄色；触角芒光裸，深棕色。中胸背板、侧板及小盾片黑色，具暗绿色光泽，毛淡棕色。翅痣黄褐色；平衡棒红褐色。足黑色，股节末端、前中足胫节和后足胫节基部红褐色。腹部黑色，略宽于胸部，基部和端部具光泽；第 2 背板中部具 1 对颇大的圆形棕红色斑，两斑相距较远；第 3 背板棕红色斑很大，前部相连，后部分开，整个背板仅侧缘和后缘黑色；第 4 背板与第 3 背板相似，但斑较小；腹部被淡黄色毛，黑色部分被黑毛。雌性：额中部具淡色粉被宽横带，两侧粉被延伸至颜面。腹部较雄性宽大，斑较雄性小。

分布：浙江（临安）、吉林、内蒙古、北京、江苏、福建、台湾、广东、四川；蒙古国，朝鲜，日本，中亚地区，欧洲。

（305）短角宽扁蚜蝇 *Xanthandrus talamaui* (Meijere, 1924)（图版 XVIII-12）

Melanostoma talamaui Meijere, 1924: 21.

Xanthandrus talamaui: Knutson *et al.*, 1975: 326.

主要特征：体长 10 mm。雄性头顶和额黑色，毛黑色，额两侧覆灰色粉被，前方中央裸，光亮，新月片红黄色；颜黑色，覆灰色粉被，中突裸，小而圆；雌性头顶亮黑色，具蓝色光泽，额中部覆灰黄色粉被横带。触角红褐色，鞭节背侧褐色；触角芒基半部红褐色，端半部黑褐色。中胸背板黑色；雄性中胸背板具金属绿色光泽，雌性具金属蓝色光泽；小盾片同背板，盾下毛灰色。足黑色，股节末端、前足、中足胫节、后足胫节基部红褐色。翅透明，翅痣黄褐色。腹部黑色，第 1 节及第 2 节基部具光泽，略覆灰粉被；第 3、第 4 节前缘具宽的红黄色横带，后缘中部呈三角形凹入，第 2–4 节后部绒黑色；雌性红黄斑小，中部中断宽，几乎呈 2 黄斑，第 3 节黄斑基部相连，第 4 节明显分开。

分布：浙江（庆元）、吉林、内蒙古、陕西、江苏、江西、福建、四川、云南、西藏；马来西亚，印度尼西亚（苏门答腊岛）。

95. 小蚜蝇属 *Paragus* Latreille, 1804

Paragus Latreille, 1804: 194. Type species: *Syrphus bicolor* Fabricius, 1794.

Pandasyopthalmus Stuckenberg, 1954: 100 (as subgenus of *Paragus* Latreille, 1804). Type species: *Paragus longiventris* Loew, 1857.

主要特征：体小，粗壮。头部平，宽于胸部；颜在触角基部下方不凹入，中突大；复眼被毛，雄性接眼；触角较长，前伸；触角芒裸，着生在鞭节基环节近基部。中胸背板近方形，小盾片大，端缘具或不具齿，中胸背板及小盾片无鬃毛；r-m 横脉在中室中部之前，但端横脉呈波形，不与翅缘平行。腹部与胸等宽，节间界限明显，各节约等长。

生物学：幼虫取食蚜虫等同翅目昆虫，是重要的天敌类群。

分布：世界广布，已知 90 余种，中国记录 29 种，浙江分布 4 种。

分种检索表

1. 小盾片全黑色；雄性颜黄色，正中色略暗；腹部刻点明显 ················· 刻点小蚜蝇 *P. tibialis*
- 小盾片前半部黑色，后半部或端缘淡色 ··· 2
2. 小盾片端缘黄白色至黄色；腹部黑色，第 2–3 节背板具红斑或全红色，仅端部黑色 ············· 双色小蚜蝇 *P. bicolor*
- 小盾片后半部黄色 ··· 3
3. 腹部棕色至黑色，雄性具 2 条、雌性具 4 条宽狭不一的、正中断裂或完整的黄色横带 ······· 四条小蚜蝇 *P. quadrifasciatus*
- 腹部红黄色，第 1 节基部两侧黑色，雌性第 2–4 节近后缘具黑色横带，后 2 节横带中断，雄性仅基部两侧及第 2 节黑带明显 ·· 短舌小蚜蝇 *P. compeditus*

（306）双色小蚜蝇 *Paragus bicolor* (Fabricius, 1794)（图版 XVIII-13）

Syrphus bicolor Fabricius, 1794: 297.

Paragus bicolor: Peck, 1988: 80.

主要特征：体长 5.5–6.7 mm。雄性头顶三角狭长，黑色，尖端黄色；额与颜黄色；雌性头顶和额黑色，额两侧具三角形淡色粉被斑，颜黄色，正中具黑色纵条。触角黑色，鞭节略带棕色，基部下缘棕黄色，长约为宽的 4 倍；触角芒短于鞭节。中胸背板黑色或青黑色，被短而密的深黄色毛，前部正中具 1 对棕色短纵条；小盾片黑色，端缘黄白色至黄色。足黄白色至黄色，股节基部黑色，后足胫节中部具暗斑或暗环，后足基跗节背面色暗。腹部色泽变异很大，从全黑色仅第 2、第 3 节背板具红斑至全红色仅基部、端部黑色，通常第 2 背板大部、第 3 背板及第 4 背板前半部均红色，第 1、第 2 背板基部及两侧缘黑色，有时第 2 背板具 1 对黑色侧斑；腹部背板刻点粗密，各节后缘光滑。

分布：浙江（临安）、黑龙江、吉林、辽宁、内蒙古、北京、河北、山西、山东、青海、新疆、江苏、西藏；俄罗斯，蒙古国，中亚地区，伊朗，阿富汗，欧洲，新北区，北非地区。

（307）短舌小蚜蝇 *Paragus compeditus* Wiedemann, 1830（图版 XVIII-14）

Paragus compeditus Wiedemann, 1830: 89.

Paragus luteus Brunetti, 1908: 52.

主要特征：体长 6 mm。复眼被短毛。雄性头顶三角很长，黑色，单眼三角前覆黄粉被，额亮黄色；雌性头顶和额亮黑色，额两侧沿眼缘覆黄粉被；颜亮黄色，中突很宽平；颊极狭，口缘黑褐色；后头黑色。触角鞭节很长，顶端尖，黄褐色，下侧黄色；触角芒短，黄褐色。中胸背板亮黑色，基部略覆灰粉被；侧板黑色，中侧片密覆白粉被；小盾片基部黑色，端部黄色宽。足黄色，后足股节中部和胫节中部具暗斑，跗节红黄色。腹部椭圆形，雄性细长，红黄色，第 1 节基部两侧黑色，第 2 节近后缘具宽的黑色横带，第 3 节与第 2 节相似，但横带中部不明显；雌性腹部第 3、第 4 节黑带不明显，仅基部两侧及第 2 节明显黑色。

分布：浙江（舟山）、内蒙古、北京、河北、山西、山东、甘肃、新疆、江苏、西藏；伊朗，阿富汗，欧洲南部，北非地区。

（308）四条小蚜蝇 *Paragus quadrifasciatus* Meigen, 1822（图版 XVIII-15）

Paragus quadrifasciatus Meigen, 1822: 181.

Paragus nohirae Matsumura, 1916: 12.

主要特征：体长 5–6 mm。雄性：复眼毛白色，排列成 2 纵条；两眼连接线短，约与额等长。头顶三角前部黄色，单眼区黑色，具青色光泽；额、颜黄白色；口缘、颊亮黑色。触角暗褐色，鞭节下缘棕黄色；触角芒黄色，端部暗褐色。中胸背板黑色，带绿色光泽，前半部具 1 对淡色粉被中纵条；侧板黑色，毛银白色，细长；小盾片前半部黑色，后缘黄色。足棕黄色，前足、中足股节基部及后足股节大部黑色。腹部棕色至黑色，具黄色横带；第 2 背板中部横带短，有时中间断裂；第 3 背板基部横带中间分离或不分离，两侧至背板侧缘处变宽；第 4、第 5 背板中间两侧各有 1 白色粉被狭横带。雌性：额黑色，覆淡粉被；颜正中具暗色纵条。腹部具 4 条黄横带。

分布：浙江（临安）、黑龙江、北京、河北、山西、山东、河南、甘肃、青海、新疆、江苏、湖北、海南、四川、云南、西藏；朝鲜，日本，中亚地区，伊朗，阿富汗，欧洲，北非地区。

（309）刻点小蚜蝇 *Paragus tibialis* (Fallén, 1817)（图版 XVIII-16）

Pipiza tibialis Fallén, 1817: 60.

Paragus tibialis: Knutson *et al.*, 1975: 328.

主要特征：体长 5.5 mm。复眼被白色短毛，雄性两眼连接线很短；头顶三角长，光亮；额蓝黑色；颜黄色，正中具黑色纵线。触角基部 2 节黑色，鞭节较长，长约为宽的 3 倍，棕褐色，下缘略带黄棕色；触角芒棕色，约与鞭节等长。中胸背板亮黑色，密被淡黄色竖毛；侧板同背板；小盾片全黑色，端缘无锯齿。翅透明。足黄色至棕黄色，前足、中足股节基部约 1/3 及后足股节基部 1/2 或 1/3 黑色，后足胫节端半部常具暗环或斑。腹部色泽变异大，具明显刻点，仅各节背板后缘光亮。

分布：浙江（德清）、吉林、内蒙古、北京、河北、山东、陕西、甘肃、新疆、江苏、湖北、湖南、福建、台湾、广东、海南、广西、四川、贵州、云南、西藏；世界广布。

96. 狭口食蚜蝇属 *Asarkina* Macquart, 1842

Asarkina Macquart, 1842: 137. Type species: *Scaeva rostrata* Wiedemann, 1824.

Ancylosyrphus Bigot, 1882: 78. Type species: *Syrphus salviae* Fabricius, 1794.

主要特征：体中至大型；头部侧面观呈三角形，口孔长为宽的 3–4 倍；颜窄，下部突出，中突明显；复眼裸，极少数种具短而分散的毛。中胸背板黑色，具宽而不明显的黄色侧缘，前部颈毛密而长；腹侧片上、下毛斑宽分离，下侧片在气门前下方为 1 簇细毛，后胸腹板被毛。R_{4+5} 脉宽而浅，但明显地进入 r_5 室，或几乎直；腹部宽而平，具边。

分布：世界广布，已知 40 余种，中国记录 6 种，浙江分布 3 种。

分种检索表

1. 额全黄色，颜覆银白色粉被 ··· 银白狭口食蚜蝇 *A. salviae*
- 额黑色，前方光亮，两侧覆黄色粉被，颜覆黄褐色粉被 ··· 2
2. 雌性头顶具紫色光泽；腹部第 2–5 节后缘宽的黑色横带直达侧缘，侧缘不变窄 ············· 切黑狭口食蚜蝇 *A. ericetorum*
- 雌性头顶黑色，无光泽；腹部第 2–5 节后缘黑色横带较狭，两侧变细，达或不达侧缘 ········· 黄腹狭口食蚜蝇 *A. porcina*

（310）切黑狭口食蚜蝇 *Asarkina ericetorum* (Fabricius, 1781)（图版 XVIII-17）

Syrphus ericetorum Fabricius, 1781: 425.

Asarkina ericetorum: Knutson *et al.*, 1975: 309.

主要特征：体长 13–18 mm。雄性：复眼被极短绒毛；头顶黑色；额黑色，覆铜黄色粉，额突端部光亮；颜棕黄色，面中突裸，光亮；颜面在触角之下形成深凹，面中突和口缘明显向前突出；颊部黑褐色。触角棕褐色，鞭节背侧及触角芒黑褐色，触角芒基半部具微毛。中胸背板黑色，两侧棕黄色，具光泽。小盾片棕黄色。胸部侧板棕黄色，腹侧片下侧黑褐色。翅透明，痣棕黄色；平衡棒黄色。足棕黄色，仅前中足跗节、后足胫节和跗节背面黑褐色。腹部宽卵形，扁平，两侧明显具边，棕黄色，第 1 背板中央具黑中条；第 2–5 背板后缘具黑带；第 3、第 4 背板后缘的黑带到达腹侧缘并沿腹侧缘向前伸展，前缘具极细的黑带。尾须棕黄色。雌性：额黑色，被黑毛。腹部第 5 背板后端具长椭圆形黑斑。

分布：浙江（临安）、内蒙古、河北、陕西、甘肃、江苏、湖北、江西、湖南、福建、台湾、广东、海南、广西、四川、贵州、云南；东洋区，澳洲区，旧热带区。

（311）黄腹狭口食蚜蝇 *Asarkina porcina* (Coquillett, 1898)（图版 XVIII-18）

Syrphus porcina Coquillett, 1898: 322.

Asarkina porcina: Peck, 1988: 13.

主要特征：体长 15–18 mm。雄性：复眼稀被极短绒毛；头顶黑色，光亮，具紫色光泽；额亮黑色，密被黄色粉被，额顶端新月形片黄色；颜浅黄褐色；颊黑色，覆灰白色粉。触角黄褐色，鞭节上侧较暗，近长卵形。中胸背板黑色，略具铜色光泽，两侧黄色。小盾片黄色。胸部侧板暗黄褐色，被黄白色粉被；腹侧片暗黑色。翅透明，翅痣黄褐色，翅面覆微毛。足细长，后足基跗节延长；足黄色，后足跗节背面棕褐色。腹部黄色，宽卵形，平，具边。第 1 节背板中部具宽的黑色中条；第 2 背板中部具黑条纹，第 2–4 背板后缘具黑带，两侧到达背板侧缘；第 3、第 4 背板黑带后缘中央略突出，并沿背板侧缘向前扩展，背板前缘具极细的黑带；第 5 背板后缘中央有三角形小黑斑。雌性：腹部第 5 背板后缘具黑带，两侧不达背板侧缘。

分布：浙江（临安）、黑龙江、辽宁、内蒙古、北京、河北、山西、陕西、甘肃、江苏、湖北、湖南、福建、广西、四川、贵州、云南、西藏；日本，中亚地区，印度，斯里兰卡。

（312）银白狭口食蚜蝇 *Asarkina salviae* (Fabricius, 1794)（图版 XVIII-19）

Syrphus salviae Fabricius, 1794: 306.

Asarkina salviae: Knutson et al., 1975: 310.

主要特征：体长 11–14 mm。雄性：复眼裸；头顶黑色，具光泽；额黄色；颜面浅黄褐色，下部近口缘处略突出；颊部黑色，覆灰白色粉。触角黄褐色，鞭节上侧较暗，长三角状，约等于基部 2 节之和。中胸背板黑色，略具铜色光泽，两侧黄色；小盾片黄色。胸部侧板被黄白色粉被，侧板暗黄色，腹侧片、下侧片下方暗黑色。翅透明，翅痣黄褐色，R_{4+5} 脉波曲；平衡棒黄褐色。足黄色。腹部黄色，宽卵形，平，具边。第 1 背板中央具黑中条；第 2–4 背板后缘具黑带；第 3、第 4 背板黑带后缘中央略突出。雌性：额基部黑色，具暗蓝色光泽；中部两侧覆铜黄色近梯形大粉斑；额前端黄亮。

分布：浙江（临安）、北京、山东、江苏、福建、广东、海南、广西、四川、云南；印度，马来西亚，加里曼丹岛，印度尼西亚（安汶岛），瓜达尔卡纳尔岛，非洲。

97. 贝食蚜蝇属 *Betasyrphus* Matsumura, 1917

Betasyrphus Matsumura, 1917: 134, 143. Type species: *Syrphus serarius* Wiedemann, 1830.

主要特征：体中等大小。复眼被密毛；颜棕黄色，密覆灰色粉被，具明显黑色中条。触角鞭节基环节长为宽的 2–2.5 倍。中胸背板黑色，具明显粉被，小盾片黄色至黄褐色；腹侧片上、下毛斑后部宽或窄分离；后胸腹板裸。翅透明。后足基节后腹端角具强毛簇。腹部卵形，具边，第 2–4 节背板具黄色或灰色横带，密覆粉被。

分布：世界广布，已知 18 种，中国记录 1 种，浙江分布 1 种。

（313）狭带贝食蚜蝇 *Betasyrphus serarius* (Wiedemann, 1830)（图版 XVIII-20）

Syrphus serarius Wiedemann, 1830: 128.

Betasyrphus serarius: Knutson et al., 1975: 310.

主要特征：体长 7–11 mm。雄性：复眼密被棕褐色毛。头顶三角黑色、额黑色，近复眼处密被黄色粉；颜面棕黄色，中突、口缘及颊部黑色。触角黑色，鞭节长卵形，下侧暗褐色；触角芒裸，暗褐色。胸部背板黑色，中央具 3 条浅色粉被带；小盾片暗黄色，盾下缨浅色，密。胸部侧板黑色。翅透明，翅痣棕黄色。足棕黄色，各足股节基部黑色，后足胫节中部和跗节背面暗黑色。腹部黑色，卵形，两侧具弱边，第 2–4 节背板前部具狭的黄色或灰白色带，第 2 背板横带有时中断，横带两端不达背板侧缘。腹部腹面黑色，具棕黄色或黄白色带。雌性：头顶黑亮，具光泽，额被浅色粉被，额突背侧黑亮，具光泽。

分布：浙江（临安）、黑龙江、吉林、辽宁、内蒙古、北京、河北、陕西、甘肃、江苏、上海、湖北、江西、湖南、福建、台湾、广东、海南、香港、广西、四川、贵州、云南、西藏；朝鲜，日本，中亚地区，东南亚地区，巴布亚新几内亚，澳大利亚。

98. 边食蚜蝇属 *Didea* Macquart, 1834

Didea Macquart, 1834: 508. Type species: *Didea fasciata* Macquart, 1834.

Enica Meigen, 1838: 140. Type species: *Enica foersteri* Meigen, 1838.

主要特征：体大，复眼被明显而分散的毛；颜具小而窄的中突，黄色或具窄的黑色或褐色中条。触角鞭节基环节长为宽的 2 倍。中胸背板黑色，肩胛有时侧缘暗黄色；小盾片棕黄色至褐色，边缘黑色狭；腹侧片上、下毛斑宽地分离，下侧片在气门下方具细毛簇；后胸腹板多黑色毛。R_{4+5} 脉宽而深地凹入 r_5 室；下腋瓣上表面具少许直立的细毛。后足基节中后腹端角具毛簇。腹部卵形，宽而平，明显具边和黄色、橘黄色或黄绿色斑纹。

分布：世界广布，已知 7 种，中国记录 4 种，浙江分布 3 种。

分种检索表

1. 平衡棒橘黄色；触角黄褐或黑褐色，颜无黑色中条；小盾片盾下毛主要呈黄色 ······················ 巨斑边食蚜蝇 *D. fasciata*
- 平衡棒黑色；触角黑色，颜具黑中条；小盾片盾下毛黑色 ·· 2
2. 腹部具黄斑或黄带，雄性第 4 背板黄带前缘与背板前缘相接，雌性第 5 背板具 1 对小黄斑 ··· 暗棒边食蚜蝇 *D. intermedia*
- 腹部具淡绿或白色横带和斑，雄性第 4 背板淡横带前缘不与背板前缘相接，雌性第 5 背板全黑色 ······················
  ··· 浅环边食蚜蝇 *D. alneti*

（314）浅环边食蚜蝇 *Didea alneti* (Fallén, 1817)（图版 XIX-1）

Scaeva alneti Fallén, 1817: 38.

Didea alneti: Peck, 1988: 17.

主要特征：体长 12–16 mm。雄性：头顶长三角形，黑色；额黄色；颜面黄色，面中突小，中突至口缘暗褐色；颊部黄色。触角黑色；触角芒裸，棕黄色。中胸背板亮黑色，前部正中具 1 对灰白纵条，两侧略暗褐色。小盾片黄褐色。胸部侧板黑色，中侧片及腹侧片密被白粉，形成白斑，具灰白色密长毛。翅透明，覆微毛，翅痣黑褐色。各足基节、转节，前足股节基部 1/2，中足股节基部 2/3，后足股节、胫节（膝部除外），各足跗节黑色，其余褐黄色。腹部宽卵形，明显具边，黑色。第 2 背板前部具 1 对斜置的黄绿色斑；第 3 背板基部具黄绿色宽横带；第 4 背板基部黄绿色横带较狭，后缘深的凹入。雌性：头顶"Y"形黑斑达触角基部。腹部第 3 节横带后缘中央浅凹入。

分布：浙江（临安）、辽宁、陕西、甘肃、江西、四川；蒙古国，朝鲜，日本，中亚地区，欧洲，北美洲。

（315）巨斑边食蚜蝇 *Didea fasciata* Macquart, 1834（图版 XIX-2）

Didea fasciata Macquart, 1834: 509.

Enica foersteri Meigen, 1838: 140.

主要特征：体长 12–15 mm。雄性：头顶黑色；后头部黑色，被灰粉；额及颜黄色，额覆黄粉；触角基部周围被黑毛，颜面被黄毛，中突小，口缘前端中央棕褐色；颊部黄色；触角棕黑色，鞭节长卵形；触角芒裸，棕褐色。胸部背板黑色，中央具 1 对灰白色条纹。小盾片暗黄色。中胸侧板黑色，中侧片、腹侧片被灰粉。其余部分毛被棕黄色。翅面下腋瓣表面被直立黄毛，翅痣棕褐色；平衡棒黄色。足黑色，前足股节端部近 2/3 及胫节、中足股节端部近 2/3 及胫节、后足股节端部棕黄色。腹部宽卵形，明显具边，背面较平，绒黑色，第 2 背板具 1 对斜置的黄斑；第 3 背板基部具 1 对黄色横带，后缘中央深凹；第 4 背板两侧具长三角状黄斑。雌性：额两侧近复眼处有黄色粉斑，额正中"Y"形黑斑基部较长，两叉较粗短。腹部第 5 背板两侧具斜置的黄斑。

　　分布：浙江（临安）、江苏、江西、福建、台湾、四川、云南；日本，中亚地区，印度，欧洲。

（316）暗棒边食蚜蝇 *Didea intermedia* Loew, 1854（图版 XIX-3）

Didea intermedia Loew, 1854: 18.

　　主要特征：体长 10–14 mm。雄性：头顶三角黑色；后头密被黄色长毛；额棕黄色；颜黄色，在口缘处黑色并延伸至中突亦为黑褐色；颊灰色。触角黑色；触角芒裸，棕黑色，略长于鞭节。中胸背板金绿色，略带紫色反光；中侧片、腹侧片黄色；小盾片黄色。平衡棒黑色。前足、中足红色，股节基部黑色，胫节具暗环，跗节黑色；后足黑色，股节端部及胫节基部红色。腹部黑色，宽卵形，明显具边，黄斑较小。第 2 背板基部具 1 对斜置的黄斑；第 3 背板基部具黄色宽横带；第 4 背板基部具 1 对三角形黄斑；第 3、第 4 背板黄斑（带）均不达背板侧缘。雌性：额正中"Y"形黑斑基部短，两叉不达触角基部；触角棕黑色。腹部第 5 背板具 1 对小斑；第 2 腹板黄色，端部中央具 1 小黑斑。

　　分布：浙江（临安）、四川、云南、西藏；中亚地区，欧洲。

99. 直脉食蚜蝇属 *Dideoides* Brunetti, 1908

Dideoides Brunetti, 1908: 54. Type species: *Dideoides ovatus* Brunetti, 1908.

Malayomyia Curran, 1928: 225. Type species: *Malayomyia pretiosus* Curran, 1928.

　　主要特征：复眼被密毛；颜和颊全黄色，中突宽而低。触角鞭节基环节略长；触角芒裸。中胸背板灰色至灰黑色，具 3 条狭的暗条纹；小盾片黄色至暗褐色；腹侧片上、下毛斑后部宽地联合；后胸腹板具许多黑毛。R$_{4+5}$ 脉很直或略凹入 r$_5$ 室。后足基节后腹端角具毛簇。腹部宽卵形，边明显，黑色，具宽而弯曲的黄色至红黄色横带。

　　分布：东洋区、古北区。世界已知 10 余种，中国记录 6 种，浙江分布 3 种。

分种检索表

1. 腹部主要呈黄色，具黑横带 ··· 侧斑直脉食蚜蝇 *D. latus*
- 腹部主要呈黑色，具黄横带或斑 ·· 2
2. 腹部第 2 节具 1 对窄黄斑，第 3、第 4 节具较宽红黄横带；腹末红褐色；中胸背板红褐色，侧缘不明显 ··············
 ·· 宽带直脉食蚜蝇 *D. coquilletti*
- 腹部第 2 背板中部具 1 对明显长三角形黄斑，第 3 节具 1 狭而稍弯曲的黄横带；腹末黑色；中胸背板黄色，侧条明显 ···
 ·· 狭带直脉食蚜蝇 *D. kempi*

（317）宽带直脉食蚜蝇 *Dideoides coquilletti* (van der Goot, 1964)（图版 XIX-4）

Syrphus coquilletti van der Goot, 1964: 218.

Dideoides coquilletti: Knutson *et al.*, 1975: 312.

主要特征：体长 17–18 mm。雄性：复眼密被暗褐色毛，头顶三角黑色，覆黄粉；额、颜及颊黄色，额及颜近复眼处覆黄粉；面中突大而钝圆。触角红黄色，鞭节长卵形；触角芒红黄色。中胸背板黑色，具金属光泽，前部中央具 3 条黑褐色条纹，两侧缘红褐色；小盾片红黑色。胸部侧板黑色，具金属光泽，被黑毛。翅前缘棕黄色，翅痣暗棕色；平衡棒浅黄色。各足基节、转节、前足、中足股节基部 1/3、后足股节基部 3/4 黑色，其余黄色。腹部长卵形，明显具边，第 1–3 节背板黑色；第 2 背板中部 1 对长三角形红黄斑；第 3 背板中部有狭的红黄色横带。第 2、第 3 背板后缘暗红黄色；第 4、第 5 背板红黄色；第 4 背板前部暗黑色，中部有 1 不明显的红黄带。腹部腹面黑色，端部红黄色。雌性：额部黄色粉斑左右相连。

分布：浙江（临安）、江西、福建、台湾、四川；日本。

（318）狭带直脉食蚜蝇 *Dideoides kempi* Brunetti, 1923（图版 XIX-5）

Dideoides kempi Brunetti, 1923: 59.

主要特征：体长 14 mm。雄性：体黑色，复眼密被黄毛；头顶三角狭长，黑色；额、颜及颊全橘黄色；颜向下变宽。触角黑色，柄节、梗节端部、鞭节基部深橘红色；触角芒长，基部棕红色，端部黑色。中胸背板金绿色略带黄色，正中 2 条灰黄色粉被纵条仅达盾片中部，两侧自肩胛至翅后胛橘黄色；小盾片橘黄色；侧板覆黄色粉被。翅黄色，翅痣色暗；腋瓣及平衡棒棕黄色。足橘黄色，前足、中足股节基部 1/2–3/4，后足股节基部 3/4，后足胫节端半部及所有跗节背侧均黑色。腹部长卵形，边缘极明显；第 1 背板金绿色，覆灰黄色粉被，其余各节黑色，后缘具蓝色光泽；第 2 背板中部具 1 对长三角形黄斑；第 3 背板中部之前具 1 条狭而稍弯曲的黄横带。雌性：额正中自头顶至触角基部上方具 1 宽的暗褐色纵条，两侧覆灰黄色粉被和较密黑毛。

分布：浙江（临安）、江西、福建、广西、四川、云南、西藏；印度。

（319）侧斑直脉食蚜蝇 *Dideoides latus* (Coquillett, 1898)（图版 XIX-6）

Syrphus latus Coquillett, 1898: 322.

Dideoides latus: Knutson *et al.*, 1975: 312.

主要特征：体长 15–16 mm。雄性：复眼密被棕黄色毛；头顶黑色，覆黄色粉；额及颜面棕黄色，覆黄白色粉，额被棕黄色毛；颜面中突宽，与额突之间形成深凹，中突裸；颊部黄色。触角棕黄色，鞭节短卵形；触角芒长，棕黄色，裸。中胸背板灰绿色，具 3 条黑色条纹，两侧暗黄色，背板被棕黄色毛。小盾片棕黄色。胸部侧板黑色，具光泽，密被黄毛。中侧片、腹侧片、翅侧片密覆棕黄色粉被。足棕黄色，各足基节、转节及股节极基部黑色。腹部卵形，明显具边，第 1 背板灰绿色，光亮，后缘黄色；第 2–5 背板棕黄色，各具 2 条黑色横带，各横带正中极狭或断开，两侧不达背板侧缘，第 3–5 背板中部黑带呈"八"字形。腹部腹面棕黄色，第 2 腹板端部中央具三角状黑斑，第 3、第 4 腹板端部具锚状黑斑。雌性：额前缘具棕黑色斑。

分布：浙江（临安）、辽宁、陕西、甘肃、江苏、江西、湖南、福建、台湾、广东、海南、广西、四川、云南；日本。

100. 斑翅食蚜蝇属 *Dideopsis* Matsumura, 1917

Dideopsis Matsumura, 1917: 142. Type species: *Eristalis aegrota* Fabricius, 1805.

Aegrotomyia Frey, 1946: 158. Type species: *Eristalis aegrotus* Fabricius, 1805.

主要特征：复眼裸；颜具宽的黑色中条，口孔长为宽的 2.5 倍。触角细，近卵形，触角芒裸。中胸背板前部具长而竖立的颈毛；小盾片黄色；腹侧片上、下毛斑完全分开；后胸腹板后部具长黑毛。翅具宽的暗褐色横带，R_{4+5} 脉宽而明显凹入 r_5 室。后足基节中后端角具毛簇。腹部卵形，背面平，明显具边和黄斑及带。

分布：东洋区、澳洲区。世界已知 3 种，中国记录 1 种，浙江分布 1 种。

(320) 斑翅食蚜蝇 *Dideopsis aegrota* (Fabricius, 1805)（图版 XIX-7）

Eristalis aegrota Fabricius, 1805: 243.

Dideopsis aegrota: Knutson *et al*., 1975: 313.

主要特征：体长 11–13 mm。雄性：头顶三角狭长，黑色。额黑亮；颜面黄色，正中自触角基部下方至口缘具亮黑色中条纹，口缘黑褐色。触角棕黑色，鞭节卵形，仅基部及下方橘黄色；触角芒裸，暗褐色。中胸背板亮黑色，盾沟之前两侧被黄粉条纹，翅后胛棕黄色；小盾片黄色。侧板灰黑色；中侧片、腹侧片具白色粉斑。翅透明，中部约 1/3 自前缘至后缘具宽的暗褐色斑；平衡棒黄色。除前中足股节端部、胫节、基跗节基部棕黄色外，其余黑色。腹部长卵形，明显具边，纯黑色；第 1 背板两侧黄色；第 2 背板具 1 对卵形大斜黄斑；第 3、第 4 背板基部各具橘黄色宽横带；第 4 背板后缘具黄边；第 5 背板棕黄色，中部黑色或有时几乎全黑色。腹面黑色，第 1、第 2 腹板黄色；第 2 腹板后部具黑褐色横带；第 3、第 4 腹板基部具黄色横带。雌性：额中部两侧沿眼缘具灰黄色粉斑。腹部第 2 背板 2 黄斑相连。

分布：浙江（临安）、湖北、江西、湖南、福建、台湾、海南、广西、四川、云南；印度，尼泊尔，东南亚地区，澳洲区。

101. 黑带食蚜蝇属 *Episyrphus* Matsumura *et* Adachi, 1917

Episyrphus Matsumura *et* Adachi, 1917: 134. Type species: *Episyrphus fallaciosus* Matsumura, 1917 [= *Musca balteatus* De Geer, 1776].

主要特征：体小至大型，细长。复眼裸；颜狭，密覆黄色或白色粉被，中突裸。触角鞭节基环节卵形。中胸背板黑色，具弱纵条；小盾片黄色，盾下缘缨长；中胸侧板前平坦部分具毛，腹侧片上、下毛斑宽分离；下侧片在气门下方具毛簇；后胸腹板具毛。翅后缘有细小的骨化小黑点。腹部无边，两侧平行；第 2 节具黄带；第 3、第 4 节大部分黄色，各具 2 条黑带。

分布：世界广布，已知 20 余种，中国记录 10 种，浙江分布 1 种。

(321) 黑带食蚜蝇 *Episyrphus balteatus* (De Geer, 1776)（图版 XIX-8）

Musca balteatus De Geer, 1776: 116.

Episyrphus balteatus: Knutson *et al*., 1975: 314.

主要特征：体长 8–10 mm。雄性：头顶三角灰黑色。额部棕黄色；额前端触角基部之上有 1 对小黑斑。颜面橘黄色，面中突裸，黄色。触角橘红色；触角芒裸，端部暗褐色。胸部黑绿色，闪光；背板中央有 1 狭长的灰色中条，其两侧的灰条纹较宽，背板两侧自肩胛向后被宽的黄粉条纹。小盾片暗黄色，略透明。翅近透明，亚前缘室及翅痣棕黄色；平衡棒橘黄色。足细长，橘黄色；基节、转节暗黑色；后足胫节及跗节色深。腹部长卵形，背面大部分黄色。第 1 背板中央黑色。第 2–3 背板沿后缘有 1 黑色横带，第 4 背板的后缘黄色，亚端部有 1 黑色横带；第 2 背板基部中央有 1 倒置的"箭头"状黑斑；第 3–4 背板亚基部有 1 狭的细黑横带；第 5 背板中部有 1 小黑斑。雌性：头顶、额黑绿色，覆黄粉。腹部第 5 背板具 1 弧形的黑色狭带，狭带中部向前呈箭头状突出。

分布：浙江（临安）、黑龙江、吉林、辽宁、内蒙古、北京、天津、河北、山西、山东、河南、陕西、宁夏、青海、新疆、江苏、上海、安徽、湖北、江西、湖南、福建、台湾、广东、海南、香港、澳门、广西、重庆、四川、贵州、云南、西藏；蒙古国，日本，中亚地区，阿富汗，东洋区，欧洲，澳大利亚，北非地区。

102. 优食蚜蝇属 *Eupeodes* Osten Sacken, 1877

Eupeodes Osten Sacken, 1877: 328. Type species: *Eupeodes volucris* Osten Sacken, 1877.

Beszella Hippa, 1968: 36 (as a subgenus). Type species: *Scaeva lapponica* Zetterstedt, 1938.

主要特征：体小至大型。雄性接眼，复眼裸或具很短而稀疏的毛；颜黄色，通常具狭而明显的黑色或褐色中条。中胸背板亮黑色；小盾片棕黄色，光亮；侧板黑色；腹侧片上、下毛斑后部分离或狭联合，前部几乎联合；后胸腹板具毛。R$_{4+5}$脉直。腹部卵形，背面较平，明显具边框，背板具月形黄斑或黄带。

分布：世界广布，已知 90 余种，中国记录 30 种，浙江分布 3 种。

分种检索表

1. 雄外明显膨大；小盾片毛全部黄色；2A 脉在亚端部轻微地凹进 cup 室 ·········· **大灰优食蚜蝇 E. (E.) corollae**
- 雄外正常；小盾片毛有黄黑两色；2A 脉在亚端部不凹进 cup 室 ·················· 2
2. 眼后眶在靠近头顶三角区处狭 ······················ **凹带优食蚜蝇 E. nitens**
- 眼后眶在靠近头顶三角区处宽度适中 ·················· **郑氏优食蚜蝇 E. (E.) chengi**

（322）郑氏优食蚜蝇 *Eupeodes (Eupeodes) chengi* He, 1992

Eupeodes (Eupeodes) chengi He, 1992: 302-303.

主要特征：体长 10.0 mm，翅长 7.0 mm。雄性：头顶三角区长于复眼连接线；额在触角基部上方具淡褐色斑；颜中突上下不对称；中条黑褐色。触角黄褐色，梗节、第 1 鞭节上缘褐色。小盾片中域被黑毛，周缘被黄毛。翅淡褐色。翅瓣全部被毛。前足、中足股节基部 1/3，后足股节基部 2/3 黑色。前足跗节基部 4 节、中足跗节中部 3 节及后足跗节端部 4 节的背面黑色。前足股节端部 2/3 处长毛为黑色。腹部第 2 节背板具 1 对长椭圆形黄斑，第 3、第 4 节背板各具 1 条黄横带，带之前缘在两侧微凹，后缘正中部深凹，第 5 节背板中部具 1 三角形黑斑。第 2 节背板上黄斑及第 3、第 4 节背板上黄带在前侧角均超过背板侧缘。

分布：浙江（安吉）。

（323）大灰优食蚜蝇 *Eupeodes (Eupeodes) corollae* (Fabricius, 1794)（图版 ⅩⅨ-9）

Syrphus corollae Fabricius, 1794: 306.

Eupeodes (Eupeodes) corollae: He, Li, Sun, 1998: 294.

主要特征：体长 9–10 mm。头顶三角黑色；额和颜棕黄色，颜具黄毛和黑色中条。触角棕黄色至黑褐色，鞭节基部下侧色略淡。中胸背板暗绿色，毛黄色；小盾片棕色。翅透明，翅痣黄色。平衡棒黄色。腹部黑色，第 2–4 背板各具 1 对大型黄斑；第 2 背板黄斑外侧前角达背板侧缘；雄性第 3、第 4 背板黄斑中间常相连，雌性黄斑完全分开；第 4、第 5 背板后缘黄色；雄性第 5 背板大部黄色，雌性第 5 背板大部黑色。足棕黄色，后足股节基半部及胫节基部 4/5 黑色。

分布：浙江、黑龙江、吉林、辽宁、内蒙古、北京、天津、河北、山东、河南、陕西、宁夏、甘肃、青海、新疆、江苏、湖北、江西、湖南、福建、台湾、广西、四川、贵州、云南、西藏；俄罗斯，蒙古国，日本，中亚地区，欧洲，北非地区。

（324）凹带优食蚜蝇 _Eupeodes nitens_ (Zetterstedt, 1843)（图版 XIX-10）

Scaeva nitens Zetterstedt, 1843: 712.

Eupeodes nitens: He _et al._, 1988: 293.

主要特征： 体长 10–11 mm。雄性：头顶亮黑色；额黄色，接近触角部分光裸；颜黄色，口缘及中突黑色。触角棕褐色至棕黑色；触角芒裸，棕黄色。中胸背板蓝黑色，两侧被黄色粉被；侧板黑色，覆黄色粉被；小盾片棕黄色。翅前部较暗。足大部黄色，前足、中足股节基部约 1/3 及后足股节基部 3/5 黑色，前足、中足跗节中部 3 节及后足跗节端部 4 节褐色。腹部黑色，第 2 背板中部具 1 对近三角形黄斑，其外缘前角达背板侧缘；第 3、第 4 背板具波形黄色横带，其前缘中央有时浅凹，后缘中央深凹，外端前角常达背板侧缘，第 4 背板后缘黄色狭；第 5 背板黄色，前缘中间具长条形黑斑。雌性：头顶略具紫色光泽；额正中具倒"Y"形狭黑斑，触角基部上方具 1 对棕色斑；后足股节仅基部 1/3 黑色。

分布： 浙江（临安）、黑龙江、吉林、内蒙古、北京、河北、陕西、宁夏、甘肃、新疆、江苏、江西、福建、广西、四川、云南、西藏；蒙古国，朝鲜，日本，中亚地区，阿富汗，欧洲。

103. 刺腿食蚜蝇属 _Ischiodon_ Sack, 1913

Ischiodon Sack, 1913: 5. Type species: _Ischiodon trochanterica_ Sack, 1913 [= _Scaeva scutellaris_ (Fabricius, 1805)].

主要特征： 体小至中等大小，细长。复眼裸；触角鞭节 2 倍长于宽，圆锥状至顶端尖圆；触角芒略短于鞭节。中胸背板亮黑色，具界限明显的淡黄至亮黄色宽侧缘；小盾片盘面常为不明显的褐色；腹侧片上、下毛斑后部宽分离；后胸腹板裸。雄性后足转节腹面具细或中等粗的顶端尖的圆柱形突起。腹部细长，两侧平行或窄卵形，背面平，明显具边；第 2 节具斑，第 3、第 4 节具宽而弯曲的黄色横带；雄性尾器大而突出。

分布： 世界广布，已知 4 种，中国记录 2 种，浙江分布 2 种。

（325）埃及刺腿食蚜蝇 _Ischiodon aegyptius_ (Wiedemann, 1830)（图版 XIX-11）

Syrphus aegyptius Wiedemann, 1830: 133.

Ischiodon aegyptius: Peck, 1988: 23.

主要特征： 体长 7–9 mm。雄性头顶具明显的黑色纵条；额具 1 近方形黑斑；颜黄色，正中具不明显黑色纵条。触角褐色，鞭节侧面暗褐色。中胸背板亮黑色，两侧缘及小盾片黄色，背板毛黄色；小盾片被黑毛；侧板黑色，具明显黄斑。翅透明。足黄色，后足股节端部黑色；后足胫节黄褐色，顶端暗褐色；各足跗节黑色；雄性后足转节腹面具细长的刺突。腹部亮黑色，第 1 背板大部分黄色，第 2–4 背板具黄色横带，第 5 背板具 1 对位于背板两侧的黄斑。

分布： 浙江（杭州）、北京、山东、新疆、江苏、江西、湖南、广东、云南；叙利亚，埃及，非洲区。

（326）短刺刺腿食蚜蝇 _Ischiodon scutellaris_ (Fabricius, 1805)（图版 XIX-12）

Scaeva scutellaris Fabricius, 1805: 252.

Ischiodon scutellaris: Knutson _et al._, 1975: 315.

主要特征：体长 9–10 mm。雄性头顶三角黑色；额与颜黄色，额正中具纵沟；颜光亮，下部稍狭，中突明显；雌性额后部两眼之间具方形黑斑，正中为 1 前宽后狭的黑纵条，其与后部黑斑相连；颊极狭，黄色。触角褐色，下侧黄色；触角芒略短于鞭节。中胸背板亮黑色或蓝黑色，具光泽，两侧具黄色或棕黄色宽纵条，自肩胛直达翅基部之后具黄毛；翅后胛棕色；小盾片黄色至橘黄色，盘面中央常具棕色至棕褐色大斑和黄色至棕色竖毛；侧板亮黑色，中侧片正中具大型黄白色纵斑，该斑与腹侧片的黄色卵形横斑相连，2 斑具白毛。足棕黄色，后足股节端部 1/3 及胫节中部具黑褐色至黑色环；各足跗节棕褐色至黑色；雄性后足转节腹面距粗短。腹部蓝黑色至亮黑色，具 3 条黄色横带；第 1 背板两侧各具小黄斑；第 2 背板有大型黄斑 1 对；第 3 和第 4 背板各具黄至棕黄色宽横带，第 2 背板黄横带中部不中断，第 3、第 4 背板黄横带近背板前缘稍呈弓形；第 4、第 5 背板后缘黄或棕黄色，第 5 背板中部黑色，两侧棕黄色，尾节棕黄色。

分布：浙江（杭州）、北京、河北、山东、陕西、甘肃、新疆、江苏、上海、江西、湖南、福建、广东、香港、广西、贵州、云南；日本，印度，越南，非洲。

104. 鼓额食蚜蝇属 *Scaeva* Fabricius, 1805

Scaeva Fabricius, 1805: 248. Type species: *Musca pyrastri* Linnaeus, 1758.

Catabomba Osten-Sacken, 1877: 326. Type species: *Musca pyrastri* Linnaeus, 1758.

主要特征：体中至大型。复眼被密毛，雄性复眼上部小眼面大；额鼓胀，其上密被直立黑毛；雌性额宽，略鼓胀；颜亮黄色至淡黄色，中突上方具狭的褐色至黑色中条。中胸背板亮黑色，具不明显的黄色侧条，少数种类侧条明显；小盾片黄色至暗黄褐色，透明；腹侧片上、下毛斑后部联合；后胸腹板裸。R_{4+5} 脉凹入 r_5 室宽而浅，翅面微毛减少，至少基半部裸。腹部卵形，背面平，具边；第 2–5 背板各具 1 对斜置的白黄色至亮黄色斑。

分布：世界广布，已知 20 余种，中国记录 10 种，浙江分布 2 种。

（327）斜斑鼓额食蚜蝇 *Scaeva pyrastri* (Linnaeus, 1758)（图版 XIX-13）

Musca pyrastri Linnaeus, 1758: 594.

Scaeva pyrastri: Peck, 1988: 41.

主要特征：体长 10–18 mm。雄性：复眼具明显的宽条状。头顶黑色；额及颜头部棕黄色；颜上宽下狭，中突棕色至棕褐色，沿口缘色暗。触角红棕色至黑棕色，基部下缘黄棕色。中胸背板暗色，具蓝色光泽，两侧缘红棕色，背板被毛棕黄色至白色；小盾片黄棕色。足大部棕黄色，基节、转节、前足、中足股节基部 1/3 及后足股节 4/5 黑色，有时前中足胫节端部棕黑色，各足跗节色暗。腹部暗黑色，具 3 对黄斑；第 1 对黄斑平置，位于第 2 背板中部；第 2、第 3 对略斜置，分别位于第 3、第 4 背板上，斑之内端靠近背板前缘，外端远离前缘，黄斑前缘明显凹入；第 4、第 5 背板后缘黄色。

分布：浙江、黑龙江、辽宁、内蒙古、北京、河北、山东、河南、甘肃、青海、新疆、江苏、上海、四川、云南、西藏；俄罗斯，蒙古国，日本，中亚地区，阿富汗，欧洲，北美洲，北非。

（328）月斑鼓额食蚜蝇 *Scaeva selenitica* (Meigen, 1822)（图版 XIX-14）

Syrphus selenitica Meigen, 1822: 304.

Scaeva selenitica: Knutson *et al.*, 1975: 318.

主要特征：体长 11–13 mm。雄性：头顶黑色，明显隆起；额明显鼓出，暗棕色，近透明，被黑色长毛，触角基部上方具裸斑。颜面棕黄色，中央具黑褐色中条。颊部黄褐色。触角暗黑褐色，鞭节下方褐色，长卵形；触角芒黑褐色，裸。中胸背板黑绿色，具光泽，两侧暗黄色。小盾片暗褐色，近透明，盾下缨长而密。胸部侧板黑绿色，具光泽。翅透明，近乎裸，翅痣棕黄色。各足基节、转节黑色；前足、中足股节基部 1/3–1/2 黑色；胫节棕黄色，跗节暗褐色。后足股节黑色，端部棕黄色；胫节棕黄色，端半部具黑环，外侧具数列较长的黑毛；跗节黑褐色。腹部宽卵形，明显具边，黑亮。第 2 背板近中部两侧具黄斑；第 3 背板中前部两侧具新月状黄斑，外端前部伸达背板侧缘，与内端平齐；第 4 背板黄斑近似第 3 背板，但位置略靠前缘，第 4 背板后缘具黄边；第 5 背板黑色，侧缘、后缘黄色。雌性：头顶宽，黑亮，额部略鼓起，基部黑色；腹部黄斑较雄性狭。

分布：浙江（临安）、黑龙江、吉林、北京、河北、甘肃、江苏、上海、江西、湖南、广西、四川、云南；蒙古国，中亚地区，印度，越南，阿富汗，欧洲。

105. 细腹食蚜蝇属 *Sphaerophoria* Lepeletier *et* Serville, 1828

Sphaerophoria Lepeletier *et* Serville, 1828: 513. Type species: *Musca scripta* Linnaeus, 1758.

Nesosyrphus Frey, 1945: 60 (as a subgenus). Type species: *Sphaerophoria nigra* Trey, 1945.

主要特征：体细小至中等大小，头、胸、腹具亮黄色斑；复眼裸；颜黄色，具明显黑色中条；口孔长为宽的 2 倍。中胸背板黑色，具亮黄色侧条；侧板具黄斑，腹侧片上、下毛斑明显分离；后胸腹板常具少许毛，极少数种类完全裸。腹部细，无边框，雄性两侧平行，雌性椭圆形。

分布：世界广布，已知 70 余种，中国记录 25 种，浙江分布 3 种。

分种检索表

1. 中胸背板黄色侧条仅达盾沟 ·· 宽尾细腹食蚜蝇 *S. rueppelli*
- 中胸背板黄色侧条达小盾片基部 ·· 2
2. 腹部第 2–5 背板各具 1 对黄斑 ··· 长翅细腹食蚜蝇 *S. menthastri*
- 腹部具 2 或 3 条横带于第 3、第 4 背板或第 2–4 背板上 ·················· 印度细腹食蚜蝇 *S. indiana*

（329）印度细腹食蚜蝇 *Sphaerophoria indiana* Bigot, 1884（图版 XIX-15）

Sphaerophoria indiana Bigot, 1884: 99.

Sphaerophoria nigritarsis Brunetti, 1915: 216.

主要特征：体长 6–7 mm。雄性：头顶三角小，黑色，光亮；额黄色，具宽的亮黑色中条，雌性额前部淡黄色，后部亮黑色，正中纵条黑色，两性不达触角基部；颜白黄色至淡橘黄色，中突黄色，光亮。触角黄色，鞭节圆形，顶端淡棕色。中胸背板黑色，具 1 对灰色粉被中条，背板两侧黄色纵条自肩胛直达小盾片基部；中胸侧板具明显黄斑；小盾片黄色。翅略染烟色。翅痣淡黄色至淡褐色。足黄色，跗节黄色至暗褐色。腹部较短，色泽变异大，通常第 1 和第 2 背板基部黑带明显，第 2 背板中部具黄色横带，雄性其余各节主要呈黄色或橘黄色，雌性第 2–4 背板前后缘黑色，中部各具 2 条宽的黄色横带，第 5、第 6 背板黑色，各具黄斑。

分布：浙江、黑龙江、河北、甘肃、江苏、湖北、湖南、福建、广东、广西、四川、贵州、云南、西藏；俄罗斯，蒙古国，朝鲜，日本，中亚地区，印度，阿富汗。

（330）长翅细腹食蚜蝇 *Sphaerophoria menthastri* (Linnaeus, 1758)

Musca menthastri Linnaeus, 1758: 594.

Sphaerophoria menthastri: Peck, 1988: 43.

主要特征：体长 8–9 mm。雌性：头顶三角黑色，额两侧亮黄色，正中宽的黑纹止于新月片上方；颜黄色，中突明显，具界限不明显的黑褐色中条；口缘具狭的黑带；颊黄色。触角黄红色至黄褐色，鞭节上侧黑褐色；触角芒黑褐色。中胸背板黑色，两侧黄色纵条自肩胛至小盾片基部；侧板黑色，具 3 块大的黄斑；小盾片黄色。翅透明，腋瓣淡黄色；平衡棒红黄色。足暗红黄色，跗节黑色，基节、转节及股节基部有时黑色；前足、中足股节下侧具黑色小鬃和黄色长毛。腹部黑色，基部和端部具光泽，第 2 背板具 1 对很大的橘黄斑，两斑狭分离；第 3 背板具黄色或橘色横带，下角达背板侧缘，第 4 背板具黄色横带，达背板侧缘，带中部中断，第 5 背板基部具 1 对大的黄色侧斑，中部具锚形黑斑。

分布：浙江、河北、甘肃、新疆、江苏、四川、云南；俄罗斯，蒙古国，日本，中亚地区，欧洲，北非地区。

（331）宽尾细腹食蚜蝇 *Sphaerophoria rueppelli* (Wiedemann, 1830)（图版 XIX-16）

Syrphus rueppelli Wiedemann, 1830: 141.

Sphaerophoria rueppelli: Peck, 1988: 44.

主要特征：体长 5–8 mm。雄性：头顶三角黑色，被棕黄色长密毛；额与颜黄色，颜两侧具银色闪光，正中自触角基部下方至口缘具光泽，中突明显；口缘黑色；雌性额后部亮黑色，前部深黄色，正中黑纵条不达触角基部。触角黄色至红黄色；触角芒约与触角等长，基部深红黄色。中胸背板亮黑色，具绿色光泽，正中具 1 对灰色或灰白色粉被纵条，背板两侧黄色纵条仅达盾沟，翅后胛黄色；侧板黑色，光亮，具黄斑；小盾片淡黄色。翅透明，基部红黄色。足色泽变异大。腹部较短，腹末端膨阔，以第 5 节最宽；腹部色泽变异大，背板通常亮黑色，具红黄色斑；第 2–4 背板各具红黄色横带，第 2 背板的横带较窄，正中明显分离；第 3、第 4 背板横带宽，正中狭分离；第 4 背板前缘、后缘黄色狭；第 5 背板除正中纵条、基部 1 对三角形侧斑及后部正中两侧的 1 对长卵形斑黑色外，其余均为黄色。

分布：浙江、辽宁、北京、河北、甘肃、新疆、江苏、上海、福建、四川；俄罗斯，蒙古国，朝鲜，中亚地区，叙利亚，阿富汗，欧洲，北非地区。

106. 食蚜蝇属 *Syrphus* Fabricius, 1775

Syrphus Fabricius, 1775: 762. Type species: *Musca ribesii* Linnaeus, 1758.

Syrphidis Goffe, 1933: 78. Type species: *Musca ribesii* Linnaeus, 1758.

主要特征：复眼通常裸，少数种类具稀疏或密的毛；颜黄色，少数种类具狭的褐色中条；触角鞭节基环节短卵形，顶端圆。中胸背板褐色至黑色，具光泽；腹侧片上、下毛斑后部联合；后胸腹板裸。下腋瓣上表面具许多直立长毛。后足基节中后端角具毛簇。腹部卵形，具弱边框；第 2 背板具黄斑，第 3–4 背板具黄带。

分布：世界广布，已知 70 余种，中国记录 14 种，浙江分布 2 种。

（332）野食蚜蝇 *Syrphus torvus* Osten Sacken, 1875（图版 XIX-17）

Syrphus torvus Osten Sacken, 1875: 139.

Syrphus conspicuus Matsumura, 1918: 28.

主要特征：体长 11–15 mm。雄性：复眼散生灰白色短毛。头顶黑色；额被黑毛及金黄色粉，端背面裸，新月形片橘黄色，新月形片之上有黑斑；颜面橘黄色，被黑毛，两侧密被金黄色粉，中域裸。触角红褐色，背侧暗黑色，鞭节卵形；触角芒棕黄色。胸部背板黑色，两侧略带黄色；小盾片橘黄色，被黑毛，两侧前角被橘黄色毛，盾下缨密。胸部侧板黑色，被灰粉。翅痣棕黄色。前中足黄色，基节、转节、股节基部 1/4 黑色，跗节暗黑色。后足黑色，股节端部 1/3、胫节基部 1/3 黄色。腹部卵形，明显具边，黑色，略具光泽，第 2 背板两侧近前部具 1 对黄斑，外端向前斜伸，到达背板的前侧角。第 3 背板前中部具黄色横带，两端斜向前伸达背板的前侧角。第 4 背板近似第 3 背板，但黄带更靠近前缘，背板后缘具黄边。第 5 背板黄色，被黑毛，基部具黑斑。雌性：额中部覆黄粉，形成明显的三角形粉斑，腹部第 5 背板黑色，后缘具黄边，两侧前角具小黄斑。

分布：浙江（临安）、黑龙江、吉林、辽宁、河北、陕西、甘肃、新疆、上海、湖南、福建、台湾、四川、贵州、云南、西藏；蒙古国，日本，中亚地区，印度，尼泊尔，泰国，欧洲，北美洲。

（333）黑足食蚜蝇 *Syrphus vitripennis* Meigen, 1822（图版 XIX-18）

Syrphus vitripennis Meigen, 1822: 308.

Syrphus shibechensis Matsumura, 1918: 31.

主要特征：体长 8–11 mm。雄性：头顶三角棕黑色；额黑褐色，被黑毛。颜面橘黄色，中域沿面中突形成长条的裸区，其两侧散生黑毛，中突宽而钝圆；颊部黄色。触角暗黑色，鞭节卵形；触角芒暗黑褐色，裸。胸部背板黑色，具暗蓝色光泽；小盾片橘黄色，盾下缨密；胸部侧板黑色，具钢蓝色光泽。前中足棕黄色，基节、转节、股节基部 1/3 黑色。翅痣棕黄色。后足棕黑色，股节端部、胫节基部 1/3 棕黄色。腹部卵形，明显具边，黑色。第 2 背板两侧近前部具 1 对三角形黄斑，外端向前斜伸，到达背板的前侧角。第 3 背板前中部具黄色横带；第 4 背板近似第 3 背板，但黄带更靠近前缘，背板后缘具黄边；第 5 背板后缘具黄边。腹部腹面棕黄色，第 2 腹板中央具暗斑。雌性：额中部覆黄粉，形成明显的三角形粉斑，内端宽的相连，腹部背面黄带较雄性狭且直。

分布：浙江（临安）、吉林、河北、陕西、甘肃、新疆、湖南、福建、台湾、广西、四川、贵州、云南、西藏；蒙古国，日本，中亚地区，伊朗，阿富汗，欧洲，北美洲。

（二）管蚜蝇亚科 Eristalinae Newman, 1834

主要特征：触角芒背位或端位；颜无中突或具弱的中突；后头部不凹入。肩胛通常被毛，明显可见。r-m 横脉位于中室中部或中部之后；端横脉不回转或回转不明显；如明显回转，则触角短，不延长。

生物学：该亚科幼虫包括了植食性（如平颜蚜蝇族）、腐食性（如管蚜蝇族）和捕食性（如缩颜蚜蝇族）的种类；成虫多访花，形态似蜂。

分布：世界广布。中国记录 400 余种，浙江分布 28 属 68 种。

分属检索表

1. 端横脉明显回转 ··	2
- 端横脉不明显回转 ··	5
2. 触角芒裸 ···	3
- 触角芒羽毛状 ··	4
3. 翅上缘横脉在 r₅ 室上部明显呈角状反射，R₄₊₅ 直或略凹入 r₅ 室；后足股节粗大，但无齿突 ········ 平颜蚜蝇属 *Eumerus*	
- 翅上缘横脉端部呈圆弧形弯曲廻转，不呈角状，R₄₊₅ 脉深凹入 r₅ 室 ··························· 齿腿蚜蝇属 *Merodon*	
4. 体小；翅 r₁ 室开放，无伪脉，外缘横脉直，与 R₄₊₅ 及 M₁₊₂ 脉相交成直角或锐角；小盾片中央具盘凹，其上被毛明显不同于周围 ·· 缺伪蚜蝇属 *Graptomyza*	
- 体较大，外形似蜂；翅 r₁ 室封闭，具明显伪脉，上外缘横脉急回转；小盾片正常 ·············· 蜂蚜蝇属 *Volucella*	
5. 触角前伸，触角芒着生在鞭节顶端 ··	6
- 触角正常，触角芒着生在鞭节背面 ··	9

6. 额突很长，明显长于柄节之半；有翅痣横脉 ·· 7
- 额突不及柄节之半，或额突不明显；无翅痣横脉 ·· 8

7. 腹部基部宽，稍收缩，前侧角亮黄色；翅 R_{4+5} 脉环凹顶端常具悬脉 ·········· **突角蚜蝇属 *Ceriana***
- 腹部基部明显收缩呈柄状，前侧角色暗；翅 R_{4+5} 脉上无悬脉 ·········· **柄角蚜蝇属 *Monoceromyia***

8. 腹部基部宽，不收缩 ·· **首角蚜蝇属 *Primocerioides***
- 腹部基部明显收缩 ·· **腰角蚜蝇属 *Sphiximorpha***

9. R_{4+5} 脉甚弯曲，凹入 r_5 室，触角芒裸 ··· 10
- R_{4+5} 脉直或稍波动，若弯曲，则触角芒羽毛状 ·· 16

10. 翅 r_1 室封闭，具柄 ··· 11
-   翅 r_1 室开放 ··· 14

11. 小盾片很宽大；触角芒裸或基部两侧具羽毛 ·· **宽盾蚜蝇属 *Phytomia***
-   小盾片正常大小 ·· 12

12. 复眼具毛和暗色斑点或纵条 ·· **斑眼蚜蝇属 *Eristalinus***
-   复眼不具斑点 ··· 13

13. 小盾片非黑色 ··· **管蚜蝇属 *Eristalis***
-   小盾片黑色 ··· **拟管蚜蝇属 *Pseuderistalis***

14. 体粗大，似熊蜂，被密毛；胸、腹部无明显淡色斑；后足股节粗大 ·········· **毛管蚜蝇属 *Mallota***
-   体被毛少，似胡蜂；胸部常具淡色纵条，腹部具明显淡色斑 ·· 15

15. 雄性复眼狭离眼；中胸背板具明显的黄色纵条纹 ·································· **条胸蚜蝇属 *Helophilus***
-   雄性复眼仅一点相接；颜中部密覆粉被和毛，中突平 ·························· **粉颜蚜蝇属 *Mesembrius***

16. 触角芒羽毛状；颜面短，常向下突出 ·· **羽毛蚜蝇属 *Paractophila***
-   触角芒非羽毛状 ··· 17

17. 颜面平直，无中突，且被向下的长而粗的毛 ·· 18
-   颜面不如上述 ··· 19

18. 腹部仅第 2、第 3 节充分发育，第 4 节很小或不可见，极少数雌性可见短的第 4 节 ········ **寡节蚜蝇属 *Triglyphus***
-   腹部第 2–4 节充分发育且长度相等 ·· **缩颜蚜蝇属 *Pipiza***

19. r-m 脉位于中室中部或之后 ··· 20
-   r-m 脉位于中室中部之前 ··· 25

20. 端横脉与 R_{4+5} 脉相交不成直角 ··· 21
-   端横脉顶端弯曲，与 R_{4+5} 脉相交成直角 ··· 23

21. 颜下部向前延伸成短喙；后足股节很膨大，端部具三角形齿突 ·········· **短喙蚜蝇属 *Rhinotropidia***
-   颜无喙 ··· 22

22. r_1 室封闭，具柄，后足股节端部具指突 ··· **迷蚜蝇属 *Milesia***
-   r_1 室开放 ··· **斑胸蚜蝇属 *Spilomyia***

23. 后胸腹板被长毛 ·· **桐木蚜蝇属 *Chalcosyrphus***
-   后胸腹板被微毛 ··· 24

24. 体细长，雄性后足转节下侧常具 1 刺突，后足股节端腹面具侧刺脊或成排的刺 ·········· **木蚜蝇属 *Xylota***
-   体粗壮，雄性后足转节无刺突，后足股节腹面具瘤状突起或高度特化 ·········· **瘤木蚜蝇属 *Brachypalpoides***

25. 颜中下部向前延伸呈鼻状 ·· **鼻颜蚜蝇属 *Rhingia***
-   颜中下部不延伸呈鼻状 ··· 26

26. 中胸侧板和小盾片边缘具明显粗的长鬃毛 ·· **鬃胸蚜蝇属 *Ferdinandea***
-   中胸侧板和小盾片边缘无明显鬃毛 ·· 27

27. 颜明显具中突 ·· **黑蚜蝇属 *Cheilosia***
-   颜无明显中突，通常颜下部整个略向前突出 ·· **颜突蚜蝇属 *Portevinia***

107. 缩颜蚜蝇属 *Pipiza* Fallén, 1810

Pipiza Fallén, 1810: 11. Type species: *Musca noctiluca* Linnaeus, 1758.

主要特征：体小型或中等大小，雄性额不鼓起，额突圆锥状；雌性额中部两侧具三角形粉斑。翅中横脉远在中室中部之前，外缘横脉与翅缘平行，上外缘横脉在下部 1/3 处弯曲，M_{1+2} 脉在两外缘横脉之间的距离等于 1/4–1/3 下外缘横脉的长度。足简单。

分布：世界广布，已知 40 余种，中国记录 14 种，浙江分布 1 种。

（334）黑色缩颜蚜蝇 *Pipiza lugubris* (Fabricius, 1775)（图版 XIX -19）

Syrphus lugubris Fabricius, 1775: 770.

Pipiza lugubris: Peck, 1988: 87.

主要特征：体长 7–8 mm。体黑色，略具光泽。复眼密被淡色短毛；头顶毛白色，单眼三角前方毛黑色，后头被白色毛和粉被；额宽为头宽的 1/3，中部两侧具 1 对大的三角形粉斑，密被白短毛，额突毛黑色；颜两侧近平行，颜宽为头宽的 2/5，密覆白色粉被。触角基部 2 节黑色，鞭节褐色，长大于宽，上侧圆，下侧角略向前突出；触角芒黄褐色，与鞭节等长。中胸背板密被细刻点和短白毛；小盾片毛同背板；侧板被白长毛。翅略呈黄色，翅痣黄褐色，其下方有黄褐色斑。足黑色，膝部、胫节极端部和跗节基部 3 节红黄色；后足股节中部加粗，基跗节加厚；足被白色毛。腹部密被刻点和黄白色毛，各节交界处毛黑色。

分布：浙江（乐清）、黑龙江、河北、山东、陕西、甘肃、江苏、广西、云南；俄罗斯，欧洲。

108. 寡节蚜蝇属 *Triglyphus* Loew, 1840

Triglyphus Loew, 1840: 30, 565. Type species: *Triglyphus primus* Loew, 1840.

主要特征：体小，黑色，具光泽。头部宽于胸部，近半球形，后面很空；雄性额鼓起；颜平，中部略收缩。触角短，鞭节基环节圆；触角芒基生。翅上外缘横脉在 1/3 处弯曲，上半部陡斜，r_5 室端角为锐角。腹部雄性两侧平行，可见 3 节；雌性卵圆形，可见 4 节，第 1 节很小，第 2–3 节等长，第 4 节极小。

分布：世界广布，已知 8 种，中国记录 3 种，浙江分布 1 种。

（335）长翅寡节蚜蝇 *Triglyphus primus* Loew, 1840（图版 XIX -20）

Triglyphus primus Loew, 1840: 30, 565.

主要特征：体长 4–6 mm。雌性：复眼边缘处具白色绵毛形成的狭带，复眼被短的暗黄色毛。头顶及额黑亮，具光泽，单眼三角隆起，额前端略加宽，额中部两侧各具 1 小的白色粉斑；颜侧面观口上缘略突出，颜宽略小于头宽的 1/3；颜黑色，触角黑褐色，鞭节短而宽，腹侧黄褐色；触角芒黑褐色，基部 1/3 增粗。中胸背板黑亮，具光泽，被白毛和细的刻点。小盾片黑亮，具边。盾下毛短而较密，后部中央缺。侧板黑亮，具光泽，中侧片及翅侧片具白色长毛。翅透明，翅痣淡黄色，翅面具微毛，基部大部分区域裸；平衡棒黄白色。足黑色；各足膝部、胫节基部、前中足基跗节黄褐色；后足跗节背面黑色，基跗节加厚。腹部黑亮，具光泽，可见 4 节，第 1、第 4 节小，仅中间的 2 节发育正常。雄性：额鼓起，额和头顶被直立的黑色长毛，颜面直。

分布：浙江（临安）、北京、河北、山东、甘肃、四川、西藏；朝鲜，日本，中亚地区，欧洲。

109. 突角蚜蝇属 *Ceriana* Rafinesque, 1815

Ceriana Rafinesque, 1815: 131 (new name for *Ceria* Fabricius, 1794). Type species: *Ceria clavicornis* Fabricius, 1794: 277 (aut.)
　　　[=*Ceria conopsoides* (Linnaeus, 1758)].

Hisamatsumyia Shiraki, 1968: 148. Type species: *Hisamatsumyia japonica* Shiraki, 1968.

主要特征：头部宽于前胸，体黑色，具黄斑和黄带。复眼裸，雄性接眼，两眼连线短；额突很长，明显长于柄节之半；触角着生在额突上，前伸，触角节延长；端芒；颜侧面观平直，无中突。翅前半部褐色，R_{4+5} 脉弯曲凹入 r_5 室，弯曲部顶端具小悬脉。腹部基部粗，略收缩。

分布：世界广布，已知 50 余种，中国记录 11 种，浙江分布 3 种。

分种检索表

1. 小盾片中部具宽黄横带 ·· 斑额突角蚜蝇 *C. grahami*
- 小盾片全黑色 ··· 2
2. 额具 2 对黄斑；头顶具 1 对黄斑；腹部第 2、第 3 节黄色后缘横带等宽，第 4 节横带较狭 ········ 双顶突角蚜蝇 *C. anceps*
- 额具 1 对大黄斑；头顶全黑色；腹部第 2 节黄色后缘横带宽，第 3、第 4 节横带狭 ········ 浙江突角蚜蝇 *C. chekiangensis*

（336）双顶突角蚜蝇 *Ceriana anceps* (Séguy, 1948)（图版 XX -1）

Cerioides anceps Séguy, 1948: 163.

Ceriana anceps: Peck, 1988: 178.

主要特征：体长 12–15 mm。雄性：头顶黑色，单眼三角后方具 1 对小黄斑；额黑色，2 斑以细线相连；颜前面观黄色，中部具中等宽的黑色纵条，两侧及颊黑色；额突背面黑褐色，腹面黄褐色。触角黑褐色至黑色。中胸背板、侧板及小盾片黑色，仅肩胛黄色。翅前部深褐色。足基节和股节大部黑色，股节基部和端部、胫节及基跗节黄色，胫节中部具暗环，跗节黑褐色。腹部黑色；第 1 节基角及侧缘黄色明显；第 2–4 节后缘具明显黄色横带，第 2、第 3 节横带等宽，第 4 节横带较狭。雌性：额部具 3 对小黄斑，该斑位于触角基部上方及两侧沿复眼处。第 4 腹节后缘无黄色横带。

分布：浙江（临安）、黑龙江、吉林、辽宁、北京、河北、甘肃、江苏、云南。

（337）浙江突角蚜蝇 *Ceriana chekiangensis* (Ôuchi, 1943)（图版 XX -2）

Tenthredomyia chekiangensis Ôuchi, 1943: 20.

Ceriana chekiangensis: Huang, Cheng *et* Yang, 1996: 162.

主要特征：体长 12–15 mm。雄性：头顶及额黑色，额在触角基部两侧与复眼之间具椭圆形小黄斑；颜黄色，触角基部下方及颜下部两侧黑色；颊、后头、额突及触角黑色；触角鞭节覆褐色粉被。中胸背板黑色，仅肩胛具小黄斑；侧板及小盾片黑色。翅前半部黑褐色，有时具紫色光泽；平衡棒黄褐色。足黑褐色，股节末端、胫节基部及基跗节黄褐色。腹部黑色，基部不收缩；第 1 节基角及侧缘黄色，有时黄色部分延伸至第 2 节侧缘；第 2–4 节后缘具黄横带，第 2 节横带宽，明显；第 3、第 4 节近端部具凹痕。雌性：仅颜中部黄色，上下黑色部分较宽，有时黄斑正中被黑色隔开为 1 对黄斑；第 4 腹节后缘黄色横带极狭。

分布：浙江（临安）、甘肃、江苏、安徽、江西、四川、云南。

（338）斑额突角蚜蝇 *Ceriana grahami* (Shannon, 1925)（图版 XX-3）

Tenthredomyia grahami Shannon, 1925: 53.

Ceriana grahami: Peck, 1988: 178.

主要特征：体长 13 mm（加额突）。头黑色，具光泽；头顶正中具 1 对黄斑；额具 2 对黄斑；颜正中两侧具颇宽的黄色侧纵条；颜两侧下部及颊棕褐色至黑色，颊在眼下缘处极明显凹陷；雌性头顶黄斑略较雄性大；额突除背面大部棕红色至棕褐色外，其余棕黄色。触角黑色，柄节略短于额突，梗节与鞭节约等长；触角芒黄棕色。中胸背板黑色，肩胛黄色，翅后胛棕褐色；小盾片中部黄色横带较宽，不达小盾片侧缘；侧板黑色。翅大部棕褐色，后部的端半部透明；平衡棒黄色，端部略带棕黄色。足棕褐色或黑色，股节基部及端末黄色；胫节基半部棕黄色，端半部及跗节棕色或棕褐色。腹部黑色，第 1 节前角及侧缘黄色；第 2–4 背板后缘黄色或棕红色，以第 4 节黄带最狭。

分布：浙江、北京、河北、江苏、四川。

110. 柄角蚜蝇属 *Monoceromyia* Shannon, 1922

Cerioide (*Monoceromyia*) Shannon, 1922: 41. Type species: *Ceria tricolor* Loew, 1861.

Monoceromyia Shannon, 1922.

Sphyximorphoides Shiraki, 1930: 6. Type species: *Sphyximorphoides pleuralis* Coquillett, 1898.

主要特征：体黑色，具黄斑和带。头部宽于胸部；复眼裸，雄性接眼；额突很长，触角着生其上；颜平直，无中突。触角延长，前伸，顶端具端芒。R_{4+5} 脉呈环形凹入 r_5 室，少数种类具悬脉。腹部基部明显收缩呈柄状。

分布：世界广布，已知 70 余种，中国记录 19 种，浙江分布 4 种。

分种检索表

1. 腹部第 2 节粗壮，仅基部略收缩 ··· 橘腹柄角蚜蝇 *M. crocota*
- 腹部第 2 节明显收缩呈细柄状 ··· 2
2. 腹部无明显黄横带，仅第 2 节狭缝部分及第 3 节后缘红褐色；中胸背板仅肩胛具小黄斑；小盾片后缘黄色极狭 ············
 ·· 雁荡柄角蚜蝇 *M. yentaushanensis*
- 腹部具明显黄横带；中胸背板除肩胛具黄斑外，通常盾沟两端也具黄斑；小盾片后缘黄色明显，侧板通常具黄斑 ······ 3
3. 额突两侧具 1 对大的黄侧斑；腹部仅第 3 节具很宽的黄横带，其余各节无明显黄横带 ······· 舟山柄角蚜蝇 *M. chusanensis*
- 额突两侧具小的黄色亮斑；腹部第 3 节黄横带宽于第 2 节横带 ·························· 天目山柄角蚜蝇 *M. tienmushanensis*

（339）舟山柄角蚜蝇 *Monoceromyia chusanensis* Ôuchi, 1943（图版 XX-4）

Monoceromyia chusanensis Ôuchi, 1943: 22.

主要特征：体长 22–25 mm。雄性：头顶及额黑色，额突两侧具 1 对大的黄侧斑；颜前面观黄色，具窄的黑中条，两侧及下方黑色；后头黑色，覆灰色粉被；额突基部棕褐色，端部及触角黑色；触角芒白色。中胸背板黑色，密被刻点；肩胛黄色，盾沟两端具黄斑，翅后胛棕黄色；小盾片黑色，后缘黄色狭；侧板黑色，中侧片和腹侧片上各具 1 黄斑。翅略呈黄色，前半部褐色。足基节黑色，其余黄褐色至暗褐色。腹部黑色，密被刻点，覆毛淡黄色；第 2 节中部明显收缩，第 2–4 节几乎等长；第 2 节基部 3/4 黄褐色，端部黑色，后缘黄色极狭或不明显；第 3 节后缘黄色横带很宽，约 1/4 于背板长；第 4 节近端部具宽而明显的凹痕，后缘黄带极狭。雌性：腹部第 4 节后缘无凹痕。

　　分布：浙江（临安）、甘肃。

（340）橘腹柄角蚜蝇 *Monoceromyia crocota* Cheng, 2012

Monoceromyia crocota Cheng, 2012: 320.

　　主要特征：雌性：体长 20–22 mm。头顶黑色；额黑色至红黑色，1 对大的红黄色侧斑位于触角基部与复眼之间；颜前面观黄色，具狭的黄褐色至红褐色中条；触角基部下方具极狭的红褐色横带；颜两侧及颊棕黑色；后头黑色。中胸背板黑色，肩胛黄色，有时盾沟两端具 1 黄斑；小盾片黑色，后缘黄色狭；侧板全黑色。翅黄褐色，仅端部中间透明。足基节黑色，其余各节橘黄色；前足、中足股节基部、后足股节大部色暗；胫节中部有时具不明显的暗环。腹部第 2 节基部收缩，不延长；第 1 节黑色或黑褐色，两侧角红黄色斑小；第 2 节红黄色或橘褐色，背板前部正中具 1 倒三角形黑斑，前缘黄色狭；第 3 节几乎全红黄色或橘褐色，仅前缘黑色狭；第 4、第 5 背板黑色，具黄色短密毛，第 4 节后缘红黄色。

　　分布：浙江（德清）、甘肃。

（341）天目山柄角蚜蝇 *Monoceromyia tienmushanensis* Ôuchi, 1943（图版 XX -5）

Monoceromyia tienmushanensis Ôuchi, 1943: 23.

　　主要特征：体长 20 mm。雌性：头部黑色，复眼稀被短绒毛；头顶、额被白色绒毛；额突两侧具小的黄色亮斑，黄斑上方为大的白色粉斑；颜黑中纵条宽，约与黄侧条等宽，颜两侧下方黑色；额突及触角黑色。中胸背板黑色，无光泽，密被刻点；肩胛具黄斑，盾沟两端黄斑很小，翅后胛棕黄色；小盾片黑色，后缘黄色狭；侧板黑色，中侧片、腹侧片各具 1 大黄斑。翅前半部褐色；平衡棒黄色。足基节黑色，其余各节黄褐色；股节末端及胫节基部色淡。腹部黑色，具边，第 2 节收缩，约与第 3 节等长，基部 2/3 红褐色，后缘黄色狭；第 3 节后缘黄横带较前节宽；第 4 节近端部具明显的凹痕，黄色后缘极狭；第 5 节近端部亦具凹痕带。

　　分布：浙江（临安）。

（342）雁荡柄角蚜蝇 *Monoceromyia yentaushanensis* Ôuchi, 1943（图版 XX -6）

Monoceromyia yentaushanensis Ôuchi, 1943: 21.

　　主要特征：体长 13–17 mm。雄性头顶和额黑色；额在触角与复眼之间具 1 对黄斑；颜黄色，具黑中条，颜两侧及颊黑色；雌性颜黑色，具"V"形黄斑。触角黑褐色至黑色，鞭节色稍淡；触角芒白色，基部色深。中胸背板黑色，无光泽，仅肩胛具黄斑；侧板全黑色；小盾片黑色，端缘黄色。翅前半部黄褐色。足黑褐色，胫节和跗节黄褐色。腹部黑色，无光泽；第 2 节很细长，细狭部分黄褐色；第 3 节后缘黄褐色；第 4 节后缘为深凹痕带，末节黑褐色至黑色。

　　分布：浙江（乐清）、福建、广东、广西、贵州、云南。

111. 首角蚜蝇属 *Primocerioides* Shannon, 1927

Primocerioides Shannon, 1927: 41. Type species: *Cerioides petri* Hervé-Bazin, 1914.

　　主要特征：额突很短；触角延长，平伸，具端芒；颜侧面观平直；翅 R$_{4+5}$ 脉明显或不明显凹入 r$_5$ 室，凹入部顶端具悬脉。腹部基部粗，不收缩。

分布：古北区、东洋区。世界已知 3 种，中国记录 2 种，浙江分布 1 种。

（343）属模首角蚜蝇 *Primocerioides petri* (Hervé-Bazin, 1914)（图版 XX-7）

Cerioides petri Hervé-Bazin, 1914: 414.

Primocerioides petri: Peck, 1988: 180.

主要特征：体长 12 mm。体具黄斑和黄横带。复眼被淡色较长毛；雄性头部黄色，头顶三角红色或暗红色，突出；额突基部周围棕色，两侧向下延伸至眼缘呈略弯曲的横带；雌性额棕色至棕黑色，中间横带黄色；颜在额突之下延伸为 2 条短棕条，而后相互分离，至中部距离最大处又呈角形相互收敛，最后在口前缘重合为一；后头棕色；额突极粗短，红色。触角红色，鞭节除极基部外黑色；触角芒基部棕色或黑色，端部黄白色。中胸背板黑色，正中两侧沿盾沟具黄或棕黄色粉被横带，肩胛及盾沟两端具黄斑，背板后半部两侧具 1 对棕黄色狭纵条；翅后胛棕红色；小盾片极基部黑色，基半部黄色，端半部棕色；侧板黑色，具 4 个棕黄色斑。翅基部棕红色，前半部棕色，后部透明。足棕红色。腹部黑色，第 1 背板基部两侧具棕斑；第 2、第 3 背板后缘为狭黄色至棕红色横带；第 4 背板黄色后缘较宽，背板正中具"八"字形细狭黄色粉被斑。

分布：浙江、北京、河北、山东、甘肃、江苏；日本。

112. 腰角蚜蝇属 *Sphiximorpha* Rondani, 1850

Sphiximorpha Rondani, 1850: 212. Type species: *Ceria subsessilis* Illiger, 1807.

Cerioides Rondani, 1850: 211. Type species: *Ceria subsessilis* Illiger, 1807.

Shambalia Violovitsh, 1981: 85. Type species: *Shambalia rachmaninovi* Violovitsh, 1981.

主要特征：头部宽于胸部，复眼裸；额突不及柄节长的 1/2，触角前伸，柄节、梗节延长，端芒。R_{4+5} 脉明显凹入 r_5 室，顶端有或无悬脉。腹部基部收缩呈柄状。

分布：世界广布，已知 50 余种，中国记录 4 种，浙江分布 1 种。

（344）华腰角蚜蝇 *Sphiximorpha sinensis* (Ôuchi, 1943)（图版 XX-8）

Cerioides sinensis Ôuchi, 1943: 17.

Sphiximorpha sinensis: Huang *et al.*, 1996: 171.

主要特征：体长 14–16 mm。雄性：头顶黑色；额黑色，额突两侧具 1 对大的黄色侧斑。额突和触角柄节基部红褐色，柄节端部和梗节黑褐色，柄节、梗节延长，鞭节很短，红褐色；触角芒灰色。颜密被刻点，两侧具宽的黄色条斑，从触角侧下方延至口缘，该斑上宽下窄，上部略呈"丫"字形；口缘两侧亦有 1 对黄色小斑；颜黑色中条呈箭头形；颊红褐色，覆白毛。中胸背板黑色，密被刻点；肩胛、盾沟两端具黄斑，翅后胛棕褐色；小盾片黑色，边缘黄带宽；侧板黑色，中侧片、腹侧片各具 1 大黄斑。翅前半部淡黄褐色，平衡棒黄色。足红褐色；股节黑色，近基部具黄色环带，端部色浅；胫节近端部黑色环带多不清晰。腹部背板黑色，密被刻点；第 1 节基部前侧角具黄斑，第 2–4 背板后缘具黄横带。

分布：浙江（临安）、江苏、安徽、福建、广西、四川。

113. 黑蚜蝇属 *Cheilosia* Meigen, 1822

Cheilosia Meigen, 1822: 296. Type species: *Eristalis scutellatus* Fallén, 1817.

Neocheilosia Barkalov, 1983:6. Type species: *Chilosia scanica* Ringdahl, 1937.

主要特征：体小至大型，金属黑色或灰黑色。头部与胸部等宽或宽于胸；雄性接眼，雌性离眼，复眼被密毛或裸；雄性额具 1 凹点或三角形的纵槽，雌性额通常具 3 条纵沟，或触角基部上方明显凹陷；颜在触角基部下方凹陷，黑色或金属绿色，裸或具毛，中突明显，具明显的眼缘；触角鞭节卵形，触角芒着生在其基部，近乎裸。中胸背板近方形，通常背板两侧及小盾片边缘无粗鬃，少数种类具少许粗鬃毛。r-m 横脉在 m_2 室中部之前，外缘横脉与翅缘平行，r_1 室开放。腹部椭圆形或长卵形。

生物学：此类群幼虫有的以真菌为食，有的取食树根或树茎。

分布：世界广布，已知 500 余种，中国记录 105 种，浙江分布 9 种。

分种检索表

1. 复眼裸；触角褐色，鞭节橙色，触角芒长，棕褐色，被短毛 ················· 牯岭黑蚜蝇 *C. kulinensis*
- 复眼被毛 ··· 2
2. 颜明显具毛 ·· 3
- 颜无明显的毛 ·· 5
3. 小盾片后缘无鬃 ··· 冲绳黑蚜蝇 *C. okinawae*
- 小盾片后缘具鬃 ··· 4
4. 额光亮；股节基半部黑色，端半部橙色 ······························· 纵条黑蚜蝇 *C. aterrima*
- 额覆灰色粉被；股节基部 3/5–2/3 黑色，顶端黄色 ·················· 黄足黑蚜蝇 *C. quinta*
5. 肩胛主要呈黑色 ··· 6
- 肩胛黄色或黄褐色 ··· 7
6. 眼覆暗褐色或黑色毛；后足跗节黑色 ································· 紊黑蚜蝇 *C. irregula*
- 眼覆淡色毛；后足跗节黄色 ··· 拟毛黑蚜蝇 *C. parachloris*
7. 眼缘最宽处约等于鞭节宽 ··· 蓝泽黑蚜蝇 *C. sini*
- 眼缘最宽处大于鞭节宽的 2 倍 ··· 8
8. 颜中突宽大；额覆灰色粉被 ··· 黄角黑蚜蝇 *C. flava*
- 颜中突狭小；额光亮，无粉被 ······································· 黄胫黑蚜蝇 *C. flavitibia*

（345）纵条黑蚜蝇 *Cheilosia aterrima* (Sack, 1927)（图版 XX -9）

Chilosia aterrima Sack, 1927: 305.

Cheilosia (Pollinocheila) aterrima: Barkalov *et* Cheng, 2004: 289.

主要特征：体长 10.0–10.7 mm。雄性：复眼被密褐粉和淡色毛，其连线 2 倍于额长。头顶单眼三角区黑色；额亮黑色，两侧覆灰色粉被；新月片褐色；颜面亮黑色，近复眼和触角覆黑粉；中突大，圆；颊较高，黑色，被细褐粉。触角柄节、梗节褐色，鞭节卵形，橙色，前背角暗色；触角芒黑色具短毛。肩胛黑色，边褐色，密覆褐粉；中胸背板黑色，具细刻点，两侧被粗长的黑鬃；小盾片后缘鬃同背板；盾下缘缨密，长，黄色。侧板黑色，被灰粉和黄毛；中侧片的后背角具长黑鬃。翅面密覆微毛。足基节、转节、股节大部黑色，股节端部棕黄色；胫节棕黄色，中部具不明显的褐环；前足、中足跗节主要呈黄色，顶端黑色，后足跗节主要呈黑色，1–2 节背面的顶端黄色；后足股节腹面具 2 排黑色小刺。腹部黑亮。雌性：额狭闪亮，沿眼缘具狭灰粉条纹，前面 1/3 具横条纹和明显的沟，侧沟近复眼。颜面毛白色，粉被灰色。眼缘被密灰粉和甚短白毛。中胸背板被直立黑毛、黄毛。股节大部分黄色，基部 1/3 褐色；胫节黄色。

　　分布：浙江（临安）、台湾。

（346）黄角黑蚜蝇 *Cheilosia flava* Barkalov *et* Cheng, 2004（图版 XX-10）

Cheilosia (Cheilosia) flava Barkalov *et* Cheng, 2004: 299.

　　主要特征：体长 9.0 mm。雄性：复眼在上半部稀被黄色短毛；两眼连接角小于 90°，其连线 2 倍于额长。头顶略隆起，被黄色直立长毛；额平，狭，被密灰粉；颜狭，黑色，具蓝色光泽，覆灰粉；中突和口缘裸；眼缘狭于触角梗节宽，被黄粉和很短的稀白毛；颊甚低，被密粉。新月片褐色，触角窝狭分开。触角黄色，鞭节被黄粉；触角芒长，褐色，具明显的黄毛。中胸背板亮黑色，具蓝色光泽；具细刻点，被黄色长毛；两侧和小盾片后缘无鬃；盾下缘缨密、长、黄色。侧板光亮，被薄的黄粉。翅黄色，M_{1+2} 和 R_{4+5} 脉间的内角为 90°。足主要为黑色，前足基节黄色；股节基部黄色，中部顶端 1/5–1/3 褐色；胫节和跗节除其末节黑色外黄色；股节毛长，黄色。腹部黑色，基部 2 节被褐粉和密长黄毛；第 1、第 2 节腹板褐色，被直立长黄毛；第 3–5 节黑色，中部被平伏毛，两侧毛直立。

　　分布：浙江（临安）。

（347）黄胫黑蚜蝇 *Cheilosia flavitibia* Barkalov *et* Cheng, 2004（图版 XX-11）

Cheilosia (Cheilosia) flavitibia Barkalov *et* Cheng, 2004: 300.

　　主要特征：体长 12.0–13.5 mm。雄性：头顶隆起，光亮，覆黄色长毛，单眼呈等边三角形；额隆起，光亮；颜下部略增宽，长，亮黑色，被薄粉；中突较狭小；眼缘狭，覆银粉和平伏的黄色短毛；颊低，略覆粉和黄毛，复眼下面具褐斑。新月片褐色，触角窝宽分开。触角柄节黑色，梗节、鞭节黄色；触角芒长，毛明显。复眼基部 1/3 裸，顶端 2/3 毛短褐色或黑色；两复眼连接角大于 90°，其连接线 2 倍于额长。肩胛亮黄色。中胸背板具细刻点，黑色，密覆直立黄色长毛；盾下缘缨密、长、黄色。翅淡褐色，M_{1+2} 和 R_{4+5} 脉间的内角几乎为直角。前足股节黑色，顶端黄色；胫节黄色或中部具不明显的黑褐色斑；前足、中足跗节黄色，末节黑色，后足基跗节和末节背面黑褐色，其余节黄色；股节毛长，黄色，顶端具一些黑色毛。腹部黑色，中部被褐粉，两侧光亮，覆直立黄色长毛。雌性：额较宽，光亮，近眼缘被灰粉，具 3 条明显纵沟；前缘 1/3 具横沟；覆较短黄毛。复眼背面 1/4 被短的暗褐色或黄色毛。

　　分布：浙江（临安）、广西。

（348）紊黑蚜蝇 *Cheilosia irregula* Barkalov *et* Cheng, 2004（图版 XX-12）

Cheilosia (Cheilosia) irregula Barkalov *et* Cheng, 2004: 309.

　　主要特征：体长 12.2 mm。雄性：头顶隆起，狭长，被黄毛；颜向下明显增宽，黑色，被密粉；中突宽平；眼缘宽，密被灰粉和短黄毛；颊高，粉被和毛同眼缘，复眼下具褐斑；额宽平，被密灰粉和黑毛、黄毛；两复眼连角为 90°；触角窝宽分开。触角柄节和梗节基半部黑色，梗节端部和鞭节污黄色；鞭节小，圆，被白粉；触角芒长，裸，黑褐色。复眼密被褐色长毛，其连线略长于额。肩胛黑色，被黄粉。中胸背板具细刻点，亮黑色，两侧被灰粉和长黄毛，两侧被一些黑毛；盾下缘缨密、长、黄色。翅透明，M_{1+2} 和 R_{4+5} 脉间的内角为 90°；平衡棒黄色，端部黑色。足的基节和转节黑色，股节除极端外黑色；胫节黄色，中部具宽黑环；跗节黑色，仅中足基跗节褐色。腹部黑色，密被直立和半直立长黄毛。

　　分布：浙江（安吉）。

（349）牯岭黑蚜蝇 *Cheilosia kulinensis* **(Hervé-Bazin, 1930)（图版ⅩⅩ -13）**

Chilosia kulinensis Hervé-Bazin, 1930: 47.

Cheilosia (*Cheilosia*) *kulinensis*: Barkalov *et* Cheng, 2004: 313.

主要特征：体长 9 mm。雄性：复眼裸，其连线明显较额长。头顶略隆起，单眼为等边三角形，被黑毛；额平，亮黑色；新月片褐色；颜面较狭，两侧平行，黑色，中突极端部和口缘褐色，光亮，略具灰粉被；中突甚宽；眼缘狭，被密银粉和短白毛；颊低，黑色，近眼缘具褐斑点。触角褐色，鞭节橙色；触角芒长，棕褐色，被短毛。中胸背板刻点粗，亮黑色，两侧具明显的黑鬃；肩胛、翅后胛褐色；小盾片亮黑色，被黄毛，后缘具粗长黑鬃。侧板亮黑色，被细灰粉和黄毛。足股节主要为黑色，仅端部黄色；胫节主要为黄色，前足、中足胫节中部具细褐斑，后足胫节中部 1/3 黑色；前足、中足跗节黄色，顶端节黑色，后足跗节背面黑色，每节的顶端褐色。腹部黑色，被褐粉，毛长；两侧毛直立，黄色；中部毛平伏，短，黑色。雌性：颜中突明显较雄性狭，额前端近眼缘具闪亮的三角形灰粉斑；肩胛、翅后胛黑色。

分布：浙江（临安）、江西、四川。

（350）冲绳黑蚜蝇 *Cheilosia okinawae* **(Shiraki, 1930)（图版ⅩⅩ -14）**

Cheilosia okinawae Shiraki, 1930: 281.

Cheilosia (*Cheilosia*) *okinawae*: Barkalov *et* Cheng 2004: 334.

主要特征：体长 11.0–12.0 mm。雌性：复眼被褐毛；复眼连线略长于额。头顶隆起，被黑毛，单眼呈等边三角形。颜下部明显增宽，亮黑色，除中突外被灰粉和密黑毛；中突宽大；眼缘最宽处大于触角鞭节的 1/2，密被灰粉和甚短黄毛；颊低，被灰粉和短黄毛；额明显隆起，闪亮，密被黑毛；两眼接角为锐角；新月片褐色，触角窝分开。触角鞭节小，圆，橙色；触角芒褐色，毛短。肩胛黑色，边褐色。中胸背板黑色；翅后胛褐色具细刻点，被褐粉和直立密黑毛，侧面无鬃；小盾片被黄毛、黑毛；盾下缘缨长，密，黄色。翅褐色，M_{1+2} 和 R_{4+5} 脉间内角为锐角；平衡棒黄色，端部黑色。足股节黑色，端半部具宽纵条纹；胫节黄色，中部具褐色环；前足、中足跗节 1–3 节黄色，4–5 节和后足跗节褐色或黑色。腹部具光泽，被褐粉和直立黄毛。雌性：额狭，具 3 细沟，闪亮，近复眼具狭灰粉条纹，被直立黄毛；新月片黄色。中胸背板闪亮，被直立短毛。腹部第 1、第 2 节中部具褐粉斑；被直立短黄毛。

分布：浙江（舟山）；日本。

（351）拟毛黑蚜蝇 *Cheilosia parachloris* **(Hervé-Bazin, 1929)（图版ⅩⅩ -15）**

Cheilosia parachloris Hervé-Bazin, 1929: 96.

Cheilosia (*Cheilosia*) *parachloris*: Barkalov *et* Cheng, 2004: 335.

主要特征：体长 9.9–12.2 mm。雄性：复眼密被浅黄色长毛；两眼连线明显较额长。头顶单眼三角呈等边三角形；额宽，光亮；新月片黄色；颜面下面稍加宽，除中突和口缘外亮黑色被细灰粉；中突小；颊较低，黑色，被灰粉和黄毛。触角黄色，鞭节圆；触角芒长，黑色。肩胛黑色，密被灰粉。中胸背板黑色；密被黄色长毛，顶端卷曲；翅后胛褐色；中部闪亮，两侧被灰粉，具细刻点。侧板密被灰粉和黄毛。翅面密覆微毛；平衡棒黄色，端部棕色。足股节黑色，顶端狭黄色；胫节黄色；跗节黄色，前足第 4、第 5 节和中后足第 5 节黑色。腹部卵形，黑色，被褐粉和直立长黄毛。雌性：额前部具狭灰粉带。中胸背板毛半卧，黄色，仅两侧后半部和小盾片后缘毛卷曲；前足跗节仅第 5 节黑色。腹部亮黑色具蓝色光泽，第 1 节密被灰粉。

分布：浙江（临安）、河北、江苏、湖北、福建。

（352）黄足黑蚜蝇 *Cheilosia quinta* Barkalov *et* Cheng, 2004（图版ⅩⅩ-16）

Cheilosia (Pollinocheila) quinta Barkalov *et* Cheng, 2004: 341.

主要特征：体长 8.1–11.0mm。雄性：复眼密被较长褐毛，其连线 2 倍于额长。头顶被黑色长毛。颜面向下逐渐加宽，黑色，密被长褐毛，除中突上部闪亮外密被黄粉；中突大，隆起；眼缘狭，被密粉和短黄毛；颊低，黑色，被黄毛和粉。额明显隆起，黑色，被直立长黑毛和密灰黄粉，两复眼连角为 90°；新月片暗褐色；触角窝分开。触角黄色；触角芒长，黑色，被毛明显。肩胛褐色，被灰粉。中胸背板黑色，具细刻点和强绿色光泽，两侧被灰粉和黄毛、黑毛，其毛在后部很长，两侧具很多粗黑鬃；小盾片后缘具黑鬃；盾下缘缨密、长、黄色。侧板密被黄粉和黄毛，中侧片后背角具很粗的长黑鬃。翅狭长，黄色；M_{1+2} 和 R_{4+5} 脉间的内角为 90°。足股节基部 3/5–2/3 黑色，顶端黄色；胫节黄色或近中部具暗斑；跗节顶端 2 节黑色。腹部黑色具绿色光泽，密被直立黄毛，第 3 节后缘和第 4 节端部被黑色长毛。雌性：额较狭，具 3 条纵沟，前 1/3 具横的平伏毛，中部和近复眼被黄粉或灰粉，毛直立，较长，黑色；触角鞭节扩大，黄色，前半部暗色；小盾片后缘具 6–8 粗黑鬃；股节和胫节全黄色；跗节基跗节黄色至黑色。

分布：浙江、四川、云南、西藏。

（353）蓝泽黑蚜蝇 *Cheilosia sini* Barkalov *et* Cheng, 1998（图版ⅩⅩ-17）

Cheilosia sini Barkalov *et* Cheng, 1998: 315.

主要特征：体长 12.5–12.8 mm。雄性：复眼密被暗褐色毛，其连线明显较额长。额宽，略凸起，光亮；新月片黄色；颜黑色；中突大而宽；颊光亮；触角黄色，鞭节圆；触角芒具明显长毛。中胸背板和小盾片亮黑色，密被直立黄毛；中胸背板两侧基部 1/3 覆灰粉；肩胛棕黄色，翅后胛棕黑色；中胸侧板黑色。翅微褐色，翅面密覆微毛。足股节基部和顶端黄色，中部黑色；胫节黄色，端半部具褐色光滑环；前足跗节基部 2 节黄色，3–5 节黑色；中足跗节除第 5 节外黄色；后足跗节背部黑色，每节顶端黄色。腹部中部被褐粉，侧缘光亮，覆直立黄毛；侧板被黄粉。雌性：额前半部粉被处具三角形小黄斑、直立黄毛和一些黑毛。

分布：浙江（临安）、北京、湖北、四川、云南。

114. 鬃胸蚜蝇属 *Ferdinandea* Rondani, 1844

Ferdinandea Rondani, 1844: 196. Type species: *Conops cuprea* Scopoli, 1763.

Chrysoclamys Walker, 1851: 279; unjustified new name for *Ferdinandea* Rondani.

主要特征：体中等大小；金属绿色或金黄色。头部半球形，略宽于胸部；颜中突明显；复眼被毛，雄性两眼合生。触角短，鞭节侧面平凹，长卵形或几乎圆形；触角芒裸。中胸背板近方形，角圆；小盾片为半透明的蜡状。r-m 横脉位于 m_2 室中部。腹部椭圆形，略长于胸。

分布：世界广布，已知 15 种，中国记录 4 种，浙江分布 2 种。

（354）铜鬃胸蚜蝇 *Ferdinandea cuprea* (Scopoli, 1763)（图版ⅩⅩ-18）

Conops cuprea Scopoli, 1763: 355.

Ferdinandea cuprea: Peck, 1988: 122.

主要特征：体长 10–13 mm。雄性：复眼密被黄白色毛，复眼接缝短。头部宽于胸部；头顶黑色，单眼三角之前及其前部侧面红黄色；后头部黑色，密被黄粉；额橘黄色，被黑毛；颜面侧面观在额突下方浅凹；正面观橘黄色，裸而亮。触角红黄色；鞭节近圆形，端部背侧略呈黑色；触角芒黑色，裸。中胸背板黑色，具铜紫色光泽，肩胛、侧缘及翅后胛黄褐色；背板中部主要被黑毛，前缘及两侧被黄毛；沿背板侧缘、翅后胛及后缘具黑色长鬃。小盾片黄而透亮，后缘两侧约具6对黑色长鬃。侧板黑色；中侧片后缘棕黄色，具4根黑色大鬃。翅面具微毛，基部及前缘略带黄色；翅中部具暗色纵斑，翅痣黄色。各足基转节黑色，其余橘黄色。腹部长卵形，黑绿色，具光泽，密被直立黄毛；第2背板前缘及第2、第3背板后部略呈古铜色，中央向前延伸，使前部黑绿色部分成为1对方形斑。腹面黑绿色。雌性：头顶及额橘黄色，基部色深，单眼三角黑褐色，额中部具黄粉横带。

分布：浙江（临安）、吉林、陕西、湖北、江西、湖南、福建、四川、贵州、云南；日本，中亚地区，欧洲。

（355）红角鬃胸蚜蝇 *Ferdinandea ruficornis* (Fabricius, 1775)（图版 XX-19）

Syrphus ruficornis Fabricius, 1775: 769.
Ferdinandea ruficornis: Peck, 1988: 122.

主要特征：体长9.5 mm。额黑色，颜面黄色，触角柄节、梗节暗褐色，鞭节上侧暗色，下侧棕色。胸部背板具侧鬃和许多细黄毛并混杂稀疏黑毛。前足、中足、后足基转节暗色，前足、中足、后足股节基部4/5暗色，顶端棕色，前足胫节顶端一半、中足胫节顶端1/3、所有跗节顶端暗褐色。腹部亮蓝黑色。

分布：浙江（德清）、黑龙江。

115. 颜突蚜蝇属 *Portevinia* Goffe, 1944

Portevinia Goffe, 1944: 244. Type species: *Eristalis maculatus* Fallén, 1817.

主要特征：体小至中型，金属黑色或灰黑色。雄性合眼，雌性离眼，被毛或裸；额具纵沟；颜在中突处突出之后垂直向下，整个中下部向前突出。翅r-m脉在中室中部之前。足简单。腹部具成对的淡色斑。

分布：古北区，已知4种，中国记录3种，浙江分布1种。

（356）灰斑颜突蚜蝇 *Portevinia maculata* (Fallén, 1817)

Eristalis maculata Fallén, 1817: 52.
Portevinia maculata: Peck, 1988: 124.

主要特征：体长7–9 mm。雄性：头顶与额黑色；额覆灰黄色粉被；触角基部上方具1深褐色裸区，光亮，额正中纵沟明显；颜在触角基部下方凹入极深，而后明显前突，中突与上口缘相接；颜黑色，两侧覆灰黄色粉被，中突及侧口缘亮黑色；眼缘宽而明显，密覆黄粉被；后头黑色，粉被灰色。复眼连接线极短或相接于一点；触角橘红色或棕黄色，基部2节暗色，鞭节近圆形；触角芒近乎裸。中胸背板黑色，略具光泽，背板前缘及背侧片覆灰色粉被，翅后胛橙黄色或暗棕色，具少数黑鬃；侧板覆灰色粉被，中侧片后缘上部具黑鬃；小盾片稍具光泽，被毛，缘鬃缺如或较短。翅稍带灰色。足黑色，膝部黄色或红色极狭。腹部暗黑色，第2–4背板近前缘各具1对近方形灰色斑。雌性：中胸背板具2对不明显的灰色粉被纵条，腹部第5背板亦具灰斑。

分布：浙江、黑龙江、江苏、云南；欧洲。

116. 鼻颜蚜蝇属 *Rhingia* Scopoli, 1763

Rhingia Scopoli, 1763: 358. Type species: *Conops rostrata* Linnaeus, 1758.

　　主要特征：头部略宽于胸部；额略宽，颜面自触角之下凹入，中下部向前延伸形成长喙状。复眼雄性合生，雌性分离；触角鞭节长，触角芒裸。中胸背板近方形；小盾片略粗壮，近半圆形。r-m 脉在中室中部之前。腹部约与胸部等宽，短卵形。

　　分布：世界广布，已知 40 余种，中国记录 15 种，浙江分布 1 种。

（357）四斑鼻颜蚜蝇 *Rhingia binotata* Brunetti, 1908（图版 XX -20）

Rhingia binotata Brunetti, 1908: 59.

Rhingia binotata quadrinotata Hervé-Bazin, 1914: 151.

　　主要特征：体长 12–13 mm。雄性：复眼上部被稀疏的黄褐色短毛，两眼连接线长于头顶三角；头顶三角黑色，被黑毛；额小，黑亮；颜面正中在触角下部覆黄粉。颊部黄色。触角红褐色，鞭节卵形，端部钝圆；触角芒长，黄褐色，端部黑褐色，基部被微毛。中胸背板黑色，密被黄粉，两侧黄色；中央黄粉形成 1 对宽纵条纹；背板被黄毛；小盾片黄色，半透明，盾下缨长而密。中胸侧板黑色，密被黄粉，中胸侧片前平部上部黄色。翅透明，翅面被微毛，翅痣暗褐色。足黄色，基节、转节及股节基半部黑色；跗节外侧具黑色小刺。腹部宽卵形，黑色。第 1 背板黄色，两侧具褐斑；第 2 背板具 1 对大型的黄色横斑，斑两侧到达背板侧缘；第 3 背板具 1 对狭三角状黄色横斑，不达背板侧缘。雌性：头顶及额两侧近平行，额被黄粉，仅前端裸，额前部低而略下凹，新月形片中部两侧浅凹。各足基节、转节及股节基部暗褐色。

　　分布：浙江（临安）、吉林、甘肃、湖北、福建、台湾、广东、广西、四川、贵州、云南、西藏；日本，中亚地区，欧洲。

117. 斑眼蚜蝇属 *Eristalinus* Rondani, 1845

Eristalinus Rondani, 1845: 453. Type species: *Musca sepulchralis* Linnaeus, 1758.

Lathyrophthalmus Mik, 1897: 114. Type species: *Conops aeneus* Scopoli, 1763.

　　主要特征：体中至大型，近乎裸，大多具金属光泽。头部大，半球形，略宽于胸部；雄性复眼接眼，少数种类离眼；雌性离眼，具毛和暗色斑点或纵条纹；额微突出；颜具明显中突。触角芒裸。r_1 室封闭，R_{4+5} 脉明显凹入 r_5 室。腹部卵形或长椭圆形，具淡色斑纹。

　　分布：世界广布，已知 90 余种，中国记录 13 种，浙江分布 8 种。

分种检索表

1. 雌、雄两性复眼离眼；腹部黑色，第 2、第 3 背板正中具高脚杯状的暗黑斑 ·················· **钝黑斑眼蚜蝇 E. sepulchralis**
- 雄性复眼接眼 ··· 2
2. 体较长，腹部长于头、胸之和 ··· 3
- 体较短，腹部等于或短于头、胸之和 ·· 4
3. 腹部具金属光泽，无斑纹；复眼上部具毛，下部裸 ······································· **黑色斑眼蚜蝇 E. aeneus**
- 腹部无金属光泽；第 2–4 背板具黄色侧斑（雄性）或灰白色粉被横带（雌性）；复眼具斑纹 ······· **亮黑斑眼蚜蝇 E. tarsalis**
4. 体亮绿黑色或金属绿色；复眼暗斑不明显或无暗斑 ·································· **绿黑斑眼蚜蝇 E. viridis**
- 体黑色；复眼黑斑明显 ·· 5

5. 中胸背板具 1 对灰白色粉被纵条；腹部第 2–4 背板中部具"X"形暗黑斑，两侧各具"八"字形淡色粉被横斑 …………
…………………………………………………………………………………… 钝斑斑眼蚜蝇 *E. lugens*

- 中胸背板具 5 条灰黄色粉被；腹部不如上述 ……………………………………………………………… 6

6. 足大部分棕黄色或棕红色 ……………………………………………… 棕腿斑眼蚜蝇 *E. arvorum*

- 足主要呈黑色 ……………………………………………………………………………………… 7

7. 跗节黄色 ……………………………………………………… 黄跗斑眼蚜蝇 *E. quinquestriatus*

- 跗节黑色 …………………………………………………… 黑跗斑眼蚜蝇 *E. quinquelineatus*

（358）黑色斑眼蚜蝇 *Eristalinus aeneus* (Scopoli, 1763)（图版 XXⅠ-1）

Conops aeneus Scopoli, 1763: 356.

Eristalinus aeneus: Knutson *et al.*, 1975: 347.

　　主要特征：体长 11–12 mm。体亮黑色，雄性两眼连接线约为头顶三角长之半；复眼棕色，具暗色小圆斑，仅上部 1/3 具短毛；头顶三角长；额和颜覆黄白色粉被；颜正中具亮黑色纵条，下部两侧及颊具黑色宽纵条；后头突出，具亮绿色光泽。触角小，基部 2 节黑色，鞭节棕色，卵形。中胸背板及小盾片黑色，具光泽，被黄短毛；肩胛密覆淡灰色粉被，翅后胛具若干黑毛；雌性中胸背板具 5 条灰色纵条，狭而不明显。翅黄色。足黑色，膝部黄色，前足、中足胫节基部 1/3–1/2、后足胫节基部 1/3 黄色，前足跗节基部黄色，并常扩展至端节。腹部全黑色，带绿色或蓝色光泽，略长于头、胸之和，自第 2 背板之后向腹端逐渐变狭；背板密被红黄色至棕色毛，第 2 背板后半部或后缘具明显的黑毛带；腹面亮黑色，腹板后缘淡黄色；雌性腹部全具黄毛。

　　分布：浙江、黑龙江、内蒙古、北京、河北、山东、河南、甘肃、新疆、江苏、上海、湖南、福建、广东、海南、广西、四川、云南；世界广布。

（359）棕腿斑眼蚜蝇 *Eristalinus arvorum* (Fabricius, 1787)（图版 XXⅠ-2）

Syrphus arvorum Fabricius, 1787: 335.

Eristatinus arvorum: Knutson *et al.*, 1975: 347.

　　主要特征：体长 10–13 mm。雄性：两眼连线长；复眼具暗色斑点，上部具较密的深褐色短毛；头顶黑色；额微隆，密覆灰黄色粉被；颜较狭，密覆黄色粉被。触角橘黄色，鞭节背端色暗；触角芒裸，基部橘黄色，端部黑色。中胸背板亮黑色，背板具 5 条灰黄色粉被纵条，并于后缘处合并成 1 横带；小盾片亮棕黄色，透明；侧板覆灰黄色至灰棕色粉被。翅透明，腋瓣棕褐色。足的色泽变异大，通常棕黄色或棕红色，前足、中足胫节端半部及后足胫节除最基部外均为棕黑色。腹部第 1 背板淡黄色至红黄色，具光泽；第 2 背板两侧具红黄色或橘黄色大型方斑，仅背板后缘 1/4 黑褐色，后缘正中具近三角形纵线；第 3 背板前缘中部具 1 对大的深橘黄斑，后缘黑色；第 4 背板黑褐色，亚前缘具略呈弓形的黄粉被横带，中间变窄断裂，后缘约 1/4 处具红黄色粉被带；尾节亮黑褐色。雌性：中胸背板黄灰粉被纵条狭；腹部较长，第 2–4 背板各具黄横带；第 5 背板具 1 对黄侧斑。

　　分布：浙江（临安）、甘肃、江苏、江西、湖南、福建、台湾、广东、海南、香港、广西、四川、云南、西藏；日本，东南亚地区，北美洲，大洋洲。

（360）钝斑斑眼蚜蝇 *Eristalinus lugens* (Wiedemann, 1830)（图版 XXⅠ-3）

Eristalis lugens Wiedemann, 1830: 193.

Eristalinus lugens: Knutson *et al.*, 1975: 348.

主要特征：体长 7–8 mm。体黑色，具光泽。雄性两眼连接线约与头顶三角等长；复眼棕红色，具圆形褐斑，眼上部具灰黄色密毛，下部近乎裸；头顶与额亮黑色，头顶前部具灰黄色粉被，额两侧沿眼缘为细狭淡黄色粉被，前部裸；雌性额大部密覆灰黄色粉被，中部具棕褐色粉被横带；颜除中突及口缘亮黑色外，密覆灰白色至灰黄色粉被及同色毛，两侧下部具亮黑色纵条。触角黑色，鞭节棕褐色，下半部棕色；触角芒棕色。中胸背板黑色，略具光泽和棕色毛；小盾片金属黑色；侧板黑色，略覆粉被；雌性背板前缘正中具 1 对灰白色粉被横斑，两侧自肩胛至翅后胛具较宽灰白色粉被纵条，背板后缘具淡色粉被狭横带；小盾片后部稍带褐色。翅透明，翅痣小，黑褐色。足黑色；前足、中足胫节基部 1/3–1/2 及基跗节、后足胫节极基部黄色或棕黄色，后足基跗节略带褐色。腹部较短，黑色，具铜绿色光泽；第 1 背板除中部为半圆形暗斑外均覆淡色粉被；第 2–4 背板中部暗黑色斑近 “X” 形，两侧各具 “八” 字形淡色粉被横斑，各节背板后缘极光亮；雄性尾节亮黑色。

分布：浙江（安吉、杭州）、山东、甘肃、上海、江西、湖南、福建、台湾、广东、广西。

（361）黑跗斑眼蚜蝇 *Eristalinus quinquelineatus* (Fabricius, 1781)（图版 XXI-4）

Syrphus quinquelineatus Fabricius, 1781: 425.

Eristalinus quinquelineatus: Peck, 1975: 183.

主要特征：体长 10–12 mm。复眼红黄色或黄棕色，具黑褐色圆形小斑，眼毛短，褐色，雄性两眼连线为头顶三角长的 2 倍；头顶亮黑色；额黑色，密覆灰白色或黄白色粉被和银色光泽，额在触角基部上方具三角形亮黑斑；颜除中突及 2 细狭侧条外，密覆淡灰色或灰黄色粉被，下部两侧亮黑色狭；雌性额密覆灰黄色粉被，中部正中具卵圆形暗斑。触角红黄色，基部两节及鞭节背侧黑褐色；触角芒黄棕色，光亮。中胸背板亮黑色，稍带铜色光泽，具黄灰色纵条 5 条；侧板黑色，覆灰色粉被；小盾片棕黄色或棕褐色。翅黄色，透明。足黑色，具光泽；前足、中足胫节基半部、后足胫节基部 1/4–1/3 黄色或棕黄色。腹部短于头、胸之和，基部 3 节两侧红黄色，中部暗灰色至暗黑色；第 2 背板红黄色侧斑大，斑两侧略具光泽，背板中部具近 “I” 字形黑斑；第 3 背板斑纹与前者相近，但稍小，暗黑色前缘缺如，亮黑色后缘较前节宽，黄斑除中部外光亮；第 4 背板前半部暗黑色，后半部亮黑色而具铜色光泽；第 3、第 4 背板各具稍呈弓形的淡色粉被斑；尾节亮黑色或古铜色；雌性腹部较狭，第 2 背板黄斑较小，第 2–5 背板大部暗黑色，仅前侧及宽的后缘亮黑色，各节具灰黄色粉被横带。

分布：浙江、江苏、安徽、湖北、江西、湖南、福建、广东、海南、香港、广西、四川、云南、西藏；中亚地区，伊朗，阿富汗，欧洲，非洲。

（362）黄跗斑眼蚜蝇 *Eristalinus quinquestriatus* (Fabricius, 1794)（图版 XXI-5）

Syrphus quinquestriatus Fabricius, 1794: 289.

Eristalinus quinquestriatus: Knutson *et al.*, 1975: 349.

主要特征：体长 8–11 mm。雄性：体较宽短；两眼连接线长，复眼上半部被棕色毛及黑斑，额密覆暗黄色粉被；颜黑色，覆黄粉被及黄绒毛，中突狭小，裸。触角棕黄色，鞭节背侧呈暗带；触角芒黄色，末端暗色。中胸背板黑色，具强烈紫黑色光泽和 5 条黄粉被纵条，亚中条于背板后缘相连成 1 宽横带；小盾片亮红黄色。翅淡黄色，透明，翅痣基部、端部具暗斑。足大部黑褐色至黑色；前足、中足股节端部、后足股节末端、前足胫节基半部、中足胫节、后足胫节基部黄白色或淡黄色；各足跗节黄色，端部 2 或 3 节暗棕色。腹部约与头、胸部等长，向尾端明显变狭；第 1 背板黄色，后缘除两侧外黑色；第 2 背板黄色，后缘黑色较宽，正中向前扩展呈三角形，正中黄斑之间具 1 淡色小斑；第 3 背板黄色，黑色后缘与前节相同或更宽，近背板前缘中部具不规则黑斑，黑斑与黑色后缘之间具 1 白色或灰黄色粉被小横斑；第 4 背板亮黑色，中部具微曲的黄灰色粉被横带，背板后缘亮黑色。雌性：头顶亮黑色；额宽，粉被灰黄色，后部具暗褐色横带；腹部圆锥形，具光泽。

分布：浙江（临安）、甘肃、江苏、安徽、湖北、江西、湖南、福建、台湾、海南、广西、云南、西藏；日本，东洋区。

（363）钝黑斑眼蚜蝇 *Eristalinus sepulchralis* (Linnaeus, 1758)（图版 XXI-6）

Musca sepulchralis Linnaeus, 1758: 596.

Eristalinus sepulchralis: Knutson et al., 1975: 349.

主要特征：体长 7–9 mm。雌、雄两性复眼均为离眼，复眼淡棕色或棕红色；具不规则的黑斑。头顶黑色，覆灰黄色粉被，单眼前具较长黑毛；额覆灰色粉被；颜黑色，密覆灰色粉被，中突小，裸，亮黑色；雌性额正中具暗棕色小斑，颜下部两侧具亮黑色纵条。触角黑色，鞭节基部下缘常棕黄色；雌性触角鞭节大部棕黄色，仅上缘黑褐色。中胸背板黑色，前半部具 1 对极明显的灰色亚中纵条，前宽后狭，正中纵条极细狭；肩胛及背板侧缘灰色；雌性背板具 5 条灰白纵条，直达小盾沟；小盾片黑色。翅近乎透明。足黑色；股节粗大，后足较显，稍弯曲；后足胫节侧扁；后足转节下缘具 1 簇黑色短鬃。腹部短卵形，黑色，略具暗铜绿色光泽，雌性背板铜绿色；第 1 背板正中具半圆形暗黑色斑；第 2、第 3 背板正中具高脚杯状暗黑斑，两侧各具暗铜绿色光泽的三角形斑，背板后缘铜绿色；第 4 背板基部暗黑色三角形斑极小；尾节黑灰色。

分布：浙江（舟山、黄岩）、黑龙江、吉林、辽宁、内蒙古、北京、河北、山西、山东、甘肃、新疆、江苏、湖北、江西、湖南、广东、海南、四川、西藏；俄罗斯，蒙古国，日本，中亚地区，印度，斯里兰卡，欧洲，北非。

（364）亮黑斑眼蚜蝇 *Eristalinus tarsalis* (Macquart, 1855)（图版 XXI-7）

Eristalis tarsalis Macquart, 1855: 107.

Eristalinus tarsalis: Knutson et al., 1975: 349.

主要特征：体长 9–13 mm。体亮黑色或蓝黑色。雄性两眼连线等于或稍长于头顶三角；复眼黄色或棕黄色，密具紫色或黑色小斑，眼毛黄褐色，仅上部明显；头顶亮黑色；额覆淡粉被，前部为黑色大斑，光亮，裸；颜覆黄灰色粉被，中突较大，颜正中具亮黑色中条；雌性额中部具绒黑色横带。触角棕褐色，鞭节腹侧黄色至黄褐色；触角芒基部具短毛。中胸背板黑色，除背板两侧覆灰色粉被外，具强烈光泽；雌性背板具明显的 5 条灰白色粉被纵条；侧板黑色，覆灰粉被；小盾片亮黑色。足黑色，股节末端、胫节基部 1/3、跗节基部 1–2 节黄色；后足股节腹面具黄色长毛，端部具小黑鬃。腹部基部较胸部宽，向尾端明显变狭，黑色，腹部第 1 背板两侧红黄色，光亮，后缘铅灰色；第 2–4 背板具红黄色侧斑；第 4 背板铜黑色，正中黑条无光泽；尾节亮黑色；雌性腹部第 2–4 背板各具灰粉被横带，第 2 节横带位于背板中部，中间宽断裂，第 3、第 4 节横带近背板前缘，中间狭断裂，第 5 背板深黑色，较尖，具光泽。

分布：浙江（舟山）、河北、河南、甘肃、江苏、上海、江西、湖南、福建、台湾、广东、广西、四川、云南、西藏；朝鲜，日本，印度，尼泊尔。

（365）绿黑斑眼蚜蝇 *Eristalinus viridis* (Coquillett, 1898)（图版 XXI-8）

Eristalis viridis Coquillett, 1898: 326.

Eristalinus viridis: Peck, 1985: 184.

主要特征：体长 10–12 mm。雄性：体亮绿黑色或金属绿色。两眼连线约为头顶三角长之半；复眼无暗斑或暗斑不明显，眼上部 1/3 的毛白色；头顶三角大，黑色；额绿黑色，具光泽，两侧覆黄白色粉被，额突亮黄色；颜黑绿色，覆灰色粉被，中突裸，颜在触角基部下方凹入深；后头黑色，毛黄色。触角黄色至棕黄色，触角芒端部色略暗，被微毛。中胸背板深黑色，具 5 条铜绿色光泽纵条，与背板后缘铜黑色宽带相连；小盾片亮绿黑色；侧板黑色；胸部毛黄或黄褐色。翅透明，翅痣有 1 小黄斑；平衡棒黄色。足黑色，股节末端、前中足胫节基半部及后足胫节基部 1/3 黄色；跗节基部 1–2 节略带红棕色；后足股节端部腹面、胫节具短黑鬃。腹部与胸部等长，宽于胸；第 1 背板亮黑色，覆灰粉；第 2 背板绒黑色，两侧各具 1 黑绿色大斑，背板正中绒黑色部分呈"工"字形；第 3 背板黑绿色侧斑大，正中绒黑斑近"∧"形；第 4 背板亮铜绿色，仅正中具极小的绒黑色斑；尾节亮黑绿色。雌性：额黑色或亮绿黑色，前部覆棕黄色粉被，沿眼缘具 1 对黄白色长形粉被斑；第 3 背板绒黑斑小，第 4 背板无绒黑斑。

分布：浙江（临安）、陕西、甘肃、江苏、湖北、福建、广西、四川；日本。

118. 管蚜蝇属 *Eristalis* Latreille, 1804

Eristalis Latreille, 1804: 194. Type species: *Musca tenax* Linnaeus, 1758.

Cryptoeristalis Kuznetzov, 1994: 231. Type species: *Musca oestracea* Linnaeus, 1758.

主要特征：头等于或略宽于胸，近半圆形。额微突出；雄性复眼接眼，雌性离眼，被毛，无斑点；颜具明显中突，口上缘适当突出。触角正常大小，鞭节卵形；触角芒基生，裸或基半部被毛。中胸背板近方形。翅 R_{4+5} 脉明显凹入 r_5 室，r_1 室封闭，具柄。足简单。腹部与胸部等宽，卵形、锥状或略长。

分布：世界广布，已知 90 余种，中国记录 35 种，浙江分布 3 种。

分种检索表

1. 复眼被毛，中间具 2 条由棕色长毛紧密排列而成的纵条；触角芒基部具微毛 ⋯⋯⋯⋯⋯⋯⋯⋯ **长尾管蚜蝇 *E. tenax***
- 复眼被毛均匀；触角芒基半部具羽状毛 ⋯⋯⋯⋯⋯⋯⋯⋯⋯⋯⋯⋯⋯⋯⋯⋯⋯⋯⋯⋯⋯⋯⋯⋯⋯⋯⋯ 2
2. 中胸背板前部正中具灰白色粉被纵条，沿盾沟处具淡色粉被横带；腹部第 2 背板具"I"字形黑斑 ⋯⋯ **灰带管蚜蝇 *E. cerealis***
- 中胸背板前部正中无或具不明显粉被纵条，沿盾沟处无灰白色粉被横带；雄性腹部第 2 节中央具黑斑，呈"I"字形，雌性仅第 2 背板正中具黑斑，较雄性大，后部扩展至背板侧缘 ⋯⋯⋯⋯⋯⋯⋯⋯ **短腹管蚜蝇 *E. arbustorum***

（366）短腹管蚜蝇 *Eristalis arbustorum* (Linnaeus, 1758)（图版 XXI-9）

Musca arbustorum Linnaeus, 1758: 591.

Eristalis arbustorum: Knutson *et al.*, 1975: 351.

主要特征：体长 9–10 mm。复眼毛棕色，雄性两眼连线约与头顶三角等长；头顶黑色，覆薄灰黄色粉被；额与颜密覆黄色至棕黄色粉被，额毛深黄色，颜毛长，淡黄色，触角基部下方裸，两侧下部及口缘黑色。触角黑色，鞭节黑色至棕色；触角芒基部具羽状长毛。中胸背板暗黑色；小盾片红棕色至黄棕色。足黑色，前足、中足胫节基部 2/3、后足胫节基半部、各足股节端部、中足基跗节棕黄色至棕红色。腹部较短，棕黄色，第 1 背板覆灰白色粉被；第 2 背板大部黄色，正中具"I"字形黑斑，该斑前宽后狭，不达背板后缘；第 3 背板黑斑基部较狭，渐向后加宽，约占背板中部的 1/3，并达背板侧缘，背板黄色后缘极狭；第 4 背板亮黑色，后缘黄色；尾节亮黑色；背板密被长毛；雌性腹部仅第 2 背板正中具黑斑，且较雄性大，斑后部扩展至背板侧缘，第 3–5 背板黑色，第 2–5 背板后缘黄白色至黄色。

分布：浙江、黑龙江、吉林、辽宁、内蒙古、河北、山西、山东、河南、陕西、宁夏、甘肃、青海、新疆、湖北、福建、四川、云南、西藏；俄罗斯，中亚地区，印度，伊朗，叙利亚，阿富汗，欧洲，北美洲，北非。

（367）灰带管蚜蝇 *Eristalis cerealis* Fabricius, 1805（图版 XXI-10）

Eristalis cerealis Fabricius, 1805: 232.

Eristalis sachalinensis Matsumura, 1916: 263.

　　主要特征：体长 11–13 mm。雄性复眼密被棕色长密毛，下部毛淡黄色；头顶黑色，被暗棕色毛，并混以黄毛；额黑色；颜黑色，覆金黄色粉被；颊覆灰白色粉被。触角黑色；触角芒基部为羽状毛。中胸背板黑褐色，具薄淡色粉被，前部正中具灰白粉被纵条，沿盾沟处具淡粉被横带，前缘及后缘各具较狭及较宽横带，肩胛灰色；小盾片黄色。足黑色，股节末端、胫节基半部及前足跗节基部黄色至棕黄色。腹部棕黄色至红黄色；第 1 背板覆青灰色粉被；第 2、第 3 背板中部各具"I"字形黑斑；第 2–4 背板后缘黄色；第 5 背板黑色；雌性第 3 背板大部黑色。

　　分布：浙江（杭州）、黑龙江、辽宁、内蒙古、河北、山东、河南、陕西、甘肃、青海、新疆、江苏、安徽、湖北、江西、湖南、福建、台湾、广东、四川、云南、西藏；俄罗斯，朝鲜，日本，东洋区。

（368）长尾管蚜蝇 *Eristalis tenax* (Linnaeus, 1758)（图版 XXI-11）

Musca tenax Linnaeus, 1758: 591.

Eristalis tenax: Knutson *et al.*, 1975: 351.

　　主要特征：体长 12–15 mm。雄性复眼暗棕色，中间具 2 条由棕色长毛紧密排列而成的纵条；头顶毛黑色；额黑色；颜正中具亮黑色纵条，中突明显；额与颜覆黄白色粉被；颜、颊及后头被淡黄毛。触角暗棕色至黑色；触角芒基部具微毛。中胸背板黑色；小盾片黄色或黄棕色。翅痣棕色。足大部黑色，膝部及前足胫节基部 1/3、中足胫节基半部黄色。腹部大部棕黄色，第 1 背板黑色；第 2 背板具"I"字形黑斑，黑斑前部与背板前缘相连，后部不达背板后缘；第 3 背板黑斑与前略同，但黑斑前部不达背板前缘，后部向后延伸，背板仅具细狭的后缘黄带；第 4、第 5 背板绝大部分黑色；雌性第 3 背板几乎全部黑色，仅前缘两侧及后缘棕黄色。

　　分布：浙江、黑龙江、吉林、辽宁、内蒙古、河北、山西、山东、河南、陕西、宁夏、甘肃、青海、新疆、江苏、安徽、湖北、江西、湖南、福建、台湾、广东、海南、广西、四川、贵州、云南、西藏。

119. 拟管蚜蝇属 *Pseuderistalis* Shiraki, 1930

Pseuderistalis Shiraki, 1930: 148. Type species: *Pseuderistalis bicolor* Shiraki, 1930.

　　主要特征：头半圆形；颜面中突大，额具明显额突；复眼裸，雄性接眼；触角裸。中胸背板具不明显的黄横带。翅短，具 1 个大中斑。腹部近顶端变狭，尖。

　　分布：东洋区。世界已知不足 10 种，中国记录 2 种，浙江分布 1 种。

（369）黑拟管蚜蝇 *Pseuderistalis nigra* (Wiedemann, 1824)（图版 XXI-12）

Eristalis nigra Wiedemann, 1824: 38.

Pseuderistalis nigra: Knutson *et al.*, 1975: 458.

　　主要特征：雌性：复眼离眼，裸；额黑色，被黄毛；头顶三角黑色；颜黑色，覆黄粉和短黄毛。触角淡褐色，鞭节长略大于宽；触角芒裸，淡褐色。中胸背板黑色，具 3 条不达盾沟的亮铜绿色纵条纹；小盾片黑色。翅褐色。各足股节绝大部分黑色；胫节基半部黄色，后半部黑褐色；跗节黑褐色；足毛淡黄色，后足股节顶端 1/3 的外下侧、胫节顶端和跗节腹面具粗黑毛。腹部黑色；第 1 节背板具亮铜绿色横带，第 2、第 3 背板具亮铜绿色斑纹，前者斑纹较宽且两斑相隔较宽，后者斑纹较第 1 节狭，且相距较近，第 1、第 2 节背板后缘均为亮铜绿色。

　　分布：浙江（临安）。

120. 条胸蚜蝇属　*Helophilus* Meigen, 1822

Helophilus Meigen, 1882: 368. Type species: *Musca pendula* Linnaeus, 1758.

Kirimyia Bigot, 1882: 347. Type species: *Kirimyia eristaloidea* Bigot, 1882.

　　主要特征：复眼裸，雌雄两性复眼离眼；颜具中突，口缘之上略突起或突起明显。触角芒裸。中胸背板黑色，具明显的黄色纵条。r_1 室开放，R_{4+5} 脉凹入 r_5 室。足粗壮，后足股节粗，无齿或下侧具明显刺；后足胫节弯曲。腹部黑色，具黄带或斑。

　　分布：世界广布，已知 40 余种，中国记录 15 种，浙江分布 3 种。

分种检索表

1. 腹部仅第 2 背板具黄斑，其余各背板具狭的灰色横带 ·· 狭带条胸蚜蝇 *H. virgatus*
- 腹部第 2、第 3 节黄色侧斑明显，第 3 节中部具小灰斑 ·· 2
2. 颜正中具棕黄色纵条；腹部第 4 背板具 "W" 形灰白色粉被斑；后足胫节除基部 1/4 黄色外，通常黑色 ············
   ··· 黄条条胸蚜蝇 *H. parallelus*
- 颜正中具黑色纵条 ··· 黑角条胸蚜蝇 *H. pendulus*

（370）黄条条胸蚜蝇 *Helophilus parallelus* (Harris, 1776)（图版 XXI-13）

Musca parallelus Harris, 1776: 57.

Helophilus parallelus: Peck, 1988: 197.

　　主要特征：体长 13–15 mm。雄性头部大部黄色；头顶黑色；额中后部两侧平行，前端加宽；颜正中具棕黄色纵条，裸；颊亮黑色，口缘黑色；雌性额较宽，后部亮黑色，前部覆灰黄色粉被；触角黑棕色或黑色。中胸背板暗黑色，背板具 2 对达小盾沟的黄白色纵条；小盾片黄棕色；侧板黑色，密覆灰白色粉被。前足、中足大部黄红色，基节、转节及股节基半部至基部 2/3 黑色，后足主要呈黑色，仅股节端部黄红色，胫节基部 1/4 黄色；后足股节略粗大，腹面具黑色短刺，后足胫节弯曲。腹部黑色，第 1 背板两侧灰黄色，第 2、第 3 背板各具 1 对黄侧斑，第 3 背板后缘 1/5–1/4 黑色，前缘正中黑色部分略呈半圆形，黄斑内端各具灰白色粉被斑，背板后缘极狭，红棕色；第 4 背板黑色，具 "W" 形灰白色粉被斑，后缘红棕色，极狭；雌性第 5 背板前缘具灰白色粉被斑。

　　分布：浙江（建德）、黑龙江、吉林、辽宁、内蒙古、北京、河北、新疆；俄罗斯，蒙古国，中亚地区，伊朗，阿富汗，欧洲。

（371）黑角条胸蚜蝇 *Helophilus pendulus* (Linnaeus, 1758)（图版 XXI-14）

Musca pendula Linnaeus, 1758: 591.

Helophilus pendulus: Peck, 1988: 197.

　　主要特征：体长 11–14 mm。雄性头部颜正中纵条、口缘亮黑色；额前端具近三角形黑褐色大斑；后头上部覆黄粉被，下部覆灰白色粉被；雌性额具长形黑色或黑褐色斑。触角黑色；触角芒棕黄色，裸。中胸背板黑色，具 2 对棕黄色粉被纵条；小盾片褐红色或棕黄色；翅后胛及前、后气门橘黄色。足黑色，各足股节端部、前足、后足胫节基部、中足胫节全部及其基跗节或第 2 跗节基部红黑色；后足股节明显粗大，后足胫节较短，弯曲甚明显；中足及后足股节腹面具黑色短鬃。腹部黑色，无光泽；第 2 背板具黄色或红黄色大侧斑，正中具"Ⅰ"字形黑斑，后缘黄色极狭；第 3 背板黄斑与前节同，稍小，内端各具 1 半月形灰色或黄色粉被小斑，背板正中基部具半圆形黑斑；第 4 背板大部黑色，中部具 1 对红黄色或灰色半月形斑，背板两侧前角具红黄色斑，后缘黄色宽；雌性后缘黄色较雄性狭，第 3 背板黄色侧斑小，第 4 背板灰色半月形斑较小，第 5 背板具 2 个黄色侧斑。

分布：浙江、黑龙江、吉林、辽宁、内蒙古、河北、青海、湖北、江西、福建、四川、云南、西藏；俄罗斯，欧洲。

（372）狭带条胸蚜蝇 *Helophilus virgatus* Coquillett, 1898（图版 XXI-15）

Helophilus virgatus Coquilletti, 1898: 326.

Helophilus frequens Matsumura, 1905: 103.

主要特征：体长 10–15 mm。雄性：两复眼间距小于头宽的 1/6。头顶、额两侧平行，于额前端 1/3 处突然扩宽，使额的两侧呈角状；头顶、额黑色，覆黄粉，额突背面裸，光亮。颜面中央具棕褐色宽纵条纹，裸而光亮，中条纹两侧密被黄粉；两侧下方黑色，口缘黑色，颊部黑色，被黄粉。触角黄褐色，鞭节近圆形；触角芒长而裸。中胸背板黑色，密被黄粉。两侧形成黄色或红黄色的条纹，中部具 1 对细的黄色粉纵条。小盾片暗黄色；中胸侧板黑色，被灰黄色粉。翅透明，前缘略带棕黄色，痣暗黄色。足主要呈黑色；前中足股节端部、前足胫节基部、中足胫节跗节黄色；后足股节中间明显增粗。腹部狭长，黑色。第 1 背板两侧前角具黄斑；第 2 背板具三角形黄色侧斑，第 3 背板侧缘基部黄色，近基部两侧具狭而短的黄斑。第 4 背板近基部 1/4 处具黄色粉带；第 2–4 背板后缘具狭的黄边。雌性：头顶宽约为头宽的 1/4，头顶、额被红黄色粉。

分布：浙江（临安）、辽宁、北京、河北、陕西、江苏、上海、湖北、江西、湖南、福建、广西、四川、云南、西藏；日本，中亚地区。

121. 毛管蚜蝇属 *Mallota* Meigen, 1822

Mallota Meigen, 1822: 377. Type species: *Syrphus fuciformis* Fabricius, 1794.

Bombozelosis Enderlein, 1934: 186. Type species: *Bombozelosis koreana* Enderlein, 1934.

主要特征：体中至大型，毛长而密，或至少胸部毛鲜明，如熊蜂；复眼裸或被毛，雄性离眼，少数为合眼；颜在触角下凹入，其下具宽而平的中突，整个下部、向前下方突出成钝锥形；颊宽；额突明显；后头宽，隆起。触角短，鞭节宽大于长，角圆。中胸背板方形，角圆，小盾片短、宽。翅中部常具暗斑，r_1 室开放，R_{4+5} 脉在 r_5 室上方强烈凹入，r-m 横脉在中室中部。后足股节很粗大，有的种类下侧近端部具宽的毛突；后足胫节弯曲，侧扁。腹部宽、短或两侧平行。

分布：世界广布，已知 60 余种，中国记录 15 种，浙江分布 3 种。

分种检索表

1. 后足股节很膨大，下侧具明显的强大突起 ·· **弯腹毛管蚜蝇** *M. curvigaster*
- 后足股节膨大不明显，下侧无明显的突起 ·· 2
2. 腹部第 4 背板黑色 ··· **双色毛管蚜蝇** *M. bicolor*
- 腹部第 4 背板红黄色，被同色毛 ·· **三色毛管蚜蝇** *M. tricolor*

（373）双色毛管蚜蝇 *Mallota bicolor* Sack, 1910

Mallota bicolor Sack, 1910: 35.

Mallota subcitrea Violoitsh, 1978: 171.

主要特征：体长 15–20 mm。复眼被白毛，雄性两眼短距离相接；头顶黑色；额及颜两侧密覆黄白色粉被，额前方裸；颜两侧下方、中突及其下方、颊裸，光亮；后头密覆黄短毛。中胸背板黑色，前半部密被直立黄色毛，后半部密被黑毛；小盾片黄褐色，基部黑色，密被黄长毛；侧板黑色，覆淡色粉被和长黄毛。翅透明。足黑色，胫节基半部及跗节红褐色，后足色暗；后足股节略膨大，直，腹侧稍弯曲，近端部下侧具瘤突和黑色长毛，而后迅速收缩变窄。腹部黑色，第 1 节覆黄粉被和黄色长毛；第 2 节基半部被黄色长毛，端半部毛黑色；第 3 节大部被黑毛，混杂黄毛；第 4 节毛黄色或红黄色。

分布：浙江（临安）、黑龙江、内蒙古；中亚地区。

（374）弯腹毛管蚜蝇 *Mallota curvigaster* (Macquart, 1842)

Helophilus curvigaster Macquart, 1842: 62.

Mallota curvigaster: Knutson *et al.*, 1975: 354.

主要特征：体长 11–12 mm。复眼裸，雄性两眼相接一点；头顶暗黑色；额和颜密覆黄白色粉被，颜中突和口上缘狭黑色或为黑褐色中条；颊黑色；后头黑色，覆黄褐色粉被。触角鞭节黄褐色。中胸背板黑褐色，密被黄短毛及粉被；小盾片红褐色；侧板黑色，略覆黄白色粉被。翅透明。前足、中足大部分黄褐色，股节前侧及上侧、胫节前侧黑褐色；后足股节红褐色，上侧及末端黑色，中部具宽的黑环；后足股节异常粗大，近基部下侧具强大的齿突，基部外侧具圆形黑色小刚毛斑，中部向腹面加宽，外侧被粗大的黑色刚毛；后足胫节侧扁，很弯曲，腹侧具黑色中脊。腹部后部收缩，末端呈棍棒状，红褐色，具黑带；第 1 节黑色，中部红黄色，略覆黄白色粉被；第 2 节具 2 条黑横带，第 1 条带近背板前缘，中部向后延伸呈三角形，第 2 条带近背板后缘，中部向前延伸呈三角形；第 3 节具与前节相同的横带；第 4 节后部横带向前扩展，使背板大部分黑色或红黑色，仅前缘、后缘及中部的 1 对侧斑红褐色；第 5 节及尾节黑色。

分布：浙江（临安）、北京、山东、新疆、江苏、上海、福建、台湾、海南、四川、云南；印度，斯里兰卡，马来西亚，加里曼丹岛。

（375）三色毛管蚜蝇 *Mallota tricolor* Loew, 1871

Mallota tricolor Loew, 1871: 234.

Mallota japonica Matsumura, 1916: 200.

主要特征：体长 14–18 mm。雄性：头部宽于胸部。复眼裸，两眼相接一点；头顶黑色，单眼三角隆起；额黑色，密被黄白色粉，额突明显，黑亮，裸；颜黑色，覆黄白色绵毛，仅颜面中条及两侧复眼下方黑亮，裸。触角黄褐色，基部 2 节暗褐色；鞭节宽大于长，端部宽圆；触角芒长而裸。中胸背板黑色，基部 2/3 密被黄白色粉，后部具暗褐色条纹；小盾片基部黑色，端部暗黄色。侧板黑色，密覆黄灰色粉。翅透明，翅痣黑褐色；r_1 室狭的开放。足主要呈黑色；后足转节具平伏向后的黑色毛突，股节增粗，端部 1/3 逐渐变细，胫节弯曲，端部左右侧扁；股节及胫节端部暗黄色，跗节红黄色。腹部宽于胸，黑色。第 1 节背板具灰白色绵毛；第 2 节背板基部约 2/3 及两侧被灰白色毛，后端被毛黑色，缘被毛灰白色至暗灰黄色；第 3 背板后缘略呈红褐色；第 4 背板被红黄色粉，基部形成近三角形黑斑。尾端红黄色。

分布：浙江（临安）、黑龙江、吉林、内蒙古、北京、河北、四川；中亚地区，土耳其，欧洲。

122. 粉颜蚜蝇属 *Mesembrius* Rondani, 1857

Mesembrius Rondani, 1857: 50. Type species: *Helophilus peregrinus* Loew, 1846.

Eumerosyrphus Bigot, 1882: CXXVIII. Type species: *Eumerosyrphus indianus* Bigot, 1882.

主要特征：体中等大小。复眼裸，雄性复眼在触角上方仅一点相接；颜中部具毛和粉被，中条纹平。中胸背板具黄色纵条。后足基跗节腹面具球状毛。腹部具横斑和横带。

分布：世界广布，已知 50 余种，中国记录 16 种，浙江分布 2 种。

（376）宽条粉颜蚜蝇 *Mesembrius flaviceps* (Matsumura, 1905)（图版 ⅩⅪ-16）

Helophilus flaviceps Matsumura, 1905: 104.

Mesembrius flaviceps: Peck, 1988: 202.

主要特征：体长 10–12 mm。雄性：头顶三角黑色，前部覆黄色粉被；额与颜棕黄色，密覆黄白色粉被；颜下方自口缘起黑色；后头上部具棕黄色长毛。触角棕黑色至黑色；触角芒棕黄色或端部黑色。中胸背板暗黑色，具 2 对黄灰色纵条；小盾片棕色。足黑色，前足胫节及跗节、中足胫节及跗节基部 2 节、后足胫节基部棕黄色；后足股节中部粗大，端部腹面被黑色短鬃；胫节稍弯曲并扩大，端部腹面具刷状短毛。腹部黄色，具黑色中斑；第 1 背板两侧黄色，后缘灰色；第 2 背板两侧具大型略近钝三角形棕黄斑，正中具"Ｉ"字形黑斑，近后缘正中具 1 灰黄色短狭横带；第 3 背板具棕黄色斑，黄斑内端近背板前缘处各具黄色小粉被斑，正中具三角形黑斑，近后缘具 1 灰色粉被短横带；第 4 背板除侧缘及后缘棕黄色外，密覆灰黄色粉被，正中黑色横斑略近弓形。雌性：额黑色，两侧覆灰黄色或灰白色粉被。

分布：浙江（临安、绍兴、舟山）、北京、河北、甘肃、江苏、上海、湖北、湖南、四川、贵州；俄罗斯，朝鲜，日本。

（377）黑色粉颜蚜蝇 *Mesembrius niger* Shiraki, 1968（图版 ⅩⅪ-17）

Mesembrius niger Shiraki, 1968: 225.

主要特征：体长 8–12 mm。体黑色。雌性：头顶和额黑色，额两侧覆黄粉被，端部红黄色；颜红黄色，密覆黄粉被，颜侧下方及颊亮黑色；后头黑色，毛黄色，中部、下部覆灰白色粉被。触角黑色，触角芒黄褐色。中胸背板黑色，具 2 对灰黄色宽粉被纵条，侧条宽于亚中条，有时背板正中具极狭而不明显的灰色纵条；侧板黑色，略具灰黄色粉被；小盾片极基部具黑色横带，其余红黄色或黄褐色，半透明。足黑色，前足、中足股节末端、胫节基部 2/3、中足基跗节、后足胫节基部黄色，跗节背面黑褐色，后足股节端部具小黑刺，外侧具 1 排较长的刺。腹部第 1 节暗灰色；第 2 节后缘亮黑色，前部具 1 对大的灰黑色侧斑；第 3 节灰褐色，后缘亮黑色；第 4 节与前节相似，亮黑色后缘较前节狭。

分布：浙江（临安、舟山）、江苏、上海、四川；朝鲜，日本。

123. 宽盾蚜蝇属 *Phytomia* Guérin-Méneville, 1834

Phytomia Guérin-Méneville, 1834: 509. Type species: *Eristalis chrysopygus* Wiedemann, 1819.

Megaspis Macquart, 1842: 27. Type species: *Eristalis chrysopygus* Wiedemann, 1819.

主要特征：头半球形，大；头、胸、腹几乎等宽，体密被刻点；复眼裸，雄性合眼，两眼长距离相接，上部小眼较下部大。颜在触角基部下方凹入，中突低而长；无额突，额端部具小的褶皱区，雌性额宽；触角短，鞭节椭圆形或卵圆形；触角芒裸或基部具羽毛。中胸粗壮，背板宽大于长；小盾片很宽大。翅 r_1 室封闭，具柄，R_{4+5} 脉凹入 r_5 室，凹环底部具小悬脉。腹部粗短，等于或稍长于胸，圆锥形或顶端圆。

分布：世界广布，已知 20 余种，中国记录 3 种，浙江分布 2 种。

（378）裸芒宽盾蚜蝇 *Phytomia errans* (Fabricius, 1787)（图版 XXI-18）

Syrphus errans Fabricius, 1787: 337.

Phytomia errans: Knutson *et al.*, 1975: 357.

主要特征：体长 9–14 mm。复眼侧面观肾形，后缘极深凹入；头顶三角黑褐色；额和颜棕黄色；颜两侧近乎平行，中突不明显；后头密覆白粉被；触角小，棕黄色；触角芒裸。中胸背板灰黄色至棕褐色，正中具 1 对不明显的灰黄色粉被纵条，沿盾沟具 1 对细狭的灰黄色粉被短横带，背板后缘具灰白色粉被宽横带；小盾片横宽，长约为宽之半，棕褐色至黑褐色；侧板黑色，覆黄白色长密毛和薄粉被。翅黄褐色，翅脉棕黄色，翅痣基部及翅中部具棕色小斑。足主要呈黑色，仅前足、中足股节末端棕黄或黄白色，后足股节基半部或基部 2/3 及末端棕黄或红黄色，基部外侧具由黑色平卧的短棘组成的暗斑，前足、后足胫节基半部或基部 1/3 及中足胫节基部 2/3 黄白色至棕黄色。腹部第 1 节红黄色，具半圆形棕色中斑，后缘棕褐色；第 2 节深黄色，中部具近三角形棕褐色大斑；第 3 节红黄色，具光泽和与前节相似的三角形斑；第 4 背板红棕色，光亮，三角形暗色中斑不明显。

分布：浙江、陕西、宁夏、甘肃、江苏、湖北、江西、湖南、福建、台湾、海南、广西、四川、云南、西藏；日本，东南亚地区。

（379）羽芒宽盾蚜蝇 *Phytomia zonata* (Fabricius, 1787)（图版 XXI-19）

Syrphus zonata Fabricius, 1787: 337.

Phytomia zonata: Knutson *et al.*, 1975: 357.

主要特征：体长 12–15 mm。雄性：头顶黑色；额黑色，覆棕色粉被；颜亮黑色，两侧下部变宽，覆黄色粉被，中突裸；后头粉被银白色；触角棕黑色，鞭节红棕色；触角芒黄色，基半部为羽状毛。中胸背板暗黑色，密被金黄色至棕黄色长毛，背板前缘粉被灰黄色，两侧自肩胛至翅后胛覆棕黄色至暗红棕色粉被；小盾片黑色，密被黑色短毛，后缘被众多的金黄色或橘黄色长毛；侧板黑色，覆灰色至灰棕色粉被及黄色至金黄色毛，翅侧片前部毛黑色。翅透明，基部暗棕色，中部具黑斑。足黑色，后足股节略粗大；后足胫节中部较粗；雌性：中足胫节基部 1/3 棕黄色，前足胫节基部棕色，中足、后足跗节暗棕红色。腹部第 1 背板极短，亮黑色，两侧黄色；第 2 背板大部黄棕色，端部棕黑色；第 3、第 4 节背板黑色，各节近前缘具 1 对黄棕色较狭横斑；第 5 背板及尾器黑褐色。

分布：浙江（德清）、黑龙江、吉林、辽宁、内蒙古、河北、山东、河南、陕西、甘肃、江苏、湖北、江西、湖南、福建、台湾、广东、海南、广西、四川、云南；俄罗斯，朝鲜，日本，东南亚地区。

124. 平颜蚜蝇属 *Eumerus* Meigen, 1822

Eumerus Meigen, 1822: 202. Type species: *Syrphus tricolor* Fabricius, 1798.

Paragopsis Matsumura, 1916: 250. Type species: *Paragopsis griseofasciatus* Matsumura, 1916.

主要特征：复眼被毛或裸，雄性复眼接眼，有时狭分开，雌性离眼；颜平直，无中突。触角短而大，鞭节圆形或卵形或明显长；触角芒裸。中胸背板近方形，略拱起，小盾片边缘偶尔具锯齿。r-m 横脉位于中室中部，R_{4+5} 脉有时凹入 r_5 室，端横脉在 r_5 室上角明显呈角状反射，后端横脉末端更离开翅缘，更直。后足股节粗。腹部长于宽，两侧平行或中部略宽。

　　分布：世界广布，已知 280 余种，中国记录 26 种，浙江分布 2 种。

（380）闪光平颜蚜蝇 *Eumerus lucidus* Loew, 1848（图版 XXⅠ-20）

Eumerus lucidus Loew, 1848: 134.

　　主要特征：体长 6–8 mm。雄性：体亮黑色。复眼稀被浅色毛，头部黑色，覆银白色至黄色毛；头顶三角狭，端尖；颜狭，两侧平行；额和颜密被黄白色短绒毛。触角黄棕色，鞭节相当大，背侧及端部暗棕色；触角芒棕黑色。中胸背板亮黑色，具金属光泽；正中 2 条灰白色粉被纵条较狭；侧板黑色，覆白色粉被，中侧片、翅侧片被黄色长毛；小盾片黑色，具青色光泽。平衡棒棕黄色。足黑色，膝部、前足、中足胫节及各足跗节棕黄色；后足胫节基部黄色，基跗节背面棕褐色，第 2–3 跗节背面暗棕；后足股节略粗大，端部具齿列。腹部金属青黑色，基部两侧略带古铜色，第 4 背板有时带金属绿色；第 2 节斑大，棕黄色；第 3、第 4 背板各具"八"字形银灰色粉被斑。雌性：额狭，额中部两侧和后单眼之后眼缘处各具三角形灰白色被粉斑。

　　分布：浙江（临安）、吉林、内蒙古、北京、河北、山西、山东、湖北、江西、香港、四川、云南；中亚地区，欧洲。

（381）洋葱平颜蚜蝇 *Eumerus strigatus* (Fallén, 1817)（图版 XXⅠ-21）

Pipiza strigatus Fallén, 1817: 61.

Eumerus strigatus: Peck, 1988: 162.

　　主要特征：体长 5–7 mm。体黑色，具光泽。复眼具稀、短而明显的毛，雄性头顶三角宽大，略呈钝三角形，铜黑色，光亮；颜较平，不突出，密覆淡粉被；雌性额黑绿色，具金属光泽，两眼沿眼缘覆黄色粉被。触角很宽大，暗棕色至黑褐色，鞭节中部棕红色。中胸背板暗绿色，具金属光泽，正中两侧各具 1 较狭灰白色粉被纵条。足股节黑色，股节末端、胫节基部、中足跗节基部 3 节棕黄色，前足、后足跗节及中足跗节端部 2 节暗棕色；后足股节粗大，端半部腹面具 2 列短齿；后足胫节端部 2/3 稍粗大，略弯曲。腹部黑色，略具绿色光泽，两侧较平行；第 2–4 背板各具 1 对狭长的"八"字形斑。

　　分布：浙江（舟山）、内蒙古、山东、甘肃、新疆、江苏、云南；俄罗斯，蒙古国，中亚地区，欧洲，北美洲，北非。

125. 齿腿蚜蝇属 *Merodon* Meigen, 1803

Merodon Meigen, 1803: 274. Type species: *Syrphus clavipes* Fabricius, 1781.

Exmerodon Becker, 1913: 604. Type species: *Exmerodon fulcratus* Becker, 1913.

　　主要特征：体小至大型。复眼被毛，雄性两眼连线中等长；颜在触角下方微凹，无中突，口缘略突出。触角芒裸。中胸背板及小盾片无鬃。上外缘横脉端部弯曲，明显迴转，r-m 横脉位于 m_2 室中部之后。足粗大，雄性后足基节常具突起，后足股节很特化，端部具三角形突起，后足胫节弯曲，有时亦具突起，跗节宽平；雌性足简单。腹部卵形或长椭圆形。

　　生物学：本属幼虫为植食性，为害水仙等鳞茎植物。

　　分布：世界广布，已知 150 余种，中国记录 3 种，浙江分布 1 种。

（382）小齿腿蚜蝇 *Merodon micromegas* (Hervé-Bazin, 1929)（图版 XXI-22）

Lampetia micromegas Hervé-Bazin, 1929: 111.

Merodon micromegas: Peck, 1988: 172.

　　主要特征：体长 8–13 mm。雄性：头顶黑色，毛黑褐色；额和颜黑色，覆黄白色粉被。口缘突出。触角红褐色；触角芒基部黄褐色，其余红褐色。中胸背板黑色；小盾片及侧板同背板，小盾片后缘具边，无盾下毛。翅透明。足大部黑色，股节末端、胫节基部黄褐色或红褐色，跗节黑褐色；后足股节粗大，向下弯曲，近端部 1/3 外侧具大的三角形齿突；胫节弯曲。腹部黑色，第 2 节基部最宽并向末端变尖；第 2 节具 1 对大的三角形红黄斑，两斑相距较远，斑占整个背板侧缘，背板中部具 1 对灰白色粉被横带；第 3、第 4 节具灰白色粉被横带。雌性：额两侧沿眼缘覆黄褐色粉被；腹部第 2 节 1 对红黄斑相距较近，灰白色横带位于黄斑上。

　　分布：浙江（临安）、江苏。

126. 迷蚜蝇属 *Milesia* Latreille, 1804

Milesia Latreille, 1804: 194. Type species: *Syrphus crabroniformis* Fabricius, 1775.

Sphixea Rondani, 1845: 455. Type species: *Eristalis fulminans* Fabricius, 1805.

　　主要特征：体大型，似蜂类。头椭圆形；复眼裸，雄眼短距离相接，雌眼离眼；额明显突出；侧面观颜部凹陷；触角短，着生在额突上；背芒长，具短微毛。中胸背板粗大，长大于宽；小盾片前缘具边，具盾下缘缨。翅 r_1 室封闭，具柄，个别种类 r_1 室开放，r-m 脉斜，在 m_2 室端部，R_{4+5} 脉直或稍凹入。后足股节膨大，近端部下侧具 1 向后的指突；后足胫节弯曲。

　　分布：世界广布，已知 80 余种，中国记录 15 种，浙江分布 2 种。

（383）闽小迷蚜蝇 *Milesia apsycta* Séguy, 1948（图版 XXII-1）

Milesia apsycta Séguy, 1948: 167.

　　主要特征：体长 17–20 mm。雌性：体被毛短。头锈红色，额和颜两侧覆黄色粉被，头顶较隆起，雄性头顶三角长，单眼三角前覆黄粉被。触角红黄色；鞭节长、宽相等，下角突出，角圆。中胸背板锈红色，具轮廓明显的大块黑斑，该黑斑被背板中部 1 对淡色粉被亚中条分成 3 纵条；侧板锈红色，中侧片前部具黑纵条；腹侧片黑色；小盾片同背板。翅前半部锈红色。足基节黑褐色，转节褐色；前足、中足股节锈红色，后足股节黑褐色，仅端部锈红色；胫节锈红色，后足暗；前足跗节锈红色，中足、后足跗节红黄色。腹部第 2 节中部稍收缩；第 1 节亮黑色；第 2 节基部 3/5 黑色，具 1 对大的近三角形黄色亮侧斑，后缘及其后各节锈红色至暗红褐色。雌性：腹部第 2、第 3 节前缘黑色，且向后延伸成 1 对亚侧斑。

　　分布：浙江、福建、广西。

（384）非凡迷蚜蝇 *Milesia insignis* Hippa, 1990（图版 XXII-2）

Milesia insignis Hippa, 1990: 122.

　　主要特征：体长 15 mm。头顶红黄色，被白色长毛；额和颜黄色；颊红黄色，前方具明显黑纵条；后头覆黄粉被；触角红黄色；触角芒较短，黄色。中胸背板黑色，肩胛、盾沟后两侧及翅后胛红褐色，背板具 1 对黄色粉被亚中条至盾沟后；小盾片红褐色，两侧角黑褐色；侧板黑色，中侧片后部具红褐色纵条。

翅前半部褐色。足基部 2 节黑色至黑褐色；前足股节红褐色；中足、后足褐色。腹部基部 2 节黑色，第 2 节基半部具 1 对小的三角形亮黄侧斑，端部具 1 对稍大的三角形暗红色侧斑；第 3 节基半部黑色，具 1 对暗红色三角形横斑，该斑较第 2 节大，端半部暗红褐色，中央具黑纵条，后缘黑色极狭；第 4 节暗红褐色，具黑中条，基部 1/3 处具窄黑横带；第 3、第 4 节黑带后具光泽。

分布：浙江（龙泉）、福建、云南。

127. 短喙蚜蝇属 *Rhinotropidia* Stackelberg, 1930

Rhinotropidia Stackelberg, 1930: 227. Type species: *Tropidia rostrata* Shiraki, 1930.

Parrhyngia Shiraki, 1968: 205. Type species: *Parrhyngia quadrimaculata* Shiraki, 1968.

主要特征：体较小，细长。头半球形，略宽于胸；颜中部、下部向前突出成圆锥形短喙，长不超过触角末端。复眼裸，雄性复眼合生。触角小，鞭节长、宽约相等，触角芒裸。小盾片具边，后胸腹板被毛。翅 r_1 室开放，R_{4+5} 脉凹入 r_5 室，r-m 脉在中室中部之后。后足股节很膨大，端部腹面具大的三角形齿突，其上具刺，后足胫节弯曲。腹部细长，雄性逐渐收缩，雌性椭圆形。

分布：古北区。世界已知 1 种，中国记录 1 种，浙江分布 1 种。

（385）黄短喙蚜蝇 *Rhinotropidia rostrata* (Shiraki, 1930)（图版 XXⅡ-3）

Tropidia rostrata Shiraki, 1930: 90.

Parrhyngia quadrimaculata Shiraki, 1968: 205.

Rhinotropidia rostrata: Stackelberg, 1930: 227.

主要特征：体长 9–10 mm。雄性复眼相接线约为头顶三角之半长。额突明显，黄色；雌性额黑色，中纵线暗褐黑色；头顶三角黑色，顶端覆黄褐色粉被，单眼区毛黑色；颜黄色；颊黄色，复眼下方具小黑斑；触角橘黄色；触角芒裸，黄色。中胸背板亮黑色，具 1 对黄褐色宽侧条，与窄的黄褐色后缘横带相连，背板正中具 1 对淡黄褐色粉被中条；小盾片半圆形，亮黑色，边缘黄色；侧板黑色，密覆灰白色粉被。足黄色，后足股节端部 2/3、后足胫节端部 1/3–1/2 及后足跗节黑色；后足股节粗大，端部下侧具三角形齿突，其上具微刺，胫节弯曲，基跗节加粗。腹部黑色，第 1 节两侧黄白色；第 2 节具 1 对橘黄色方形侧斑，两斑中间不相连，后缘红黄色极狭；第 3 节与第 2 节相似，雄性斑较前节长，雌性斑仅位于基半部，两斑在背板前缘相连，后缘红黄色宽；第 4 节前角具 1 对黄灰色粉斑，后缘为红黄色粉被；第 5 节具 1 对大的亮黑色侧斑。

分布：浙江、北京、河北、河南、江苏、广东；俄罗斯，日本。

128. 斑胸蚜蝇属 *Spilomyia* Meigen, 1803

Spilomyia Meigen, 1803: 273. Type species: *Musca diophthalma* Linnaeus, 1758.

主要特征：体大，粗壮，毛少，似胡蜂。头部半球形，宽于胸部；复眼裸，具不规则的条或带斑，雄性复眼合生，两眼相接距离较短；颜侧面观直，口上缘微突并具额突。触角短，前伸，鞭节圆；触角芒基生，裸。中胸背板大，颇拱，黑色，具明显黄斑纹；后胸腹板被毛。翅较狭，前缘褐色，r_1 室开放，R_{4+5} 脉直；r-m 横脉斜，位于中室中部之后。足粗壮，后足股节下侧近端部具 1 齿突，后足胫节弯曲。腹部长椭圆形，拱起，边明显。

分布：世界广布，已知 30 余种，中国记录 9 种，浙江分布 2 种。

（386）凹斑斑胸蚜蝇 *Spilomyia curvimaculata* Cheng, 2012

Spilomyia curvimaculata Cheng, 2012: 595.

　　主要特征：体长 14–17 mm。雄性：头顶三角长，黑褐色，单眼三角前黄色；额、颜及颊亮黄色，额突前方正中红褐色，颜下部红褐色；触角红褐色，梗节最长；触角芒黄褐色，裸。中胸背板黑色，两侧红褐色，具 3 对黄色或红黄色斑，分别位于肩胛、肩胛内侧及盾沟两端，翅后胛上方具 1 对弯曲纵斑，前端沿盾沟内端至近外端后向下弯曲，直达翅后胛，小盾沟前具 1 对黄色斜带呈"∧"形；小盾片黑色，后缘黄色；侧板黄色，仅下侧片黑色。足红黄色，前足跗节基部 4 节背面黑褐色，后足跗节基部 4 节红褐色，前足胫节端部 2/3 前侧红褐色，后足股节中部及胫节近端部具不明显褐斑，各足股节具黑色小刺。腹部大部红褐色；第 1 背板后缘及第 2 背板前缘黑横带宽，第 2 背板基半黑中条宽，两侧具 1 对大的近三角形黄侧斑，该斑外侧前缘深深凹入，切出 1 块呈长三角形；第 3、第 4 节背板中部具 1 对黄色横带；第 2–4 背板后缘黄色，黄色部分均凸起。雌性：额中瘤具倒置的长三角形黑色中斑，额突前缘红褐色，颜下部黑褐色中条有时不明显。

　　分布：浙江（临安）、安徽、江西。

（387）大斑胸蚜蝇 *Spilomyia suzukii* Matsumura, 1916（图版 XXII-4）

Spilomyia suzukii Matsumura, 1916: 229.

　　主要特征：体长 20–25 mm。雄性：头顶亮黑色，前部密覆黄白色粉被；额棕黄色，覆与头顶同色粉被，前部裸；颜黄色，正中黑纵条短，轮廓不明显。触角棕红色，鞭节色暗。中胸背板黑色，肩胛、肩胛内侧近前缘及盾沟两端各具 1 对圆形黄斑，盾沟后方两侧具 1 对黄色纵斑，翅后胛黄色。背板近后缘中央具 1 对黄色短斜带，两带内端相接呈"∧"形；小盾片黑色，后缘黄色；侧板具 7 个黄斑。翅透明，中部略染暗色，翅痣色暗。足橘黄色，有时股节端部略带棕褐色，前足、后足胫节端半部棕褐色，前足跗节基部 3 节黑褐色，后足股节端部后侧具长形黑斑。腹部黑色，第 1 背板前角及第 2–4 节背板中部及后缘均具黄棕色横带，中部横带正中断裂。雌性：额正中具狭长的黑纵条；腹部第 5 背板黄棕色，各节侧缘黄色。

　　分布：浙江（临安）、北京、河北、陕西、江西、四川；日本，中亚地区。

129. 羽毛蚜蝇属 *Pararctophila* Hervé-Bazin, 1914

Pararctophila Hervé-Bazin, 1914: 152. Type species: *Pararctophila oberthueri* Hervé-Bazin, 1914.

Syngenicomyia Becker, 1921: 88. Type species: *Syngenicomyia pellicea* Becker, 1921.

　　主要特征：头宽大；额宽；两性复眼离眼，裸；触角鞭节略长。翅 R_{4+5} 脉深凹入 r_5 室，端横脉急廻转。腹部明显分 4 节，第 1 节很短。

　　生物学：该属成虫取食花粉和花蜜，是重要的访花传粉昆虫；幼虫腐食性。

　　分布：古北区、东洋区。世界已知 2 种，中国记录 2 种，浙江分布 1 种。

（388）红毛羽毛蚜蝇 *Pararctophila oberthueri* Hervé-Bazin, 1914（图版 XXII-5）

Pararctophila oberthueri Hervé-Bazin, 1914: 153.

Syngenicomyia pellicea Becker, 1921: 88.

　　主要特征：体长 15–17 mm。雄性头顶三角与额蓝黑色，具光泽；颜棕黄色，正中具轮廓不明显黑纵条；颜两侧黑色，具光泽；雌性额较雄性宽，头顶与额间横沟宽而浅。触角黑色，短，鞭节棕色至棕红色；触角芒棕黄色，羽毛长，下侧仅半部被毛。中胸背板、小盾片及侧板黑色，密覆棕黄色长毛。翅透明，翅脉基部黑褐色，中部棕色，端部棕褐色，翅中部具棕褐色斑，M_{1+2} 脉端部与 R_{4+5} 脉相交几呈直角。足黑色，膝部、胫节及跗节棕褐色至黑褐色，中足胫节及基部 1–3 节棕红色。腹部黑色，略具光泽；第 1、第 2 节基部两前侧角具毛皮状黄密毛；第 2 背板中部以后、第 3 背板前部及第 4 背板前缘被黑色短卧毛，第 4 背板后缘及尾节红棕色，毛大部黄色；雌性第 4 背板后缘及第 5 背板黑色。

分布：浙江、黑龙江、吉林、辽宁、北京、河北、宁夏、甘肃、江苏、湖北、福建、四川、云南、西藏；俄罗斯，蒙古国，印度。

130. 缺伪蚜蝇属 *Graptomyza* Wiedemann, 1820

Graptomyza Wiedemann, 1820: 16. Type species: *Graptomyza longirostris* Wiedemann, 1820.

Ptilostylomyia Bigot, 1882: cxiv. Type species: *Graptomyza brevirostris* Wiedemann, 1820.

主要特征：体小。无额突；颜在触角下直，下半部明显向前突出成钝或尖的口锥。两性复眼明显分开；触角鞭节延长，端圆；触角芒着生在其基部，裸或具毛。中胸背板侧缘及小盾片边缘明显，具粗大的鬃；小盾片中央为盘状凹陷，其上被毛明显不同于周围。翅宽，无伪脉，r_1 室开放，R_{4+5} 脉直，外缘横脉直，或向外弯曲，与相应脉相交成直角或廻走，r-m 横脉位于中室基部 1/3 之前。腹部拱，侧缘厚而圆。

分布：世界广布，已知 90 余种，中国记录 19 种，浙江分布 2 种。

（389）台湾缺伪蚜蝇 *Graptomyza formosana* Shiraki, 1930 （图版 XXII-6）

Graptomyza formosana Shiraki, 1930: 234.

主要特征：体长 4–6.5 mm。雌性：头顶具黑中条；额黄色，有倒置的梯形暗褐色大斑；颜黄色；中突不很明显，具褐中条和侧条。触角褐色；鞭节稍延长，端部达颜隆起处；触角芒基部淡黄色，端部暗色具短微毛。中胸背板亮黑色，具光泽，肩胛黄色，两侧缘黄色狭，沿盾沟黄色横带宽，后缘具 1 长方形黄斑；背板具由金黄色毛形成的中条，鬃黑色；侧板亮黑色，毛黄色，中侧片后部具 1 较大黄斑；小盾片黑色，后缘和下部污黄色，盘面毛灰白色，鬃黑色。足全黄色，后足股节端部褐色，后足胫节除基部外暗褐色。腹部黄色，末端淡红黄色及黑色；第 2 节后缘具黑横带，前缘形成 3 个拱形峰；第 3 节具 2 个半圆形黑斑，上部具 1 黑色近四角形斑，该节侧缘黑色；第 4 节中部具 1 黑色斑，其两侧有卵圆形斑，侧缘黑色。生殖节红黄色。雄性：腹部仅第 2 节有 1 黑横带；第 3 节前缘中部有 1 明显的褐色小斑；第 4 节无斑，后半部有许多黑毛。

分布：浙江（临安）、北京、河北、安徽、台湾、四川、贵州。

（390）多鬃缺伪蚜蝇 *Graptomyza multiseta* Huang *et* Cheng, 1995

Graptomyza multiseta Huang *et* Cheng, 1995: 95.

主要特征：体长 6 mm。头部毛黄色；复眼被白毛。头顶和额褐色，额宽为头宽的 1/4，额两侧各具半圆形黄斑；颜在触角下凹陷深，中突很明显，喙长；颜黄色，中条黑褐色。触角长不超过中突，鞭节长为宽的 2 倍，红黄色，上缘褐色；触角芒基部红黄色，端部褐色；中胸背板褐黑色，肩胛及后缘中部黄色，前缘和侧缘褐色，背板被白毛，侧缘和后缘具黑鬃；侧板黑褐色，被白色长毛，前胸及中侧片具 2 个褐斑；小盾片黑褐色，光亮，盘凹圆，小而深，内毛黑褐色，缘鬃黑色。翅无斑，翅痣黄色。足大部分黄褐色；

后足基节、股节端部和胫节以及各足跗节褐色。腹部很拱，末端圆，黄褐色；第 2 节具三角形褐黑色中斑，其后缘向两侧扩展成横带；第 3 节具 1 近方形褐黑色中斑；第 4 节具 1 黑褐色中斑，两侧具不达前缘的褐色斑，3 个斑在后缘相互融合，后缘褐色。

分布：浙江（临安）。

131. 蜂蚜蝇属 *Volucella* Geoffroy, 1762

Volucella Geoffroy, 1762: 540. Type species: *Musca pellucens* Linnaeus, 1758.

Temnocera Le Peletier *et* Serville, 1828: 786. Type species: *Temnocera violacea* Le Peletier *et* Serville, 1828.

主要特征：体粗壮，外形似蜂。头部与胸部等宽或略窄于胸；额略突出；颜在触角下方凹入，随后迅速突出形成大的中突。雄性复眼合生，少数离眼，两眼相接距离长，被毛；雌性眼分离，裸。触角中等长，鞭节延长；触角芒基生，羽状。中胸背板方形，被如熊蜂长或短的密毛；背板及小盾片边缘具黑鬃。翅 r_1 室封闭，r-m 横脉在中室中部之前，上外缘横脉急速廻转。腹部短卵形，宽于胸，毛同胸部。

生物学：本属幼虫具巢穴性，生活在蜂巢内，取食已死或将死的蜂幼虫或蛹，属腐食性类型。

分布：世界广布，已知 40 余种，中国记录 31 种，浙江分布 6 种。

分种检索表

1. 腹部宽卵形，黑色，或仅基部具淡色横纹 ··· 2
- 腹部长椭圆形，红黄或黄色，具暗横带或斑点，体似胡蜂 ································· 5
2. 中胸背板和小盾片亮黑色；腹部第 2 节背板具较宽的淡黄色横带，其后缘微凹 ··········· **黑蜂蚜蝇 *V. nigricans***
- 胸部棕黄或红褐色 ··· 3
3. 翅前半部具宽的褐纵条；腹部第 2 节背板前缘中央具 1 对三角形黄斑 ··········· **亮丽蜂蚜蝇 *V. nitobei***
- 翅具黑褐色中斑和端斑，无褐纵条 ··· 4
4. 腹部第 1、第 2 节和第 3 节前缘红黄色，第 2 节具黑斑（雄性明显，雌性不明显）················· **圆蜂蚜蝇 *V. rotundata***
- 腹部具 3 条窄黄横带 ·· **三带蜂蚜蝇 *V. trifasciata***
5. 颜中突宽大；额覆灰色粉被 ·· **六斑蜂蚜蝇 *V. nigropicta***
- 颜中突狭小；额光亮，无粉被 ·· **胡蜂蚜蝇 *V. vespimima***

（391）黑蜂蚜蝇 *Volucella nigricans* Coquillett, 1898 （图版 XXII-7）

Volucella nigricans Coquillett, 1898: 324.

主要特征：体长 16–20 mm。雄性：复眼密被黑褐色短毛，下半部裸。头顶三角小，黑色。额小，橘黄色；颜面侧面观在触角下方深凹，中突大而圆；正面观橘黄色，具光泽，口侧缘及颊部黑色。触角小，橘黄色；触角芒黄色（端部黑色），羽毛黑色。中胸背板近方形，宽大于长，黑亮，具暗蓝色光泽，肩胛黄褐色，翅后胛的前端、后端略呈红褐色，背板密被黑色直立毛，前缘具黄褐色毛，侧缘及后缘具粗大的黑色长鬃。小盾片黑色，后缘具黑色粗大的长鬃及长毛。侧板黑色。翅基半部橘黄色，端半部浅黄色，翅脉黑褐色，中部具大型黑褐色云斑，近翅端处具褐色云斑。足黑色。腹部黑色，宽于胸，宽卵形，背面平。第 2 节背板前缘两侧具黄斑，两侧前角处具黑鬃。腹部腹面黑亮；第 2、第 3 腹板前部具黄斑。

分布：浙江（临安）、陕西、安徽、湖北、江西、湖南、福建、台湾、广西、四川；朝鲜、日本。

（392）六斑蜂蚜蝇 *Volucella nigropicta* Portschinsky, 1884（图版 XXII-8）

Volucella nigropicta Portschinsky, 1884: 127.

Volucella sexmaculata Matsumura, 1916: 212.

　　主要特征：体长 16–20 mm。雄性：体被毛少，形如胡蜂。头部黄色；复眼密被淡棕色毛，下部毛稀少；额黄色，额前端触角基部之上有 1 小黑斑；颜裸，黄色，中突覆鬃状短毛；触角橘红黄色，触角芒羽状。中胸背板黑褐色，前部正中具 1 对淡粉被纵条，后部正中具黄斑；肩胛黄色，翅后胛棕黄色，背板侧缘及后缘具黑长鬃；小盾片褐色至黑褐色，后缘具黑长鬃；侧板黑色，具大的黄斑。翅透明，前部正中及近端部各具暗斑。足黄色至棕褐色，中足股节后侧具若干黑鬃。腹部基部宽，末端尖，第 1 背板大部分黑褐色，第 2–4 背板黄棕色，正中各具 1 对黑褐色或棕褐色斑，黑斑各与背板后缘相连或接近，露尾节棕黄色。

　　分布：浙江（临安）、北京、河北、甘肃；日本，中亚地区。

（393）亮丽蜂蚜蝇 *Volucella nitobei* Matsumura, 1916（图版 XXII-9）

Volucella nitobei Matsumura, 1916: 210.

Volucella linearis Walker, 1852: 251.

　　主要特征：体长 18–20 mm。雄性：体大型，似胡蜂。头部橘黄色；复眼被较长的橘黄色毛，头顶三角小；中突大而圆，颜向下延伸为短锥形。触角橘黄色，鞭节长约 2 倍于宽；触角芒橘黄色，羽毛状，远长于鞭节。中胸背板黄褐色，中部具 1 对宽的黑色中纵条，两纵条相距很近，背板后缘中央略呈黑色，肩胛黄色，内侧覆淡黄色粉被，背板两侧缘及后缘具黑长鬃；小盾片橘黄色，边缘具黑长鬃；中胸侧板橘黄色，中侧片前缘、下侧片黑褐色；中侧片、翅侧片上部具黑鬃。翅前半部黄色，后半部透明，翅前缘具宽的褐色纵条斑。足黄褐色，毛黄色，后足股节毛黑色。腹部黑色，具光泽；第 2 背板前缘具 1 对三角形黄色小侧斑，第 2、第 3 背板前缘具狭的黄色横带，第 2 节带明显宽于第 3 节。

　　分布：浙江（临安）、安徽、福建、四川；日本。

（394）圆蜂蚜蝇 *Volucella rotundata* Edwards, 1919（图版 XXII-10）

Volucella rotundata Edwards, 1919: 38.

　　主要特征：体长 18 mm。雄性：体被毛少。头部红黄色；复眼密被褐色短毛，额、颜黄色；颜中突很大。触角红黄色，鞭节上缘凹，端部细，角圆；触角芒基部红黄色，端部褐色，羽毛褐黑色。中胸背板红黄色；小盾片具卵形压平区，其上毛密；背板侧缘、后缘及小盾片侧缘具黑鬃；侧板上侧红黄色，下侧黑褐色，被金黄色毛和黑鬃。翅透明，中部具明显的黑褐色斑，端部具褐色小斑。足黄褐色，股节基部、胫节中部、跗节端部色暗。腹部第 1 节红黄色；第 2 节红黄色，中央具小黑斑，两侧缘具黑斑；第 3 节前缘红黄色，向后扩展成 1 对小三角形侧斑，其余部分黑色；第 4 节及其后黑色。雌性：眼上部被少量短毛；额具 3 条纵沟；腹部第 3 节前缘侧斑不明显。

　　分布：浙江（临安）、江苏、福建；马来西亚，印度尼西亚（苏门答腊岛）。

（395）三带蜂蚜蝇 *Volucella trifasciata* Wiedemann, 1830（图版 XXII-11）

Volucella trifasciata Wiedemann, 1830: 196.

Volucella trifasciata var. *auropila* Curran, 1928: 163.

　　主要特征：体长 14–19 mm。雄性：头部橘黄色至暗黄色。头顶三角极小，棕黄色；额小，暗黄色；

颜覆淡黄色粉被，中突宽而平，颜两侧具细狭的淡黄色粉被纵条，颜突密布黑短鬃；后头覆灰黄色粉被及细白毛。触角黄色，鞭节末端褐色，近肾形；触角芒基部黄色，端部褐色，羽毛褐色。中胸背板及小盾片橘黄色或黄色；边缘具橘红色鬃；小盾片中央为盘状凹陷，密被刻点；侧板淡黄色，覆黄白色薄粉被，中侧片具 2 根橘红色鬃。翅透明，前部正中具 1 小褐斑，翅端具烟褐斑。足橘红色，胫节及跗节黄褐色，后足股节有时基部或中部具暗色斑。腹部黑色，具黄色横带；第 1 节背板黄色；第 2 背板基部 1/5 黄色；第 3 背板基部和后缘黄色极狭；第 4 背板或基部红色较宽，正中被黑色三角形分割，或仅背板两侧具细狭黄斑；背板被毛大部分黑色，基部及两侧红黄色。

分布：浙江（临安）、陕西、甘肃、湖北、湖南、福建、台湾、海南、广西、四川、贵州、云南；东南亚地区。

（396）胡蜂蚜蝇 *Volucella vespimima* Shiraki, 1930（图版 XXII-12）

Volucella vespimima Shiraki, 1930: 228.

主要特征：体长 19–20 mm。体似胡蜂。两眼密被黄褐色毛；头顶和额黑褐色；后头被黑色短毛；颜红黄色；颊窄，红黄色。触角亮红褐色，鞭节端部细，前缘几乎直，后缘凸；触角芒红黄色，羽毛长。中胸背板黑褐色，中部具 1 对达后缘的灰色粉被中纵条，背板被黑短毛，两侧毛长并具黑鬃；肩胛黄褐色，具银灰色粉被；小盾片黑褐色，后缘黑红色，边缘具长鬃；侧板黑褐色，具灰褐色粉被；中侧片色稍浅，中侧片、翅侧片上部具黑鬃。翅黄褐色，具大的黑褐色翅斑，翅前缘端部具褐斑。足红黄色，基节和股节黑褐色，股节端部色淡；足毛黑色，下侧红黄色，后足胫、跗节毛黄色；各足基节具黑鬃。腹部长椭圆形，端部尖，黑色；第 1 节黄色，具 1 对黄褐至黑褐色长斑；第 2 节具狭的黄色前缘带，后缘中央向后呈三角形切入；第 3 节前缘具红黄色横带，带后缘中央向前凹入；第 4 节褐色，前半部红黄色，后缘中央向前凹入；第 2、第 3 节后缘具极狭的红黄色带。

分布：浙江（临安）、安徽、福建、台湾、广西、四川。

132. 瘤木蚜蝇属 *Brachypalpoides* Hippa, 1978

Brachypalpoides Hippa, 1978: 79. Type species: *Xylota lenta* Meigen, 1822.

主要特征：体中等大小；额突特别大，很突出；颜面深凹；触角长度等于或短于颜宽；复眼裸，雄性接眼。中胸背板被毛，后胸腹板发达，被微毛。后足股节粗大，腹面具瘤状突起或中刺脊。

分布：世界广布，已知 20 余种，中国记录 4 种，浙江分布 1 种。

（397）黄足瘤木蚜蝇 *Brachypalpoides makiana* (Shiraki, 1930)（图版 XXII-13）

Zelima makiana Shiraki, 1930: 65.

Brachypalpoides makiana: Hippa, 1978: 82.

主要特征：体长 13–15 mm。雄性：头顶三角黑色，单眼三角前覆白粉；额突大；额黑褐色，两侧密覆银白色粉被；颜上半部黑色，下半部黄色；颊前半部红褐色，后半部黑色；后头黑色。触角基部 2 节黑褐色，鞭节红褐色；触角芒裸，黄色，端部棕色。中胸背板黑色，略具光泽，覆黄粉被；小盾片黑色，半圆形，后缘具薄边，盾下毛黄白色，密长；侧板黑色。前足、中足除基节黑色外，其余均为黄色；后足大部黑色，股节基部及末端黄色，胫节基部 1/2 黄色，端部红褐色，下侧具粗大的黑刺；后足股节膨大，胫节弯曲，基部 1/3 具很大的中脊，其上无刺，胫节末端腹面具 1 齿突。腹部长，窄于胸，亮黑色；第 2 节具"工"字形暗斑；第 3 节暗斑前缘带极窄，后缘带宽，中部逐渐向前伸。雌性：额突前方中央裸；胸部密被平伏黄短毛；后足胫节端部、跗节棕黄色。

分布：浙江（临安）、福建、台湾、四川、贵州、云南；尼泊尔。

133. 桐木蚜蝇属 *Chalcosyrphus* Curran, 1925

Chalcosyrphus Curran, 1925: 122 (as subgenus of *Chalcomyia* Williston, 1885). Type species: *Chalcomyia* (*Chalcosyrphus*) *atra* Curran, 1925.

Xylotina Hippa, 1978: 117 (as subgenus of *Chalcosyrphus* Curran, 1925). Type species: *Milesia nemorum* Fabricius, 1805.

主要特征：体中至大型，具金属光泽；颜部凹入；复眼裸，雄性接眼；触角芒裸。小盾片具盾下缘缨；后胸腹板发达，被长毛。翅端横脉与 R_{4+5} 脉相交成直角，r-m 横脉在中室中部或之后。后足股节粗大，端腹面具中刺脊，胫节具不同发达程度的端腹中突。

分布：世界广布，已知 100 余种，中国记录 14 种，浙江分布 2 种。

（398）长桐木蚜蝇 *Chalcosyrphus acoetes* (Séguy, 1948)（图版 XXII-14）

Zelima acoetes Séguy, 1948: 165.

Chalcosyrphus acoetes: Hippa, 1978: 113.

主要特征：体长 16–18 mm。雄性：头部宽于胸部。复眼裸；头顶三角黑色；额黑色；口缘突出，在颜面下部形成凹陷；颊部黑色。触角基部 2 节黑色，鞭节黑褐色；触角芒长而裸，黄褐色。中胸背板黑色，略具光泽，肩胛被白色短毛，背板后半部散生黑色直立长毛，两侧翅基上方具黑色短刺毛，前缘肩胛内侧具白色粉斑。小盾片黑色，具光泽，盾下缨长而密，白色。侧板黑色，腹侧片后缘被白色绵毛。翅基半部透明，端半部黄褐色，沿各翅脉色深。足黑色，后足股节基半部橘红色。后足股节粗大，端半部腹面具中刺脊和 2 排黑色长刺，胫节端部腹侧具齿突。腹部长，黑色，第 4 节略带暗红褐色，基部中央两侧具不明显的 2 个隆起。第 1–2 背板被白毛，后部中央具三角形的黑色短毛区；第 3 背板被黑色短毛，基部两侧具近方形的白色毛斑，第 4 背板被黑毛，基部 1/3 及侧缘的 1/2 被白毛。腹板黑褐色，第 4 腹板中央纵裂，分成 2 片。雌性：头顶三角明显隆起，额前端裸，中部两侧具白色绵毛斑。

分布：浙江（临安）、吉林、河北、陕西、甘肃、江苏、云南。

（399）橘腿桐木蚜蝇 *Chalcosyrphus femoratus* (Linnaeus, 1758)（图版 XXII-15）

Musca femorata Linnaeus, 1758: 595.

Chalcosyrphus femoratus: Peck, 1988: 223.

主要特征：体长 11–15 mm。雄性：体黑色。头部黑色；额两侧及颜覆黄白色粉被，额前方中央裸；后头及颊被黄毛。触角红褐色，鞭节略覆黄粉被；触角芒褐色。中胸背板黑色，密覆黄褐色短毛和刻点；侧板及小盾片同背板。翅略呈黄色，翅痣黄褐色。前足、中足除基节和转节黑褐色外，其余均为橘黄色；后足基节和转节黑色，股节基部 3/5 橘黄色，端部及胫节、跗节黑褐色或黑色；后足股节膨大，端部具强大的黑色侧刺，胫节弯曲，端部齿突不发达。腹部明显长于头胸之和，第 2 节最长，黑色；第 1 节中部色暗，其余各节亮黑色；第 2、第 3 节具暗色较宽中条，其后缘具暗色宽横带。

分布：浙江（临安）、黑龙江、吉林、内蒙古、山西；中亚地区，欧洲。

134. 木蚜蝇属 *Xylota* Meigen, 1803

Xylota Meigen, 1822: 211 (unjustified new name for *Heliophilus* Meigen, 1803). Type species: *Musca sylvarum* Linnaeus, 1758.

Micraptoma Westwood, 1840: 136. Type species: *Musca segnis* Linnaeus, 1758.

主要特征：体小至中型，细长，黑色，具光泽。颜凹陷；复眼裸，雄性接眼；触角芒裸。后胸腹板被微毛。后足股节粗大，腹面具侧刺脊或具成排的刺；后足转节下侧常具 1 刺突；后足胫节弯曲。

分布：世界广布，已知 100 余种，中国记录 32 种，浙江分布 1 种。

（400）云南木蚜蝇 *Xylota fo* Hull, 1944（图版 XXII-16）

Xylota fo Hull, 1944: 45.

主要特征：体长 12 mm。雄性：体黑色，头部明显宽于胸部。头顶亮蓝黑色；额黑色，密被白粉。触角基部 2 节黑色，鞭节暗褐色；触角芒黄褐色，长而裸。中胸背板黑色，具光泽，肩胛内侧具白色粉被斑。小盾片盾下缨长而密；侧板黑色。翅透明，翅痣黄褐色。足黑色，前足、中足胫节及跗节基部 3 节黄色，胫节中部具暗斑。后足转节具细长的刺突；股节腹面内侧、外侧各具 1 列黑色粗大的刺；胫节基部 1/3 黄褐色，基部腹中脊具黑色短刺，胫节端部 2/3 及跗节基部 3 节黑褐色。腹部黑色，第 4 背板基部 2/3 鼓起，端部 1/3 低，形成明显的台阶状。腹部背板主要被浅色毛，第 2 背板中部、第 3 背板中部及后端、第 4 背板基部被黑褐色短毛。雌性：头顶及额黑色，具光泽，额中部具白色粉斑，额前端裸。

分布：浙江（临安）、吉林、河北、陕西、甘肃、江苏、上海、安徽、江西、福建、四川、云南。

（三）巢穴蚜蝇亚科 Microdontinae Verrall, 1901

主要特征：体小型至大型，长形或卵形，有时具金属光泽。头部短，窄或宽于胸部，颜面平而宽，被毛，颊很不发达。触角延长，前伸，基部很靠近，触角芒裸；复眼裸，两性复眼宽分离。中胸背板方形，角圆，很拱；小盾片发达或很小。R_{4+5} 脉直，外缘横脉直角向上与相应的纵脉相交，r-m 横脉位于中室中部或之前，r_1 室开放，翅瓣及足发达。腹部很拱，后部向下弯曲，侧缘向下弯曲，通常短卵形，宽于胸，少数腹部长而狭，或具柄。

生物学：该亚科为一特殊类群，已知种类的幼虫生活在蚂蚁巢穴中，与蚂蚁有共生关系。幼虫形状特化，贝壳状；成虫很少访花，通常早春可发现成虫停留在岩石上。

分布：世界广布，已知 500 余种，中国记录 30 余种，浙江分布 4 种。

135. 巢穴蚜蝇属 *Microdon* Meigen, 1803

Microdon Meigen, 1803: 275. Type species: *Musca mutabilis* Linnaeus, 1758.

Aphritis Latreille, 1804: 193. Type species: *Aphritis auropubescens* Latreille, 1805.

主要特征：体小至大型，褐色、黑色或金属色。复眼裸，两性复眼离眼；头部平，与胸部等宽；颜凸，无中突，明显被毛，口缘不突出。触角延长，前伸，基节与鞭节等长，梗节最短；触角芒短，着生于鞭节基环节背侧基部，裸。中胸背板近方形，拱起，具密毛。小盾片发达，后缘中部凹，两侧突起，其上具刺或无。翅很短，r_1 室开放，R_{4+5} 脉具悬脉伸入 r_5 室中部，r-m 横脉位于 m_2 室中部之前，外缘横脉远离翅缘，回转或直角向上。后足股节略加粗。腹部卵形或椭圆形，颇拱起，向下弯曲。

生物学：该类群幼虫生活在蚂蚁巢穴中，取食将死或已死亡的蚂蚁幼虫。

分布：世界广布，已知 120 余种，中国记录 23 种，浙江分布 4 种。

分种检索表

1. 体小于 8 mm；触角鞭节长于柄节；腹部深紫黑色，各节后缘被白色毛带 ··············· 小巢穴蚜蝇 *M. caeruleus*
- 体大于或等于 10 mm；触角鞭节短于或等于柄节；腹部不如上述 ··· 2
2. 体较大，裸，腹部无明显毛，金属蓝绿色或紫色，具强光泽；小盾片长方形，其上具 2 个粗短的齿突 ··········· ·· 亮巢穴蚜蝇 *M. stilboides*
- 体通常具明显的毛带或毛斑 ·· 3
3. 腹部椭圆形，黄褐色，第 4 节两侧黑褐色；小盾片褐黄色，后缘具 2 个黄褐色的刺突 ········· 长巢穴蚜蝇 *M. apidiformis*
- 腹部短卵形，金属黑色；小盾片黑色，后端中央凹入，但不形成刺突 ····················· 无刺巢穴蚜蝇 *M. auricomus*

（401）长巢穴蚜蝇 *Microdon apidiformis* Brunetti, 1924（图版 XXⅡ-17）

Microdon apidiformis Brunetti, 1924: 153.

　　主要特征：体长 10–11 mm。雄性：头顶亮黑色，额和颜被黄白毛及细刻点，额中部略狭；颜宽于额，下部逐渐加宽，颜宽为头宽的 1/3；后头黑色。触角黑褐色，鞭节与柄节等长，约为梗节长的 2.5 倍；触角芒黄棕色，稍短于鞭节。中胸背板黑色，具细刻点，肩胛、翅后胛及小盾片褐黄色，小盾片后缘具 2 个粗短的齿突；侧板黑色。翅透明，翅面密布微毛。足密被黄毛；基节亮黑色；股节、胫节端半部黑褐色，基半部黄褐色；跗节背面黑褐色，腹面黄褐色。腹部略透明，棕黄色，两侧色深，密被黄毛；第 4 节等于第 2、第 3 节之和。

　　分布：浙江（临安）、广西、四川、云南；印度。

（402）无刺巢穴蚜蝇 *Microdon auricomus* Coquillett, 1898（图版 XXⅡ-18）

Microdon auricomus Coquillett, 1898: 320.

Microdon auricomus var. *nigripes* Shiraki, 1930: 22.

　　主要特征：体长 12–14 mm。头部与胸部等宽，复眼裸，头顶及额黑色，具光泽，具刻点；雄性额约为头宽的 1/4，雌性约为 1/3；颜面黑色，具光泽和细刻点，在触角基部略收缩，两侧近平行，颊部小，蓝黑色。触角垂直前伸，黑褐色，柄节长约等于端部 2 节之和；触角芒暗褐色，不长于鞭节。胸部背板黑色，强光泽；小盾片黑色，具钢蓝色光泽，后端中央凹入，两端突出，但不形成齿状。中胸侧板黑亮，具光泽，中侧片后隆起部、腹侧片的前端及后端背侧、翅侧片具浅黄色长毛。翅面具微毛，基部具裸区。足主要呈黑色，前足股节端部、胫节黑褐色，跗节红褐色。腹部宽卵形，黑色，具亮黑绿色光泽，背板被棕色毛，两侧毛较长，灰白色，第 1 节毛短稀，腹面黑色，具灰白色短毛。

　　分布：浙江（临安）、辽宁、甘肃、江苏、湖北、江西、福建、广西、四川、贵州；朝鲜，日本。

（403）小巢穴蚜蝇 *Microdon caeruleus* Brunetti, 1908（图版 XXⅡ-19）

Microdon caeruleus Brunetti, 1908: 92.

　　主要特征：体长 5–8 mm。雄性：额中部略变狭，雌性：两侧平行；颜与额等宽，雄性颜宽为头宽的 1/3，雌性为 1/4；头顶、额和颜亮蓝黑色；后头宽，黑色。触角黑褐色，鞭节略长于柄节，梗节很短；触角芒黄褐色，短于鞭节。中胸背板紫黑色，侧板及小盾片同色，小盾片后缘具 2 个短而钝但很明显的针突。

翅略染烟色。足黄褐色，基节、转节、股节基部及胫节端部黑褐色。此种足色泽变异大。腹部宽扁，深紫黑色，各节后缘具白色毛带。

分布：浙江（舟山、松阳）、山东、甘肃、湖北、福建、台湾、广东、四川、云南；日本，印度。

（404）亮巢穴蚜蝇 *Microdon stilboides* Walker, 1849（图版 XXII-20）

Microdon stilboides Walker, 1849: 538.

主要特征：体长 13–15 mm。雄性：头部半球形，宽于胸部。复眼散生极短的白毛。头顶及额金绿色，具蓝紫色光泽，具细刻点；额两侧中部角状收缩；颜面鼓出，两侧近平行。触角黑色，梗节黑褐色，柄节约与鞭节等长；触角芒暗褐色，短于鞭节。中胸背板长略大于宽，拱起，金绿色，具蓝紫色光泽，具细刻点；小盾片长方形，后缘两侧角状突出成齿状。侧板金绿色。翅透明，上缘横脉与 R_{4+5} 脉相交呈直角，外侧具 1–2 个小悬脉。足金绿色，具蓝紫色光泽。腹部宽于胸，宽卵形，侧缘加厚，金绿色，具光泽和粗的刻点，第 2 背板较短，具较长的浅色毛，两侧前角呈肩状，被黑毛；第 4 背板较长，约为第 3 背板长的 2 倍，后部中央具带暗的红褐色；第 5 背板及其以后的各节黄褐色。雌性：额两侧中部不收缩，触角柄节略短于鞭节。

分布：浙江（临安）、台湾、海南、广西；印度，菲律宾，印度尼西亚（爪哇岛）。

十三、头蝇科 Pipunculidae

主要特征：小型蝇类，体色暗。头部大，呈半球形或球形，几乎占据整个头部；触角柄节、梗节和第 1 鞭节发达，其末端或圆钝或尖锐，上下两侧多有刚毛。胸部毛一般稀少。翅长狭，通常与身体等长或长于身体，透明或略带褐色；多数种类有翅痣，为亚前缘室里褐色微毛所致。足多为黑色或黄色，常有毛或刺。腹部大多为黑色，有的种类被白色或褐色粉状物。雄虫后腹部扭曲且弯向腹面，不对称，第 8 节常有各种形状和大小的膜质区。雌虫第 7、第 8 及第 9 节形成锥状产卵器；肛门位于产卵器背面、近基部与刺管的交界处，周围丛生刚毛。

分布：世界已知约 1300 种，中国记录 97 种，浙江分布 2 属 2 种。

136. 光头蝇属 *Cephalops* Fallén, 1810

Cephalops Fallén, 1810: 10. Type species: *Cephalops aeneus* Fallén, 1810 (monotypy).

Wittella Hardy, 1950: 41. Type species: *Dorilas candidulus* Hardy, 1949 (original designation).

主要特征：前胸侧板具毛扇，胸部具明显背中鬃，边缘散生若干刚毛。翅脉中室均匀扩大，无 M_2 脉。

分布：世界广布，已知 176 种，中国记录 18 种，浙江分布 1 种。

（405）长痣光头蝇 *Cephalops longistigmatis* Yang *et* Xu, 1996（图 6-1）

Cephalops longistigmatis Yang *et* Xu, 1996: 99.

主要特征：雄性：复眼并接，其接触长度为额长的一半。额侧面观灰色，额与颜面宽度相等。触角黑色，梗节背腹向两侧均具刚毛，腹侧的稍长，梗节侧面观扇形，鞭节末端钝，侧面观似平行四边形，上生短刚毛。胸部盾片和小盾片黄褐色，具被粉；小盾片后缘有 1 列细而长的浅色刚毛。肩胛黑色。翅脉第 3 前缘极长，大约为第 4 前缘的 1.5 倍长，两者之和长于第 5 前缘；前缘脉第 4 段为翅痣所填满，r-m 横脉位于中室基部 1/4 处，m-m 横脉与 M_{3+4} 的最后 1 脉段大致等长，M_{1+2} 的最后 1 脉段呈 “S” 形弯曲；平衡棒黄褐色。足基节及股节黑色，转节黄褐色，胫节黄色至褐色，跗节黄色，端跗节黑色；爪除尖端黑色外，其余部分黄色，爪垫黄色；各股节均有 1 列浅色的长毛，中足的最长、最密，后足的次之，前足的最短、最稀；后足胫节中部外侧有 3 根竖起的黑色刚毛。腹部黑色，第 1 节两侧具刚毛；第 8 复合体膜质区腹面观近圆形，背面观近肾形；背针突左、右 2 个不对称，右侧的近三角形，其末端指状，左侧的近梯形。

分布：浙江（临安）。

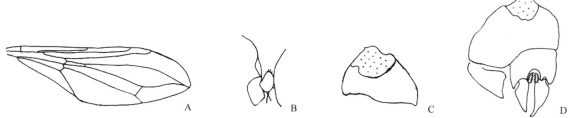

图 6-1　长痣光头蝇 *Cephalops longistigmatis* Yang *et* Xu, 1996（仿徐永新等，1996）
A. 翅；B. 触角；C. ♂第 8 复合体膜区；D. 第 8 复合体背面观

137. 佗头蝇属 *Tomosvaryella* Aczél, 1939

Tomosvaryella Aczél, 1939: 22. Type species: *Pipunculus sylvaticus* Meigen, 1824 (original designation).
Alloneura Rondani, 1856: 140. Type species: *Pipunculus flavipes* Meigen, 1824 (monotypy) (suppressed by ICZN, 1961).

主要特征：前胸前侧片具毛扇，腹部背板一般具粉被，翅无有色翅痣，r-m 常位于中室中部。
分布：世界广布，已知 268 种，中国记录 14 种，浙江分布 1 种。

（406）凹额佗头蝇 *Tomosvaryella concavifronta* Yang *et* Xu, 1996（图 6-2）

Tomosvaryella concavifronta Yang *et* Xu, 1996: 113.

主要特征：雌性：头部黑色，额两侧平行，中间凹陷；颜面白色，中间凹陷约为额的一半宽；触角梗节黑色，具刚毛；鞭节末端尖，上翘，除尖端部分黄色外都为黑色。胸部肩胛被灰白色粉状物，肩胛及背侧片被细而长的浅白色毛；盾片及小盾片黑色。前缘脉翅第 3 段仅为第 4 段的 1/3 长，两脉段之和明显短于第 5 段；r-m 横脉位于中室中部，m-m 横脉稍短于 m_{3+4} 的最后 1 脉段；平衡棒基部黑色，其余部分黄色。足股节与胫节交界处、前 4 个跗节均为黄色，其余部分均呈黑色。腹部黑色，各节长度大致相等；第 1 及第 6 节稍宽于其他各节，第 6 节背板三角形；产卵器基部黑色，近半球形；刺管黄色；尖细，微下弯，其尖端伸达第 3 腹节。
分布：浙江（临安、普陀）、北京、河北。

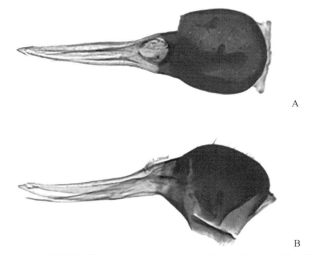

A

B

图 6-2　凹额佗头蝇 *Tomosvaryella concavifronta* Yang *et* Xu, 1996
A. ♀产卵器腹面观；B. ♀产卵器侧面观

第七章　眼蝇总科 Conopoidea

十四、眼蝇科 Conopidae

主要特征：体中至大型（体长 2.5–20 mm），黑褐色或黄褐色，裸或被稀疏短毛，形似蜂类。头部比胸部宽，额很宽。单眼有或无。侧顶片和新月片通常存在，新月片常形成肿胀的额泡。额囊缝缺如。触角 3 节，第 1 鞭节较长，无纵缝，第 1 鞭节背侧、亚背侧或端部具节芒或端芒。中颜板凹陷，具纵沟；口孔大，长条形。中胸盾沟不完整，肩后鬃与翅内鬃缺如，翅后胛不发达。下腋瓣退化，仅残存 1 条膜状的褶。翅透明或暗色；Sc、R_1、R_{2+3} 脉均与前缘脉接近，r_5 室多封闭，常具柄，有时端部开放，但开口狭窄；具伪脉；第 2 基室短于第 1 基室；臀室较长且封闭。腹部长筒形，基部多收缩呈胡蜂形，亦有广腰型。雄蝇尾器向腹面弯曲，雌蝇尾器呈钳状，第 5 腹板铲状翘起。卵长筒形，具卵孔，有钩或丝附着于寄主。雌蝇直接将卵产于正在飞翔中的寄主昆虫体表，幼蛆孵化后从腹侧节间膜钻入寄主腹部。幼虫白色，卵形或梨形，体节明显，腹部末端 1 节具 1 对后气门，着生于 1 大型凸起的气门板上；口器退化。幼蛆在寄主腹内发育 3 个龄期，充满整个腹部，老熟后从寄主体内钻出，化为围蛹。眼蝇科为世界性种类，在我国南方分布较多，专门寄生于螯刺性膜翅目昆虫成虫，如蜜蜂和胡蜂。有些种类也寄生于直翅目昆虫，如蝗虫等。个别种类能造成蜜蜂工蜂的大量死亡。一些眼蝇科成虫的吸盘发达，比较长，与它们盘旋于花上取食花蜜这种习性相适应。

分布：世界已知 47 余属 800 余种，中国记录 16 属 90 种，浙江分布 9 属 24 种。

分属检索表

1. 触角膝状，触角芒位于触角第 1 鞭节端部 ··· 2
 - 触角芒状，触角芒位于触角第 1 鞭节背侧或亚背侧 ·· 6
2. 触角明显短于头，喙长于头。翅 r-m 脉位于 sc-r_1 脉的水平后侧。腹部棒槌形，基部较细 ······**纽眼蝇属 Neobrachyceraea**
 - 触角长于头 ··· 3
3. 有单眼和单眼区 ·· 4
 - 单眼有或无，触角芒着生于触角第 1 鞭节端部，类节芒状，其梗节膨展延长成卷叶状附肢，第 1 鞭节细长，长度约为柄节、梗节之和，喙等于或略长于头。雄腹部呈纺锤形，第 3、第 4 节明显膨大；雌腹部为长筒形，后端呈钳形，第 5 腹板铲状突出 ··**唐眼蝇属 Siniconops**
4. 柄节明显膨大，长宽接近呈方形，柄节、梗节呈念珠状，第 1 鞭节偏长，长度约为前 2 节之和的 2 倍 ·············· **巨眼蝇属 Macroconops**
 - 柄节不膨大 ··· 5
5. 触角第 1 鞭节长度为梗节的 1/4–1/3，中部膨大呈橄榄状或锥状，触角芒着生于触角第 1 鞭节端部，节芒状，梗节在腹面膨展延长呈卷叶状突，与第 1 鞭节形成叉状。腹部棒槌形，基部变细；梗节细，长度一般长于或等于第 1、第 2 鞭节之和 ··**叉芒眼蝇属 Physocephala**
 - 触角第 1 鞭节锥状，长度为梗节的 2/3，触角芒着生于触角端部，节芒状，第 1 鞭节细长呈笔尖形。腹部长筒形，基部略细，梗节等于或略长于第 1 鞭节，各节背板多具宽窄不等的彩色横带 ·······················**眼蝇属 Conops**
6. 喙长于头，喙肘位于基部。Sc 在端部与 r_1 形成 sc-r_1。腹部灰褐色，棒槌形 ·········**佐眼蝇属 Zodion**
 - 喙肘位于中部。Sc 在端部与 r_1 不形成 sc-r_1 ·· 7

7. 颊高，大于复眼直径。体棕黄色或红褐色，复眼较小，黑褐色或棕褐色。触角芒状，短于头长，柄节、梗节被鬃。腹扁平，短于翅长，多具粉带 ·· **虹眼蝇属 *Myopa***

- 颊矮，小于复眼直径 ·· 8

8. 体浅红色或暗红色。喙 2 倍长于头。翅 Sc 在端部与 r_1 明显分开。腹扁平，等于或略长于翅 ················· **锡眼蝇属 *Sicus***

- 体细长，黑褐色或灰色。喙短于头部。翅 Sc 在端部与 r_1 接近但未形成 sc-r_1。腹部棒槌形，基部较细 ··········
  ··· **微蜂眼蝇属 *Thecophora***

138. 眼蝇属 *Conops* Linnaeus, 1758

Conops Linnaeus, 1758: 604. Type species: *Conops flavipes* Linnaeus, 1758 (designated by Curtis, 1831).
Bombidia Lioy, 1864: 1326. Type species: *Conops flavipes* Linnaeus, 1758 (original designation).

主要特征：体红褐色或黑褐色，复眼红褐色或棕褐色。触角膝状，着生于复眼中部水平上侧且长于头部，其柄节的长大于宽的 2 倍以上，梗节为柄节长的 2 倍，第 1 鞭节锥状，长度约为梗节的 2/3；触角芒着生于触角端部，节芒状，第 1 鞭节细长呈笔尖形。喙伸向前方，长于头部，基部曲折。胸部腹侧片上侧具 1 簇鬃。翅多透明或半透明；r-m 脉位于 sc-r_1 脉水平前侧，cu 室长。足股节由中部向基部无明显加粗。腹部长筒形，基部略细，梗节等于或略长于第 1 鞭节；各节背板多具宽窄不等的彩色横带。雄第 5 腹板稍稍翘起，外生殖器折在其中；雌腹部末端呈钳状，第 5 腹板铲状翘起。

分布：世界广布，已知 172 种，中国记录 21 种，浙江分布 6 种。

分种检索表

1. 雌腹部细长扁平纺锤形，腹部末端两侧略向内弯曲 ······························ **黄氏眼蝇 *C. (A.) hwangi***

- 雌腹部第 5 腹板铲状翘起，呈钳状 ·· 2

2. 第 1–4 背板后缘具金黄色粉带 ··· 3

- 第 1–4 背板后缘具灰白粉被或无粉被 ··· 4

3. 头部棕色或棕黄色，侧额无黑斑，间额颜色深黄色或橘红，第 5 背板无粉被 ············· **金斑眼蝇 *C. (A.) aureomaculatus***

- 头顶、额、触角基部和单眼区橘黄色，头部其余部分金黄色，第 5 背板几乎全覆金黄色粉被 ···············
  ·· **苕溪眼蝇 *C. (A.) chochensis***

4. 肩胛及小盾片黄棕色或棕色 ··· 5

- 肩胛棕红色，小盾片后缘棕黑色，腹第 4–5 背板土黄色，中部前缘具半圆形褐斑 ··························
  ·· **天目山眼蝇 *C. (C.) annulosus tienmushanensis***

5. 腹部第 4、第 5 背板红褐色，无黑斑，下腋瓣腹面具黑毛 ······························· **红额眼蝇 *C. (C.) rufifrons***

- 腹第 3 节后缘有不规则的黄色环带，腹第 6 后背板遍覆粉被 ···························· **红角眼蝇 *C. (A.) rubricornis***

（407）金斑眼蝇 *Conops (Asiconops) aureomaculatus* Kröber, 1933

Conops aureomaculatus Kröber, 1933: 16.
Conops japonicas Kröber, 1939: 366.

主要特征：体长 9–14 mm，翅展 6.5–12 mm。体黑色或黑褐色。头部棕色或棕黄色，侧额无黑斑，间额颜色深黄色或橘红。触角膝状长于头；触角芒节芒状，第 1 鞭节细长。喙基部弯曲，长于头。腹部桶形，基部略细，第 1–4 背板后缘具金黄色粉带，第 5 背板无粉被，雄第 5 腹板稍稍翘起，外生殖器折在其中；雌腹部末端呈钳状，第 5 腹板铲状翘起。

分布：浙江、山西、山东、江苏、安徽、湖南、广西。

（408）苕溪眼蝇 *Conops* (*Asiconops*) *chochensis* Ôuchi, 1939

Conops chochensis Ôuchi, 1939: 192.

主要特征：体长 14–17 mm，翅展 11–12.5 mm。复眼内侧有金黄色细带。头顶、额、触角基部和单眼区橘黄色，头部其余部分金黄色。喙长约为头长的 1.25 倍；触角黑褐色，第 1 鞭节偏红褐色，梗节长度约为柄节的 2.5 倍，基、梗节被短毛。腹部桶形，具金黄色条带，第 1–3 背板黑褐色，后边缘具金黄色粉被，第 4 背板后缘金黄色条带宽度约为第 1–3 背板的 2 倍，第 5 背板几乎全覆金黄色粉被。雌腹部末端呈钳状，第 5 腹板铲状翘起。

分布：浙江（苕溪）。

（409）黄氏眼蝇 *Conops* (*Asiconops*) *hwangi* Chen, 1939

Conops hwangi Chen, 1939: 175.

主要特征：胸部黑色，但肩胛和小盾片黄棕色。后足股节基部淡黄色，前足、中足股节黑色或黑褐色。腹部黑色或浅黑色，但第 4–5 背板土黄色，中部前缘具半圆形褐斑。雌腹部细长扁平纺锤形，腹背第 1–5 节具鬃，腹部末端两侧略向内弯曲。

分布：浙江（临安）、江苏、湖南。

（410）红角眼蝇 *Conops* (*Asiconops*) *rubricornis* Chen, 1939

Conops rubricornis Chen, 1939: 176.

主要特征：体长 11–12 mm，翅展 7–7.5 mm。头部大部分橘黄色。间额中部自头顶区以下至触角基部水平以上具 1 黑色纵条。复眼外侧边缘有极细的粉带。喙长约为头长的 1.2 倍。触角红棕色，第 1 鞭节偏橘红色，梗节长度约为柄节的 1.5 倍。胸黑褐色，肩胛及小盾片棕色。腹第 3 节后缘有不规则的黄色环带，腹第 6 后背板遍覆粉被。雌腹部第 5、第 6 腹板铲状翘起，呈钳状。

分布：浙江、江苏。

（411）天目山眼蝇 *Conops* (*Conops*) *annulosus tienmushanensis* Ôuchi, 1939

Conops annulosus tienmushanensis Ôuchi, 1939: 194.

主要特征：体长 12–15 mm，翅展 9–11 mm。后头区棕色。触角第 1 鞭节红棕色而不是黑色；喙深棕色而不是黑色。肩胛棕红色；小盾片后缘棕黑色而不是小盾片整体红棕色。腹部第 1 背板后缘覆灰白色粉被；第 2–5 背板后缘覆红黄色粉带；腹部黑色或浅黑色，但第 4–5 背板土黄色，中部前缘具半圆形褐斑。

分布：浙江（临安）；印度。

（412）红额眼蝇 *Conops* (*Conops*) *rufifrons* Doleschall, 1857

Conops rufifrons Doleschall, 1857: 412.

主要特征：体长 10–14 mm，翅展 7–16 mm。肩胛及小盾片棕黄色；下腋瓣腹面具黑毛；腹部第 4、第 5 背板红褐色，无黑斑。

分布：浙江（溪口）、江苏。

139. 巨眼蝇属　*Macroconops* Kröber, 1927

Macroconops Kröber, 1927: 125. Type species: *Macroconops helleri* Kröber, 1927 (monotypy).

主要特征：体大，红棕色。触角膝状，着生在复眼中部水平以上，其柄节明显膨大，长宽接近呈方形；触角芒着生在触角第 1 鞭节端部，柄节、梗节呈念珠状，第 1 鞭节偏长，长度约为前 2 节之和的 2 倍。喙基部弯曲，翅棕色透明，无翅斑。雄腹纺锤形，雌腹长筒形，后缘呈钳状，第 5 腹板铲状翘起。

分布：东洋区。世界已知 2 种，中国记录 2 种，浙江分布 1 种。

（413）中华巨眼蝇 *Macroconops sinensis* Ôuchi, 1942

Macroconops sinensis Ôuchi, 1942: 61.

主要特征：体长 21 mm，翅长 20.5 mm。头部红棕色具稀疏银色粉被，颜脊黑色，后头区具黑色短毛。触角芒状，红棕色，第 1 鞭节深棕色；第 2 节被毛。喙粗短，约为头长的一半。胸部深橘红色，中胸背板具黑斑，翅基与足基节之间有银色粉被条带。翅透明，棕黄色。足胫节及跗节被金色短毛，爪垫棕黄色，爪黑色。腹部第 1 节和末节红棕色，其余深棕色；第 1 节后缘具环形银色粉带。雌腹部第 5、第 7 节铲状突起。

分布：浙江（临安）。

140. 虻眼蝇属　*Myopa* Fabricius, 1775

Myopa Fabricius, 1775: 789. Type species: *Conops buccata* Linnaeus, 1758 (designated by Curtis, 1838).

Ischiodonta Lioy, 1864: 1311. Type species: *Myopa fasciata* Meigen, 1804 (original designation).

主要特征：体棕黄色或红褐色，复眼较小，黑褐色或棕褐色，具单眼及单眼区，间额被稀疏毛。触角芒状，短于头长，柄节、梗节被鬃；触角芒着生于触角第 1 鞭节背外侧中部。颜下陷；颜脊弱或无。颊高，大于复眼直径。胸部盾片多具鬃。翅长，透明，sc 在端部与 r_1 合并。腹扁平，短于翅长，多具粉带。

分布：世界广布，已知 55 种，中国记录 10 种，浙江分布 3 种。

分种检索表

1. 翅具数处小片的雾状棕斑，翅室 R 基部横脉黑色，翅室 R 中有独立的黑斑 ·························· **绣虻眼蝇 *M. picta***
- 翅近白色透明，无翅斑 ·· 2
2. 翅室 R 基部横脉发白；腹红黄色，稀疏被毛，第 2–4 背板后缘两侧、第 5 背板的全部覆银灰色粉被 ·························· ·· **颊虻眼蝇 *M. buccata***
- 翅脉褐色，局部区域脉黄褐色；腹棕黄色，被银色粉被，第 2–3 背板中线具窄的黑色棕带，第 4、第 5 背板全部黑褐色，无粉被 ·· **唐虻眼蝇 *M. sinensis***

（414）颊虻眼蝇 *Myopa buccata* (Linnaeus, 1758)

Conops buccata Linnaeus, 1758: 605.

Myopa buccata: Fabricius, 1775: 789.

Myopella punctigera Ribineau-Desvoidy, 1853: 102.

主要特征：体长 5–11 mm，翅展 3–7 mm。体红褐色；口区具白色疏毛；触角棕黄色，第 1、第 2 节具黑毛。胸部黑色；小盾片黑褐色，具黑毛。翅室 R 基部横脉发白。腹红黄色，稀疏被毛；第 2–4 背板后缘两侧、第 5 背板的全部覆银灰色粉被。

分布：浙江、山东、四川；欧亚大陆北缘和北美地区。

（415）绣虻眼蝇 *Myopa picta* Panzer, 1798

Myopa picta Panzer, 1798: 22.

Myopa chusanensis Ôuchi, 1939: 205.

主要特征：体长 8–10 mm，翅展 6–7 mm。额后部 2/3 和头顶以及上后头暗褐色；侧额从触角基部水平至复眼下缘水平具 1 纵条形黑斑；侧颜上部 2/3 褐色，中间有暗黄斑分开。颊下缘有 1 个近圆形小暗褐斑。触角柄节、梗节黄褐色，第 1 鞭节暗绒褐色；基部 2 节有黑毛；触角芒黄棕色，端部褐色。喙暗褐色，喙极长。翅具数处小片的雾状棕斑，翅室 R 基部横脉黑色，翅室 R 中有独立的黑斑。足及腹部多具黑毛。腹部暗黄褐色，有灰白粉，第 1 背板暗褐色，第 2–3 背板有浅黑中纵条，第 4–5 背板基部中央有黑斑；4–6 背板有密的白粉。毛和鬃黑色。

分布：浙江（舟山）、江苏；印度，欧洲，北非地区。

（416）唐虻眼蝇 *Myopa sinensis* Chen, 1939

Myopa sinensis Chen, 1939: 215.

主要特征：体长 6–9mm，翅展 4–8 mm。头部暗黄色，被灰白粉；颊下缘有长密金白毛。喙略长于头。胸部浅褐色，有灰白粉。中胸背板有宽大黑色中斑从前缘延伸至后缘，两侧缘包括肩胛浅褐色；小盾片和后背片黑色；翅侧片、腹侧片和下侧片有浅黑斑。翅近白色透明；脉褐色，局部区域脉黄褐色。腹棕黄色，被银色粉被；第 3–5 背板被密毛；第 2–3 背板中线具窄的黑色棕带，第 4、第 5 背板全部黑褐色，无粉被。

分布：浙江、山西、江苏；俄罗斯。

141. 纽眼蝇属 *Neobrachyceraea* Szilady, 1926

Neobrachyceraea Szilady, 1926: 587. Type species: *Beachyceraea obscuripennis* Kröber, 1913 (original designation).

主要特征：黑色或黑褐色。复眼中等大小。触角膝状，明显短于头长且扁，着生于复眼中部水平以上，其柄节退化，外观呈 2 节；梗节略长于第 1 鞭节的 1/5，触角第 1 鞭节呈红黄色，中部膨大。触角芒位于触角第 1 鞭节端部，节芒状，其第 1 鞭节细长，长度为柄节、梗节之和。喙长于头。翅 r-m 脉位于 sc-r$_1$ 脉的水平后侧。腹部棒槌形，基部较细，梗节细长，长度超过第 1 鞭节的 1.2 倍。雌腹部后端呈钳形，第 5 腹板翘起。

分布：世界广布，已知 5 种，中国记录 3 种，浙江分布 1 种。

（417）墨纽眼蝇 *Neobrachyceraea obscuripennis* Kröber, 1913

Neobrachyceraea obscuripennis Kröber, 1913: 277.

主要特征：间额暗棕红色，有单眼瘤；头顶具 1 倒三角形黑斑；间额下方靠近触角处具数道横皱；中颜板棕褐色，颜脊黑色。胸部红褐色或棕褐色，中胸背板具刺状短毛；腹侧片有薄的银灰色粉被。翅棕色透明。足棕褐色，但中后足股节靠端部近 3/4 部分腹面及胫节靠基部 1/2 部分棕黄色。腹部棒槌状，第 2

节细长，长约为后 4 节的 4/5；暗褐色；第 3–6 背板被短刺状鬃。

分布：浙江（临安）、江苏、江西、湖南、福建、台湾。

142. 叉芒眼蝇属 *Physocephala* Schiner, 1861

Physocephala Schiner, 1861: 137. Type species: *Conops rufipes* Fabricius, 1781 (original designation).

主要特征：体黑褐色或棕褐色。单眼退化。触角膝状，长于头，着生在复眼中部水平以上。触角柄节长为宽的 3–4 倍，梗节长为柄节长度的 2–3 倍，第 1 鞭节中部膨大呈橄榄状或锥状，长为梗节的 1/4–1/3。触角芒着生于触角第 1 鞭节端部，节芒状；第 2 节在腹面膨展延长呈卷叶状突，与第 3 节形成叉状。喙暗色，伸向前方，基部曲折。胸部背板裸，或具刺状短毛，盾沟不完整。腹侧片上方具 1 簇短鬃。翅 r-m 位于 sc-r$_1$ 的水平后侧；足股节由中部向基部明显加粗。腹部棒槌形，基部变细；第 2 节细，长度一般长于或等于第 3、第 4 节之和。雌腹部后端呈钳形，第 5 腹板铲状翘起。

分布：世界已知 130 种，中国记录 24 种，浙江分布 7 种。

分种检索表

1. 翅灰色，前半黑褐色 ·········· 双色叉芒眼蝇 *P. bicolorata*
- 翅透明，具雾状斑或条带 ·········· 2
2. 腹部第 3–6 背板具毛 ·········· 3
- 腹部第 3–6 背板不具毛 ·········· 4
3. 肩胛黑色；第 3 背板后缘两侧和整个第 6 背板有银灰色粉被；第 3–6 背板有短的刺状毛 ·········· 缝叉芒眼蝇 *P. aterrima*
- 肩胛棕黄色；腹部第 3–6 背板具较长的毛 ·········· 热带叉芒眼蝇 *P. calopa*
4. 中胸背板具粉被或绒毛 ·········· 5
- 中胸背板不具粉被 ·········· 6
5. 额金黄色，中央有 1 三角形棕褐斑；颜淡黄色，颜脊近端部 1/2 红棕色；胸部黑色，肩胛红褐色 ·········· 暗叉芒眼蝇 *P. obscura*
- 颊棕黄色，具斑，颜脊及中颜板近中部具 1 棕色斑，额棕色单眼区具 1 圆形棕褐色斑，颜橘红色隆起；胸黑棕褐色 ·········· 唐叉芒眼蝇 *P. sinensis*
6. 头部黄色，颜脊具黑斑，间额具红褐色三角形斑 ·········· 派叉芒眼蝇 *P. pielina*
- 头部淡黄色至橘红色，间额具淡棕灰色纵带，头顶中间具黑斑，颜下缘靠近唇基部分有黑斑 ·········· 浙江叉芒眼蝇 *P. chekiangensis*

（418）缝叉芒眼蝇 *Physocephala aterrima* Kröber, 1923

Physocephala aterrima Kröber, 1923: 122.

主要特征：体长 15–16 mm，翅展 11–12 mm。颜淡黄色，具大黑斑。胸部全黑色，有灰色粉被；肩胛黑色。翅透明，Cu 脉以上有黄棕色雾状斑。腹部全黑色；第 3 背板后缘两侧和整个第 6 背板有银灰色粉被；第 3–6 背板有短的刺状毛。

分布：浙江；印度。

（419）双色叉芒眼蝇 *Physocephala bicolorata* Brunetti, 1925

Physocephala bicolor Brunetti, 1923: 357.

Physocephala bicolorata Brunetti, 1925: 79 (replacement name for *Physocephala bicolor* Brunetti, 1923).

主要特征：头部淡黄色至橘黄色，有时头顶黑色且向前扩展至近触角基部。胸部背面主要为黑色，但肩胛、中胸背板侧缘和后缘黄褐色。翅灰色，前半黑褐色。足黄褐色，基节黑色，后足腿节有1宽的黑中带。

分布：浙江；印度，尼泊尔。

（420）热带叉芒眼蝇 *Physocephala calopa* Bigot, 1887

Physocephala calopa Bigot, 1887: 33.

Conops quadrata Brunetti, 1913: 274.

主要特征：体长 9–10 mm，翅展 5–6 mm。颊金黄色，颜脊具黑斑，间额橘黄色，在单眼区具1三角形黑褐色斑。肩胛棕黄色，胸覆薄银灰色粉被。翅透明，r_{2+3} 脉以上部分、R_3 室靠基部 2/3、R_5 室靠基部 1/2 部分、伪脉以上覆雾状棕斑。R 室无斑透明。腹部第 3–6 背板具较长的毛。

分布：浙江、福建；巴基斯坦，印度。

（421）浙江叉芒眼蝇 *Physocephala chekiangensis* Ôuchi, 1939

Physocephala chekiangensis Ôuchi, 1939: 199.

主要特征：体长 11.5–13.5 mm。头部淡黄色至橘红色，间额具淡棕灰色纵带，头顶中间具黑斑，颜下缘靠近唇基部分有黑斑。后头区头顶及复眼边缘有白色粉带。喙长为头长的 1.5 倍，喙整体黑色，下表面红棕色。触角柄节红棕色，下面具 1 条黑色纵带；梗节长为柄节的 2.5 倍；触角第 1 鞭节棕黄色，与柄节几乎等长。小盾片红褐色。后胸背板黑色，后缘具淡黄色粉被。胸侧片黑色，具 1 条白色横条带。翅透明，前缘至 r_4 棕色，翅室 R_3 有深棕色条带。后足股节红棕色；平衡棒橘红色。腹第 1 节黑色，具黑毛；第 2、第 3 节橘红色，中间具黑斑，且第 3 节后缘有金色粉被带；第 4、第 5 节黑色，后缘橘红色，被金色粉被。生殖器红棕色。

分布：浙江（临安）。

（422）暗叉芒眼蝇 *Physocephala obscura* Kröber, 1915

Physocephala obscura Kröber, 1915: 53.

Physocephala jezoensis Matsumura, 1916: 270.

主要特征：体长 16–17 mm，翅展 12–14 mm。额金黄色，中央有 1 三角形棕褐斑；颜淡黄色，颜脊近端部 1/2 红棕色。胸部黑色，肩胛红褐色；中胸背板有短绒毛。翅 m 脉以上及 B 室、M_2 室靠基部 2/3 部分有棕色雾状斑。

分布：浙江（临安）、山西、江苏、福建；俄罗斯。

（423）派叉芒眼蝇 *Physocephala pielina* Chen, 1939

Physocephala pielina Chen, 1939: 190.

主要特征：体长 9–10 mm，翅展 7–7.5 mm。头部黄色，颜脊具黑斑，间额具红褐色三角形斑。胸部黑褐色，仅肩胛黄褐色；无粉被，但中侧片和腹侧片有银灰色粉被。翅半透明，r_{2+3} 以上部分及 R_3 室全部、R_5 室靠基部 1/2、B 室、M_2 室靠基部 1/4、伪脉以上覆棕色雾状斑；平衡棒淡橘红色。腹基部强烈收缩，

第 2 腹节中间明显收缩，第 3 背板无粉被。

分布：浙江（临安）、河北、山西、江苏、湖南、福建、海南；俄罗斯。

（424）唐叉芒眼蝇 *Physocephala sinensis* Kröber, 1933

Physocephala sinensis Kröber, 1933: 15.

主要特征：体长 12–14 mm，翅展 7–7.5 mm。颊棕黄色，具斑，颜脊及中颜板近中部具 1 棕色斑，额棕色，单眼区具 1 圆形棕褐色斑，颜橘红色隆起。胸黑棕褐色，中胸背板、中侧片、腹侧片覆银灰色粉被。翅白色透明，r_{4+5} 以上、R 室靠近基部 1/2 部分覆深褐色雾状斑，R 室透明无斑。

分布：浙江、北京、山东、江苏、安徽。

143. 唐眼蝇属 *Siniconops* Chen, 1939

Siniconops Chen, 1939: 197. Type species: *Siniconops elegans* Chen, 1939 (original designation).

主要特征：体型较大，色彩明快。颜凹陷。单眼有或无。触角膝状，长于头；梗节细长，长约为柄节的 2.5 倍；第 1 鞭节膨大呈枣核状，长约为梗节的一半。触角芒着生于触角第 1 鞭节端部，类节芒状，其梗节膨展延长成卷叶状附肢；第 1 鞭节细长，长度约为柄节、梗节之和；喙等于或略长于头。中胸背板及小盾片具短鬃；腹侧片上部具 1 簇鬃。翅 r-m 脉与 sc-r_1 脉水平，R_5 室较长，R_3 室长于 m 脉。雄腹部纺锤形，第 3、第 4 节明显膨大；雌腹部为长筒形，后端呈钳形，第 5 腹板铲状突出；多具金黄色的横带。

分布：东洋区。世界已知 6 种，中国记录 6 种，浙江分布 3 种。

分种检索表

1. 腹部第 1、第 3 节边缘，第 2 节大部分以及其他腹节均被金黄色粉被 ·· 巨唐眼蝇 *S. grandens*
 - 腹部背板无粉被 ·· 2
2. 具单眼瘤，但无单眼；腹部第 2 背板金黄色，有 1 个 "T" 字形黑褐色斑 ······························· 陈氏唐眼蝇 *S. cheni*
 - 单眼瘤两侧各具 1 黄色单眼；腹部第 2 背板后缘具金黄色横带 ·· 丽唐眼蝇 *S. elegans*

（425）陈氏唐眼蝇 *Siniconops cheni* Qiao *et* Chao, 1998

Siniconops cheni Qiao *et* Chao, 1998: 609.

主要特征：体长 20–25 mm；翅长 18–20 mm。头部淡黄色，头顶具 1 个膨大的黄褐色半圆形骨片；复眼大，棕褐色；具单眼瘤，但无单眼；额在触角基部且近复眼处具 1 对棕红色圆斑；颊具 1 个三角形棕斑；后头眼眶具 1 狭窄的银白色粉被带，侧后头棕黄色。触角黑褐色，长于头。喙长于或等于头高；黑色，基部棕红色。胸部背面褐色，领片、肩胛小盾片后缘及侧胸棕红色；腹侧片上缘具 4 根鬃，腹侧片及中足、后足基节覆稀薄的银白色粉被。翅棕色，半透明。足股节棕红色，中足胫节外侧具银白色粉被，各足跗节、爪尖黑色，爪垫棕黄色。腹部纺锤形；第 1、第 3 背板黑褐色或红褐色，后缘各具 1 极窄红黄色横带；第 2 背板金黄色，有 1 个 "T" 形黑褐色斑；第 4–6 背板黄色，第 4 背板后缘具 1 极细的黑褐带。

分布：浙江（临安）、四川。

（426）丽唐眼蝇　*Siniconops elegans* Chen, 1939

Siniconops elegans Chen, 1939: 198.

Abrachyglossum wui Ôuchi, 1939: 195

主要特征：体长 17–19 mm；翅长 16–17 mm。单眼瘤两侧各具 1 黄色单眼。足基节红褐色，腹部黑或黑褐色，第 1–5 背板后缘各具 1 宽窄不等的金黄色横带，其中第 2、第 3 背板横带较宽，占背板长度的 1/3–1/2。雄腹部明显长于其他种，且末端尖锐。

分布：浙江、安徽。

（427）巨唐眼蝇　*Siniconops grandens* Camras, 1960

Siniconops grandens Camras, 1960: 119.

主要特征：体长 20.5 mm。头部黄色，触角窝至后头部颜色略深。颊两侧具黑色细小绒毛；后头部后上侧棕色，其余部分黑色。触角黑色，第 1 鞭节略偏红褐色，柄节长度为宽度的 2 倍，触角芒短但分节明显。喙与头等长，黑色。胸部及足基节多为黑色或深红棕色，足股节基部深红色，向端部颜色渐深至黑色，胫节深红棕色，跗节及爪垫为黑色。翅淡黄色透明，r_1 和 r_3 之间有不规则的深褐色翅斑。腹部第 1、第 2 节的中线和前缘以及第 3 节大部分为黑色，第 5 背板金色；第 1、第 3 节边缘，第 2 节大部分以及其他腹节均被金黄色粉被。

分布：浙江、安徽。

144. 锡眼蝇属　*Sicus* Scopoli, 1763

Sicus Scopoli, 1763: 369. Type species: *Conops ferrugineus* Linnaeus, 1761. (designated by Camras, 1965).

Cylindrogaster Lioy, 1864: 369. Type species: *Conops ferrugineus* Linnaeus, 1761 (original designation).

主要特征：体浅红色或暗红色，额在复眼上缘具 1 排细鬃，具单眼或单眼瘤；触角芒状，短于头长，柄节、梗节背面被短鬃；触角芒位于触角第 1 鞭节背外侧中部；颊宽小于复眼直径。喙 2 倍长于头，中部曲折。胸部肩胛、小盾片及腹侧片具鬃。翅 Sc 在端部与 r_1 明显分开。腹偏平，等于或略长于翅。

分布：古北区、东洋区。世界已知 10 种，中国记录 4 种，浙江分布 1 种。

(428) 腹锡眼蝇　*Sicus abdominalis* Kröber, 1915

Sicus ferrugineus var. *abdominalis* Kröber, 1915: 88.

Sicus benkoi Zimina, 1976: 181.

主要特征：体长 8–10 mm，翅展 5.7–7.3 mm。体暗红色。额在复眼上缘具 1 排细鬃，具单眼；颊宽小于复眼直径。触角短于头长，柄节、梗节背面被短鬃；喙 2 倍长于头，中部曲折。胸部肩胛、小盾片及腹侧片具鬃。贯穿中胸背板的黑色纵带在盾沟附近合并覆盖背板中后部的黑斑。翅 Sc 在端部与 r_1 明显分开。腹偏平，略长于翅；第 2 腹节长度等于或略短于宽，第 3 腹节长短于宽。

分布：浙江、河北、山西、江苏；俄罗斯，蒙古国，日本，印度，欧洲。

145. 微蜂眼蝇属 *Thecophora* Rondani, 1845

Thecophora Rondani, 1845: 15. Type species: *Myopa atra* Fabricius, 1775 (monotypy).

Occemya Robineau-Desvoidy, 1853: 130. Type species: *Myopa atra* Fabricius, 1775 (original designation).

主要特征：体细长，黑褐色或灰色。额宽为复眼宽的 3/4。具单眼或单眼区；颊高略小于复眼直径，并多覆粉被。触角芒状，短于头，较细；触角芒位于触角第 1 鞭节背面；喙短于头部。胸暗褐色，覆灰色粉被；背侧片中部略有凹陷。翅 Sc 在端部与 r_1 接近但未形成 sc-r_1。腹部棒槌形，基部较细。

分布：世界广布，已知 37 种，中国记录 4 种，浙江分布 1 种。

（429）黑尾微蜂眼蝇 *Thecophora atra* (Fabricius, 1775)

Myopa atra Fabricius, 1775: 799.

Thecophora atra: Rondani, 1845: 15.

主要特征：体长 5.5 mm，翅展 4.2 mm。梗节长于第 1 鞭节。间额棕红色；颊高约为复眼直径的 1/3。胸背部具 2 条灰色粉被纵带，之间为黑色无粉被纵带。后足股节基半部淡黄色，前足、中足股节黑色或黑褐色。腹部棕红色，雌腹部细长，端部尖锐。

分布：浙江；印度。

146. 佐眼蝇属 *Zodion* Latreille, 1796

Zodion Latreille, 1796: 162. Type species: *Myopa cinerea* Fabricius, 1794 (monotypy).

主要特征：体小型，黑褐色或灰褐色，全身覆灰色粉被。具单眼，间额稀疏被毛；触角芒状，短于头，前 2 节背面具鬃，触角芒着生于触角第 1 鞭节背侧；喙长于头，喙肘位于基部。胸部腹侧片具 1 簇鬃；翅透明，Sc 在端部与 r_1 形成 sc-r_1。腹部灰褐色，棒槌形。雌腹部略短于雄，其第 5 腹板铲状突起。

分布：世界广布，已知 56 种，中国记录 6 种，浙江分布 1 种。

（430）长喙佐眼蝇 *Zodion longiroster* Chen, 1939

Zodion longiroster Chen, 1939: 204.

主要特征：体长 6–7 mm，翅展 4–6 mm。黑褐色，全身覆灰色粉被；间额稀疏被毛；触角黑褐色，触角芒状，短于头；喙 1.2 倍长于头，喙肘位于基部。小盾片在边缘具 4 根鬃；胸部腹侧片具 1 簇鬃；翅透明，Sc 在端部与 r_1 形成 sc-r_1。腹部灰褐色，棒槌形。雌腹部略短于雄，其第 5 腹板铲状突起。

分布：浙江、江苏。

第八章　实蝇总科 Tephritoidea

十五、蜣蝇科 Pyrgotidae

主要特征：体中至大型，体长 5–20 mm。身体常粗壮，翅常具斑点、条纹或网状花纹，很少透明。本科外形与眼蝇相似，但翅形与果蝇近似。头部大，在触角上方或多或少突出；头部球形，额宽阔，微凹陷；侧面观近椭圆形或方形，通常长大于宽，触角基部或多或少突出；后头区平，与头顶面成钝角；单眼一般消失；颜凹陷，中央常具颜脊，颊、喙及下颚须都发达。胸部一般深黄色、浅棕黄色或棕色，有些种类胸部具棕色斑纹，大部分种类被毛。中胸背板正方形，背中鬃常退化或缺失，肩鬃、背侧鬃、翅上鬃、翅后鬃、中侧片鬃、翅侧片鬃、下侧片鬃发达。腹部细长，第 1、第 2 背板有时聚合为合背板。大部分蜣蝇在黄昏或者夜间活动，具有趋光性。这可能跟蜣蝇的寄生性有关，蜣蝇的寄主大部分都在黄昏活动，而有一些寄主，如金龟 *Anoplognathus oliveri* 是昼行昆虫，寄生于它的蜣蝇 *Maenomenus ensifer* 也是昼行。有研究表示，蜣蝇单眼的进化情况可能也与该现象有关。

分布：世界已知 82 余属 370 余种，中国记录 9 属 38 种，浙江分布 3 属 3 种。

分属检索表

1. R_{4+5} 径脉段上被小鬃，r-m 横脉位于翅的中部，m-cu 横脉强烈倾斜 ·························· 近硬蜣蝇属 *Parageloemyia*
- R_{4+5} 脉段上不被小鬃，r-m 横脉位于翅的中部或超过中部，m-cu 横脉不倾斜 ································· 2
2. 股节下方至少端半部具 2 行刺 ·· 真蜣蝇属 *Eupyrgota*
- 股节下方不具成双行的刺 ·· 适蜣蝇属 *Adapsilia*

147. 适蜣蝇属 *Adapsilia* Waga, 1842

Adapsilia Waga, 1842: 279. Type species: *Adapsilia coarctata* Waga, 1842 (monotypy).

主要特征：触角窝具颜脊而被分隔，触角芒不明显或由 2 节组成，小盾片具 4 根缘鬃或更多，触角梗节背面无裂缝，触角第 1 鞭节端部圆。股节下方不具成双行的刺；翅透明或半透明，常具暗斑，前缘脉末端终止于中脉，R_{4+5} 脉段上不被小鬃，r-m 横脉位于翅的中部或超过中部，m-cu 横脉较直，不倾斜。

分布：世界广布，已知 20 余种，中国记录 14 种，浙江分布 1 种。

（431）盾适蜣蝇 *Adapsilia scutellaris* Chen, 1947（图版 XXIII-1）

Adapsilia scutellaris Chen, 1947: 70.

主要特征：体长 10 mm，翅长 7 mm。头部黄色；额棕色，后头上半部分棕色，上眶鬃 2 对，单眼鬃 1 对，前顶鬃 1 对，内顶鬃 1 对，外顶鬃 1 对。触角黄色，柄节上缘为鞭节的 2 倍长，下缘与鞭节等长，鞭节端部圆；触角芒 2 节细长。胸部棕色；肩黄色，胸侧板黄色，中侧片前缘具 1 条棕色带状斑，翅侧片具 1 棕色圆斑，腹侧片具 1 棕色三角形斑。肩鬃 1 对，背侧鬃 2 对，翅上鬃 1 对，翅后鬃 2 对，小盾鬃 4 根。背中鬃 4 对，中侧片、翅侧片、腹侧片各具 1 根鬃。翅灰色透明，R_{2+3} 脉具 1 小赘脉，端部具 1 褐色椭圆形斑；平衡棒黄色。足浅棕红色，基节及股节基部黄色，股节基部具 1 腹鬃，中足和后足基节各具 2 根背鬃，中足股节裸区长椭圆状，棕黄色。腹部棕色，柄节长于后面 3 节总长之和，产卵管向下弯曲明显，圆锥状，长于腹长，约为腹长的 2.5 倍。

　　分布：浙江（临安）。

148. 真蜣蝇属 *Eupyrgota* Coquillett, 1898

Eupyrgota Coquillett, 1898: 337. Type species: *Eupyrgota luteola* Coquillett, 1898 (monotypy).

　　主要特征：触角窝或多或少被颜脊分隔，触角芒由 2 节组成；胸部背面肩鬃和沟前鬃缺如，小盾片具缘鬃 4 根；R_{4+5} 径脉上无小毛，r-m 横脉位于翅的中部或超过中部，m-cu 横脉不倾斜，前缘脉伸至中部；股节下方至少端半部具 2 行刺；腹部基部常延长。

　　分布：世界广布，已知 32 种，中国记录 9 种，浙江分布 1 种。

（432）红鬃真蜣蝇 *Eupyrgota rufosetosa* Chen, 1947

Eupyrgota rufosetosa Chen, 1947: 59.

　　主要特征：体红棕色。额宽阔，后部变窄，雄虫额比雌虫宽，前部颜色略深，复眼正下方具棕色斑，颊高为复眼高的 1/3–1/2；触角基部与触角窝黑色，下颚须宽阔，被短毛。胸部被大量细柔毛，侧板具鬃，小盾鬃 3–5 对。翅黄色透明，翅脉浅棕色。足股节基部具 1 根腹鬃。腹部烟褐色，基部棕色，雄虫腹部基节短于之后所有腹节长之和，雌产卵器短于腹部，微微向下弯曲。

　　分布：浙江（临安）、江苏。

149. 近硬蜣蝇属 *Parageloemyia* Hendel, 1934

Parageloemyia Hendel, 1934: 12. Type species: *Geloemyia quadriseta* Hendel, 1933(monotypy).
Dicranostira Enderlein, 1942: 111. Type species: *Parageloemyia ornate* Hering, 1941(monotypy).

　　主要特征：梗节背面无纵裂缝，第 1 鞭节端部圆；触角芒由 2 节组成。小盾鬃具缘鬃 4 根、背中鬃 3 对、小盾前鬃和沟前鬃各 1 对。R_{4+5} 径脉段上被小鬃，r-m 横脉位于翅的中部，m-cu 横脉强烈倾斜。产卵器端部颜色常深。

　　分布：古北区、东洋区。世界已知 4 种，中国记录 3 种，浙江分布 1 种。

（433）四带近硬蜣蝇 *Parageloemyia quadriseta* Hendel, 1933 （图版 XXIII-2）

Parageloemyia quadriseta Hendel, 1933: 1.

　　主要特征：体长 7 mm，翅长 7 mm。头部浅棕黄色；额棕黄色，头顶平，颜具颜脊；头顶鬃毛黑色，上眶鬃 1 对，单眼鬃 1 对，单眼后鬃 1 对，前顶鬃 1 对，外顶鬃 1 对。触角短，柄节为梗节长的 2/3，鞭节略长于梗节；触角芒细长，2 节；下颚须短，长为触角的 0.56 倍；口器小，侧面观略伸出颊下方。胸部浅棕黄色；背板斑纹略深，不明显，背侧片后方具 1 圆形黑斑。肩鬃 1 对，背侧鬃 2 对，翅上鬃 1 对，翅后鬃 2 对，背中鬃 3 对，中鬃 1 对，中侧片鬃 1 排，翅侧片鬃 1 根，腹侧片鬃 1 根；小盾片浅棕黄色，具小盾鬃 4 根。翅面具 6 条褐色横带，自翅端部起第 2、第 3 条横带短，第 2 条横带终止于 R_{2+3} 与 R_{4+5} 中间，

第 3 条横带终止于 R_{4+5}，第 4 条横脉 R_{2+3} 与 M 中间部分不明显，R_1 与 R_{4+5} 具小鬃；平衡棒深黄色。足浅棕黄色，基节具 2–3 根鬃，转节具 1 根鬃，前足与后足股节端部各具 3 背鬃，中足股节端部具 1 背鬃，中足裸区狭长，胫节端部具刺。腹部腹背板棕色，第 1+2 合腹板浅黄棕色，端部浅棕色，第 3–5 腹背板中间部分浅棕黄色，产卵器圆锥形，端部黑色。

　　分布：浙江（临安）、四川。

十六、芒蝇科 Ctenostylidae

主要特征：体中型，体长 4–9 mm。头部大，胸部短，足细长，翅常具多样斑纹。雄虫复眼大，雌虫复眼略小；具单眼。头部球形，额与头顶圆弧状，侧面观近圆形或倒三角形，长与宽近相等；额骨化不明显，额眶线不明显；雄虫颜具骨化的颜脊及新月板，触角窝不明显，雌虫触角窝半透明，侧颜具毛。触角由 3 节组成，雌虫触角芒分枝状，是重要的分类特征；雄虫触角芒简单。口器退化。胸部一般深黄色至棕色，有些种类胸部具棕色斑纹，大部分种类被毛；中胸背板宽阔，背中鬃 0–2 对或更多，肩鬃、背侧鬃、翅上鬃、翅后鬃、中侧片鬃、翅侧片鬃、下侧片鬃发达。前足基节背面上部分区域薄膜状，足上无长鬃。腹部基部收缩，呈柄状；第 1 腹板无鬃毛，与第 2 腹板愈合，中间有 1 道缝。雄虫第 6 腹背板裸，第 6、第 7 气门缺失，外生殖器结构简单，阳茎管状，无阳茎头。雌虫产卵器圆锥状，骨化明显，端部薄膜上无纵的条带。目前对芒蝇科昆虫生物学研究较少见，但有记录发现芒蝇成虫有胎生现象而非卵生，幼虫生物学几乎未知，幼虫可能有寄生习性。

分布：世界已知 7 余属 12 余种，中国记录 2 属 2 余种，浙江分布 1 属 1 种。

150. 华丛芒蝇属 *Sinolochmostylia* Yang, 1995

Sinolochmostylia Yang, 1995: 247. Type species: *Sinolochmostylia sinica* Yang, 1995 (original designation).

主要特征：触角第 1 鞭节钝圆无角突，芒分 10 余枝，具短小下颚须。翅缘极近卵形，R_{2+3} 极短，仅伸达前缘中部，远在 m-cu 以内。足细长，前足胫节长于股节，跗节长于胫节，后足胫节有凹缘。

分布：东洋区。中国记录 1 种，浙江分布 1 种。

（434）中华丛芒蝇 *Sinolochmostylia sinica* Yang, 1995（图版 XXIII-3）

Sinolochmostylia sinica Yang, 1995: 247.

主要特征：雌性：体长 6 mm，翅长 4.5 mm。头部淡黄褐色；头长大于高，侧视侧颜面倾斜，头顶圆突；复眼大而左右远离，无单眼；两颊及颜面色淡，近乎透明，口孔小；有 1 对极细弱的下颚须，触角上方具突出隆堤，颜面具颜脊；柄节短阔，第 2 节狭而弧弯，端部具长毛，第 1 鞭节卵形，无突伸的角，触角芒极发达，具很多分枝。胸部略大于头，淡黄褐色，背板具 4 条纵褐带，两侧带宽，而被横沟切断，小盾片短宽而钝圆，侧板颜色淡。翅极宽大，略呈卵形，大部分呈褐色，除翅中部和近基部有透斑外，翅后缘及翅瓣透明，翅脉黄褐色，C 伸达 M 末端，具 2 个缺刻，R_{2+3} 短而弯，伸达 C 中部，r-m 位于 dm 室基部 1/3 处，M 在 m-cu 外有 1 段加粗，并有 1 小段短而尖的赘脉深入中室；平衡棒白色，棒部球形，其基部略带褐色。足细长，前足胫节长于股节，跗节长于胫节，中足、后足股节、胫节、跗节长几乎相等。腹部末端向腹面钩弯，第 1 节最长，第 2–6 节背板各具 1 对横形褐斑，生殖基节褐色，略骨化，末端产卵管白色，逐渐变细。雄性：触角棕黄色，柄节圆，具浓密毛，柄节侧面具毛，毛长为柄节毛的 2–3 倍，鞭节球形，长为梗节的 0.6 倍，触角芒长，不分枝，绒毛状。

分布：浙江（临安、开化）、四川；韩国。

十七、广口蝇科 Platystomatidae

主要特征：体常具金属光泽，颜面及翅一般具斑点及条纹。体型多样，从微小细长到粗大强壮均有。头部不具额鬃，但常具 1–2 对眶鬃；触角沟较深，一般中间被颜脊所分开。翅前缘脉无裂隙。雄性可见 5 个腹节，雌性可见 6 个腹节。成虫一般栖息在较阴湿环境中的植物叶面下或朽木上，幼虫常生活于腐烂果实、菌类或朽木中。

分布：主要分布于旧大陆的热带地区，温带区系相对贫乏。世界已知 119 属 1200 种，中国记录 18 属 60 种，浙江分布 2 属 2 种。

151. 美颜广口蝇属 *Euprosopia* Macquart, 1847

Euprosopia Macquart, 1847: 105. Type species: *Euprosopia tenuicornis* Macquart, 1847 (monotypy).

Tetrachaetina Enderlein, 1924: 138. Type species: *Tetrachaetina buergersiana* Enderlein, 1924(original designation).

主要特征：中颜脊平坦，触角沟深凹；翅具深色斑点或不连续的深色或黑色条纹；下腋瓣非常大，部分种翅基骨片或翅突沿着背侧板向前延伸，中胸背板侧缘鬃毛减少，鬃毛向上或向基部；部分种翅基骨片正常发育，中胸背板侧缘鬃毛减少，鬃毛向后。

分布：世界广布，已知 101 种，中国记录 5 种，浙江分布 1 种。

（435）格哈美颜广口蝇 *Euprosopia grahami* Malloch, 1931 （图 8-1）

Euprosopia grahami Malloch, 1931: 5.

主要特征：雄性：头部橘黄色，上唇棕色或褐色；中胸背板具 3 条深色竖纹，毛微黄，鬃黑色，胸部背板前缘不具明显瘤状突起和鬃。平衡棒黄色，股节暗褐色或灰褐色，中足股节褐色，足胫节颜色多变，有黄褐色，有深黄褐色，足跗节基部微黄色。腹部密被灰白色粉末，第 2–4 腹节背部具 1 对黑色斑点。

分布：浙江、安徽、四川；日本。

图 8-1　格哈美颜广口蝇 *Euprosopia grahami* Malloch, 1931 右翅（引自 Malloch，1931）

152. 肘角广口蝇属 *Loxoneura* Macquart, 1835

Loxoneura Macquart, 1835: 446. Type species: *Dictya decora* Fabricius, 1805 (monotypy).

Macrortalis Matsumura, 1916: 433. Type species: *Macrortalis taiwanus* Matsumura, 1916 (original designation).

主要特征：体中等大小且粗壮，体鬃退化。头部橘黄至橘红色，头部仅具 1 对外顶鬃和颊鬃；颜具中颜脊。触角沟深凹；触角明显短于颜，第 1 鞭节端圆，为梗节长的 1.5–2 倍，芒短且呈羽状。小盾片肿胀，小盾鬃 3 对。翅透明，具棕黄色斑，r-m 横脉强烈倾斜。前足股节具 1 排黑色后腹刺，中足胫节腹侧具 3 端刺。雌性产卵管基节稍短于或等于第 5 腹板。

分布：东洋区。世界已知 12 种，中国记录 8 种，浙江分布 1 种。

（436）周光肘角广口蝇 *Loxoneura perilampoides* Walker, 1858（图 8-2）

Loxoneura perilampoides Walker, 1858: 226.

主要特征：雄性：喙黑色，触角橘红色。盾片侧后方具成排鬃，前胸前侧片覆盖有黑色小鬃。翅 C 脉棕色带完整，且沿 C 脉前缘具 3 个透明小斑点；翅具 2 条纵向棕色带，其中基部棕色带延伸至臀室。雌性：翅基部纵向棕色带延伸至翅后缘。

分布：浙江、江苏、广西；印度，老挝，印度尼西亚。

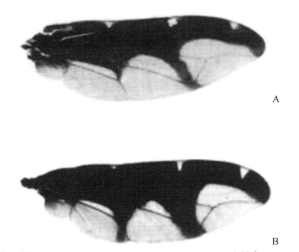

图 8-2　周光肘角广口蝇 *Loxoneura perilampoides* Walker, 1858（引自 Wang and Chen，2004）

A. ♂右翅；B. ♀右翅

第九章　小粪蝇总科 Sphaeroceroidea

十八、小粪蝇科 Sphaeroceridae

主要特征：体小型（体长 0.7–5.5 mm），粗壮，灰色至黑色，有时头、胸、足为黄色、橙色或红色，或者有黄色、橙色或红色的斑纹；后足第 1 跗节加粗为明显的鉴定特征。小粪蝇幼虫食性分化明显，有腐食、尸食、粪食和植食等各种取食类型。一些种类可传播线虫、病原菌，为传染病的传播媒介，一些种类为蝇蛆病原，可致人畜蝇蛆症；一些种类为重要的法医昆虫，利用其可进行刑事案件侦破；一些种类是食用菌栽培业上的重要害虫，常造成减产。小粪蝇还是自然界物质再循环过程的分解者和加速者。

分布：世界已知 1600 余种，中国记录 164 余种，浙江分布 14 属 26 种。

分属检索表

1. C 达 M；bm 和 cup 室存在；M 达翅缘，CuA_1 达或不达翅缘。受精囊 2 个。后足胫节具强烈弯曲的腹端刺 ················ 2
- C 达或过 R_{4+5}；bm 和 dm 室融合，无 cup 室；M 和 CuA_1 短，均不达翅缘。受精囊 3 个。后足胫节具小的或不明显的腹端鬃。**沼小粪蝇亚科 Limosininae** ················ 3
2. 胸鬃退化至短刺，着生在瘤窝内；小盾片无端缘鬃，基缘鬃小，或小盾后缘具齿突；后足胫节无亚端背鬃；CuA_1 达翅缘。**小粪蝇亚科 Sphaerocerinae** ················ **栉小粪蝇属 Ischiolepta**
- 胸仅具短鬃毛；小盾缘鬃至少 2 对，无后缘齿突。后足胫节具长亚端背鬃。CuA_1 不达翅缘。**离脉小粪蝇亚科 Copromyzinae** ················ **离脉小粪蝇属 Copromyza**
3. 小盾片密被小盾心鬃，小盾端鬃之间总具 1 对小鬃 ················ **角脉小粪蝇属 Coproica**
- 小盾片仅具 1–2 对小盾缘鬃，有时小盾片具稀疏小盾心鬃（刺足小粪蝇属 *Rachipoda*），但小盾端鬃之间不具其他鬃 ···· 4
4. 中足胫节具明显的亚端腹鬃；若中足胫节腹无任何长鬃，中足第 1 跗节具 1 明显腹鬃 ················ 5
- 中足胫节无亚端腹鬃，但常具 1 端腹鬃（有时雄虫端腹鬃小）；若中足胫节具明显端腹鬃，中足第 1 跗节具 1 明显腹鬃 ················ 6
5. 触角间颜瘤明显隆大。小盾片缘鬃 3–4 对，有时心板具鬃毛。中足转节具 1 上倾长鬃。背中鬃盾沟前存在，最前背中鬃内倾。亚肛片无短粗刺；基阳体无后阳基背片 ················ **刺足小粪蝇属 Rachispoda**
- 触角间颜瘤不明显隆。小盾片缘鬃 2 对，心板裸。中足转节无长鬃或具 1 短鬃。背中鬃 1–3，均位于盾沟后。通常亚肛片具短粗刺；基阳体具后阳基背片 ················ **欧小粪蝇属 Opacifrons**
6. R_{2+3} 亚端角状弯向 C，有时亚端具短脉头。翅具暗斑或暗纹。足跗节有时白色。胸背板具银色纵条 ················ **星小粪蝇属 Poecilosomella**
- R_{2+3} 亚端不强烈弯向 C。通常翅、足和胸单色 ················ 7
7. 基阳体具后阳基背片 ················ **乳小粪蝇属 Opalimosina**
- 基阳体无后阳基背片 ················ 8
8. C 明显过 R_{4+5} ················ 9
- C 不过或略过 R_{4+5} ················ 11
9. R_{4+5} 强烈弯向 C。背针突单瓣，三角形至矩形，无刺或具梳状刺列 ················ **方小粪蝇属 Pullimosina**
- R_{4+5} 波状弯曲或略弯向 C。背针突双瓣，具刺或梳状刺列 ················ 10

10. R_{4+5} 明显波状弯曲；dm 室后外角圆；翅瓣大而宽，端圆。上生殖板具 1 长背侧鬃；背针突具梳状刺列⋯⋯⋯⋯⋯⋯
⋯⋯⋯⋯⋯⋯⋯⋯⋯⋯⋯⋯⋯⋯⋯⋯⋯⋯⋯⋯⋯⋯⋯⋯⋯⋯⋯⋯⋯⋯⋯**陆小粪蝇属 *Terrilimosina***

- R_{4+5} 通常略弯向 C 或不明显波状弯曲；dm 室后外角通常不圆；翅瓣小而狭，端尖。上生殖板无长背侧鬃；背针突无梳状
刺列⋯⋯⋯⋯⋯⋯⋯⋯⋯⋯⋯⋯⋯⋯⋯⋯⋯⋯⋯⋯⋯⋯⋯⋯⋯⋯⋯⋯**微小粪蝇属 *Minilimosina***

11. R_{4+5} 直或端略向后弯向 C⋯⋯⋯⋯⋯⋯⋯⋯⋯⋯⋯⋯⋯⋯⋯⋯⋯⋯⋯⋯⋯⋯⋯⋯⋯⋯⋯⋯⋯⋯⋯ 12

- R_{4+5} 波状弯曲或端向前弯向 C ⋯⋯⋯⋯⋯⋯⋯⋯⋯⋯⋯⋯⋯⋯⋯⋯⋯⋯⋯⋯⋯⋯⋯⋯⋯⋯⋯⋯⋯ 13

12. 中足胫节无中下位前腹鬃，雄虫具长的腹刺状鬃列；翅瓣小。背针突无粗腹刺；雌虫镜状骨片大，具长的舌状中突⋯⋯
⋯⋯⋯⋯⋯⋯⋯⋯⋯⋯⋯⋯⋯⋯⋯⋯⋯⋯⋯⋯⋯⋯⋯⋯⋯⋯⋯⋯**尤小粪蝇属 *Eulimosina***

- 中足胫节具中下位前腹鬃，雄虫无腹刺状鬃列；翅瓣大。背针突具粗腹刺；雌虫镜状骨片小，无舌状中突⋯⋯⋯
⋯⋯⋯⋯⋯⋯⋯⋯⋯⋯⋯⋯⋯⋯⋯⋯⋯⋯⋯⋯⋯⋯⋯**刺尾小粪蝇属 *Spelobia*(部分)**

13. 中足胫节具中下位前腹鬃。R_{4+5} 强烈或略向上弯向 C。雄虫第 5 腹板中后缘具 1 短的梳状刺列；下生殖板无腹突 ⋯⋯ 14

- 中足胫节无中下位前腹鬃。R_{4+5} 波状弯曲，略弯或几乎直。雄虫第 5 腹板简单，无中后缘梳状刺列；下生殖板具腹突
⋯⋯⋯⋯⋯⋯⋯⋯⋯⋯⋯⋯⋯⋯⋯⋯⋯⋯⋯⋯⋯⋯⋯⋯⋯**腹突小粪蝇属 *Paralimosina***

14. R_{4+5} 强烈弯向 C。上生殖板具粗的刺状鬃；背针突具内外双瓣。雌虫第 8 腹板复杂，具后突；受精囊"碟"形⋯⋯⋯⋯
⋯⋯⋯⋯⋯⋯⋯⋯⋯⋯⋯⋯⋯⋯⋯⋯⋯⋯⋯⋯⋯⋯⋯⋯⋯**泥刺小粪蝇属 *Spinilimosina***

- R_{4+5} 端不向上弯向 C。上生殖板具细的长鬃；背针突单瓣，具粗腹刺 1。雌虫第 8 腹板简单；受精囊"轮胎"形⋯⋯⋯
⋯⋯⋯⋯⋯⋯⋯⋯⋯⋯⋯⋯⋯⋯⋯⋯⋯⋯⋯⋯⋯⋯⋯**刺尾小粪蝇属 *Spelobia*（部分）**

（一）离脉小粪蝇亚科 Copromyzinae

主要特征：中胸背板具毛和鬃，小盾片具至少 2 对小盾缘鬃。前缘脉达中脉；基室和 cup 室闭合，CuA_1 不达翅缘。后足胫节具 1 根长的亚端背鬃。无翅型和短翅型的后足胫节具 1 根粗壮的弯曲端腹距且前足和后足第 1 跗节具 1 个小的钩状短刺；受精囊 2 个。

分布：世界已知 19 属 184 种，中国记录 6 属 14 种，浙江分布 1 属 1 种。

153. 离脉小粪蝇属 *Copromyza* Fallén, 1810

Copromyza Fallén, 1810: 19. Type species: *Copromyza equina* Fallén, 1820.

Cimbometopia Lioy, 1864: 1114. Type species: *Borborus stercorarius* Meigen, 1830.

Isogaster Lioy, 1864: 1114. Type species: *Borborus nigrifemoratus* Macquart, 1835.

Trichiaspis Duda, 1923: 57. Type species: *Copromyza equina* Fallén, 1820.

主要特征：雄性：头部大部分被粉，高等于长；颊鬃弱。额被粉，前缘为浅橙色或浅红色。1 排眼后鬃。胸部具 2 排不间断的中鬃，小盾片具 2 对小盾缘鬃，在小盾缘鬃间存在数根小鬃，在不同种间有区别。下前侧片的背侧无鬃。翅第 2 基室长方形，dm-cu 位于翅的 1/3；中脉达翅缘，CuA_1 终止于 dm-cu。中足胫节基部 1/4–3/4 具 1 至数根前鬃；后足胫节具端腹刺，无前腹鬃。腹部上生殖板退化，部分与第 8 腹板分离；下生殖板的前臂退化；尾须与上生殖板愈合；基阳体的阳茎复合体基背片退化或缺失。雌性：后腹部套叠在第 5 腹节中，腹节间具微弱骨化的纵带；受精囊 2 个。

分布：世界广布，已知 11 种，中国记录 3 种，浙江已知 1 种。

（437）中华离脉小粪蝇 *Copromyza zhongensis* Norrbom *et* Kim, 1985（图 9-1）

Copromyza zhongensis Norrbom *et* Kim, 1985: 341.

主要特征：雄性：额前缘红色区域呈"M"形；上前侧片裸区上边缘至少到达与气孔中部所在的水平

线；小盾片除小盾缘鬃外还具其他短鬃，中足胫节具 3 根前鬃、3 根前背鬃、4 根后背鬃。第 5 背板中部膜质，两侧骨化，亮黑色；第 5 腹板后半部具刺状鬃，中后缘半圆形隆大，其端膜质，被微毛。雌性：外形特征似雄性。

　　分布：浙江（临安）、四川；日本。

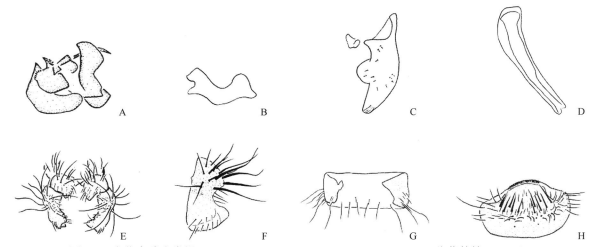

图 9-1　中华离脉小粪蝇 *Copromyza zhongensis* Norrbom *et* Kim, 1985（仿董慧等，2016）

A. ♂阳茎复合体侧面观；B. ♂基阳体侧面观；C. ♂后阳茎侧突侧面观；D. ♂阳基内骨侧面观；E. ♂尾须和背针突后面观；F. ♂背针突侧面观；G. ♂第 5 背板背面观；H. ♂第 5 腹板腹面观

（二）沼小粪蝇亚科 Limosininae

　　主要特征：前缘脉仅达 R_{4+5} 或略超过 R_{4+5}；中脉短，不达翅缘；基室和端室愈合，无肘室。无翅和短翅型后足胫节仅具小的和不明显的端腹鬃，前足第 1 跗节和后足第 1 跗节仅具简单的鬃。受精囊 3 个。

　　分布：世界广布，已知 113 属 1260 余种，中国记录 26 属 141 余种，浙江分布 12 属 25 种。

154. 角脉小粪蝇属 *Coproica* Rondani, 1861

Caproica Rondani, 1861: 81. Type species: *Coproica coreana* Papp, 1979a.

Coproica coreana: Su, 2011: 42.

　　主要特征：头部鬃较短；额和颊具细微的横纹；4 对间额鬃[漫角脉小粪蝇 *Coproica vagans*（Haliday）具 5 对间额鬃]较长，2 对眶鬃，眼后鬃、内顶鬃和外顶鬃粗壮；髭短，颊上具 1 排短鬃。触角第 1 鞭节圆形，触角芒毛短。胸部具 2 对背侧鬃、2 对翅上鬃、1 对背中鬃，大部分种类具 2 根下前侧片鬃。小盾片具 2 对小盾缘鬃，整个小盾片上密被短鬃，在小盾端鬃之间总有 1 对小鬃。中足胫节中部具 1 根腹鬃、3 根前背鬃（分别位于基部 1/4、1/2 和 3/4），1 根粗壮后背鬃位于基部 3/4。某些种类后足胫节具 1 根亚端背鬃。

　　分布：世界广布，已知 35 种，中国记录 11 种，浙江分布 2 种。

（438）韩角脉小粪蝇 *Coproica coreana* Papp, 1979（图 9-2）

Coproica coreana Papp, 1979a: 98.

　　主要特征：雄性：头部黑褐色；颜浅黄褐色，额黑色；触角黑褐色。胸部黑色；小盾片宽为长的 1.3 倍。翅浅褐色，Cs_1 具长鬃，Cs_2 略短于 Cs_3。足黄褐色；中足胫节具 4 根前背鬃，2 根后背鬃；中足第 1

跗节具 1 根基腹鬃，端部具 1 根前腹鬃、1 根后腹鬃和 1 根前背鬃。腹部黑褐色；第 5 腹板长方形，后部具稀疏短鬃，后缘平截，具 2 个被毛突。雌性：未检视到标本。

　　分布：浙江（临安）、台湾、香港；朝鲜，韩国，日本，巴基斯坦。

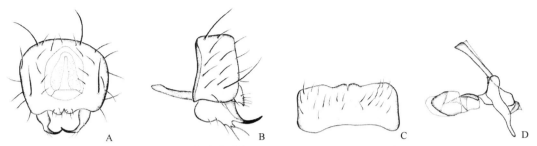

图 9-2　韩角脉小粪蝇 *Coproica coreana* Papp, 1979

A.♂外生殖器后面观；B.♂外生殖器（阳茎复合体省略）侧面观；C.♂第 5 腹板；D.♂阳茎复合体侧面观

（439）漫角脉小粪蝇 *Coproica vagans* (Haliday, 1833)（图 9-3、图 9-4）

Borborus vagans Haliday, 1833: 178.

Coproica vagans: Roháček, 2007: 116.

　　主要特征：体长 1.4–2.1 mm，翅长 3.2–3.6 mm。头部黑褐色，颜深棕色，额色浅于颜且全部为黑褐色；5 对等长间额鬃，2 对等长的眶鬃。触角棕色，第 1 鞭节黑褐色。喙黄褐色。胸部黑色。中胸背板黑色；小盾片宽为长的 1.4 倍。翅浅褐色；Cs_2：Cs_3=1.2。足黑色，前足基节和前足腿节前部黄褐色。中足胫节具 1 根端腹鬃。中足第 1 跗节中部具 1 根明显腹鬃。腹部黑褐色；第 5 腹板两端略后弯，除中部外被浓密的鬃。

　　分布：浙江（临安）、辽宁、河北、台湾、云南；俄罗斯，蒙古国，日本，塔吉克斯坦，阿塞拜疆，土耳其，以色列，沙特阿拉伯，阿拉伯联合酋长国，阿富汗，圣赫勒拿岛，安道尔，欧洲，加拿大，美国，墨西哥，澳大利亚，百慕大，埃塞俄比亚，突尼斯，阿尔及利亚，南非，坦桑尼亚，扎伊尔，阿根廷，玻利维亚，智利。

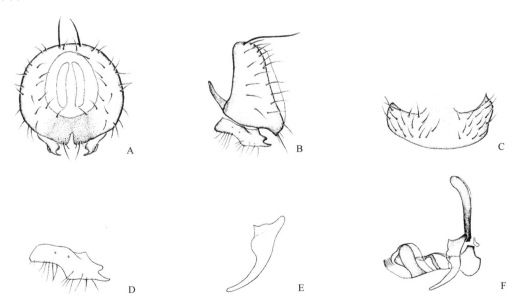

图 9-3　漫角脉小粪蝇 *Coproica vagans* (Haliday, 1833)

A.♂外生殖器后面观；B.♂外生殖器（阳茎复合体省略）侧面观；C.♂第 5 腹板；D.♂背针突侧面观；

E.♂后阳茎侧突侧面观；F.♂阳茎复合体侧面观

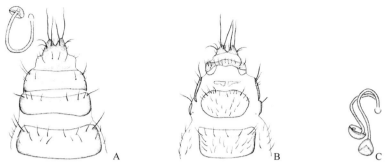

图 9-4　漫角脉小粪蝇 *Coproica vagans* (Haliday, 1833)

A. ♀后腹部背面观；B. ♀后腹部腹面观；C. ♀受精囊

155. 尤小粪蝇属 *Eulimosina* Roháček, 1983

Eulimosina Roháček, 1983: 64. Type species: *Borborus ochripes* Meigen, 1830.

Eulimosina: Papp, 2008: 129.

　　主要特征： 后顶鬃存在，交叉；间额鬃，颊鬃较弱，3–5 对。2 对肩鬃，内侧肩鬃较短，2 对背中鬃，全为缝后，8 列中鬃；小盾片较长。中足胫节无前腹鬃，腹面具 1 列粗壮短鬃。前缘脉不超过 R_{4+5}。翅瓣小，端尖。雄性第 5 腹板后缘中部具特化的鬃。

　　分布： 世界广布，已知 4 种，中国记录 1 种，浙江分布 1 种。

（440）瘤尤小粪蝇 *Eulimosina prominulata* Su, Liu *et* Xu, 2013（图 9-5）

Eulimosina prominulata Su, Liu *et* Xu, 2013a: 199.

　　主要特征： 雄性：棕黑色，包括头、胸、腹、足；平衡棒柄、头白色。触角芒毛长约等于芒基横径的 2 倍。翅棕色，脉暗棕色。Cs_1 带略密的短鬃列；C 达 R_{4+5}；$Cs_2：Cs_3=0.8$；dm 室比 0.5；R_{2+3} 直，端略弯向 C；R_{4+5} 直，端直；A_1 长，波状弯曲；翅瓣小而狭，端圆钝。雌性：未检视到标本。

　　分布： 浙江（临安）、广西。

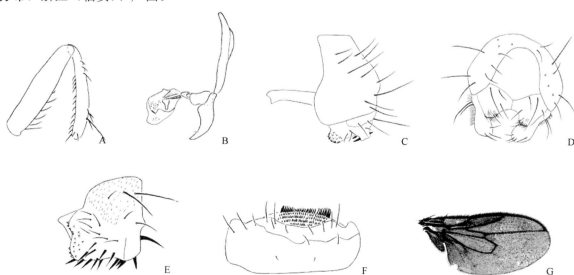

图 9-5　瘤尤小粪蝇 *Eulimosina prominulata* Su, Liu *et* Xu, 2013（仿 Su *et al.*，2013）

A. ♂中足股节和中足胫节前面观；B. ♂阳茎复合体侧面观；C. ♂外生殖器侧面观；D. ♂外生殖器后面观；E. ♂背针突侧面观；

F. ♂第 5 腹板腹面观；G. ♂翅

156. 微小粪蝇属 *Minilimosina* Roháček, 1983

Minilimosina Roháček, 1983: 27. Type species: *Limosina fungicola* Haliday, 1836.

Minilimosina: Dong *et* Yang, 2015b: 279.

主要特征：雄性：后顶鬃缺失；2–4 根间额鬃；颊鬃短或中等长度。2 对肩鬃，内侧肩鬃非常小，2 对背中鬃；第 1 对中鬃间具 4–6 列中鬃；2 根下前侧片鬃，第 1 根非常小；中胸侧板通常具亮斑。前缘脉超过 R_{4+5}；Cs_2 短于 Cs_3；R_{4+5} 略弯向前缘脉，或双曲状。翅瓣小，端尖。中足胫节具 1 根端腹鬃，雄虫有时腹面具 1 列短刺。第 1+2 合背板极长，长于第 3–4 背板长度之和。第 5 腹板后中部具特化的结构。雌性：后腹部长，较窄，套叠。

分布：世界广布，已知 73 种，中国记录 17 种，浙江分布 6 种。

分种检索表

1. 背中鬃 1；雄虫第 5 腹板无梳状刺列或刺状鬃 ·· **菌微小粪蝇 *M. (M.) fungicola***
- 背中鬃 2；雄虫第 5 腹板具梳状刺列或刺状鬃 ·· 2
2. 体黑色，触角黑色；雄虫第 5 腹板具 2 粗的中后刺状鬃，其后具矩形突，上具微刺；背针突具 5 短粗刺；1–4 腹板淡棕黄色 ·· **黄腹索小粪蝇 *M. (S.) luteola***
- 体亮黑色，触角红棕色；雄虫第 5 腹板具梳状刺列；背针突无或具 1–2 短刺；1–4 腹板黑色至亮黑色 ·············· 3
3. 前足 2–5 跗节白色；背针突对称，外瓣无粗刺；后阳茎侧突宽，短 ·············· **岔腹索小粪蝇 *M. (S.) furculisterna***
- 前足 1–5 跗节暗棕色或黑色；背针突不对称，外瓣具 1–2 粗刺；后阳茎侧突相对狭，长 ···························· 4
4. 中足胫节、后足胫节黑色，基部和端部黄色 ·· 5
- 中足胫节、后足胫节黄色至橙色 ·· **栉索小粪蝇 *M. (S.) furculipexa***
5. 雄性第 5 腹板中后突分离，端部钝圆，具 1 梳状刺列（包括 15 粗刺）；背针突内瓣端均细而尖 ···················
  ·· **类翼索小粪蝇 *M. (S.) parafanta***
- 雄性第 5 腹板中后突分离，端部略尖，向后突出；背针突对称 ···························· **翼索小粪蝇 *M. (S.) fanta***

（441）菌微小粪蝇 *Minilimosina (Minilimosina) fungicola* (Haliday, 1836)（图 9-6）

Limosina fungicola Haliday, 1836: 330.

Minilimosina (Minilimosina) fungicola: Su, 2011: 71.

主要特征：雄性：体长 1.2–1.3 mm，翅长 1.2–1.3 mm。头、胸、腹、足黑色，包括触角和触角芒；额"M"斑存在，但不明显。翅棕色，脉暗棕色，或 Cs_1 和 Cs_2 黑色。Cs_1 带疏的短刚毛列；C 过 R_{4+5}；Cs_2：Cs_3=0.9；dm 室比 0.5；R_{2+3} 直，端弯向 C；R_{4+5} 波状弯曲，端直；A_1 长，波状弯曲；翅瓣小而狭。中足股节基半部具 5 根后腹鬃，端钩状；中足胫节具腹鬃列。雌性：未检视到标本。

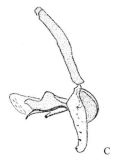
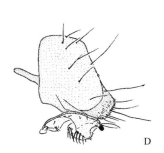

A　　　　B　　　　C　　　　D

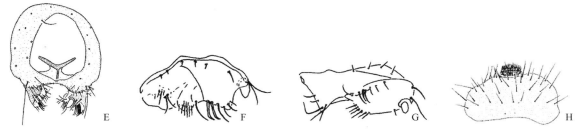

图 9-6 菌微小粪蝇 Minilimosina (Minilimosina) fungicola (Haliday, 1836)（引自董慧等，2016）
A. ♂中足股节和中足胫节前面观；B. ♂中足胫节背面观；C. ♂阳茎复合体侧面观；D. ♂外生殖器侧面观；E. ♂外生殖器后面观；F. ♂背针突侧面观；G. ♂背针突腹面观；H. ♂第5腹板腹面观

分布：浙江（临安）、吉林、河北、陕西、宁夏；欧洲，加拿大，美国。

（442）翼索小粪蝇 *Minilimosina* (*Svarciella*) *fanta* Roháček *et* Marshall, 1988（图 9-7）

Minilimosina (*Svarciella*) *fanta* Roháček *et* Marshall, 1988: 249.

主要特征：雄性：体亮黑色，触角黄色至橙色。前足跗节褐色，中足和后足胫节黑色且端部和基部黄色。Cs$_2$：Cs$_3$=0.7。腹部第 3–4 腹节短且骨化，第 5 腹节分为 2 个黑色骨片；第 6 腹板简单，第 5 腹板后中叶端部较尖。雌性：第 10 背板后半部具 2 根鬃。

分布：浙江（临安）、陕西、云南；尼泊尔。

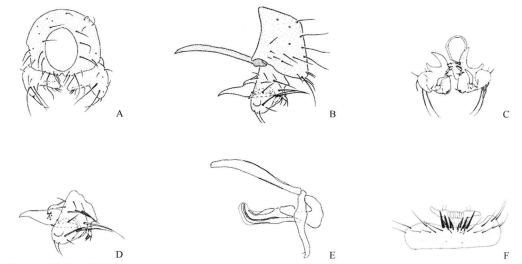

图 9-7 翼索小粪蝇 *Minilimosina* (*Svarciella*) *fanta* Roháček *et* Marshall, 1988（引自 Su *et al*., 2015）
A. ♂外生殖器后面观；B. ♂外生殖器侧面观；C. ♂背针突腹面观；D. ♂背针突侧面观；E. ♂阳茎复合体侧面观；F. ♂第 5 腹板腹面观

（443）栉索小粪蝇 *Minilimosina* (*Svarciella*) *furculipexa* Roháček *et* Marshall, 1988（图 9-8）

Minilimosina (*Svarciella*) *furculipexa* Roháček *et* Marshall, 1988: 250.

主要特征：体长 1.4–1.6 mm，翅长 1.5–1.7 mm。头部黑色，颜裸，具金属光泽；额前缘红褐色；触角鹅黄色，第 1 鞭节色略深。胸部黑色；小盾片圆边三角形。翅浅褐色，翅脉褐色；前缘脉略超过 R$_{4+5}$；R$_{4+5}$ 直，端半部略前弯；前缘脉鬃短；Cs$_2$：Cs$_3$=0.8；dm-cu：r-m=2.2；翅瓣小，端尖。足黑褐色，转节、腿节端部、前足胫节基部和端部、跗节、中后足胫节黄色。腹部黑褐色。背板退化，除第 1+2 合背板完整外，其余背板均具膜质区域。第 5 腹板矩形，中间窄且具数根粗壮鬃，后中部具 1 个发达叉状突起，每个突起上有 1 排 8 粗壮短刺。

　　分布：浙江（临安）、江西、广东、广西、西藏；尼泊尔。

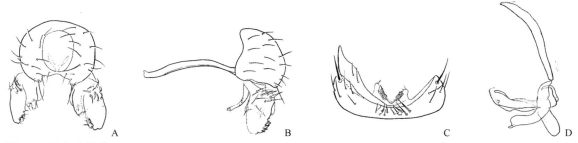

　　图 9-8　栉索小粪蝇 *Minilimosina* (*Svarciella*) *furculipexa* Rohăcek *et* Marshall, 1988（仿 Dong and Yang，2015）
A.♂外生殖器后面观；B. 外生殖器（阳茎复合体省略）侧面观；C.♂第 5–7 腹板；D.♂阳茎复合体侧面观

（444）岔腹索小粪蝇 *Minilimosina* (*Svarciella*) *furculisterna* (Deeming, 1969)（图 9-9）

Leptocera (*Limosina*) *furculisterna* Deeming, 1969: 70.

Minilimosina (*Svarciella*) *furculisterna*: Dong *et* Yang, 2015: 281.

　　主要特征：体长 1.5–1.6 mm，翅长 1.7–1.9 mm。头部黑色，发亮；触角鹅黄色，柄节黄褐色，第 1 鞭节端部色略深。胸部黑色；中胸背板发亮。翅烟褐色，翅脉褐色；前缘脉略超过 R_{4+5}；R_{4+5} 直，基半部略前弯；前缘脉鬃短；Cs_2：Cs_3=0.9；dm-cu：r-m=2.3。足黑褐色，基节、转节、前足腿节、中后足腿节基部 1/3、中足胫节、后足胫节基部 2/3 及端部黄色，前足第 2–5 跗节白色；前足基节后侧、腿节和胫节的基部和端部黄色。腹部黑褐色。第 5 腹板矩形。

　　分布：浙江（临安）、河南、福建、云南；日本，尼泊尔。

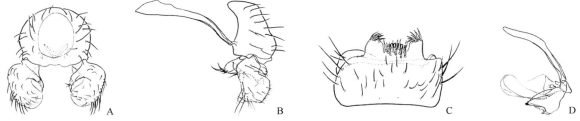

　　图 9-9　岔腹索小粪蝇 *Minilimosina* (*Svarciella*) *furculisterna* (Deeming, 1969)（仿 Dong and Yang，2015）
A.♂外生殖器后面观；B.♂外生殖器侧面观；C.♂第 5 腹板腹面观；D. 阳茎复合体侧面观

（445）黄腹索小粪蝇 *Minilimosina* (*Svarciella*) *luteola* Su, 2011（图 9-10）

Minilimosina (*Svarciella*) *luteola* Su, 2011: 75.

　　主要特征：体长 1.0–1.2 mm，翅长 1.1–1.2 mm。黑色，包括头、胸、足、触角和触角芒，额 M 斑不明显。翅淡棕色，脉棕色；Cs_1 端半部、Cs_2、Cs_3 基 7/8 部黑色；Cs_1 带疏的短刚毛列；C 过 R_{4+5}；Cs_2：Cs_3=0.6；dm 室比 0.5；R_{2+3} 直，端弯向 C；R_{4+5} 波状弯曲，端略弯向 C；A_1 直、长；翅瓣小而狭。腹部第 1–4 腹板淡棕黄色，第 5 腹板棕色，第 1–5 背板暗棕色，后腹部黑色。

　　分布：浙江（临安）、陕西、云南。

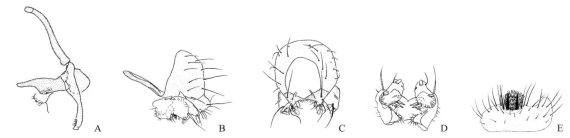

图 9-10 黄腹索小粪蝇 Minilimosina (Svarciella) luteola Su, 2011（仿 Su，2011）
A. ♂阳茎复合体侧面观；B. ♂外生殖器侧面观；C. ♂外生殖器后面观；D. ♂背针突腹面观；E. ♂第 5 腹板腹面观

（446）类翼索小粪蝇 *Minilimosina* (*Svarciella*) *parafanta* Su, Liu *et* Xu, 2015（图 9-11）

Minilimosina (*Svarciella*) *parafanta* Su, Liu *et* Xu, 2015: 20.

　　主要特征：雄性：体长 1.7 mm，翅长 1.4 mm。亮黑色，包括头、胸、腹；触角红棕色。翅、脉红棕色。C 略过 R_{4+5}；Cs_2：Cs_3=0.8；dm 室比 0.4；R_{2+3} 直，端弯向 C；R_{4+5} 波状弯曲，端略弯向 C；A_1 直，短；翅瓣小而狭。各足转节黄白色，前足股节端，前足胫节基 1/4、端，中足股节端，中足胫节基 1/6、端 1/6，中足跗节，后足股节端，后足胫节基 1/4、端 1/6，后足跗节红棕色，前足跗节黑色，余均亮黑色。腹部第 3–5 背板色暗，第 5 背板中部膜质，两侧色暗，骨化，中后部刺状鬃多，梳状刺列由约 15 短刺组成。雌性：未检视到标本。

　　分布：浙江（临安）。

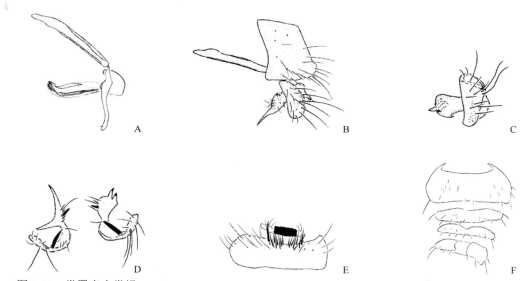

图 9-11 类翼索小粪蝇 *Minilimosina* (*Svarciella*) *parafanta* Su, Liu *et* Xu, 2015（仿 Su *et al.*，2015）
A. ♂阳茎复合体侧面观；B. ♂外生殖器侧面观；C. ♂背针突侧面观；D. ♂背针突腹面观；E. ♂第 5 腹板腹面观；F. ♂前腹背面观

157. 欧小粪蝇属 *Opacifrons* Duda, 1918

Opacifrons Duda, 1918: 22. Type species: *Limosina coxata* Stenhammar, 1855 (subsequent designation by Spuler, 1924).
Bispinicercia Su *et* Liu, 2009: 49. Type species: *Bispinicercia liupanensis* Su *et* Liu, 2009.

　　主要特征：雄性：额前缘通常为红褐色，被粉，具"M"形的不反光区域。3–4 对间额鬃，眶鬃发达。Cs_2：Cs_3=0.8–1.1。中足胫节具 1 排短粗的腹鬃，第 1 跗节具 1 根粗壮的中腹鬃；后足胫节通常具 1 根短粗的端腹鬃，背面通常具 1 根细长鬃。第 5 腹板后中部在种间变化大，第 6 腹板简单，窄，黑色。雌性：第 7 背板裸，具金属光泽，中部全部或部分裂开。第 8 腹板缺失或退化；第 10 腹板发达。尾须通常裸，背侧凹，端部具 2 根扁鬃。受精囊 3 个，通常为球状，或近球状，表面光滑或具纹理。

分布：世界广布，已知 32 种，中国记录 3 种，浙江分布 1 种。

（447）螺欧小粪蝇 *Opacifrons pseudimpudica* (Deeming, 1969)（图 9-12、图 9-13）

Leptocera (*Opacifrons*) *pseudimpudica* Deeming, 1969: 57.

Opacifrons pseudimpudica: Su, 2011: 39.

主要特征：体长 1.3–1.4 mm，翅长 1.4–1.6 mm。头部黑色，具灰色粉。4 对间额鬃，第 1 对短于其他。触角芒长。胸部黑色。翅透明，$Cs_2 : Cs_3 = 0.9$。中足胫节前弯，端腹具 1 簇短鬃；中足第 1 跗节基部 2/3 具 1 根腹鬃。腹部第 5 腹板上无长鬃，后缘具 2 骨化较弱的膜质区域，腹板后侧具 1 近长方形的骨片，骨片两侧骨化较强，中部为膜质，骨片后侧具 1 色深的突起。

分布：浙江（临安）、山西、陕西、江西、广西、云南；印度，尼泊尔，斯里兰卡。

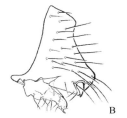

图 9-12　螺欧小粪蝇 *Opacifrons pseudimpudica* (Deeming, 1969)

A. ♂外生殖器后面观；B. ♂外生殖器（阳茎复合体省略）侧面观；C. ♂第 5–7 腹板；D. ♂阳茎复合体侧面观

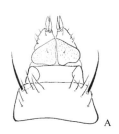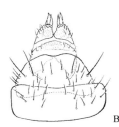

图 9-13　螺欧小粪蝇 *Opacifrons pseudimpudica* (Deeming, 1969)

A. ♀后腹部背面观；B. ♀后腹部腹面观；C. ♀后腹部侧面观；D. ♀受精囊

158. 乳小粪蝇属 *Opalimosina* Roháček, 1983

Opalimosina Roháček, 1983: 137. Type species: *Limosina mirabilis* Collin, 1902.

Opalimosina: Roháček, 1985: 159.

主要特征：雄性：单眼后鬃小；间额鬃 3–4 根，短，几乎等长，下间额鬃更短；眶鬃内缘和下缘具小刚毛；颊鬃短。胸具 1 对长肩鬃、2 对背中鬃、2 对小盾片缘鬃。中足胫节具中下位前腹鬃。翅 C 脉达或过 R_{4+5} 脉；R_{4+5} 脉明显弯向 C 脉；翅瓣小而狭，端尖。雄虫第 5 腹板通常中后具特殊被饰；背针突小；基阳体具后阳基背片；阳茎复合体通常骨化明显；射精囊小骨小。雌性：肛上板小，短；第 8 腹板小；肛下板小，带状至马蹄状；受精囊骨化囊管短至中等长；尾须短，具小刚毛。

分布：世界广布，已知 15 种，中国记录 5 种，浙江分布 1 种。

（448）彻尼乳小粪蝇 Opalimosina (Hackmanina) czernyi (Duda, 1918)（图 9-14）

Limosina (Scotophilella) czernyi Duda, 1918: 123.

Opalimosina (Hackmanina) czernyi: Roháček, 1983: 143.

　　主要特征：体长 1.4 mm，翅长 1.3 mm。棕黑色，包括头、胸、触角、触角芒；翅棕色，脉暗棕色。Cs_1 带密的短刚毛；C 达 R_{4+5}；Cs_2：Cs_3 = 0.9；dm 室比 0.5；R_{2+3} 略直，端略弯向 C；R_{4+5} 基半部直，端弧形弯向 C；A_1 短；翅瓣小而狭。足暗棕色至棕黑色。

　　分布：浙江（临安）；日本，欧洲。

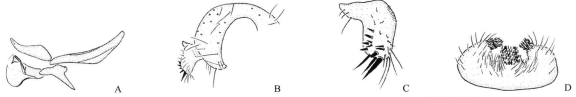

图 9-14　彻尼乳小粪蝇 *Opalimosina (Hackmanina) czernyi* (Duda, 1918)（仿董慧等，2016）
A.♂阳茎复合体侧面观；B.♂外生殖器后面观；C.♂背针突侧面观；D.♂第 5 腹板腹面观

159. 腹突小粪蝇属 *Paralimosina* Papp, 1973

Paralimosina Papp, 1973: 385. Type species: *Paralimosina kaszabi* Papp, 1973.

Hackmaniella Papp, 1979b: 368. Type species: *Hackmaniella ceylanica* Papp, 1979.

Nipponsina Papp, 1982: 347. Type species: *Leptocera (Nipponsina) sexsetosa* Papp, 1982.

　　主要特征：雄性：后顶鬃小，或缺失；3–5 对间额鬃；1 对肩鬃，2 对缝后背中鬃，8–12 列中鬃，1–2 根下前侧片鬃；小盾片较短，宽，半圆形。前缘脉不超过 R_{4+5}，R_{4+5} 波状，端部前弯或近直；第 2 基室宽，具 M_{1+2} 和 M_{3+4}。翅瓣小，窄，端尖雌虫后腹部短，不窄于前腹部。中足胫节端部具 2 根前背鬃、1 根后背鬃，基部具 1 根前鬃、1 根前背鬃、1 根背鬃、1 根后背鬃，雄性端腹鬃退化。雌性：具 3 个受精囊，卵形至圆柱形。尾须狭长，具 3 根长的曲鬃和 2 根短的弯毛。

　　分布：古北区、东洋区。世界已知 36 种，中国记录 2 种，浙江分布 2 种。

（449）高山腹突小粪蝇 *Paralimosina altimontana* (Roháček, 1977)（图 9-15）

Limosina altimontana Roháček, 1977: 411.

Paralimosina altimontana: Roháček *et* Papp, 1988: 111.

　　主要特征：体长 2.0 mm，翅长 1.9 mm。头黑色；额下缘红棕色，具 "M" 斑，但单眼下缘红棕色；颊

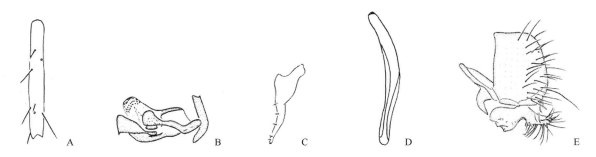

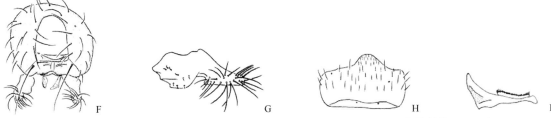

图 9-15　高山腹突小粪蝇 *Paralimosina altimontana* (Roháček, 1977)（仿董慧等，2016）

A.♂中足胫节前面观；B.♂阳茎复合体侧面观；C.♂后阳茎侧突侧面观；D.♂阳基内骨侧面观；E.♂外生殖器侧面观；F.♂外生殖器后面观；G.♂背针突侧面观；H.♂第 5 腹板腹面观；I.♂第 6 腹板腹面

前半部和颜下缘暗棕色；触角红棕色；胸、腹黑色；翅棕色，脉暗棕色。Cs_1 带疏的短鬃列；C 略过 R_{4+5}；Cs_2：Cs_3 = 1.0；dm 室比 0.4；R_{2+3} 和 R_{4+5} 波状弯曲，端直；A_1 长，波状弯曲；翅瓣狭，端圆钝。足除转节、跗节棕色外，余均棕黑色。

分布：浙江（临安）、陕西；巴基斯坦，尼泊尔。

（450）天目山腹突小粪蝇 *Paralimosina tianmushanensis* Su et Liu, 2016（图 9-16）

Paralimosina tianmushanensis Su et Liu in Dong et al., 2016: 69.

主要特征：体长 2.6 mm，翅长 2.1 mm。后头上半部棕黑色，下半部红棕色；"M" 斑存在，但色淡，不明显；单眼三角除单眼周围黑色外，余红棕色，额、颊、颜、触角和触角芒红棕色；胸、腹黑色；翅红棕色，脉暗红棕色。Cs_1 带疏的相对长的鬃列；C 略过 R_{4+5}；Cs_2：Cs_3=1.04；dm 室比 0.7；R_{2+3} "S" 弯曲，端明显弯向 C；R_{4+5} 中部略向后弯，端直；A_1 长，直；翅瓣相对宽，端狭。足除转节和跗节红棕色外，余均棕黑色。雌性：未检视到标本。

分布：浙江（临安）。

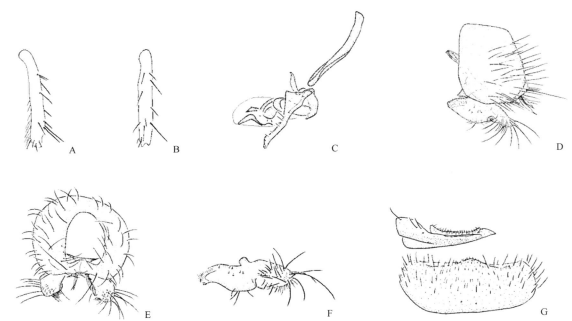

图 9-16　天目山腹突小粪蝇 *Paralimosina tianmushanensis* Su et Liu, 2016（仿董慧等，2016）

A.♂中足胫节前面观；B.♂中足胫节背面观；C.♂阳茎复合体侧面观；D.♂外生殖器侧面观；E.♂外生殖器后面观；F.♂背针突侧面观；G.♂第 5、第 6 腹板腹面观

160. 星小粪蝇属 *Poecilosomella* Duda, 1925

Poecilosomella Duda, 1925: 78. Type species: *Copromyza punctipennis* Wiedemann, 1824.

Poecilosomella: Hayashi, 2002: 121.

主要特征：头部黄褐色至黑褐色，通常具银斑。颜具 2 棕色侧斑；额在眼眶、额中条、中单眼前端的中线，以及鬃基部和单眼三角区后部区域具银粉。触角黄色至黑褐色，2–5 对间额鬃，2 对眶鬃，等长或前眶鬃短。胸部经常具白色或黄色的斑点。中胸背板通常具不连续的银斑，肩鬃根部具银斑。1 对肩鬃，2 对背侧鬃，1 对翅内鬃，1 对翅后鬃，2 对背中鬃，2 根下前侧片鬃。翅具斑点，R_{2+3} 端部骤然向前缘脉弯曲，有时具 R_3 支脉，CuA_2 存在但色浅。足通常具明显的斑点，有些种类前足跗节为白色。腹部黑褐色。雄性第 5 腹板变化多样，内侧通常具发达的膜质结构。

　　分布：世界广布，已知 63 种，中国记录 24 种，浙江分布 3 种。

分种检索表

1. 颊鬃多列；Cs_2 长是 Cs_3 的 1.7 倍；R_{2+3} 亚端略弧形弯向 C；R_{4+5} 波浪弯曲，端直；小盾片端缘鬃窝周围黄色 ……………
………………………………………………………………………………………………… 长肋星小粪蝇 *P. longinervis*
- 颊鬃单列；Cs_2 长几乎等于或短于 Cs_3 长；R_{2+3} 亚端角状弯向 C；R_{4+5} 明显弧形弯向 C；小盾片无黄斑 ………………… 2
2. 中足胫节端腹鬃短；前足第 1 跗节端 1/3、第 2–3 跗节红棕色，各足胫节具明显的黑环；R_{2+3} 亚端黑色斑色深；背针突内瓣侧缘具 2–3 粗的长鬃；亚肛片无明显腹突 ………………………………………………… 双刺星小粪蝇 *P. biseta*
- 中足胫节端腹鬃明显长，几乎达第 1 跗节 1/2 处；前足第 1 跗节端 1/3、第 2–4 跗节白色，各足胫节仅端、基略带红棕色，黑环不明显；R_{2+3} 亚端黑斑色淡，不明显；背针突外瓣侧缘具 1 短的扁平的粗刺；亚肛片具长腹突 …………………
………………………………………………………………………………………………… 布氏星小粪蝇 *P. brunettii*

（451）双刺星小粪蝇 *Poecilosomella biseta* Dong, Yang *et* Hayashi, 2006（图 9-17）

Poecilosomella biseta Dong, Yang *et* Hayashi, 2006: 650.

　　主要特征：雄性：体长 2.0–2.4 mm，翅长 2.0–2.1 mm。头部黑褐色，具银斑，颜具 2 棕色侧斑，额在

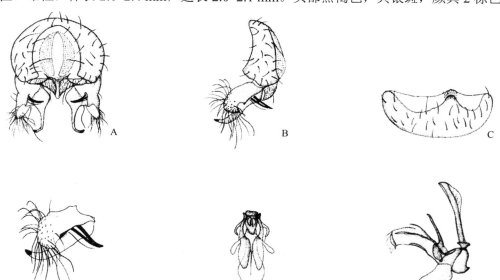

图 9-17　双刺星小粪蝇 *Poecilosomella biseta* Dong, Yang *et* Hayashi, 2006（仿 Dong *et al.*, 2006）
A. ♂外生殖器后面观；B. ♂外生殖器（阳茎复合体省略）侧面观；C. ♂第 5 腹板；D. ♂背针突侧面观；E. ♂阳茎复合体腹面观；F. ♂阳茎复合体侧面观

眼眶、额中条、中单眼前端的中线，以及鬃基部和单眼三角区后部区域具银粉。触角黑褐色。胸部黑色，中胸背板具 5 列不连续的银斑，肩鬃根部具银斑；小盾片宽为长的 1.3 倍，具 3 列银斑，小盾缘鬃根部具银斑。翅浅褐色，肩横脉、R_1 中部、Cs_2 基部、R_{2+3} 和 R_{4+5} 交叉处、R_{2+3} 和 R_{4+5} 端部具黑斑。足黑色，腿节的端部浅黄褐色；胫节的基部和端部黄色，前足和中足胫节的中部具明显的浅黄褐环；跗节黄色。腹部黑褐色。第 5 腹板 3 叉状，且中突上密被小毛。雌性：未检视到标本。

　　分布：浙江（临安）、山西、陕西、浙江、江西、广东、贵州；日本。

（452）布氏星小粪蝇 *Poecilosomella brunettii* (Deeming, 1969)（图 9-18）

Leptocera (*Poecilosomella*) *brunettii* Deeming, 1969: 63.

Poecilosomella brunettii: Hackman, 1977: 405.

　　主要特征：体长 2.3 mm，翅长 1.8 mm。黑色，包括头、胸；额"M"斑明显，前半部黄棕色，触角、颜和颊带黄棕色，围绕头鬃具银色斑或线；胸鬃周围具银色斑或线，小盾片黑色，鬃周围具银色斑或线；翅淡棕色，脉棕色，R_1、Cs_1、A_1、R_{2+3} 端及端周围、R_{2+3} 和 R_{4+5} 基叉处、R_{4+5} 中部和端 1/3 脉周黑色。C 过 R_{4+5}；Cs_2：Cs_3=0.8；dm 室比 1.2；R_{2+3} 略弓形，亚端直角弯向 C；R_{4+5} 弧形弯向 C；A_1 波状弯曲，长；翅瓣狭，但端圆。除各足胫节基和端，前足、中足第 2—4 跗节，后足第 4—5 跗节白色外，余均棕黑色。雄虫第 5 腹板被短刚毛和中等长鬃，中侧部具色深的三角区域，其后是黑色短而宽的区域，具中侧缘突，其端膜质，被微刺。

　　分布：浙江（临安）；印度。

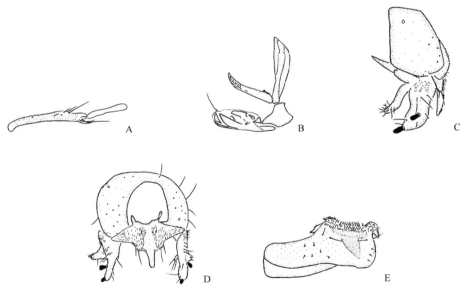

图 9-18　布氏星小粪蝇 *Poecilosomella brunettii* (Deeming, 1969)（仿董慧等，2016）
A. ♂中足胫节和中足第 1 跗节前面观；B. ♂阳茎复合体侧面观；C. ♂外生殖器侧面观；D. ♂外生殖器后面观；E. ♂第 5 腹板腹面观

（453）长肋星小粪蝇 *Poecilosomella longinervis* (Duda, 1925)（图 9-19）

Leptocera (*Poecilosomella*) *longinervis* Duda, 1925: 103.

Poecilosomella longinervis: Dong Yang *et* Hayashi, 2006: 647.

　　主要特征：体长 2.5–3.3 mm，翅长 2.6–3.0 mm。头部黑褐色，具银斑；额浅红褐色，眼眶、额中条、中单眼前端的中线，以及鬃基部和单眼三角区后部区域具银粉。触角黑褐色。胸部黑色，中胸背板具 5 列不连续的银斑，肩鬃根部具银斑。翅浅褐色，R_1 基部和亚端部、Cs_2 基部、R_{2+3} 和 R_{4+5} 交叉处、R_{2+3} 端部具黑斑；R_{2+3} 无支脉；R_{2+3} 呈钝角形弯向前缘脉；前缘脉终止于 R_{4+5}。足黑色，腿节基部、胫节的基部、基部 1/4–1/2 和端部 1/8 黄色。跗节黄色。腹部黑褐色。第 5 腹板不对称，后缘略凹，密被细毛。

　　分布： 浙江（临安）、湖北、福建、台湾、广东、云南、西藏；巴基斯坦，印度，尼泊尔，缅甸，马来西亚。

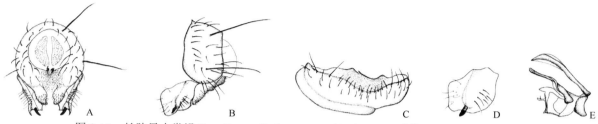

图 9-19　长肋星小粪蝇 *Poecilosomella longinervis* (Duda, 1925)（仿 Dong *et al.*，2006）

A.♂外生殖器后面观；B.♂外生殖器（阳茎复合体省略）侧面视；C.♂第 5 腹板；D.♂背针突侧面观；E.♂阳茎复合体侧面观

161. 方小粪蝇属 *Pullimosina* Roháček, 1983

Pullimosina Roháček, 1983. Beitr. Ent. 33: 98.

Pullimosina: Hayashi, 2006: 265.

　　主要特征： 后顶鬃小或缺失。3–4 对间额鬃，中间 1 对通常交叉。1 或 2 对背中鬃。翅通常较短，前缘脉超过 R_{4+5}，R_{4+5} 明显弯向前缘脉，翅瓣小，窄。雌虫中足胫节具 1 根前腹鬃，雄性中足胫节背侧仅具小鬃。背针突简单，仅具毛或弱鬃，基阳体简单，端阳体复杂，具 1 根发达的背部鞍状结构和很多成对的背突。雌虫腹部通常在第 8 腹板和肛下板之间具 1 个额外的骨片。

　　分布： 世界广布，已知 28 种，中国记录 4 种，浙江分布 2 种。

（454）锥方小粪蝇 *Pullimosina meta* Su, 2011（图 9-20）

Pullimosina (*Pullimosina*) *meta* Su, 2011: 93, 197.

　　主要特征： 头、胸、腹棕黑色，包括触角和触角芒；除足转节、跗节暗棕色外，余均棕黑色。翅淡棕色，脉棕色。C 明显过 R_{4+5}；Cs_2：Cs_3=0.8；R_{2+3} 直，端弯向 C；R_{4+5} 直，端略弯向 C；dm 室比 1.3；A_1 短；翅瓣狭长。雄虫第 5 腹板中后部膜质，膜质区中后缘一侧 4 锥状突，另一侧 3 锥状突。

　　分布： 浙江（临安）、陕西、江西、云南。

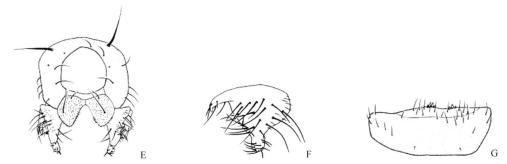

图 9-20 锥方小粪蝇 *Pullimosina meta* Su, 2011（仿 Su，2011）

A.♂中足胫节前面观；B.♂中足胫节背面观；C.♂阳茎复合体侧面观；D.♂外生殖器侧面观；E.♂外生殖器后面观；F.♂背针突侧面观；

G.♂第 5 腹板腹面观

（455）叉方小粪蝇 *Pullimosina vulgesta* Roháček, 2001（图 9-21）

Pullimosina (Pullimosina) vulgesta Roháček, 2001: 474.

Pullimosina moesta Su, 2011: 95.

主要特征：体长 1.3–1.4 mm，翅长 1.1–1.3 mm。头棕黑色，包括触角和触角芒；胸、足棕黑色；翅淡棕色，脉棕色。C 明显过 R_{4+5}；Cs_2：Cs_3=0.9；R_{2+3} 明显弯向 C；R_{4+5} 弯向 C。A_1 退化；dm 室比 1.7。雄虫第 5 腹板中后部膜质，膜质区中后缘一侧 1 锥状突，另一侧 1–2 锥状突。前腹 1+2 合腹板淡黄色，余棕黑色，后腹黑色。

分布：浙江（临安）、吉林、陕西、宁夏、江西、四川、云南；俄罗斯，朝鲜，日本，尼泊尔，欧洲。

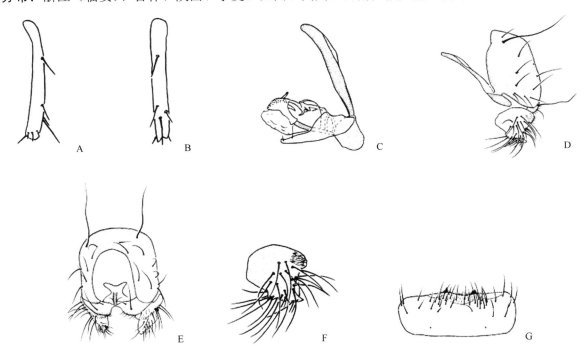

图 9-21 叉方小粪蝇 *Pullimosina vulgesta* Roháček, 2001（仿董慧等，2016）

A.♂中足胫节前面观；B.♂中足胫节背面观；C.♂阳茎复合体侧面观；D.♂外生殖器侧面观；E.♂外生殖器后面观；F.♂背针突侧面观；

G.♂第 5 腹板腹面观

162. 刺足小粪蝇属 *Rachispoda* Lioy, 1864

Rachispoda Lioy, 1864: 1116. Type species: *Copromyza limosa* Fallén, 1820.

Collinella Duda, 1918: 13, 27. Type species: *Limosina halidayi* Collin, 1902 [= *Rachispoda varicornis* (Strobl, 1900)].

Collinellula Strand, 1928: 49. Type species: *Limosina halidayi* Collin, 1902 [= *Rachispoda varicornis* (Strobl, 1900)].

Colluta Strand, 1932: 120. Type species: *Limosina zernyi* Duda, 1924 [= *Rachispoda acrosticalis* (Becker, 1903)].

Rachispodina Enderlein, 1936: 173.

主要特征：雄性：头部通常为黑色，被粉；3–5 对间额鬃，2 对眶鬃。胸部黄褐色至黑色，4–6 对背中鬃（1–3 对位于缝前），第 1 对背中鬃总是内向，通常交叉；6–12 列缝前中鬃，第 1 根长于其他；小盾片具至少 3 对小盾缘鬃。翅透明，有些种类色深。前缘脉终止于近翅端，略超过 R_{4+5}；R_{4+5} 明显弯向前缘脉；翅瓣窄；平衡棒黄色或褐色。中足胫节基部 1/3 具 3 根前背鬃，2 根后背鬃，2 根背鬃，1 根后背鬃，1 根亚端腹鬃。雄虫第 5 腹板后中部通常具刺或特化的骨片。第 6+7 合腹板与第 8 腹板部分接合但未愈合。第 8 腹板与上生殖板部分接合但未愈合。雌性：后腹部短，不套叠。第 8 背板中裂为 1 个侧骨片；第 8 腹板色浅；第 10 背板通常被毛，具 2–4 根鬃；第 10 腹板大，具成簇的短粗后侧鬃；尾须扁，宽大于长。受精囊 3 个。

分布：世界广布，已知 160 种，中国记录 9 种，浙江分布 2 种。

（456）钩刺足小粪蝇 *Rachispoda hamata* Su, 2011（图 9-22）

Rachispoda hamata Su, 2011: 98.

主要特征：体长 3.2 mm，翅长 2.5 mm。黑色，包括头、胸、腹和足。翅棕色，脉暗棕色。Cs_1 带疏的长鬃列；C 不过 R_{4+5}；Cs_2：Cs_3=1.7；dm 室比 0.5，后外角圆；R_{2+3} 波状弯曲，端略直；R_{4+5} 基半部略直，端半部弧形弯向 C；无 CuA_1 脉头；A_1 长，波状弯曲；翅瓣端狭，端略尖。雄虫第 5 腹板中后部被短刚毛，骨化

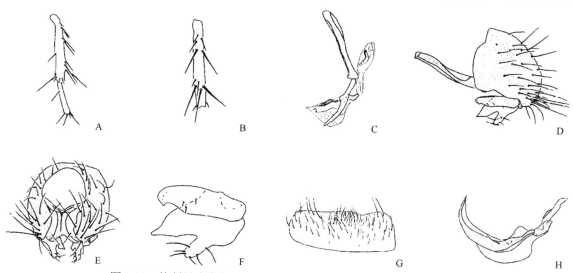

图 9-22　钩刺足小粪蝇 *Rachispoda hamata* Su, 2011（仿 Su，2011）

A. ♂中足胫节中足第 1 跗节前面观；B. ♂中足胫节背面观；C. 阳茎复合体侧面观；D. ♂外生殖器侧面观；E. ♂外生殖器后面观；F. ♂背针突侧面观；
G. ♂第 5 腹板腹面观；H. ♂第 6 腹板腹面观

明显，其两侧膜质；第 6 腹板中后具叉形突；尾须被长而密的鬃；假尾须缺如；背针突双瓣，背内瓣狭长，前腹端略尖，腹内瓣大，具腹前突和腹后突；后阳茎侧突狭长；阳茎复合体简单；基阳体波状弯曲。

　　分布：浙江（临安）、广西、云南。

（457）斑刺足小粪蝇 *Rachispoda subtinctipennis* (Brunetti, 1913)（图 9-23）

Limosina subtinctipennis Brunetti, 1913: 174.

Rachispoda subtinctipennis: Roháček *et al.*, 2001: 245.

　　主要特征：体长 1.7–2.0 mm，翅长 1.4–1.6 mm。头部黑色，宽大于长，被灰白粉，额前缘明显为橙色，具 "M" 形黑色裸区。胸部黑色，被灰白色粉，略带金属光泽。中胸背板具 5 条锈色纵向的条带。翅灰白色，Cs_2 和 R_{2+3} 之间、R_{4+5} 和亚端部和亚基部以及 dm-cu 脉周围具黑斑；前缘脉略超过 R_{4+5}；R_{4+5} 明显弯向前缘脉。腹部黑褐色，具灰白色粉。足黑褐色，转节、胫节基部和端部、前足第 1 基跗节为黄色，中足和后足跗节黄褐色。中足胫节腹面中部具 1 根短的腹鬃。第 5 腹板发达，较长，通常包裹住整个后腹部。后部变窄，中部具 1 个明显的深凹，深凹的边缘着生 2 簇 6 根粗鬃及 1 对膜质的半透明被毛突起。

　　分布：浙江（临安）、吉林、辽宁、陕西、台湾；日本，印度（阿萨姆），尼泊尔，越南，斯里兰卡，菲律宾，印度尼西亚，密克罗尼西亚，帕劳，所罗门群岛，圣赫勒拿岛，佛得角，埃塞俄比亚，马达加斯加，南非，坦桑尼亚。

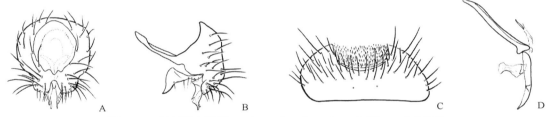

图 9-23　斑刺足小粪蝇 *Rachispoda subtinctipennis* (Brunetti, 1913)
A.♂外生殖器后面观；B.♂外生殖器（阳茎复合体省略）侧面观；C.♂第 5 腹板；D.♂阳茎复合体侧面观

163. 刺尾小粪蝇属 *Spelobia* Spuler, 1924

Spelobia Spuler, 1924: 376. Type species: *Limosina tenebrarum* Aldrich, 1897.

　　主要特征：后顶鬃发达，通常在真正的后顶鬃前有 1 对小的假后顶鬃，3–6（少数情况下为 7）对间额鬃，颊鬃短至中等长度。2 对肩鬃，内侧的 1 对较短，2 对背中鬃，全部为缝后，6–10 列缝前中鬃，中部的缝前中鬃略加粗延长，2 根下前侧片鬃，第 1 根较短。前缘脉不超过 R_{4+5}；R_{4+5} 通常直，少数情况下前缘略弯、下弯或波曲状，翅瓣大，端圆。雄虫第 5 腹板后缘中部具 1 排栉状齿；上生殖板具 1 对长的背侧毛，通常具 1 对短的后侧毛；雄性尾须简单，具 1 对较长的后鬃或毛；下生殖板中等长度，较粗；背针突较简单，通常具 1 较粗壮腹鬃，表面具微毛；端阳体骨化强烈；受精囊略呈轮胎状，少数情况下为圆柱形。雌虫尾须短而粗壮，具波状毛。

　　分布：世界广布，已知 78 种，中国记录 6 种，浙江分布 2 种。

（458）圆刺尾小粪蝇 *Spelobia circularis* Su *et* Liu, 2016（图 9-24）

Spelobia circularis Su *et* Liu, 2016: 77.

　　主要特征：雄性：体长 2.3–2.4 mm，翅长 1.9–2.4 mm。头黑色，包括额、颊和颜，触角和触角芒棕黑色。胸黑色；翅和脉棕色。C 达或略过 R_{4+5}；Cs_2：Cs_3=1.1；dm 室比 0.4；R_{2+3} 端略弯向 C；R_{4+5} 略直；A_1 短，退化。足除后足胫节基 1/3 至端 1/8 处黑色外，余均棕黑色或棕色。腹除 1+2 合腹板前半部棕色或淡棕色外，余均黑色。第 5 腹板中后缘半圆形隆起。雌性：未检视到标本。

分布：浙江（临安）、山西、陕西。

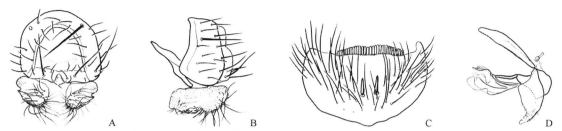

图 9-24　圆刺尾小粪蝇 *Spelobia circularis* Su *et* Liu, 2016
A. ♂外生殖器后面观；B. ♂外生殖器（阳茎复合体省略）侧面观；C. ♂第 5 腹板；D. ♂阳茎复合体侧面观

（459）长毛刺尾小粪蝇 *Spelobia longisetula* Su *et* Liu, 2016（图 9-25）

Spelobia circularis Su *et* Liu, 2016: 78.

主要特征：雄性：体长 1.9 mm，翅长 2.4 mm。头、胸、腹、足亮黑色，包括颜和额；触角、触角芒棕黑色。翅和脉棕色。C 达 R_{4+5}；Cs_2：Cs_3=1.3；dm 室比 0.4；R_{2+3} 端弧形弯向 C；R_{4+5} 略弯曲；A_1 长，波状弯曲。雄虫第 5 腹板被密而长的刚毛，中部具 2 粗刺，中后缘平截，且具 1 梳齿状列。雌性：未检视到标本。

分布：浙江（临安）、陕西、江西。

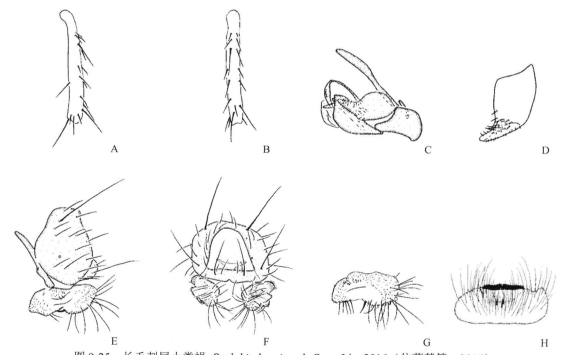

图 9-25　长毛刺尾小粪蝇 *Spelobia longisetula* Su *et* Liu, 2016（仿董慧等，2016）
A. 中足胫节前面观；B. 中足胫节背面观；C. 阳茎复合体侧面观；D. 后阳茎侧突侧面观；E. 外生殖器侧面观；F. 外生殖器后面观；
G. 背针突侧面观；H. 第 5 腹板腹面观

164. 泥刺小粪蝇属 *Spinilimosina* Roháček, 1983

Spinilimosina Roháček, 1983: 110. Type species: *Limosina* (*Scotophilella*) *brevicostata* Duda, 1918.

Spinilimosina: Su, 2011: 111.

主要特征：后顶鬃发达，前侧具 1 对小的假后顶鬃；4–5 对近等长间额鬃，颊鬃中等长度。胸具 2 对肩鬃，8–10 列中鬃，2 根下前侧片鬃，第 1 根较短。小盾片大，圆角长三角形。前缘脉不超过 R$_{4+5}$；翅瓣小，窄。中足胫节中部具 1 根前腹鬃。雄虫第 5 腹板后缘中部具 1 排浓密粗齿；尾须明显，具 1 根鬃；下生殖板短，细；背针突复杂，分为内叶和外叶；端阳体大，复杂，具粗壮的背突和密被小刺的端部。雌虫后腹部短，不套叠，窄于前腹部。

分布：世界广布，已知 4 种，中国记录 2 种，浙江分布 1 种。

（460）短脉泥刺小粪蝇 *Spinilimosina brevicostata* (Duda, 1918)（图 9-26）

Limosina (*Scotophilella*) *brevicostata* Duda, 1918: 183.

主要特征：体长 1.2–1.4 mm，翅长 1.2–1.3 mm。头部褐色，略带金属光泽；颜在触角间隆起，黑褐色；额前缘 1/3 黄褐色；颊褐色，在复眼下具三角形裸区。胸部黑褐色，被灰褐色粉；中胸背板较亮；小盾片宽为长的 1.8 倍，2 对小盾缘鬃；2 对肩鬃，1（1+0）对背中鬃。翅浅白色，近透明；翅脉浅褐色，前缘脉颜色略深；前缘脉终止于 R$_{4+5}$；R$_{4+5}$ 端部 1/3 明显弯向前缘脉；前缘脉鬃短。足褐色，基节和跗节色浅。前足基节后侧、腿节和胫节的基部和端部黄色。腹部黑褐色，被灰褐色粉。第 5 腹板矩形，后中部骨化较弱，边缘密被 1 排粗刺。

分布：浙江（临安）、陕西、台湾、四川、云南；俄罗斯，尼泊尔，斯里兰卡，以色列，阿富汗，欧洲，美国，圣基茨和尼维斯，多米尼加，牙买加，洪都拉斯，巴布亚新几内亚，埃及，突尼斯，埃塞俄比亚，马达加斯加，南非，扎伊尔，巴西。

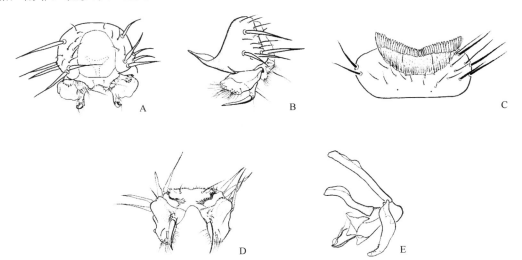

图 9-26　短脉泥刺小粪蝇 *Spinilimosina brevicostata* (Duda, 1918)

A. ♂外生殖器后面观；B. ♂外生殖器（阳茎复合体省略）侧面观；C. ♂第 5 腹板；D. ♂外生殖器（阳茎复合体省略）腹面观；
E. ♂阳茎复合体侧面观

165. 陆小粪蝇属 *Terrilimosina* Roháček, 1983

Terrilimosina Roháček, 1983: 21. Type species: *Limosina racovitzai* Bezzi, 1911.

Terrilimosina: Hayashi, 1992: 567.

主要特征：单眼后鬃缺如；4–5 对间额鬃；眶鬃下缘和内缘具毛；颊鬃短小；触角芒毛长。翅 C 脉明显过 R_{4+5}；R_{4+5} 波浪状，端几乎直；dm 室后角圆钝，无 CuA_1 脉突；翅瓣大，端圆。雄虫第 5 腹板简单或后缘具中突和刺状鬃列。

分布：世界广布，已知 15 种，中国记录 8 种，浙江分布 1 种。

（461）羊角陆小粪蝇 *Terrilimosina capricornis* Su, Liu *et* Xu, 2009（图 9-27）

Terrilimosina capricornis Su, Liu *et* Xu, 2009: 808.

主要特征：体长 2.0 mm，翅长 1.9 mm。黑色，包括头、胸、腹，足棕黑色；前腹棕黑，后腹黑色。翅棕色，脉暗棕色。Cs_1 带密的短刚毛列；C 略过 R_{4+5}；Cs_2：Cs_3=0.7；dm 室比 0.3，后外角圆；R_{2+3} 波状弯曲，端略弯向 C；R_{4+5} 略直，端直；A_1 短。雄虫第 5 腹板中后膜质。

分布：浙江（临安）、江西、广西。

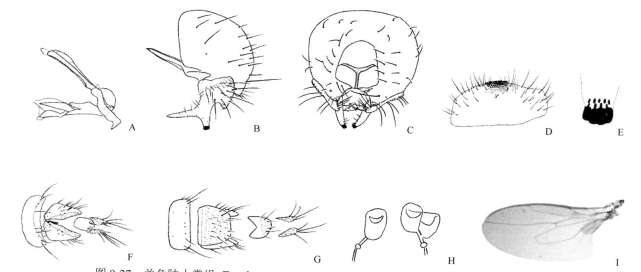

图 9-27　羊角陆小粪蝇 *Terrilimosina capricornis* Su, Liu *et* Xu, 2009（仿董慧等，2016）
A. ♂阳茎复合体侧面观；B. ♂外生殖器侧面观；C. ♂外生殖器后面观；D. 第 5 腹板腹面观；E. ♂背针突后腹瓣侧面观；F. ♂外生殖器背面观；G. ♂外生殖器腹面观；H. ♀受精囊；I. 翅

166. 栉小粪蝇属 *Ischiolepta* Lioy, 1864

Ischiolepta Lioy, 1864: 1112. Type species: *Borborus denticulatus* Meigen, 1830.

Ischiolepta: Han *et* Kim, 1990: 411.

主要特征：体棕色至黑色。头部长等于高，额宽等于长。触角小，明显分开，柄节短，具 3–5 根毛状鬃；梗节为三角形，具密毛；第 1 鞭节球状至半球状，密被短毛，触角芒长度为第 1 鞭节的 2.5–4.5 倍，裸。间额三角区具很多向上弯曲的小鬃。胸部棕色至黑色，具数根生长在疣突上的短粗鬃；中鬃在缝前为 2–4

列，在缝后渐密；小盾片具 1 排 6–10 根位于边缘的瘤突。翅通常透明至半透明。前缘脉达中脉；R$_{4+5}$ 和中脉近平行，且端部前缘弯曲；CuA$_1$ 通常达翅缘。足密被短鬃。后足基跗节明显加粗；后足胫节具 1 根粗壮的端腹距。

分布：世界广布，已知 32 种，中国记录 4 种，浙江分布 1 种。

（462）类东洋栉小粪蝇 *Ischiolepta paraorientalis* Su, Liu et Xu, 2015（图 9-28）

Ischiolepta paradraskovitsae Su, Liu *et* Xu, 2015: 1.

主要特征：雄性：体长 2.0 mm，翅长 1.6 mm。头亮黑色，但口上片、颜、唇片和触角红棕色，触角芒黑色。胸鬃相对长，着生在疣瘤上；小盾沟前背中鬃 1 对明显粗刺状，疣瘤大；中鬃列与背中鬃列间裸；中侧片被鬃，着生在疣瘤上。足红棕色；后足股节粗，宽约是中足股节宽的 1.7 倍；足鬃毛均短小，但跗节鬃毛略长；后足第 1 跗节具腹短鬃簇。雌性：未检视到标本。

分布：浙江（临安）。

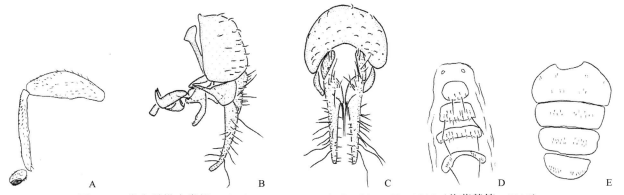

图 9-28　类东洋栉小粪蝇 *Ischiolepta paraorientalis* Su, Liu *et* Xu, 2015（仿董慧等，2016）
A. ♂后足后面观；B. ♂外生殖器侧面观；C. ♂外生殖器后面观；D. ♂前腹腹面观；E. ♂前腹背面观

第十章　缟蝇总科 Lauxanioidea

十九、缟蝇科 Lauxaniidae

主要特征：缟蝇科昆虫属双翅目无瓣蝇类。体小至中型，较粗壮。体色浅黄色至黑色，多具斑。翅白色透明至褐色，多为黄色，有或无黑斑。头部1–2对侧额鬃，单眼后鬃汇聚；无口髭。翅前缘无缺刻，亚前缘脉完整，臀脉短，1–2条，不达翅缘。足多黄色，部分种类黑色或具斑，胫节端前背鬃常存在（偶有少数种类后足胫节端前背鬃缺）。幼虫圆锥形，背腹面轻微扁平，末端具有圆锥形瘤，分节明显。缟蝇成虫和幼虫主要营腐食性或菌食性生活，经常在落叶、稻草、腐烂的树桩或鸟巢中活动，在降解有机质、保护环境、维持生态平衡中起着非常重要的作用；部分属的成虫可访花，有助于植物传粉；对环境变化敏感，已被欧洲专家用作农田生态系统环境变化评价的指示生物。

分布：世界已知170余属2100余种，中国记录30属300余种，浙江分布7属25种。*

分属检索表

1. 翅前缘黑色短鬃伸达 R_{4+5} 末端，少数种类黑色短鬃接近 R_{4+5} 端部；中足胫节端腹鬃常2–3根 ························· 2
- 翅前缘黑色短鬃不达 R_{4+5} 末端；中足胫节端腹鬃1根 ··· 3
2. 头部纵向延长，颜和颊腹向延伸；额轻微或强烈隆起，有装饰斑和粉被 ···········**隆额缟蝇属 Cestrotus**
- 头部，不纵向延长，颜和颊不腹向延伸；额不隆起，无黑色天鹅绒斑和其他装饰斑 ···········**同脉缟蝇属 Homoneura**
3. 中胸背板有1根发达的缝后翅内鬃 ···**黑缟蝇属 Minettia**
- 中胸背板无缝后翅内鬃 ·· 4
4. 头部侧面观亚三角形，颜颊角尖锐 ···**四带缟蝇属 Tetroxyrhina**
- 头部侧面观不呈三角形，额颜角钝 ··· 5
5. 翅大部分褐色，有不规则白斑或带状白斑；中胸背板中鬃强，背中鬃和中鬃基部有褐斑 ···················· 6
- 翅透明或微黄，其上偶有少量褐斑；中胸背板中鬃常短毛状，偶有强且长，但背中鬃和中鬃基部无褐斑；雄性外生殖器简单、骨化弱 ···**双鬃缟蝇属 Sapromyza**
6. 翅外缘至后缘不呈波浪状，散布很多不规则透明斑（但 Sciasmomyia surpraorientalis 翅透明，褐斑仅位于亚前缘室的端部、R_{2+3} 和 R_{4+5} 的基部和末端、M_1 的末端、r-m 和 dm-cu 横脉上）；颜区平或微凸，无颜脊·············**影缟蝇属 Sciasmomyia**
- 翅外缘至后缘波浪状，中部有大的褐色中心区，端部有白色的辐射状纵纹；颜区凹，在两触角基部之间有明显的膝状突 ···**辐斑缟蝇属 Noeetomima**

167. 隆额缟蝇属 *Cestrotus* Loew, 1862

Cestrotus Loew, 1862: 10. Type species: *Cestrotus turritus* Loew, 1862 (designated by Becker, 1895).
Turriger Kertész, 1904: 73. Type species: *Turriger frontalis* Kertész, 1904 (monotypy).

主要特征：体大部分灰色或褐色，头部纵向延长。额轻微或强烈隆起，有装饰斑和粉被（有时缺），斑宽大于长。前额眶鬃后弯。颜和颊腹向延伸，颜区明显膨凸，复眼下方有1根强颊鬃。触角芒羽状或柔毛状。中

---

* 有关缟蝇科的研究得到国家自然科学基金项目（31660622，32070477）资助。

胸背板有显著的褐色或黑色斑；无缝前背中鬃，缝后背中鬃 3 根。翅有不规则灰色或褐色斑，部分纵脉有毛（东洋界种类缺）。足黄色，有褐环。该属常栖居于森林内小溪、河流及其他潮湿、荫蔽地带附近的岩石和树干上。从外观上可分为饰额弱隆突型（*Cestrotus*-form）和非饰额强隆突型（*Turriger*-form），部分种类介于两者之间。

　　分布：东洋区、旧热带区。世界已知 24 种，中国记录 7 种，浙江分布 1 种。

（463）钝隆额缟蝇 *Cestrotus obtusus* Shi, Yang *et* Gaimari, 2009（图 10-1）

Cestrotus obtusus Shi, Yang *et* Gaimari, 2009: 62.

　　主要特征：雄性：体长 4.7–4.6 mm；翅长 4.6–4.5 mm。颜区黄色，有不规则黑褐斑组成的复杂图案，包括 1 条褐色中纵带与触角下方褐色横斑融合，端半部中央有倒 "Ω" 形斑，与腹缘横带融合；额黄色，宽大于长且两侧平行，前面观有 1 对黑色天鹅绒长方形斑。颊黄色，有 1 个肾形褐斑。复眼与触角基部之间有 1 个褐色三角形斑。触角黄色，柄节黑色，第 1 鞭节端部 1/3–1/2 黑褐色。中胸背板前缘有 1 对褐色中斑和 1 对波状带，盾缝上有 1 对椭圆形褐斑，盾缝后有 1 对褐色侧斑；后部 1/3 中心有 1 个黑色梯形大斑，前缘分叉；小盾片黄色，被灰白粉，亚基部有 1 对褐色圆斑，与中胸背板的梯形斑分离。翅大部分褐色，其间有延伸的不规则透明斑；r_{2+3} 和 r_{4+5} 室的末端有褐色缘斑，r-m 横脉的透明区被 "+" 斑环绕。足黄色，腿节端部黑色，被灰白粉；胫节基部和亚端部各有 1 个褐环，第 3–5 跗节褐色。腹部黑褐色，被灰白粉。

　　分布：浙江（临安）、湖南、广西。

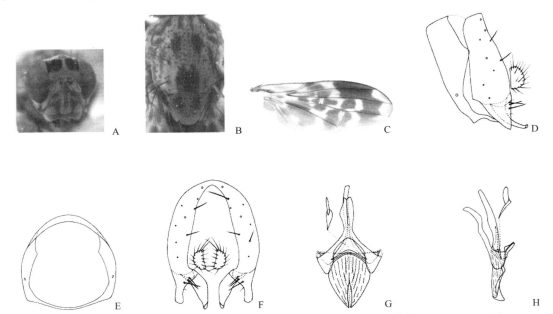

图 10-1　钝隆额缟蝇 *Cestrotus obtusus* Shi, Yang *et* Gaimari, 2009（引自 Shi *et al.*，2009）

A. 头部前面观；B. 胸部背面观；C. 翅；D. 腹稍前节和第 9 背板侧面观；E. 腹稍前节前面观；F. 腹稍前节和第 9 背板后面观；G. 阳茎复合体腹面观；H. 阳茎复合体侧面观

168. 同脉缟蝇属 *Homoneura* van der Wulp, 1891

Homoneura van der Wulp, 1891: 213. Type species: *Homoneura picea* van der Wulp, 1891 (monotypy).

Drosomyia de Meijere, 1904: 114. Type species: *Drosomyia picta* de Meijere, 1904 (monotypy).

　　主要特征：体小至中型，淡黄色、褐黄色、灰色、黑色。头部不纵向延长，颜和颊不腹向延伸；颜区平，或微凹或微凸，偶尔在亚触角凹陷的上缘有圆形中脊；额不隆起，无装饰斑和粉被，常有 2 条褐色纵带伸达单眼三角区两侧。中胸背板有缝前背中鬃 0–1 根、缝后背中鬃 2–3 根、中鬃 2–12 排（部分种类有成对强中鬃）、翅上鬃 1–2 根、翅内鬃 0–1 根、盾前鬃 1 根。中胸上前侧片鬃 1 根，下前侧片鬃 2 根。小盾片平或微凸，有小盾基鬃 1 根、小盾端鬃 1 根。翅淡黄色至褐色，翅斑变化较大。大多数种类的前足腿节有 1 排梳状前腹鬃，极少数种类缺；前足胫节有端前背鬃 1 根、短端腹鬃 1 根。中足腿节有 1 排前鬃，部分种类腹面中部有 1 排强后腹鬃；中足胫节有端前背鬃 1 根、端腹鬃 2–3 根，部分种类有 1 排后鬃。后足腿节部分种类有端前前背鬃 1 根，后足胫节有端腹鬃 1 根，大多数种类有 1 根短端前背鬃，极少数种类长，部分种类缺。腹部黄色至黑色，光亮或被粉，常具形态各异的斑或带，少数种类无。雄性外生殖器形态各异，阳茎复合体较复杂。雌性外生殖器简单，受精囊 3 个。

分布：世界广布，已知 690 种，中国记录 195 种，浙江分布 15 种。

分种检索表

（464）双刺同脉缟蝇 *Homoneura (Homoneura) bispinalis* Yang, Hu *et* Zhu, 2001（图 10-2）

Homoneura (Homoneura) bispinalis Yang, Hu *et* Zhu, 2001: 448.

主要特征：雄性：体长 7.2 mm，前翅长 6.4 mm。头部黄色，有薄的灰白粉；单眼三角区无黑斑；颜无黑斑。触角黄色；第 1 鞭节略带黄褐色，长为宽的 2.3 倍；芒黑色且基部浅黑色，毛长羽状（最长的毛几乎与第 1 鞭节宽相等）。喙浅黄褐色，下颚须黄色。胸部黄色，有薄的灰白粉。背中鬃 3 根；中鬃 10 排，1 对盾前鬃。翅明显带黄色，有 5 个暗褐斑：R_{2+3}、R_{4+5} 与 M_1 三者端部，R_{4+5} 在径中横脉外侧方（径中横脉无斑），中横脉，亚前缘室端部不变暗。翅 R_{4+5} 上位于两横脉间的褐斑与 dm-cu 横脉上的褐斑轻微融合；平衡棒黄色。足黄色。前足腿节有 6 根后背鬃，3 根后腹鬃，16–17 根很短的梳状前腹鬃；中足腿节有 4 根前侧鬃，中足胫节末端有 3 根腹鬃（中间的长而两侧的较短）；后足胫节端前背鬃较短细。腹部黄色，有薄的灰白粉；第 2–5 背板后缘浅褐色。

分布：浙江（临安）。

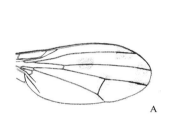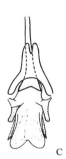

图 10-2　双刺同脉缟蝇 *Homoneura (Homoneura) bispinalis* Yang, Hu *et* Zhu, 2001（引自 Yang *et al.*，2001）
A. 翅；B. 第 9 背板和阳茎复合体侧面观；C. 阳茎复合体腹面观

（465）弯刺同脉缟蝇 *Homoneura (Homoneura) curvispinosa* Yang, Hu *et* Zhu, 2001（图 10-3）

Homoneura (Homoneura) curvispinosa Yang, Hu *et* Zhu, 2001: 449.

主要特征：雄性：体长 6.4–6.9 mm，前翅长 6.0–6.3 mm。头部黄色，有薄的灰白粉；单眼三角区无黑斑；颜无黑斑。触角黄色；第 1 鞭节略带黄褐色，长为宽的 2.4 倍；芒黑色且基部浅黑色，毛长羽状（最长的毛稍短于第 1 鞭节宽）。喙黄色；下颚须黄色。胸部黄色，有薄的灰白粉。背中鬃 3 根；中鬃短毛状，8 排，1 对盾前鬃。翅明显带黄色，有 4 个暗褐斑：R_{2+3} 端部、横跨 R_{4+5} 与 M_1 端部、R_{4+5} 在径中横脉外侧方，中横脉，亚前缘室端部浅褐色；平衡棒黄色。足黄色。前足腿节有 6 根后背鬃，4 根后腹鬃（最外面的 1 根较短），15 根梳状前腹鬃；中足腿节有 4 根前侧鬃，中足胫节末端有 2 根长腹鬃；后足胫节端前背

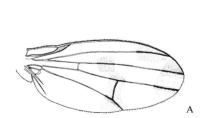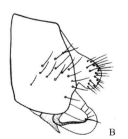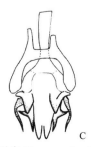

图 10-3　弯刺同脉缟蝇 *Homoneura (Homoneura) curvispinosa* Yang, Hu *et* Zhu, 2001（引自 Yang *et al.*，2001）
A. 翅；B. 第 9 背板和阳茎复合体侧面观；C. 阳茎复合体腹面观

鬃细长。腹部黄色，有薄的灰白粉。雄外生殖器第 9 背板背侧突后伸直的指状；下生殖板近"H"形；阳茎侧视有些短粗，具尖齿突和后弯刺突。

　　分布：浙江（临安）。

（466）大斑同脉缟蝇 *Homoneura (Homoneura) extensa* Yang, Hu *et* Zhu, 2001（图 10-4）

Homoneura (Homoneura) extensa Yang, Hu *et* Zhu, 2001: 451.

　　主要特征：雄性：体长 4.9 mm，前翅长 4.7 mm。头部黄色，有薄的灰白粉；单眼三角区黑色；后头有 1 个浅黑中斑；颜无黑斑。单眼鬃较短，稍短于后顶鬃。触角黄色；第 1 鞭节黄褐色，长为宽的 2.0 倍；芒黑色且基部浅黑色，毛很短（非羽状）；喙黄色；下颚须暗黄色。胸部黄色，有薄的灰白粉，无褐带背中鬃 3 根，无缝前背中鬃，但最前的背中鬃有些接近盾间缝；中鬃短毛状，6 排；1 对盾前鬃。翅白色透明，不明显带黄色；翅前缘宽的暗褐色（从亚前缘室端部至翅末端）且有 2 个小亮斑，R_{4+5} 有中斑，径中横脉和中横脉有暗褐斑；平衡棒黄色。足黄色。前足腿节有 5 根后背鬃，3 根后腹鬃，14 根很短的梳状前腹鬃；中足腿节有 5 根前侧鬃，中足胫节末端有 2 根长腹鬃；后足胫节端前背鬃明显短细。腹部黄色，有薄的灰白粉；第 4–6 背板各有 1 个窄的中黑斑。

　　分布：浙江（临安）。

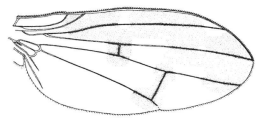

图 10-4　大斑同脉缟蝇 *Homoneura (Homoneura) extensa* Yang, Hu *et* Zhu, 2001（引自 Yang *et al.*，2001）
翅

（467）凤阳山同脉缟蝇 *Homoneura (Homoneura) fengyangshanica* Shi *et* Yang, 2014（图 10-5）

Homoneura (Homoneura) fengyangshanica Shi *et* Yang, 2014c: 26.

　　主要特征：雄性：体长 3.1–4.0 mm，翅长 3.8–3.9 mm。头部黄色；颜区灰褐色，腹缘有 1 条褐色短横带；侧颜黄色、内缘黑色。额区黑褐色、前缘黄色，被灰粉；长宽相等且两侧平行，2 条黑褐带伸达单眼三角区两侧；单眼三角区灰黑色，单眼鬃发达，微长于前额眶鬃的长度，前额眶鬃超过后额眶鬃的长度。触角黄色，第 1 鞭节背半部黑色；触角芒暗褐色，基部淡褐色；柔毛状，极短。触角基部和复眼之间有 1 对黑色三角形斑。喙黄色，有黑毛；下颚须黄色，有黑毛。胸部黑色，被灰粉。中胸背板有 2 条窄且不连续的褐色中带，1 对不连续的褐色侧带位于盾缝后；肩胛淡黄色，其后方有 1 个褐色不规则斑。背中鬃 3 根，第 1 根背中鬃远离缝；中鬃 6 排，短毛状；1 对盾前鬃，短于第 1 根背中鬃。小盾片黑色，被灰粉，其上有 1 个大的褐色椭圆形中斑。翅略微黄色，R_{2+3} 的褐色端前斑与 R_{4+5} 的亚端斑融合；R_{4+5} 与 M_1 的端斑分离，R_{4+5} 上另有 1 个近长方形中斑位于 r-m 横脉和亚端斑之间；R_1 的端斑与 r-m 横脉上的褐色云状斑分离；R_{4+5} 的亚端斑与 dm-cu 横脉上的褐色云状斑分离，R_{4+5} 的基部褐色；M_1 上有 1 个圆形亚端斑；亚前缘室端部有 1 个褐斑。足黄色，中足、后足腿节褐黄色；跗节暗黄色，第 3–5 跗节褐色。腹部黄色，被稀疏灰粉；第 3–6 节（雌第 3–7 节）背板各有 1 个黑色中带和 1 对三角形褐色侧斑。

　　分布：浙江（龙泉）。

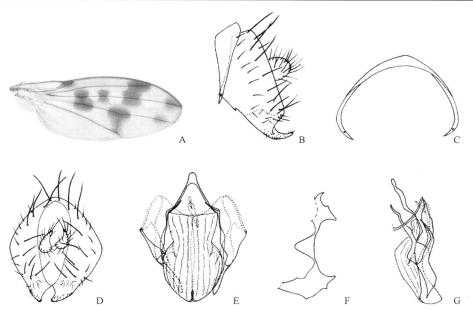

图 10-5　凤阳山同脉缟蝇 *Homoneura* (*Homoneura*) *fengyangshanica* Shi *et* Yang, 2014（引自 Shi and Yang，2014c）
A. 翅。♂外生殖器：B. 腹稍前节和第 9 背板侧面观；C. 腹稍前节前面观；D. 第 9 背板后面观；E. 阳茎复合体腹面观；F. 下生殖板；
G. 阳茎复合体侧面观

（468）中朝同脉缟蝇 *Homoneura* (*Homoneura*) *haejuana* Sasakawa *et* Kozanek, 1995（图 10-6）

Homoneura haejuana Sasakawa *et* Kozanek, 1995: 68.

Homoneura (*Homoneura*) *haejuana* Shatalkin, 2000: 26.

　　主要特征：雄性：体长 4.3–5.0 mm，翅长 5.0–5.3 mm。体黄褐色。触角芒羽状，微短于第 1 鞭节长度的 2/3；下颚须黑色。中胸背板无褐色中带。中胸背板有背中鬃 3 根，中鬃 6 排。翅淡褐黄色，r-m 横脉上有褐斑；m-m 横脉的上缘和下缘有褐斑，下缘斑有时缺；R_{2+3}、R_{4+5}、M_1 各有 1 个端前斑。前足腿节有 4 根后腹鬃、10–13 根梳状前腹鬃；中足腿节有 4 根前侧鬃、1 根端腹鬃；后足腿节有 1 根端前前背鬃和 1–2 根前腹鬃；中足胫节有 1 根强端前背鬃、2 根强端腹鬃。腹部第 2–6 节背板有褐色中纵带（有时不明显），有时第 3–5 节后缘褐色。雄性外生殖器：腹稍前节腹面 "V" 形，腹部第 6 节腹板宽是长的 2 倍，每节后侧角有 1–2 根长鬃。腹部第 5、第 6 节腹板等长，第 5 节腹板的宽度微窄于第 6 节腹板。背侧突与第 9 背板分离，有 1 个长而后伸的蹄形突，其内后角容纳 1 个微刺突；下生殖板阔的横型，下生殖板突小，靠近中部；前阳基侧突明显的腹向延伸，基叶端部有 2 根鬃；后阳基侧突和前阳基侧突几乎等长，腹端尖，有 2 个尖突（大的前伸，小的腹向延伸）；阳茎腹面大部分膜质，中部有 1 对小的齿状突，侧骨片端部上卷，向背后方延伸。

　　分布：浙江（临安）、天津；朝鲜。

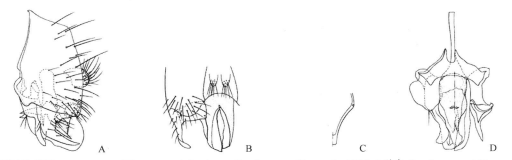

图 10-6　中朝同脉缟蝇 *Homoneura* (*Homoneura*) *haejuana* Sasakawa *et* Kozanek, 1995（引自 Sasakawa and Kozanek，1995）
A. 第 9 背板和阳茎复合体侧面观；B. 第 9 背板和阳茎复合体腹面观；C. 腹稍前节；D. 阳茎复合体腹面观

（469）汇合同脉缟蝇 *Homoneura* (*Homoneura*) *interstrica* Shi *et* Yang, 2016（图 10-7）

Homoneura (*Homoneura*) *interstrica* Shi *et* Yang, 2016: 87.

主要特征：雄性：体长 3.7–4.2 mm；翅长 4.1–4.3 mm。头部黄色；颜区暗黄色，腹缘有 1 条褐色窄横带；额区褐色、前缘黄色，被灰粉；2 条黑带伸达单眼三角区两侧。触角基部和复眼之间有 1 个褐色三角形斑。触角黄色，第 1 鞭节端部 1/2–2/3 黑褐色；触角芒暗褐色，基部淡褐色；柔毛状，最长毛等于第 1 鞭节 1/3 宽。胸部黑色，被灰粉。中胸背板有 2 条窄且不连续的褐色中带，1 对不连续的褐色侧带位于盾缝后，肩胛后方有 1 条褐带；背部所有鬃和毛基部均有褐色圆形基斑。背中鬃 3 根，第 1 根背中鬃远离缝；中鬃 6 排，短毛状；1 对盾前鬃，短于第 1 根背中鬃；小盾片黑色、侧缘黄色，被灰白粉，其上有 1 条窄的褐色中带。翅略微黄色，R$_{2+3}$ 上有 1 个大的不规则褐色端斑、1 个圆形中斑、1 个亚基斑，且亚基斑与亚前缘室的端斑和 r-m 横脉上的褐色云状斑融合；R$_{4+5}$ 上有 1 个不规则端斑、2 个圆形亚端斑、1 个圆形中斑，且 2 个圆形亚端斑与 R$_{2+3}$ 的不规则褐色端斑融合；M$_1$ 的不规则端前斑与 R$_{4+5}$ 的端斑融合，dm-cu 横脉上的褐色云状斑与 R$_{4+5}$ 上的 1 个褐色亚端斑融合，R$_{4+5}$ 的基部褐色；r-m 和 dm-cu 横脉上的褐色云状斑分离，有时融合；亚前缘室端部有 1 个褐斑。足暗黄色，腿节黑褐色，被白灰粉；第 3–5 跗节褐色。腹部黄色，被灰粉；第 2 节背板有 1 对黑色侧斑，第 3–6 节（雌第 3–7 节）背板有 1 个亚三角形褐色中斑和 1 对三角形褐色侧斑。雄性外生殖器：腹稍前节半环形。第 9 背板有 4 对背鬃；背侧突侧面观由 1 个刀形阔突和 1 个窄的锥形突组成，后面观左右两侧的刀形突交叉、汇合。

分布：浙江（临安、龙泉）。

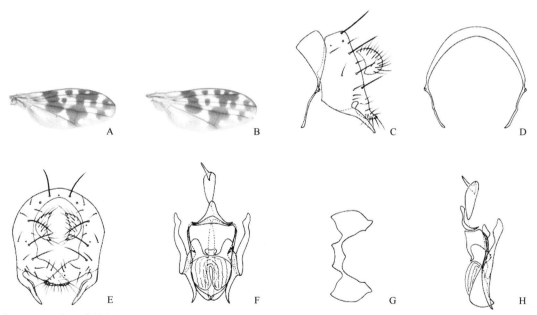

图 10-7　汇合同脉缟蝇 *Homoneura* (*Homoneura*) *interstrica* Shi *et* Yang, 2016（引自 Shi and Yang，2016）

A-B. 翅；♂外生殖器：C. 腹稍前节和第 9 背板侧面观；D. 腹稍前节前面观；E. 第 9 背板后面观；F. 阳茎复合体腹面观；G. 下生殖板；
H. 阳茎复合体侧面观

（470）宽须同脉缟蝇 *Homoneura* (*Homoneura*) *lata* Yang，Hu *et* Zhu, 2001（图 10-8）

Homoneura (*Homoneura*) *lata* Yang, Hu *et* Zhu, 2001: 447.

主要特征：雄性：体长 3.3–3.7 mm，前翅长 3.8–3.9 mm。头部黄色，有薄的灰白粉；单眼三角区无黑斑；后头区有 1 个大浅黑斑（中部上缘凹缺）；颜无黑斑。触角黄色；第 1 鞭节稍带黄褐色，长为宽的 2.0

倍；触角芒黑色且基部黄褐色，毛很短（非羽状）。喙浅黄褐色；下颚须黄色。胸部黄色，有薄的灰白粉；中胸背板有 2 条窄的褐色中带，沿背中鬃伸达小盾片后缘；后背片黑色。背中鬃 3 根；中鬃 6 排，短毛状，1 对盾前鬃。翅白色透明，有明显暗褐斑；翅端半前缘暗褐色，与 R_{4+5} 的中斑和端部相连，R_{4+5} 的端斑与 M_1 端斑大致相连，径中横脉和中横脉有斑，翅基部中央位于 R 分叉处，下有 1 个褐斑；平衡棒黄色。足黄色。前足腿节有 6–7 根后背鬃，3 根后腹鬃，6–7 根很短的近齿状前腹鬃；中足腿节有 3–4 根弱的前侧鬃，中足胫节末端有 1 根长腹鬃；后足胫节端前背鬃短细。腹部黄色，有薄的灰白粉。雄外生殖器第 8 腹板延伸，有 1 对具小齿的突起；第 9 背板背侧突近指状；尾须较宽大；阳茎侧视较粗，有些膜质。

分布：浙江（临安）。

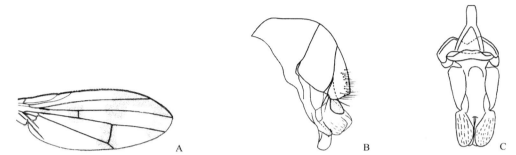

图 10-8　宽须同脉缟蝇 Homoneura (Homoneura) lata Yang, Hu et Zhu, 2001（引自 Yang et al., 2001）

A. 翅；B. 第 9 背板和阳茎复合体侧面观；C. 阳茎复合体腹面观

（471）后斑同脉缟蝇　Homoneura (Homoneura) occipitalis Malloch, 1927（图 10-9）

Homoneura (Homoneura) occipitalis Malloch, 1927: 170.

主要特征：雄性：体长 3.6–4.1 mm；翅长 3.4–3.7 mm。头部淡黄色；颜区淡黄色，有 1 对黑褐色椭圆斑，2 斑基部 1/3 融合；沿额眶鬃排有 2 条窄褐灰带，1 条窄的褐色三角形中带伸达单眼三角区；后头有 1 个宽灰黑带，向前伸达单眼三角区；后头上半部分每侧有 1 个褐色大斑，伸达复眼顶部边缘。触角黑色，

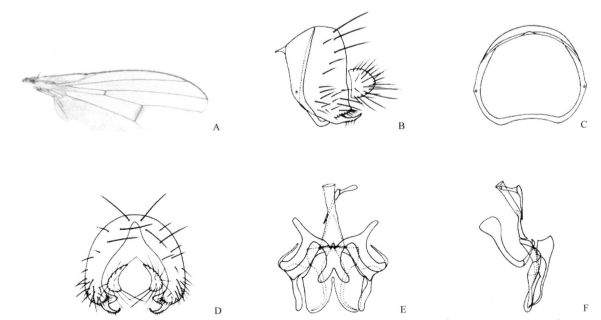

图 10-9　后斑同脉缟蝇 Homoneura (Homoneura) occipitalis Malloch, 1927（引自 Shi and Yang, 2012）

A. 翅、♂外生殖器；B. 腹稍前节和第 9 背板侧面观；C. 腹稍前节前面观；D. 第 9 背板后面观；E. 阳茎复合体腹面观；F. 阳茎复合体侧面观

第 1 鞭节腹基部 1/3–1/2 淡黄色；触角芒暗褐色，基部淡褐色；长羽状，最长毛长于第 1 鞭节宽。胸部褐黑色，被白灰粉。中鬃不规则 8 排，短毛状。中胸上前侧片黑褐色和上后侧片黄褐色，被白灰粉；上后侧片前角处有 1 个黑褐斑。小盾片褐黑色，侧缘、端缘黄色，被白灰粉。翅透明，仅 dm-cu 横脉上有 1 个淡褐色带；亚前缘室透明。足淡黄色，部分个体中足胫节端部黑褐色，后足胫节有 1 个不完整的褐色基环，后足胫节基部内侧有 1 个明显的黑斑；第 1–3 跗节暗黄色，第 4–5 跗节端半褐色。前足腿节有 11 根梳状前腹鬃。腹部黄色，被稀疏银白粉。第 1–2 节背板全黑色，第 3 节背板黑色、前缘黄色，第 4–5 节背板基半部黄色、端半部黑色；雄虫第 6 节背板无斑，而雌虫第 6 节背板有 1 个不明显的淡褐斑。雄性外生殖器：腹稍前节环形。第 9 背板近长方形，背端缘微弯，有 3 对背鬃和 1 排端毛；背侧突侧面观窄、棍棒状、内弯，后面观分叉。

分布：浙江（龙泉）、台湾、广东。

（472）庞氏同脉缟蝇 *Homoneura* (*Homoneura*) *pangae* **Shi, Gao *et* Shen, 2017**（图 10-10）

Homoneura (*Homoneura*) *pangae* Shi, Gao *et* Shen, 2017: 369.

主要特征：雄性：体长 5.0–5.5 mm，翅长 5.4–5.5 mm。体黄色；触角内侧黄色，外侧黄褐色，触角芒长羽状，微短于第 1 鞭节的宽度。胸部中鬃 8 排；足黄色，跗节褐黄色；前足腿节有 4 根强后腹鬃，中足腿节有 5 根前侧鬃。径脉 R_{2+3} 和 R_{4+5} 的褐色端斑分离，径脉 R_{4+5} 和 M_1 的褐色端斑微微融合或分离，R_{4+5} 上有 1 个方形中斑；dm-cu 横脉上的褐带宽，亚前缘室淡褐色。雄性外生殖器：背侧突侧面观长棒状，具 1–2 根长鬃和少量短毛。

分布：浙江（临安）、江西。

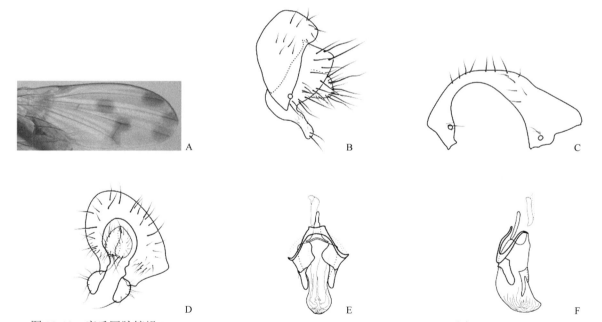

图 10-10　庞氏同脉缟蝇 *Homoneura* (*Homoneura*) *pangae* Shi, Gao *et* Shen, 2017（引自 Shi *et al.*，2017）
A. 翅、♂外生殖器；B. 腹稍前节和第 9 背板侧面观；C. 第 9 背板后面观；D. 腹稍前节后面观；E. 阳茎复合体腹面观；F. 阳茎复合体侧面观

（473）多斑同脉缟蝇 *Homoneura* (*Homoneura*) *picta* (**Meijere, 1904**)（图 10-11）

Drosomyia picta Meijere, 1904: 114.

Homoneura (*Homoneura*) *picta*: Sasakawa, 1992: 192.

主要特征：雄性：体黄色，被灰黄粉。颜区在触角下方的基部两侧有褐色三角形斑，近腹缘处中部及两侧角各有 1 个褐斑；侧颜内缘从触角下方至腹缘黑褐色。额中部有 2 条短褐色纵带，伸达单眼三角区；额眶鬃基部有褐斑；单眼三角区黑色；触角柄节褐色，梗节暗黄色，第 1 鞭节褐色，仅触角芒基部周围区域黄色；触角芒短羽状，最长毛微长于第 1 鞭节 1/2 宽；下颚须褐色。中胸背板有许多不规则的褐斑或带，毛和鬃基部有褐斑；小盾片黑褐色，基半部中央有 1 个灰粉斑，端半部两侧缘各有 1 个黄斑。背中鬃 3 根（最前面的背中鬃靠近盾缝后），无缝前背中鬃；中鬃不规则 6 排，有 1 对盾前鬃。翅大部分褐色，有许多不规则透明斑。足黄色，前足腿节黄褐色，中足、后足腿节黑褐色，所有腿节端部 1/4 黄色。前足腿节有 4 根后腹鬃，中足腿节有 5 根前侧鬃，后足腿节有 1 根端前前背鬃；中足胫节有 2 根后腹鬃，所有胫节均有端前背鬃。腹部第 1、第 6 节背板中央各有 1 个窄褐带，第 2–6 节背板中央有 1 个近三角形斑（第 3 节斑最大），近前缘有 1 对小的褐色不规则斑；所有背板两侧缘均有不规则大褐斑。雄性外生殖器：腹稍前节环形；第 9 背板侧面观阔，背侧突小、爪形；下生殖板 "H" 形；阳基侧突短，锥形；阳茎腹面观端部尖。

分布：浙江（临安、龙泉）、台湾、海南、广西、贵州；印度，尼泊尔，越南，老挝，泰国，马来西亚，印度尼西亚。

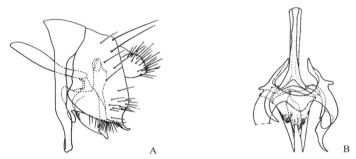

图 10-11　多斑同脉缟蝇 *Homoneura (Homoneura) picta* (Meijere, 1904)（引自 Sasakawa，1992）

A. 腹稍前节、第 9 背板和阳茎复合体侧面观；B. 阳茎复合体腹面观

（474）半环同脉缟蝇 *Homoneura (Homoneura) semicircularis* Shi *et* Yang, 2009（图 10-12）

Homoneura (Homoneura) semicircularis Shi *et* Yang, 2009: 17.

主要特征：雄性：体长 3.9–4.2 mm；翅长 4.3–4.4 mm。头部淡黄色；沿额眶鬃排有 2 条窄灰黑带，1 条窄的褐色三角形中带伸达单眼三角区；后头有 1 个宽灰黑带，向前伸达单眼三角区。颊高约为眼高的 1/5。触角黑色，第 1 鞭节基部 1/3 淡黄色；第 1 鞭节长是宽的 1.6 倍；触角芒暗褐色，基部淡褐色；长羽状，最长毛长于第 1 鞭节宽。胸部褐黑色，被白灰粉；中胸背板前缘有亮白粉，沿背中鬃排有 2 条窄黄色带。中鬃不规则 6 排，短毛状；肩胛后方有 1 个黄斑；中胸上前侧片黑褐色，有 1 个黄色中斑；上后侧片褐黄色，前角处有 1 个黑褐斑；两者表面均被白灰粉；小盾片褐黑色，侧缘、端缘黄色，被白灰粉。翅透明，仅 dm-cu 横脉上有 1 个褐色椭圆形斑；亚前缘室透明。足淡黄色至褐黄色，部分个体中足胫节端部黑色，后足胫节有 1 个不完整的褐色基环；第 5 跗节黄色。腹部黄色，被稀疏银白粉；第 2–5 节背板后缘有 1 条宽黑褐色横带，1 个黑色三角形中斑与后缘黑褐色横带融合；第 6 节背板有 1 个褐斑。雄性外生殖器：腹稍前节半环形；背侧突长棒状、内弯；阳茎背骨片酒杯状，中部缢缩，有 1 对尖背中突和 1 对略微分叉、扭曲的端突，端凹小。尾须有 1 对长毛。

分布：浙江（龙泉）。

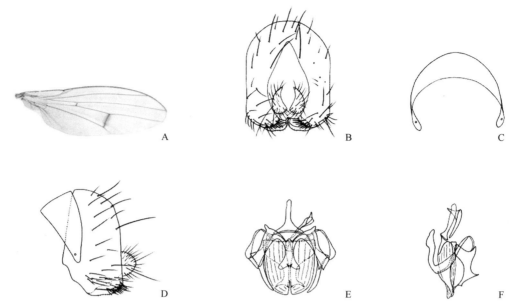

图 10-12　半环同脉缟蝇 *Homoneura* (*Homoneura*) *semicircularis* Shi *et* Yang, 2009（引自 Shi and Yang，2009）
A. 翅、♂外生殖器；B. 腹稍前节和第 9 背板后面观；C. 腹稍前节前面观；D. 第 9 背板侧面观；E. 阳茎复合体腹面观；
F. 阳茎复合体侧面观

（475）顺溪同脉缟蝇 *Homoneura* (*Homoneura*) *shunxica* Shi *et* Yang, 2014（图 10-13）

Homoneura (*Homoneura*) *shunxica* Shi *et* Yang, 2014c: 39.

　　主要特征：雄性：体长 3.7–4.3 mm，翅长 4.0–4.5 mm。头部褐黄色；颜区黄褐色，腹缘有 1 条褐色细横带，侧颜黄褐色，内缘黑色；额有 2 条褐黑带伸达单眼三角区两侧。触角褐黄色，第 1 鞭节黑褐色但基部 1/3 黄色；触角芒暗褐色，基部淡褐色；短羽状，最长毛等于第 1 鞭节 1/2 宽。胸部黄色，被灰白粉。中胸背板有 1 条宽的灰黑色中带和 2 条褐色侧带；中鬃 8 排，短毛状；小盾片黑褐色，侧缘黄色，被灰白粉。翅略微黄色，R_{2+3} 的端前斑、R_{4+5} 的亚端斑和 dm-cu 横脉上的褐色云状斑融合，R_{4+5} 和 M_1 的端斑融合；R_{4+5} 的

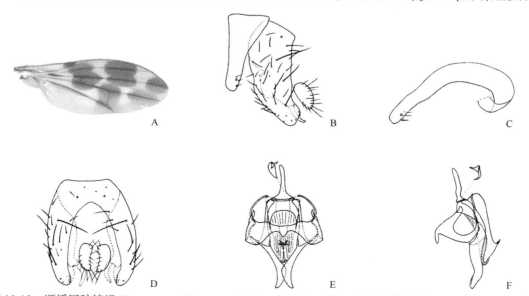

图 10-13　顺溪同脉缟蝇 *Homoneura* (*Homoneura*) *shunxica* Shi *et* Yang, 2014（引自 Shi and Yang，2014c）
A. 翅、♂外生殖器；B. 腹稍前节和第 9 背板侧面观；C. 腹稍前节前面观；D. 第 9 背板后面观；E. 阳茎复合体腹面观；F. 阳茎复合体侧面观

基部有 1 个窄褐斑，CuA_1 基部 2/3 褐色；R_{2+3} 的亚基斑与 r-m 横脉上的褐色云状斑融合；亚前缘室端部有 1 个褐斑与 R_{2+3} 的亚基斑融合。足暗黄色，腿节黑褐色，端部腹面有 1 个黑斑；胫节基部有 1 个黑环。腹部暗黄色，被灰白粉；第 2–6 节（雌第 2–7 节）背板后缘黑色。雄性外生殖器：腹稍前节半环形，气门边缘有 3–4 根毛。第 9 背板侧面观阔，端部圆形；背侧突侧面观有 1 个小的棒状内突；阳茎侧面观细长，亚端部有 1 对尖背突。

分布：浙江（平阳）。

（476）天目山同脉缟蝇 *Homoneura (Homoneura) tianmushana* Yang, Hu *et* Zhu, 2001（图 10-14）

Homoneura tianmushana Yang, Hu *et* Zhu, 2001: 446.

Homoneura (Homoneura) tianmushana Shi *et al.*, 2016: 89.

主要特征：雄性：体长 6.8 mm，前翅长 6.8 mm。头部黄色，有薄的灰白粉；单眼三角区无黑斑；颜无黑斑。触角黄色；第 1 鞭节略带黄褐色，长为宽的 2.1 倍；芒黑色且基部浅黑色，毛长羽状（最长的毛稍短于第 1 鞭节宽）。喙黄褐色，下颚须全黄色。胸部黄色，有薄的灰白粉。背中鬃 3 根，无缝前背中鬃；中鬃短毛状，不规则的 8 排，有 1 对盾前鬃。翅略带黄色，有 5 个暗褐斑：R_{2+3}、R_{4+5} 与 M_1 端部，R_{4+5} 在径中横脉外侧方，中横脉，R_{4+5} 与 M_1 端斑有些相接；亚前缘室端部不明显的褐色；平衡棒黄色。足黄色。前足腿节有 9 根后背鬃，4 根后腹鬃，16 根很短的梳状前腹鬃；中足腿节有 4 根前侧鬃，中足胫节末端有 2 根长腹鬃；后足胫节端前背鬃较短细。腹部黄色，有薄的灰白粉。雄外生殖器：第 9 背板背侧突短宽且末端钝，下生殖板前突明显分开且左右形状不对称；阳茎侧视粗而稍弯，端部两侧各有 1 短刺突。

分布：浙江（临安）。

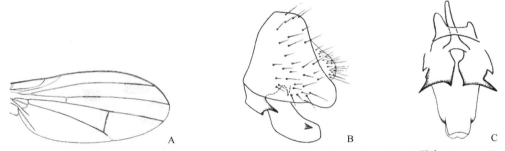

图 10-14　天目山同脉缟蝇 *Homoneura (Homoneura) tianmushana* Yang, Hu *et* Zhu, 2001（引自 Yang *et al.*，2001）
A. 翅；B. 第 9 背板和阳茎复合体侧面观；C. 阳茎复合体腹面观

（477）浙江同脉缟蝇 *Homoneura (Homoneura) zhejiangensis* Shi *et* Yang, 2014（图 10-15）

Homoneura (Homoneura) zhejiangensis Shi *et* Yang, 2014c: 48.

主要特征：雄性：体长 3.6–4.4 mm；翅长 4.1–4.5 mm。头部黄色；颜区灰褐色，有时有 1 个暗黄色三角形斑，腹缘有 1 条褐色窄横带；侧颜黄色，内缘黑色；额区黑褐色，前缘黄色，被黄粉，2 条黑带伸达单眼三角区两侧。触角基部和复眼之间有 1 对黑色三角形斑。触角黄色，第 1 鞭节端部 1/2–2/3 褐色；触角芒暗褐色，基部淡褐色；柔毛状，最长毛短于第 1 鞭节 1/3 宽。胸部黑色，被灰粉。中胸背板有 2 条窄且不连续的褐色中带，1 对不连续的褐色侧带位于盾缝后；肩胛淡黄色，其后方有 1 个褐色不规则斑。中鬃 6 排，短毛状。小盾片黑色，侧缘黄色，被灰粉，其上有 1 个大的褐色椭圆形中斑。翅略微黄色，R_{2+3} 上有 1 个褐色端前斑、1 个亚基斑，且亚基斑与亚前缘室的端斑和 r-m 横脉上的褐色云状斑融合；R_{4+5} 上有 1 个不规则端斑、1 个椭圆形亚端斑、1 个圆形中斑，且椭圆形亚端斑与 R_{2+3} 的褐色端前斑和 dm-cu 横脉上的褐色云状斑融合；R_{4+5} 的基部褐色，M_1 上有 1 个圆形亚端斑，r-m 和 dm-cu 横脉上的褐色云状斑融合，有时分离；亚前缘室端部有 1 个褐斑。足黄色，前足、中足腿节淡黄色，后足腿节黑色但端部黄色，第 3–5 跗节褐色。腹部黄色，被灰粉；雄第 3–6 节（雌第 3–7 节）背板各有 1 个黑色中带和 1 对三角形褐色侧斑。雄性外生殖器：腹稍前节半环形，气门位于膜质上；背侧突后面观略宽，有 3 个尖突；阳茎由 1 个"W"形腹骨片、1 对三角形腹骨片和 1 对圆锥形背骨片组成，在圆锥形背骨片的亚端部有 1 对尖锥形突。

分布：浙江（龙泉）。

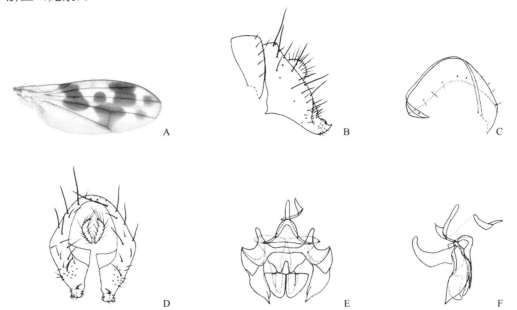

图 10-15 浙江同脉缟蝇 *Homoneura (Homoneura) zhejiangensis* Shi *et* Yang, 2014（引自 Shi and Yang，2014c）

A. 翅。♂外生殖器：B. 腹稍前节和第 9 背板侧面观；C. 腹稍前节前面观；D. 第 9 背板后面观；E. 阳茎复合体腹面观；F. 阳茎复合体侧面观

（478）雅氏同脉缟蝇 *Homoneura (Homoneura) yaromi* Yang, Hu *et* Zhu, 2001（图 10-16）

Homoneura yaromi Yang, Hu *et* Zhu, 2001: 451.

Homoneura (Homoneura) yaromi Shi *et al.*, 2016: 90.

主要特征：雄性：体长 8.6 mm，前翅长 8.0 mm。头部黄色，有薄的灰白粉；单眼区无斑；颜无斑。触角黄色；第 1 鞭节略带黄褐色，长为宽的 2.2 倍；芒黑色且基部黄褐色，毛长羽状（最长的毛稍短于第 1 鞭节宽）。喙黄褐色，下颚须黄色。胸部黄色，有薄的灰白粉。3 根背中鬃；中鬃短毛状，不规则的 10 排，1 对盾前鬃。翅明显带黄色，有 3 个暗褐斑位于翅端，横跨 R_{2+3}、R_{4+5} 与 M_1 端部、R_{4+5} 在径中横脉和中肘横脉之间有 1 个近矩形褐斑，亚前缘室端部浅褐色。翅 R_{2+3} 端斑的基缘接近 dm-cu 横脉；R_{2+3}、R_{4+5} 和 M_1 的端斑融合；平衡棒黄色。足黄色。前足腿节有 7–8 根后背鬃，4–5 根后腹鬃，13–14 根很短的梳状前腹鬃；中足腿节有 6–7 根前侧鬃，中足胫节末端有 3 根长腹鬃；后足胫节端前背鬃较细。腹部黄色，有薄的灰白粉。

分布：浙江（临安）。

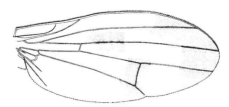

图 10-16 雅氏同脉缟蝇 *Homoneura (Homoneura) yaromi* Yang, Hu *et* Zhu, 2001（引自 Yang *et al.*，2001）

翅

169. 黑缟蝇属 *Minettia* Robineau-Desvoidy, 1830

Minettia Robineau-Desvoidy, 1830: 646. Type species: *Minettia nemorosa* Robineau-Desvoidy, 1830.

Prorhaphochaeta Czerny, 1932: 29. Invalid in lack of designation of type species.

主要特征：体黄色、褐黄色、黑褐色或黑色，小至中型。颜区平或微凹，光亮或被粉，较低缘瘤突有或无；在触角基部两侧常有褐斑或缺，少数种类在两触角基部中央有小的浅褐斑；额宽大于长，前缘平或微凹。触角椭圆形，触角芒柔毛状至长羽状，少数裸。中胸背板缝前背中鬃 0–1 根，缝后背中鬃 2–3 根；中鬃毛状，4–10 排，部分种类有 1–2 根强中鬃位于盾前鬃的前方；缝后翅内鬃 1 根，发达，位于第 3 背中鬃和翅上鬃之间的连线上。翅透明或基部暗色，少数种类前缘褐色，纵脉端部和后横脉有褐斑。中足胫节有 1–2 根端腹鬃；部分种类后足端前背鬃缺。腹部黄色至黑色，常被粉。雌、雄外生殖器变化较大。

分布：世界广布，已知 136 种，中国记录 28 种，浙江分布 4 种。

分种检索表

1. 额光亮；缝后背中鬃 2 根 ·· 天目山亮黑缟蝇 *M. (M.) tianmushanensis*
- 额被粉；缝后背中鬃 3 根 ·· 2
2. 颜区腹缘有 1 对明显的椭圆形瘤状突；触角芒长羽状；阳基侧突由 4 个不对称的锥形骨片组成 ················· 长羽瘤黑缟蝇 *M. (F.) longipennis*
- 颜区腹缘无椭圆形瘤状突；触角芒短羽状或柔毛状；阳基侧突无锥形骨片 ······························· 3
3. 体黄色至褐黄色；雄虫背侧突有 2 对长针状突；雌虫腹部第 8 节背板、腹板融合 ····· 长针黑缟蝇 *M. (P.) longaciculifomis*
- 体褐色至黑色；雄虫背侧突有 1 个尖的膝状外突和 1 个弯曲的针形内突；雌虫腹部第 8 节背板、腹板分离 ·································
·· 浙江黑缟蝇 *M. (P.) zhejiangica*

（479）长羽瘤黑缟蝇 *Minettia (Frendelia) longipennis* (Fabricius, 1794)（图 10-17）

Musca longipennis Fabricius, 1794: 323.

Minettia (Frendelia) longipennis: Collin, 1948: 228.

主要特征：雄性：体长 3.9–5.0 mm；翅长 4.0–5.3 mm。头部黑色；颜区腹缘有 1 对明显的椭圆形瘤状突；侧颜被灰白粉，有 1 个窄黑带，内缘亮黑色；额区宽大于长且两侧平行，褐色，额眶板黑色；单眼三角区黑色，单眼鬃发达，长于前额眶鬃，伸达额区前缘；前额眶鬃后弯，短于后额眶鬃；颊高约为眼高的 1/6。触角柄节黑褐色，梗节黄色至褐黄色；第 1 鞭节淡褐色，基部黄色，长是宽的 2 倍；触角芒黑色、长羽状，最长毛长于第 1 鞭节宽。复眼和触角基部之间有 1 个黑褐斑。喙黑色，有黑毛；须黑色、刀状，有黑毛。胸部褐色至黑色，被褐灰粉。中胸背板有 1 对黑色中带和 1 对黑色侧带；背中鬃 3 根，中鬃 8–10 排，短毛状；1 对盾前鬃，长于第 1 根背中鬃。中胸上前侧片鬃 1 根、下前侧片鬃 2 根。小盾片黑色，端部 1/3 有 1 个宽的白粉带。翅略微黄色、透明，翅基部淡褐色；翅前缘第 2、第 3、第 4 部分的比例为 6.3∶1.5∶1；r-m 横脉在中室中部之前；M_1 端部与亚端部的比例为 1∶1.5；CuA_1 脉端部约为亚端部的 1/8；平衡棒淡黄色，球状部黑色。足褐色，跗节淡黄色。前足腿节有 10 根后背鬃、8 根后腹鬃；前足胫节有 1 根端前背鬃、1 根短端腹鬃。中足腿节有 8 根前侧鬃、1 根短端后鬃；中足胫节有 1 根强端前背鬃、1 根强端腹鬃。后足腿节有 1 根弱的端前前背鬃；后足胫节有 1 根弱端前背鬃、1 根短端腹鬃。腹部黑色，被白灰粉；第 3–6 节各有 1 个不明显的褐色粉中带。雄性外生殖器：腹稍前节狭长，半环形。第 9 背板阔。背侧突与第 9 背板分离，后面观有 2 个长且分叉的端突，两端突较远离。下生殖板窄，有 1 个小端凹。阳基侧突腹面观由 2 对不对称的锥形骨片组成。阳茎有 1 个梯形背骨片；阳茎内突长棒状。雌性外生殖器：第 8

腹板阔，亚端部向两侧微凸；受精囊圆形，3 个。

　　分布：浙江（临安）、宁夏、湖北、海南；俄罗斯，乌克兰，蒙古国，朝鲜，日本，安道尔，伊朗，伊拉克，阿塞拜疆，亚美尼亚，土耳其，约旦，以色列，黎巴嫩，芬兰，荷兰，挪威，波兰，罗马尼亚，瑞典，瑞士，保加利亚，捷克，斯洛伐克，塞尔维亚，匈牙利，拉脱维亚，立陶宛，奥地利，比利时，爱尔兰，英国，丹麦，爱沙尼亚，法国，德国，西班牙，意大利，美国，埃及。

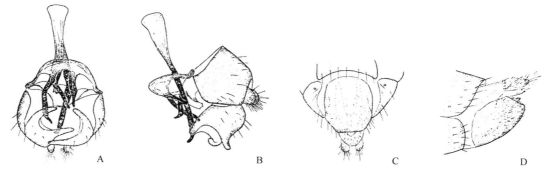

图 10-17　长羽瘤黑缟蝇 Minettia (Frendelia) longipennis (Fabricius, 1794)（引自 Remm and Elberg，1979）

A. ♂阳茎复合体腹面观；B. ♂阳茎复合体侧面观；C. ♀腹部末节腹面观；D. ♀腹部末节侧面观

（480）天目山亮黑缟蝇 *Minettia (Minettiella) tianmushanensis* Shi *et* Yang, 2014（图 10-18）

Minettia (Minettiella) tianmushanensis Shi *et* Yang, 2014b: 96.

　　主要特征：雄性：体长 3.2–3.7 mm，翅长 3.3–3.6 mm。头部黑色；颜区和侧颜被浓密灰白粉；额光亮，前缘黄色，微凹。触角褐色，第 1 鞭节基部黄色；触角芒褐色、柔毛状，最长毛等于第 1 鞭节 1/3 宽。胸部黑色，被褐灰粉。缝后背中鬃 2 根，中鬃不规则 4 排，盾前鬃之前的 1 对最强。翅略微黄色、透明，翅基部淡黄色。足黑色，中足、后足跗节暗黄色。后足胫节有 1 根弱端前背鬃。腹部黑色，被稀疏褐灰粉。雄性外生殖器：腹稍前节环形；背侧突与第 9 背板分离，侧面观扭曲的棒状，后面观锥形，有 2 个尖端齿；

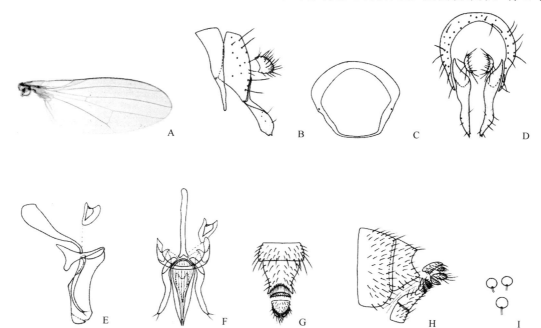

图 10-18　天目山亮黑缟蝇 Minettia (Minettiella) tianmushanensis Shi *et* Yang, 2014（引自 Shi and Yang，2014b）

A. 翅、♂外生殖器；B. 腹稍前节和第 9 背板侧面观；C. 腹稍前节前面观；D. 腹稍前节和第 9 背板后面观；E. 阳茎复合体侧面观；F. 阳茎复合体腹面观。♀外生殖器：G. 腹部 7–9 节腹面观；H. 腹部 7–9 节侧面观；I. 受精囊阳茎侧面观长方形，亚端部微凸，有 1 个小且尖的端突。雌性外生殖器：第 7 腹板端部凹，有 1 对三角形端突，后弯。

　　分布：浙江（临安）。

（481）长针黑缟蝇 *Minettia* (*Plesiominettia*) *longaciculifomis* Shi, Gaimari *et* Yang, 2015（图 10-19）

Minettia (*Plesiominettia*) *longaciculifomis* Shi，Gaimari *et* Yang, 2015: 65.

　　主要特征：雄性：体长 6.5–8.5 mm；翅长 6.5–7.0 mm。体黄色至褐黄色。触角全黄色，触角芒黑色，基部黄色，柔毛状，最长毛微短于第 1 鞭节 1/3 宽。胸部缝后背中鬃 3 根，第 1 根背中鬃位于盾缝和小盾沟之间的中部；中鬃 8 排，1 对长鬃状，位于盾前鬃之前；1 对盾前鬃，短于第 1 根背中鬃；在缝后翅上鬃与第 3 根背中鬃之间的连线上有 2 根翅内鬃（1 根强，1 根弱）。翅微黄色，翅前缘淡褐色，dm-cu 横脉上有 1 条褐带。足黄色，胫节端部褐色，第 3–5 跗节淡褐色。雄性外生殖器：腹稍前节环形，有 1 个长的不规则腹突和许多背毛；背侧突有 2 对长针状突。阳茎端部圆形，有 1 个长锥形突上弯。雌性外生殖器：腹部第 8 节背板、腹板融合，后缘微凸，有密毛。受精囊 3 个，近椭圆形，其上有不规则短脊。

　　分布：浙江（临安）。

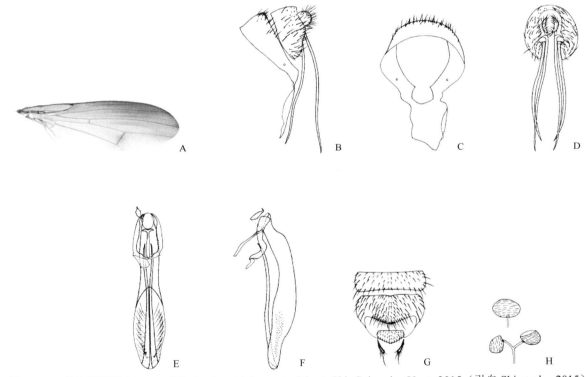

　　图 10-19　长针黑缟蝇 *Minettia* (*Plesiominettia*) *longaciculifomis* Shi, Gaimari *et* Yang, 2015（引自 Shi *et al.*，2015）
A. 翅、♂外生殖器：B. 腹稍前节和第 9 背板侧面观；C. 腹稍前节前面观；D. 腹稍前节和第 9 背板后面观；E. 阳茎复合体腹面观；F. 阳茎复合体侧面观、♀外生殖器：G. 腹部 7–9 节腹面观；H. 受精囊

（482）浙江黑缟蝇 *Minettia* (*Plesiominettia*) *zhejiangica* Shi, Gaimari *et* Yang, 2015（图 10-20）

Minettia (*Plesiominettia*) *zhejiangica* Shi, Gaimari *et* Yang, 2015: 73.

　　主要特征：雄性：体长 5.6–6.2 mm；翅长 5.6–6.7 mm。体褐色至黑色，头部淡褐色，颜区基半部淡褐色，端半部黑色，被稀疏白灰粉；侧颜黄色，端部 1/3 黑褐色，内缘亮黑色。复眼和触角基部之间有 1 个灰黑色三角形斑。触角褐黄色，第 1 鞭节端部 2/3 淡褐色；触角芒黑色，基部黄色，短羽状，最长毛约等于第 1 鞭节 1/2 宽。胸部褐色，被灰粉，基半部被稀疏粉，端半部被浓密灰粉。背中鬃 3 根，第 1 根背中鬃位于盾缝和小盾沟之间的基部 1/3 处；中鬃 8 排，1 对长鬃状，位于盾前鬃之前。翅略微黄色，翅基部淡褐色。腿节黑色；胫节褐色，基部黄色；跗节暗黄色，第 3–5 跗节淡褐色。腹部黑色，被灰白粉。雄性外生殖器：腹稍前节环形，有 1 个长的不规则腹突和许多背毛；背侧突有 1 个尖的膝状外突和 1 个弯曲的针形内突。雌性外生殖器：第 7 腹板长方形。

分布：浙江（临安、龙泉）。

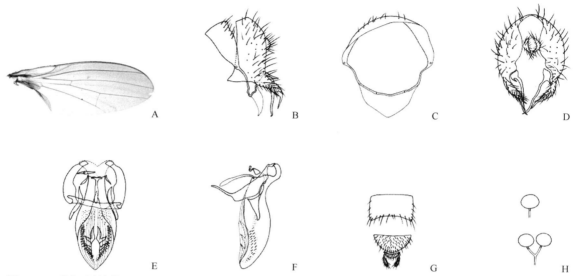

图 10-20　浙江黑缟蝇 *Minettia* (*Plesiominettia*) *zhejiangica* Shi, Gaimari *et* Yang, 2015（引自 Shi *et al.*，2015）
A. 翅、♂外生殖器；B. 腹稍前节和第 9 背板侧面观；C. 腹稍前节前面观；D. 腹稍前节和第 9 背板后面观；E. 阳茎复合体腹面观；F. 阳茎复合体侧面观、♀外生殖器；G. 腹部 7–9 节腹面观；H. 受精囊

170. 辐斑缟蝇属　*Noeetomima* Enderlein, 1937

Noeetomima Enderlein, 1937: 73. Type species: *Noeetomima radiata* Enderlein, 1937 (monotypy).

　　主要特征：头部黄色，颜区在两触角基部之间有明显的膝状突；额区有 4 条窄褐色纵带，2 条沿额眶鬃排，2 条位于额区中央，前半部两纵纹几乎平行，后半部两纵纹分离，伸达单眼三角区两侧。中胸背板褐色，被黄灰粉，大部分鬃和毛基部有小褐斑；背中鬃和中鬃均为盾缝前 1 对，盾缝后 3 对。中胸上侧片除 1 根中胸上侧片鬃外，另有 1 根弱鬃位于近中部或中部靠下方；中胸下侧片鬃 2 根；小盾片光亮。翅 R_{2+3} 端部前弯，亚缘室端部阔；M_1 端部明显拱形，r_{4+5} 室端前部窄。翅褐色至黑褐色，翅外缘至后缘波浪状，中部有大的褐色中心区，端部有白色的辐射状纵纹。腹部黄褐色至暗褐色，有灰白斑。前足腿节无梳状前腹鬃，中足腿节端半有 1 排前腹鬃（至少 1 根强）。

　　分布：世界广布，已知 11 种，中国记录 5 种，浙江分布 1 种。

（483）中华辐斑缟蝇 *Noeetomima chinensis* Shi, Gaimari *et* Yang, 2013（图 10-21）

Noeetomima chinensis Shi, Gaimari *et* Yang, 2013a: 341.

　　主要特征：雄性：体长 2.3–3.3 mm；翅长 3.0–3.9 mm。头部淡黄色。颜区淡黄色，有 1 个褐色 "V" 形中斑，腹缘之前有 1 个褐色凹槽，腹缘中央有 1 个褐色中斑；侧颜淡黄色，内缘黑褐色，基半部有 1 个窄的褐色中带，端部有 1 个椭圆形褐斑；额区有 1 对窄的褐色中带，伸达头顶；额眶鬃各有 1 个黑褐色基斑，2 个基斑相连，形成 1 个窄带；颊有 1 个黑褐斑在复眼后腹缘。触角和复眼之间有 1 个褐色三角形斑。触角淡黄色，第 1 鞭节上缘淡褐色，下缘 1/3–1/2 黑褐色，近锥形；触角芒白色，基部黄色，柔毛状。胸部褐色，被灰黄粉；中胸背板有 1 对窄的褐色中带从前缘伸达盾缝前中鬃处，肩胛后缘被 1 个褐色细纹环绕，3–4 个褐斑分散在背中鬃和翅上鬃之间，1 对小的黑色三角形后缘斑伸达小盾片；缝前背中鬃与缝前中鬃处于同一水平位置；盾缝前中鬃 1 根，盾缝后中鬃 2 根（不包括盾前鬃），盾缝后第 1 根中鬃位于盾缝上，中鬃 2 排；背中鬃、中鬃和盾前鬃均具 1 个褐色基斑。翅大部分褐色，前缘三角形白斑和褐斑交替排列，7 个白色辐射带在 R_{2+3} 和 CuA_1 之间，翅中央大的褐色区域内有短的不规则白色细线，后缘波状。足黄色，端跗节褐色；腿节内表面有 1 个褐色亚端斑，胫节有 1 个亚基环。雄腹部暗黄褐色、光亮，但腹稍前节和第 9 背板黄色；腹部第 2 节背板后缘中部有 1 个灰白斑和 3 对灰白侧斑，第 3 节背板后缘中部无灰白斑；第 3–4 背板各有 4 对灰白侧斑和 5 对后缘鬃；第 5 节背板有 3 对灰白侧斑和 4 对后缘鬃；第 6 节背板有 4 对灰白侧斑和 4 对后缘鬃；第 4–6 节背板前缘中部有 1 个灰白斑。雄性外生殖器：腹稍前节前面观狭长、环形，腹端有 1 对小的"V"形凹和 1 对小的三角形腹突。雌腹部第 2–5 节背板各有 4 对缘鬃，第 6 节背板有 5 对后缘鬃，第 4–6 节背板前缘中部有 1 个灰白斑；第 2 节背板后缘中部有 1 个灰白斑，有 5 对灰白侧斑；第 3 节背板后缘中部有 1 个灰白斑，有 4 对灰白侧斑；第 4–5 节背板各有 4 对灰白色侧斑，第 6 节背板有 3 对灰白色侧斑。

分布：浙江（龙泉）、贵州。

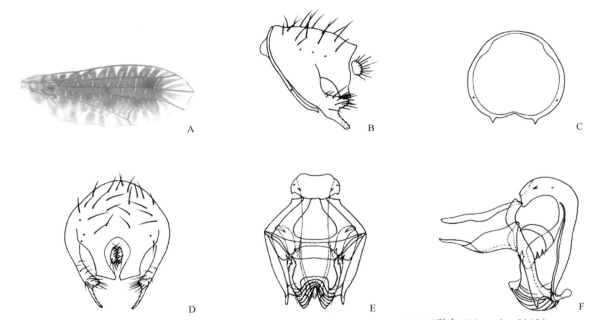

图 10-21 中华辐斑缟蝇 *Noeetomima chinensis* Shi, Gaimari *et* Yang, 2013（引自 Shi *et al.*, 2013）
A. 翅、♂外生殖器；B. 腹稍前节和第 9 背板侧面观；C. 腹稍前节前面观；D. 第 9 背板后面观；E. 阳茎复合体腹面观；F. 阳茎复合体侧面观

171. 双鬃缟蝇属 *Sapromyza* Fallén, 1810

Sapromyza Fallén, 1810: 18. Type species: *Musca flava* Linnaeus, 1758: 997 (a misidentification of *Sapromyza obsoleta* Fallén, 1820: Ortalides Sveciae: 31).

Nannomyza Frey, 1941: 23, a name without any description. Type species: *Sapromyza basalis* Zetterstedt, 1847: 2344.

主要特征：颜区凹，侧面观不可见，亚触角凹存在，颜区中部上缘在两触角基部之间有微脊；额区阔，宽大于长，前缘微凹，有许多稀疏且不规则的微毛；单眼鬃前伸，适度分歧。触角第 1 鞭节不呈圆形，触角芒短毛状。前胸腹板和中胸、后胸侧板有毛；缝前背中鬃 0–2 根，缝后背中鬃 2–4 根；中鬃 2–6 排，常短毛状；中胸下前侧片鬃 2 根；背中鬃和中鬃基部无褐斑。翅透明或微黄，其上偶有少量褐斑。前足腿节无梳状前腹鬃，后足腿节有 1 根端前前背鬃。中足胫节有 1 根端腹鬃，端跗节平，端部有显著的感觉毛。后足胫节端前背鬃存在，部分种类缺；雄虫足腿节较粗壮，后足胫节端部腹面下方有浓密黑毛区和 1 个微弯的端腹鬃；后足基跗节较其他跗节粗壮，腹表面有浓密黑色短硬毛；雌虫后足无上述特征，但胫节端腹鬃平。腹部各节有较强缘鬃，第 1、第 2 背板仅两侧有毛。雌性、雄性外生殖器多样化、简单、骨化弱。

分布：世界广布，已知 5 亚属 293 种，中国记录 2 亚属 16 种，浙江分布 1 亚属 1 种。

（484）点斑双鬃缟蝇 *Sapromyza (Sapromyza) sexmaculata* Sasakawa, 2001（图 10-22）

Sapromyza (Sapromyza) sexmaculata Sasakawa, 2001: 52.

主要特征：雄性：体长 2.0–2.7 mm；翅长 2.3–2.7 mm。体黄色。触角深褐色，第 1 鞭节褐黄色，或者褐色但端部 1/3 黄色；触角芒褐色，基部黑色，短羽状，最长毛短于第 1 鞭节 1/2 宽。中胸背板前缘有 1 对黑褐色圆形侧斑，近缝处有 1 对黑褐色椭圆形侧斑，第 1 根背中鬃的正前方有 1 对短的黑褐色细带，在第 2 根背中鬃和中胸背板的后缘有 1 对短阔黑褐色带；缝后背中鬃 2 根，中鬃 6 排，毛状。小盾片黄色，在小盾基鬃和小盾端鬃之间有 1 对黑色侧缘斑。翅微暗黄，R_{2+3}、R_{4+5}、M_1 和 CuA_1 的基部有 1 个淡褐斑，r-m 和 dm-cu 横脉上有褐色云状斑；亚前缘室端部褐色。足黄色。雄性外生殖器：腹稍前节半环形，有 4 根缘鬃。背侧突短、内弯，端部有黑色短端鬃；阳基侧突长，端部略微分叉，有 1 根毛；阳茎腹面观短刷状，端凹小。

分布：浙江（龙泉、平阳）、海南；越南。

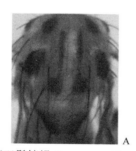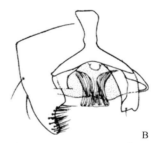

图 10-22　点斑双鬃缟蝇 *Sapromyza (Sapromyza) sexmaculata* Sasakawa, 2001（仿 Sasakawa，2001）
A. 胸部背面观；B. ♂外生殖器

172. 影缟蝇属 *Sciasmomyia* Hendel, 1907

Sciasmomyia Hendel, 1907: 233. Type species: *Sciasmomyia meijerei* Hendel (subsequent designation of Hendel, 1908). Hendel, 1908: 11 (in key), 17 (diagnosis, type species designation); Shewell, 1971: 2 (differentiation from new genus *Sciasminettia*); Stuckenberg, 1971: 541 (in key); Shewell, 1977: 193 (catalog entry); Shatalkin, 2000: 22 (in key); Schacht *et al.*, 2004: 49 (in key).

Shatalkinia Papp, 1984: 172 (as subgenus of *Lyciella*). Type species: *Lyciella supraorientalis* Papp (original designation). Papp *et* Shatalkin, 1998: 397 (in key); Shatalkin, 2000: 22 (in key, as subgenus of *Sciasmomyia*), 41 (synonymy, subgenus moved to *Sciasmomyia*); Schacht *et al.*, 2004: 49 (in key, as subgenus of *Sciasmomyia*).

主要特征：体黄褐色，头顶略微尖，颜额角钝。触角第 1 鞭节短，端部圆形；触角芒柔毛状或稀疏羽状。中胸背板有褐带，毛、鬃直立，基部有褐斑；背中鬃缝前 1 根，缝后 3 根；中鬃缝前 1–2 根，缝后 3 根；盾前鬃 1 根。翅有褐斑和透明斑交织成网格状的斑纹[*Sciasmomyia surpraorientalis* (Papp)例外]，前缘室无褐色纵带，或仅有 1 个淡褐色横带。足常有褐环或褐斑。后足胫节有 2 根长度不等的强弯的端腹鬃彼此靠近，端前背鬃细长、毛状。腹部褐黄色至深褐色，部分种类有黄斑或后缘黑色。

　　分布：古北区、东洋区。世界已知 10 种，中国记录 9 种，浙江分布 2 种。

（485）迈氏影缟蝇 *Sciasmomyia meijerei* Hendel, 1907（图 10-23）

Sciasmomyia meijerei Hendel, 1907: 234; Shewell, 1977: 193.

　　主要特征：雄性：体长 5.9–6.0 mm；翅长 6.5–6.6 mm。体黄色至褐黄色；颜区阔，有 1 条黑褐色中横带，2 条褐色直侧带与 2 条褐色斜侧带融合，腹缘有 1 条宽黑褐色横带；侧颜黄色，内缘褐色，腹角有 1 个椭圆斑。额有 2 条宽的褐带伸达头顶。颊有 1 个大褐斑。复眼和触角基部之间有 1 个黑褐色三角形斑。触角芒黑色，柔毛状，最长毛等于第 1 鞭节 1/4 宽。中胸背板有 2 条褐色中带，盾缝前有 2 条宽的褐色斜侧带，盾缝后有 2 条窄的褐色侧带；背板上所有鬃和毛均有 1 个褐色基斑。小盾片褐色，边缘黄色，后面观有 1 对黑色端斑。足黄色，前足腿节后腹表面褐色，有 1 个宽的褐色亚端环；中足腿节有 1 个淡褐色前背斑和 1 个宽的褐色亚端环；后足腿节表面基部 3/4 淡褐色，有 1 个宽的褐色亚端环，端部有 2 个小的褐色侧斑；胫节基部和端部 1/3 处各有 1 个褐环；跗节有 1 个褐色基环和端环，第 2 跗节端半部褐色，第 3–5 跗节全褐色。翅外缘至后缘不呈波浪状，散布很多不规则透明斑。腹部黄色至褐黄色，第 2–6 节背板后缘褐色。雄性外生殖器：腹稍前节退化，气门位于膜质区；背侧突大、椭圆形、具毛；阳茎腹面观阔，有 4 对侧突和 1 个弱的方形骨片，方形骨片上有 1 对小的乳头状端突。

　　分布：浙江（龙泉）。

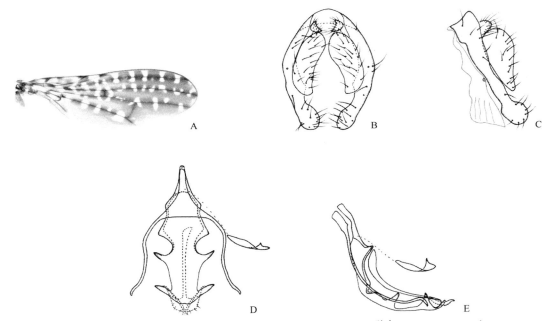

图 10-23　迈氏影缟蝇 *Sciasmomyia meijerei* Hendel, 1907（引自 Shi *et al.*，2013）
A. 翅、♂外生殖器；B. 腹稍前节和第 9 背板后面观；C. 腹稍前节和第 9 背板侧面观；D. 阳茎复合体腹面观；E. 阳茎复合体侧面观

（486）极影缟蝇 *Sciasmomyia longissima* Shi, Gaimari *et* Yang, 2013（图 10-24）

Sciasmomyia longissima Shi, Gaimari *et* Yang, 2013b: 414.

　　主要特征：雄：体长 6.7–7.3 mm；翅长 6.6–7.1 mm。头部黄色；颜区黄色、阔，有 1 条黑褐色中带，2 条褐色直侧带与 2 条斜的褐色侧带融合，腹缘有 1 条宽黑褐色横带；侧颜黄色，内缘黑色，腹角有 1 个椭圆形褐斑。触角芒黑色，柔毛状，毛短、显微镜下可见，最长毛等于第 1 鞭节的 1/5 宽。复眼和触角基部之间有 1 个黑褐色三角形斑。胸部黄色，中胸背板有 2 条褐色中带，盾缝前有 2 条宽的褐色斜侧带，盾缝后有 2 条窄的褐色侧带；背板上大部分鬃和毛均有 1 个褐色基斑。翅淡褐色，有透明影状斑。足黄色，前足腿节后腹表面淡褐色，中足腿节有 1 个淡褐色前腹斑，后足腿节表面基部 3/4 淡褐色，且前足、中足、后足腿节均有 1 个宽的褐色亚端环，后足腿节端部有 2 个小的褐色侧斑；胫节基部和端部 1/3 各有 1 个褐环；基跗节有 1 个褐色基环和端环，第 2 跗节端半部褐色，第 3–5 跗节黑褐色。雄腹部黑褐色，第 2–6 节背板各有 1 对黄色椭圆形侧斑。雌腹部第 2–7 节背板各有 1 对黄色椭圆形侧斑，部分个体第 3–5 节背板黄斑缺；第 5 节背板淡褐色，侧膜上有 1 个透明管状突。雄性外生殖器：第 9 背板黑褐色、狭长，端部球形，具 1 个前腹凹。背侧突与第 9 背板分离，有 1 对黑褐色椭圆形骨片，具毛。阳茎腹面观窄，有 4 对侧突，端部钝圆，有 2 对窄且弱的背端骨片。雌性外生殖器：第 7 背板、腹板融合成 1 个完整的环形骨片；产卵瓣剑形，端部上弯，具密毛。

分布：浙江（遂昌、龙泉）。

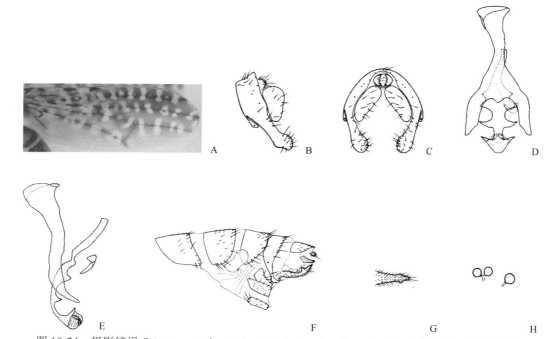

图 10-24　极影缟蝇 *Sciasmomyia longissima* Shi, Gaimari *et* Yang, 2013（引自 Shi *et al.*，2013）
A. 翅、♂外生殖器；B. 腹稍前节和第 9 背板侧面观；C. 腹稍前节和第 9 背板后面观；D. 阳茎复合体腹面观；E. 阳茎复合体侧面观、♀外生殖器；
F. 腹部第 7–9 节侧面观；G. 第 9 腹板腹面观；H. 受精囊

173. 四带缟蝇属 *Tetroxyrhina* Hendel, 1938

Trigonometopus, subg. *Tetroxyrhina* Hendel, 1938: 5. Type species: *Trigonometopus submaculipennis* Malloch, 1927 (original designation).

Tetroxyrhina Hendel, 1938: 158. Subgenus rank elevated to genus.

主要特征：头部侧面观亚三角形，额颜角尖锐，颜区长，颜脊在触角基部之间明显；侧颜腹角和颊的前半部间无长鬃。触角第 1 鞭节端部圆形。中胸背板肩后鬃缺，缝后背中鬃 3 根，下前侧片鬃 2 根（有时较前 1 根弱、毛状）。翅前缘深褐色或仅在翅端部淡褐色，r-m 横脉和 dm-cu 横脉具褐斑。雄性第 9 背板常具 1 对锥形背端突。

分布：东洋区。世界已知 17 种，中国记录 10 种，浙江分布 1 种。

（487）索氏四带缟蝇 *Tetroxyrhina sauteri* (Hendel, 1912)（图 10-25）

Trigonometopus sauteri Hendel, 1912: 19.

Tetroxyrhina sauteri: Papp, 2007: 160.

主要特征：雄性：体长 3.4–4.3 mm；翅长 3.3–4.0 mm。头部黄色。颜区侧面观上半部两触角基部之间明显膝状；侧颜近内缘有 2–3 根黑色短鬃；额区有 1 个阔的褐色长方形区，从前缘伸达单眼三角区，额区前半部有短毛；颊有 1 条宽褐带。复眼和触角基部之间有 1 个黑色天鹅绒圆形斑。触角褐黄色，第 1 鞭节端部圆形；触角芒白色，柔毛状。胸部黄色，被灰白粉。中胸背板有 4 个宽褐带，2 条褐色中带伸达小盾片末端。中鬃 4 排。小盾片黄色，被灰白粉，有 1 对褐带。翅大部分褐色，r-m 和 dm-cu 横脉附近透明，R_{2+3} 和 M_1 端部之间有 1 个透明带；r-m 和 dm-cu 横脉上各有 1 个褐色云状斑，亚前缘室褐色。足黄色，胫节有 1 个黑褐色端环，前足第 2–5 跗节褐色。腹部黑褐色，被稀疏灰白粉。雄第 1–5 节背板各有 1 个黄色中斑，第 6 节背板黄色，后缘黑褐色。雌第 6–7 节背板黄色，后缘黑褐色（部分个体黑褐色后缘中间断开，呈黄色）。雄性外生殖器：腹稍前节与第 9 背板融合。背侧突侧面观有 1 个短且内弯的指形突，细长，具毛。阳基侧突端部圆形；阳茎侧面观端部钩形。

分布：浙江（临安、平阳）、海南、云南。

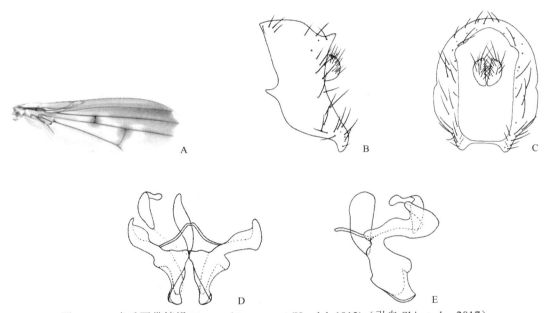

图 10-25　索氏四带缟蝇 *Tetroxyrhina sauteri* (Hendel, 1912)（引自 Shi *et al.*，2017）
A. 翅；♂外生殖器：B. 腹稍前节和第 9 背板侧面观；C. 腹稍前节和第 9 背板后面观；D. 阳茎复合体腹面观；E. 阳茎复合体侧面观

二十、甲蝇科 Celyphidae

主要特征：甲蝇体粗壮，体色多变，体小至中型（3–5 mm），个别种较大（6–8 mm）。翅清晰，偶有斑点或只在部分区域有阴影。甲蝇是一类特殊的蝇类，与缟蝇科（前缘脉完整，翅有臀脉和臀室，阳茎退化，具 3 个雌性受精囊等）最接近，但甲蝇的小盾片很发达，卵壳状或球状，腹部极度弯曲，骨化很强。

分布：世界已知 7 属 85 种，中国记录 3 属 47 种，浙江分布 3 属 7 种。

分属检索表

1. 各足第 1 跗节近基部向外突出呈角状 ·· **卵甲蝇属 _Oocelyphus_**
- 各足第 1 跗节正常，不突出成角 ··· 2
2. 头顶后缘光滑；小盾片宽而隆突，背面极度弯曲；腹部背板无背侧沟，7、8 节愈合，形成腹面有开口的半环 ············ ·· **甲蝇属 _Celyphus_**
- 头顶后缘具隆脊；小盾片长大于宽且不隆突；腹部第 1–6 背板均分隔成背片和两侧的侧片 3 部分，背片较宽；7、8 节愈合形成闭合的环 ·· **狭须甲蝇属 _Spaniocelyphus_**

174. 甲蝇属 _Celyphus_ Dalman, 1818

Celyphus Dalman, 1818: 72. Type species: _Celyphus obtectus_ Dalman, 1818.

主要特征：头顶后缘光滑无脊；小盾片非常隆起，而且宽，几乎等于长。翅中室和第 2 端室明显分开。雄虫各足基跗节背面常隆起，粗壮，前足基跗节最明显；雌虫基跗节均细，无隆起。腹部第 1、第 2 节背板愈合，各节背板无背侧沟，故不分为 3 部分；7、8 节愈合，形成腹面有开口的半环。

分布：古北区、东洋区。中国记录 26 种，浙江分布 2 种。

甲蝇亚属 _Celyphus_ Dalman, 1818

主要特征：甲蝇亚属（subg. _Celyphus_ Dalman, 1818）为小型种类，触角芒基部 1/3（通常是 2/3）宽大呈叶状；触角第 1 鞭节长是宽的 2 倍，顶端尖。小盾片隆突，端部圆钝。此亚属模式种为 _Celyphus obtectus_ Dalman。黑纹甲蝇 _Celyphus_（_Celyphus_）_nigrivittis_ 外部形态特征不明显，且模式标本室的为雌虫，未列入检索表。

分布：东洋区、古北区。中国记录 16 种，浙江分布 2 种。

（488）领甲蝇 _Celyphus_ (_Celyphus_) _collaris_ Chen, 1949

Celyphus (_Celyphus_) _collaris_ Chen, 1949: 4.

主要特征：体长 4.3 mm，体宽 2.8–3.0 mm；小盾片长 3.0–3.2 mm，高 1.8–2.0 mm。头黄褐色；颜与颊浅黄褐色，有红褐色的侧颜斑；复眼红褐色，单眼三角区红褐色。头部的毛和鬃黑色；颜和颊被小黑毛。单眼鬃毛状；内、外顶鬃各 1 对，后头鬃不明显；上眶鬃 1 对；额间刚毛 1 对。触角黄褐色。柄节略长于梗节；触角第 1 鞭节端部周围被鬃毛状黑毛；第 1 鞭节长是宽的 2 倍，顶端尖，长度大于基部 2 节的总长。触角芒基部 3/4 宽大呈叶状，被纤毛。喙黄褐色，毛黑色。前胸背板黄褐色；中胸背板黄褐色，具由背中线分支的黑条纹，逐渐在后方消失，在盾沟每侧下方有 1 黑斑，翅侧片有 2 黑斑，腹侧片有 1 大黑斑；小盾片黄褐色，具金属光泽。胸部的毛和鬃黑色；胸部背面被稀疏小毛，肩胛部位及内侧的毛较稠密。背侧鬃1根，翅上鬃2根；小盾片表面粗糙具褶皱，仅中线和极端部较光滑，均匀分布有暗色毛窝，每个毛窝内有1根微毛。平衡棒褐色。足黄褐色。足的毛、鬃和距均黑色。前足股节具1排腹侧鬃，胫节有1根端前鬃和端距；中足与后足股节无强鬃，胫节均有距。腹部褐色，腹部的毛均黑色。

分布：浙江、四川。

（489）网纹甲蝇 *Celyphus* (*Celyphus*) *reticulatus* Tenorio, 1972（图 10-26）

Celyphus (*Celyphus*) *reticulatus* Tenorio, 1972: 404.

主要特征：雄性：体长 5.5–5.8 mm，小盾片长 4.8–5.0 mm，宽 3.3–3.5 mm，高 2.3–2.5 mm。头浅黄色或黄褐色，头顶有紫罗兰色金属反光；复眼深褐色，单眼三角区褐色。头部的毛和鬃黑色；颜和颊被小黑毛。单眼鬃发达；内顶鬃、外顶鬃各1对，后头鬃毛状；上眶鬃1对；额间刚毛1对。触角黄色。柄节略长于梗节；梗节端部周围被鬃毛状黑毛；触角第1鞭节长大于宽的2倍，顶端尖，长度长于基部2节的总长。触角芒褐色，基部 2/3 宽大呈叶状，被纤毛。喙黄褐色，毛黑色。中胸背板黄色或黄褐色；小盾片黄褐色。胸部的毛和鬃黑色；胸部光滑，肩胛被微毛。背侧鬃1根，翅上鬃1根和翅后鬃1根。小盾片表面有凹坑，中央有火山口似毛窝，每1毛窝有1微毛，凹坑连接呈网纹状。足黄色，毛、鬃与距均黑色；前足股节有1排腹侧鬃和1背侧鬃，胫节有1端前背鬃；中足与后足胫节无强鬃，中足胫节有1端前距与1腹端距，后足胫节有1端距。腹部黄色或黄褐色，腹末褐色；腹部的鬃均退化为毛状，黑色。雄性生殖器背针突短且直，端部突然变尖。阳茎侧突具2个指状突，内侧突细且长，外侧支宽而矮，是内侧支高度的 1/3；侧视内侧支顶端有弯钩。

分布：浙江、陕西、江西、福建、广东、广西、贵州、云南。

  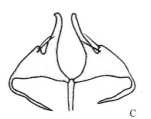 

图 10-26　网纹甲蝇 *Celyphus* (*Celyphus*) *reticulatus* Tenorio, 1972（♂）
A. 后面观；B. 侧面观；C. 前面观；D. 侧面观

175. 卵甲蝇属 *Oocelyphus* Chen, 1949

Oocelyphus Chen, 1949: 4. Type Specise: *Oocelyphus tarsalis* Chen, 1949. (original designation).

主要特征：后头圆形，有隆突但无脊；触角芒扁平，叶状；小盾片卵圆形，长明显大于宽；前背侧片鬃和中侧片鬃虽短小，但清晰；翅具基横脉，但不完整，中室和后基室分隔；足的基跗节第1跗节基部外侧加宽，形为角状。

分布：东洋区。中国记录5种，浙江分布1种。

（490）跗角卵甲蝇 *Oocelyphus tarsalis* Chen, 1949

Oocelyphus tarsalis Chen, 1949: 5.

主要特征：雄性：体长 5 mm，体宽 2.3 mm。头部黄褐色；额与头顶紫罗兰色；复眼黄褐色，单眼区黑褐色；颜和颊黄褐色，具黑色的侧颜斑，无颊斑。头部的毛和鬃黑色；颜和颊被小黑毛。单眼鬃毛状；内顶鬃和外顶鬃发达，后头鬃毛状；上眶鬃毛状，每侧 2 对；额鬃 1 对；眼后鬃毛状，排列成 1 行。触角褐色。梗节略长于第 1 节；第 1 鞭节扁宽，顶端尖，长是宽的 2 倍，其长度大于柄节、梗节的总长。触角芒扁平，叶状，扁平部为触角芒总长的 4/5，被黑色纤毛，扁平部分长于第 3 节和第 2 节的总长。喙黑褐色，毛黑色；下颚须端部黑色，基部黄色。胸部背面黑褐色，有蓝绿色金属光泽；小盾片黄褐色，基部深褐色，有蓝绿色金属光泽。胸部的毛和鬃黑色；胸部背面被稀疏小毛，肩胛部位及内侧的毛较稠密；翅上鬃 1 根，背侧鬃 1 根；小盾片长大于宽，背面除中纵部与极端部外具浅的褶皱，并布满排列均匀的毛窝，每 1 毛窝内着生 1 根小毛。足黄褐色，所有的基跗节背面加宽而扁平，在基部为角状突起，并具 2 个刺。足的毛、鬃和距均黑色；前足股节腹面具 1 列鬃状黑毛，胫节背面近端部具 1 根黑鬃；中足胫节有距，后足胫节近端部有黑色强鬃。腹部黑色，有绿色金属光泽。腹部的毛黑色。

　　分布：浙江、四川。

176. 狭须甲蝇属 *Spaniocelyphus* Hendel, 1914

Spaniocelyphus Hendel, 1914: 92. Type species: *Spaniocelyphus scutatus* Wiedemann, 1834. (original designation).

　　主要特征：小盾片狭长，卵形；头顶后缘具隆脊，后顶鬃退化或无；下颚须柱状；触角芒叶状部至少占芒的 1/2，一般为 3/4；前翅中室和端室明显分开，但其间的横脉有时很弱或不完全；腹部第 1–6 节背板被背侧沟划分为 1 个背片和 2 个侧片 3 部分，第 1、第 2 背板愈合，但侧片分离。

　　分布：世界广布。中国记录 16 种，浙江分布 4 种。

分种检索表

1. 阳基侧突侧视顶端有 1 角状突起，雄外生殖器背针突由中部开始向内弯曲；阳基侧突 2 分支紧挨，向外弯曲，顶端较圆钝 ···华毛狭须甲蝇 **S. papposus**
- 阳基侧突侧视顶端圆钝，无角状突 ···2
2. 雄外生殖器阳基侧突端部直，腹面观菱角状，侧视顶端圆钝；背针突中部弯曲，顶端尖，侧视端部尖 ···中华狭须甲蝇 **S. sinensis**
- 雄外生殖器背针突端部尖，侧视末端圆钝，铲状；阳基侧突侧面视弯钩状，阳基侧突腹面观顶端渐尖 ···棕足狭须甲蝇 **S. fuscipes**

（491）棕足狭须甲蝇 *Spaniocelyphus fuscipes* (Macquart, 1851)（图 10-27）

Celyphus fuscipes Macquart, 1851: 274.
Spaniocelyphus formosanus: Malloch, 1927:161.

　　主要特征：体长 3.2–3.8 mm，小盾片长 1.7–2.2 mm，宽 1.5–1.8 mm，高 0.5–0.7 mm。头褐色；有深褐色颊斑并具金属光泽；单眼三角区暗红棕色；复眼褐色。头部的毛和鬃黑色；颜和颊被小黑毛。单眼鬃不明显；内顶鬃、外顶鬃各 1 对，后头鬃毛状，后头被微毛并延伸至单眼三角区；上眶鬃 1 对；额间刚毛 1 对。触角黄褐色。柄节长于梗节；梗节端部具 1 排黑色鬃；第 1 鞭节宽扁，端部尖，长是宽的 2 倍，其长度长于其余 2 节的总长。触角芒基部宽扁呈叶状，占触角芒总长度的 3/5，四周具细毛。喙褐色至深褐色，毛或鬃黑色。下颚须棍棒状，具长短不一的鬃。前胸背板与中胸背板暗蓝色；后头后方的前胸背片淡橘黄色，肩深褐色，有光泽；小盾片常褐色，有时蓝绿色，具金属光泽。胸部的毛和鬃黑色。中胸背板中部有刻点，有短而稀疏的细毛；小盾片整个表面有褶皱，并有分布均匀的毛窝。平衡棒膨大部分黄褐色。足褐色至深褐色。前足股节具 1 排腹侧鬃，胫节具端前鬃和端距；中足和后足股节无强鬃，胫节均有距，后足胫节具端前鬃。腹部深褐色，腹部的毛黑色。雄外生殖器背针突端部尖，侧视末端圆钝，铲状；阳基侧突侧面视弯钩状，阳基侧突腹面观顶端渐尖。

　　分布：浙江、江西、福建、台湾、广东、海南、云南；印度，越南，泰国，马来西亚。

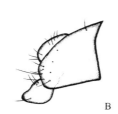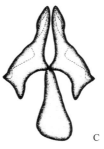

图 10-27　棕足狭须甲蝇 *Spaniocelyphus fuscipes* (Macquart, 1851)（♂）

A. 后面观；B. 侧面观；C. 前面观；D. 侧面观

（492）杭州狭须甲蝇 *Spaniocelyphus hangchowensis* Ôuchi, 1939

Spaniocelyphus hangchowensis Ôuchi, 1939: 245.

　　主要特征：体长 3.5 mm。前胸橙色，中胸背板及小盾片黑褐色，有绿色金属光泽；中胸光滑；小盾片整个表面有褶皱。此种已知为雌，故未编入检索表中。

　　分布：浙江。

（493）华毛狭须甲蝇 *Spaniocelyphus papposus* Tenorio, 1972（图 10-28）

Spaniocelyphus papposus Tenorio, 1972: 440.

　　主要特征：体长 3.4–3.6 mm，小盾片长 2.0–2.1 mm，宽 1.7–1.9 mm，高 0.8–1.0 mm。头部褐色或黄褐色；复眼黄色，单眼三角区褐色；无侧颜和颊斑。头部的毛和鬃黑色。内顶鬃、外顶鬃各 1 对，后头鬃明显；单眼鬃毛状；上眶鬃和额间刚毛各 1 对；颜与颊被微毛。触角黄褐色。柄节几乎与梗节等长，梗节端部周围被鬃毛状黑毛；触角第 1 鞭节长是宽的 2 倍，顶端尖，长度长于基部 2 节的总长；触角芒褐色，基部 3/4 宽大呈叶状，被纤毛。唇基深褐色，毛黑色。下颚须基部深褐色，端部黄褐色。胸部中胸背板深褐色；小盾片褐色。胸部的毛和鬃黑色。肩胛被微毛；背侧鬃 1 根，翅上鬃 1 根，翅后鬃 1 根。中胸背板中部有浅的褶皱，具短而密的细毛。小盾片表面布满褶皱，中纵区和极端部褶皱较浅，有均匀分布的毛窝，每 1 毛窝有 1 微毛。足褐色，但跗节黄褐色，中足与后足胫节有 2 个明显的黄褐色环带。足的毛、鬃和距均黑色。前足股节有 1 排腹侧鬃，中足与后足股节无强鬃；前足胫节有 1 根端前背鬃及端距，中足和后足胫

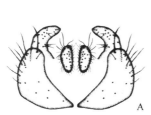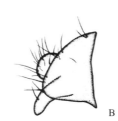

图 10-28　华毛狭须甲蝇 *Spaniocelyphus papposus* Tenorio, 1972（♂）

A. 后面观；B. 侧面观；C. 前面观；D. 侧面观

节有端距。腹部深褐色。腹部的毛黑色。雄外生殖器阳基侧突 2 分支紧挨，向外弯曲，顶端较圆钝，侧视顶端尖。雄外生殖器背针突由中部开始向内弯曲，顶端圆钝，侧视端部较圆钝。

分布：浙江、陕西、甘肃、江苏、湖北、江西、福建、重庆、贵州。

（494）中华狭须甲蝇 *Spaniocelyphus sinensis* Yang *et* Liu, 1998（图 10-29）

Spaniocelyphus maolanicus Yang *et* Liu, 1998: 249.

主要特征：体长 3.3–3.6 mm，小盾片长 2.0–2.4 mm，宽 1.5–1.7 mm，高 0.6–0.7 mm。头部黄褐色或褐色；复眼黄色，单眼三角区褐色；有或无颊斑。头部的毛与鬃大多黑色，颊下缘有黄褐色长鬃。内顶鬃、外顶鬃各 1 对，后头鬃和单眼鬃毛状；上眶鬃和额间刚毛各 1 对；颜与颊被微毛。触角黄褐色。柄节几乎与梗节等长；梗节端部周围被鬃毛状黑毛；触角第 1 鞭节长是宽的 2 倍，顶端尖，长度长于基部 2 节的总长。触角芒褐色，基部 3/4 宽大呈叶状，被纤毛。唇基黑色，毛黑色。下颚须端部黑色，基部黄色。前胸、中胸背板深褐色，小，有蓝绿色金属光泽；盾片深褐色，有蓝绿色金属光泽。胸部的毛与鬃均黑色。肩胛与中胸背板被微毛；背侧鬃 1 根，翅上鬃 1 根；小盾片表面布满褶皱，极端部褶皱较浅，有均匀分布的毛窝，每 1 毛窝有 1 微毛；足股节深褐色；胫节褐色，中足与后足胫节有 2 个明显的黄褐色环带；跗节黄褐色。足的毛、鬃和距均黑色；前足股节有 1 排腹侧鬃，中足与后足股节无强鬃；前足胫节有 1 端前背鬃及端距，中足胫节有端距，后足胫节有端前鬃及端距。腹部黑色，腹部的毛均黑色。雄外生殖器阳基侧突端部直，腹面观菱角状，侧视顶端圆钝。背针突中部弯曲，顶端尖，侧视端部尖。

分布：浙江、陕西、甘肃、湖北、江西、四川、云南。

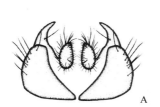  

图 10-29　中华狭须甲蝇 *Spaniocelyphus sinensis* Yang *et* Liu, 1998（♂）

A. 后面观；B. 侧面观；C. 前面观；D. 侧面观

第十一章　沼蝇总科 Sciomyzoidea

二十一、鼓翅蝇科 Sepsidae

主要特征：体小型，腹部有柄，似蚂蚁；黑色、褐色或黄色；毛和鬃较少。头部圆形或长卵圆形，两性均离眼。额顶眼窝和额色条明显；单眼瘤和额三角不发达。胸部肩胛明显。翅透明，R 脉基部腹侧被小刚毛，除前缘脉外其余脉均裸；无缺刻；A_1+CuA_2 脉短，不及翅缘；上腋瓣边缘具长毛；下腋瓣缺失。足细长，有少量刚毛。雄性前足股节常具有特化的体刺、鬃、齿或瘤。腹部完全或部分具光泽，第 1–2 节狭窄并收缩；背板具少数环鬃，至少第 4–5 背板边缘具鬃。雄性 1–3 腹板及雌性 1–5 腹板狭窄；雄性第 4 腹板或第 5 腹板有时膨大，具丛生或刷状鬃；雄性第 9 背板具 1 对背针突，完全或部分与第 9 背板愈合，有时不对称；尾须较小，常不发达。

分布：世界广布，已知 2 亚科 35 属 320 余种，中国记录 11 属 68 种，浙江分布 3 属 6 种。

分属检索表

1. 两性腹部无明显的鬃；雄性背侧突端部 2 分叉 ······································ 二叉鼓翅蝇属 *Dicranosepsis*
- 雄性和一些雌性腹部具明显的鬃；雄虫背侧突端部不 2 分叉 ··· 2
2. 雄虫前足股节端部 1/3 处具瘤突，上具 3–4 根刺，瘤前端具 1 个小瘤，上具 2 根微毛；翅透明，端部无深色斑；第 9 背板骨化较弱 ·· 异鼓翅蝇属 *Allosepsis*
- 雄虫前足股节不若上述；翅有时在近端部具深色斑；第 9 背板常强烈骨化 ····························· 鼓翅蝇属 *Sepsis*

177. 异鼓翅蝇属 *Allosepsis* Ozerov, 1992

Allosepsis Ozerov, 1992: 44. Type species: *Sepsis indica* Wiedemann, 1824 (original designation).

主要特征：1 根单眼鬃，1 根内顶鬃，1 根外顶鬃，1 根后顶鬃；眶鬃缺失。1 根肩鬃，2 根背侧鬃，1 根背中鬃，1 根翅上鬃，1 根翅后鬃，1 根中侧鬃，1 根小盾端鬃。翅端部无翅斑。雄虫前足股节端部 1/3 处具瘤突，上具 3–4 根刺，瘤前端具 1 个小瘤，上具 2 根微毛；前足胫节具凹陷及鬃，中后足股节及胫节具鬃，后足胫节无 Y 腺。第 9 背板小，骨化弱；背针突与第 9 背板愈合，简单。

分布：世界广布，已知 3 种，中国记录 1 种，浙江分布 1 种。

（495）印度异鼓翅蝇 *Allosepsis indica* Wiedemann, 1824（图 11-1）

Sepsis indica Wiedemann, 1824: 57.
Allosepsis indica: Ozerov, 1992: 44.

主要特征：雄性：体长 4.1 mm；翅长 3.0 mm。头部大部分黑褐色，颊黄褐色，后头区黑色，被稀薄的粉被。胸部大部分黑褐色，但背面黑色，肩胛腹侧、前胸前侧片和前胸后侧片背侧、上前侧片前侧具黄斑，上后侧片黄色，但中部褐色；胸部大部分具光泽，但中胸背板、小盾片和前胸背板后叶被稀疏粉被；下前侧片、下后侧片被粉被；下背板和后胸背板被稀薄粉被。翅端部无暗色翅斑。足大部分黄色，但胫节基部黄褐色，跗节端部褐色；中后足股节具多鬃；前足胫节具凹痕及凸起；中后足胫具多鬃；跗节多鬃。腹部大部分黑褐色，具光泽，但第 1+2 节、第 3 及第 5 背板端部，合背板 7+8 具黄色斑。腹部第 9 背板黄色，被稀疏的鬃。

分布：浙江（临安）、北京、河北、山西、河南、宁夏、台湾、海南、广西、四川、贵州、云南；俄罗斯，韩国，日本，中亚地区，新几内亚岛。

图 11-1　印度异鼓翅蝇 *Allosepsis indica* Wiedemann, 1824（引自李轩昆和杨定，2016）
A. 前足股节后面观；B. 第 9 背板后面观；C. 第 9 背板侧面观

178. 二叉鼓翅蝇属 *Dicranosepsis* Duda, 1926

Dicranosepsis Duda, 1926: 43. Type species: *Sepsis bicolor* Wiedemann, 1830 (original designation).

主要特征：头部颊下缘常具 1 对颊鬃，但少数种被长且卷曲的毛；1 根单眼鬃，1 根内顶鬃，1 根外顶鬃，1 根后顶鬃；眶鬃缺失。胸部 1 根肩鬃，2 根背侧片鬃，2 根背中鬃，1 根翅上鬃，1 根翅后鬃，1 根中侧片鬃，1 根小盾端鬃。翅端部大多数无翅斑，但少数种具黑色翅斑。足基节大多数种直，但少数种弯曲；前足转节有时腹侧延长或细长；中足胫节端部有时具黑色瘤及发达的端鬃；前足跗分节常圆形，但少数种类扁平。背针突与第 9 背板愈合，对称，端部分叉。

分布：世界广布，已知 44 种，中国记录 13 种，浙江分布 2 种。

（496）爪哇二叉鼓翅蝇 *Dicranosepsis javanica* (de Meijere, 1904)（图 11-2）

Sepsis javanica de Meijere, 1904: 107.

主要特征：体长 3.5 mm；翅长 2.3 mm。头部大部分黑色；额黑色，端半部褐色具光泽；颜几乎全部黄色；颜眶黑色至黑褐色；颊黄褐色，后头区黑色，被稀薄的粉被。胸部大部分黑褐色，胸部大部分被粉被，但前胸后侧片背侧具光泽；上前侧片具光泽；下前侧片前腹侧具光泽；后胸背板中部具光泽。翅透明；肩胛和臀脉长度大约为 bm 室宽度的 7 倍。足大部分黄色，但跗节端部褐色；雄虫前足股节基部无明显的前腹侧鬃，中部前侧具 1 个片状的几乎透明的瘤突，上面具 1 根微刺，后侧具 1 组 4 根微刺，腹侧具 1 个小瘤，小瘤上具 2 根鬃，端部具 3 根腹侧鬃；中足股节具 1 排前侧鬃，后足股节无明显的鬃或刺；前足胫节具凹痕及瘤突，亚端部具 1 排 6 根微刺；中后足胫节无明显的鬃或刺；后足胫节中部前背侧不具像 Y 腺的变褐色的斑。腹部黑褐色，具光泽；第 9 背板侧视纤细，具 1 对强的背鬃和 3 对后鬃；背针突上侧具微突。

分布：浙江（临安）、台湾、广东；中亚地区。

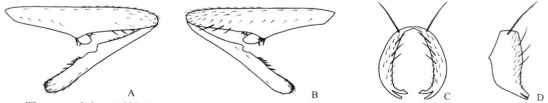

图 11-2　爪哇二叉鼓翅蝇 *Dicranosepsis javanica* (de Meijere, 1904)（引自李轩昆和杨定，2016）
A. 前足股节及胫节前面观；B. 前足股节及胫节后面观；C. 第 9 背板后面观；D. 第 9 背板侧面观

（497）单毛二叉鼓翅蝇 *Dicranosepsis unipilosa* (Duda, 1926)（图 11-3）

Sepsis bicolor var. *unipilosa* Duda, 1925: 48.

主要特征：体长 2.8 mm；翅长 1.9 mm。头部大部分黑色，额黑色，端半部褐色，具光泽；颜几乎全部黄色；颜眶黑色至黑褐色；颊黄褐色，后头区黑色，被稀薄的粉被。胸部完全黑色，胸部大部分被粉被，但前胸后侧片背侧具光泽；上前侧片、下前侧片前腹侧和后胸背板中部具光泽。翅透明；肩胛和臀脉长度大约为 bm 室宽度的 7 倍。足大部分黄色，但第 3 跗分节端半部、第 4–5 跗分节褐色；雄虫前足股节基部具 2 根明显的前腹侧鬃，其中亚基部鬃很长（约为基部鬃长度的 3 倍），中部具 1 组 5 根微刺和 1 个小瘤，小瘤上具 2 根鬃，端部具 4 根腹侧鬃；中足股节具 1 排前侧鬃，后足股节无明显的鬃或刺；前足胫节具凹痕；中足胫节端部 1/3 处具 1 根前腹侧鬃；后足胫节中部前背侧具 1 个像 Y 腺的变褐色的斑。腹部黑褐色，具光泽；第 9 背板侧视纤细，具 1 对强的背鬃和 3 对后鬃；背针突上侧具微突。

分布：浙江（临安）、台湾；韩国，日本，菲律宾，印度尼西亚。

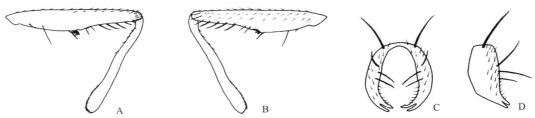

图 11-3　单毛二叉鼓翅蝇 *Dicranosepsis unipilosa* (Duda, 1926)（引自李轩昆和杨定，2016）
A. 前足股节及胫节前面观；B. 前足股节及胫节后面观；C. 第 9 背板后面观；D. 第 9 背板侧面观

179. 鼓翅蝇属 *Sepsis* Fallén, 1810

Sepsis Fallén, 1810: 17. Type species: *Musca cynipsea* Linnaeus, 1758.

Lasionemopoda Duda, 1925: 30. Type species: *Sepsis hirsuta* de Meijere, 1906 (monotypy).

主要特征：头部圆形至卵圆形；颜脊小但明显，颊狭窄；1 根单眼鬃，1 根内顶鬃，1 根外顶鬃，1 根后顶鬃；眶鬃缺失。1 根肩鬃，2 根背侧片鬃，1 根背中鬃，1 根翅上鬃，1 根翅后鬃，1 根中侧片鬃，1 根小盾端鬃。有的种类翅近端部具翅斑。雄虫前足股节具特化的瘤和刺，前足胫节具凹陷及鬃，中后足股节及胫节具鬃，后足胫节无 Y 腺。腹部第 9 背板与背针突愈合，背针突常简单。

分布：世界广布，已知 86 种，中国记录 22 种，浙江分布 3 种。

分种检索表

1. 前足股节端部具 1 根前侧鬃；背侧突基部具近直角分叉 ·· **长角鼓翅蝇 *S. bicornuta***
- 前足股节端部不具前侧鬃；背侧突无分叉 ··· 2
2. 前足股节端部突起上具 2 根弱鬃；背侧突侧视近三角形 ································· **宽钳鼓翅蝇 *S. latiforceps***
- 前足股节端部突起上具 1 根强鬃；背侧突侧视纤细 ······································· **螯斑鼓翅蝇 *S. punctum***

（498）长角鼓翅蝇 *Sepsis bicornuta* Ozerov, 1985（图 11-4）

Sepsis bicornuta Ozerov, 1985: 841.

主要特征：体长 3 mm；翅长 1.9 mm。头部大部分黑褐色；额褐色；颜黄褐色至褐色；颜眶褐色；

颊黄色。胸部背面黑褐色，侧面褐色；胸部大部分具光泽，但中胸背板、小盾片和前胸背板后叶被稀疏粉被；下前侧片、下后侧片和后基节被粉被；下背板和后胸背板被稀薄粉被。翅透明，R_{2+3} 端部具 1 个褐色的翅斑。足大部分黄色，前足股节黄色，背面黄褐色，基部 1/3 处具 1 根极弱的腹侧鬃，中部具 4 根刺，端部 1/3 处具 1 个小瘤，上具 2 根短鬃，端部具 1 根前侧鬃；中后足股节黄褐色，基部黄色，中足股节 1/2 处具 1 根前侧鬃；中足胫节基半部褐色，端部 1/3 处具 1 根腹侧鬃，端部 3/5 处具 1 根后侧鬃，端部具 2 根长鬃及 1 圈（约 8 根）短鬃；后足胫节基半部褐色，微弯曲，中部及端部略膨大，1/2 处具 1 根外侧鬃，近端部具 1 根后侧鬃和 1 根外侧鬃。腹部黑褐色，具光泽；第 9 背板黑褐色；背针突黑色，基部具近直角形分叉。

　　分布：浙江（临安）、北京；俄罗斯，韩国，日本。

图 11-4　长角鼓翅蝇 *Sepsis bicornuta* Ozerov, 1985（引自李轩昆和杨定，2016）

A. 前足股节后面观；B. 第 9 背板后面观；C. 第 9 背板侧面观

（499）宽钳鼓翅蝇 *Sepsis latiforceps* Duda, 1926（图 11-5）

Sepsis latiforceps Duda, 1926:56.

　　主要特征：体长 4.0 mm；翅长 2.9 mm。头部大部分黑色；额黑褐色，具光泽；颜几乎全部黄色；颜眶黑色至黑褐色；颊黄色，后头区黑色，被稀薄的粉被。胸部大部分黑色，但肩胛和前胸前侧片黑褐色，前胸后侧片腹侧黄褐色；胸部大部分被粉被，但肩胛、前胸前侧片和前胸后侧片具光泽；上前侧片、上后侧片具光泽。翅透明，在 R_{2+3} 脉端部具 1 个黑褐色圆形翅斑。足大部分黄色，但中足胫节基部黄褐色，后足胫节褐色，但基半部黑褐色，全部跗节 4-5 黑色；雄虫前足股节腹侧具特化的结构，端半部具 1 个瘤状突，瘤状突上具 2 根微毛；具 5 根强刺，1 根弱刺；中足股节中部具 1 根前侧鬃；后足股节无明显的鬃或刺；前足胫节具凹痕及凸起；中足胫节亚端部具 1 根前侧鬃，中部具 2 根后侧鬃；后足胫节中部具 1 根外侧鬃。腹部大部分黑褐色，具光泽，但合背板 1+2 具黄褐色斑，第 2 背板至合背板 7+8 端部及侧缘黄色。第 9 背板黑褐色，侧视较圆，被稀疏的鬃，内侧具齿。

　　分布：浙江（临安）、内蒙古、北京、河北、山西、河南、宁夏、甘肃、新疆、江苏、福建、台湾、广东、广西、四川、贵州；俄罗斯，韩国，日本，印度，斯里兰卡，菲律宾。

图 11-5　宽钳鼓翅蝇 *Sepsis latiforceps* Duda, 1926（引自李轩昆和杨定，2016）

A. 前足股节后面观；B. 第 9 背板后面观；C. 第 9 背板侧面观

（500）鳌斑鼓翅蝇 *Sepsis punctum* (Fabricius, 1794)（图 11-6）

Musca punctum Fabricius, 1794: 351.

Sepsis cornuta: Meigen, 1826: 288.

Sepsis punctum var. *meridionalis* Séguy, 1932: 190.

主要特征：体长 3.3 mm；翅长 3.0 mm。头部大部分黑色；额黑褐色，具光泽；颜几乎全部黄色；颜眶黑色至黑褐色；颊黄色，后头区黑色，被稀薄的粉被。胸部大部分黑色，但肩胛黑褐色，前胸前侧片和前胸后侧片黑褐色，腹侧黄褐色；胸部大部分具光泽，但中胸背板、小盾片和前胸背板后叶被稀疏粉被；下前侧片、下后侧片和后基节被粉被；下背板和后胸背板被稀薄粉被。翅透明，在 R_{2+3} 脉端部具 1 个黑褐色圆形翅斑。足大部分黄色，但胫节基半部及跗节黄褐色；雄虫前足股节亚基部具 1 根弱的前腹侧鬃，中部具 1 列腹侧刺及瘤突，共 9 根刺及 3 个瘤突，端部瘤突具 1 根强鬃；中足股节中部具 1 根前侧鬃；后足股节无明显的鬃或刺；前足胫节具凹痕及凸起，基部 1 排微鬃；中足胫节中部具 3 根后侧鬃，1 根前侧鬃，3 根端鬃；后足胫节中部具 1 根外侧鬃，亚端部具 1 根后侧鬃，1 根端鬃。腹部大部分黑色，具光泽，但第 1+2 节及第 3 节基部黄褐色，背板端部及侧缘黄色。第 9 背板黄褐色，侧视较圆，被稀疏的鬃，内侧具齿。

分布：浙江（临安）、黑龙江、陕西、安徽、四川；亚洲，欧洲，北美洲，非洲，南美洲。

图 11-6　鳌斑鼓翅蝇 *Sepsis punctum* (Fabricius, 1794)（引自李轩昆和杨定，2016）

A. 前足股节后面观；B. 第 9 背板后面观；C. 第 9 背板侧面观

二十二、沼蝇科 Sciomyzidae

主要特征：体小到中型，纤细，体长 1.8–12.0 mm。体色黄色至亮黑，但多灰色或棕色。触角常前伸，梗节往往明显比其他蝇类的长；颜面内凹；具内顶鬃、外顶鬃和后顶鬃各 1 对，且后顶鬃竖直背分，而不是相向甚至交叉；无口鬃。翅常长于腹，透明或半透明，有的种类翅面上有游离的黑斑，还有部分种类翅面密布黑斑而成为网状；C 脉不断开，延伸到 M_{1+2} 的末端；Sc 脉完整，终止于 C 脉。足细长，胫节末端常有一至几根粗鬃。腹部可见 5 节，尾须发达，具刚毛。上生殖板、下生殖板和背针突通常对称，背针突通常分为前叶和后叶，下生殖板"U"形，骨化程度大，内部交配器官主要包括阳茎内突、射精内突、阳茎、阳茎基侧叶、前生殖片和后生殖片等。

分布：世界已知 61 属 540 种左右，中国记录 20 属 60 种左右，浙江分布 3 属 5 种。

分属检索表

1. 翅面上有明显的网状花纹，或翅面上有许多黑斑或白斑 ···················· 二斑沼蝇属 *Dichetophora*
- 翅面上没有明显的网状花纹，至多前缘和横脉颜色加深 ··································· 2
2. 无单眼鬃，1 对小盾鬃，1 对眶鬃 ·· 长角沼蝇属 *Sepedon*
- 有单眼鬃，2 对小盾鬃，2 对眶鬃 ··· 基芒沼蝇属 *Tetanocera*

180. 二斑沼蝇属 *Dichetophora* Rondani, 1868

Dichetophora Rondani, 1868: 9. Type species: *Scatophaga obliterata* Fabricius, 1805.

主要特征：身体黄棕色，翅面有或稀疏或稍密的白斑或黑斑，形成明显的网状花纹。头部无单眼鬃，或单眼鬃短而细弱；中额条带状，宽且发亮。新月形斑明显。触角梗节延长，梗后节向端部渐细，触角芒密布白毛。胸部沟前鬃、前背中鬃和前小盾鬃通常退化。雌雄后足腿节端部 1/3 有刺状腹鬃；后足基节内后缘有毛。雄性外生殖器有细而突出的背针突。

分布：世界广布，已知 12 种，中国记录 3 种，浙江分布 1 种。

（501）日本二斑沼蝇 *Dichetophora japonica* Sueyoshi, 2001（图 11-7）

Dichetophora japonica Sueyoshi, 2001: 491.

主要特征：雄性体长 5.4–8.4 mm。头部眶斑和后头斑相连，与大的侧颜斑几乎相连，中额条到达额区前缘。触角长，触角梗节为柄节的 6 倍，稍短于梗后节，触角芒上有白色短毛；额区有 2 对眶鬃，无单眼鬃，额前半部有小毛；颜黄色，中间部分发亮，但颜区两侧和复眼边缘有银色粉。胸部黑棕色，被银色粉，前胸腹板、中侧片、翅侧片裸，有 2 对小盾鬃，2 对翅后鬃。翅棕色，有透明的白色圆斑。足淡黄色，所有的腿节和胫节端部棕色。前足腿节背面有长鬃，腹面有细弱的鬃；中足腿节在中部前侧有明显的刺，后足基节内背缘有 3–4 根明显的鬃，腹面有 2 排明显的腹鬃。雌性基本特征类似雄性，但前足跗节全黑，中足和后足跗节端部 3 节全黑，后足胫节中部有黑色环。

分布：浙江（安吉、庆元、龙泉）、北京、陕西、宁夏、甘肃、湖北、重庆、四川、贵州、西藏；日本。

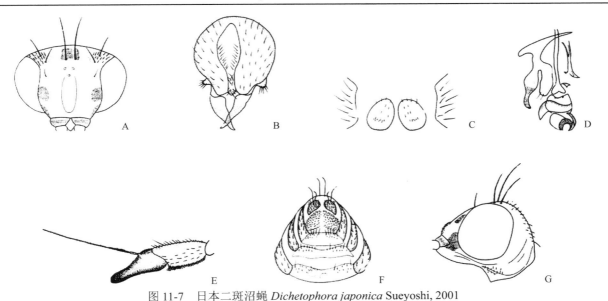

图 11-7　日本二斑沼蝇 Dichetophora japonica Sueyoshi, 2001
A. 头部前面观；B. ♂外生殖器后面观；C. ♂第 5 腹板；D. 阳茎复合体；E. 触角侧面观；F. ♀腹末腹面观；G. 头部侧面观

181. 长角沼蝇属 *Sepedon* Latreille, 1804

Sepedon Latreille, 1804: 196. Type species: *Syrphus sphegeus* Fabricius, 1775.

主要特征：触角细长，前伸，梗节呈杆状。许多特征为该属独有，如部分种类身体有蓝黑色金属光泽，无中额条，头部和胸部的一些鬃退化：头部的前眶鬃和单眼鬃缺失，即无单眼鬃，只有 1 对眶鬃，个别种类前眶鬃也缺失。胸部鬃大部分退化：只有 1 对小盾鬃或全部小盾鬃缺失。*S. lobifera* 翅无斑。后足腿节有短粗的腹刺。雄性尾须常长而突出，下生殖板对称。背针突相对短小，端部圆。

分布：世界广布，已知 80 种，中国记录 9 种，浙江分布 2 种。

（502）铜色长角沼蝇 *Sepedon aenescens* Wiedemann, 1830（图版 XXIV -1）

Sepedon aenescens Wiedemann, 1830: 579.

Sepedon sinensis Mayer, 1953: 217.

主要特征：体长 6.5 mm，翅长 5.9 mm。头部黑色或蓝黑色，有金属光泽，尤其颜区最为明显；头部无眶斑，但在触角下的颜区有绒黑色的侧颜斑；额区有 1 对眶鬃。触角柄节黄棕色，稍浅于其他节，其余各节黑棕色；触角下的颊区有长三角形银色粉被。胸部蓝黑色，有金属光泽，部分个体肩胛棕色。小盾片有 1 对小盾鬃。翅烟色，有的个体在前横脉之后色深于其他部分。各足基节和转节黑色，腿节黄色，前足胫节及以下黑棕色，但胫节基半部色稍浅；中后足胫节黑棕色，余黑色。后足基节后侧无毛，只在侧面有 1 根长鬃；后足腿节腹面后半部有 2 排稀疏的粗鬃。腹部亮黑，带蓝色光泽。雄性外生殖器：第 5 腹板为 2 个三角形骨片。尾须端部有瘤状突起；背针突近椭圆形；下生殖板端部尖。阳茎内突较射精内突小。

分布：浙江（临安、余姚）、黑龙江、辽宁、内蒙古、天津、河北、山西、陕西、宁夏、新疆、上海、湖北、湖南、福建、台湾、广东、海南、香港、广西、四川、贵州、云南；俄罗斯，朝鲜，日本，巴基斯坦，印度，尼泊尔，孟加拉国，泰国，菲律宾，阿富汗。

（503）东南长角沼蝇 *Sepedon noteoi* Steyskal, 1980（图版 XXIV -2）

Sepedon noteoi Steyskal, 1980: 117.

Sepedon oriens Steyskal, 1980: 119.

　　主要特征：头部棕色，具绒黑色的眶斑和侧颜斑，额区有 1 对眶鬃。触角棕色，但梗后节端半部黑色，触角芒具白色短柔毛。胸部深棕色，有白色粉被，大部分个体背板有明显的深色纵条；胸部有 1 对背中鬃，1 对翅上鬃，1 对翅后鬃，2 对背侧鬃，1 对小盾鬃。翅淡棕色，透明无斑，后横脉直，两横脉处有烟晕。足深棕色，大部分个体后足胫节端部和中部有棕色环，后足腿节加粗，腹面端半部有明显的腹鬃。腹部黑棕色，略带金属光泽。

　　分布：浙江（临安）、北京、河北、山东、河南、陕西、湖北、福建、广西、四川、贵州、云南；朝鲜，日本，菲律宾。

182. 基芒沼蝇属 *Tetanocera* Duméril, 1800

Tetanocera Duméril, 1800: 439. Type species: *Musca elata* Fabricius, 1781.

Chaetomacera Cresson, 1920: 54. Type species: *Musca elata* Fabricius, 1781.

　　主要特征：个体较大，黄棕色。中额条大多数条状，发亮，有时额区全部发亮；有 1 对单眼鬃，常 2 对眶鬃。触角梗节常短于梗后节，触角芒大多有羽状长毛。前胸腹板常裸，仅 *T. robusta* 有几根毛；中侧片和翅侧片裸，无翅下鬃；有 2 对小盾鬃，后足基节内后缘无毛。翅无斑，部分种类翅前缘和两横脉处有烟晕。雄性后足腿节腹鬃密而长；许多种类后足胫节有 2 根端前鬃。

　　分布：世界广布，已知 39 种，中国记录 12 种，浙江分布 2 种。

（504）红条基芒沼蝇 *Tetanocera chosenica* Steyskal, 1951（图 11-8）

Tetanocera chosenica Steyskal, 1951: 79.

　　主要特征：雄性体长 7.5 mm，翅长 6.5 mm。头部额区暗黄色，中额条红色，发亮，稍凹陷；最宽处的宽度约等于单眼三角区，几乎伸达额区前缘；单眼鬃 1 对，眶鬃 2 对，前眶鬃位于额区中央。触角黄色，

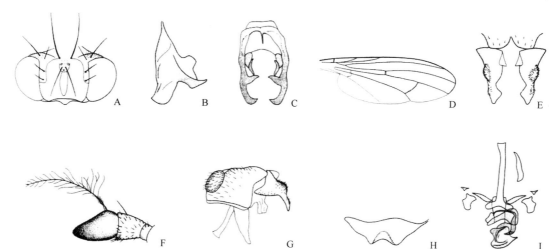

图 11-8　红条基芒沼蝇 *Tetanocera chosenica* Steyskal, 1951

A. 头部背面观；B. 下生殖板左半部；C. 下生殖板；D. 翅；E. 背针突尾面观；F. 触角侧面观；G. 背针突侧面观；H. 第 6 腹板；I. 阳茎复合体

梗节稍长于梗后节，触角芒黑色，其上有羽状长黑毛。胸部侧板黄棕色，有白色粉被；背板灰棕色，有深色纵条。具 1 对肩鬃，2 对背侧鬃，1 对沟前鬃，1 对翅上鬃，2 对翅后鬃，2 对小盾鬃，1 对前盾片鬃，2 对背中鬃；侧板无鬃，只在腹侧片和前侧片有几根小刚毛。翅烟色透明，翅面无任何斑，只是两横脉周围颜色加深。各足黄棕色，中足腿节外侧中部有 1–2 根粗鬃，后足腿节腹面密布长短相间的腹鬃。腹部黄色。第 5 腹节有粗长的缘鬃。雄性外生殖器：第 6 腹板基部有 1 短瘤状突起。背针突侧观基部宽大，从中间突然变细。下生殖板不对称，后突起尖。

分布：浙江、内蒙古、新疆、四川；朝鲜，日本。

（505）宽额基芒沼蝇 *Tetanocera latifibula* Frey, 1924（图 11-9）

Tetanocera latifibula Frey, 1924: 51.

主要特征：雄性体长 9.6 mm，翅长 8.0 mm。头部额区暗棕色，无任何绒黑斑和粉被；中额条狭带状，稍凹陷；伸达额区前缘；额区有单眼鬃 1 对，眶鬃 2 对；后顶鬃后方的后头区有中长的刚毛。触角黄棕色，梗节稍短于梗后节，触角芒上具长的黑色羽状毛。胸部红棕色，背板有 2 条暗色条纹；具肩鬃 1 对，背侧鬃 2 对，沟前鬃 1 对，翅上鬃 1 对，翅后鬃 2 对，小盾鬃 2 对，前盾片鬃 2 对，背中鬃 1 对，均发达；侧板裸。翅暗褐色，半透明，翅面无任何斑，只是 2 条横脉周围色加深。足各节黄棕色，只是跗节色较深。中足腿节外侧前端近中部有 1 根长鬃，后足腿节腹面腹鬃密（雌性中退化），其中夹杂 3–5 根长鬃。腹部黄棕色，第 5 腹节有缘鬃，但不发达。雄性外生殖器：周生殖板在尾须下全部愈合。背针突相对短粗，尖部圆形，侧观有 1 短尖。下生殖板后突起针状，基部有 1 个纺锤状突起。阳茎内突长。

分布：浙江（临安）、内蒙古、河南、贵州、云南；俄罗斯，蒙古国，欧洲，北美洲。

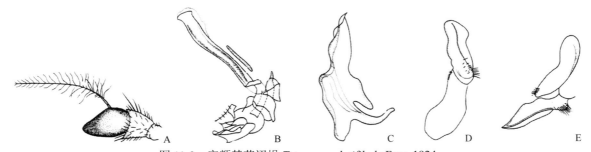

图 11-9　宽额基芒沼蝇 *Tetanocera latifibula* Frey, 1924
A. 触角侧面观；B. 阳茎复合体侧面观；C. 下生殖板；D. 背针突尾面观；E. 背针突侧面观

第十二章 鸟蝇总科 Carnoidea

二十三、秆蝇科 Chloropidae

主要特征：体小至中型（1.0–5.0 mm），黑色或黄色，具深色斑。头部额宽，额前缘有时隆突，具明显的单眼三角区；颊窄或较宽，髭角钝圆或呈锐角；颜稍平或凹，有的具明显的颜脊；复眼光裸或被短毛，长轴竖直、倾斜或水平。触角柄节短，梗节明显，鞭节发达而且形状各异，触角芒细长或扁宽，光裸或被毛。中胸背板通常长大于宽；小盾片短圆至长锥形，小盾端鬃有的位于瘤突或指突上。翅脉简单，前缘脉只有 1 个缺刻，亚前缘脉端部退化，肘脉中部略弯折，无臀室。足细长，部分属种后足腿节粗大；中足或后足胫节有时具端距或亚端距，后足胫节有时具胫节器（tibial organ）。幼虫圆筒形，背腹端略微扁平，前端细，后端较宽圆。两端气门式。

分布：世界已知 2900 余种，中国记录 315 种，浙江分布 16 属 21 种。

分属检索表

183. 猬秆蝇属 *Anatrichus* Loew, 1860

Anatrichus Loew, 1860: 97. Type species: *Anatrichus erinaceus* Loew, 1860.

Echinia Paranomov, 1961: 97. Type species: *Echinia bisegmenta* Paranomov, 1961.

主要特征：体中型；头部高大于长；单眼三角区光滑，前端伸达额前缘；颜略凹，颜脊不明显；复眼被细毛；触角鞭节近方形，宽大于长；触角芒细长且有短毛；中胸背板和小盾片有刺状毛；腹部盾状，背部为愈合骨化的第 1、第 2 背板所遮盖，其余背板位于盾板之下。

分布：世界广布，已知 3 种，中国记录 1 种，浙江分布 1 种。

（506）猬秆蝇 *Anatrichus pygmaeus* Lamb, 1918（图 12-1）

Anatrichus pygmaeus Lamb, 1918: 348.

主要特征：雄性：头部褐色至黑褐色；单眼三角区亮黑褐色，无粉被；颊为触角鞭节宽的 0.5 倍。触角黄色，但鞭节背前缘褐色；触角芒完全浅黑色。胸部黑色；中胸背板具细的浅褐毛和刺状且端黑的毛，小盾片有许多刺状毛。翅白色透明。足黄色，但前足胫节和跗节及中后足端跗节褐色。腹部黑色。

分布：浙江（庆元）、台湾、广东、云南；日本，巴基斯坦，印度，尼泊尔，孟加拉国，缅甸，泰国，斯里兰卡，菲律宾，马来西亚，印度尼西亚。

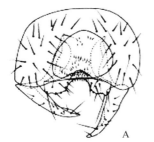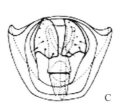

图 12-1　猬秆蝇 *Anatrichus pygmaeus* Lamb, 1918（♂）（引自刘晓艳，2012）
A. 第 9 背板后面观；B. 第 9 背板侧面观；C. 阳茎复合体腹面观；D. 阳茎复合体侧面观

184. 粉秆蝇属 *Anthracophagella* Andersson, 1977

Anthracophagella Andersson, 1977: 141. Type species: *Anthracophagella sulcifrons* Becker, 1911.

主要特征：体中型，淡黄色且具厚的灰粉被；头部侧视长大于高；额被粉，前端明显向前突；单眼三角区完全被厚粉，且具略与侧缘平行的纵脊和沟，前端伸达额的 2/3 处，与 1 中纵脊相接；复眼光裸或稀有毛；颜稍后缩，颜脊不明显；颊窄于触角鞭节宽；鞭节近方形，长大于宽；触角芒细长，被毛；小盾片短宽而端圆。

　　分布：世界广布，已知 5 种，中国记录 2 种，浙江分布 1 种。

（507）中华粉秆蝇 *Anthracophagella sinensis* Yang *et* Yang, 1989（图 12-2）

Anthracophagella sinensis Yang *et* Yang, 1989: 83.

　　主要特征：雄性：头部黄色；单眼三角区黑色；后头区黑色。触角黑色，鞭节近方形；触角芒淡黄色且基部黄色。喙褐色至浅黑色；下颚须暗黄褐色。胸部黄色；中胸背板灰褐色，前侧区黄色，中部具 1 条端部 1/2 明显缩小的灰白粉带，粉带基部中央有 1 灰褐色楔形纹分开，前部两侧有 1 条大的灰白粉带，后部两侧有 1 条长楔形灰白粉带，近翅基部内侧有 1 条细长的灰粉带；小盾片黄色；后背片黑色；中侧片前缘和下缘、翅侧片下前缘黑色，腹侧片和下侧片腹面大部分为黑色。翅白色透明，翅脉浅黑色。足黑色，前足胫节基部黄褐色，中足和后足跗节基部黄色。腹部黑色，各背板两侧黄色，且后缘多具黄色，但基部的不明显；腹面黄色或较暗。

　　分布：浙江（庆元）、贵州。

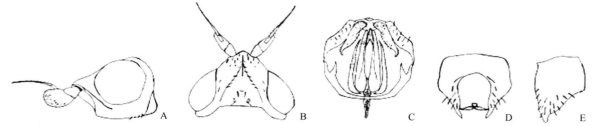

　　图 12-2　中华粉秆蝇 *Anthracophagella sinensis* Yang *et* Yang, 1989（♂）（引自 Yang and Yang，1989）
　　　　A. 头部侧面观；B. 头部背面观；C. 阳茎复合体腹面观；D. 第 9 背板后面观；E. 背针突侧面观

185. 秆蝇属 *Chlorops* Meigen, 1803

Chlorops Meigen, 1803: 278. Type species: *Musca pumilionis* Bjerkander, 1778.

Asianochlorops Kanmiya, 1983: 299. Type species: *Chlorops lenis* Becker, 1924.

　　主要特征：体中型，黄色且具黑斑；头部高大于长；颊窄或宽；额前缘较突出；颜后缩，颜脊不明显；单眼三角区前端伸达额中部或接近额前缘，光滑或稀被粉；复眼稀被毛，长轴倾斜；触角鞭节卵圆形，长约等于宽或长稍大于宽；触角芒细长被毛；中胸背板拱突，大致光滑，且具 3–5 条黑斑；小盾片隆突，端圆。

　　分布：世界广布，已知 257 种，中国记录 43 种，浙江分布 1 种。

（508）稻秆蝇 *Chlorops oryzae* Matsumura, 1915（图 12-3）

Chlorops oryzae Matsumura, 1915: 52.

Chlorops kuwanae Aldrich, 1925: 2.

　　主要特征：雄性：头部侧视高大于长；额、颜和颊灰黄色；额宽为长的 1.2 倍；单眼三角区长为宽的 1.3 倍，光滑，黑色且具黄色后角，前端尖且黄色，伸达额前缘；颊窄，为触角鞭节宽的 0.4 倍。触角柄节和梗节深棕色，鞭节长为宽的 1.3 倍，黑色，背面平，腹面圆；触角芒白色。下颚须黄色。中胸背板黄色，具 5 条黑色纵斑，被灰粉，中斑伸达中胸背板的 2/3 处；肩胛黄色；上前侧片有黑斑，下前侧片下部红黄色；后背片黑色，被灰粉；小盾片圆，宽为长的 1.5 倍，黄色。足黄色，第 5 跗分节黑色。

　　分布：浙江（云和、龙泉）、湖北、江西、湖南、福建、广东、四川、贵州、云南；朝鲜、日本。

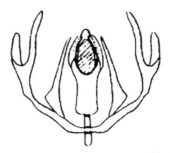

图 12-3　稻秆蝇 *Chlorops oryzae* Matsumura, 1915（♂）（引自 Kanmiya，1983）
阳茎复合体腹面观

186. 指突秆蝇属 *Disciphus* Becker, 1911

Disciphus Becker, 1911: 98. Type species: *Disciphus peregrinus* Becker, 1911.

Discadrema Yang *et* Yang, 1989: 50. Type species: *Discadrema sinica* Yang *et* Yang, 1989.

　　主要特征：体小至中型，黑色；头部高大于长，单眼三角区光滑，前端伸达额前缘；颜平，颜脊不明显；触角鞭节肾形，宽明显大于长；触角芒基节较粗，端节细长，具毛；小盾片近梯形，小盾端鬃位于指突上。

　　分布：世界广布，已知 6 种，中国记录 3 种，浙江分布 1 种。

（509）中华指突秆蝇 *Disciphus sinica* (Yang *et* Yang, 1989)（图 12-4）

Discadrema sinica Yang *et* Yang, 1989: 51.

Disciphus sinica: Nartshuk, 2012: 12.

　　主要特征：雄性：头部黑色；单眼三角区亮黑色；后头区暗褐色。触角黄色；触角芒全部黑色或基节黄色，端节浅黑色，被黑色短毛。喙浅黄色；下颚须黑色。胸部黑色，小盾鬃 2 对位于指突上，指突端部暗黄色。翅白色透明，有浅黑斑。足黄色，但前足胫节与跗节、后足胫节基部浅黑色；后足胫节末端有 1 黑色端距。腹部黄色，但背部基半部两侧和端半部浅褐色。

　　分布：浙江（庆元）、江西、广西、贵州。

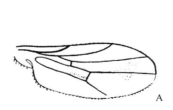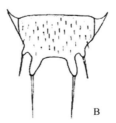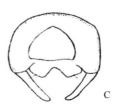

图 12-4　中华指突秆蝇 *Disciphus sinica* (Yang *et* Yang, 1989)（♂）（引自 Yang and Yang，1989）
A. 翅；B. 小盾片背面观；C. 第 9 背板后面观；D. 第 9 背板侧面观

187. 瘤秆蝇属 *Elachiptera* Macquart, 1835

Elachiptera Macquart, 1835: 621. Type species: *Chlorops brevipennis* Meigen, 1830.

Neoelachiptera Séguy, 1938: 360. Type species: *Neoelachiptera lerouxi* Séguy, 1938.

　　主要特征：体小至中型，黄色或黑色；复眼被毛；头部侧视高大于长；单眼三角区光滑，前端接近或伸达额前缘；颜脊有或无；颊较宽，略与触角鞭节等宽；触角鞭节卵圆形或肾形，触角芒较扁宽且密被毛；小盾片梯形，扁平，小盾端鬃位于瘤突上。

　　分布：世界广布，已知 77 种，中国记录 6 种，浙江分布 1 种。

（510）普通瘤秆蝇 *Elachiptera sibirica* (Loew, 1858)（图 12-5）

Crassiseta sibirica Loew, 1858: 73.

Elachiptera nigroscutellata: Becker, 1911: 99.

　　主要特征：雄性：头部黄色，有灰粉；单眼瘤浅黑色；后头中部有 1 大黑斑，延伸至复眼后缘。触角黄色，鞭节背端缘浅黑色，触角芒呈剑形，浅黑色；喙和下颚须黄色。胸部黄色，有灰粉。中胸背板有 3 条黑色或浅黑色纵斑；小盾片黑色，有 3 对黑色小盾鬃，位于黑色或浅褐色的瘤突上，端鬃的瘤突发达，长为宽的 2 倍。翅白色透明，平衡棒黄色。足黄色。腹部黑色。

　　分布：浙江（庆元）、北京、福建、台湾、云南；蒙古国，日本，欧洲。

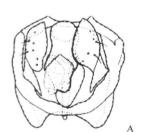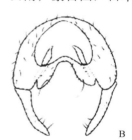

图 12-5　普通瘤秆蝇 *Elachiptera sibirica* (Loew, 1858)（♂）（引自 Kanmiya，1983）
A.阳茎复合体腹面观；B. 第 9 背板后面观；C. 第 9 背板侧面观

188. 颜脊秆蝇属 *Eurina* Meigen, 1830

Eurina Meigen, 1830: 3. Type species: *Eurina lurida* Meigen, 1830.

Polydecta Gistel, 1848: IX. Type species: *Eurina lurida* Meigen, 1830.

　　主要特征：体中至大型；头部侧视长大于高；额明显向前突出，复眼较小而圆；前额长约与复眼长轴等长；颜后缩，颜脊明显；单眼三角区前端钝或尖，伸达额前缘；颊高大于触角鞭节宽，触角鞭节长大于宽，末端圆或略尖；触角芒细长多毛；小盾片近圆形。

　　分布：古北区、东洋区。世界已知 10 种，中国记录 4 种，浙江分布 1 种。

（511）圆角颜脊秆蝇 *Eurina rotunda* Yang *et* Yang, 1995（图 12-6）

Eurina rotunda Yang *et* Yang, 1995: 252.

　　主要特征：雌性：头部黄色，长约等于高；颊为复眼宽的 0.4 倍，约与触角鞭节等宽；单眼三角区端部长而尖，伸达额前缘，有 1 中纵沟从中单眼伸至额前缘；单眼瘤黑色；毛和鬃黑色，口缘区毛淡黄色。触角黄色；鞭节末端钝圆，长略等于宽；触角芒暗褐色；喙和下颚须黄色。胸部黄色，中胸背板有 5 条黄褐色纵斑；腹侧片和下侧片下部黄褐色。翅白色透明；翅脉褐色；翅前缘第 2、第 3、第 4 段之比为 2.5：2：1；平衡棒黄色。足暗黄色。腹部黄色。

分布：浙江（庆元）。

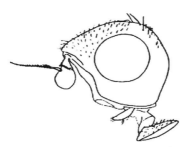

图 12-6　圆角颜脊秆蝇 *Eurina rotunda* Yang *et* Yang, 1995（♀）（引自 Yang and Yang，1995）

头部侧面观

189. 曲角秆蝇属 *Gampsocera* Schiner, 1862

Gampsocera Schiner, 1862: 431. Type species: *Chlorops numerata* Heeger, 1858.

Lordophleps Enderlein, 1933: 1. Type species: *Gampsocera curvinervis* Becker, 1911.

主要特征：体小至中型；头部侧视高大于长；颜凹，颜脊窄，伸达颜中部；单眼三角区光滑，前端伸达额中部或额前端的 2/3 处；颊窄；触角鞭节近肾形，宽大于长；触角芒基部粗，端部细，密被长毛；中胸背板黄色，具褐色或黑色斑，或大部分黑色；小盾片半圆形，无明显的瘤突；足细长，后足胫节器卵圆形；翅透明或稍褐色，有时具褐色或黑色斑。

分布：东洋区、澳洲区。世界已知 34 种，中国记录 12 种，浙江分布 1 种。

（512）浙江曲角秆蝇 *Gampsocera zhejiangensis* (Yang *et* Yang, 1990)（图 12-7）

Melanochaeta zhejiangensis Yang *et* Yang, 1990: 202.

Gampsocera zhejiangensis: von Tschirnhaus, 2017: 341.

主要特征：雄性：头部黄色；单眼三角区黄褐色；单眼瘤黑色；后头区有 1 黑斑。触角黄色，但鞭节背面黑色；触角芒黑色；喙黄色。胸部黄色；中胸背板具 1 宽大的黑斑，翅基部内侧有 1 黄褐色斑；小盾片和后背片黑色；翅侧片前缘黑色。翅白色透明，中部和端部有黑斑，中部斑较小而端部斑较大，翅端前缘有斑；平衡棒黄色。足黄色。腹部浅黑色。

分布：浙江（舟山）。

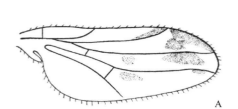

图 12-7　浙江曲角秆蝇 *Gampsocera zhejiangensis* (Yang *et* Yang, 1990)（引自 Yang and Yang，1990）

A. ♂翅；B. ♂第 9 背板后面观

（513）离斑曲角秆蝇 *Gampsocera separata* (Yang *et* Yang, 1991)（图 12-8）

Melanochaeta separate Yang *et* Yang, 1991: 478.

Gampsocera separata: von Tschirnhaus, 2017: 340.

　　主要特征：雌性：头部黄色；单眼瘤黑色；后头区具黑色斑。触角黄色，鞭节背面暗黄色；触角芒暗黄色；喙暗黄色。胸部黄色，中胸背板中部具 1 较宽的黑色中纵斑，两侧各有 2 个小黑斑，翅基部内侧有 1 小黑斑；胸侧局部区域黑色；小盾片和后背片黑色。翅白色透明；平衡棒黄色。足黄色，但腿节端部和后足胫节基部黑色。腹部黑色，但腹面大部分黄色。

　　分布：浙江（临安）、云南。

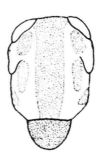

图 12-8　离斑曲角秆蝇 *Gampsocera separata* (Yang *et* Yang, 1991)（♀）（引自 Yang and Yang，1991）

胸部背面观

190. 平胸秆蝇属 *Mepachymerus* Speiser, 1910

Mepachymerus Speiser, 1910: 197. Type species: *Mepachymerus baculus* Speiser, 1910.

Steleocerus Becker, 1910: 399. Type species: *Steleocerus lepidopus* Becker, 1910.

　　主要特征：体大型，细长；头部侧视梯形；单眼三角区宽大，前端宽圆；2 根后眶鬃稍明显，短于外顶鬃；触角芒剑状；足细长；前后阳茎明显分开。

　　分布：世界广布，已知 13 种，中国记录 6 种，浙江分布 3 种。

分种检索表

1. 触角芒长于头 ·· 长芒平胸秆蝇 *M. elongatus*
- 触角芒短于头 ··· 2
2. 头部侧视长约为高的 1.4 倍 ·· 天目山平胸秆蝇 *M. tianmushanensis*
- 头部侧视长约为高的 1.7 倍 ··· 吴氏平胸秆蝇 *M. wui*

（514）长芒平胸秆蝇 *Mepachymerus elongatus* Yang *et* Yang, 1995（图 12-9）

Mepachymerus elongatus Yang *et* Yang, 1995: 542.

　　主要特征：雌性：头部黄色；额突出复眼之间；单眼三角区浅黄褐色，光亮，具明显凹陷，单眼瘤和后头区黑色。触角浅褐色，触角芒剑状，长于头。喙包括须黄色。胸部黄色至黄褐色，中胸背板和小盾片浅褐色且具灰色粉被；中胸背板有 1 个短宽的中斑和 2 个极长的侧斑，中斑和侧斑前端大致相连；腹侧片和下侧片下部黑色；后背片黑色。翅透明，有些褐色；翅脉暗褐色；平衡棒黄褐色。足黄色；前足黄褐色，但第 4–5 跗分节颜色较暗。腹部黑褐色，腹面黄色。

分布：浙江（庆元）。

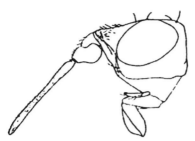

图 12-9　长芒平胸秆蝇 *Mepachymerus elongatus* Yang *et* Yang, 1995（♀）（引自 Yang and Yang，1995）

头部侧面观

（515）天目山平胸秆蝇 *Mepachymerus tianmushanensis* An *et* Yang, 2007（图 12-10）

Mepachymerus tianmushanensis An *et* Yang, 2007: 275.

主要特征：雄性：头部褐色，侧视三角形，长约为高的 1.4 倍；额强烈前伸出复眼前，复眼前部分为复眼长轴的 0.6 倍；后胛明显变宽，在复眼下又变窄；髭角成钝角；单眼三角区宽阔，无粉被，与头顶等宽，向前延伸逐渐变窄，最前端宽等于额宽，侧缘有明显的脊。触角褐色；鞭节浅黑色，宽平，长为宽的 1.2 倍；触角芒褐色，基部浅黑色，从触角鞭节背面端部伸出，逐渐变窄。喙淡黄色，基部褐色；下颚须浅黑色。胸部褐色，中胸背板长为宽的 1.6 倍，中斑较短，黑色，两侧各有 1 对侧斑；中侧片下部边缘黑色；翅侧片前端黑色；下侧片和腹侧片部分黑色；后背片黑色；小盾片宽为长的 1.9 倍。翅透明，有些褐色；翅脉暗褐色。平衡棒浅黑色。足细长，暗褐色；基节、后足胫节和后足跗节淡黄色。腹部褐色。

分布：浙江（临安）。

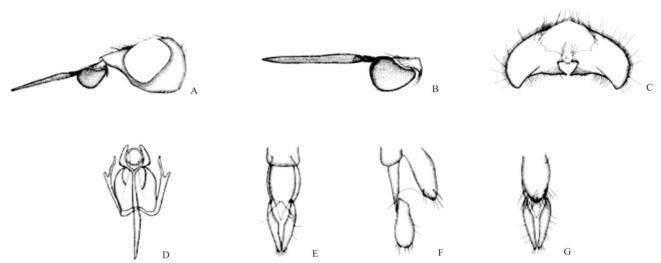

图 12-10　天目山平胸秆蝇 *Mepachymerus tianmushanensis* An *et* Yang, 2007（引自 An and Yang，2007）

A. 头部侧面观；B. 触角侧面观；C. ♂第 9 背板后面观；D. ♂阳茎复合体腹面观；E. ♀外生殖器背面观；F. ♀外生殖器侧面观；G. ♀外生殖器腹面观

（516）吴氏平胸秆蝇 *Mepachymerus wui* An *et* Yang, 2007（图 12-11）

Mepachymerus wui An *et* Yang, 2007: 278.

主要特征：雄性：头部褐色，侧视三角形，长约为高的 1.7 倍；额强烈前伸出复眼前，复眼前部分为复眼长轴的 0.5 倍；后胛明显变宽，在复眼下又变窄；髭角成钝角；单眼三角区宽阔，无粉被，与头顶等宽，向前延伸逐渐变窄，最前端宽等于额宽，侧缘有明显的脊。触角褐色；鞭节宽平，长为宽的 1.2 倍；触角芒褐色，基部浅黑色，从触角鞭节背面端部伸出，逐渐变窄。喙淡黄色，基部褐色；下颚须褐色。胸部褐色，中胸背板长为宽的 1.4 倍，中斑较短，黑色，两侧各有 1 对侧斑；肩胛有黑斑；中侧片下部边缘黑色；翅侧片前端黑色；下侧片和腹侧片部分黑色；后背片黑色；小盾片宽为长的 1.9 倍。翅透明，有些褐色；翅脉暗褐色；平衡棒浅黑色。足细长，暗褐色；基节、中足第 1 跗分节、后足胫节和后足跗节淡黄色。腹部黑色；1–2 背板暗褐色。

分布：浙江（临安）。

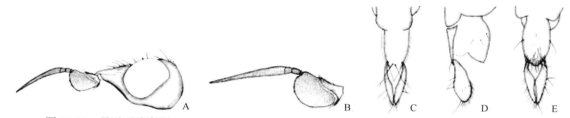

图 12-11　吴氏平胸秆蝇 *Mepachymerus wui* An *et* Yang, 2007（♀）（引自 An and Yang，2007）
A. 头部侧面观；B. 触角侧面观；C. 外生殖器背面观；D. 外生殖器侧面观；E. 外生殖器腹面观

191. 新锥秆蝇属 *Neorhodesiella* Cherian, 2002

Neorhodesiella Cherian, 2002: 241. Type species: *Rhodesiella typical* Cherian, 1973.

　　主要特征：体小型，黑色；小盾片短锥形，宽大于长，中域突起或少数种小盾片长等于宽，中域扁平；小盾鬃着生在小的瘤突上；1 根背中鬃比除小盾端鬃以外的其他胸部鬃长且粗壮，若背中鬃比前翅后鬃略短，则小盾片宽明显大于长；R$_{4+5}$ 的末端部分通常明显前弯，M$_{1+2}$ 基部直；阳茎端极其延长，较细，拱曲，几乎呈等宽的圆筒形；后阳茎通常有骨化的突起。

　　分布：世界广布，已知 20 种，中国记录 5 种，浙江分布 1 种。

（517）费氏新锥秆蝇 *Neorhodesiella fedtshenkoi* (Nartshuk, 1978)（图 12-12）

Rhodesiella fedtshenkoi Nartshuk, 1978: 83.
Neorhodesiella fedtshenkoi: Cherian, 2002: 242.

　　主要特征：雄性：头部黑色，侧视高约为长的 1.3 倍；额黑褐色；单眼三角区亮黑色，宽略大于长，前端钝。触角暗褐色，鞭节黄色；触角芒浅黑色。喙黑色；须黑褐色。胸部黑色，中胸背板拱突，宽约为长的 1.1 倍；小盾片短锥形，中域略凸，宽为长的 1.1 倍；有 2 对黑色端鬃位于黑色的小瘤突上；小盾端鬃基部之间的距离大于端鬃和亚端鬃基部的距离。翅透明，翅脉浅褐色；R$_{4+5}$ 和 M$_{1+2}$ 中部近平行；M$_{1+2}$ 基部

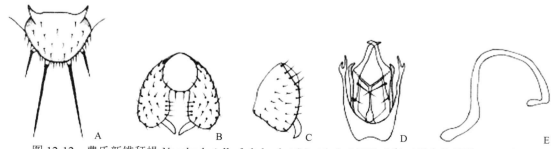

图 12-12　费氏新锥秆蝇 *Neorhodesiella fedtshenkoi* (Nartshuk, 1978)（♂）（引自徐艳玲，2006）
A. 小盾片背面观；B.第 9 背板后面观；C. 第 9 背板侧面观；D. 阳茎复合体腹面观；E. 阳茎端侧面观

较直；平衡棒黄色。足基节和腿节黑色，但腿节末端黄色；胫节和跗节黄色，但前足第 4–5 跗分节和中后足第 5 跗分节黑褐色；中足胫节有 1 黑色的端鬃，为基跗节长的 0.6 倍。后足腿节不加粗，中部宽约为胫节的 1.5 倍。腹部黑褐色。

　　分布：浙江（临安）、北京；俄罗斯，日本。

192. 宽头秆蝇属 *Platycephala* Fallén, 1820

Platycephala Fallén, 1820: 2. Type species: *Platycephala culmorum* Fallén, 1820.

Phlyarus Gistel, 1848: X. Type species: *Platycephala culmorum* Fallén, 1820.

　　主要特征：体大型，黄褐色，有暗斑；头部侧视长明显大于高；额前缘非常突出；单眼三角区宽大，前端伸达额前缘，末端阔圆；触角鞭节长明显大于宽；触角芒细长，被毛；后足腿节膨大，后足胫节明显弯曲。

　　分布：古北区、东洋区。世界已知 14 种，中国记录 5 种，浙江分布 1 种。

（518）浙江宽头秆蝇 *Platycephala zhejiangensis* Yang *et* Yang, 1995（图 12-13）

Platycephala zhejiangensis Yang *et* Yang, 1995: 542.

　　主要特征：雌性：头部黑色，但前部侧区和颊黄褐色；额强烈突出于复眼之间。毛浅黑色，无明显的鬃。触角暗黄色；触角芒基节黄色，端部白色。喙包括下颚须黄色。胸部完全黑色；被短白毛和黑色鬃。翅白色透明，翅脉褐色。足黄色；后足腿节粗大，端腹面有黑色短齿；后足胫节较弯曲，黑色，但基部和端部黄色；跗节端部黄褐色。腹部黑色。

　　分布：浙江（庆元）。

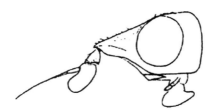

图 12-13　浙江宽头秆蝇 *Platycephala zhejiangensis* Yang *et* Yang, 1995（♀）（引自 Yang and Yang, 1995）
头部侧面观

193. 多鬃秆蝇属 *Polyodaspis* Duda, 1933

Polyodaspis Duda, 1933: 224. Type species: *Siphonella ruficornis* Macquart, 1835.

Macrothorax Lioy, 1864: 1211. Type species: *Siphonella ruficornis* Macquart, 1835.

　　主要特征：体小至中型；头部宽大于长；颊宽，几乎与触角鞭节等宽；单眼三角区浅亮黑色或稍红黑色，无粉；颜宽大于高，具明显的颜脊；触角短，鞭节宽大于长，触角芒细长，被微毛。单眼后鬃平行或轻度分开；颊被斜线分为后腹和前背 2 部分。中胸背板全黑色或黄色带黑色条纹，略拱突，有时扁平；小盾片宽大于长，端部圆形，中部平且粗糙；小盾侧鬃较多，短且几乎等长，小盾端鬃位于 1 对小的瘤突上。

　　分布：世界广布，已知 21 种，中国记录 3 种，浙江分布 1 种。

（519）赤角多鬃秆蝇 *Polyodaspis ruficornis* (Macquart, 1835)（图 12-14）

Siphonella ruficornis Macquart, 1835: 585.

Polyodaspis ruficorni: Frey, 1933: 134.

　　主要特征：雄性：头部侧视长稍大于高；额黑褐色，前端褐色，长大于宽；单眼三角区黑色，超过额前端的 1/2 处；颊宽，大于触角鞭节的宽，黑褐色，但背缘黄色。触角黄色，鞭节端部钝圆，背端缘褐色，长为宽的 1.3 倍；下颚须黄色。中胸背板宽大于长，黑色，表面具细小颗粒，被褐色短毛；中胸背板褐色，具 4 条黑色纵斑；小盾片长约等于宽，端部圆，小盾端鬃 1 对，小盾侧端鬃 6–8 对。翅前缘脉第 2 段约为第 3 段的 2 倍。足黑色，但中后足第 1–3 跗分节黄色，第 4–5 跗分节褐色。

　　分布：浙江（临安）；俄罗斯，乌克兰，蒙古国，韩国，日本，哈萨克斯坦，巴基斯坦，印度，斯里兰卡，土耳其，阿富汗，荷兰，波兰，罗马尼亚，瑞典，瑞士，葡萄牙，保加利亚，捷克，斯洛伐克，马其顿，摩尔多瓦，匈牙利，奥地利，比利时，波斯尼亚和黑塞哥维那，英国，克罗地亚，爱沙尼亚，阿尔巴尼亚，斯洛文尼亚，法国，德国，希腊，西班牙，意大利。

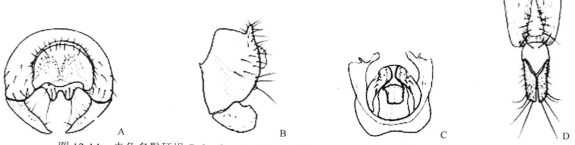

图 12-14　赤角多鬃秆蝇 *Polyodaspis ruficornis* (Macquart, 1835)（引自 Kanmiya，1983）
A.♂第 9 背板后面观；B.♂第 9 背板侧面观；C.♂阳茎复合体腹面观；D.♀外生殖器背面观

194. 锥秆蝇属 *Rhodesiella* Adams, 1905

Rhodesiella Adams, 1905: 198. Type species: *Rhodesiella tarsalis* Adams, 1905.

Aspistyla Duda, 1933: 224. Type species: *Chlorops plumiger* Meigen, 1846.

　　主要特征：体中型，黑色；头部侧视高大于长；复眼裸，长轴略倾斜；颜窄、平或略凹，颜脊不明显；单眼三角区亮黑色，光裸且无毛和粉，前端伸达额前缘；颊窄于触角鞭节；触角鞭节卵圆形，宽大于长；触角芒细长，被毛；中胸背板略拱突；小盾片长锥形，扁平或隆突，小盾鬃着生在发达的瘤突上；R_{4+5} 的末端部分通常略前弯，M_{1+2} 基部略微或明显向前拱弯，且整条脉时常略微波曲；阳茎端短而粗，或略延长，一般不是同一的变宽；后阳茎无骨化的突起。

　　分布：世界广布，已知 130 种，中国记录 25 种，浙江分布 1 种。

（520）亮额锥秆蝇 *Rhodesiella nitidifrons* (Becker, 1911)（图 12-15）

Meroscinis nitidifrons Becker, 1911: 93.

Rhodesiella indica: Cherian, 1977: 491.

　　主要特征：雄性：头部黑色，侧视高约为长的 1.3 倍；额黑色，宽略大于长；单眼三角区亮黑色，有蓝色金属光泽，长大于宽，前端尖，侧边略直。触角基部 2 节黄褐色，鞭节黄色，但其端背缘浅黑色；触角芒浅黑色。喙包括须浅黑色。胸部黑色，中胸背板略拱突，宽略大于长；小盾片锥形，长为宽的 1.2 倍；有 2 对黑色端鬃位于黑色的瘤突上；小盾端鬃之间的距离约等于小盾端鬃和亚端鬃基部的距离。翅透明；前缘脉第 2、第 3、第 4 段之比为 4：6：3；R_{4+5} 和 M_{1+2} 近平行；M_{1+2} 基部略向前拱弯；平衡棒黄色，足基节和腿节黑色；前足胫节褐色，中后足胫节基部 2/3–3/4 黑色，端部黄色；跗节黄色，但前足第 4–5 跗分节和中后足第 5 跗分节褐色。后足腿节不加粗，中部宽约为胫节的 1.5 倍。端部黑色。腹部黑褐色。

分布：浙江（临安）、台湾、贵州；日本，印度，印度尼西亚。

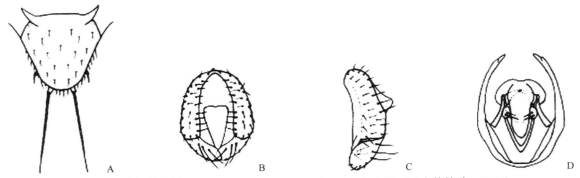

图 12-15 亮额锥秆蝇 *Rhodesiella nitidifrons* (Becker, 1911)（♂）（引自徐艳玲，2006）
A. 小盾片背面观；B. 第 9 背板后面观；C. 第 9 背板侧面观；D. 阳茎复合体腹面观

195. 鬃背秆蝇属 *Semaranga* Becker, 1911

Semaranga Becker, 1911: 48. Type species: *Semaranga dorsocentralis* Becker, 1911.

主要特征：体小型，黄色有黑斑；头部侧视高大于长；复眼卵圆，稀被短毛，长轴倾斜；颊较宽；额前缘略突；单眼三角区大，前端伸达额前缘，光滑；颜脊不明显；触角鞭节肾形且背端部角状，长大于宽；触角芒宽扁，具短毛；中胸背板长大于宽，光滑且无粉被，有 3 对背中鬃；小盾片端圆，稍隆突；后足胫节有长而窄的胫节器；横脉 r-m 与 m-m 接近。

分布：世界广布，已知 1 种，中国记录 1 种，浙江分布 1 种。

（521）鬃背秆蝇 *Semaranga dorsocentralis* Becker, 1911（图 12-16）

Semaranga dorsocentralis Becker, 1911: 48.

主要特征：雄性：头部黄色至橘黄色；额黑褐色，长稍大于宽；单眼三角区前端尖，伸达额前缘，侧缘直；后头和后颊浅黄色；颊与触角鞭节几乎等宽。触角鞭节端背角内侧暗黄色；下颚须黄色。中胸背板与头部等宽，具 5 条黑色纵斑；肩胛黄色，具 1 黑色斑；小盾片亮黄色，两侧基部略带褐色，宽为长的 1.1 倍；

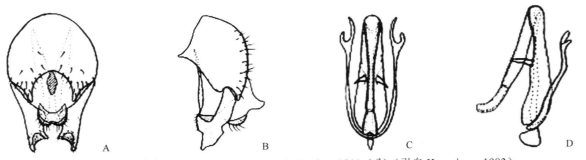

图 12-16 鬃背秆蝇 *Semaranga dorsocentralis* Becker, 1911（♂）（引自 Kanmiya，1983）
A. 第 9 背板后面观；B. 第 9 背板侧面观；C. 阳茎复合体腹面观；D. 阳茎复合体侧面观

小盾端鬃与小盾片宽等长。翅透明，翅脉褐色，M_{1+2} 与 M_{3+4} 间的区域淡黄色；前缘脉第 2、第 3、第 4 段之比为 8：7：3.5；平衡棒淡黄色。足大部分黄色，仅端跗节浅褐色。

　　分布：浙江、江西、台湾、广西、贵州、云南；俄罗斯，印度，斯里兰卡，菲律宾，印度尼西亚，美国，佛得角，澳大利亚，埃塞俄比亚，加纳，莫桑比克，尼日尔，尼日利亚，南非，坦桑尼亚。

196. 短脉秆蝇属 *Siphunculina* Rondani, 1856

Siphunculina Rondani, 1856: 128. Type species: *Siphunculina aenea* Rondani, 1856.

Liomicroneurum Enderlein, 1911: 230. Type species: *Siphonella funicola* de Meijere, 1905.

　　主要特征：体小型，黑色；头部高大于长；复眼裸，长轴略倾斜；颜脊明显，伸达口上片；单眼三角区前端伸达额前缘；颊较宽，约与触角鞭节等宽；触角鞭节宽略大于长；背端略呈角状；触角芒较短，细长被毛；小盾片短，半圆形，小盾鬃 2–4 对，较短，位于小的瘤突上；翅 R_{2+3} 脉短，末端终止点接近 R_1 的末端。

　　分布：世界广布，已知 36 种，中国记录 8 种，浙江分布 2 种。

（522）粉带短脉秆蝇 *Siphunculina fasciata* Cherian, 1970（图 12-17）

Siphunculina fasciata Cherian, 1970: 365.

　　主要特征：雄性：头部黑色；单眼三角区前端伸达额中部，端部尖，亮黑色，单眼瘤下方具 2 个长椭圆形的粉斑；颊约等于触角鞭节宽的 0.5 倍。触角黑褐色，鞭节红褐色，但背缘黑褐色，宽为长的 1.5 倍。胸部被灰白粉。翅前缘脉的第 2、第 3、第 4 段之比为 7：21：6；平衡棒黑褐色，基部黑色。足基节、转节和腿节黑色至黑褐色，但腿节端部黄褐色；中后足胫节黑褐色，端部褐色；跗节褐色。

　　分布：浙江；印度。

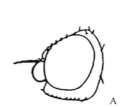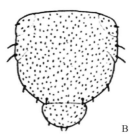

图 12-17　粉带短脉秆蝇 *Siphunculina fasciata* Cherian, 1970（♂）（引自 Cherian，1970）
A. 头部侧面观；B. 胸部背面观；C. 翅

（523）刀茎短脉秆蝇 *Siphunculina scalpriformis* Liu, Nartshuk *et* Yang, 2017（图 12-18）

Siphunculina scalpriformis Liu, Nartshuk *et* Yang, 2017: 78.

　　主要特征：雄性：头部黑色；侧视长为高的 0.7 倍；颜脊窄；额黑褐色，稍突出于复眼前；单眼三角区黑色，前端尖，伸达额前端的 0.6 倍处；颊黄色，腹缘 1/3 黑色，稍宽，约为触角鞭节宽的 0.5 倍；髭角前伸，小于 90°。触角黄色，鞭节背部黑色，长为宽的 0.75 倍；触角芒黑色，基部淡褐色，密被短毛；喙黑色至黄褐色；下颚须黄色。胸部黑色，中胸背板长约等于宽；小盾片长为宽的 0.8 倍，小盾端鬃与小盾亚端鬃着生在小的瘤突上。翅透明，翅脉淡褐色，前缘脉第 2、第 3、第 4 段之比 6：17：4。平衡棒褐色。腹部褐色；腹面黄色。足黑色，腿节端部、胫节及跗节黄色，但中后足胫节中部 1/2 黑色。

　　分布：浙江（临安）、贵州。

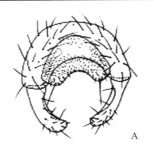

图 12-18　刀茎短脉秆蝇 Siphunculina scalpriformis Liu, Nartshuk et Yang, 2017（♂）（引自 Liu et al.，2017）
A. 第9背板后面观；B. 第9背板侧面观；C. 阳茎复合体腹面观；D. 阳茎复合体侧面观

197. 剑芒秆蝇属 *Steleocerellus* Frey, 1961

Steleocerellus Frey, 1961: 35. Type species: *Steleocerus tenellus* Becker, 1910.

　　主要特征：体小型，黄色有黑斑；头部侧视高大于长；复眼裸，圆形且长轴倾斜；颊窄于触角鞭节的宽；额前缘稍突出；单眼三角区光滑，无粉被，前端尖或钝且伸达额前缘；颜凹，颜脊短且不明显；2 根后眶鬃非常明显，长于或等于外顶鬃。触角鞭节圆形，宽大于长；触角芒扁剑状，被短毛。中胸背板长大于宽，黄色且有黑斑；小盾片端圆而隆突；后足胫节具胫节器；前后阳茎不明显。

　　分布：世界广布，已知 17 种，中国记录 5 种，浙江分布 2 种。

（524）角突剑芒秆蝇 *Steleocerellus cornifer* (Becker, 1911)（图 12-19）

Phyladelphus cornifer Becker, 1911: 49.

Steleocerrellus pallidior: Becker, 1924: 119.

　　主要特征：雄性：头部黄色；单眼三角区包括单眼瘤黑色，且与黑色的后头斑中部相连；额侧鬃 3 根，短于外顶鬃。触角黄色，触角芒浅黑色；喙包括下颚须黄色。胸部黄色；中胸背部有 3 条前端完全愈合的黑色纵斑；小盾片和后背片黑色；腹侧片下部黑色。翅白色透明。足黄色。腹部浅黑色。

　　分布：浙江（普陀、庆元）、台湾、贵州、云南；日本，印度，印度尼西亚。

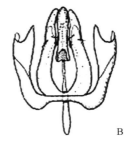

图 12-19　角突剑芒秆蝇 *Steleocerellus cornifer* (Becker, 1911)（♂）（引自 Kanmiya，1977）
A. 第9背板后面观；B. 阳茎复合体腹面观；C. 阳茎复合体侧面观

（525）中黄剑芒秆蝇 *Steleocerellus ensifer* (Thomson, 1869)（图 12-20）

Oscinis ensifer Thomson, 1869: 605.

Steleocerellus ensifer: Fray, 1923: 73.

　　主要特征：雄性：头部黄色，侧视长约等于高的 0.9 倍；额稍突出于复眼前；单眼三角区黄色，但单眼瘤前后两端褐色，光滑，前端圆，伸达额前缘；单眼瘤亮黑色；颊窄，约为触角鞭节宽的 0.35 倍。触角黄色，鞭节肾形，基背部 1/2 褐色，长为宽的 0.7 倍；触角芒褐色，密被毛。喙和下颚须黄色。胸部黄色，中胸背板基部 1/2 褐色，长为宽的 1.3 倍，有 3 条黑色纵斑，前端愈合，中斑伸达中胸背板的 1/2 处；肩胛黄色，有 1 褐色圆斑；胸侧亮黄色，但背侧片褐色；腹侧片腹部 2/3 和下侧片后腹部黑色。小盾片褐色，中部 1/3 黄色，长为宽的 0.6 倍。翅白色透明；翅脉褐色；平衡棒乳白色，基部黄色。足黄色，但前足胫节和前足跗节黄褐色（有些标本仅跗节黄褐色）；中后足第 5 跗分节黄褐色。腹部黄褐色；腹面黄色。

分布：浙江（庆元）、河南、台湾、广东、海南、广西、四川、贵州、云南；俄罗斯，日本，印度，尼泊尔，越南，泰国，斯里兰卡，菲律宾，马来西亚，印度尼西亚。

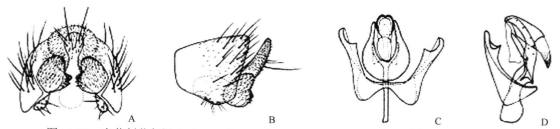

图 12-20　中黄剑芒秆蝇 *Steleocerellus ensifer* (Thomson, 1869)（♂）（引自刘晓艳，2012）
A. 第 9 背板后面观；B. 第 9 背板侧面观；C. 阳茎复合体腹面观；D. 阳茎复合体侧面观

198. 棘鬃秆蝇属 *Togeciphus* Nishijima, 1955

Togeciphus Nishijima, 1955: 53. Type species: *Chaetaspis katoi* Nishijima, 1954.

Chaetaspis Nishijima, 1954: 84. Type species: *Chaetaspis katoi* Nashjima, 1954.

主要特征：体小型，黑色；头部侧视高稍大于长；复眼椭圆且具细毛，长轴竖直；颊约为触角鞭节宽的 0.5 倍，单眼三角区亮黑色，无粉被，前端伸达额前缘；额前缘略隆突；颜平，颜脊窄；触角鞭节近肾形，宽大于长；触角芒较扁宽且密被毛；中胸背板鬃刺状，有时有刺状毛；小盾片基部宽，端部明显向后延缩，有许多刺状毛；腹部正常。

分布：古北区、东洋区。世界已知 3 种，中国记录 2 种，浙江分布 1 种。

（526）棘鬃秆蝇 *Togeciphus katoi* (Nishijima, 1954)（图 12-21）

Chaetaspis katoi Nishijima, 1954: 85.

Togeciphus katoi: Nishijima, 1955: 53.

主要特征：雄性：头部黑色，被灰白粉，侧视长为高的 0.8 倍；额未明显突出于复眼前；单眼三角区亮黑色，前端尖，伸达额前缘；颊宽，约为触角鞭节宽的 0.5 倍。触角黄色，鞭节背端部黑色，长为宽的 0.7 倍，肾形；触角芒黑色，被黑色短毛。喙褐色至黄色；下颚须黑色。胸部黑色；中胸背板长约等于宽；胸侧亮黑色，无粉被；小盾片长为宽的 1.5–1.7 倍，侧面和背面有许多刺状毛。胸部鬃黑色，毛黄色，除肩鬃外，胸部鬃发达，粗刺状。翅透明，中部有 1 淡褐色斑，翅脉褐色；平衡棒黄色。足黄色，但前足胫节端部黄褐色，前足跗节黑褐色；中足和后足第 5 跗分节褐色。腹部黄褐色，被灰白粉，第 1–2 背片黄色；腹面黄色。

分布：浙江（临安）、湖南、福建、台湾、广西、四川、贵州、云南；日本。

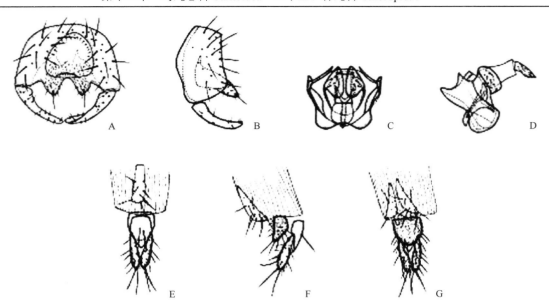

图 12-21　棘鬃秆蝇 *Togeciphus katoi* (Nishijima, 1954)（引自 Liu and Yang，2012）

A.♂第9背板后面观；B.♂第9背板侧面观；C.♂阳茎复合体腹面观；D.♂阳茎复合体侧面观；E.♀外生殖器背面观；F.♀外生殖器侧面观；

G.♀外生殖器腹面观

二十四、叶蝇科 Milichiidae

主要特征：小型（体长 1–3 mm）。体色较暗，通常黑色或棕色，少数暗黄色或黄色；2–3 对眶鬃，2 对额鬃；额通常具 2 排间额鬃。大多数种类触角第 1 鞭节膨大，呈不规则四边形、圆球形、近方形或肾形等，形状各异；触角芒较长，或具明显的绒毛；下颚须膨大，形状多变。翅膜质，无翅斑；前缘脉具 2 缺刻；R_{4+5} 与 M_1 平行、汇聚或稍汇聚。中足胫节前腹侧一般具 1 根粗壮鬃。

生物学：幼虫一般腐食性，成虫取食花蜜、腐殖质或苔藓，尤其喜欢取食黄色或白色小花的花蜜，部分属种是蜡花属植物的重要传粉昆虫。真叶蝇属、细叶蝇属和并脉叶蝇属具有盗寄生性；真叶蝇属的部分种类具有适蚁性，即与蚂蚁能够"和睦共处"，且将卵产于蚂蚁巢穴。

分布：世界已知 20 属 453 种，中国记录 11 属 113 种，浙江分布 2 属 2 种。

199. 新叶蝇属 *Neophyllomyza* Melander, 1913

Neophyllomyza Melander, 1913: 243. Type species: *Neophyllomyza quadricornis* Melander, 1913 (original designation).

Vichyia Villeneuve, 1920: 69. Type species: *Vichyia acyglossa* Villeneuve, 1920 (monotypy).

主要特征：具 2 根眶鬃，2 根额鬃；额宽大于长，颜隆线明显。第 1 鞭节膨大，形状不同；触角芒较细长，具明显的微绒毛。喙极长，端部稍尖；唇瓣长为宽的 2 倍，每个唇瓣具 2 根拟气管。下颚须较长，呈棍棒状，端部钝。C 脉延伸至 M_1 脉。

分布：世界广布，已知 17 种，中国记录 10 种，浙江分布 1 种。

（527）斜缘新叶蝇 *Neophyllomyza leanderi* (Hendel, 1924)（图 12-22）

Phyllomyza (*Neophyllomyza*) *leanderi* Hendel, 1924: 406.

Neophyllomyza leanderi: Hennig, 1937: 46.

主要特征：雄性：体长 1.0–1.2 mm；翅长 1.0–1.2 mm。头部浅黑棕色，被灰白粉；单眼三角区浅黑棕色，无微柔毛；额具 3 根间额鬃；单眼后鬃汇聚；下颚须棍棒状，长约 0.1 mm，长为宽的 3 倍。胸部浅暗棕色，被灰白粉；1 根肩鬃，2 根背中鬃，2 根背侧鬃，1 根缝前盾鬃，1 根翅上鬃，1 根翅后鬃，1 根前盾片鬃，1 根下前侧片鬃（下前侧片前缘具 1 排毛）。翅透明，r-m 脉与 dm-cu 脉之间的 M_1 脉较 dm-cu 脉长。腋瓣浅黄色，具浓密的浅棕色微绒毛，边缘具浅棕色毛；平衡棒棒节浅暗棕色，柄节暗棕色。足弯曲，前足浅暗黄色；中足胫节背侧端具 1 根黑鬃。腹板具稀疏的毛。第 2 腹板近马蹄形，端部较钝，第 3 腹板水平矩形，第 4 腹板水平梯形，端部边缘较基部边缘稍宽，第 5 腹板梯形，端部边缘拱形。雄性外生殖器：第 9 背板不规则马蹄形，具粗壮鬃；背针突延长，端部较钝，内侧边缘具浓密黑色毛；下生殖板"U"形。端阳茎长圆锥形，被膜质；下生殖板较窄，带状；亚生殖背板骨片发达，阳茎内骨骨化棍棒状；尾须较窄，具较长的鬃。

分布：浙江（临安）、江西、广西、云南。

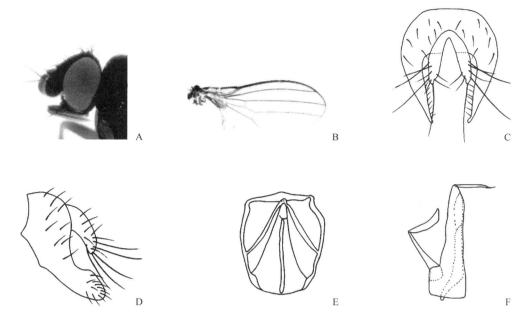

图 12-22　斜缘新叶蝇 *Neophyllomyza leanderi* (Hendel, 1924)

A. 头部侧面观；B. 翅；C. 第 9 背板、尾须和背针突后面观；D. 第 9 背板、尾须和背针突侧面观；E. 阳茎复合体后面观；F. 阳茎复合体侧面观

200. 真叶蝇属 *Phyllomyza* Fallén, 1810

Phyllomyza Fallén, 1810: 20. Type species: *Phyllomyza securicornis* Fallén, 1823 (designated by Westwood, 1840).

Prosaetomilichia Meijere, 1909: 170. Type species: *Prosaetomilichia mymecophila* de Meijere, 1909 (designated by Sabrosky, 1977).

主要特征：体色深，暗棕色或暗褐色，少数暗黄色；单眼后鬃"十"字形交叉或在末端汇聚。3 根眶鬃，3–6 根间额鬃；新月片具 1 对鬃。喙较短，一般每个唇瓣具 4 根拟气管。触角接近，未被平板分开；触角第 1 鞭节膨大，触角芒细长，具明显的细长毛或不具。基腹片较小，无基前桥。下颚须膨大，延长或不延长，具明显的短毛、鬃或不具。中胸背板具粉被；小盾片较短，宽大于长；小盾端鬃比小盾基鬃长；后上侧片一般具 1 根鬃，前缘具 1 排或不规则排列的细毛。C 脉延伸至 M_1 脉或稍超过一些。

分布：世界广布，已知 97 种，中国记录 47 种，浙江分布 1 种。

（528）等长真叶蝇 *Phyllomyza equitans* (Hendel, 1919)（图 12-23）

Neophyllomyza equitans Hendel, 1919: 198.

Phyllomyza equitans: Hendel, 1924: 408.

主要特征：雄性：体长 1.6–1.8 mm；翅长 1.8–1.9 mm。头部黑色，被灰白粉；单眼三角区浅暗棕色，无微柔毛；额具 4 根间额鬃；单眼后鬃呈"十"字形交叉；下颚须较短，长约 0.2 mm，长为宽的 2.5 倍。胸部浅暗棕色，被灰白粉；1 根肩鬃，2 根背中鬃，1 根前盾鬃，2 根背侧鬃，1 根缝前盾鬃，1 根缝后盾鬃，1 根翅上鬃，2 根翅后鬃，1 根下前侧片鬃（下前侧片前缘具毛）。翅透明，r-m 脉与 dm-cu 脉之间的 M_1 脉较 dm-cu 脉长。腋瓣浅黄色，具浓密的浅棕色微绒毛，边缘具浅棕色毛；平衡棒棒节浅黄色，基节黄色。足弯曲，胫节黄色，后足胫节棕色且端部黄色，跗节浅黄色。第 1 背板中后部插入第 2 背板的三角形突起较弱；第 2 腹板不规则马蹄形，端部较宽且钝，第 3 腹板垂直矩形，第 4 腹板近正方形，第 5 腹板梯形，端部边缘向基部稍微凹陷。雄性外生殖器：第 9 背板具 8 对粗壮的黑鬃；背针突端部分为 2 部分，上半部极度膨大且端部钝圆形，下半部比上半部短，端部较钝；尾须具稀疏的短鬃。

　　分布：浙江（临安）、云南。

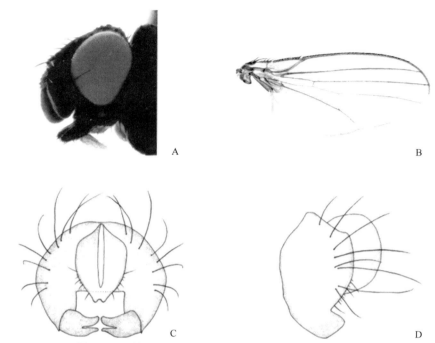

图 12-23　等长真叶蝇 *Phyllomyza equitans* (Hendel, 1919)

A. 头部侧面观；B. 翅；C. 第 9 背板、尾须和背针突后面观；D. 第 9 背板、尾须和背针突侧面观

第十三章　水蝇总科 Ephydroidea

二十五、水蝇科 Ephydridae

主要特征：体型较小，体长为 1–11 mm，极少数种类可以达到 16 mm。身体多为灰黑色或棕灰色等暗色，部分种类具金属光泽，体表被微毛的颜色及鬃序多种多样。大部分种类的颜向前隆起，口孔大型。触角芒栉状或具短柔毛或裸，分叉一般只位于背面。上前侧片具钝毛，其翅的脉序特化：亚前缘脉 Sc 退化，不达到前缘脉 C 脉；前缘脉 C 具 2 个缺刻，分别位于肩横脉 h 之后和第 1 纵脉 R_1 的末端前部；第 1 纵脉 R_1 与前缘脉 C 在翅的中部之前交接；中室和第 2 基室不被横脉分隔；缺少臀室。前足和后足胫节端部前背鬃缺失。幼虫体壁通常透明，具有多种皱褶，并被有许多鬃和刺。体表覆盖物、气门以及头咽的结构具有重要的分类学价值。

生物学：水蝇科昆虫一般生活在沼泽、湿地、水湾、湖泊、河川、沙滩等潮湿的环境。成虫多为杂食性，以酵母、各种藻类和其他一些光镜下可见的微生物为食。有些种类具有重要的经济价值，主要危害水稻、甘蔗、甜菜等。由于水蝇中某些种类（如 *Hydrilla verticillata*）具很强的寄主专一性，可以用来防治水生杂草。

分布：世界已知 120 余属 2000 余种，中国记录 57 属 190 余种，浙江分布 7 属 9 种。

分属检索表

1. 颜的中下部明显突出；眶鬃侧倾 ·· 2
- 颜的中下部不明显突出，较扁平；眶鬃前或者后倾 ································· 3
2. 颜中下部有明显的短鬃；翅淡烟色，有白色或透明的斑；R_1 正常 ············ 温泉水蝇属 *Scatella*
- 颜中下部无短鬃，翅透明，R_1 明显短 ···································· 短脉水蝇属 *Brachydeutera*
3. 具沟前和沟后背中鬃 ··· 4
- 沟后背中鬃退化 ·· 5
4. 复眼具短柔毛；单眼鬃很少和假单眼后鬃一样粗大，一般较弱；翅上鬃一般短，不长于后背侧鬃 ······· 毛眼水蝇属 *Hydrellia*
- 复眼裸；单眼鬃比假单眼后鬃粗大；翅上鬃粗大，长于后背侧鬃 ··············· 亮水蝇属 *Typopsilopa*
5. 触角 II 节的背鬃不明显，颜通常具隆脊，触角芒沿背部有几根短毛 ············ 短毛水蝇属 *Chaetomosillus*
- 触角 II 节的背鬃明显，颜通常不具隆脊，触角芒单栉状，沿背部的毛长 ·················· 6
6. 触角鞭节短，短于 2 倍的鞭节宽 ·· 凸额水蝇属 *Psilopa*
- 触角鞭节长，远大于 2 倍的鞭节宽 ····································· 长角水蝇属 *Ceropsilopa*

201. 长角水蝇属 *Ceropsilopa* Cresson, 1917

Ceropsilopa Cresson, 1917: 340. Type species: *Ceropsilopa nasuta* Cresson, 1917 (original designation).

Batula Cresson, 1940: 2. Type species: *Psilopa mellipes* Coquillett, 1900 (original designation).

主要特征：颜区光滑。具有 1 根明显粗大的颜鬃。触角梗节圆锥状，端部较宽，无背端叶，背端刺弱小，最长与鞭节的 1/3 同样长；鞭节长为宽的 2–4 倍。背侧板光滑无毛；缝前或缝背中鬃缺失，不明显。

前缘脉长，延伸至 M 脉。

分布：世界广布，已知 17 种，中国记录 3 种，浙江分布 1 种。

（529）铜腹长角水蝇 Ceropsilopa cupreiventris (van der Wulp, 1897)（图 13-1）

Lauxania cupreiventris van der Wulp, 1897: 142.

Ceropsilopa bidigitata: Cresson, 1925: 252

主要特征：体长约 2.00 mm，翅长约 1.75 mm。额、颜黑色；触角黄色，仅鞭节黑色，细长。触角芒栉状，具有 6 根分支。下颚须黑色。胸部亮黑色，被黄灰色微毛；2 背侧鬃，距离背侧缝同样远；上前侧片后缘具 2 根鬃；下前侧片具 1 根鬃；2 对粗长的小盾鬃。翅黄色；平衡棒乳白色。足黄色，仅前足胫节、跗节和中后足第 5 跗节黑色。腹部亮黑色。

分布：浙江（泰顺）、福建、台湾、海南、贵州、云南。

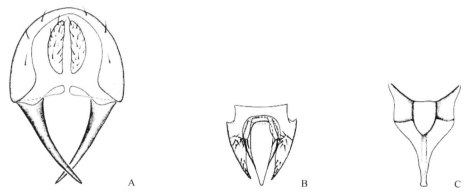

图 13-1　铜腹长角水蝇 Ceropsilopa cupreiventris (van der Wulp, 1897)

A. 上生殖板、尾须与背针突后面观；B. 阳茎、阳茎内突与阳茎侧突腹面观；C. 下生殖板腹面观

202. 凸额水蝇属 Psilopa Fallén, 1823

Psilopa Fallén, 1823: 6. Type species: Notiphhila nitidula Fallén 1813 (designated by Rondani, 1856).

Domina Hutton, 1901: 90. Type species: Domina metallica Hutton, 1901 (monotypy).

主要特征：颜区光亮。假单眼鬃退化，弱小。触角梗节短，近三角状，具有 1 背端叶突和明显粗大的背端刺，至少为鞭节的 1/2 长；鞭节短，最多为宽的 2 倍。触角芒栉状。具有盾前中鬃；前后背侧鬃距离背侧缝同样远；缝前或缝背中鬃缺失。

分布：世界广布，已知 70 种，中国记录 15 种，浙江分布 1 种。

（530）磨光凸额水蝇 Psilopa polita (Macquart, 1835)（图 13-2）

Hydrellia polita Macquart, 1835: 252.

Psilopa tarsella: Zetterstedt, 1846: 1934.

主要特征：额亮黑色，被稀疏的棕灰色粉，颜亮深棕色，仅侧颜被稀疏的棕黄色粉；触角黑色，颜色稍浅。触角芒具 7 根分支；下颚须黑色。胸部亮黑色，被稀疏的粉。前足亮黑色，中后足基节、腿节和胫节黑色，第 1–4 跗节黄色，第 5 跗节棕色。腹部亮黑色。雄虫生殖器结构：上生殖板长几乎等于宽；尾须约为上生殖板长的 2/3；背针突发达，细长，端部向内弯曲呈钩状；阳茎侧突的连接桥窄；阳茎内突退化。

　　分布：浙江（泰顺）、黑龙江、辽宁、内蒙古、北京、河北、河南、陕西、宁夏、甘肃、新疆、湖南、福建、广东、海南、广西、四川、贵州、云南。

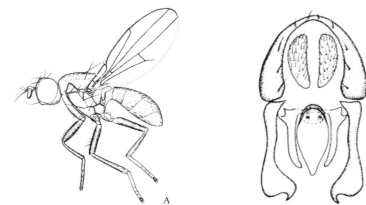

图 13-2　磨光凸额水蝇 *Psilopa polita* (Macquart, 1835)

A.♂成虫侧面观；B.♂外生殖器后面观；C.♂外生殖器侧面观

203. 短脉水蝇属 *Brachydeutera* Loew, 1862

Brachydeutera Loew, 1862: 162. Type species: *Brachydeutera dimidiata* Loew, 1862 (monotypy)(= *Notiphila argentata* Walker, 1853).

　　主要特征：颜中间有 1 条鼻状的隆线；颜下部强烈突出，不具短鬃；颊鬃缺少或弱小。口缘的前端部前伸，使锥状的唇基外露。梗节背端部无鬃，与第 1 鞭节一样长。触角芒栉形，具 6–12 根长毛。中胸背板毛序发育较弱，主要列鬃的鬃弱小；后侧的背中鬃、翅上鬃、盾前中鬃较大，其他的鬃退化；2 对小盾鬃；2 根背侧鬃，前背侧鬃较弱。翅前缘脉仅达 R_{4+5} 脉端部；前缘脉的第 3 部分是第 2 部分的几倍长；M 脉在后横脉之后的部分退化。足较细长；前足基跗节与其他跗节略等；中足、后足的基跗节加长，约为其他跗节的 2 倍。爪垫不发达。

　　分布：世界广布，已知 16 种，中国记录 3 种，浙江分布 3 种。

分种检索表

1. 中胸背板棕色，向腹缘延伸至上前侧片背部 1/4 处，突然变为灰白色 ·· 银唇短脉水蝇 *B. ibari*
- 中胸背板至侧片的颜色由棕色逐渐变为浅色 ·· 2
2. 背侧片棕色，侧片呈锈黄色；体大 ·· 长足短脉水蝇 *B. longipes*
- 背侧片的腹半部和侧片青灰色；体小 ·· 异色短脉水蝇 *B. pleuralis*

（531）银唇短脉水蝇 *Brachydetera ibari* Ninomiya, 1929（图 13-3）

Brachydetera ibari Ninomiya, 1929: 90.

　　主要特征：额棕黄色，仅单眼侧后方区域为橄榄绿色；颜脊自触角之间的额囊缝延伸至口凹缘，腹缘较尖；3 根侧倾的眶鬃，前面的鬃较弱，为后面 2 根的 1/2–2/3 长。唇基、颜（除颜隆脊部分）及沿口缘部分均为银白色。触角和中颜隆起的脊为棕黄色；触角芒 9–11 根；下颚须黄色。中胸背板、小盾片棕黄色，中胸背板的毛序不发达，主要鬃列的鬃弱小。中鬃之间、中鬃与背中鬃之间橄榄绿色；上前侧片上部 1/4 的区域被棕黄色微毛；其他侧片区域被灰白色微毛；小盾片比值为 0.71–0.74。翅透明，浅黄色；前缘脉比值 2.90–3.00，中脉比值 0.67。足腿节黄色；胫节基部黄色，向端部逐渐变深；跗节深棕色。腹部棕黄色，背板 1–4 节后侧缘灰白色，背板 4–5 节后缘灰白色。雄虫生殖器结构：上生殖板的后面观背表面凹入形成口袋状，里面是尾须；上生殖板的侧缘经过 2 次阶梯式的加宽；背针突愈合的端部钝圆且裸。

分布：浙江（临安）、黑龙江、吉林、辽宁、内蒙古、北京、天津、河北、河南、山东、宁夏、湖南、台湾、广西、广东、贵州、云南。

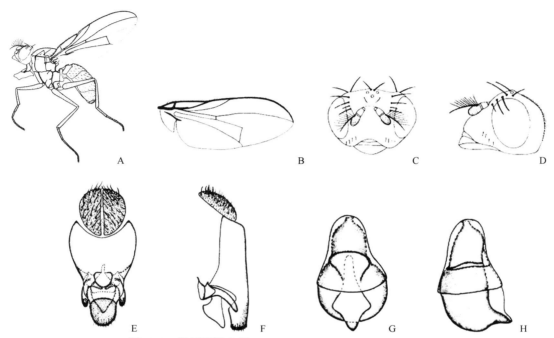

图 13-3 银唇短脉水蝇 *Brachydetera ibari* Ninomiya, 1929

A. ♂成虫侧面观；B. 翅；C. 头部正面观；D. 头部侧面观；E.♂外生殖器后面观；F.♂外生殖器侧面观；G.♀受精囊腹面观；H.♀受精囊侧面观

（532）长足短脉水蝇 *Brachydeutera longipes* Hendel, 1913 （图 13-4）

Brachydeutera longipes Hendel, 1913: 99.

主要特征：额棕褐色；3 根侧倾的眶鬃，前面的鬃较弱，约为后面 2 根的 1/2 长；触角之间的颜脊隆起低，颜脊宽，腹缘阔圆状。触角棕色；中颜脊为棕黄色。触角芒 8–9 根。唇基、颜（除颜隆脊部分）及颊

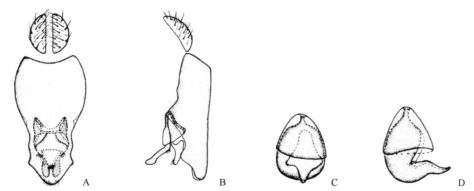

图 13-4 长足短脉水蝇 *Brachydeutera longipes* Hendel, 1913

A.♂外生殖器后面观；B.♂外生殖器侧面观；C.♀受精囊腹面观；D.♀受精囊侧面观

均为珍珠灰色。下颚须黄色。中胸背板、小盾片棕褐色，中胸背板的毛序不发达，主要鬃列的鬃弱小。沿中鬃、背中鬃及翅内鬃列颜色为棕色；中胸背板至侧片的颜色由浅棕色逐渐变为灰白色；小盾片比值为 0.88。翅透明，浅黄色；前缘脉比值 3.10，中脉比值 0.51。足腿节、胫节黄色；跗节棕色。腹部灰色，背板前缘和中缘浅棕色。雄虫生殖器结构：背针突与上生殖板的愈合体内弯，端部窄而圆。

　　分布：浙江（临安）、北京、河南、江苏、台湾、海南、香港、广西、云南。

（533）异色短脉水蝇 *Brachydeutera pleuralis* Malloch, 1928（图 13-5）

Brachydeutera pleuralis Malloch, 1928: 354.

　　主要特征：体长 2.00–2.10 mm；翅长 2.10–2.20 mm。额为棕色；2 根侧倾的眶鬃。颜脊明显隆起，腹缘尖；唇基、颜（除颜隆脊部分）及颊均为灰白色。触角棕色；中颜脊为棕黄色。触角芒 8–10 根。下颚须黄色。中胸背板、小盾片棕色，中胸背板的毛序不发达，主要鬃列的鬃弱小。沿中鬃、背中鬃及翅内鬃列颜色为橄榄绿；中胸背板棕色，向腹缘延伸至上前侧片背面 1/4 处突然变为灰白色；小盾片比值为 0.56–0.62。翅透明，浅黄色；前缘脉比值 4.20，中脉比值 0.43。足腿节、胫节黄色；跗节深棕色。腹部深棕色，背板 1–3 节后侧缘灰色，背板 4–5 节全部灰色。雄虫生殖器结构：背针突与上生殖板的愈合体端部宽，呈平截状。

　　分布：浙江（临安、泰顺）、山东、福建、广东、海南、广西、贵州、云南。

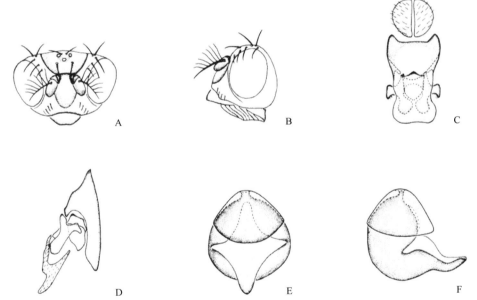

图 13-5　异色短脉水蝇 *Brachydeutera pleuralis* Malloch, 1928
A. 头部正面观；B. 头部侧面观；C. ♂外生殖器后面观；D. ♂外生殖器侧面观；E. ♀受精囊腹面观；F. ♀受精囊侧面观

204. 温泉水蝇属 *Scatella* Robineau-Desvoidy, 1830

Scatella Robineau-Desvoidy, 1813: 801. Type species: *Scatella buccata* Robineau-Desvoidy, 1830 (designated by Coquillett, 1910)

　　(= *Ephydra stagnatis* Fallén, 1813).

　　主要特征：体小型，黑色或灰色。颜强烈突出，沿口缘具鬃。通常有 1 根比其他鬃长得多的颊鬃。2 对眶鬃；内外顶鬃粗大；后顶鬃退化或弱小。触角芒裸或具弱的背毛。胸中鬃一般弱小，排成 2 列；2–3

对背中鬃。翅烟色，具几个淡色斑；前缘脉到达中脉端部。

　　分布：世界广布，已知 139 种，中国记录 5 种，浙江分布 1 种。

（534）细脉温泉水蝇 *Scatella* (*Scatella*) *tenuicosta* Collin, 1930（图 13-6）

Scatella tenuicosta Collin, 1930: 136.

Scatella (*Scatella*) *thermarum*: Collin, 1930: 138.

　　主要特征：头亮黑色，被稀疏的锈色微毛；中额光亮，具有棕红色的微毛；4 对侧倾的眶鬃，第 1 和第 4 对短而细。凸起的颜黑色，被有浓密的锈色微毛，颜的每侧具有 2 根背倾的颜鬃；颊眼比为 0.26；颊鬃粗大。触角黑色；触角芒具短毛。胸部亮黑色；中胸背板被有棕黄色微毛。翅棕色，具有 5 个浅色的白斑，位于 R$_{4+5}$ 室端部的斑似小提琴形状；翅脉在斑点附近弯曲。足亮黑色，具有灰色的粉；跗节棕色。足上的毛和鬃黑色。前足腿节具有 1 排后腹鬃，几乎与前足腿节宽同长。雄虫的前缘脉正常。平衡棒黄色。腹部亮黑色，被有锈色的微毛。雄虫生殖器：尾须粗而短；背针突的端部后面观没有内凹；阳茎侧突的基部窄；阳茎内突相对短而粗。

　　分布：浙江（普陀）、黑龙江、辽宁、内蒙古、北京、河北、山东、宁夏、江苏、湖南、广西、贵州、云南。

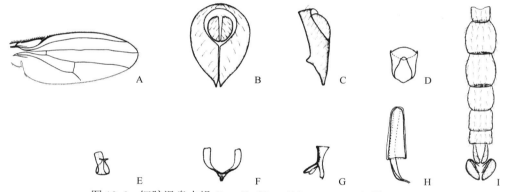

图 13-6　细脉温泉水蝇 *Scatella* (*Scatella*) *tenuicosta* Collin, 1930

A. 翅；B. 上生殖板与尾须后面观；C. 上生殖板与尾须侧面观；D. 阳茎腹面观；E. 阳茎内突；F. 阳茎侧突与桥腹面观；G. 阳茎侧突与桥侧面观；H. ♀受精囊；I. ♀腹板与尾须

205. 短毛水蝇属 *Chaetomosillus* Hendel, 1934

Chaetomosillus Hendel, 1934: 14. Type species: *Gymnopa dentifemur* Cresson, 1925.

　　主要特征：身体鬃一般退化，顶鬃、眶鬃和单眼鬃缺少或弱小。中颜具大的圆锥形隆起；侧颜较宽，顶部被短毛；颊高，一般为眼高的一半。单眼鬃和眶鬃发育好。触角芒裸或具短柔毛，触角窝深陷。胸部有 2 根背侧鬃。

　　分布：世界广布，已知 3 种，中国记录 1 种，浙江分布 1 种。

（535）齿腿短毛水蝇 *Chaetomosillus dentifemur* (Cresson, 1925)（图 13-7）

Gymnopa dentifemur Cresson, 1925: 233.

Chaetomosillus dentifemur: Hendel, 1934: 15

　　主要特征：体头黑色。额亮黑色，仅单眼三角区被棕黄色微毛；触角亮黑色，仅鞭节密被灰黄色的微毛；颜亮黑色，中颜具隆起的黑色瘤突，瘤突的两侧各有 1 根短粗的颜鬃，瘤突下方的颜区粗糙，呈微颗粒状；具 1 根短粗的内顶鬃等长于外顶鬃；1 对假单眼鬃稍短于单眼鬃；1 根前倾的和 1 根后倾的眶鬃；触角梗节具 2–3 根粗大的背刺，触角芒短毛状。颊鬃缺失。中胸背板亮黑色，被棕黄色微毛；上前侧板亮黑色，仅周缘被稀疏的微毛，其他侧板黑色，被密的灰黄色微毛。中鬃和背中鬃退化，呈毛状。足黑色，仅第 1–2 跗节黄色。平衡棒深黄色。腹部亮黑色，第 1 背板和第 5 背板及背板 2–4 节的前缘被灰白色微毛。雄性生殖器结构：后面观上生殖板阔圆形，中背部突然加宽；尾须细长，几乎与上生殖板等长；背针突端部具浓密的长鬃；阳茎侧面观细长，稍弯曲；阳茎内突侧面观中部具宽的背突。

　　分布：浙江（龙泉）、福建、台湾、云南。

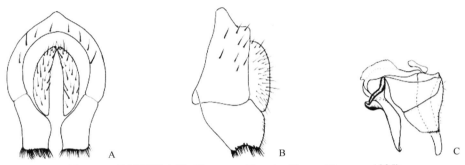

　　图 13-7　齿腿短毛水蝇 *Chaetomosillus dentifemur* (Cresson, 1925)
A. 上生殖板、尾须与背针突后面观；B. 上生殖板、尾须与背针突侧面观；C. 外生殖器侧面观

206. 毛眼水蝇属 *Hydrellia* Robineau-Desvoidy, 1830

Hydrellia Robineau-Desvoidy, 1830: 790. Type species: *Notiphila communis* Robineau-Desvoidy, 1830 (= *Notiphila griseola* Fallén, 1813) (subsequent designated by Duponchel in d'Orbigny, 1845).

　　主要特征：复眼具短柔毛。单眼鬃通常较弱，假单眼后鬃粗大；2 对眶鬃中等大小。触角上方的新月片发达，与颜区的颜色一致。具有 2–4 对粗大的背中鬃；前后背侧鬃至背侧缝的距离相等；翅上鬃一般短，不长于后背侧鬃。翅无黑斑，前缘脉到达中脉端部。中足胫节缺少背鬃。

　　分布：世界广布，已知 213 种，中国记录 17 种，浙江分布 1 种。

（536）菲岛毛眼水蝇 *Hydrellia philippina* Ferino, 1968（图 13-8）

Hydrellia philippina Ferino, 1968: 3.

　　主要特征：头黑色；中额被浓密的青灰色微毛，侧额被稀疏的青黄色微毛；眶区被驼黄色微毛。颜每侧具 5 根细长的毛，颜被灰黄色微毛；颊被灰黄色微毛。触角黑色，鞭节被浓密的灰黄色微毛。触角芒栉状，具有 8 根分支；下颚须黄色。中胸背板和小盾片具青灰色微毛；背侧板和上前侧片被灰黄色微毛，上后侧片、下前侧片和下后侧片被青灰色微毛。足浅色，中后足基节棕黄色被灰黄色微毛，中后足腿节棕色被灰黄色微毛，其他黄色。腹部青色，侧缘被灰黄色微毛，背板 1–4 节被棕黄色微毛。雄虫生殖器结构：上生殖板宽大于长，两侧臂宽；尾须短粗；背针突愈合为一体，端半部左右分离，长约为宽的 1.5 倍；阳茎侧突的端突细长，颜色不加深；阳茎呈漏斗状；阳茎内突腹面观呈端部宽而基部窄的杆状，端部具明显的分叉。

　　分布：浙江（泰顺）、湖南、台湾、海南、广西、贵州、云南。

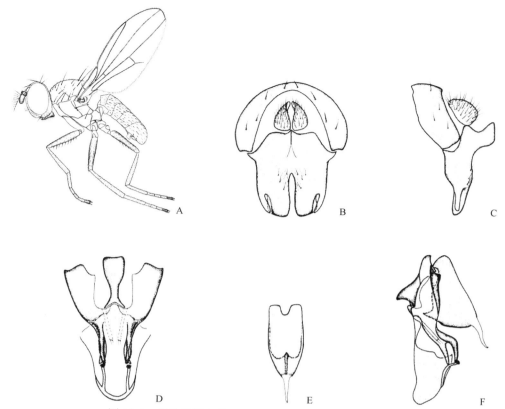

图 13-8　菲岛毛眼水蝇 *Hydrellia philippina* Ferino, 1968

A. ♂成虫；B. 上生殖板、尾须与背针突后面观；C. 上生殖板、尾须与背针突侧面观；D. 阳茎内突、阳茎侧突与下生殖板腹面观；E. 阳茎腹面观；
F. 外生殖器侧面观

207. 亮水蝇属 *Typopsilopa* Cresson, 1916

Typopsilopa Cresson, 1916: 147. Type species: *Typopsilopa flavitarsis* Cresson, 1916 (original designation)(= *Psilopa nigra* Williston, 1896).

Psilopina Becker, 1926: 38. Type species: *Ephygrobia electa* Becker, 1903 (original designation).

主要特征：亮黑色种。假单眼后鬃弱小；翅上鬃粗大，长于后背侧鬃，眶鬃明显。触角芒栉状。前后背侧鬃距离背侧缝同样远；具有 2 根粗大的背中鬃（1+1）；具有盾前中鬃。中足胫节无背鬃。

分布：世界广布，已知 19 种，中国记录 1 种，浙江分布 1 种。

（537）中华亮水蝇 *Typopsilopa chinensis* (Wiedemann, 1830)（图 13-9）

Psilopa sorella Becker, 1924: 91.

Typopsilopa flavitarsis Frey, 1958: 46

主要特征：体长约 1.95 mm，翅长约 2.0 mm。额、颜亮黑色；颜每侧具 1 根粗长的鬃。触角黑色，触角芒栉状。中胸、小盾片、侧板亮黑色；具有 1 根缝前背中鬃，1 根缝后背中鬃；1 对盾前鬃；2 背侧鬃位于同一平行线上；1 根粗大上前侧片鬃；1 根粗长的下前侧片鬃。翅和翅脉黄色，平衡棒浅黄色。足黑色，仅第 1–4 跗节黄色，第 5 跗节棕色。腹部亮黑色。雄虫生殖器结构：上生殖板臂窄；尾须粗壮；背针突水珠状，端部具有 3 根粗大的鬃；阳茎侧突细长；阳茎内突与下生殖板愈合。

分布：浙江（泰顺）、江苏、湖南、福建、台湾、广东、海南、广西、四川、贵州、云南。

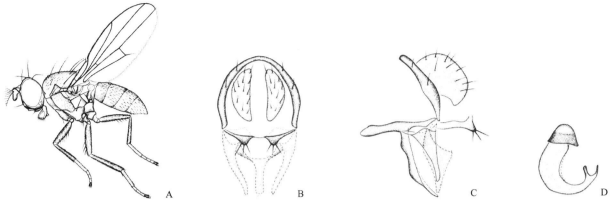

图 13-9　中华亮水蝇 *Typopsilopa chinensis* (Wiedemann, 1830)

A. ♂成虫；B. 外生殖器后面观；C. 外生殖器侧面观；D. ♀受精囊

二十六、隐芒蝇科 Cryptochetidae

主要特征：小型（体长 1–3.5 mm）。体色较暗，通常黑色或暗黑色，密被黑色短毛，缺明显的鬃，具蓝色或绿色金属光泽。体粗短紧凑，黑色具蓝或绿金属光泽，密被黑色短毛，缺明显的鬃；头部宽与高均大于长，复眼发达远离；单眼小，额三角大；触角第 3 鞭节粗大，缺触角芒，仅在角端有 1 很小的角突；胸部宽大膨胀，小盾片宽阔；翅宽大，前缘具 3 缺刻，前缘脉伸达 R_{4+5} 脉或 M_1 脉末端。隐芒蝇科昆虫为同翅目珠蚧科的内寄主性天敌昆虫，对吹绵蚧、草履蚧等害虫有相当大的抑制作用。例如，吹绵蚧隐芒蝇 *Cryptochetum iceryae*（Williston, 1888）普遍应用于柑橘吹绵蚧的防治。隐芒蝇科昆虫多在山区林间活动，飞行敏捷，具有趋人习性，喜围人眼飞行或停落在帽子、手上。取食露水、花蜜和蚜虫或其他同翅目的蜜露。

分布：世界已知 2 属 52 种，中国记录 1 属 22 种，浙江分布 1 属 4 种。

208. 隐芒蝇属 *Cryptochetum* Rondani, 1875

Cryptochetum Rondani, 1875: 167. Type species: *Cryptochetum grandicorne* Rondani, 1875 (original designation).

主要特征：体粗短紧凑，黑色具蓝或绿金属光泽，密被黑色短毛，缺明显的鬃；头部宽与高均大于长，复眼发达远离；单眼小，额三角大；触角第 3 鞭节粗大，缺触角芒，仅在角端有 1 很小的角突；胸部宽大膨胀，小盾片宽阔；翅宽大，前缘具 3 缺刻，前缘脉伸达 R_{4+5} 脉或 M_1 脉末端。

分布：世界广布，已知 50 种，中国记录 22 种，浙江分布 4 种。

分种检索表

1. 单眼三角区近等边三角形 ·· 云南隐芒蝇 *C. yunnanum*
- 单眼三角区等腰三角形 ··· 2
2. r-m 脉与 dm-cu 脉之间的 M_1 脉比 dm-cu 脉长 ··· 3
- r-m 脉与 dm-cu 脉之间的 M_1 脉与 dm-cu 等长 ····················· 天目山隐芒蝇 *C. tianmuense*
3. 触角第 1 鞭节稍窄且短，端部边缘钝圆形 ··························· 九七隐芒蝇 *C. nonagintaseptem*
- 触角第 1 鞭节稍宽且长，端部边缘略平齐 ··························· 陕西隐芒蝇 *C. shaanxiensis*

（538）九七隐芒蝇 *Cryptochetum nonagintaseptem* Yang *et* Yang, 1998（图 13-10）

Cryptochetum nonagintaseptem Yang *et* Yang, 1998: 326.

主要特征：体长约 1.8 mm；翅长约 2.2 mm。体黑色具蓝色光泽，密布黑色短毛。头部背面短阔，复眼远离，复眼红色，长而大，额三角近等腰三角形，顶角与触角间距约等长，单眼小而靠拢；触角端节两侧略平行，顶端钝圆形，长约为宽的 3 倍；触节第 1 鞭节稍窄且短，端部边缘钝圆形。翅透明，前缘脉 C 伸达径分脉 R_{4+5} 端，翅顶角稍在其下方，后横脉 dm-cu 脉中部略弯折。足弯曲，黑褐色，跗节呈黄褐色。

分布：浙江（安吉）。

图 13-10　九七隐芒蝇 *Cryptochetum nonagintaseptem* Yang *et* Yang, 1998（仿杨集昆和杨春清，1998）
A. 头部侧面观；B. 头部背面观；C. 翅

（539）陕西隐芒蝇 *Cryptochetum shaanxiensis* Xi *et* Yang, 2015（图 13-11）

Cryptochetum shaanxiensis Xi *et* Yang, 2015: 81.

主要特征：体长约 1.8 mm，翅长约 1.7 mm。头部黑色；复眼浅暗红色，光滑；复眼高为长的 2.1 倍。单眼三角区亮黑色，具金属光泽，端部稍尖，近等腰三角形。额三角区具短刚毛；额无刚毛；眶鬃缺失；后顶鬃直立，粗壮，比其他鬃长。触角浅黑棕色，具微绒毛，较大，端部呈锐角，不伸达复眼下缘；第 1 鞭节呈不规则矩形，稍宽且长，端部边缘平齐，具短绒毛，长 0.4 mm，宽 0.2 mm，端角具 1 微小粗壮的锥突，长度几乎与周围短毛等长；下颚须短，肾形，端部稍膨大，呈圆形。胸部发亮，暗棕色具金属光泽；小盾片较大，近三角形，端部较宽，呈钝圆形，长为胸部的 0.5 倍。前缘脉伸达 R_{4+5} 脉，未达翅尖处；Sc 脉较弱且无弯曲；R_{2+3} 脉和 R_{4+5} 脉长度的前 4/5 平行，后 1/5 分别向上和向下伸达翅缘；平衡棒棒节浅暗棕色，基节棕色。足弯曲，基节和腿节浅黑棕色，胫节浅暗黄色。腹部的鬃和毛黑色。雄性外生殖器：第 9 背板呈带状，中间膨大稍宽，具稀疏的鬃；背针突稍窄，端部钝；尾须较发达，具浓密的鬃。下生殖板 "U" 形；生殖肢较大且对称；端阳茎稍宽，阳茎细长。

分布：浙江（临安）。

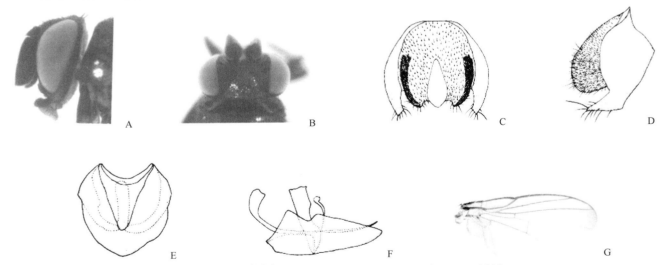

图 13-11　陕西隐芒蝇 *Cryptochetum shaanxiensis* Xi *et* Yang, 2015
A. 头部侧面观；B. 头部背面观；C. 第 9 背板后面观；D. 第 9 背板侧面观；E. 阳茎复合体后面观；F. 阳茎复合体侧面观；G. 翅

（540）天目山隐芒蝇 *Cryptochetum tianmuense* Yang *et* Yang, 2001（图 13-12）

Cryptochetum tianmuense Yang *et* Yang, 2001: 502.

主要特征：体长 1.6 mm，翅长 1.9 mm。头部黑色，具金属光泽；单眼暗褐色，小而靠拢；额三角大，几乎占了整个额区，呈等腰三角形，前端较长且略平截；三角区以外的额区乌黑色，与三角区的黑色金属光泽形成强烈的对比。触角粗壮，伸达复眼下缘，深褐色，第 1 鞭节膨大，长为宽的 2.5 倍，前缘微凸而中部略凹。下颚须短粗，深黄褐色，具黑色微绒毛，边缘具稀疏的短毛。胸部黑色，稍带蓝色金属光泽。小盾片大，近三角形，端部稍圆。翅宽大，透明；前缘脉达 R$_{4+5}$ 脉末端并超过一小段，dm-cu 脉中部弯折，r-m 与 dm-cu 脉之间的 M$_1$ 脉与 dm-cu 脉等长；平衡棒棒节红棕色，基节棕色。足弯曲，基节、腿节和胫节暗褐色；胫节和跗节具端粗壮黑刺，纵向排列，在端部的刺更长、更粗壮。腹部黑色，具蓝黑色金属光泽，基部宽，端部窄。雄性外生殖器：第 9 背板呈不规则带状，具稀疏的鬃；背针突端部平齐，较钝，具浓密的长毛；尾须较发达，具稀疏的短鬃。下生殖板 "n" 形；生殖肢钝圆形且不对称；阳茎细长。

　　分布：浙江（临安）。

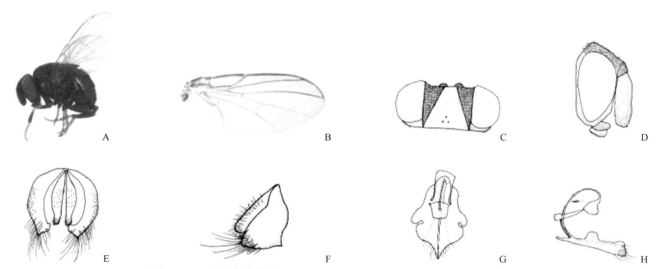

图 13-12　天目山隐芒蝇 *Cryptochetum tianmuense* Yang *et* Yang, 2001
A. 整体侧面观；B. 翅；C. 头部背面观；D. 头部侧面观；E. 第 9 背板后面观；F. 第 9 背板侧面观；G. 阳茎复合体后面观；H. 阳茎复合体侧面观

（541）云南隐芒蝇 *Cryptochetum yunnanum* Xi *et* Yang, 2015（图 13-13）

Cryptochetum yunnanum Xi *et* Yang, 2015: 82.

　　主要特征：体长约 1.8 mm，翅长约 2.0 mm。头部黑色；复眼浅暗红色，光滑；复眼高为长的 2 倍。单眼三角区亮黑色，具金属光泽，端部钝圆形，宽较触角间距窄，近等边三角形。额三角区具短刚毛，具明显的毛痕；额无刚毛；眶鬃缺失；后顶鬃直立，粗壮，比其他鬃长。触角浅黑棕色，具微绒毛，较大，端部稍伸达复眼下缘之下；第 1 鞭节宽且平，具短绒毛，前缘直，端部边缘逐渐向内倾斜，长 0.3 mm，宽 0.2 mm，端角具 1 微小粗壮的锥突，长度稍长于周围短毛。下颚须短，棍棒状，端部呈圆形；暗棕色，具密的软黑毛，边缘具稀疏短毛。胸部发亮，浅棕黑色，具蓝绿光泽；小盾片亮，浅棕黑色。小盾片较大，近三角形，端部较宽呈钝圆形，长为胸部的 0.5 倍。前缘脉超过 R$_{4+5}$ 脉，未达翅角处；Sc 脉较弱；R$_1$ 脉具明显的角度；R$_{2+3}$ 脉和 R$_{4+5}$ 脉长度的前 4/5 平行，后 1/5 分别向上和向下伸达翅缘；平衡棒棒节浅暗棕色，基节棕色。足弯曲，基节和腿节浅暗棕色，胫节浅暗黄色。腹部浅棕黑色，具蓝绿色光泽。雄性外生殖器：第 9 背板呈带状，具稀疏的鬃；背针突端部较钝；尾须发达，具浓密的鬃。下生殖板 "n" 形；生殖肢叶状且对称；阳茎较直，端阳茎近圆形。

　　分布：浙江（临安）、四川、云南。

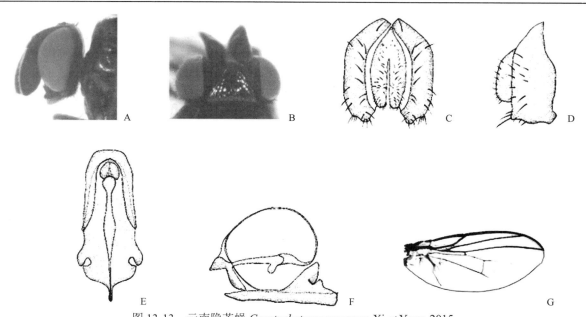

图 13-13　云南隐芒蝇 *Cryptochetum yunnanum* Xi *et* Yang, 2015

A. 头部侧面观；B. 头部背面观；C. 第 9 背板后面观；D. 第 9 背板侧面观；E. 阳茎复合体后面观；F. 阳茎复合体侧面观；G. 翅

第十四章　突眼蝇总科 Diopsoidea

二十七、茎蝇科 Psilidae

主要特征：多为小型，头部和身体光滑少鬃，故有"裸蝇"之称。头部离眼式，单眼三角区一般较大，前方延伸至额中部甚至直达前缘。无口鬃。翅 C 脉在 R_1 脉内侧有 1 个缺刻，在 Sc 脉终止的顶端与 C 脉的缺刻处中间形成 1 个小的透明带，并由此向翅后缘延伸 1 淡痕，翅可沿此痕折屈；M_{1+2} 脉平直或下弯。

生物学：幼虫多为植食性，多蛀食根茎。*Chyliza extenuatum* 寄生于列当科 Orobanchaceae 植物，*Chyliza erudita* 的幼虫在北美乔松的伤口处取食树脂。国内曾报道竹笋绒茎蝇 *Chyliza bambusae* 蛀茎为害竹笋。

分布：世界已知 10 属 200 多种，中国记录 7 属 68 种，浙江分布 4 属 9 种。

分属检索表

1. 翅脉肘室明显短于基第 4 室 ·· 绒茎蝇属 *Chyliza*
- 翅脉肘室与基第 4 室约等长 ··· 2
2. 触角第 1 鞭节极度延长，等于或超过梗节长度的 4 倍 ·································· 长角茎蝇属 *Loxocera*
- 触角第 1 鞭节短于梗节的 3 倍 ·· 3
3. 无背侧片鬃 ··· 枝茎蝇属 *Phytopsila*
- 有背侧片鬃 ··· 顶茎蝇属 *Chamaepsila*

209. 顶茎蝇属 *Chamaepsila* Hendel, 1917

Chamaepsila Hendel, 1917: 37. Type species: *Musca rosae* Fabricius, 1794 (original designation).

Chamaepsila: Wang *et* Yang, 1998: 427.

主要特征：复眼较圆；颊高，大于眼高的 1/3；触角第 1 鞭节短，其长不超过宽的 3 倍。有后顶鬃 2–3 根（个别种为 1 根），1–2 根上眶鬃，1 根背侧片鬃，1 根翅上鬃，1 根翅后鬃，1–4 根背中鬃，1 根小盾鬃（*Tetraopsila* 亚属中为 2 根以上）。

分布：世界广布。中国记录 20 种，浙江分布 1 种。

（542）大顶茎蝇 *Chamaepsila* (*Tetrapsila*) *grandis* Wang *et* Yang, 1998

Chamaepsila (*Tetrapsila*) *grandis* Wang *et* Yang, 1998: 433.

主要特征：体长 9.5 mm。头部红黄色，仅单眼三角区黑色。1 根后顶鬃，2 根顶鬃，2 根上眶鬃；毛序黑色。触角柄节、第 1 鞭节红黄色，梗节褐色；触角芒浅黄色，羽状。胸部全部红黄色。1 根背中鬃，3 根小盾鬃；毛序黑色。翅透明无斑；平衡棒红黄色。足红黄色。腹部比胸部颜色略深，呈红褐色。

分布：浙江（临安）。

210. 绒茎蝇属 *Chyliza* Fallén, 1820

Chyliza Fallén, 1820: 6. Type species: *Musca leptogaster* Panzer, 1798 (subsequent designation by Westwood, 1840).

Chyliza: Wang *et* Yang, 1998: 433.

主要特征：复眼长圆形；颊窄，低于眼高的 1/3；颜面略隆起，有 1 根后顶鬃，2–3 根顶鬃，1–2 根上眶鬃，下颚须宽扁。胸部具 1 根背侧片鬃，1 根翅上鬃，1 根背中鬃，2–3 根小盾鬃（少数为 1 根）。前翅肘室明显短于基第 4 室。

分布：世界广布。中国记录 21 种，浙江分布 4 种。

分种检索表

1. 颜面无斑 ·· 2
- 颜面有斑，或至少一部分有斑 ·· 3
2. 触角 3 节均红黄色；胸背亮黑色 ······································· 黄足绒茎蝇 *Chyliza flavicrura*
- 触角 3 节颜色不同；胸背红黄色，有 1 黑色中条斑 ····················· 竹笋绒茎蝇 *Chyliza bambusae*
3. 额红黄色；小盾片浅褐色；足黄色，后足胫节有黑色端斑 ··············· 强鬃绒茎蝇 *Chyliza ingetiseta*
- 额后半部为黑色；小盾片红黄色；足黄色 ······························· 中国绒茎蝇 *Chyliza sinensis*

（543）竹笋绒茎蝇 *Chyliza bambusae* Yang *et* Wang, 1988（图 14-1）

Chyliza bambusae Yang *et* Wang, 1988: 275.

主要特征：体长 6–8 mm，翅长 5–6 mm。头部黄褐色；额平，间额具大黑斑，颜凹入，中颜板具黑色宽条斑；复眼大，后缘微凹；单眼三角区小，具单眼鬃，头顶有内顶鬃、外顶鬃及后顶鬃各 1 对；触角柄节、梗节暗褐色，第 1 鞭节淡黄色，触角芒羽状，长为第 1 鞭节的 2 倍。胸部背面黄褐色，背中具中部缢缩的暗褐色宽纵带，侧板除中侧片下半及腹侧片上部为黄色外，余呈暗褐色，胸背密布具微毛的刻点，背侧具 1 对翅前鬃和 2 对翅上鬃，背板后缘还有 2 对鬃，小盾片黄褐色，有 3 对小盾鬃。翅狭长，透明，翅顶端烟褐色，翅中部沿中横脉及附近的前中脉具烟褐色纹；翅前缘在 1/3 处具 1 缺刻，并延伸 1 折痕横贯翅面；中室（第 2 基室）比肘室（臀室）大而长，翅面密被微毛，翅前缘具 2 列刚毛。平衡棒淡黄色。足细长，淡黄色，具绒毛，跗节甚长于胫节。腹部细长，黑褐色。

分布：浙江（余杭、临安）。

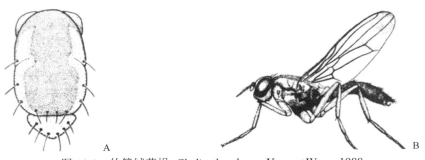

图 14-1　竹笋绒茎蝇 *Chyliza bambusae* Yang *et* Wang, 1988
A. 胸背面观；B. 胸侧面观

（544）强鬃绒茎蝇 *Chyliza ingetiseta* Wang, 1995（图 14-2）

Chyliza ingetiseta Wang, 1995: 101.

　　主要特征：体长 7.5 mm。头部黄，额红黄色；单眼三角黑色，其周围色暗；颜面浅黄，有 1 黑色近方形中斑；颊浅黄；1 对后顶鬃，3 对头顶鬃，1 对单眼鬃，2 对上额眶鬃，触角柄节、梗节黑色，第 1 鞭节浅黄色；触角芒褐色，具较长的羽毛。中胸背板前部在肩片之间为黑色，由此伸出 1 较宽的黑色中条纹直达小盾片前，其两侧为暗褐色；小盾片浅褐色；胸侧除前侧片、腹侧片及中侧片下缘外均为黑色。1 对背侧鬃，1 对翅上鬃，1 对翅后鬃，1 对背中鬃，1 对前小盾鬃，3 对小盾鬃；毛序黑色。翅中部至端部有淡褐色雾斑。足黄色，后足胫节有黑色端斑。腹部亮黑色，产卵器部分黑色。

　　分布：浙江（松阳）。

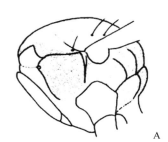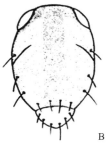

图 14-2　强鬃绒茎蝇 *Chyliza ingetiseta* Wang, 1995
A. 胸侧面观；B. 胸背面观

（545）黄足绒茎蝇 *Chyliza flavicrura* Wang *et* Yang, 1998

Chyliza flavicrura Wang *et* Yang, 1998: 437.

　　主要特征：体长 4.5 mm。头部红褐色，额区有山峰状黑斑，额在触角基部有 1 条黑色缘线。1 根后顶鬃，2 根顶鬃，2–3 根上眶鬃；毛序黑色。触角红黄色，第 1 鞭节上前缘褐色；触角芒褐色，具微毛。下颚须黑色。胸部亮黑色；1 根背中鬃，1 根小盾前鬃，2 根小盾鬃；毛序黑色。翅透明略带褐色，端半部有雾斑；平衡棒浅黄色。足黄色。腹部亮黑色。

　　分布：浙江（临安）。

（546）中国绒茎蝇 *Chyliza sinensis* Wang *et* Yang, 1998（图 14-3）

Chyliza sinensis Wang *et* Yang, 1998: 438.

　　主要特征：体长 5.5–6.5 mm。头部红黄色，额后半部为黑色，有时扩展到额的 2/3 处，近眼缘处色更深；后头区黑色，雄虫颜面大部分无斑，少数有黑色的中斑；雌虫大部分颜面有黑色中斑，少数无斑，其形状常有变化。1 根后顶鬃，3 根顶鬃，2 根上眶鬃；毛序黑色。触角基部 2 节黑色，第 1 鞭节黄色；触角芒黄色，羽状；下颚须黑色。胸部亮黑色，有时肩片和腹侧片上缘色略浅，褐色至红黄色；小盾片红黄色。1 根背中鬃，1 根小盾前鬃，3 根小盾鬃；毛序黑色。平衡棒黄色。翅透明，微带黄色，顶角有淡褐雾斑；足黄色。腹部亮黑色。

　　分布：浙江（临安）、内蒙古、北京、山西、陕西、安徽、海南、广西、贵州、云南。

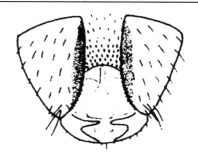

图 14-3　中国绒茎蝇 *Chyliza sinensis* Wang *et* Yang, 1998
♂尾节后面观

211. 长角茎蝇属 *Loxocera* Meigen, 1803

Loxocera Meigen, 1803: 275. Type species: *Musca aristata* Panzer, 1801 (monotypy).

Loxocera: Wang *et* Yang, 1998: 439.

主要特征：复眼长圆形；侧颜极窄，颊高低于眼高的 1/2；触角第 1 鞭节极度延长，等于或超过触角梗节长度的 4 倍。胸部 0–1 对后顶鬃，0–2 对顶鬃，多数种无上眶鬃，0–1 对背侧片鬃，翅上鬃与翅后鬃各 1 对；0–1 对背中鬃，0–2 对小盾鬃。

分布：世界广布。中国记录 13 种，浙江分布 3 种。

分种检索表

1. 腹部大部分黑色，仅末节两侧黄色 ·· **天目长角茎蝇 L. tianmuensis**
- 腹部 1–5 节红黄色，或仅腹部背面黑色 ··· 2
2. 无小盾鬃，胸背的中纹截止在盾沟附近 ·· **少鬃长角茎蝇 L. pauciseta**
- 2 对小盾鬃，胸背的中纹伸达小盾片基部 ·· **单纹长角茎蝇 L. univittata**

（547）少鬃长角茎蝇 *Loxocera pauciseta* Wang *et* Yang, 1998（图 14-4）

Loxocera pauciseta Wang *et* Yang, 1998: 442.

主要特征：体长 5–6 mm。额区褐色，额三角区深褐色，额前缘有时颜色略淡，后头区上半部黑色，头的其余部分为红黄色；无后顶鬃，无顶鬃，无上眶鬃，触角柄节浅褐色，梗节红黄色，第 1 鞭节黑色，触角芒浅黄色，具短羽毛，比第 1 鞭节略短；下颚须黄色。胸部红黄色，仅肩片之间有 1 梯形深褐斑，由斑的底边中央伸出 1 褐色条带，终止在盾沟附近；后背片中央褐色。无背侧片鬃，1 对背中鬃，无小盾鬃；毛序褐色。翅透明，脉深褐色，有浅褐色端斑和中斑；R_{4+5} 脉与 M_{1+2} 脉向下弯曲，M_{3+4} 脉的最后 1 段短于 m-m 脉；平衡棒浅黄色。足红黄色，胫节颜色略深。腹部红黄色。

分布：浙江（普陀）、北京。

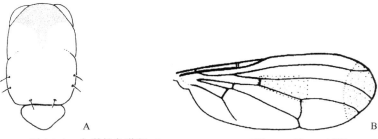

图 14-4　少鬃长角茎蝇 *Loxocera pauciseta* Wang *et* Yang, 1988
A. 胸背面观；B. 翅

（548）天目长角茎蝇 *Loxocera tianmuensis* Wang *et* Yang, 1998（图 14-5）

Loxocera tianmuensis Wang *et* Yang, 1998: 200.

主要特征：体长 6.5 mm，翅长 5 mm。头部黑色，额前缘浅褐色，颊红黄色。触角梗节黄色，柄节、第 1 鞭节黑色，触角芒浅黄色，具毛，略短于触角第 1 鞭节。仅具 1 对单眼鬃；胸部肩片及小盾片为黑色，中胸背板前部为黑色，后面红黄色，上有黑色斑纹。胸侧上半部黑色，下半部红黄色，后胸背板黑色；翅透明无色，端部和中央有淡淡的雾斑。R_{4+5} 与 M_{1+2} 略向下弯，M_{3+4} 的最后 1 段短于 m；Cu_1 远离翅缘；平衡棒浅黄色。足红黄色；腹部黑色，仅末节两侧黄色。

分布：浙江（临安）。

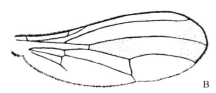

图 14-5　天目长角茎蝇 *Loxocera tianmuensis* Wang *et* Yang, 1998

A. 胸背面观；B. 翅

（549）单纹长角茎蝇 *Loxocera univittata* Wang *et* Yang, 1998（图 14-6）

Loxocera triplagata Wang *et* Yang, 1998: 445.

主要特征：体长 6–7 mm。头部红黄色；额三角区黑色，其余部分暗褐色，有时整个额区为暗褐至黑色，后头区上部黑色；无后顶鬃，无顶鬃，无上眶鬃，触角柄节、第 1 鞭节深褐色，梗节红黄色，触角芒略短于第 1 鞭节，黄色，短羽状；下颚须黄色。胸部红黄色，胸背在肩片之间，有时包括肩片为黑色，由此伸出 1 黑色中带，直达小盾片，小盾片深褐至黑色；2 条侧黑带自肩片后沿背中缝伸达盾沟前。无背侧片鬃，1 对背中鬃，2 对小盾鬃；毛序黑色。翅透明微褐，脉深褐色，R_{4+5} 脉与 M_{1+2} 脉平行不下弯，M_{3+4} 脉的最后 1 段短于 m-m 脉，翅上有 2 块雾斑；平衡棒黄色。足红黄色，胫节颜色略深。腹部背面黑色，腹面红黄色，第 6 节背侧各有 1 块黄斑，第 7 节黑色。

分布：浙江（杭州）、北京、甘肃、湖北、贵州。

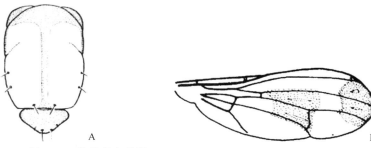

图 14-6　单纹长角茎蝇 *Loxocera univittata* Wang *et* Yang, 1998

A. 胸背面观；B. 翅

212. 枝茎蝇属 *Phytopsila* Iwasa, 1987

Phytopsila Iwasa, 1987: 310. Type species: *Phytopsila carota* Iwasa, 1987 (monotypy).
Phytopsila: Wang *et* Yang, 1998: 448.

主要特征：头圆锥形；颊较宽，无后顶鬃，有 2–4 对顶鬃，无上眶鬃，无背侧片鬃，1 对翅上鬃，1 对翅后鬃，0–1 对背中鬃，1 对小盾鬃。

分布：东洋区。中国记录 1 种，浙江分布 1 种。

（550）纹面枝茎蝇 *Phytopsila facivittata* (Yang *et* Wang, 1992)（图 14-7）

Oxypsila facivittata Yang *et* Wang, 1992: 446.
Phytopsila facivittata: Wang *et* Yang, 1998: 448.

主要特征：雌虫体长 3 mm，黑色光亮。头部红黄色，围绕黑色单眼三角区形成的额三角区呈褐色，直达额的前缘；2 对头顶鬃，无后顶鬃及上额眶鬃。后头区的中部黑色，与单眼三角区相连，颜面中部有 1 黑色纵纹；侧额宽大于或等于前足胫节的宽度。触角红黄色，第 1 鞭节外缘和前缘具黑边；触角芒黄色，具微毛；下唇须深褐色。胸部亮黑色，无背中鬃及背侧鬃，只有翅上鬃，翅后鬃和小盾鬃各 1 对，均为黑色。足黄色，翅透明无斑。平衡棒黄色。腹部亮黑色。

分布：浙江（德清）。

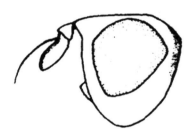

图 14-7　纹面枝茎蝇 *Phytopsila facivittata* (Yang *et* Wang, 1992)
头部侧面观

二十八、圆目蝇科 Strongylophthalmyiidae

主要特征：成虫体小型，瘦长，多黑褐色，光亮。头部较圆，复眼大而圆，单眼三角区靠前；发达的后顶鬃向前岔开，无髭。触角短而宽，触角芒具短毛。胸部长且背面较平，鬃在盘区微弱；小盾片短而宽，仅 1 对端鬃。翅前缘具 1 缺刻，位于 R_1 脉内侧；Sc 脉明显，但渐细而不达前缘脉，有 A 脉及翅瓣。足细长，一般无鬃，跗节第 1 节长，与第 2–4 节之和等长。雄虫腹部柱形，第 9 腹板膨突且弯折，盖住细长的阳茎和阳基侧突；雌虫腹部两端细，第 6 节以后渐狭，形成长产卵器。

生物学：幼虫发生在白杨、桦木、榆树等朽木的树皮下，成虫在树林及竹林间活动。

分布：世界广布，已知 87 种，中国记录 11 种，浙江分布 1 种。

213. 圆目蝇属 *Strongylophthalmyia* Heller, 1902

Strongylophthalmus Hendel, 1902: 179. Type species: *Chyliza ustulata* Zetterstedt, 1847.

Strongylophthalmyia Hennig, 1940: 309; Steyskal 1971: 141; Shatalkin, 1993: 124; Shatalkin, 1996: 145; Yang *et* Wang, 1996: 457; Iwasa *et* Evenhuis, 2014: 96; Evenhuis, 2016: 203; Galinskaya *et* Shatalkin, 2016: 112; Galinskaya *et* Shatalkin, 2018: 113.

主要特征：成虫小型，瘦长，体多黑褐色，光亮。头较圆，复眼大而圆，单眼三角区靠前；发达的后顶鬃向前岔开，无髭；触角短而宽，触角芒具短毛。胸部长而背平，鬃在盘区微弱；小盾片短而宽，仅 1 对端鬃。翅前缘具 1 缺刻，位于 R_1 脉内侧；Sc 脉明显，但渐细而不达前缘脉，有 A 脉及翅瓣。足细长，一般无鬃，跗节第 1 节长，与第 2–4 节之和等长。

分布：世界广布，已知 86 种。中国记录 11 种，浙江分布 1 种。

（551）双带圆目蝇 *Strongylophthalmyia bifasciata* Yang *et* Wang, 1992（图 14-8）

Strongylophthalmyia bifasciata Yang *et* Wang, 1992: 447.

主要特征：雄虫体长 5 mm，翅长 4 mm；雌虫体长 6 mm，较雄虫略大。头部黑色，颜面和喙红黄色。头部有后顶鬃 1 对，内外顶鬃各 1 对，上额眶鬃 2 对。触角红黄色，第 2 节背面有短黑毛；触角芒红黄色，具微毛。胸部黑色，仅前胸侧面、腹面及中胸肩片为黄色；有小盾鬃、后背鬃、背侧片鬃各 1 对，肩后鬃与翅上鬃各 2 对。翅透明，翅端及近 2/3 处有淡褐色带斑，Rs 脉分岔处极膨大，R_{2+3} 脉稍长，R_{4+5} 脉与 M_{1+2} 脉略平行直到端部。足黄色，中、后足腿节近端部及胫节淡褐色。腹部长圆筒形，背面黑色，腹面红黄色。

分布：浙江（临安）。

图 14-8　双带圆目蝇 *Strongylophthalmyia bifasciata* Yang *et* Wang, 1992（仿杨集昆和王心丽，1992）

A. ♂第 9 背板、背侧突和阳茎复合体侧面观；B. ♂翅

第十五章　禾蝇总科 Opomyzoidea

二十九、刺股蝇科 Megamerinidae

主要特征：体中型（体长 10 mm 左右），瘦长的无瓣蝇类。体黑色光亮，多纤毛而少鬃；足细长，颜色各样；后足股节粗大，腹面具小刺 2 列。头部略圆，复眼大而远离，额背面凹下，低于复眼水平，单眼三角靠后，稍突；触角在前额突上，第 1 鞭节圆，芒多毛；头鬃只有 2 对顶鬃，侧额鬃仅 1 对或无，其他鬃均无。胸部狭长，背面平而多微毛，只有 1 对背侧鬃和 2 对翅后鬃；小背片短小，有 1 对端鬃；胸侧及后背片均光亮。翅狭长，Sc 单独伸达前缘脉，前缘脉完整无缺刻，止于 M_{1+2} 端，m 室与 cu 室均狭长而平行，A 脉达翅缘。腹部细长，可见 7 节，雄后腹节极特化。

分布：世界已知 15 种，中国记录 7 种，浙江分布 1 属 1 种。

214. 前刺股蝇属 *Protexara* Yang, 1998

Protexara Yang, 1998: 420. Type species: *Protexara sinica* Yang, 1998.

主要特征：一般特征与旋刺股蝇属（*Texara*）相似，但此属有显著不同的特征：头部侧额鬃微弱；后足股节腹面的双列小刺多而密，17–20 个；前足和中足股节腹面近端部各有 2–3 个小黑刺；雄腹端肛尾叶狭长，侧尾叶基部宽而端部窄；阳茎端丝纤细而不盘旋，其基部呈梭形片状，这是本质区别。

分布：古北区、东洋区。世界已知 1 种，中国记录 1 种，浙江分布 1 种。

（552）中华前刺股蝇 *Protexara sinica* Yang, 1998（图 15-1）

Protexara sinica Yang, 1998: 420.

主要特征：雄性：体长 8.5 mm，翅长 5.0 mm。体黑色光亮，密生淡色短毛；头部侧额鬃明显较顶鬃细而短，仅为内顶鬃的一半长。足大部分黄色至黄褐色，前足股节端部和胫节基部黑色，跗节全黑；中足与后足跗节则仅端部 3 节黑色；后足股节近中部黑褐色，腹面黑刺 2 列，各有 17–20 根，后足胫节褐而两端

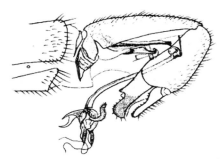

图 15-1　中华前刺股蝇 *Protexara sinica* Yang, 1998（引杨集昆，1998）
♂外生殖器侧面观

仍为黄色；前足和中足股节近端部腹面各有 2–3 个小黑刺。腹部细长而均匀，腹端第 6 背板为 1 窄条，第 8 与第 9 背板合并，但左侧有缺口分开，第 7 背板在第 6 与第 8 背板之间靠下；第 10 背板向端部渐宽，刚毛均逆生；肛尾叶细长且基部宽，褐色；侧尾叶基部宽大有角状突，褐色；端部较细长而弯，为黑色；外生殖器的主要特点是阳茎端丝纤细简单，但基部扁且具横纹。

分布：浙江（松阳）、湖北、四川。

三十、腐木蝇科 Clusiidae

主要特征：小到中型（体长 2–8 mm）。体色浅暗棕色、黄色、白色或黑色，一般黄色背板上具棕色条纹。触角梗节内侧边缘或外侧边缘具角形突起。头部宽大于长，具发达的鬃，1 对发达髭，2–5 根额眶鬃，前额眶鬃前内倾斜。胸部 1 根上前侧片鬃和 1 根下前侧片鬃发达，一般 2–3 根背中鬃，前胸腹板具钝毛。翅膜质，一般具黑色或棕色翅斑；C 在 Sc 端部具 1 明显缺刻；Sc 完整；A_1+CuA_2 发达。中足胫节前腹侧一般具 1 根粗壮鬃。幼虫一般在树皮或腐木中取食，成虫在腐木上活动，如树桩、倒下的木头或树枝；部分种类取食腐肉、真菌、花蜜或腐烂的蔬果等。

分布：世界已知 14 属 636 种，中国记录 6 属 9 种，浙江分布 2 属 2 种。

215. 汉德尔腐木蝇属 *Hendelia* Czerny, 1903

Hendelia Czerny, 1903: 83. Type species: *Hendelia beckeri* Czerny, 1903 (monotypy).

主要特征：头部具 2–3 根额眶鬃，3 根额眶鬃时，前 2 根位于额前缘；梗节具短鬃；触角芒向两侧倾斜或触角芒具羽状毛。中、后足胫节前端腹侧具鬃；前足和中足腿节具 1 行前侧和后侧的腹鬃。盾片形状多变，但不具白色横条纹。背针突小，叶状，与第 9 背板的长轴线垂直。射精突端部宽。

分布：世界广布，已知 59 种，中国记录 3 种，浙江分布 1 种。

（553）贝式汉德尔腐木蝇 *Hendelia beckeri* Czerny, 1903（图 15-2）

Hendelia beckeri Czerny, 1903: 84.

主要特征：体长 3.0–4.5 mm；翅长 2.9–4.2 mm。额宽，触角远离，颊长。新月片被浓密的毛覆盖。2–3 根额眶鬃，3 根额眶鬃时，前 2 根位于额前缘；梗节具短鬃；触角芒向两侧倾斜，触角芒粗，具浓密的细毛。1 根缝前盾片鬃，2 根缝后盾片鬃，盾片形状多变，但不具白色横条纹。中、后足胫节前端腹侧具鬃；雄虫前足和中足腿节具 1 行前侧和后侧的腹鬃。背针突小，叶状，与第 9 背板的长轴线垂直。射精突端部宽。

分布：浙江（临安）；奥地利。

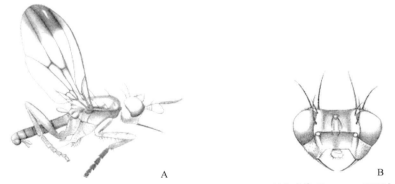

图 15-2　贝式汉德尔腐木蝇 *Hendelia beckeri* Czerny, 1903（仿 Czerny，1903）

A. 整体侧面观；B. 头部前面观

216. 昂头腐木蝇属 *Sobarocephala* Czerny, 1903

Sobarocephala Czerny, 1903: 85. Type species: *Sobarocephala rubsaameni* Czerny, 1903 (monotypy).

主要特征：体色浅，黄色、白色或橙色，常具棕色或黑色斑块。眶鬃和后顶鬃分开或无。颜和额具亮光；颜稍凹凸；颊、侧颜和后头部具亮色微绒毛或银色微绒毛。触角芒黑色，末端具稀疏的微绒毛（触角芒基部为端部宽的 2–3 倍）或具浓密的羽状绒毛。中胸背板具斑；1-3 根背中鬃。翅透明或具斑；亚前缘脉具明显缺刻；bm 开放或封闭；r-m 与 dm-cu 之间的 M_1 脉与 dm-cu 到翅缘的 M_1 脉长度比为 1：1.5-1：7，平衡棒浅黄色或白色。腹部浅黄色至黑色，常具黄色背板。

分布：世界广布，已知 87 种，中国记录 1 种，浙江分布 1 种。

（554）三井昂头腐木蝇 *Sobarocephala mitsuii* Sasakawa *et* Mitsui, 1995（图 15-3）

Sobarocephala mitsuii Sasakawa *et* Mitsui, 1995: 517.

主要特征：体长 2.9–3.4 mm；翅长 2.0–3.2 mm。头部黄色具棕色眼状斑，颊、侧颜和后头部具白色、银白色绒毛；眶鬃极度发达。触角芒具稀疏的羽状毛，具浓密的细毛。胸部具 2 根发达的背中鬃位于背中前端；缝前翅内鬃极度发达；具中鬃。2 对小盾侧鬃。背板黄色，背侧板具小的翅上暗棕色斑点；侧板浅黄色至白色。1 根缝前盾片鬃，2 根缝后盾片鬃，盾片形状多变，但不具白色横条纹；小盾片黄色具棕色条带。平衡棒白色。雄虫前足和中足腿节具 1 行前侧和后侧的腹鬃；足基节黄色，腿节基半部白色至浅黄色，胫节浅棕色，前足跗节棕色。尾器背针突长为第 9 背板的 3/5，端部略微呈拱形，后基部边缘弯曲；下生殖板裂片端部具 1 根短鬃，中部具 2 根短鬃；端阳茎、基阳茎、阳茎后突和后阳基侧突极度发达。前阳基侧突膜具数根短鬃。端阳茎长为阳茎内骨的 2/3。

分布：浙江（临安）；韩国，日本。

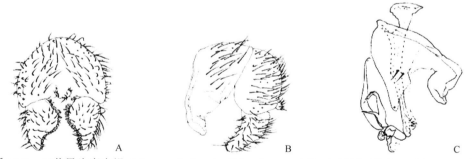

图 15-3　三井昂头腐木蝇 *Sobarocephala mitsuii* Sasakawa *et* Mitsui, 1995（仿 Lonsdale，2014）
A. 第 9 背板、背针突和尾须后面观；B. 第 9 背板、背针突和尾须后视侧侧面观；C. 阳茎复合体侧面观

主要参考文献

丁双玫, 王丽华, 杨定. 2016a. 蜣蝇科. 48-49. 见: 杨定, 吴鸿, 张俊华, 姚刚. 天目山动物志(第九卷), 昆虫纲双翅目 II. 杭州: 浙江大学出版社.

丁双玫, 王丽华, 杨定. 2016b. 芒蝇科. 50-51. 见: 杨定, 吴鸿, 张俊华, 姚刚. 天目山动物志(第九卷), 昆虫纲双翅目 II. 杭州: 浙江大学出版社.

董慧, 苏立新, 杨定, 刘广纯. 2016. 小粪蝇科. 52-81. 见: 杨定, 吴鸿, 张俊华, 姚刚. 天目山动物志(第九卷), 昆虫纲双翅目 II.. 杭州: 浙江大学出版社.

董奇彪, 杨定. 2011. 中国尖翅蝇属二新种及一新记录种记述(双翅目: 尖翅蝇科). 昆虫分类学报, 33(4): 267-272.

董奇彪, 杨定. 2012. 云南省尖翅蝇属三新种及中国一新记录种记述(双翅目: 尖翅蝇科). 动物分类学报, 37(4): 818-823.

董奇彪, 杨定. 2016. 尖翅蝇科. 365-366. 见: 杨定, 吴鸿, 张俊华, 姚刚. 天目山动物志(第九卷), 昆虫纲双翅目 II. 杭州: 浙江大学出版社.

杜进平, 杨集昆, 姚刚, 杨定. 2008. 中国蜂虻科十七个新种. 3-19. 见: 申效诚, 张润志, 任应党. 昆虫分类与分布. 北京: 中国农业科学技术出版社.

何继龙. 1992a. 中国优食蚜蝇属六新种记述(双翅目: 食蚜蝇科). 昆虫分类学报, 14(4): 297-308.

何继龙, 储西平. 1992b. 中国木蚜蝇族 Xylotini 3 个属的研究(双翅目: 食蚜蝇科). 上海农学院学报, 10(1): 1-12.

黄春梅, 成新跃, 杨集昆. 1996. 食蚜蝇科 Syrphidae. 118-223. 见: 薛万琦, 赵建铭. 中国蝇类(上册). 沈阳: 辽宁科学技术出版社.

黄春梅, 成新跃. 1995. 中国缺伪蚜蝇属 Graptomyza 的研究(双翅目: 食蚜蝇科). 昆虫分类学报, 17(增刊): 91-99.

黄春梅, 成新跃. 2012. 中国动物志 昆虫纲 第五十卷 双翅目 食蚜蝇科. 北京: 科学出版社: 1-852.

霍科科, 任国栋. 2006. 河北大学博物馆馆藏食蚜蝇亚科分类(双翅目, 食蚜蝇科, 食蚜蝇亚科). 动物分类学报, 31(3): 653-666.

霍科科, 任国栋, 郑哲民. 2007. 秦巴山区蚜蝇区系分类(昆虫纲: 双翅目). 北京: 中国农业科学技术出版社: 1-512.

霍科科, 张魁艳. 2017. 食蚜蝇科. 556-788. 见: 杨定, 王孟卿, 董慧. 秦岭昆虫志(第十卷), 双翅目. 北京: 世界图书出版公司.

霍科科, 郑哲民, 张宏杰. 2002. 中国食蚜蝇科(Syrphidae)的研究进展. 汉中师范学院学报(自然科学), 20(1): 70-75.

李清西, 何继龙. 1992. 中国长角蚜蝇属新种和新纪录(双翅目: 食蚜蝇科). 上海农学院学报, 10(1): 68-76.

李轩昆, 杨定. 2016. 鼓翅蝇科. 100-106. 见: 杨定, 吴鸿, 张俊华, 姚刚. 天目山动物志(第九卷), 昆虫纲双翅目 II. 杭州: 浙江大学出版社.

李竹, 杨定. 2017. 沼蝇科. 960-967. 见: 杨定, 王孟卿, 董慧. 秦岭昆虫志(第十卷), 双翅目. 北京: 世界图书出版公司.

刘维德. 1962. 长江流域虻科区系. 动物学报, 14(1): 119-129.

刘晓艳, 杨定. 2016. 秆蝇科. 107-114. 见: 杨定, 吴鸿, 张俊华, 姚刚. 天目山动物志(第九卷), 昆虫纲双翅目 II. 杭州: 浙江大学出版社.

刘广纯. 1995. 中国裂蚤蝇属系统分类研究(双翅目, 蚤蝇科). 全国第二届青年农学学术年会论文案. 北京: 中国农业科学技术出版社: 482-485.

刘广纯. 2001. 中国蚤蝇分类(双翅目: 蚤蝇科)(上册). 沈阳: 东北大学出版社: 1-292.

陆宝麟, 吴厚永. 2003. 中国重要医学昆虫分类与鉴别. 河南: 河南科学技术出版社.

史丽, 李文亮, 王俊潮, 杨定. 2016. 缟蝇科. 82-96. 见: 杨定, 吴鸿, 张俊华, 姚刚. 天目山动物志(第九卷), 昆虫纲双翅目 II. 杭州: 浙江大学出版社.

苏立新. 2011. 小粪蝇. 沈阳: 辽宁大学出版社: 1-229.

唐楚飞, 杨定. 2016. 眼蝇科. 44-46. 见: 杨定, 吴鸿, 张俊华, 姚刚. 天目山动物志(第九卷), 昆虫纲双翅目 II. 杭州: 浙江大学出版社.

王宁, 杨定. 2016. 舞虻科. 294-320. 见: 杨定, 吴鸿, 张俊华, 姚刚. 天目山动物志(第八卷), 昆虫纲双翅目 I. 杭州: 浙江大学出版社.

王天齐, 刘维德. 1990. 四川省西部虻科新种记述(双翅目). 昆虫学研究集刊(第九集): 171-177.

王心丽. 1995. 中国绒茎蝇属二新种(双翅目: 茎蝇科). 昆虫分类学报, 17(增刊): 100-102.

王心丽, 杨集昆. 1998a. 茎蝇科. 424-456. 见: 薛万琦, 赵建铭. 中国蝇类(上册). 沈阳: 辽宁科学技术出版社.

王心丽, 杨集昆. 1998b. 浙江茎蝇科一新种(双翅目: 茎蝇科). 昆虫学报, 41(增刊): 200-201.

王遵明. 1977. 华南地区吸血虻类记略(双翅目: 虻科). 昆虫学报, 20(1): 106-118.

王遵明. 1983. 中国经济昆虫志第二十六册 双翅目 虻科. 北京: 科学出版社: 1-128.

王遵明. 1994. 中国经济昆虫志第四十五册 双翅目 虻科(二). 北京: 科学出版社: 1-196.

魏濂艨. 2006. 双翅目: 长足虻科. 468-502. 见: 李子忠, 金道超. 梵净山景观昆虫. 贵阳: 贵州科技出版社.

席玉强, 杨春清, 杨定. 2016. 隐芒蝇科. 152-153. 见: 杨定, 吴鸿, 张俊华, 姚刚. 天目山动物志(第九卷), 昆虫纲双翅目 II. 杭州: 浙江大学出版社.

徐艳玲. 2006. 中国锥秆蝇亚科分类研究(双翅目: 秆蝇科). 北京: 中国农业大学硕士学位论文: 1-103.

许荣满. 1979. 我国虻属的新种记述(双翅目: 虻科). 动物分类学报, 4(1): 39-50.

许荣满. 1989. 中国虻属二新种(双翅目: 虻科). 动物分类学报, 14(2): 205-208.

许荣满, 陈继寅. 1977. 斑虻属二新种的记述(双翅目: 虻科). 昆虫学报, 20(3): 337-338.

许荣满, 孙毅. 2013. 中国动物志 昆虫纲第五十九卷 双翅目 虻科. 北京: 科学出版社: 1-870.

杨定. 2001b. 双翅目: 长足虻科. 428-441. 见: 吴鸿, 潘承文. 天目山昆虫. 北京: 科学出版社.

杨定, 安淑文, 高彩霞. 2002. 河南舞虻科新种记述(双翅目). 30-37. 见: 申效诚, 赵永谦. 河南昆虫区系分类研究 第五卷 太行山及桐柏山区昆虫. 北京: 中国农业科学技术出版社.

杨定, 董慧, 张魁艳. 2016a. 中国动物志 昆虫纲 第六十五卷 双翅目 鹬虻科 伪鹬虻科. 北京: 科学出版社: 1-472.

杨定, 胡学友, 祝芳. 2001c. 双翅目: 缟蝇科. 446-453. 见: 吴鸿, 潘承文. 天目山昆虫. 北京: 科学出版社.

杨定, 李诣书. 2001a. 双翅目: 舞虻科. 424-428. 见: 吴鸿, 潘承文. 天目山昆虫. 北京: 科学出版社.

杨定, 刘思培, 董慧. 2016b. 中国剑虻科、窗虻科和小头虻科. 北京: 中国农业科学技术出版社: 1-154.

杨定, 王孟卿, 朱雅君, 张莉莉. 2010. 河南昆虫志 双翅目: 舞虻总科. 北京: 科学出版社: 1-418.

杨定, 王晓东. 1998c. 双翅目: 舞虻科. 311-317. 见: 吴鸿. 龙王山昆虫. 北京: 中国林业出版社.

杨定, 杨集昆. 1988. 梵净山的舞虻及三新种(双翅目: 舞虻科). 贵州科学, S1: 140-144.

杨定, 杨集昆. 1989a. 浙江省鹬虻科三新种(双翅目: 短角亚目). 浙江林学院学报, 6(3): 290-292.

杨定, 杨集昆. 1989b. 贵州省舞虻四新种(双翅目: 舞虻科). 贵州科学, 7(1): 36-40.

杨定, 杨集昆. 1990. 中国鬃螳舞虻属八新种(双翅目: 舞虻科). 动物分类学报, 15(4): 483-488.

杨定, 杨集昆. 1995a. 双翅目: 舞虻科. 235-240. 见: 朱廷安. 浙江古田山昆虫和大型真菌. 杭州: 浙江科学技术出版社.

杨定, 杨集昆. 1995b. 双翅目: 蜂虻科. 496-498. 见: 吴鸿. 华东百山祖昆虫. 北京: 中国林业出版社.

杨定, 杨集昆. 1995c. 双翅目: 舞虻科. 499-509. 见: 吴鸿. 华东百山祖昆虫. 北京: 中国林业出版社.

杨定, 杨集昆. 1995d. 双翅目: 长足虻科. 510-519. 见: 吴鸿. 华东百山祖昆虫. 北京: 中国林业出版社.

杨定, 杨集昆. 1995e. 双翅目: 秆蝇科. 541-543. 见: 吴鸿. 华东百山祖昆虫. 北京: 中国林业出版社.

杨定, 杨集昆. 1998a. 贵州姬蜂虻研究(双翅目: 蜂虻科). 贵州科学, 16: 36-39.

杨定, 杨集昆. 1998b. 河南省姬蜂虻属一新种. 90-91. 见: 申效诚, 时振亚. 河南昆虫区系分类研究 第二卷 伏牛山区昆虫(一). 北京: 中国农业科学技术出版社.

杨定, 杨集昆. 2004. 中国动物志 昆虫纲 第三十四卷 双翅目 舞虻总科 舞虻科 螳舞虻亚科 驼舞虻亚科. 北京: 科学出版社: 1-329.

杨定, 张莉莉, 王孟卿, 朱雅君. 2011. 中国动物志 昆虫纲 第五十三卷 长足虻科. 北京: 科学出版社: 1-1912.

杨定, 张莉莉, 张魁艳, 等. 2018. 中国生物物种名录 第二卷 动物 昆虫(VI) 双翅目(2) 短角亚目 虻类. 北京: 科学出版社: 1-387.

杨定, 张婷婷, 李竹. 2014. 中国水虻总科志. 北京: 中国农业大学出版社: 1-870.

杨集昆. 1995a. 双翅目: 蜂虻科. 230-234. 见: 朱廷安. 浙江古田山昆虫和大型真菌. 杭州: 浙江科学技术出版社.

杨集昆. 1995b. 双翅目: 尖翅蝇科. 241-244. 见: 朱廷安. 浙江古田山昆虫和大型真菌. 杭州: 浙江科学技术出版社.

杨集昆. 1995c. 双翅目: 蚜蝇科. 247-249. 见: 朱廷安. 浙江古田山昆虫和大型真菌. 杭州: 浙江科学技术出版社.

杨集昆. 1998a. 尖翅蝇科. 49-59. 见: 薛万琦, 赵建铭. 中国蝇类(上册). 沈阳: 辽宁科学技术出版社.

杨集昆, 陈红叶. 1995d. 双翅目: 尖翅蝇科. 520-521. 见: 吴鸿. 华东百山祖昆虫. 北京: 中国林业出版社.

杨集昆, 杜进平. 1991a. 福建省姬蜂虻属记要及二新种描述(双翅目: 蜂虻科). 武夷科学, 8: 67-70.

杨集昆, 王心丽. 1988. 竹子新害虫竹笋绒茎蝇的鉴定(双翅目: 茎蝇科). 林业科学研究, 1(3): 275-277.

杨集昆, 王心丽. 1992a. 莫干山茎蝇科和圆目蝇科二新种(双翅目: 无瓣蝇类). 浙江林学院学报, 9(4): 446-449.

杨集昆, 王心丽. 1996b. 圆目蝇科. 457-463. 见: 薛万琦, 赵建铭. 中国蝇类(上册). 沈阳: 辽宁科学技术出版社.

杨集昆, 徐永新. 1996a. 头蝇科. 91-117. 见: 薛万琦, 赵建铭. 中国蝇类(上册). 沈阳: 辽宁科学技术出版社.

杨集昆, 杨春清. 1998b. 双翅目: 隐芒蝇科. 326-327. 见: 吴鸿. 龙王山昆虫. 北京: 中国林业出版社.

杨集昆, 杨春清. 2001. 双翅目: 隐芒蝇科. 502-503. 见: 吴鸿, 潘承文. 天目山昆虫. 北京: 科学出版社.

杨集昆, 杨定. 1989a. 贵州新记录的秆蝇新一种(双翅目: 秆蝇科). 贵州科学, 7(2): 83-85.

杨集昆, 杨定. 1989b. 秆蝇科一新属及一新种(双翅目: 无瓣蝇类). 江西农业大学学报, 11(41): 50-52.

杨集昆, 杨定. 1990. 中国黑鬃秆蝇属三新种(双翅目: 秆蝇科). 北京农业大学学报, 16(2): 201-204.

杨集昆, 杨定. 1991b. 湖北的驼舞虻及新种记述(双翅目: 舞虻科). 湖北大学学报(自然科学版), 13(1): 1-8.

杨集昆, 杨定. 1991c. 黑鬃秆蝇属八新种(双翅目: 秆蝇科). 动物分类学报, 16(4): 476-483.

杨集昆, 杨定. 1992b. 广西舞虻科三新种记述(双翅目: 短角亚目). 广西科学院学报, 8(1): 44-48.

杨集昆, 杨定. 1993. 华东地区的鹬虻科三新种(双翅目: 短角亚目). 华东昆虫学报, 2(1): 1-4.

姚刚, 杜进平, 杨集昆, 崔维娜, 杨定. 2009. 蜂虻科. 312-324. 见: 杨定. 河北动物志 双翅目. 北京: 中国农业科学技术出版社.

虞以新. 1990. 吸血双翅目昆虫调查研究集刊(第二集). 上海: 上海科学技术出版社: 1-118.

虞以新. 1993. 吸血双翅目昆虫调查研究集刊(第三集). 上海: 上海科学技术出版社: 1-227.

张魁艳, 黄春梅, 霍科. 2016a. 食蚜蝇科. 1-40. 见: 杨定, 吴鸿, 张俊华, 姚刚. 天目山动物志(第九卷), 昆虫纲双翅目 II. 杭州: 浙江大学出版社.

张魁艳, 杨定. 2016b. 虻科. 209-231. 见: 杨定, 吴鸿, 张俊华, 姚刚. 天目山动物志(第八卷), 昆虫纲双翅目 I. 杭州: 浙江大学出版社.

张魁艳, 杨定. 2017. 虻科. 279-319. 见: 杨定, 王孟卿, 董慧. 秦岭昆虫志(第十卷), 双翅目. 北京: 世界图书出版公司.

赵建铭, 1996. 眼蝇科. 489-500. 见: 薛万琦, 赵建铭. 中国蝇类(上册). 沈阳: 辽宁科学技术出版社.

Aczél M L. 1957. Revision partial de las Pyrgotidae neotropicalesy antarticas, con sinopsis de los generosy especies(Diptera, Acalyptratae). Revista brasiliera de Entomologica, 4: 161-183.

Aczél M. 1939a. Das System der Familie Dorylaidae. Dorylaiden-Studien I. Zoologischer Anzeiger, 125: 15-23.

Aczél M. 1939b. Die Untergattung *Dorylomorpha* m. von *Tomosvaryella* m. Dorylaiden-Studien II. Zoologischer Anzeiger, 125: 49-69.

Adams C F. 1905. Diptera africana, I. Kansas University Science Bulletin, 3: 149-208.

Aldrich J M. 1905. A catalogue of North American Diptera (or two-winged flies). Smithsonian Miscellaneous Collections, 46(1444): [2], 1-680.

Aldrich J M. 1925. New Diptera or two-winged flies in the United States National Museum. Proceedings of the United States National Museum, 66: 1-36.

An S W, Yang D. 2007. Species of the genus *Mepachymerus* Speiser, 1910 from China (Diptera, Chloropidae). Deutsche Entomologische Zeitschrift (neue Folge), 54(2): 271-279.

Andersson H. 1971. Eight new species of *Lonchoptera* from Burma (Dipt. : Lonchopteridae). Entomologisk Tijdskrift, 92(3-4): 213-231.

Andersson H. 1977. Taxonomic and phylogenetic studies on Chloropidae (Diptera) with special reference to Old World genera. Entomologica Scandinavica Supplement, 8: 1-200.

Andersson H. 1991. Family Lonchopteridae (Musidoridae). *In*: Soós Á, Papp L. Catalogue of Palaearctic Diptera, Vol. 7. Dolichopodidae-Platypezidea. Amsterdam: Akadémiai Kiadó, Budapest and Elsevier Science Publishers: 139-142.

Barkalov A V, Cheng X Y. 1998. New species and new records of hover-flies of the genus *Cheilosia* Mg. from China(Diptera: Syrphidae). Zoosystematica Rossica, 7: 313-321.

Barkalov A V, Cheng X Y. 2004. New taxonomic information on and distribution records for Chinese hover-flies of the genus *Cheilosia* Meigen(Diptera, Syrphidae). Volucella, 7: 89-104.

Becker T. 1910. Chloropidae. Eine monographische Studie. II. Teil. Aethiopische Region. Annales Historico-Naturales Musei Nationalis Hungarici, 8: 377-443.

Becker T. 1911. Chloropidae. Eine monographische Studie. III. Teil. Die Indo-australische Region. Annales Historico-Naturales Musei Nationalis Hungarici, 9: 35-170.

Becker T. 1922. Dipterologische Studien. Dolichopodidae der Indo-Australischen Region. Capita Zoologica, 1(4): 1-247.

Becker T. 1924a. Dolichopodidae von Formosa. Zoologische Mededeelingen, 8: 120-131.

Becker T. 1924b. H. Sauter's Formosa-Ausbeute: Pipunculidae, Ephydridae, Chloropidae (Diptera). Entomologische Mitteilungen, 13: 14-18, 89-93, 117-124.

Becker T. 1924c. H. Sauter's Formosa-Ausbeute: Chloropidae (Diptera). Entomologische Mitteilungen, 13: 117-124.

Becker T. 1926. 56a Ephydridae und 56b Canaceidae. *In*: Lindner E. Die Fliegen der Palaearktischen Region. Stuttgart: Schweizerbart Science Publishers: 1-115.

Beyer E M. 1958. Die ersten Phoriden von Burma (Diptera: Phoridae). Societas Scientiarum Fennica Commentationes Biologicae, 18(8): 1-72.

Beyer E M. 1960. Neue und wenig bekannte Phoridenvon den Philippinen. Brotéria, 29: 97-121.

Beyer E M. 1966. Neue und wenig bekannte Phoriden, zumeist ans dem Bishop Museum, Honolulu. Pacific Insects, 8(1): 165-217.

Bezzi M. 1895. Eine neue Art der Dipterengattung Psilopa Fall. Wiener Entomologische Zeitung, 14(4): 137-139.

Bezzi M. 1903. Band II. Orthorrhapha Brachycera. *In*: Bcker T, Bezzi M, Bischof J, *et al*. Katalog der Paläarktischen Dipteren. Budapest: 1-396.

Bezzi M. 1905. Il genere Systropus Wied. Nella Fauna Palearctica. Italian: Kessinger Publishing: 262-279.

Bigot J M F. 1857. Dipteros. *In*: D Ramon de la Sagra. Historia Fisica, Politica Y Natural de la Isla de Cuba. 7. A. Bertrand, Paris: Libreria de Arthus Bertrand: 328-349.

Bigot J M F. 1859. Essai d'une classification générale et synoptique de l'ordre des Insectes Diptères. VII mémoire. Tribus des Rhaphidi et Dolichopodid (Mihi). Annales de la Société Entomologique de France, 7 (3): 201-231.

Bigot J M F. 1877. Diagnoses qui suivent. Bulletin des séances de la Société entomologique de France, 98: 101-102.

Bigot J M F. 1878. Description d'un nouveau genre de Dipteres et cells de deux especes du genre Holops (Cyrtidae). Annales de la Sociètè Entomologique de France, 8(5): LXXI-LXXII.

Bigot J M F. 1880. Dipteres nouveaux ou peu connus. 13e partie. XX. Quelques Dipteres de Perse et du Caucase. Annales de la Société Entomologique de France, 10(5): 139-154.

Bigot J M F. 1886. Diptères nouveaux ou peu connus, 29e partie (suite). XXXVII. §2e. Essai d'une classification synoptique du groupe des Tanypezidi (mihi) et description de genres et d'espèces inédits. Annales de la Société Entomologique de France, 6(6): 369-392.

Bigot J M F. 1887. Diptères nouveaux ou peu connus. 31e partie. XXXIX. Descriptions de nouvelles espèces de Stratiomyidi et de Conopsidi. Annales de la Sociètè Entomologique de France, 7(6): 20-46.

Bigot J M F. 1888. Mission Scientifique du Cap Horn. 1882-1883: Zoologie, Insectes, Diptères. London: Forgotten Books: 1-45.

Bigot J M F. 1890. New species of Indian Diptera. Indian Museum Notes, 1: 191-195.

Bigot J M F. 1892. Voyage de M. Ch. Alluaud aux Iles Canaries (November 1889- June 1890). Diptères. Mémoires de la Société Zoologique de France, 1891(16): 275-279.

Borgmeier T. 1960. Geflügelte und ungeflügele Phoriden aus der neutropischen Region, nebst Beschreibung von sieben neuen Gattungen(Diptera, Phoridae). Studia Entomologica, Petropolis, 3: 257-374.

Borgmeier T. 1967. Studies on Indo-Australianphorid pflies, based mainly on material of the Museum of Comparative Zoology and the United States National Museum Part Ⅱ. Studia Entomologica, 10: 81-276.

Brues C T. 1909. Some new Phoridae from the Philippines. Journal of the New York Entomological Society, 17: 5-6.

Brues C T. 1911. The Phoridae of Formosa collected by Mr. H. Sauter. Annales Historico-Naturales Musei Nationalis Hungarici, 9: 530-559.

Brues C T. 1915. Some new Phoridae from Java. Journal of New York Entomological Society, 23(3): 184-193.

Brues C T. 1936. Philippine Phoridae from the Mount Apo Region in Mindanao. Proceeding's of the American Academy of Arts and Sciences, 70: 365-466.

Brunetti E. 1908. Notes on Oriental Syrphidae with descriptions of new species. I. Records of the Indian Museum, 2: 49-96.

Brunetti E. 1909. New Oriental Sepsinae. Records of the Indian Museum, 3: 343-372.

Brunetti E. 1912. New Oriental Diptera. Records of the Indian Museum, 7: 445-513.

Brunetti E. 1920. Diptera. Vol. I. Brachycera.The Fauna of British India, Including Ceylon and Burma. London: Taylor and Francis: 401.

Brunetti E. 1923a. Diptera Vol. Ⅲ. Pipunculidae, Syrphidae, Conopidae, Oestridae. Fauna of British India Including Ceylon and Burma. London:Taylor and Francis: xii + 1-424, 6 pls.

Brunetti E. 1923b. Second revision of the Oriental Stratiomyidae. Records of the Indian Museum, 25: 45-180.

Brunetti E. 1924. *Microdon apiformis* Brun. , renamed. Records of the Indian Museum, 26: 153.

Camras S. 1960. Flies of the family Conopidae from Eastern Asia. Proceedings of the United States National Museum, 112: 107-131.

Cao Y, Yu H, Wang N, *et al.* 2018. *Hybos* Meigen (Diptera: Empididae) from Wangdongyang Nature Reserve, Zhejiang with descriptions of three new species. Transactions of the American Entomological Society, 144: 197-218.

Chen S H, Quo F. 1949b. On the Opisthacanthous Tabanidae of China. Chinese Journal of Zoology, 3: 1-10.

Chen S H. 1939. Étude sur les Diptères Conopides de la Chine. Notes d'Entomologie Chinoise, 6: 161-231.

Chen S H. 1947. Chinese and Japanese Pyrgotidae. Sinensia, 17: 47-74.

Chen S H. 1949. Records of Chinese Diopsidae and Celyphidae(Diptera). Sinensia, 10: 1-6.

Cheng X Y, Thompson F C. 2008. A generic conspectus of the Microdontinae (Diptera: Syrphidae) with the description of two new genera from Africa and China. Zootaxa, 1879(1879): 21-48.

Cherian P T. 1970. Descriptions of some new Chloropidae (Diptera) from India. Oriental Insects, 4: 363-371.

Cherian P T. 1977. Additions to *Rhodesiella* (Diptera: Chloropidae) from India. Oriental Insects, 11: 479-498.

Cherian P T. 2002. Fauna of India and the Adjacent Countries: Diptera. Vol. IX. Chloropidae (Part 1), Siphonellopsinae and Rhodesiellinae. Kolkata: Zoological Survey of India: 1-368.

Collin J E. 1930. Some species of the genus *Meoneura* (Diptera). Entomologist's Monthly Magazine, 66: 82-89.

Collin J E. 1933. Diptera of Patagonia and South Chile. Based mainly on Material in the British Museum (Natural History). Nature, 132: 988.

Collin J E. 1948. A short synopsis of the British Sapromyzidae (Diptera). Transactions of the Royal Entomological Society of London, 99(5): 225-242.

Coquillett D W. 1898. Report on a collection of Japanese Diptera, presented to the U. S. National Museum by the Imperial University of Tokyo. Proceedings of the United States National Museum, 21(1146): 301-340.

Coquillett D W. 1910a. The type-species of the North American genera of Diptera. Proceedings of the United States National Museum, 37(1719): 499-647.

Coquillette D W. 1910b. Corrections to my paper on the type-species of the North American genera of Diptera. Canadian Entomologist, 42: 375-378.

Cresson E T Jr. 1920. A revision of the nearctic Sciomyzidae (Diptera, Acalyptratae). Transactions of the American Entomological Society, 46: 27-89.

Cresson E T. 1916. Descriptions of new genera and species of the dipterous family Ephydridae. III. The Academy of Natural Sciences of Philadelphia, 27(4): 147-152.

Cresson E T. 1917. Descriptions of new genera and species of the dipterous family Ephydridae. IV. The Academy of Natural Sciences of Philadelphia, 28(8): 340-341.

Cresson E T. 1925. Studies in the Dipterous family Ephydridae, excluding the North and South American faunas. Transactions of the American Entomological Society, 51: 227-258.

Cresson E T. 1940. Descriptions of new genera and species of the dipterous family Ephydridae. XII. The Academy of Natural Sciences of Philadelphia, 38: 1-10.

Curran C H. 1924. The Dolichopodidae of South Africa. Annals of the Transvaal Museum, 10: 212-232.

Curran C H. 1927. New Neotropical and oriental Diptera in the American Museum of Natural History. American Museum Novitates, 245: 1-9.

Czerny L. 1932. 50. Lauxaniidae (Sapromyzidae). In: Lindner E. Die Fliegen der Palaearktischen Region. Stuttgart: Schweizerbart Science Publishers: 1-76.

Czerny P L. 1903. Revision der Heteroneuriden. Wiener Entomologische Zeitung, 22(3): 61-108.

Czerny P L. 1928. 54a Clusiidae. In: Linder E. Die Fliegen der Palaearktischen Region. Stuttgart: Schweizerbart Science Publishers: 1-12.

Dahl F. 1898. Über den Floh und seine Stellung im System. Sitzungsberichte der Gesellschaft Naturforschender Freunde zu Berlin, 1898: 185-199.

Deeming J C. 1969. Diptera from Nepal. Sphaeroceridae. Bulletin of the British Museum of Natural History, 23: 53-74.

Disney R H L. 1990. A key to Diplonevra males of the Australasian and Oriental Regions, including two new species (Diptera: Phoridae). Entomologica Fennica, 1: 33-39.

Doleschall C L. 1857. Tweede bijdrage tot de Kennis der dipterologische fauna van Nederlandsch Indië. Natuurkundig Tijdschrift voor NederlandschIndië, 14: 377-418.

Dong H, Yang D, Hayashi T. 2006. Review of the species of Poecilosomella Duda (Diptera: Sphaeroceridae) from continental China. Annales Zoologici, 56(4): 643-655.

Dong H, Yang D. 2015. Notes on the subgenus Svarciella (Diptera: Sphaeroceridae) with a new species from China. Entomotaxonomia, 37(4): 279-284.

Dong Q B, Pang B-P, Yang D. 2008. Lonchopteridae (Diptera) from Guangxi, Southwest China. Zootaxa, 1806: 59-65.

Duda O. 1918. Revision der europäischen Arten der Gattung Limosina Macquart (Dipteren). London:Forgotten Books: 1-240.

Duda O. 1923. Revision der altweltlichen Arten der Gattung Borborus (Cypsela) Meigen (Dipteren). Archiv für Naturgeschichte, Berlin, Abteilung A, 89(4): 35-112.

Duda O. 1924. Die außereuropäischen Arten der Gattung Leptocera Olivier=Limosina Macquart (Dipteren) mit Berücksichtigung der europäischen Arten. Archiv für Naturgeschichte, Berlin, Abteilung A, 90(11): 5-215.

Duda O. 1925. Monographie der Sepsiden (Dipt.). I. Annalen des Naturhistorischen Museums in Wien, 39: 1-153.

Duda O. 1926. Monographie der Sepsiden. (Dipt.). II. Annalen des Naturhistorischen Museums in Wien, 40: 1-110.

Duda O. 1928. Bemerkungen zur Systematik und Ökologie einiger europäischer Limosinen und Beschreibung von Scotophilella splendens n. sp. (Diptera). Konowia, 7: 162-174.

Duda O. 1932. 61. Chloropidae. In: Lindner E. Die Fliegen der Palaearktischen Region. Stuttgart: Schweizerbart Science Publishers: 1-248.

Dufour L. 1841. Recherches sur les metamorphoses du genre Phora etc. Memoires de la Societe des Sciences, Lille: 1-422.

Duméril A M C. 1800. Exposition d'une méthode naturelle pour la classification et l'étude des Insectes, présentée à la société philomatique le 3 brumaire an 9. Journal de Physique, de Chimie et d' Histoire Naturelle, 51: 427-439.

Enderlein G. 1911. Klassifikation der Oscinosominen. Sitzungsberiche der Gesellschaft naturforschender Freunde zu Berlin, 1911(4): 185-244.

Enderlein G. 1912. Zur Kenntnis außereuropäischen Dolichopodidae. I. Tribus Psilopodini. Zoologische Jahrbücher, Suppl, 15: 367-408.

Enderlein G. 1914. Dipterologische Studien. IX. Zur Kenntnis der Stratiomyiiden mit 3-ästiger Media und ihre Gruppierung. A. Formen, bei denen der 1. Cubitalast mit der Discoidalzelle durch Querader verbunden ist oder sie nur in einem Punkte berührt (Subfamilien: Geosarginae, Analcocerinae, Stratiomyiinae). Zoologischen Anzeiger, 43(13): 577-615.

Enderlein G. 1924. Zur Klassifikation der Phoriden und über vernichtende Kritik. Entomologische Mitteilungen, 13: 270-281.

Enderlein G. 1926. Zur Kenntnis der Bombyliiden-Subfamilie Systropodinae (Dipt.). Wiener Entomologische Zeitung, 43: 69-92.

Enderlein G. 1927. Dipterologische Studien. XIX. Stettiner Entomologische Zeitung, 88(1): 102-109.

Enderlein G. 1933. Gampsocera Hedini, eine neue Oscinosominae aus Süd-China. In: Stitz H. Schwedisch–chinesische wissenschaftliche Expedition nach den nordwestlichen Provinzen Chinas. 34. Diptera. Arkiv för Zoologi, 27B: 1-3.

Enderlein G. 1936. 22. Ordnung. Zweiflügler, Diptera. In: Brohmer P, Ehrmann P, Ulmer G. Die Tierwelt Mitteleuropas, 6(2), Insekten, Teil 3259, Quelle and Meyer, Leipzig.

Enderlein G. 1937. Acalyptrataus Mandschukuo (Diptera). Mitteilungen der Deutschen Entomologischen Gesellschaft, 7: 71-75.

Enderlein G. 1942. Klassifikation der Pyrgotiden. Sitzungsberichte der Gesellschaft Naturforschender Freunde zu Berlin, 1941: 98-134.

Engle E O. 1938. 28. Empididae. In: Lindner E. Die Fliegen der Palaearktischen Region. Stuttgart: Schweizerbart Science Publishers: 1-399.

Evenhuis N L. 1982. New East Asian Systropus (Diptera: Systropodidae). Pacific Insects, 24(1): 31-38.

Evenhuis N L. 2003. Review of the Hawaiian Campsicnemus species from Kaua'i (Diptera: Dolichopodidae): with key and descriptions of new species. Bishop Museum Occasional Papers, 75: 1-34.

Evenhuis N L. 2016. World review of the genus Strongylophthalmyia Heller (Diptera: Strongylophthalmyiidae). Part I: Introduction, morphology, species groups, and review of the *Strongylophthalmyia punctata* subgroup. Zootaxa, 4189(2): 201-243.

Fabricius J C. 1775. Systema entomologiae, sistens insectorum classes, ordines, genera, species, adiectis synonymis, locis, descriptionibvs, observationibvs. Kortii, Flensbvrgi et Lipsiae, 8, 375-390.

Fabricius J C. 1794. Entomologia Systematica emandata et aucta. Secundum Classes, Ordines, Genera, Species Adjectis Synonymis, Locis, Observationibus, Descriptionibus: 1-472 .

Fabricius J C. 1798. Supplementum Entomologiae systematicae. Hafniae, Apud. Proft et Storch: 1-572.

Fabricius J C. 1805. Systema antliatorum secundum ordines, genera, species adiectis synonymis, locis, observationibus, descriptionibus. Brunsvigae [= Brunswick], XIV: 1-372.

Fallén C F. 1810. Specim. Entomolog. novam Diptera Disponendi Methodum Exhibens. Lund: Berlingianis: 26.

Fallén C F. 1820a. Oscinides Sveciae. Lundae: 10.

Fallén C F. 1820b. Opomyzides Sveciae. Lundae: 6-9.

Fallén C F. 1823a. Monographia Dolichopodum Sveciae. Lundae: 24.

Fallén C F. 1823b. Phytomyzides et Ochtidiae Sveciae. Lundae: 10.

Fallén C F. 1823c. Phytomyzides et Ochtidiae Sveciae. Lundae: 10.

Fallén C F. 1823d. Hydromyzides Sveciae. Lundae: 12.

Ferino M P. 1968. A new species of *Hydrellia* (Ephydridae, Diptera) on rice. Philippine Entomologist, 1(1): 3-5.

Frey R. 1908. Über die in Finnland gefundenen Arten des Formenkreises der Gattung Sepsis Fall. (Dipt.). Deutsche Entomologische Zeitschrift, 1908: 577-588.

Frey R. 1917. Ein beitrag zur kenntnis der Dipterenfauna Ceylons. Öfversigt af Finska Vetenskaps-Societetens Förhandlingar, 59A(20): 1-36.

Frey R. 1923. Philippinische Dipteren. I. Fam. Chloropidae. Notulae Entomologicae, 3: 71-83, 97-112.

Frey R. 1924. Die nordpälaarktischen *Tetanocera*-Arten (Diptera: Sciomyzidae). Notulae Entomologicae, 4: 47-53.

Frey R. 1924. Philippinische Dipteren II. Fam. Dolichopodidae. Notulae Entomologicae, 4: 115-123.

Frey R. 1925. Zur Systematik der paläarktischen Psiliden (Dipt.). Notulae Entomologicae, 5: 47-50.

Frey R. 1927. Philippinische Dipteren. IV. Fam. Lauxaniidae. Acta Societatis pro Fauna et Flora Fennica, 56(8): 1-44.

Frey R. 1933. Forteckning över Finlands Chloropider, bestämda av O. Duda. Memoranda Societatis pro Fauna et Flora Fennica, Helsingfors, 9: 128-139.

Frey R. 1941. Diptera Brachycera (excl. Muscidae, Tachinidae). *In*: Frey R. Enumeratio Insectorum Fenniae. VI. Diptera. Helsingfors: Helsingfors, Entomologiska Bytesförening: 1-31.

Frey R. 1952. Studien über ostasiatische *Hilara*-Arten (Diptera, Empididae). Notulae Entomologicae, 32: 119-143.

Frey R. 1961. Neue orientalische Dipteren. Notulae Entomologicae, 41: 33-35.

Frey, R. 1958. Zur Kenntnis der Diptera brachycera p. p. der Kapverdischen Inseln. Societas Scientiarum Fennica Commentationes Biologicae, 18(4): 1-61.

Galinskaya T V, Shatalkin A I. 2016. Eight new species of *Strongylophthalmyia* Heller from Vietnam with a key to species from Vietnam and neighbouring countries (Diptera, Strongylophthalmyiidae). ZooKeys, 625: 111-142.

Galinskaya T V, Shatalkin A I. 2018. Seven new species of *Strongylophthalmyia* Heller, 1902 (Diptera: Strongylophthalmyiidae) from the Eastern Palaearctic and Oriental Regions with notes on peculiar rare species. Zootaxa, 4402(1): 113-135.

Geoffroy E L. 1762. Histoire abregée des insectes qui se trouvent aux environs de Paris; dans laquelle ces animaux sont rangés suivant un ordre méthodique. Paris:Tome Second. Durand, 4: 1-690.

Gistel J. 1848. Naturgeschichte des Thierreichs für höhere Schulen. Stuttgart: Scheitlin & Krais: 1-216.

Green D M. 1997. A new record and a new species of *Dohrniphora* (Diptera: Phoridae) from Malaysia. Malayan Nature Journal, 50: 159-165.

Grichanov I Y. 1999. A check list of genera of the family Dolichopodidae (Diptera). Studia Dipterologica, 6(2): 327-332.

Grootaert P, Meuffels H. 2001. Three new Southeast Asian Dolichopodinae from the *Hercostomus* complex, with long stalked hypopygia, and with the description of a new genus (Diptera, Dolichopodidae). Studia Dipterologica, 8: 207-216.

Hackman W. 1977. Family Heleomyzidae, Sphaeroceridae (Borboridae). *In*: Delfinado M D, Hardy D E. A Catalog of the Diptera of the Oriental Region, Vol. III. Honolulu: The University Press of Hawaii: 388-389, 398-406.

Haliday A H. 1832. The characters of two new dipterous genera, with indications of some generic subdivisions and several undescribed species of Dolichopodidae. Zoological Journal, 5: 350-367.

Haliday A H. 1833. Catalogue of Diptera occuring about Holywood in Downshire. Entomological Magazine, 1: 147-180.

Haliday A H. 1836a. British species of the Dipterous tribe Sphaeroceridae. Entomological Magazine, 3: 315-336.

Haliday A H. 1839. Remarks on the generic distribution of the British Hydromyzidae (Diptera). Journal of Natural History, 3: 217-224, 401-411.

Han H Y, Kim K C. 1990. Systematics of *Ischiolepta* Lioy (Diptera: Sphaeroceridae). Annals of the Entomological Society of America, 83(3): 409-443.

Han H Y. 2006. Redescription of *Sinolochmostylia sinica* Yang, the first Palaearctic member of the little-known family Ctenostylidae (Diptera: Acalyptratae). Zoological Studies, 45(3): 357-362.

Hardy D E. 1950. Dorilaidae (Pipunculidae)(Diptera). Exploration Parc National Albert: Mission G. F. de Witte, 62: 3-53.

Harris M. 1776. An Exposition of English insects, with curious observations and remarks, wherein each insect is particularly described; its parts and properties considered; the different sexes distinguished, and the natural history faithfully related. 1-166.

Hayashi T. 1992. The genus *Terrilimosina* Roháček from Japan (Diptera, Sphaeroceridae). Japanese Journal of Entomology, 60(3): 567-574.

Hayashi T. 2002. Description of a new species, *Poecilosomella affinis* (Diptera, Sphaeroceridae) from Oriental Region. Medical Entomology and Zoology, 53: 121-127.

Hayashi T. 2006. The genus *Pullimosina* Roháček (Diptera, Sphaeroceridae) from Japan. Medical Entomology and Zoology, 57: 265-272.

Heller K M J. 1902. *Strongylophthalmyia* nom. nov. für *Strongylophthalmus* Hendel. Wiener Entomologische Zeitung, 21: 226.

Hendel F. 1902. *Strongylophthalmus*, eine neue Gattung der Psiliden (Dipt.). Wiener Entomologische Zeitung, 21: 179-181.

Hendel F. 1907. Neue und interessante Dipteren aus dem keiserl Museum in Wien. Wiener Entomologische Zeitung, 26: 223-245.

Hendel F. 1908. Diptera Fam. Muscaridae, Subfam. Lauxaniinae. *In*: Wytsman P. Genera Insectorum. Fasc. 68. V. Bruxelles: Verteneuil and L. Desmet: 1-66.

Hendel F. 1909. Drei neue holometope Musciden aus Asien. Wiener Entomologische Zeitung, 28: 85-86.

Hendel F. 1911. Über die *Sepedon*-Arten der aethiopischen und indo-Malayischen Region. Annales Historico-Naturales Musei Nationalis Hungarici, 9: 266-277.

Hendel F. 1912. Neue Muscidae Acalypteratae. Wiener Entomologische Zeitung, 31: 1-20.

Hendel F. 1913. H. Sauter's Formosa-Ausbeute: Acalyptrate Musciden (Dipt.)II. Supplementa Entomologica Berlin, 2: 77-112.

Hendel F. 1917. Beitrage zur Kenntnis der acalyptraten Musciden. Deutsche Entomologische Zeitschrift, 1917: 33-47.

Hendel F. 1919. Neues über Milichiiden (Dipt.). Entomolog Mitteilungen, 8: 196-220.

Hendel F. 1924. Neue europäische *Phyllomyza*-Arten (Dipt. Milichiidae). Deutsche Entomologische Zeitschrift, 1924: 405-408.

Hendel F. 1925. Neue ubersicht die Bisher Bekannt Gewordenen Gattungen der Lauxaniiden, nebst Beschreibung neuer Gattungen u. Arten. Encycyclopedie Entomologique Serie B, II. Diptera, 2: 102-112.

Hendel F. 1933. Pyrgotidae. *In*: Lindner E. Die Fliegen der Palaearktischen Regions. Stuttgart: Schweizerbart Science Publishes: 1-15.

Hendel F. 1934a. Schwedisch-chinesischeh wissenschaftliche Expedition nach den nordwestlichen Provinzen Chinas, unter Leitung von Dr. Sven Hedin und Prof. Sü Ping-chang. Insekten gesammelt vom schwedischen Arzt der Expedition Dr. David Hummel 1927-1930. 13. Diptera. 5. Muscaria holometabola. Arkiv för Zoologi, 25A(21): 1-18.

Hendel F. 1934b. Uebersicht uber die Gattungen der Plyrgotiden, nebst Beschreibung neuer Gattungenu. Encyclopedic Entomologique, (B II)Dipt, 7: 111-156.

Hendel F. 1938. Muscaria holometopa (Diptera) aus China im Natur-historischen Reichsmuseum zu Stockholm. Arkiv for Zoologi, 30A(3): 1-13.

Hennig W. 1937. 60a. Milichiidae et Carnidae. *In*: Lindner E. Die Fliegen der palaearkti- schen Region. Stuttgart: Schweizerbart Science Publishers: 1-91.

Hennig W. 1940. Aussereuropäische Psiliden und Platystomiden im Deutschen Entomologischen Institut. (Diptera). Arbeiten über Morphologische und Taxomische Entomologie aus Berlin-Dahlem, 7: 304-318.

Hennig W. 1941. 41. Psilidae. *In*: Lindner E. Die Fliegen der paläarktischen Region. Stuttgart: Schweizerbart Science Publishers: 1-37.

Hippa H. 1968. A generic revision of the genus *Syrphus* and allied genera (Diptera, Syrphidae) in the Palaearctic region, with descriptions of the male genitalia. Finland: Helsinki:1-94.

Hippa H. 1978. Classification of Xylotini (Diptera, Syrphidae). Acta Zoologica Fennica, 156: 1-153.

Hoffmeister H. 1844. Einige Nachträge zu Meigen's Zweiflüglern. Jahresbericht über die Tätigkeit des Vereins für Naturkunde zu Cassel, 8: 11-14.

Hollis D. 1964. On the Diptera of Nepal (Stratiomyidae, Therevidae and Dolichopodidae). Bulletin of the British Museum of Natural History, 15(4): 83-116.

Hull F M. 1944. Two species of *Xylota* from southern Asia (Diptera, Syrphidae). Proceedings of the Entomological Society of Washington, 46: 45-47.

Hutton F W. 1901. Synopsis of the Diptera Brachycera of New Zealand. Transactions of the New Zealand Institute, 33: 1-95.

Irwin M E, Lyneborg L. 1981. The genera of Nearctic Therevidae. Illinois Natural History Survey Bulletin, 32(1-4): 193-277.

Iwasa M, Evenhuis N L. 2014. The Strongylophthalmyiidae (Diptera) of Papua New Guinea, with descriptions of five new species and a world checklist. Entomological Science, 17(1): 96-105.

Iwasa M. 1987. A new psilid species from Japan injurious to the root of carrot (Ditera: Psilidae). Applied Entomology and Zoology, 22(3): 310-315.

James M T. 1975. Family Stratiomyidae. *In*: Delfinado M D, Hardy D E. A Catalog of the Diptera of the Oriental Region. Volume Ⅱ. Honolulu: The University Press of Hawaii: 1-459.

Kanmiya K. 1977. Notes on the genus *Mepachymerus* Speiser from Japan and Formosa, with descriptions of four new species (Diptera, Chloropidae). Kurume University Journal, 26(1): 47-65.

Kanmiya K. 1983. A Systematic Study of the Japanese Chloropidae (Diptera). Washington: Entomological Society of Washington: 1-370.

Kertész K. 1904. Eine neue Gattung der Sapromyziden. Annales Musei Nationalici Hungarici, 2: 73-75.

Kertész K. 1907. Ein neuer Dipteren-Gattungsname. Annales Historico-Naturales Musei Nationalis Hungarici, 5(2): 499.

Kertész K. 1909. Vorarbeiten zu einer Monographie der Notacanthen. XII-XXII. Annales Historico-Naturales Musei Nationalis Hungarici, 7(2): 369-397.

Kertész K. 1914. Vorarbeiten zu einer Monographie der Notacanthen. XXIII-XXXV. Annales Historico-Naturales Musei Nationalis Hungarici, 12(2): 449-557.

Kertész K. 1915. H. Sauter's Formosa-Ausbeute: Lauxaniidae (Dipt). II. Annales Musei National Hungarici, 13: 491-534.

Knutson L V, Thompson F C, Vockeroth J R. 1975. Family Syrphidae. In: Delfinado M D, Hardy D E. A Catalog of the Diptera of the Oriental Region. Vol. II: Honolulu:The University Press of Hawaii: 1-459.

Korneyev V A. 2004. Genera of Palaearctic Pyrgotidae (Diptera, Acalyptrata), with nomenclatural notes and a key. Vestnik Zoologii, 38(1): 19-46, 95.

Kröber O. 1913. H. Sauter's Formosa-Ausbeute: Thereviden II, Conopiden (Dipt.). Entomologische Mitteilungen, 2(9): 276-282.

Kröber O. 1915a. Die Gattung *Melanosoma* Rob. -Desv. Wiegmann's Archiv fur Naturgeschichte, 80A(10): 77-87.

Kröber O. 1915b. Die Gattung *Zodion* Latr. Wiegmann's Archiv fur Naturgeschichte, 814: 83-117.

Kröber O. 1927. Beiträge zur Kenntnis der Conopidae. Konowia, 6: 122-143.

Kröber O. 1933. Schwedisch-chinesischeh wissenschaftliche Expedition nach den nordwestlichen Provinzen Chinas, unter Leitung von Dr. Sven Hedin und Prof. Sü Ping-chang. Insekten gesammelt vom schwedischen Arzt der Expedition Dr. David Hummel 1927-1930. 14. Diptera. 6. Tabaniden, Thereviden und Conopiden. Arkiv für Zoologi, 26A(8): 1-18.

Kröber O. 1939. Beiträge zur Kenntnis der Conopiden. 1. Annals and Magazine of Natural History, 4 (11): 362-395.

Lamb C G. 1918. Notes on exotic Chloropidae. Part I. Chloropinae. Annals and Magazine of Natural History, London, 1(9): 329-349.

Latreille P A. 1796. Précis des caractères génériques des insects, disposés dans un ordre natural. Paris: Prèvot: 179.

Latreille P A. 1804. Tableau méthodique des Insectes. In: Société de Naturalistes et d'Agriculteurs, Nouveau dictionnaire d'histoire naturelle, appliquée aux arts, principalement à l'agriculture, à l'économie rurale et domestique, Vol. 24. Paris: Chez Déterville: 187-197, 200.

Li Z, Cui W N, Zhang T T, et al. 2009a. New species of Beridinae (Diptera: Stratiomyidae) from China. Entomotaxonomia, 31(3): 161-171.

Li Z, Yang D. 2017. *Sepedon* (Diptera: Sciomyzidae) species from China, with notes on taxonomy and distribution. Zootaxa, 4254(3): 301-321.

Li Z, Zhang T T, Yang D. 2009b. Eleven new species of Beridinae (Diptera: Stratiomyidae) from China. Entomotaxonomia, 31(3): 206-220.

Lindner E. 1940. Chinesiche Stratiomyiiden (Dipt.). Deutsche Entomologische Zeitschrift, 1939(1-4): 20-36.

Linnaeus C. 1758a. Systema naturæ per regna tria naturæ, secundum classes, ordines, genera, species, cum characteribus, differentiis, synonymis, locis. Tomus I. Editio decima, reformata. Laurentii Salvii, Holmiæ [=Stockholm]: 1-823.

Lioy P. 1864a. I ditteri distribuiti secondo un nuovo metodo di classificazione naturale. Atti del Reale Istituto Veneto di Scienze, Lettere ed Arti, 9(3): 187-236, 499-518, 569-604, 719-771, 879-910, 989-1027, 1087-1126, 1311-1352.

Lioy P. 1864b. I ditteri distribute second un nuovo metodo di classificazione natural (concl.). Atti del Reale Istituto Veneto diScienze, Lettere ed Arti, 10(3): 59-84.

Liu X Y, Nartshuk E P, Yang D. 2017. Three new species and one new record of the genus *Siphunculina* from China (Diptera, Chloropidae). ZooKeys, 687: 73-88.

Liu X Y, Saigusa T, Yang D. 2012. Two new species of *Empis* (*Planempis*) from Oriental China, with an updated key to species of China (Diptera: Empidoidea). Zootaxa, 3239: 51-57.

Liu X Y, Yang D, Grootaert P. 2004a. The discovery of *Euhybos* in the Oriental realm with description of one new species (Diptera: Empidoidea; Hybotinae). Transactions of American Entomological Society, 130(1): 85-89.

Liu X Y, Yang D, Grootaert P. 2004b. A review of the species of *Hybos* Meigen, 1803 from Guangdong (Diptera: Empidoidea; Hybotinae). Annales Zoologici, 54(3): 525-528.

Liu X Y, Yang D. 2012. *Togeciphus* Nishijima and *Neoloxotaenia* Sabrosky (Diptera: Chloropidae) from China. Zootaxa, 3298: 17-29.

Loew H. 1844. Beschreibung einiger neuen Gattungen der europäischen Dipternfauna [part]. Stettiner Entomologische Zeitung, 5: 154-173.

Loew H. 1855. Einige Bemerkungen über die Gattung *Sargus*. Verhandlungen des zoologisch-botanischen Vereins in Wien, 5(2): 131-148.

Loew H. 1855b. Neue Beiträge zur Kenntniss der Dipteren. Dritter Beitrag. Programm der Kaiserliche Realschule zu Meseritz, 1855: 1-52.

Loew H. 1857. Neue Beiträge zur Kenntniss der Dipteren. Fünfter Beitrag. Programme der Königlichen Realschule zu Meseritz, 1857: 1-56.

Loew H. 1858. Zwanzig neue Diptern. Wiener Entomologische Monatschrift, 2: 57-62, 65-79.

Loew H. 1860. Bidrag till kännendomen om Africas Diptera. Öfversigt af Köngliga Vetenskaps Akademiens Förhandlingar, Stockholm, 17(2): 81-97.

Loew H. 1862a. Bidrag till kännedomen om Afrikas Diptera. Öfversigt af Kongliga Vetenskaps-Akademiens Förhandlingar, 19: 3-14.

Loew H. 1862b. Monographs of the Diptera of North American. Part1. Smithsonian Miscellaneous Collections, 6(141): 1-221.

Loew H. 1864. Diptera Americae septentrionalis indigena. Centuria quinta. Berliner Entomologische Zeitschrift, 8: 49-104.

Loew H. 1866. Diptera Americae septentrionalis indigena. Centruia septima. Berliner Entomologishe Zeitschrift, 16: 1-54.

Loew H. 1869. Diptera Americae septentrionalis indigena. Centuria nona. Berliner Entomologische Zeitschrift, 13: 129-186.

Loew H. 1871. Beschreibungen europäischer Dipteren. Zweiter Band. Systematische Beschreibung der bekannten europäischen zweiflügeligen Insecten. Von Johann Wilhelm Meigen. Neunter Theil oder dritter Supplementband. H W Schmidt, Halle, i-viii: 1-320.

Loew H. 1873. Beschreibungen europäischer Dipteren. Dritter Band. Systematische Beschreibung der bekannten europäischen zweiflügeligen Insecten. Von Johann Wilhelm Meigen. Zehnter Theil oder vierter Supplementband. H W Schmidt, Halle, i-viii: 1-320.

Lonsdale O. 2014. Revision of the Old World *Sobarocephala* (Diptera: Clusiidae). Zootaxa, 3760(2): 211-240.

Lundbeck W. 1921. New species of Phoridae from Denmark, together with remarks on *Aphiochaeta froenlandica* Lundbk. Videnskabelige Meddelelser fra Dansk naturhistorisk Forening: Kjøbenhavn, 72: 129-143.

Lyneborg L. 1986. The genus *Acrosathe* Irwin et Lyneborg, 1981 in the Old World (Insecta, Diptera, Therevidae). Steenstrupia, 12(6): 101-113.

Macleay W S. 1826. Annulosa. Catalogue of insects, collected by Captain King, R. N. *In*: King P P. Narrative of a Survey of the Intertropical and Western Coasts of Australia. Performed Between the Years 1818 and 1822. Vol. II. Appendix B, 438-469, Table B. London: J Murray: viii + 637.

Macquart P J M. 1823. Monographie des insectes Diptères de la famille des Empides, observès dans le nord-ouest de la France. Recueil des Travaux de la Société d'Amateurs des Sciences, de l'Agriculture et des Arts à Lille, 1819/1822: 137-165.

Macquart P J M. 1826. Insectes Diptères du Nord de la France: Asiliques, Bombyliers, Xylotomes, Leptides, Vésiculeux, Stratiomydes, Xylophagites, Tabaniens. London: Forgotten Books: 1-188.

Macquart P J M. 1827. Insectes Diptères du Nord de la France. Platypézines, Dolichopodes, Empides, Hybotides. London: Forgotten Books: 158.

Macquart P J M. 1834. Histoire naturelle des Insectes. Diptères. Tome premier. Paris: Librairie Encyclopédique de Roret: 1-578.

Macquart P J M. 1835. Histoire naturelle des insectes. Diptères. Tome deuxième, 2: 1-703.

Macquart P J M. 1847. Diptères exotiques nouveaux on peu connus. 2e supplément. Mémoires de la Société (Royale) de Sciences, de l'Agriculture et des Arts à Lille, 1846: 21-120.

Macquart P J M. 1851. Diptères exotiques nouveau ou peu connus. 4e supplement. Mémoires de laSociété (Royale) de Science, de l'Agriculture et des Arts à Lille, 364 pp. , 28 pls.

Malloch J R. 1925. Notes on Australian Diptera. No. vii. Proceedings of the Linnean Society of New South Wales, 50(4): 311-340.

Malloch J R. 1927. H. Sauter's Formosa collection: Sapromyzidae (Diptera). Entomologische Mitteilungen, 16(3): 159-172.

Malloch J R. 1928. Notes on Australian Diptera. No. xvi. Proceedings of the Linnean Society of New South Wales, 53(4): 343-366.

Malloch J R. 1930. Notes on some acalyptrate flies in the United States National Museum. Proceedings of United States National Museum, 78(2858): 1-32.

Marshall S A, Langstaff R. 1998. Revision of the New World species of *Opacifrons* Duda (Diptera, Sphaeroceridae, Limosininae). Contributions in Science, Natural History Museum of Los Angeles County, 474: 1-27.

Marshall S A, Roháček J, Dong H, et al. 2011. The state of Sphaeroceridae (Diptera, Acalyptratae): a world catalog update covering the years 2000-2010, with new generic synonymy, new combinations, and new distributions. Acta Entomologica Musei Nationalis Pragae: 217-298.

Marshall S A, Smith I P. 1992. A revision of the New World and Pacific *Phthitia* Enderlein (Diptera; Sphaeroceridae; Limosininae), including Kimosina Roháček, new synonym and Aubertinia Richards, new synonym. Memoirs of the Entomological Society of Canada, 161: 1-83.

Matsumura S. 1915. Dainihon Gaichū Zensho (Manual of the injurious insects in Japan). II. Tokyo: Rokumeikan: 1-654.

Matsumura S. 1916. Thousand insects of Japan. Additamenta, 2 (Diptera): 185-474. [in Japanese]

Mayer H. 1953. Beiträge zur Kenntnis der Sciomyzidae (Dipt. Musc. acalyptr.). Annalen des Naturhistorischen Museums in Wien, 59: 202-219.

McAlpine Venue J F. 1981. Morphology and Terminology: Adults. *In*: McAlpine J F, Peterson B V, Shewell G E, et al. Manual of Nearctic Diptera, Vol. 1. Ottawa: Research Branch, Agriculture Canada, Monograph: 9-63.

Meigen J W. 1800. Nouvelle classification des mouches à deux ailes, (Diptera L.), d'après un plan tout nouveau. Paris: J J Fuchs: 1-40.

Meigen J W. 1803. Versuch einer neuen Gattungs Eintheilung der europäischen zweiflügligen Insekten. Magazin für Insektenkunde, herausgegeben von Karl Illiger, 2: 259-281.

Meigen J W. 1804. Klassifikazion und Beschreibung der Europäischen Zweiflügleigen Insekten (Diptera Linn.). Vol. 1: Erster Band. Abt. I. London: Forgotten Books: xxviii + 1-152, Abt. II. vi + 153-314.

Meigen J W. 1822. Systematische Beschreibung der bekannten Europäischen zweiflügligen Insekten. Dritter Theil. Hamm: Schultz-Wundermann'schen Buchhandlung, I-X: 1-416.

Meigen J W. 1824. Systematische Beschreibung der bekannten europäischen zweiflügeligen Insekten. Vol. 4. Hamm: Schultz-Wundermann: 1-428.

Meigen J W. 1826. Systematische Beschreibung der bekannten europäischen zweiflügeligen Insekten. Vol. 5. Hamm: Schultz-Wundermann: 1-412.

Meigen J W. 1830. Systematische Beschreibung der bekannten europäischen zweiflügeligen Insekten. Vol. 6. Hamm: Schultz-Wundermann: 1-401.

Meijere J C H de. 1906. Über einige indo-australische Dipteren des Ungarischen National-Museums, bez. Des Natur Historischen Museums zu Genua. Annales Musei Nationalis Hungarici, 4: 165-196.

Meijere J C H de. 1907. Studien über südostasiatische Dipteren. I. Tijdschrift voor Entomologie, 50: 196-264.

Meijere J C H de. 1909. Drei myrmecophile Dipteren aus Java. Tijdschrift voor Entomologie, 52: 165-174.

Meijere J C H de. 1911. Studien über südostasiatische Diptera. VI. Tijdschrift voor Entomologie, 54: 258-432.

Meijere J C H de. 1914a. Studien über südasiatische Dipteren. IX. Tijdschrift voor Entomologie, 57: 137-275.

Meijere J C H de. 1914b. Studien über südostasiatische Dipteren. VIII. Tijdschrift voor Entomologie, 56 (Supplement): 1-99.

Meijere J C H de. 1916a. Studien über südostasiatische Dipteren XII. Javanische Dolichopodiden und Ephydriden. Tijdschrift voor Entomologie, 59: 225-273.

Meijere J C H de. 1916b. Fauna Simalurensis-Diptera. Tijdschrift voor Entomologie, 58 (Supplement): 1-63.

Meijere J C H de. 1924. Studien über südostasiatische Dipteren. XV. Dritter Beitrag zur Kenntnis der sumatranischen Dipteren. Tijdschrift voor Entomologie, 67 (Supplement): 1-64.

Meijere J C H de. 1904. Neue und bekannte Süd Asiatische Dipteren. Bijdragen tot de Dierkunde, 17 (1): 83-118.

Melander A L. 1913. A synopsis of the dipterous groups Agromyzidae, Milichiidae, Ochthiphilinae and Geomyzinae. Journal of the New York Entomological Society, 21: 219-273.

Melander A L, Argo N G. 1924. Revision of the two-winged flies of the family Clusiidae. Proceedings of the National Museum, 64: 1-54.

Melander A L, Spuler A. 1917. The Dipterous families Sepsidae and Piophilidae. State College of Washington, Agricultural Experiment Station. Pullman, 143: 1-103.

Meuffels H J G, Grootaert P. 1997. A remarkable new sympycnine genus *Hercostomoides* from South Asia, with remarks on the genus *Telmaturgus* (Diptera: Dolichopodidae). Studia Dipterologica, 4(2): 473-478.

Motschulsky V. 1866. Catalogue des insectes recus du Japon. Bulletin de la Société Impériale des Naturalistes de Moscou, 39: 163-200.

Murdoch W P, Takahasi H. 1969. The female Tabanidae of Japan, Korea and Manchuria: The life history, morphology, classification, systematics, distribution, evolution and geologic history of the family Tabanidae (Diptera). Memoirs of the Entomological Society of Washington, 6: 1-230.

Macouart J. 1851. Diptères exotiques nouveaux ou peu connus. Suite du 4e. Supplement. Mém Soc Sci Agric Lille, 1850: 134-294, pls. 15-28. (also publ. separately as Suppl. III (part), 161-309, 317-23, 324-36, pls. 15-28, Paris, 1581).

Nagatomi A. 1975a. Family Solvidae. *In*: Delfinado M D, Hardy D E. A Catalog of Diptera of the Oriental Region. Vol. 2. Suborder Brachycera through Division Aschiza, Suborder Cyclorrhapha. Honolulu: The University Press of Hawaii: 1-459.

Nagatomi A. 1975b. The Sarginae and Pachygasterinae of Japan (Diptera: Stratiomyidae). The Transaction of the Royal Entomological Society of London, 126(3): 305-421.

Nartshuk E P. 1978. Two new species of Chloropidae (Diptera) from Middle Asia. Trudy Zoologicheskogo Instituta Akademiya Nauk SSSR, 71: 83-89.

Nartshuk E P. 1988. Family Acroceridae. *In*: Soós Á, Papp L. Catalogue of Palaearctic Diptera. Vol.5. Budapest: Akadémiai Kiadó.

Nartshuk E P. 2012. A check list of the world genera of the family Chloropidae (Diptera, Cyclorrhapha, Muscomorpha). Zootaxa, 3267: 1-43.

Negrobov O P. 1968. A new genus and species of the Dolichopodidae (Diptera). Zoologicheskii Zhurnal, 47: 470-473.

Negrobov O P. 1979. 29. Dolichopodidae. *In*: Lindner E. Die Fliegen der Palaearktischen Region, Stuttgart: Schweizerbart Science: 475-530.

Newman E. 1841. Entomological notes [part]. Entomologist, 1: 220-223.

Ninomiya E. 1929. On a new species *Brachydeutera ibari* (Ephydridae). Journal of Applied Zoology, 1: 190-193.

Nishijima Y. 1954. Descriptions of a new genus and a new species of Chloropidae from Japan (Diptera). Insecta Matsumurana, 18: 84-86.

Nishijima Y. 1955. Notes on Chloropidae of Japan, with descriptions of a new species (Diptera). Insecta Matsumurana, 19: 51-53.

Norrbom A L, Kim K C. 1985. Taxonomy and phylogenetic relationships of *Copromyza* Fallén (s.s.)(Diptera: Sphaeroceridae). Annals of the Entomological Society of America, 78: 331-347.

Osten Sacken C R. 1883. Synonymica concerning exotic dipterology. No. II. Berliner Entomologische Zeitschrift, 27: 295-298.

Ôuchi Y. 1938a. Diptera Sinica. Cyrtidae (Acroceridae) I. On some cyrtid flies from Eastern China and a new species from Formosa. The Journal of the Shanghai Science Institute, 4 (3): 33-36.

Ôuchi Y. 1938b. On some stratiomyiid flies from Eastern China. The Journal of the Shanghai Science Institute, Section III, 4: 37-61.

Ôuchi Y. 1939a. On some conopid flies from Eastern China, Manchoukuo, Northern Korea. Journal of the Shanghai Science Institute, 4 (3): 191-214.

Ôuchi Y. 1939b. On some conopid flies from Japanese proper and certain parts of the Southern Japan. Journal of the Shanghai Science Institute, 4 (3): 215-221.

Ôuchi Y. 1939c. On some horseflies belonging to the subfamily Pangoniinae from Eastern and Northern Korea. The Journal of the Shanghai Science Institute, Section III, 4: 175-189.

Ôuchi Y. 1940a. An additional note on some stratiomyiid flies from Eastern Asia. The Journal of the Shanghai Science Institute, Section III, 4: 265-285.

Ôuchi Y. 1940b. Diptera Sinica. Tabanidae II. Note on some horseflies belongs to genus *Haematopota* with new descriptions from China and Manchoukou. The Journal of the Shanghai Science Institute, Section III, 4: 253-263.

Ôuchi Y. 1942. Notes on some cyrtid flies from China and Japan (Diptera sinica, Cyrtidae II). The Journal of the Shanghai Science Institute (N. S.), 2(2): 29-38.

Ôuchi Y. 1943a. Diptera Sinica. Coenomyiidae I. On a new genus belonging to the family Coenomyiidae from East China. Shanghai Sizenkagaku Kenkyusho Iho. 13: 493-495.

Ôuchi Y. 1943b. Diptera Sinica. Syrphidae I. Notes on some Syrphid flies belonging to the subfamily Ceriodinae from East China. Shanghai Sizenkagaku Kenkyusyo Iho, 13: 17-25.

Ôuchi Y. 1943c. Diptera Sinica. Tabanidae IV. Notes on some Tabanid flies belonging to the subfamilies Tabaninae and Bellardiinae from East China. Shanghai Sizenkagaku Kenkyusyo Iho. 13: 505-552.

Ôuchi Y. 1943d. Diptera Sinica. Thervidae I. On three new stilleto flies from East China. Shanghai Sizenkagu Kenkyusyo Iho, 13: 477-482.

Ozerov A L. 1985. Novye i maloizvestnye vidy murav'evidok (Diptera, Sepsidae) s Dal'nego Vostoka [New and little known species of the Sepsidae(Diptera)from the Far East]. Entomologicheskoe Obozrenie, 64(4): 839-844.

Ozerov A L. 1992. On the taxonomy of files of the family Sepsidae (Diptera). Byulleten'Moskovskogo obshchestva ispytateley prirody, Otd. Biol, 97: 44-47.

Ozerov A L. 1996. A revision of the genus *Dicranosepsis* Duda, 1926 (Diptera, Sepsidae). Russian Entomological Journal, 5: 135-161.

Ozerov A L. 2005. World catalogue of the family Spesidae (Insecta: Diptera). Zoologicheskie Issledovania, 8: 1-74.

Panzer G W F. 1798. Faunae insectorum germanicae initia oder Deutschlands Insecten. Nuremberg [= Nürnberg], Fase, 54: 1-24; Fase, 59: 1-24; Fase, 60: 1-24.

Papp L. 1973. Sphaeroceridae (Diptera) from Mongolia. Acta Zoologica Academiae Scientiarum Hungaricae, 19: 369-425.

Papp L. 1979a. A contribution to the knowledge on the species of the genus *Coprocia* Rondani, 1861 (Diptera: Sphaeroceridae). Opuscula Zoologica Instituti Zoosystematici et Oecologici Universitatis Budapestinensis, 16(1-2): 97-105.

Papp L. 1979b. On apterous and reduced-winged forms of the family Drosophilidae, Ephydridae and Sphaeroceridae (Diptera). Acta Zoologica Academiae Scientiarum Hungaricae, 25: 357-374.

Papp L. 1982. A new apterous sphaerocerid from Japan (Diptera: Sphaeroceridae). Acta Zoologica Academiae Scientiarum Hungaricae, 28: 347-353.

Papp L. 1984a. Family Celyphidae. *In*: Soós Á, Papp L. Catalogue of Palaearctic Diptera. Vol. Budapest:Akadémiai Kiadó: 217-219.

Papp L. 1984b. Lauxaniidae (Diptera), new Palaearctic species and taxonomical notes. Acta Zoologica Academiae Scientiarum Hungaricae, 30(1-2): 159-177.

Papp L. 1988. A review of the Afrotropical species of *Norrbomia* gen. n. (Diptera: Sphaeroceridae, Copromyzini). Acta Zoologica Hungarica, 34: 393-408.

Papp L. 1998a. Family Celyphidae. *In*: Papp L, Darvas B. Contributions to A Manual of Palaearctic Diptera (With Special Reference to Flies of Economic Importance). Vol. 3: Higher Brachycera: Budapest: Science Herald, 401-407.

Papp L. 2007. A review of the Old World Trigonometopini Becker (Diptera: Lauxaniidae). Annales Historico-Naturales Musei Nationalis Hungarici, 99: 129-169.

Papp L. 2008. New genera of the Old World Limosininae (Diptera, Sphaeroceridae). Acta Zoologica Academiae Scientiarum Hungaricae, 54(supplement 2): 47-209.

Papp L, Shatalkin A I. 1998. Family Lauxaniidae. *In*: Papp L, Darvas B. Contributions to A Manual of Palaearctic Diptera. Vol. 3: Higher Brachycera. Budapest: Science Herald: 383-400.

Paramonov S J. 1929. Dipterologische Fragmente XVI. bis XXIII. Zbirnyk Prats Zoolohichnoho Muzeyu, 7: 181-195.

Paramonov S J. 1931. Beiträge zur Monographie der Bombyliiden Gattungen *Amictus*, *Lyophlaeba* etc. (Diptera). Trudy Prirodicho-Teknichnogo Viddilu Ukrains'ka Akaemiya Nauk, 10: 1-218.

Paramonov S J. 1933. Schwedisch-chinesische wissenschaftliche Expedition nach den norwestlichen Provinzen Chinas, unter Leitung von Dr. Sven Hedin und Prof. Sü Ping-chang. Insekten gesammelt von schwedischen Arzt der Expedition Dr. David Hummel

1927-1930. 9. Diptera. 1. Bombyliidae. Arkiv för Zoologi, 26A(4): 1-7.

Paranomov S J. 1961. Notes on Australian Diptera. XXXII. Echiniidae-a new family of Diptera Acalypterata). Annals and Magazine of Natural History, London, 4 (13): 97-100.

Parent O. 1932. Contribution à la faune diptérologique (Dolichopodidae) d'Australie-Tasmanie. Annales de la Société Scientifique de Bruxelles, 52 (B): 105-176.

Peck L V. 1988. Family Syrphidae. In: Soós Á, Papp L. Catalogue of Palaearctic Diptera. Vol. 8. Syrphidae-Conopidae. Budapest : Akadémiai Kiadó: 11-230.

Philip C B. 1960. Malaysia parasites XXXV. Descriptions of some Tabanidae (Diptera) from the far East. Studies from the Institute for Medical Research, Federated Malay States, 29: 1-32.

Pleske T. 1925. Études sur les Stratiomyiinae de la region paléarctique. III. - Revue des espèces paléarctiques de la sous-famille des Clitellariinae. Encylopédie Entomologique, Série B(II), Diptera 1(3-4): 105-119, 165-188.

Pleske T. 1926. Études sur les Stratiomyiinae de la region paléarctique (Dipt.). Revue des espèces paléarctiques de la sousfamilles Sarginae et Berinae. Eos, 2(4): 385-420.

Remm E, Elberg K. 1979. Terminalia of the Lauxaniidae (Diptera) found in Estonia, Latvia and Lithuania. Dipterloogisi Uurimusi, Tartu: 66-117.

Ricardo G. 1911. A revision of the species of *Tabanus* from the Oriental Region, including notes on species from surrounding countries. Records of the Indian Museum, 4: 111-258.

Robineau-Desvoidy J B. 1830. Essai sur les Myodaires. Mémoires présentés par divers savans àl'Académie Royale des Sciences de l'Institut de France (Sciences Mathématiques et Physiques), 2(2): 1-813.

Robineau-Desvoidy J B. 1853. Diptères des environs de Paris. Famille des Myopaires. Bulletin de la Societe des Sciences Historiques et Naturelles de 1'Yonne, 7: 83-160(Also issued separately: 1-80).

Robinson H. 1964. A synopsis of the Dolichopodidae (Diptera) of the southeastern United States and adjacent regions. Miscellaneous Publications of the Entomological Society of America, 4(4): 103-192.

Roháček J. 1977. Revision of the *Limosina fucata* species-group, with descriptions of four new species (Diptera, Sphaeroceridae). Acta Entomologica Bohemoslovaca, 74: 398-418.

Roháček J. 1982a. Revision of the subgenus *Leptocera* (s. str.) of Europe (Diptera, Sphaeroceridae). Entomologische Abhandlungen, Staatliches Museum für Tierkunde in Dresden, 46(1): 1-44.

Roháček J. 1983. A monograph and re-classification of the previous genus *Limosina* Macquart (Diptera, Sphaeroceridae) of Europe. Part II. Beiträge zur Entomologie, Berlin 33: 3-195.

Roháček J. 1985. A monograph and re-classification of the previous genus *Limosina* Macquart (Diptera, Sphaeroceridae) of Europe. Part IV. Beiträge zur Entomologie, Berlin, 35: 101-179.

Roháček J. 1990. A review of the West Palaearctic species of *Rachispoda* Lioy (Diptera, Sphaeroceridae: Leptocera). In: Országh I. Second International Congress of Dipterology August 27 - September 1, 1990, Abstract Volume. 324. Veda, Bratislava.

Roháček J. 1991. A monograph of *Leptocera* (*Rachispoda* Lioy) of the West Palaearctic area (Diptera, Sphaeroceridae). Časopis Slezského zemského Muzea, Opava, 40 (A): 97-288.

Roháček J. 2001. The type material of Sphaeroceridae described by J. Villeneuve with lectotype designations and nomenclatural and taxonomic notes (Diptera). Bulletin de la Société Entomologique de France, 105(5): 467-478.

Roháček J. 2004. New records of Clusiidae, Anthomyzidae and Sphaeroceridae (Diptera) from Cyprus, with distributional and taxonomic notes. In: Kubílk Š, Bartálk M. Dipterologica bohemoslovaca 11. Folia Facultatis Scientiarum Naturalium Universitatis Masarykianae Brunensis, Biologia, 109: 247-264.

Roháček J. 2007: Sphaeroceridae. In: Stloukalova V. Faunistic records from Czech Republic and Slovakia. Acta Zoologica Universitatis Comenianae, 47 (2): 257-259.

Roháček J, Marshall S A. 1982b. A monograph of the genera *Puncticorpus* Duda, 1918 and *Nearcticorpus* gen. n. (Diptera, Sphaeroceridae). Zoologische Jahrbücher, Abteilung für Systematik, Ökologie und Geographie der Tiere, 109: 357-398.

Roháček J, Marshall S A. 1988. A review of *Minilimosina* (*Svarciella*) Rohácek, with descriptions of fourteen new species (Diptera: Sphaeroceridae). Insecta Mundi, 2: 241-282.

Roháček J, Marshall S A, Norrbom A L, et al. 2001b. World catalog of Sphaeroceridae (Diptera). Opava: Slezské zemské Muzeum: 414.

Rondani C. 1845. Memoria undecima per servire alla ditterologia italiana. Nuovi Annali delle Scienze Naturali. Bologna, (2)3: 5-16.

Rondani C. 1856. Dipterologiae. Italicae Prodromus. Vol: I. Genera Italica ordinis Dipterorum ordinatum disposita et distincta et in familias et stirpes aggregate. Parmae: Alexandri Stocchi: 1-228.

Rondani C. 1857. Dipterologiae Italicae Prodromus. Vol. 2. Species Italicae ordinis Dipterorum in genera characteribus definita, ordinatim collectae, methodo analitica distinctae, et novis vel minus cognitis descriptis. Pars prima. Oestridae: Syrpfhidae: Conopidae. Parmae: Alexandri Stocchi: 1-264.

Rondani C. 1861. Dipterologiae Italicae Prodromus. Vol. 4: Species Italicae ordinis dipterorum in genera characteribus definite, ordinatim collectae, method analatica distinctae, et novia vel minus cognitis descriptis. Pars tertia. Muscidae Tachininarum complementum. Parmae: Alexandri Stocchi: 1-174.

Rondani C. 1868. Sciomizinae [sic] Italicae collectae, distinctae et in ordinem dispositae. Atti della Società Italiana di Scienze

Naturali e del Museo Civico di StoriaNaturale di Milano, 11: 199-256.

Rondani C. 1875. Species Italicae ordinis dipterorum (Muscaria Rndn.) collectae et observatae. Stirps XXIII. Agromyzinae. Bollettino della Società Entomologica Italiana, 7: 166-191.

Rondani C. 1880. Species Italicae ordinis dipterorum (Muscaria Rndn.) collectae et observatae. Stirps XXV. Copromyzinae Zett. Bullettino della Società Entomologica Italiana, 12: 3-45.

Rozkošný R, Hauser M. 2009. Species groups of Oriental *Ptecticus* Loew including descriptions of ten new species with a revised identification key to the Oriental species (Diptera: Stratiomyidae). Zootaxa, 2034: 1-30.

Rozkošný R, Narshuk E P. 1988. Family Stratiomyidae. *In*: Soós A. Catalogue of Palaearctic Diptera. Vol. 5. Athericidae-Asilidae. Budapest: Akadémiai Kiadó: 1-446.

Rozkošný R. 1982. A biosystematic study of the European Stratiomyidae (Diptera). Volume 1. Introduction, Beridinae, Sarginae and Stratiomyidae. Dr. W. Junk, The Hague, Boston, London, I-VIII: 1-401.

Runyon J B, Hurley R L. 2003. Revision of the Nearctic species of *Nepalomyia* Hollis (= *Neurigonella* Robinson)(Diptera: Dolichopodidae: Peloropeodinae) with a world catalog. Annals of the Entomological Society of America, 96(4): 403-414.

Sabrosky C W. 1977. Family Milichiidae. *In*: Delfinado M D, Hardy D E. A Catalog of the Diptera of the Oriental Region. Vol. III. Honolulu: The University Press of Hawaii: 275-276.

Sack P. 1932. Syrphidae. *In*: Lindner E. Die Fliegen der Palaearktischen Region, Stuttgart: Schweizerbart Science Publishers: 1-451, Taf. I - Taf. XVIII.

Sasakawa M. 1992. Lauxaniidae (Diptera) of Malaysia (part 2): a revision of *Homoneura* van der Wulp. Insecta Matsumurana, 46: 133-210.

Sasakawa M. 2001. Oriental Lauxaniidae (Diptera) part 2. Fauna of the Lauxaniidae of Viet Nam. Scientific Reports of Kyoto Prefectural University Human Enviroment and Agriculture, 53: 39-94.

Sasakawa M. 2005. Fungus gnats, lauxaniid and agromyzid flies (Diptera) of the Imperial Palace, the Akasaka Imperial Gardens and the Tokiwamatsu Imperial Villa, Tokyo. Memoirs of the National Science Museum (Tokyo), 39: 273-312.

Sasakawa M, Kozánek M. 1995a. Lauxaniidae (Diptera) of North Korea. Part 1. Japanese Journal of Entomology, 63(1): 67-75.

Sasakawa M, Mitsui H. 1995b. New lauxaniid and clusiid flies (Diptera) captured by bait-traps. Japanese Journal of Entomology, 63(3): 515-521.

Sasaki C. 1935. On a new Phorid fly infesting our edible mushroom. Proceedings of the Imperial Academy of Japan, 11: 112-114.

Schacht W, Kurina O, Merz B, *et al.* 2004. Zwiefluegler aus Bayern XXIII (Diptera: Lauxaniidae, Chamaemyiidae). Entomofauna, 25(3): 41-80.

Schacht W. 1983. Eine neue Bremsenart aus der Turkei (Diptera, Tabanidae). Entomofauna, 4(27): 483-492.

Schiner I R. 1862. Vorläufiger Commentar zum dipterologischen Theile der "Fauna austriaca", mit einer näheren Begründung der in derselben auf genommenen neuen Dipteren-Gattungen. V [part]. Wiener Entomologische Monatschrift, 6: 428-436.

Schiner J R. 1855. Diptera Austriaca. Aufzählung aller im Kaiserthume Oesterreich bisher aufgefundenen Zweiflügler. II. Die österreichischen Stratiomyden und Xylophagiden. Verhandlungen des zoologisch-botanischen Vereins in Wien, 5(4): 613-682.

Schiner J R. 1861. Vorläufiger Commentar zum dipterologischen Theile der "Fauna austriaca". III. Wiener Entomologische Monatschrift, 5: 137-144.

Schiner J R. 1868. Familie Stratiomydae. *In*: Wüllerstarf-Urbair B von. Reise der österreichischen Fregatte Novara um die Erde in den Jahren 1857, 1858, 1859, unter den Befehlen des Commodore B. von Wüllerstorf-Urbair. Zoologischer Theil 2, 1(B). Kaiserlich-königlichen Hof-und Staatsdruckeri in commission bei Karl Gerold's Sohn, Wien, I-VI: 1-388.

Schmitz H. 1920. Die Phoriden von Holländisch Limburg. IV. Jaarboek van het Natuurhistorisch Genootschap in Limburg, 1919: 91-154.

Schmitz H. 1926a. H Sauter's Formosa-Ausbeute: Phoridae (Diptera). Entomologische Mitteilungen, 15(1): 47-57.

Schmitz H. 1926b. Neue Gattungen and Arten europäischer Phoridae. Encyclopedie Entomologique, Diptera, 1925(2): 73-75.

Schmitz H. 1927. Revision der Phoridengattungen, mit Beschreibung neuer Gatungen un Arten. Natuurhistorisch Maandblad, 16: 45-50.

Schmitz H. 1929. Revision der Phoriden. Berlin und Bonn. F. Duemmler. 211.

Schmitz H. 1931. Neue termitophile Dipteren won Buitenzorg, Java. Natuurhistorisch Maandblad, 20: 176.

Schmitz H. 1938. Drei neue, aus toten Schnecken gezüchtete japanische Phoridae. Natuurhistorisch Maandblad, 27: 80-83.

Schmitz H. 1941. Kritisches Verzeichnis etc. (concl.). Natuurhistorisch Maandblad, 30: 15-17.

Scopoli J A. 1763. Entomologia carniolica exhibens insecta carnioliae indigena et distributa in ordines, genera, species, varietates. Methodo Linnaeana. Ioannis Thomae Trattner, Vindobonae [=Vienna], 38(1): 1-418.

Séguy E. 1932. Contribution à l'étude des mouches phytophages de l'Europe occidentale. Encyclopedie Entomologique, Sèrie B. Mémoires et Notes. II. Diptera, 6: 145-194.

Séguy E. 1935. Étude sur quelques Diptères nouveaux de la Chine orientale. Notes d'Entomologie Chinoise. Musee Heude, 2(9): 175-184.

Séguy E. 1938. Diptera I. Nematocera et Brachycera. Mission scientifique de l'Omo. 4 (Zool.). Mémoires du Muséum National d'Histoire naturelle,. Paris(N. S.), 8: 319-380.

Séguy E. 1963. *Cephenius* nouveaux de la Chine central (Ins. Dipt. bombyliides). Bulletin de la Muséum National d'Histoire Naturell, 35: 78-81.

Shamshev I V, Grootaert P. 2007. Revision of the genus *Elaphropeza* Macquart (Diptera: Hybotidae) from the Oriental Region, with a special attention to the fauna of Singapore. Zootaxa, 1488: 1-164.

Shatalkin A I. 1993. On the taxonomy of the flies of the family Strongylophthalmyiidae (Diptera). Zoologicheskii Zhurnal, 72: 124-131. [in Russian, English translation, 1996, in Entomological Review, 73(6): 155-161]

Shatalkin A I. 1996. New and little known species of flies of Lauxaniidae and Strongylophthalmyiidae (Diptera). Russian Entomological Journal, 1995(4): 145-157.

Shatalkin A I. 1997. East-Asian species of Lauxaniidae (Diptera). Genera *Trigonometopus* Macquart, *Protrigonometopus* Hendel. Dipterological Research, 8(3): 163-168.

Shatalkin A I. 1999. Lauxaniidae. *In*: Ler P A. Key to the Insects of Russian Far East. Vol. VI. Diptera and Siphonaptera. Part 1. Dal'nauka, Vladisvostok: 1-665.

Shatalkin A I. 2000. Keys to the Palaearctic flies of the family Lauxaniidae (Diptera). Zoologicheskie Issledovania, 5: 1-102.

Shewell G E. 1971. Ergebnisse der zoologischen Forschungen von Dr. Z. Kaszab in der Mongolei. 264. Diptera: Lauxaniidae. Stuttgarter Beiträge zur Naturkunde, 224: 1-12.

Shewell G E. 1977. Family Lauxaniidae. *In*: Delfinado M D, Hardy D E. A Catalogue of the Diptera of the Oriental Region. Volume III. Suborder Cyclorrhapha (excluding division Aschiza). Honolulu: The University Press of Hawaii: 182-214.

Shi L, Gaimari S D, Yang D. 2013. Four new speices of *Noeetomima* Enderlein (Diptera: Lauxaniidae), with a key to world species. Zootaxa, 3746(2): 338-356.

Shi L, Gaimari S D, Yang D. 2015. Five new species of subgenus *Plesiominettia* (Diptera, Lauxaniidae, *Minettia*) in southern China, with a key to known species. Zookeys, 520: 61-86.

Shi L, Gaimari S D, Yang D. 2017. Five new species of the genus *Tetroxyrhina* Hendel from China (Diptera, Lauxaniidae). Zootaxa, 4247(3): 246-280.

Shi L, Gao X F, Shen R R. 2017. Four new species of the subgenus *Homoneura* from Jiangxi Province, China (Diptera: Lauxaniidae: Homoneura). Zootaxa, 4365(3): 361-377.

Shi L, Yang D, Gaimari S D. 2009. Species of the genus *Cestrotus* Loew from China (Diptera, Lauxaniidae). Zootaxa, 2009: 41-68.

Shi L, Yang D. 2009. Notes on the *Homoneura* (*Homoneura*) *beckeri* group from the Oriental Region, with descriptions of ten new species from China(Diptera: Lauxaniidae). Zootaxa, 2325(1): 1-28.

Shi L, Yang D. 2014. Supplements to species groups of the subgenus *Homoneura* in China (Diptera: Lauxaniidae: *Homoneura*), with description of twenty new species. Zootaxa, 3890(1): 1-117.

Shi Y S. 1996. Family Celyphidae. *In*: Xue W-Q, Zhao J-M. Flies of China. Shenyang: Liaoning Science and Technology Press: 248-251.

Shiraki T. 1932. Some Diptera in the Japanese Empire, with Descriptions of New Species(1). Transactions of the Natural History Society of Formosa, 22: 259-280.

Silva V C. 1995. A new genus of Sepsidae (Diptera, Schizophora) from Nicaragua. Studia Dipterologica, 2: 203-206.

Speiser P. 1910. Cyclorrhapha, Aschiza. *In*: Sjöstedt Y. Wissenschaftliche Ergebnisse der schwedischen zoologischen Expedition nach dem Kilimandjaro, dem Meru und den umgebendenMassaisteppen, Deutsch-Ostafricas 1905-1906, unter Leitung von Prof. Jngve Sjostedt, 2. 10 (Diptera). P. Palmquist Aktiebolag, Stockholm: 113-202.

Spuler A. 1924. North American genera and subgenera of the dipterous family Borboridae. Proceedings of the Academy of Natural Sciences of Philadelphia, 192375: 369-378.

Stackelberg A A. 1930. Beiträge zur Kenntnis der palaearktischen Syrphiden. III. Konowia (Vienna), 9: 223-234.

Stenhammar C. 1855. Skandinaviens Copromyzine granskade och beskrifne. Kongliga Vetenskaps-Akademiens Handlingar, Stockholm (ser. 3), 1853: 257-442.

Steyskal G C. 1951. A new species of *Tetanocera* from Korea (Diptera: Sciomyzidae). Wasmann Journal of Biology, 9(1): 79-80.

Steyskal G C. 1971. Notes on the genus *Strongylophthalmyia* Heller with a revised key to the species (Diptera: Strongylophthalmyiidae). Annals of the Entomological Society of America, 64: 141-144.

Steyskal G C. 1980. Family Sciomyzidae. *In*: Hardy D E, Delfinado M D. Insects of Hawaii, Vol. 13. Honolulu: The University Press of Hawaii: 108-125.

Stone A. 1975. Family Tabanidae. *In*: Delfinado M D, Hardy D E. A Catalog of the Diptera of the Oriental Region. Vol. 2: Honolulu: The University Press of Hawaii: 43-81.

Strand E. 1928. Miscellaneae nomenclaturica zoologica et palaeontologica. Wiegmann's Archiv für Naturgeschichte, 92A(8): 30-75.

Strand E. 1932. Nochmals Nomenclatur und Ethik. Folia Zoologica et Hydrobiologica, 4(1): 103-133.

Stuckenberg B R. 1971. A review of the Old World genera of Lauxaniidae (Diptera). Annals of the Natal Museum, 20: 499-610.

Su L X, Liu G C. 2009. A new genus and new species of Diptera (Sphaeroceridae: Limosininae) from China. Oriental Insects, 43: 49-54.

Su L X, Liu G C, Xu J. 2009. A new species and a new record species of the genus *Terrilimosina* (Diptera, Sphaeroceridae) from China. Acta Zootaxonomica Sinica, 34(4): 807-811.

Su L X, Liu G C, Xu J. 2013a. A new sphaerocerid *Eulimosina prominulata* sp. nov. (Diptera) from China. Oriental Insects, 47(4): 199-202.

Su L X, Liu G C, Xu J. 2013b. *Opalimosina* (Diptera: Sphaeroceridae) from China with descriptions of two new species. Entomologica Fennica, 24: 94-99.

Su L X, Liu G C, Xu J. 2015a. A new species of *Ischiolepta* Lioy (Diptera: Sphaeroceridae) from China. Oriental Insects, 49: 1-5.

Su L X, Liu G C, Xu J. 2015b. A review of *Minilimosina* Roháček (Diptera: Sphaeroceridae) from China. Zootaxa, 4007(1): 1-28.

Su L X, Liu G C, Xu J, et al. 2013. The genus *Minilimosina* (Svarciella)(Sphaeroceridae: Diptera) from China with description of a new species. Oriental Insects, 47(1): 15-22.

Sueyoshi M. 2001. A revision of Japanese Sciomyzidae(Diptera), with description of three new species. Entmological Science, 4(4): 485-506.

Surcouf J M R. 1922. Dipteres nouveaux ou peu connus. Annales de la Société Entomologique de France, 91: 237-244.

Szilády Z. 1922. On some Tabanidae collected by Mr. Sauter on Formosa. Annales Historico-Naturales Musei Nationalis Hungarici, 19: 125-128.

Szilady Z. 1926. Dipterenstudien. Annales Historico-Naturales Musei Nationalis Hungarici, 24: 586-611.

Takagi S A. 1962. A revision of *Conicerra japonica* Matsumura. Insect Matsumura, 25: 44-45.

Tenorio J M. 1972. A revision of the Celyphidae (Diptera) of the Oriental region. Transactions of the Royal Entomological Society of London, 4: 359-453.

Tenorio J M. 1977. Family Celyphidae. *In*: Delfinado M D, Hardy D E. A Catalog of the Diptera of the Oriental Region. Vol. III. Suborder Cyclorrhapha Excluding Division Aschiza. Honolulu: The University of Hawaii Press: 215-222.

Thomson C G. 1869. Diptera. Species nova descripsit. *In*: Kongliga Svenska Fregatten Eugenies resa omkring jordan under befäl af C. A. Virgin, Åren 1851-1853. "1868". Vol. 2 (Zoologi), [section] I, Insecta. Stockholm: 443-614.

Thunberg C P. 1789. D. D. Museum Naturalium Academiœ Upsaliensis. Cujus Partem Septimam. Joh. Edman, Upsaliæ [=Uppsala], 2: 85-94.

Villeneuve J. 1920. Vichyia acyglossa, espèce et genre nouveaux de la famille des Milichiidae (Dipt. Muscidae). Bulletin de la Société Entomologique de France, 1920: 69-70.

von Tschirnhaus M. 2017. The taxonomy of species globally described in or formerly included in the genus *Elachiptera* and new combinations with *Lasiochaeta* and *Gampsocera* (Diptera: Chloropidae). Zoosystematica Rossica, 26(2): 337-368.

von Roser C. 1840. Erster Nachtrag zu dem im Jahre 1834 bekannt gemachten Verzeichnisse in Württemberg vorkommender zweiflügeliger Insekten. Königlicher Württembergischer landwirthschaftlicher verein, Stuttgart, Correspondenzblatt, 37: 49-64.

Wahlberg P F. 1847. Nya slägten af Agromyzidae. Öfversigt af Kongliga Vetenskaps-Akademiens Förhandlingar, 4: 259-263.

Walker F. 1849. List of the specimens of dipterous insects in the collection of the British Museum. Part III. British Museum, London, 4: 485-687.

Walker F. 1852. Diptera. *In*: Saunders W W. Insecta Saundersiana. London: Esq. John Van Voorst: 157-414.

Walker F. 1854. List of the specimens of dipterous insects in the collection of the British Museum. Part V. Supplement I. British Museun, London, 6: 1-330.

Walker F. 1856. Catalogue of the dipterous insects collected at Sarawak, Borneo, by Mr. A. R. Wallace, with descriptions of new species. Journal of the Proceedings of the Linnean Society, 1(3): 105-136.

Walker F. 1858. Characters of undescribed Diptera in the collection of W. W. Saunders, Esq. , F. R. S. et c. [part]. Transactions of the Royal Entomological Society of London (New Serie), 2(4): 190-235.

Walker F. 1859. Catalogue of the dipterous insects collected at Makessar in Celebes, by Mr. A. R. Wallace, with descriptions of new species [part]. Journal of the Proceedings of the Linnean Society, 4(15): 97-144.

Wang M Q, Yang D. 2004a. Revision of the genus *Nepalomyia* Hollis, 1964 from Taiwan (Diptera: Dolichopodidae). Annales Zoologici, 54(2): 379-383.

Wang M Q, Yang D. 2004b. A new species of *Argyra* Macquart, 1834 from China (Diptera: Dolichopodidae). Annales Zoologici, 54(2): 385-387.

Wang M Q, Yang D. 2006. Descriptions of four new species of *Chrysotimus* Loew from Tibet (Diptera: Dolichopodidae). Entomologica Fennica, 17(2): 98-104.

Wang X, Chen X. 2004. A taxonomic revision of the genus *Loxoneura* Macquart from the Oriental Region, with description of one new species (Diptera: Platystomatidae). Acta Entomologica Sinica, 47(4): 490-498.

Wei L M. 1997. Dolichopodidae (Diptera) from Southwestern China. II. A study on the genus *Hercostomus* Loew 1857. Journal of Guizhou Agricultural College, 16(1): 29-41; 16(2): 36-50; 16(4): 32-43.

Wei L M. 1998. Dolichopodidae from Southwestern China - III: Four new species of the genus *Tachytrchus* (Diptera). Entomologia Sinica, 5(1): 15-21.

Westwood J O. 1840. Synopsis of the genera of British insects. *In*: Westwood J O. An Introduction to The Modern Classification of Insects; Founded on the Natural Habits and Corresponding Organization of The Different Families. London: Longman: 1-587.

Whittington A E. 1991. Two new Afrotropical species of *Lonchoptera* Meigen (Diptera: Lonchopteridae). Annals of Natal Museum, 32: 205-214.

Wiedemann C R W. 1819. Beschreibung Zweiflügler. Zoologisches Magazin, 1(3): 40-56.

Wiedemann C R W. 1820. Munus rectoris in Academia Christiano-Albertina interum aditurus nova dipterorum genera. Holsatorum, Kiliae: i-xiii + 23.

Wiedemann C R W. 1824. Munus rectoris in Academia Christiana Albertina aditurus analecta entomologica ex Museo Regio Havniensi. Kiliae: 1-60.

Wiedemann C R W. 1828. Aussereuropäische zweiflügelige Insekten. Als Fortsetzung des Meigenschen Werkes. Erster Theil. Schulz, Hamm: XXXII + 608.

Wiedemann C R W. 1830. Aussereuropäische zweiflügelige Insekten. Zweiter Theil. Schul-zischen Buchhandlung, Hamm, I-XII: 1-684.

Williston S W. 1886. Dipterological notes and descriptions. Transactions of the American Entomological Society and Proceedings of the Entomological Section of the Academy of Natural Sciences, 13: 287-307.

Williston S W. 1888. An Australian parasite of *Icerya purchasi*. Insect Life, 1: 21-22.

Wood J. H. 1909. On the British species of *Phora*. Par II. Entomologist's Monthly Magazine, 45: 113-120.

Woodley N E. 2001a. A world catalog of the Stratiomyidae (Insecta: Diptera). Myia, 11(6): 1-475.

Woodley N E. 2011b. A Catalog of the World Xylomyidae (Insecta: Diptera). Myia, 12: 417-453.

Wulp F M. 1891. Eenige uitlandsche Diptera. Tijdschrift voor Entomologie, 1891(34): 193-218.

Wulp F M. 1896. Catalogue of the described Diptera from South Asia. Nature, 54: 435.

Wulp F M. 1897. Zur Dipteren-fauna von Ceylon. Természetrajzi füzetek, 20: 136-144.

Xi Y Q, Yang D. 2015. Three new species of *Cryptochetum* Rondani (Diptera, Cryptochetidae). Transactions of the American Entomological Society, 141: 80-89.

Xu R M, Sun Y. 2008. Two new species of *Tabanus biannularis* group from China (Diptera: Tabanidae). Acta Parasitology et Medica Entomologica Sinica, 15(4): 244-246.

Yang D. 1995. Notes on the genus *Plagiozopelma* from China (Diptera, Dolichopodidae). Entomological Problems, 26(2): 117-120.

Yang D. 1996. Six new species of Dolichopodinae from China (Diptera, Dolichopodidae). Bulletin de l'Institut Royal des Sciences Naturelles de Belgique Entomologie, 66: 85-89.

Yang D. 1998a. New and little-known species of Dolichopodidae from China (I). Bulletin de l'Institut Royal des Sciences Naturelles de Belgique Entomologie, 68: 151-164.

Yang D. 1998b. Six new species of Dolichopodidae from China (Diptera). Acta Entomologica Sinica, 41(Suppl.): 180-185.

Yang D, Grootaert P. 2007. Species of *Syneches* from Guangdong, China (Diptera, Empidoidea, Hybotidae). Deutsche Entomologische Zeitschrift, 54(1): 137-141.

Yang D, Li W. 2005. New species of *Platypalpus* from Hebei (Diptera: Empididae). Zootaxa, 1054: 43-50.

Yang D, Nagatomi A. 1992. The Chinese *Clitellaria* (Diptera: Stratiomyidae). South Pacific Study, 13(1): 1-35.

Yang D, Nagatomi A. 1993. The Xylomyidae of China (Diptera). South Pacific Study, 14(1): 1-84.

Yang D, Saigusa T. 2002. A revision of the genus *Argyra* from China (Diptera: Empidoidea: Dolichopodidae). European Journal of Entomology, 99(1): 85-90.

Yang D, Yang C K, Nagatomi A. 1997. The Rhagionidae of China (Diptera). South Pacific Study, 17(2): 113-262.

Yang D, Zhang K, Yao G, Zhang J. 2007. World Catalog of Empididae (Insecta: Diptera). Beijing: China Agricultural University Press: 599.

Yang D, Zhu Y J, Wang M Q, Zhang L L. 2006. World catalog of Dolichopodidae (Insecta: Diptera). Beijing: China Agricultural University Press: 704 pp.

Yao G, Wang N, Yang D. 2014. A new species of the subgenus *Rhamphomyia* (Diptera: Empididae) from China. Entomotaxonomia, 36(2): 123-126.

Yu H, Liu Q, Yang D. 2010. Two new species of subgenus *Rhamphomyia* from China (Diptera: Empididae). Acta Zootaxonomica Sinica, 35(3): 475-477.

Zetterstedt J W. 1846. Diptera Scandinaviaedeposita et descripta. 5: 1739-2162. Officina Lundbergiana, Lundae [=Lund.]

Zhang L L, Yang D, Grootaert P. 2003. New species of *Chrysotimus* and *Hercostomus* from Beijing (Diptera: Dolichopodidae). Bulletin de l'Institut Royal des Sciences Naturelles de Belgique Entomologie, 73: 189-194.

Zhang L L, Yang D, Masunaga K. 2005. Review of the species of *Hercostomus* (*Hercostomus*) *incisus* group from the Oriental realm (Diptera: Dolichopodidae). Transactions of the American Entomological Society, 131: 419-424.

Zhang L L, Yang D. 2005. A study on the phylogeny of Dolichopodinae from the Palaerctic and Oriental Realms, with description of three new genera (Diptera, Dolichopodidae). Acta Zootaxonomica Sinica, 30(1): 180-190.

Zhu Y J, Yang D. 2007. Two new species of *Condylostylus* Bigot from China (Diptera: Dolichopodidae). Transactions of American Entomological Society, 133(3-4): 353-356.

Zimina L V. 1976. Katalog Conopidae (Diptera) Palearktiki. Sbornik Trudov Zoologicheskogo Muzeya, Moskovskogo Gosudarstvennogo Universiteta, 15: 149-182.

中 名 索 引

学 名 索 引

图　　版

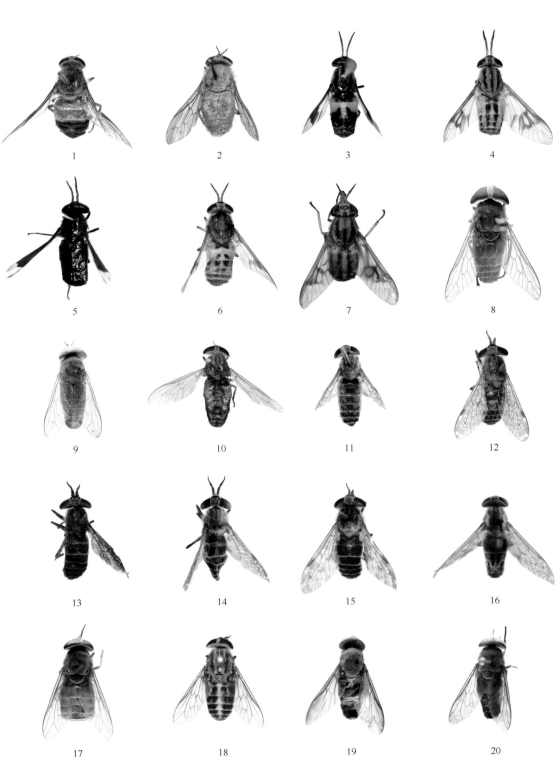

1　2　3　4

5　6　7　8

9　10　11　12

13　14　15　16

17　18　19　20

1. 巴氏石虻 *Stonemyia bazini* (Surcouf, 1922) ♀. 2. 心胛林虻 *Silvius cordicallus* Chen *et* Quo, 1949 ♀. 3. 舟山斑虻 *Chrysops chusanensis* Ôuchi, 1939 ♀.
4. 莫氏斑虻 *Chrysops mlokosiewiczi* Bigot, 1880 ♀. 5. 帕氏斑虻 *Chrysops potanini* Pleske, 1910 ♀. 6. 中华斑虻 *Chrysops sinensis* Walker, 1856 ♀. 7. 范氏斑虻
Chrysops vanderwulpi Kröber, 1929 ♀. 8. 霍氏黄虻 *Atylotus horvathi* (Szilády, 1926) ♀. 9. 骚扰黄虻 *Atylotus miser* (Szilády, 1915)♀. 10. 舟山少环虻 *Glaucops*
chusanensis (Ôuchi, 1943) ♀. 11. 触角麻虻 *Haematopota antennata* (Shiraki, 1932) ♀. 12. 浙江麻虻 *Haematopota chekiangensis* Ôuchi, 1940 ♀. 13. 中国麻虻
Haematopota chinensis Ôuchi, 1940 ♀. 14. 台岛麻虻 *Haematopota formosana* Shiraki, 1918 ♀. 15. 莫干山麻虻 *Haematopota mokanshanensis* Ôuchi, 1940 ♀. 16. 中华麻
虻 *Haematopota sinensis* Ricardo, 1911 ♀. 17. 辅助虻 *Tabanus administrans* Schiner, 1868 ♀. 18. 原野虻 *Tabanus amaenus* Walker, 1848 ♀. 19. 金条虻 *Tabanus*
aurotestaceus Walker, 1854 ♀. 20. 缅甸虻 *Tabanus birmanicus* (Bigot, 1892) ♀

1. 纯黑虻 *Tabanus candidus* Ricardo, 1913 ♀. 2. 浙江虻 *Tabanus chekiangensis* Ôuchi, 1943 ♀. 3. 中国虻 *Tabanus chinensis* Ôuchi, 1943 ♀. 4. 朝鲜虻 *Tabanus coreanus* Shiraki, 1932 ♂. 5. 台岛虻 *Tabanus formosiensis* Ricardo, 1911 ♀. 6. 土灰虻 *Tabanus griseinus* Philip, 1960 ♀. 7. 杭州虻 *Tabanus hongchowensis* Liu, 1962 ♀. 8. 市岗虻 *Tabanus ichiokai* Ôuchi, 1943 ♀. 9. 广西虻 *Tabanus kwangsinensis* Wang *et* Liu, 1977 ♀. 10. 线带虻 *Tabanus lineataenia* Xu, 1979 ♀. 11. 麦氏虻 *Tabanus macfarlanei* Ricardo, 1916 ♀. 12. 牧村虻 *Tabanus makimurai* Ôuchi, 1943 ♀. 13. 中华虻 *Tabanus mandarinus* Schiner, 1868 ♀. 14. 日本虻 *Tabanus nipponicus* Murdoch *et* Takahasi, 1969 ♀. 15. 山东虻 *Tabanus shantungensis* Ôuchi, 1943 ♀. 16. 重脉虻 *Tabanus signatipennis* Portschinsky, 1887 ♀. 17. 角斑虻 *Tabanus signifer* Walker, 1856 ♀. 18. 亚柯虻 *Tabanus subcordiger* Liu, 1960 ♀. 19. 天目虻 *Tabanus tienmuensis* Liu, 1962 ♀. 20. 亚布力虻 *Tabanus yablonicus* Takagi, 1941 ♀. 21. 姚氏虻 *Tabanus yao* Macquart, 1855 ♀

1

2

3

4

5

黄绿斑短角水虻 *Odontomyia garatas* Walker, 1849（一）

1.♂体背面观；2.♀体背面观；3.♂腹部背面观；4.♀体侧面观；5.♂胸部侧面观

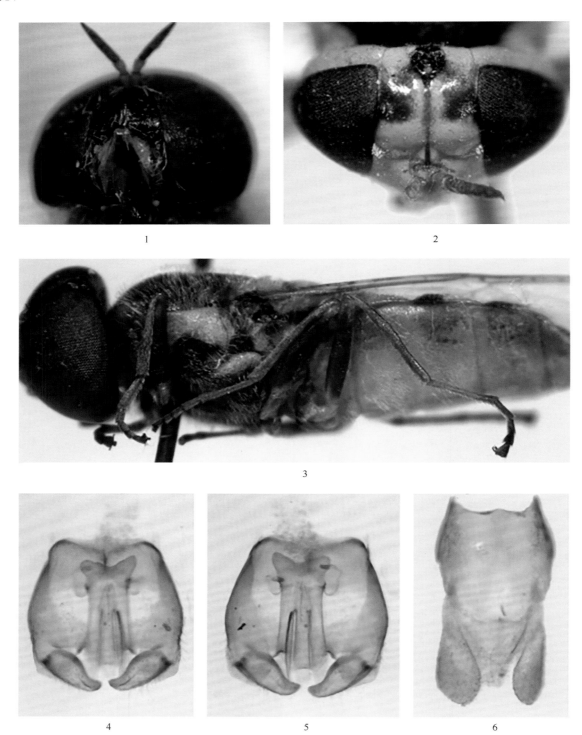

黄绿斑短角水虻 *Odontomyia garatas* Walker, 1849（二）

1. ♂颜前面观；2. ♀额背面观；3. ♂足侧面观；4. ♂生殖体腹面观；5. ♂生殖体背面观；6. ♂第 9–10 背板和尾须背面观

微毛短角水虻 *Odontomyia hirayamae* Matsumura, 1916

1.♂体背面观；2.♀体背面观；3.♂后足4跗节背面观；4.♂体侧面观；5.♀体侧面观；6.♀头部侧面观；7.翅；8.♀额背面观

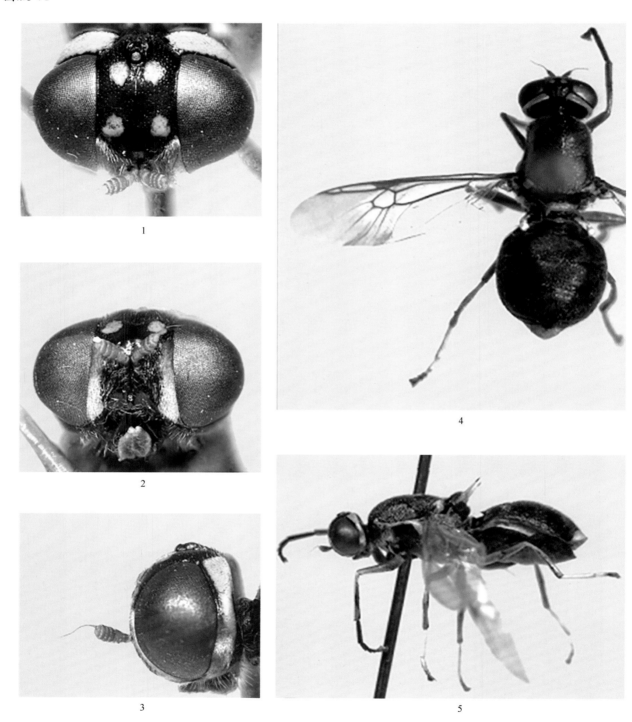

1

2

3

4

5

四斑盾刺水虻 *Oxycera quadripartita* (Lindner, 1940)

1. ♀额背面观；2. ♀额前面观；3. ♀头部侧面观；4. ♀体背面观；5. ♀体侧面观

舟山丽额水虻 *Prosopochrysa chusanensis* Ôuchi, 1938（一）

1. ♀体背面观；2. ♀后足侧面观；3. ♀体侧面观；4. ♀额背面观；5. ♀头部侧面观

舟山丽额水虻 *Prosopochrysa chusanensis* Ôuchi, 1938（二）

1. ♂体背面观；2. 翅；3. 触角；4. ♂体侧面观；5. ♂胸部背面观；6. ♂额背面观；7. ♂额侧面观

杏斑水虻 *Stratiomys laetimaculata* (Ôuchi, 1938)

1. ♂颜和触角；2. 触角腹面观；3. ♀后头背面观；4. ♀额背面观；5. ♂腹部背面观；6. ♀腹部背面观；7. ♂生殖体腹面观；8. ♂生殖体背面观；9. ♂第9-10 背板和尾须背面观

图版 X

1   2

3   4

5   6   7

长角水虻 *Stratiomys longicornis* (Scopoli, 1763)

1.♀头部前面观；2.♀前部背面观；3.♀后头背面观；4.♂腹部背面观；5.♂生殖体背面观；6.♂生殖体腹面观；7.♂第9-10背板和尾须背面观

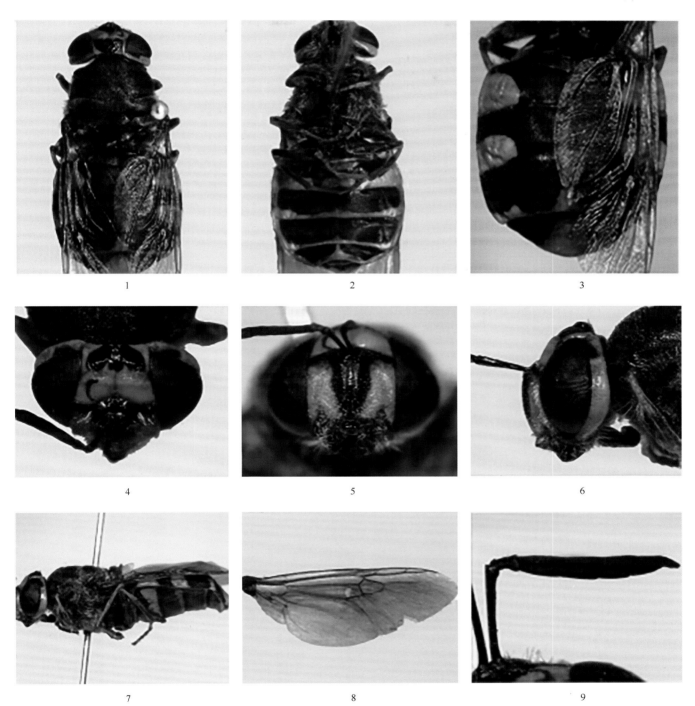

1　　　　　　　　　　2　　　　　　　　　　3

4　　　　　　　　　　5　　　　　　　　　　6

7　　　　　　　　　　8　　　　　　　　　　9

泸沽水虻 *Stratiomys lugubris* Loew, 1871

1.♀体背面观；2.♀体腹面观；3.♀腹部背面观；4.♀额背面观；5.♀颜前面观；6.♀头部侧面观；7.♀体侧面观；8.翅；9.触角

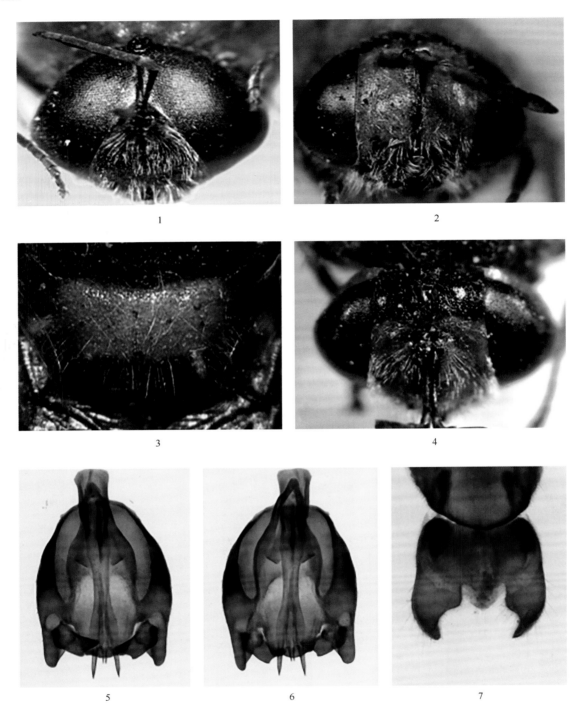

蒙古水虻 *Stratiomys mongolica* (Lindner, 1940)

1.♂头部前面观；2.♀头部前面观；3.♂小盾片背面观；4.♀头部背面观；5.♂生殖体腹面观；6.♂生殖体背面观；7.♂第9-10背板和尾须背面观

1-5. 墙寡小头虻 *Oligoneura murina* (Loew, 1844)（李轩昆 摄）；3. ♂体侧面观；4. ♂体背面观；5. ♂体前面观；6–11. 中华窄颜剑虻 *Cliorismia sinensis* (Ôuchi, 1943)；6. ♂体背面观；7. ♂体侧面观；8. ♂体前面观；9. ♀体背面观；10. ♀体侧面观；11. ♀体前面观

1-8. 于潜寡小头虻 *Oligoneura yütsiensis* (Ôuchi, 1938)（李元胜 摄）；3. ♂体背面观；4. ♂体侧面观；5. ♂体前面观；6. ♂体背面观；7. ♀体侧面观；8. ♀体前面观；9-11. 溪口粗柄剑虻 *Dialineura kikowensis* Ôuchi, 1943；9. ♀侧面观；10. ♀背面观；11. ♀前面观

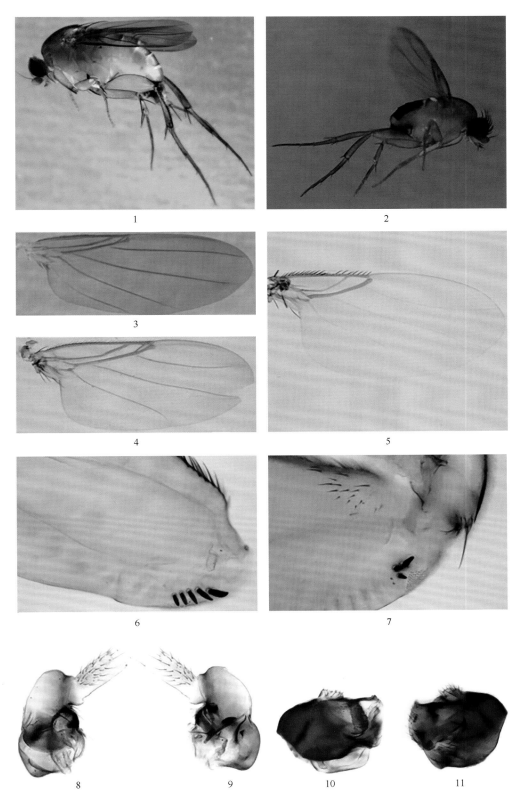

1. 束毛栉蚤蝇 *Hypocera racemosa* Liu, 2001；2、6. 马来栓蚤蝇 *Dohrniphora malaysiae* Green, 1997；3. 黑腹栅蚤蝇 *Diplonevra abbreviata* von Roser, 1840；
4,7-9. 角喙栓蚤蝇 *Dohrniphora cornuta* (Bigot, 1857)；5. 台湾锥蚤蝇 *Conicera formosensis* Brues, 1911；10-11. 全绒蚤蝇 *Phora holosericea* Schmitz, 1920
1-2. 侧面观；3-5. 翅；6-7. 后足腿节内侧；8-11. 尾器

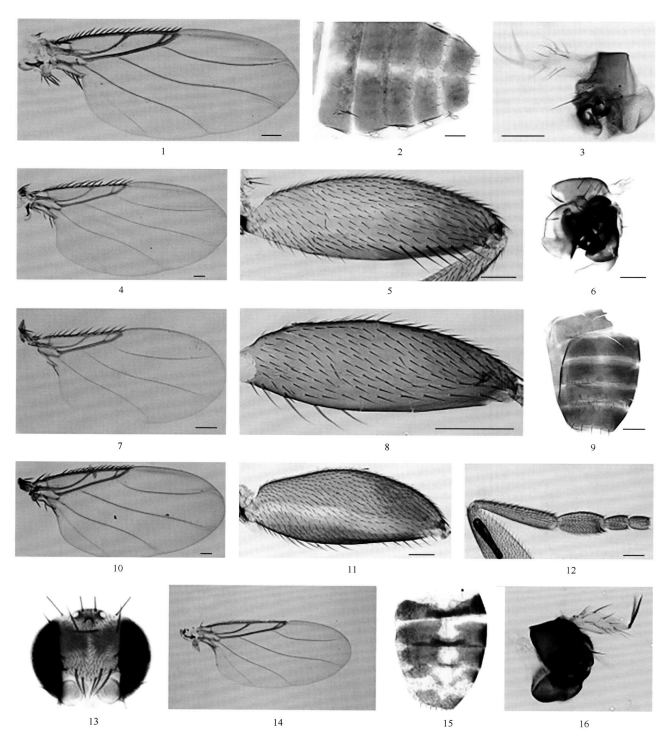

1-3. 东亚异蚤蝇 *Megaselia spiracularis* Schmitz, 1938；4-6. 须足异蚤蝇 *Megaselia barbulata* (Wood, 1909)；7-9. 黑角异蚤蝇 *Megaselia atrita* (Brues, 1915)；10-12. 阔跗异蚤蝇 *Megaselia aemula* (Brues, 1911)；13-16. 蛆症异蚤蝇 *Megaselia scalaris* (Loew, 1866)

1，4，7，10，14. 翅；2，9，15. 腹部背板；5，8，11. 后足腿节；12. 前足胫节和跗节；13. 头；3，6，16. 尾器

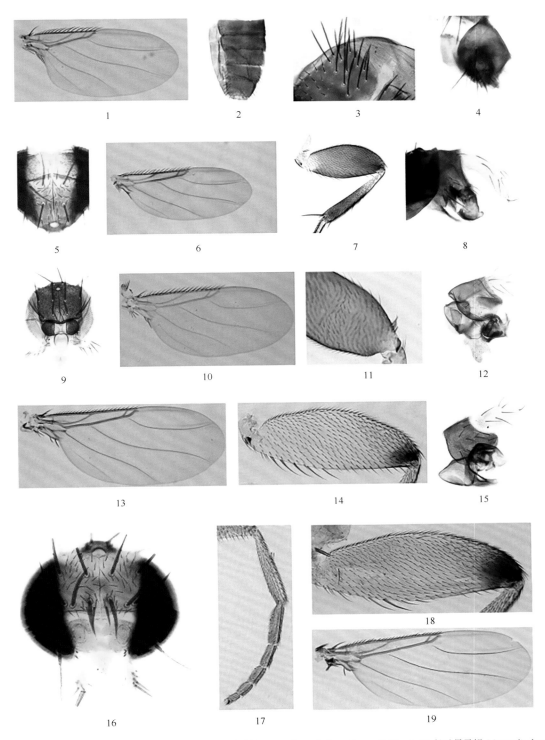

1-4. 鬃腹异蚤蝇 *Megaselia hirtiventris* (Wood, 1909)；5-8. 亮额异蚤蝇 *Megaselia politifrons* Brues, 1936；9-12. 长毛异蚤蝇 *Megaselia longiseta* (Wood, 1909)；13-15. 黄足异蚤蝇 *Megaselia flava* (Fallén, 1823)；16-19. 迈氏异蚤蝇 *Megaselia meijerei* (Brues, 1915)

1，6，10，13，19. 翅；2-3. 腹部背. 板；5，9，16. 头；7，11，14，18. 后足腿节；17. 前足胫节和跗节；4，8，12，15. 尾器

1. 紫额异巴蚜蝇 *Allobaccha apicalis* (Loew, 1858) ♀；2. 褐翅异巴蚜蝇 *Allobaccha nubilipennis* (Austen, 1893) ♀；3. 纤细巴蚜蝇 *Baccha maculata* Walker, 1852 ♀；4. 隐条长角蚜蝇 *Chrysotoxum draco* Shannon, 1926 ♂；5. 丽纹长角蚜蝇 *Chrysotoxum elegans* Loew, 1841 ♀；6. 八斑长角蚜蝇 *Chrysotoxum octomaculatum* Curtis, 1837 ♀；7. 土斑长角蚜蝇 *Chrysotoxum vernale* Loew, 1841 ♂；8. 方斑墨蚜蝇 *Melanostoma mellinum* (Linnaeus, 1758) ♂；9. 东方墨蚜蝇 *Melanostoma orientale* (Wiedemann, 1824) ♂；10. 梯斑墨蚜蝇 *Melanostoma scalare* (Fabricius, 1794) ♂；11. 圆斑宽扁蚜蝇 *Xanthandrus comtus* (Harris, 1780) ♀；12. 短角宽扁蚜蝇 *Xanthandrus talamaui* (Meijere, 1924) ♂；13. 双色小蚜蝇 *Paragus bicolor* (Fabricius, 1794) ♂；14. 短舌小蚜蝇 *Paragus compeditus* Wiedemann, 1830 ♀；15. 四条小蚜蝇 *Paragus quadrifasciatus* Meigen, 1822 ♂；16. 刻点小蚜蝇 *Paragus tibialis* (Fallén, 1817) ♀；17. 切黑狭口食蚜蝇 *Asarkina ericetorum*(Fabricius, 1781) ♂；18. 黄腹狭口食蚜蝇 *Asarkina porcina* (Coquillett, 1898) ♀；19. 银白狭口食蚜蝇 *Asarkina salviae* (Fabricius, 1794) ♂；20. 狭带贝食蚜蝇 *Betasyrphus serarius* (Wiedemann, 1830) ♂

1. 浅环边食蚜蝇 *Didea alneti* (Fallén, 1817) ♂；2. 巨斑边食蚜蝇 *Didea fasciata* Macquart, 1834 ♂；3. 暗棒边食蚜蝇 *Didea intermedia* Loew, 1854 ♀；4. 宽带直脉食蚜蝇 *Dideoides coquilletti* (van der Goot, 1964) ♂；5. 狭带直脉食蚜蝇 *Dideoides kempi* Brunetti, 1923 ♂；6. 侧斑直脉食蚜蝇 *Dideoides latus* (Coquillett, 1898) ♀；7. 斑翅食蚜蝇 *Dideopsis aegrota* (Fabricius, 1805) ♀；8. 黑带食蚜蝇 *Episyrphus balteatus* (De Geer, 1776) ♂；9. 大灰优食蚜蝇 *Eupeodes*(*Eupeodes*) *corollae* (Fabricius, 1794) ♂；10. 凹带优食蚜蝇 *Eupeodes nitens* (Zetterstedt, 1843) ♂；11. 埃及刺腿食蚜蝇 *Ischiodon aegyptius* (Wiedemann, 1830) ♀；12. 短刺刺腿食蚜蝇 *Ischiodon scutellaris* (Fabricius, 1805) ♂；13. 斜斑鼓额食蚜蝇 *Scaeva pyrastri* (Linnaeus, 1758) ♂；14. 月斑鼓额食蚜蝇 *Scaeva selenitica* (Meigen, 1822) ♂；15. 印度细腹食蚜蝇 *Sphaerophoria indiana* Bigot, 1884 ♀；16. 宽尾细腹食蚜蝇 *Sphaerophoria rueppelli* (Wiedemann, 1830) ♀；17. 野食蚜蝇 *Syrphus torvus* OstenSacken, 1875 ♂；18. 黑足食蚜蝇 *Syrphus vitripennis* Meigen, 1822 ♂；19. 黑色缩颜蚜蝇 *Pipiza lugubris* (Fabricius, 1775) ♀；20. 长翅寡节蚜蝇 *Triglyphus primus* Loew, 1840 ♂

1. 双顶突角蚜蝇 *Ceriana anceps* (Séguy, 1948) ♀；2. 浙江突角蚜蝇 *Ceriana chekiangensis* (Ôuchi, 1943) ♂；3. 斑额突角蚜蝇 *Ceriana grahami* (Shannon, 1925) ♀；4. 舟山柄角蚜蝇 *Monoceromyia chusanensis* Ôuchi, 1943 ♀；5. 天目山柄角蚜蝇 *Monoceromyia tienmushanensis* Ôuchi, 1943 ♀；6. 雁荡柄角蚜蝇 *Monoceromyia yentaushanensis* Ôuchi, 1943 ♂；7. 属模首角蚜蝇 *Primocerioides petri* (Hervé-Bazin, 1914) ♂；8. 华腰角蚜蝇 *Sphiximorpha sinensis* (Ôuchi, 1943) ♂；9. 纵条黑蚜蝇 *Cheilosia aterrima* (Sack, 1927) ♂；10. 黄角黑蚜蝇 *Cheilosia flava* Barkalov et Cheng, 2004 ♂；11. 黄胫黑蚜蝇 *Cheilosia flavitibia* Barkalov et Cheng, 2004 ♂；12. 紊黑蚜蝇 *Cheilosia irregula* Barkalov et Cheng, 2004 ♂；13. 牯岭黑蚜蝇 *Cheilosia kulinensis* (Hervé-Bazin, 1930) ♀；14. 冲绳黑蚜蝇 *Cheilosia okinawae* (Shiraki, 1930) ♂；15. 拟毛黑蚜蝇 *Cheilosia parachloris* (Hervé-Bazin, 1929) ♀；16. 黄足黑蚜蝇 *Cheilosia quinta* Barkalov et Cheng, 2004 ♀；17. 蓝泽黑蚜蝇 *Cheilosia sini* Barkalov et Cheng, 1998 ♂；18. 铜鬃胸蚜蝇 *Ferdinandea cuprea* (Scopoli, 1763) ♀；19. 红角鬃胸蚜蝇 *Ferdinandea ruficornis* (Fabricius, 1775) ♀；20. 四斑鼻颜蚜蝇 *Rhingia binotata* Brunetti, 1908 ♀

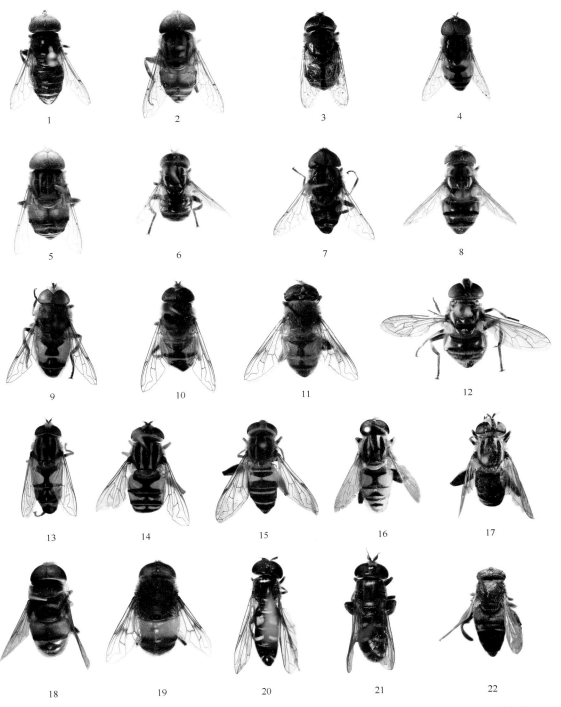

1. 黑色斑眼蚜蝇 *Eristalinus aeneus* (Scopoli, 1763) ♂；2. 棕腿斑眼蚜蝇 *Eristalinus arvorum* (Fabricius, 1787) ♂；3. 钝斑斑眼蚜蝇 *Eristalinus lugens* (Wiedemann, 1830) ♂；4. 黑跗斑眼蚜蝇 *Eristalinus quinquelineatus* (Fabricius, 1781) ♂；5. 黄跗斑眼蚜蝇 *Eristalinus quinquestriatus* (Fabricius, 1794) ♂；6. 钝黑斑眼蚜蝇 *Eristalinus sepulchralis* (Linnaeus, 1758) ♀；7. 亮黑斑眼蚜蝇 *Eristalinus tarsalis* (Macquart, 1855) ♂；8. 绿黑斑眼蚜蝇 *Eristalinus viridis* (Coquillett, 1898) ♂；9. 短腹管蚜蝇 *Eristalis arbustorum* (Linnaeus, 1758) ♂；10. 灰带管蚜蝇 *Eristalis cerealis* Fabricius, 1805 ♂；11. 长尾管蚜蝇 *Eristalis tenax* (Linnaeus, 1758) ♂；12. 黑拟管蚜蝇 *Pseuderistalis nigra* (Wiedemann, 1824) ♀；13. 黄条条胸蚜蝇 *Helophilus parallelus* (Harris, 1776) ♂；14. 黑角条胸蚜蝇 *Helophilus pendulus* (Linnaeus, 1758) ♀；15. 狭带条胸蚜蝇 *Helophilus virgatus* Coquillett, 1898 ♀；16. 宽条粉颜蚜蝇 *Mesembrius flaviceps* (Matsumura, 1905) ♂；17. 黑色粉颜蚜蝇 *Mesembrius niger* Shiraki, 1968 ♀；18. 裸芒宽盾蚜蝇 *Phytomia errans* (Fabricius, 1787) ♂；19. 羽芒宽盾蚜蝇 *Phytomia zonata* (Fabricius, 1787) ♂；20. 闪光平颜蚜蝇 *Eumerus lucidus* Loew, 1848 ♂；21. 洋葱平颜蚜蝇 *Eumerus strigatus* (Fallén, 1817) ♀；22. 小齿腿蚜蝇 *Merodon micromegas* (Hervé-Bazin, 1929) ♀

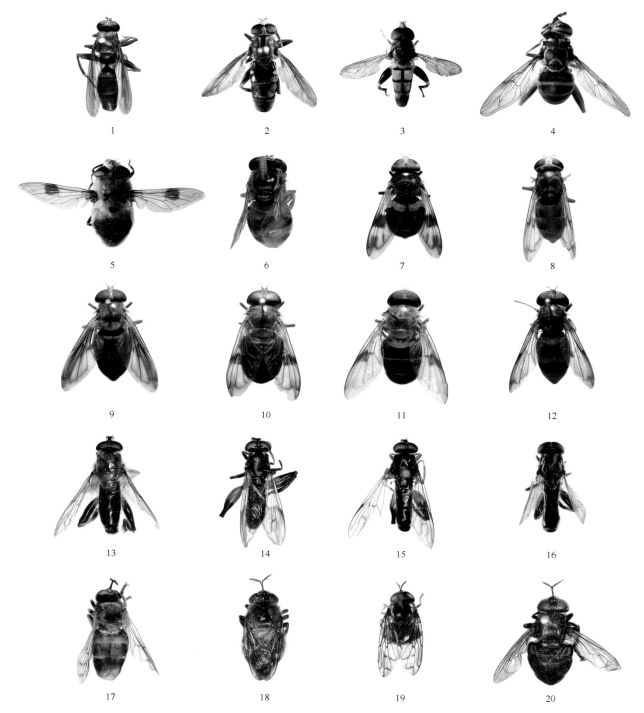

1. 闽小迷蚜蝇 *Milesia apsycta* Séguy, 1948 ♂；2. 非凡迷蚜蝇 *Milesia insignis* Hippa, 1990 ♂；3. 黄短喙蚜蝇 *Rhinotropidia rostrata* (Shiraki, 1930) ♂；
4. 大斑胸蚜蝇 *Spilomyia suzukii* Matsumura, 1916 ♀；5. 红毛羽毛蚜蝇 *Pararctophila oberthueri* Hervé-Bazin, 1914 ♂；6. 台湾缺伪蚜蝇 *Graptomyza formosana* Shiraki, 1930 ♀；7. 黑蜂蚜蝇 *Volucella nigricans* Coquillett, 1898 ♂；8. 六斑蜂蚜蝇 *Volucella nigropicta* Portschinsky, 1884 ♀；9. 亮丽蜂蚜蝇 *Volucella nitobei* Matsumura, 1916 ♀；10. 圆蜂蚜蝇 *Volucella rotundata* Edwards, 1919 ♀；11. 三带蜂蚜蝇 *Volucella trifasciata* Wiedemann, 1830 ♂；12. 胡蜂蚜蝇 *Volucellavespimima* Shiraki, 1930 ♀；13. 黄足瘤木蚜蝇 *Brachypalpoides makiana* (Shiraki, 1930) ♂；14. 长桐木蚜蝇 *Chalcosyrphus acoetes* (Séguy, 1948) ♀；15. 橘腿桐木蚜蝇 *Chalcosyrphus femoratus* (Linnaeus, 1758) ♂；16. 云南木蚜蝇 *Xylota fo* Hull, 1944 ♂；17. 长巢穴蚜蝇 *Microdon apidiformis* Brunetti, 1924 ♂；18. 无刺巢穴蚜蝇 *Microdon auricomus* Coquillett, 1898 ♀；19. 小巢穴蚜蝇 *Microdon caeruleus* Brunetti, 1908 ♀；20. 亮巢穴蚜蝇 *Microdon stilboides* Walker, 1849 ♂

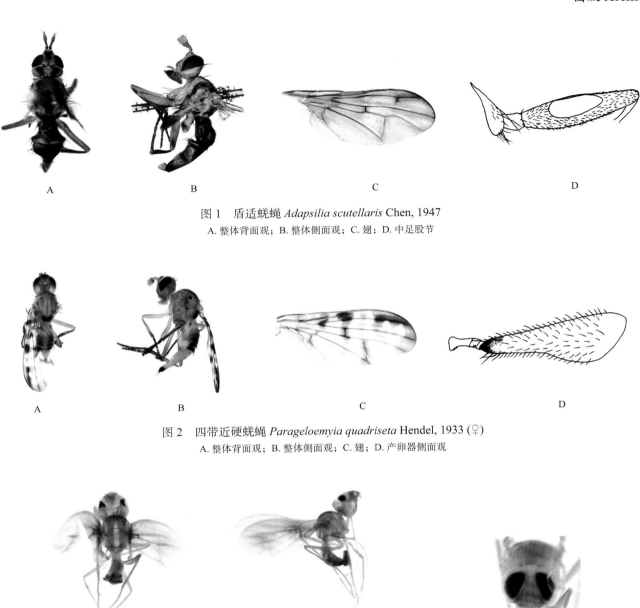

图 1　盾适蜣蝇 *Adapsilia scutellaris* Chen, 1947
A. 整体背面观；B. 整体侧面观；C. 翅；D. 中足股节

图 2　四带近硬蜣蝇 *Parageloemyia quadriseta* Hendel, 1933 (♀)
A. 整体背面观；B. 整体侧面观；C. 翅；D. 产卵器侧面观

图 3　中华丛芒蝇 *Sinolochmostylia sinica* Yang, 1995 (♀)
A. 整体图背面观；B. 整体图侧面观；C. 头前面观；D. 触角；E. 翅；F. 产卵器侧面观

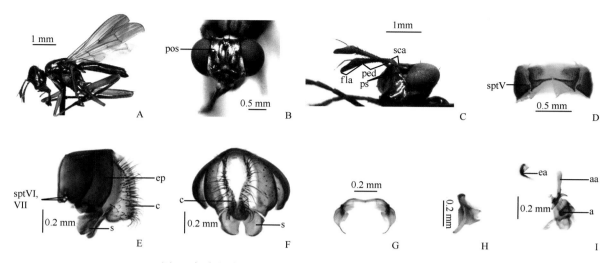

图 1　铜色长角沼蝇 *Sepedon aenescens* Wiedemann, 1830

A. ♂体侧面观；B. 额区前面观；C. 头侧面观；D. 第5腹板；E. ♂外生殖器侧面观；F. ♂外生殖器后面观；G. 下生殖板腹面观；H. 下生殖板侧面观；I. 阳茎复合体侧面观

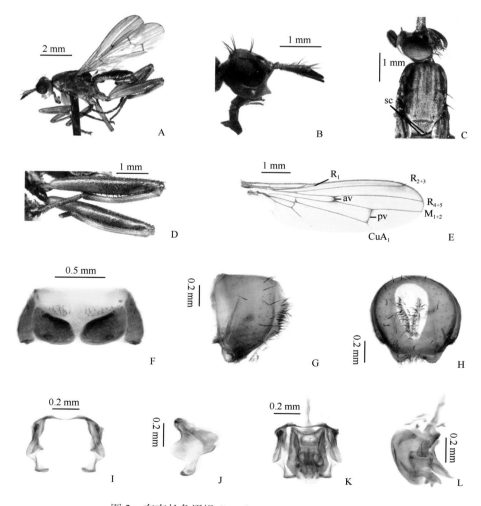

图 2　东南长角沼蝇 *Sepedon noteoi* Steyskal, 1980

A. ♂体侧面观；B. 头侧面观；C. 胸背面观；D. 后足侧面观；E. 翅；F. 第5腹板；G. ♂外生殖器侧面观；H. ♂外生殖器后面观；I. 下生殖板；J. 下生殖板左半部；K. 下生殖板和阳茎复合体腹面观；L. 阳茎复合体侧面观